中 国 国 家 标 准 汇 编

2009 年修订-13

中国标准出版社　编

中 国 标 准 出 版 社

北　京

图书在版编目（CIP）数据

中国国家标准汇编：2009 年修订．13/中国标准出版社编．—北京：中国标准出版社，2010

ISBN 978-7-5066-6052-5

Ⅰ．①中…　Ⅱ．①中…　Ⅲ．①国家标准-汇编-中国-2009　Ⅳ．①T-652.1

中国版本图书馆 CIP 数据核字（2010）第 170674 号

中国标准出版社出版发行
北京复兴门外三里河北街 16 号
邮政编码：100045
网址 www.spc.net.cn
电话：68523946　68517548
中国标准出版社秦皇岛印刷厂印刷
各地新华书店经销

*

开本 880×1230　1/16　印张 37.5　字数 1 150 千字
2010 年 9 月第一版　2010 年 9 月第一次印刷

*

定价 220.00 元

ISBN 978-7-5066-6052-5

出 版 说 明

1.《中国国家标准汇编》是一部大型综合性国家标准全集。自1983年起，按国家标准顺序号以精装本、平装本两种装帧形式陆续分册汇编出版。它在一定程度上反映了我国建国以来标准化事业发展的基本情况和主要成就，是各级标准化管理机构，工矿企事业单位，农林牧副渔系统，科研、设计、教学等部门必不可少的工具书。

2.《中国国家标准汇编》收入我国每年正式发布的全部国家标准，分为“制定”卷和“修订”卷两种编辑版本。

“制定”卷收入上一年度我国发布的、新制定的国家标准，顺延前年度标准编号分成若干分册，封面和书脊上注明“20××年制定”字样及分册号，分册号一直连续。各分册中的标准是按照标准编号顺序连续排列的，如有标准顺序号缺号的，除特殊情况注明外，暂为空号。

“修订”卷收入上一年度我国发布的、修订的国家标准，视篇幅分设若干分册，但与“制定”卷分册号无关联，仅在封面和书脊上注明“20××年修订-1,-2,-3,……”字样。“修订”卷各分册中的标准，仍按标准编号顺序排列(但不连续)；如有遗漏的，均在当年最后一分册中补齐。需提请读者注意的是，个别非顺延前年度标准编号的新制定的国家标准没有收入在“制定”卷中，而是收入在“修订”卷中。

读者配套购买《中国国家标准汇编》“制定”卷和“修订”卷则可收齐上一年度我国制定和修订的全部国家标准。

3. 由于读者需求的变化，自1996年起，《中国国家标准汇编》仅出版精装本。

4. 2009年我国制修订国家标准共3158项。本分册为“2009年修订-13”，收入新制修订的国家标准7项。

中国标准出版社

2010年8月

目　录

ICS 35.040
A 24

GB

中华人民共和国国家标准

GB/T 9649.16—2009
代替 GB/T 9649.16—1998

地质矿产术语分类代码 第16部分:矿床学

Terminology classification and code of geology and mineral resources— Part 16: Mineral deposit geology

2009-10-15 发布　　2009-12-01 实施

中华人民共和国国家质量监督检验检疫总局
中国国家标准化管理委员会　发布

前　言

GB/T 9649《地质矿产术语分类代码》分为35个部分：

——第1部分：宇宙地质学；

——第2部分：地球物理学；

——第3部分：火山地质；

——第4部分：地震地质；

——第5部分：外动力地质学；

——第6部分：地貌学；

——第7部分：大地构造学；

——第8部分：构造地质学；

——第9部分：结晶学及矿物学；

——第10部分：岩石学；

——第11部分：地球化学；

——第12部分：岩矿鉴定；

——第13部分：化学分析；

——第14部分：地史学及地层学；

——第15部分：古地理学；

——第16部分：矿床学；

——第17部分：煤地质学；

——第18部分：石油及天然气地质学；

——第19部分：海洋地质学；

——第20部分：水文地质学；

——第21部分：工程地质学；

——第22部分：地热地质；

——第23部分：环境地质；

——第24部分：地质经济学；

——第25部分：遥感地质；

——第26部分：数学地质；

——第27部分：区域地质调查；

——第28部分：地球物理勘查；

——第29部分：地球化学勘查；

——第30部分：矿山地质与采矿；

——第31部分：选矿与冶金；

——第32部分：固体矿产普查与勘探；

——第33部分：探矿工程；

——第34部分：古生物学；

——第35部分：测绘学。

本部分为GB/T 9649的第16部分，代替GB/T 9649.16—1998《地质矿产术语分类代码　矿床学》。

本部分与 GB/T 9649.16—1998 相比，主要变化如下：

——按 GB/T 1.1—2000 规范了标准的语言、编排和格式；

——删减了部分解释不当的说明；

——修正了部分术语名称；

——修正了英译名存在的问题。

本部分的附录 A 为规范性附录。

本部分由中国标准化研究院提出并归口。

本部分起草单位：中国国土资源经济研究院、国土资源部信息中心。

本部分主要起草人：梁凯、陈春仔、赵祺彬、兰井志。

本部分所代替标准的历次版本发布情况为：

——GB/T 9649—1988；

——GB/T 9649.16—1998。

地质矿产术语分类代码
第16部分:矿床学

1 范围

本部分规定了矿产、矿床成因、矿床类型、矿田构造、矿体形状、成矿作用、围岩蚀变、矿石结构、构造、成矿带等矿床学方面的数据分类代码。

本部分适用于各类地质矿产信息系统建设,是确定数据库标准体系和数据字典,制定各类地质数据文件格式标准的基础标准。

2 术语和定义

下列术语和定义适用于本部分。

2.1

数据项 data item

反映各种地质实体的基本属性及其上层概念的术语。

2.2

文字值 literal value

对地质实体的基本属性进行具体的定性描述用的术语。

3 分类原则

3.1 本部分按照易编好用和尽量减少代码冗余而又留有扩充余地等原则,采用面分类法,将地质科学分成35个学科大类,并严格划分边界,保持总体的系统性、完整性,避免内容的重复与交叉。

3.2 大类下面采用三级树型分类,中类、小类到基本数据项名。各学科内容层次不一,可少于三层,在编码容量允许的条件下,也可分至四层。

3.3 各级分类具有科学性、系统性和通用性。

4 选词原则

4.1 选词对象:可能作为各类地质矿产数据库之数据项(包括从分类意义上选取的数据项的上层概念)的术语,以及定性描述数据项的文字值要用到的术语。所选术语与现行有关国家标准取得一致,尽量参照现行的各种地质工作规范。

4.2 作为数据项用的术语在本部分中具有唯一性。凡有同义词的在备注栏标明,以备参照。

4.3 选词力求简单、明确,无二义性。充分考虑到建立数据库的需要。

4.4 为保证"地质矿产术语分类代码"的整体性、系统性,避免重复,在基础学科已包含的内容,应用学科中不再选录,新兴学科和边缘学科只选取其独有内容。有关分类选词范围归属的说明见附录。

4.5 适当选录一些反映学科发展新方向、新水平的术语。

4.6 为了使用的方便,个别使用频度高的数据项在不同学科可重复出现,但要用统一编码,确保代码的唯一性。在不同数据项下的文字值可有少量重复。

5 编码方法

5.1 数据项采用不多于六位的拉丁字母(大写)编码,一般共分为四个层次。结构如下:

× ×　　× 　× 　　× ×

大类　　中类　小类　　数据项

各大类取能反映该类含义的两个汉字的汉语拼音字头为代码，具有一定的可读性。如“构造地质学”取“GZ”为代码。以下为树型嵌套式，中类和小类各取 A～Z 一位字母顺序编排，最后两位为基本数据项，数量较多，取 AA～ZZ 顺序编排。若有分级需要，且扩充余量足够，也可将最后两位分作两级使用。

5.2　文字值一般采用数字编码，其长度由分级需要、文字值的个数及留出的扩充余量来决定，尽量缩短，减少冗余。文字值分等级时，采用数字层次嵌套方式，同一数据项下的文字值代码为等长码。有些文字值（如化学元素、地层等）继续采用原有的国际或国内通用字符代码。

6　使用与管理

6.1　使用方法：本部分以书面及磁介质两种方式提供使用，用户可根据各自建库目的从各学科选择所需术语及其代码，作为各自系统的数据字典。

6.2　若本部分内容尚不能满足某项需要，可提出要补充的内容，报请该标准管理单位在相应学科增补，并给定代码以供使用。

7　矿床学术语分类代码表

为适应建设数据库和与国际交流的需要，分类与代码表设置代码、汉字名、英译名（古生物为拉丁文字名）及说明四个栏目，见表 1。

表 1　矿床学术语分类代码表

代码	汉字名	英译名	说明
KC	矿床学		
KCA	矿床成因	Genesis of mineral deposit	见 P2
KCB	矿床类型	Types of mineral deposit	见 P12
KCC	矿种	Kinds of commodities	见 P18
KCA	矿床成因		
KCAA	矿床一般概念	General concept of mineral deposit	
KCAC	矿体	Ore body	
KCAD	矿脉	Vein	
KCAE	成矿作用	Ore-forming process	
KCAF	成矿建造	Metallogenic formation	
KCAG	成矿模式	Metallogenic model	
KCAH	成矿假说	Metallogenic hypothesis	
KCAI	成矿溶液来源	Source of ore-forming solution	
KCAJ	围岩蚀变	Wallrock alteration	
KCAK	成矿元素搬运形式	Transported form of ore-forming element	
KCAL	成矿元素沉淀原因	Precipitating cause of ore-forming element	
KCAM	矿床分带	Zonal distribution of mineral deposits	
GZN	矿田构造	Structure of orefield	
KCAO	区域成矿学	Metallogeny	
KCAP	矿石结构与构造	Texture and structure of ores	
KCAA	矿床一般概念		
KCAAA	矿床	Mineral deposit	
KCAAB	矿石	Ore	
KCAAC	矿石矿物	Ore mineral	
KCAAD	脉石	Gangue	

表 1（续）

代码	汉 字 名	英 译 名	说明
KCAAE	脉石矿物	Gangue mineral	
KCAAG	矿石建造	Ore formation	
KCAAH	伴生矿	Associated ore	
KCAAI	共生矿	Paragenic ore	
KCAAJ	母岩	Mother rock	
KCAAK	围岩	Country rock	
KCAAL	容矿岩	Host rock	
KCAAM	原岩	Protoliths	
KCAAN	矿源层	Source bed	
KCAAO	矿化剂	Mineralizer	
KCAAP	矿浆	Ore magma	
KCAAQ	成矿期	Mineralization epoch	矿化期
KCAAR	成矿阶段	Stage of mineralization	矿化阶段
KCAAS	矿层	Ore beds	
KCAAT	冠岩	Cap rock	
KCAAV	矿化组分	Mineralizing component	
DHACAQ	成矿元素	Ore-forming element	
KCAAW	矿产组合	Composite of commodity	
KCAAX	成矿流体	Ore-forming fluid	
KCAAW	矿产组合		
1	单一矿产	Single commodity	
2	主要矿产	Primary commodity	
3	共生矿产	Associated commodity	
4	伴生矿产	Paragenetic commodity	
KCAC	矿体		
01	贯入矿体	Injected ore body	
02	盲矿体	Blind ore body	
03	埋藏矿体	Buried ore body	
04	隐伏矿体	Concealed ore body	
05	卷迭矿体	Roll ore body	
06	鸡窝状矿体	Nest-like ore body	
07	透镜状矿体	Lenticular ore body	
08	环状矿体	Ring-like ore body	
09	席状矿体	Sheeted ore body	
10	囊状矿体	Pockety ore body	
12	不规则矿体	Irregular ore body	
13	层状矿体	Stratiform ore body	
14	似层状矿体	Stratoid ore body	
15	板状矿体	Tabular ore body	
16	柱状矿体	Columnar ore body	
17	筒状矿体	Pipe ore body	
KCAD	矿脉		
102	网脉	Stockwork	
104	鞍状矿脉	Saddle reef	
105	梯状矿脉	Ladder veins	
106	放射状矿脉	Radiated veins	
107	帚状矿脉	Broom-like veins	
108	重膜状矿脉	Sheeted-zone veins	
109	裂缝矿脉	Gash vein	裂伤矿脉
110	斜列式矿脉	Echelon-like veins	雁行矿脉
111	迭瓦状矿脉	Imbricate veins	

表 1 (续)

代码	汉 字 名	英 译 名	说明
112	锁链状矿脉	Chain-like veins	
113	阿尔卑斯型矿脉	Alpine-type vein	
KCAE	成矿作用		
101	岩浆成矿作用	Magmatic ore-forming process	
102	岩浆分异作用	Magmatic differentiation	
103	结晶分异作用	Fractional crystallization	
104	熔离作用	Liquid immiscibility	
105	残余熔融作用	Residual molten process	
201	伟晶岩成矿作用	Pegmatitic ore-forming process	
301	气化热液成矿作用	Pneumato-hydrothermal metallization	
302	活化转移成矿作用	Ore-forming process by mobilization	
303	多旋回成矿作用	Polycyclic metallogenesis	
304	局部富集作用	Localization	
305	东太平洋洋隆海底成矿作用	Submarine mineralization on the East Pacific Rise	
306	红海海底成矿作用	Submarine mineralization in the Red Sea	
307	高温交代作用	Pyrometasomatism	
308	热液作用	Hydrothermal process	
309	深成高温热液作用	Hypothermal process	
310	远成热液作用	Telethermal process	
311	中深热液作用	Mesothermal process	
312	浅成热液作用	Epithermal process	
313	充填作用	Cavity filling	
314	交代作用	Metasomatism	
315	渗滤交代作用	Infiltration metasomatism	
316	扩散交代作用	Diffusive metasomatism	
317	双交代作用	Bimetasomatism	
318	选择交代	Selective metasomatism	
319	碱质交代作用	Alkaline metasomatism	
320	钾质交代作用	Potassium metasomatism	
321	钠质交代作用	Sodium metasomatism	
322	蚀变作用	Alteration	
323	褪色作用	Decolourization	
324	接触交代成矿作用	Ore-forming process of contact metasomatism	
325	热液交代作用	Hydrothermal metasomatism	
326	矿化作用	Mineralization	
327	内生成矿作用	Endogenic metallization	
401	火山成矿作用	Volcanogenic ore-forming process	
402	喷发作用	Eruptive process	
403	喷气作用	Exhalative process(Exhalation)	
404	次火山成矿作用	Subvolcanic ore-forming process	
405	火山热液成矿作用	Volcanic hydrothermal solution ore-forming process	
501	风化成矿作用	Weathering ore-forming process	
502	物理风化作用	Physical weathering	机械风化作用
503	化学风化作用	Chemical weathering	
504	差异风化作用	Differential weathering	
505	红土化作用	Laterization	
506	硫化矿床次生富集作用	Secondary enrichment of sulphide deposit	
601	沉积成矿作用	Sedimentary ore-forming process	
602	胶体化学沉积成矿作用	Sedimentary ore-forming process of colloidal chemistry	
603	生物化学沉积成矿作用	Biochemical-sedimentary ore-forming process	

表 1（续）

代码	汉 字 名	英 译 名	说明
604	成盐作用	Salt precipitation	
605	现代成盐作用	Modern salt precipitation	
606	外生成矿作用	Exogenic metallization	
607	上升洋流成矿作用	Ore-forming process of upwelling-current	
701	变质成矿作用	Metamorphic mineralization	
702	区域变质成矿作用	Regionally metamorphic mineralization	
703	接触变质成矿作用	Contact metamorphic mineralization	
704	热变质成矿作用	Thermally metamorphosed mineralization	
705	动力变质成矿作用	Metallogenesis of dynamic metamorphism	
706	超变质成矿作用	Ultrametamorphic ore-forming process	
707	变质分卤成矿作用	Ore-forming process of metamorphic secretion-brine	
801	层控成矿作用	Strata- bound ore- forming process	
802	同生成矿作用	Syngenetic ore-forming process	
803	后生成矿作用	Epigenetic mineralization	
804	热卤水成矿作用	Mineralization of thermal brine	
805	再生作用	Palingenesis	
806	迭生作用	Telescoping	
KCAF	成矿建造		
1	内生成矿建造	Endogenetic metallogenic formation	
2	外生成矿建造	Exogenetic metallogenic formation	
3	前地槽型成矿建造	Metallogenic formation of pregeosyncline type	
4	地槽型成矿建造	Metallogenic formation of geosyncline type	
5	地台型成矿建造	Metallogenic formation of platform type	
6	地洼型成矿建造	Metallogenic formation of diwa-type(Geodepression)	
KCAG	成矿模式		
01	板块构造成矿模式	Plate-tectonic model for metallogenesis	
02	地下水循环成矿模式	Groundwater-circulation metallogenic model	
03	萨布哈成矿模式	Sabkha metallogenic model	
04	钨锡铍铌钽及稀土矿床模式	Model of tungsten-tin-beryllium-niobium -tantalumandrare earth element deposit	
05	斑岩铜矿床模式	Model of porphyry copper deposit	
06	斑岩钼矿床模式	Model of porphyry molybdenum deposit	
07	玢岩铁矿床模式	Model of porphyrite iron deposit	
08	上升洋流成矿模式	Upwelling-current metallogenic model	
KCAH	成矿假说		
01	岩浆热液成矿说	Magmatic-hydrothermal theory	
02	侧分泌说	Lateral secretion theory	
03	下分泌说	Descending secretion theory	
04	再生成矿说	Palingenetic ore-forming theory	
05	热卤水成矿说	Hot brine ore-forming theory	
06	岩基成矿说	Batholith hypothesis of mineralization	
07	岩钟成矿说	Cupola hypothesis of mineralization	
08	同生成矿说	Syngenetic ore-forming theory	
09	花岗岩化成矿说	Granitization theory of metallization	
10	深部构造线成矿说	Metallogeny of deep lineaments	
11	矿化集中(金属)区学说	Theory of concentration of metallogenesis	
12	槽台成矿理论	Geosyncline-platform theory for metallogenesis	
13	宇宙源成矿说	Cozmogenic hypothesis of mineralization	
14	递进成矿说	Progressive metallogenesis	
KCAI	成矿溶液来源		
01	表生下降溶液	Supergene solution	

表 1（续）

代码	汉字名	英译名	说明
02	变质热液	Metamorphic-hydrothermal solution	
03	花岗岩化热液	Granitizational-hydrothermal solution	
04	岩浆热液	Magmatic hydrothermal solution	
05	地下水热液	Groundwater hydrothermal solution	
06	深部循环热液	Deep circulating hydrothermal solution	
07	超临界含矿流体	Supracritical ore fluid	
08	含矿热水溶液	Ore-bearing hydrothermal solution	
09	上升溶液	Ascending solution	
10	下降溶液	Descending solution	
KCAJ	围岩蚀变		
KCAJAA	蚀变类型	Types of alteration	
KCAJAB	蚀变带形状	Shape of alteration zone	
KCAJAC	蚀变带走向	Strike of alteration zone	
KCAJAD	蚀变长度	Altered length	
KCAJAE	蚀变宽度	Altered width	
KCAJAF	蚀变深度	Altered depth	
KCAJAG	蚀变分带带名	Zonal name of alteration zoning	
KCAJAH	蚀变分带带间关系	Between-zone relations of alteration zoning	
KCAJAI	蚀变强度	Intensity of alteration	
KCAJAJ	蚀变分带宽度	Width of alteration zoning	
KCAJ	围岩蚀变		
01	矽卡岩化	Skarnization	
02	钾长石化	Potash feldspathization	
03	微斜长石化	Microclinization	
04	正长石化	Orthoclasization	
05	天河石化	Amazonitization	
06	冰长石化	Adularization	
07	钠长石化	Albitization	
08	方柱石化	Scapolitization	
09	钠柱石化	Marialitization	
10	碱性辉石化	Alkaline pyroxenization	
11	碱性角闪石化	Alkaline amphibolization	
12	霓石化	Aegirinization	
13	霞石化	Nephelinization	
14	云英岩化	Greisenization	
15	电气石化	Tourmalinization	
16	斧石化	Axinitization	
17	黑云母化	Biotitization	
18	阳起石化	Actinolitization	
19	纤闪石化	Uralitization	
20	绿帘石化	Epidotization	
21	钠黝帘石化	Saussuritization	糟化
22	黄铁矿化	Pyritization	
23	绢云母化	Sericitization	
24	硅化	Silicification	
25	石英化	Quartzification	
26	玉髓化	Chalcedonization	
27	蛋白石化	Opalization	
28	黄铁绢英岩化	Beresitization	黄铁细晶岩化
29	赤铁矿化	Hematitization	红色蚀变
30	绿泥石化	Chloritization	

表 1（续）

代码	汉 字 名	英 译 名	说明
31	碳酸盐化	Carbonatization	
32	白云石化	Dolomitization	
33	方解石化	Calcitization	
34	青盘岩化	Propylitization	变安山岩化绿盘岩化
35	蛇纹石化	Serpentinization	
36	粘土化	Clayization	
37	泥化	Argillization	
38	高岭石化	Kaolinization	高岭土化
39	明矾石化	Alunitization	
40	石膏化	Gypsification	
41	沸石化	Zeolitization	
42	重晶石化	Baritization	
43	似碧玉化	Jasperoidization	
44	绢英岩化	Sericite quartzitization	
45	绢云岩化	Sericitolitization	
46	水云母化	Hydromicazation	
47	铁白云石化	Ankeritization	
48	白铁矿化	Marcasitization	
49	胶黄铁矿化	Melnikovitization	
50	角岩化	Homfielsization	
51	透辉石化	Diopsidization	
52	透闪石化	Tremolitization	
53	蓝闪石化	Glaucophanization	
54	白云母化	Muscovitization	
55	金云母化	Phlogopitization	
56	滑石化	Talcization	
57	蓝晶石化	Kyanitization	
58	蓝线石化	Kganitization	
59	石墨矿化	Graphite mineralization	
60	大理石化	Marblization	
61	萤石化	Fluoritization	
62	叶腊石化	Pyrophyllitization	
63	磁铁矿化	Magnetitization	
64	褐铁矿化	Limonitization	
65	菱铁矿化	Sideritization	
66	黄铜矿化	Chalcopyritization	
67	磁黄铁矿化	Pyrrhotinization	
68	毒矿矿化	Dalarnite mineralization	
69	雄黄矿化	Eolite mineralization	
70	雌黄砂化	Auripigment mineralization	
71	铀矿化	Uraninite mineralization	
72	次生石英岩化	Secondary quartzitization	
KCAJAH	蚀变分带带间关系		
1	明显	Conspicuous	
2	过渡	Transitional	
3	不明显	Inconspicuous	
KCAJAI	蚀变强度		
1	强烈	Intense	
2	中等	Medium	
3	微弱	Weak	

表 1（续）

代码	汉字名	英译名	说明
KCAK	成矿元素搬运形式		
1	呈胶体熔液搬运	Transport by colloidal solution	
2	呈真溶液搬运	Transport by true solution	
3	呈络合物搬运	Transport by complex	
4	呈卤化物搬运	Transport by haloids	
KCAL	成矿元素沉淀原因		
1	置换反应	Substitutional reaction	
2	渗滤效应	Infiltrating effect	
3	吸收作用	Absorption	
4	胶体凝结	Colloidal agglutination	
5	自然电场作用	Action of natural-electric field	
6	热液系统温度变化	Temperature change of hydrothermal system	
7	热液系统压力变化	Pressure change of hydrothermal system	
KCAM	矿床分带		
01	地热分带	Geothermal zoning	
02	沉淀分带	Precipitation zoning	
03	脉动分带	Pulsative zoning	间歇分带
04	顺向分带	Normal zoning	
05	逆向分带	Reverse zoning	
06	水平分带	Horizontal zoning	
07	垂直分带	Vertical zoning	
08	氧化带	Oxidized zone	
09	还原带	Reducing zone	
GZN	矿田构造		相当于 KCAN
KCANA	矿田	Ore field	
KCANB	矿区	Ore district	
KCANC	矿带	Ore zone	
KCAND	矿床构造	Structure of mineral deposit	
KCANE	成矿控制因素	Factor of mineralizing control	
KCANF	成矿控制	Mineralized control	
KCAND	矿床构造		
1	导矿构造	Ore-conduit structure	
2	布矿构造	Ore-distributing structure	配矿构造
3	储矿构造	Ore-containing structure	容矿构造
KCANF	成矿控制		
1	构造控制	Structure control	
2	地层控制	Stratigraphic control	
3	岩性控制	Lithologic control	
4	古地理控制	Palaeogeographic control	
5	水文地质控制	Hydrogeological control	
KCAO	区域成矿学		
KCAOA	成矿区域	Metallogenetic region	
KCAOB	成矿区	Metallogenetic province	
KCAOC	成矿时代	Metallogenetic epoch	
KCAOA	成矿区域		
KCAOAA	成矿带	Metallogenic belt	
KCAOAB	成矿亚带	Metallogenic sub-belt	
KCAOAC	全球性巨成矿带	Global metallogenic belt	
KCAOAD	亚全球性巨成矿带	Global metallogenic sub-belt	
KCAOAE	三级成矿带	Metallogenic belt of third grade	
KCAOAF	四级成矿带	Metallogenic belt of fourth grade	

表 1（续）

代码	汉字名	英译名	说明
KCAOAG	矿带赋存位置	Lodging position of ore zone	
KCAOAH	矿带名称	ore zone name	
KCAOAI	矿带号	ore zone number	
KCAOAJ	矿带轴向	ore-zone axial direction	
KCAOAK	矿带长度	Length of ore zone	
KCAOAL	矿带宽度	Width of ore zone	
KCAOAM	矿带面积	Area of ore zone	
KCAOAN	亚带名称	Sub-Zone name	
KCAOAO	亚带号	Sub-Zone number	
KCAOAP	亚带轴向	Sub-Zone axial direction	
KCAOAR	亚带长	Sub-Zone long	
KCAOAS	亚带宽	Sub-Zone wide	
KCAOAT	亚带面积	Area of sub-zone	
KCAOAA	成矿带		
01	环太平洋成矿带	Circum-pacific metallogenic belt	
02	特提斯成矿带	Tethyan metallogenic belt	"古"地中海成矿带
03	乌拉尔成矿带	Uralian metallogenic belt	
04	安第斯成矿带	Andean metallogenic belt	
05	科迪勒拉成矿带	Cordilleran metallogenic belt	
06	澳大利亚东部锡成矿带	Tin metallogenic belt of the eastern part of Australia	
07	祁连山成矿带	Qilianshan metallogenic belt	
08	长江中下游成矿带	Metallogenic belt of the middle to lower reaches of the Yangzi River	"扬子"中下游成矿带
09	特提斯斑岩铜矿成矿带	Metallogenic belt of Tethyan porphyry copper deposits	
10	喜马拉雅斑岩铜矿成矿带	Metallogenic belt of Himalaya porphyry copper deposits	
11	加拿大西部斑岩铜矿成矿带	Metallogenic belt of porphyry copper deposits in the western part of Canada	
12	美国西部斑岩铜矿成矿带	Metallogenic belt of porphyry copper ores in the western part of USA	
13	南美西部斑岩铜矿成矿带	Metallogenic belt of porphyry copper ores in the western part of South America	
14	西南太平洋岛弧区斑岩铜矿成矿带	Metallogenic belt of porphyry copper ores in south-western Pacific Island Arcs region	
15	中国北部古生代斑岩铜矿成矿带	Metallogenic belt of Palaeozoic porphyry copper ores of the Northern China	
16	中国中部前寒武纪斑岩铜矿成矿带	Metallogenic belt of Pre-cambrian porphyry copper ores in Central China	
17	中国东部中生代斑岩铜矿成矿带	Metallogenic belt of Mesozoic porphyry copper ores in Eastern China	
18	中国东海岛屿新生代斑岩铜矿成矿带	Metallogenic belt of Cenozoic porphyry copper ores in the islands of eastern sea	
19	湘西一黔东汞成矿带	Mercury metallogenic belt of western Hunan and eastern Guzhou provinces	
20	内蒙海西成矿带	Hercynian metallogenic belt of Neimenggu autonomous region	
21	东秦岭有色金属成矿带	Nonferrous-metallic metallogenic belt of Eastern Qinling	
22	燕一辽铁锰成矿带	Iron-Manganese metallogenic belt of Hebei-Liaoning provinces	

表 1（续）

代码	汉 字 名	英 译 名	说明
23	华北地台北缘成矿带	Metallogenic belt of northern margin of North China platform	
24	冀北—辽西钼(铜)成矿带	Molybdenum (copper) metallogenic belt of northern Hebei-western Liaoning provinces	
25	大兴安岭—太行山钼成矿带	Daxinganling-Taihangshan molybdenum metallogenic belt	
26	黑龙江多宝山铜(钼)成矿带	Duobaoshan copper (molybdenum) metallogenic belt of Heilongjiang province	
27	浙闽粤沿海钼成矿带	Molybdenum metallogenic belt along the coast of Zhejiang-Fujian-Guangdong provinces	
28	胶东—辽东钼成矿带	Eastern Shandong-eastern Liaoning provinces molybdenum metallogenic belt	
29	小兴安岭—张广才岭钼成矿带	Xiaoxinganling-Zhangguangcailing molybdenum metallogenic belt	
30	三江铜钼成矿带	Sanjiang copper-molybdenum metallogenic belt	
31	北祁连山黄铁矿型铜矿床成矿带	Metallogenic belt of pyritic copper deposit in the Northern Qilianshan	
32	北祁连山铬—铂矿床成矿带	Metallogenic belt of chromium-platinum deposit of the Northern Qilianshan	
33	湘西磷成矿带	Western Hunan-type phosphorus metallogenic belt	
34	滇东磷成矿带	Eastern Yunnan-type phosphorus metallogenic belt	
35	攀西裂谷成矿带	Pan-xi rift metallogenic belt	
KCAOAB	成矿亚带		
1	南祁连成矿亚带	Southern Qilianshan metallogenic sub-belt	
2	西华山—红桃林钨成矿亚带	Xihuashan-Hongtaolin tungsten metallogenic sub-belt	
3	宁—芜铁成矿亚带	Nanjing-Wuhu iron metallogenic sub-belt	
4	后峪—大弯—董家沟钼成矿亚带	Houyu-Dawan-Dongjiagou molybdenum metallgenic sub-belt	
5	西厂沟—小寺沟—肖家营子钼成矿亚带	Xichanggou-Xiaosigou-Xiaojiayingzi molybdenum methallogenic sub-belt	
6	新台门—松北—杨家杖子钼成矿亚带	Xintaimen-Songbei-Yangjiazhangzi molybdenum met-allogenic sub-belt	
KCAOB	成矿区		
01	华南成矿区	South China metallogenetic province	
02	西南成矿区	Southwestern China metallogenetic province	
03	天山成矿区	Tianshan metallogenetic province	
04	昆仑秦祁成矿区	Kunlun-Qinling-Qilianshan metallogenetic province	
05	滇藏成矿区	Yunnan and Xizang metallogenetic province	
06	中朝地块成矿区	Sino-korean massif metallogenic province	
07	松辽兴蒙成矿区	Song-Liao-Xing-Meng metallogenic province	
08	南岭钨锡成矿区	Nanling tungsten-tin metallogenic province	
09	东北钼成矿区	Northeastern China molybdenum metallogenic province	
10	华北钼成矿区	North China molybdenum metallogenic province	
11	华南钼成矿区	South China molybdenum metallogenic province	
12	辽宁南部变质铁矿成矿区	Metallogenic province of metamorphosed iron ores in the southern part of Liaonin	
KCAP	矿石结构与构造		
KCAPA	矿石结构	Texture of ores	
KCAPB	矿石构造	Structure of ores	
KCAPA	矿石结构		
01	固溶体分解结构	Exsolution texture	
02	乳滴状结构	Emulsion texture	

表 1（续）

代码	汉 字 名	英 译 名	说明
03	格子状结构	Grating texture	
04	叶片状结构	Leaf-like texture	
05	自形晶粒状结构	Idiomorphic granular texture	
06	半自形晶粒状结构	Hypidiomorphic granular texture	
07	他形晶粒状结构	Allotriomorphic granular texture	
08	海绵陨铁结构	Sideronitic texture	
09	包含结构	Poikilitic texture	
10	交代残余结构	Metasomatic-relict texture	
11	蠕虫状结构	Myrmekitic texture	
12	骸晶结构	Skeleton texture	
13	斑状变晶结构	Porphyroblastic texture	
14	花岗变晶结构	Granoblastic texture	
15	交代晶体结构	Metacrystal texture	
16	压碎结构	Crush texture	
17	揉皱结构	Crumpled texture	
18	粗粒结构	Coarse-grained texture	
19	中粒结构	Medium-grained texture	
20	细粒结构	Fine-grained texture	
21	中-粗粒结构	Medium-coarse texture	
22	中-细粒结构	Medium-fine texture	
23	等粒结构	Isogranular texture	
24	不等粒结构	Seriate texture	
25	斑状结构	Porphyritic texture	
26	镶嵌结构	Mosaic texture	
27	隐晶结构	Cryptocrystalline texture	
28	显晶结构	Phanerocrystalline texture	
KCAPB	矿石构造		
01	浸染状构造	Disseminated structure	
02	斑点状构造	Spotted structure	
03	块状构造	Massive structure	
04	准块状构造	Para-massive structure	
05	脉状构造	Vein structure	
06	对称带状构造	Symmetrical banded structure	
07	条带状构造	Banded structure	
08	马尾丝状构造	Horsetail structure	
09	环状构造	Ring structure	
10	梳状构造	Comb structure	栉状构造
11	晶簇构造	Drusy structure	
12	胶状构造	Colloform structure	
13	变胶状构造	Metacolloidal structure	
14	皮壳状构造	Crusty structure	
15	鲕状构造	Oolitic structure	
16	豆状构造	Pisolitic structure	
17	肾状构造	Reniform structure	
18	葡萄状构造	Botryoidal structure	
19	蜂窝状构造	Honeycomb structure	
20	角砾状构造	Brecciated structure	
21	残余构造	Relict structure	
22	皱纹构造	Plicated structure	
23	网脉状构造	Network structure	
24	斑杂状构造	Mottled structure	

表 1（续）

代码	汉 字 名	英 译 名	说明
KCB	矿床类型		
KCBA	矿床成因类型	Genetic type of mineral deposit	
KCBB	矿床工业类型	Industrial types of mineral deposits	
KCBA	矿床成因类型		
8100	岩浆矿床	Magmatic deposit	
8101	早期岩浆矿床	Early magmatic ore deposit	
8102	熔离矿床	Liquation deposit	
8103	晚期岩浆矿床	Late magmatic mineral deposit	
8200	气化热液矿床	Pneumato-hydrothermal deposit	岩浆期后热液矿床
8201	接触交代矿床	Contact-metasomatic deposit	矽卡岩矿床
8202	高温热液矿床	Hypothermal deposit	
8203	中温热液矿床	Mesothermal deposit	
8204	低温热液矿床	Epithermal deposit	
8205	远成热液矿床	Telethermal deposit	
8206	充填矿床	Mineral deposit by cavity filling	
8207	交代矿床	Metasomatic mineral deposit	
8208	岩浆期后矿床	Post-magmatic mineral deposit	
8209	热液矿床	Hydrothermal deposit	
8300	火山成因矿床	Volcanogenic mineral deposit	
8301	火山岩浆矿床	Volcanogene magmatic ore deposit	
8302	岩浆喷溢矿床	Ore deposit of magmatic eruption	
8303	喷发矿床	Eruptive mineral deposit	
8304	火山次火山热液矿床	Volcano-Subvolcanic hydrothermal ore deposit	
8305	喷气矿床	Exhalation deposit	
8306	火山热液矿床	Volcanogene hydrothermal ore deposit	
8307	次火山热液矿床	Subvolcanic-hydrothermal ore deposit	
8308	火山沉积矿床	Volcanogene sedimentary deposit	
8309	喷气沉积矿床	Exhalation-sedimentary mineral deposit	
8400	风化矿床	Mineral deposit by weathering process	
8401	风化壳矿床	Weathering crust mineral deposit	
8402	淋积矿床	Infiltration deposit	
8500	机械沉积矿床	Mineral deposit by mechanical sedimentation	
8501	砂矿床	Placer deposit	
8502	残积砂矿	Eluvial placer	
8503	坡积砂矿	Deluvial placer	
8504	洪积砂矿	Proluvial placer	
8505	冲积砂矿	Alluvial placer	
8506	河谷砂矿	Valley placer	
8507	河床砂矿	Riverbed placer	
8508	阶地砂矿	Bench placer	
8509	海滨砂矿	Seabeach placer	
8510	冰积砂矿	Ice carried placer	
8511	风成砂矿	Wind-formed placer	
8600	化学沉积矿床	Chemical-sedimentary deposit	
8601	胶体化学沉积矿床	Sedimentary deposit by colloidal chemistry	
8602	真溶液化学沉积矿床	Chemical-sedimentary deposit by true solution	
8603	生物化学沉积矿床	Biochemical-sedimentary ore deposit	
8700	蒸发沉积矿床	Evaporate deposit	
8701	盐湖矿床	Deposit of saline lake	
8702	卤水矿床	Brine deposit	

表 1（续）

代码	汉 字 名	英 译 名	说明
8800	变质矿床	Metamorphic deposit	
8801	受变质矿床	Metamorphosed deposit	被变质矿床 变质成因矿床
8802	变质生成矿床	Metamorphogenic deposit	变成矿床
8803	沉积变质矿床	Sedimento-metamorphic deposit	
8900	复合成因矿床	Deposit of compound origin	
8901	多成因复成矿床	Composite ore deposit of multiple genesis	
8902	多成因多阶段迭生矿床	Superimposed deposit of multiplegenesis-multiplestage	
8903	再生矿床	Regenerated deposit	
8950	成因不明矿床	Agnostogenic deposits	
KCBB	矿床工业类型		
0101	攀枝花式钒钛磁铁矿矿床	Panzhihua-type vanadic titanomagnetite deposit	
0102	大庙式铁矿床	Damiao-type iron deposit	
0103	基鲁纳式铁矿床	Kiruna-type iron deposit	
0104	大冶式铁矿床	Daye-type iron deposit	
0105	邯邢式铁矿床	Hanxing-type iron deposit	
0106	玢岩式铁矿床	Porphyrite-type iron deposit	
0107	镜铁山式铁矿床	Jingtieshan-type iron deposit	
0108	梅山式铁矿床	Maishan-type iron deposit	
0109	凤凰山式铁矿床	Fenghuangshan-type iron deposit	
0110	南山式铁矿床	Nanshan-type iron deposit	
0111	铁矿山式铁矿床	Tiekuangshan-type iron deposit	
0112	黑鹰山式铁矿床	Heiyingshan-type iron deposit	
0113	朱崖式铁矿床	Zhuya-type iron deposit	
0114	拉科式铁矿床	Lako-type iron deposit	
0115	凹山式铁矿床	Aoshan-type iron deposit	
0116	宣龙式沉积铁矿床	Xuanlong-type sedimentary iron deposit	
0117	宁乡式铁矿床	Ningxiang-type iron deposit	
0118	刻赤铁矿床	Kerch iron deposit	
0119	克林顿铁矿床	Clinton iron deposit	
0120	洛林式铁矿床	Lorraine-type iron deposit	
0121	黄梅式菱铁矿矿床	Huangmei-type siderite deposit	
0122	四海式铁矿床	Sihai-type iron deposit	
0123	宁南式铁矿床	Ningnan-type iron deposit	
0124	江油式铁矿床	Jiangyou-type iron deposit	
0125	鞍山式受变质沉积铁矿床	Anshan-type metamorphosed sedimentary iron deposit	含铁石英岩矿床
0130	阿尔戈马型含铁建造	Algoma-type iron formation	
0131	苏必利尔湖型铁矿床	Lake Supcrior-type iron deposit	
0132	克里沃罗格式铁矿床	Krivoy Rog type iron deposit	
0133	山西式铁矿床	Shanxi-type iron deposit	
0134	石碌式铁矿床	Shilu-type iron deposit	
0135	大红山式铁矿床	Dahongshan-type iron deposit	
0136	红土化型铁矿床	Laterized-type iron deposit	
0137	铁帽型铁矿床	Gossan-type iron deposit	
0138	坡积铁矿床	Slope-wash iron deposit	
0139	云浮式铁矿床	Yunfu-type iron deposit	
0140	和靖式铁矿床	Hejing-type iron deposit	
0141	寿阳式铁矿床	Shouyang-type iron deposit	
0142	大栗子式铁矿床	Dalizi-type iron deposit	
0143	临江式铁矿床	Linjiang-type iron deposit	
0144	新余式铁矿床	Xinyu-type iron deposit	

表 1（续）

代码	汉字名	英译名	说明
0145	卡腊贾斯型铁矿床	Calacas-type iron deposit	
0146	哈默斯利型铁矿床	Hamersley-type iron deposit	
0147	米纳斯吉拉斯型铁矿床	Minas Gerais type iron deposit	
0148	赵案庄式铁矿床	Zhaoanzhuang-type iron deposit	
0149	涪陵式铁矿床	Fuling-type iron deposit	
0150	华亭式铁矿床	Huating-type iron deposit	
0151	温都尔庙式铁矿床	Wenduermiao-type iron deposit	
0152	库尔斯克型铁矿床	Kursk-type iron deposit	
0153	白云鄂博式铁矿床	Baiyunebo-type iron deposit	
0154	姑山式铁矿床	Gushan-type iron deposit	
0201	湘潭式海相沉积锰矿床	Xiangtan-type marine sedimentary manganese deposit	
0202	瓦房子式锰矿床	Wafangzi-type manganese deposit	
0203	尼科波尔锰矿床	Nikopor manganese deposit	
0204	奇阿图拉锰矿床	Chiatura manganese deposit	
0205	下雷式锰矿床	Xialei-type manganese deposit	
0206	遵义式锰矿床	Zunyi-type manganese deposit	
0207	莫托沙拉式锰矿床	Motuoshala-type manganese deposit	
0208	洋底锰结核	Manganese nodules on the ocean floor	
0209	风化壳锰矿床	Manganese deposit in the weathering crust	
0210	沉积变质锰矿床	Sedimento-metamorphic manganese deposit	
0211	层控铅锌铁锰矿床	Stratabound lead-zinc-iron-manganese deposit	
0212	桃江式锰矿床	Taojiang-type manganese deposit	
0214	木圭式锰矿床	Mugui-type manganese deposit	
0215	卡拉哈里锰矿床	Karahari manganese deposit	
0216	阿塔苏锰矿床	Ata-Su manganese deposit	
0217	波斯特马斯堡锰矿床	Postmasburg manganese deposit	
0301	布什维尔得铬矿床	Bushveld chromium deposit	
0302	肯皮尔赛铬矿床	Kempirsay chromium deposit	
0401	钙钛矿钛磁铁矿矿床	Perovskite-titanomagnetite deposit	
0501	绿硫钒脉状矿床	Patronite lode deposit	
0601	金川铜镍硫化物矿床	Jinchuan copper-nickel sulphide deposit	
0602	红旗岭铜镍矿床	Hongqiling copper-nickel deposit	
0603	肖德贝里铜镍矿床	Sudbury copper-nickel deposit	
0604	卡姆巴尔达式镍矿床	Kambalda-type nickel deposit	
0605	五元素建造镍矿床	Ore deposit of penta element formation	
0606	风化壳型硅酸镍矿床	Nickeliferous silicate deposit in weathering crust type	
0607	沉积型镍硫化物矿床	Nickel sulfide deposit of sedimentary type	
0701	钴矿床	Cobalt deposit	
0801	黑钨矿石英脉矿床	Wolframite-quartz vein deposit	
0802	矽卡岩白钨矿矿床	Scheelite skarn deposit	
0803	钨锑金石英脉矿床	Tungsten-antimony-gold-quartz vein deposit	
0804	西华山钨矿床	Xihuashan tungsten deposit	
0805	瑶岗仙钨矿床	Yaogangxian tungsten deposit	
0901	斑岩铜矿床	Porphyry copper deposit	
0902	变质岩层状铜矿床	Metamorphosed stratiform copper deposit	
0903	含铜砂岩矿床	Cupreous sandstone deposit	
0904	含铜页岩矿床	Copper shale deposit	
0905	红层铜矿床	Red-beds copper deposit	
0906	黄铁矿型铜矿床	Pyritic copper deposit	
0907	块状硫化物型铜矿床	Massive sulphide-type copper deposit	
0908	矽卡岩型铜矿床	Skarn-type copper deposit	

表 1（续）

代码	汉字名	英译名	说明
0909	脉状铜矿床	Vein type copper deposit	
0910	超基性岩铜镍矿床	Copper-nickel deposit in ultrabasic rock	
0911	中条山铜矿峪铜矿床	Tongkuangyu copper deposit of Zhongtiaoshan	
0912	层状铜矿床	Stratiform copper deposit	
0913	东川铜矿床	Dongchuan copper deposit	
0914	哲兹卡兹甘铜矿床	Dzhezkazgan copper deposit	
0915	中非铜矿床	Central-African copper deposit	
0916	白银厂铜矿床	Baiyinchang copper deposit	
1001	斑岩钼矿床	Porphyry molybdenum deposit	细脉浸染型钼矿床
1002	矽卡岩型钼矿床	Skarn molybdenum deposit	
1003	辉钼矿石英脉	Molybdenite-quartz vein	
1004	金堆城钼矿床	Jinduicheng molybdenum deposit	
1005	杨家杖子钼矿床	Yangjiazhangzi molybdenum deposit	
1101	矽卡岩型铅锌矿床	Lead-zinc deposit in skarn	
1102	层控铅锌矿床	Strata-bound lead-zinc deposit	
1103	脉状铅锌矿床	Vein type lead-zinc deposit	
1104	黄铁矿型多金属矿床	Pyritic-type-polymetallic deposit	
1105	块状硫化物型多金属矿床	Massive sulfide-type polymetallic deposit	
1106	黑矿型矿床	Kuroko-type deposit	
1107	水口山铅锌矿床	Shuikoushan lead-zinc deposit	
1108	碳酸盐岩层控铅锌矿床	Stratabound lead-zinc deposit in carbonate rocks	
1109	密西西比河谷式铅锌矿床	Mississippi-valley-type lead-zinc deposit	
1110	锡铁山铅锌矿床	Xitieshan lead-zinc deposit	
1111	芒特艾萨多金属矿床	Mount Isa polymetallic deposit	
1112	碳酸盐岩交代铅锌矿床	Metasomatic lead-zinc depositin carbonate rocks	
1201	矽卡岩型锡矿床	Skarn-type tin deposit	
1202	锡石石英脉矿床	Cassiterite-quartz vein deposit	
1203	锡石硫化物矿床	Cassiterite-sulfide deposit	
1204	云英岩型锡矿床	Greisen-type tin deposit	
1205	砂锡矿床	Tin placer	
1206	斑岩型锡矿床	Porphyry-type tin deposit	
1301	含铋脉状钨锡矿床	Bismuthic veined tungsten-tin deposit	
1302	含铋脉状硫化物矿床	Bismuthic veined sulfide deposit	
1303	五元素铋矿床	Bismuthic deposit of penta element	
1401	碳酸盐岩层中层状汞矿床	Stratiform mercury deposit in carbonate rocks	
1402	脉状汞矿床	Veined mercury deposit	
1501	碳酸盐岩层中层状锑矿床	Stratiform antimony deposit in carbonate rocks	
1502	热液脉状锑矿床	Hydrothermal-veined antimony deposit	
1601	海相沉积铝土矿矿床	Marine sedimentary bauxite deposit	
1602	风化壳型铝土矿矿床	Weathering-crust-type bauxite deposit	
1701	层状菱镁矿矿床	Stratiform magnesite deposit	
1801	斑岩型金矿床	Porphyry-type gold deposit	
1802	火山岩中金铜矿床	Gold-copper deposit in volcanics	
1803	火山岩中金银矿床	Gold-silver deposit in volcanics	
1804	绿岩带中含金石英脉	Gold-quartz vein in greenstone belt	
1805	片麻岩混合岩中含金石英脉	Gold-quartz vein in gneiss-migmatite	
1806	花岗岩中金多金属矿脉	Gold-polymetallic vein in granite	
1807	含金铀砾岩矿床	Uranium-and gold-bearing conglomerate deposit	
1808	砂金矿床	Gold placer	
1809	焦家式金矿床	Jiaojia-type gold deposit	

表 1（续）

代码	汉字名	英译名	说明
1810	卡林型金矿床	Carlin-type gold deposit	
1811	霍姆斯塔克型金矿床	Homestake-type gold deposit	
1812	伴生金矿床	Accompanying gold deposit	
1901	银矿床	Silver deposit	
2001	砂铂矿床	Platinum placer	
2002	含铂金铜石英脉	Platinum-gold-copper quartz vein	
2003	含铂石英脉	Platinum-bearing quartz vein	
2101	脉状沥青铀矿硫化物矿床	Vein-type pitchblende-sulfide deposit	
2102	五元素型铀矿床	Uranium deposit of penta element type	
2103	含铀石英脉矿床	Uranium-bearing quartz vein deposit	
2104	含铀萤石脉矿床	Uranium-bearing fluorite vein deposit	
2105	含铀磷块岩矿床	Uranium-phosphorite deposit	
2106	含铀砂岩砾岩矿床	Uranium-sandstone-conglomerate deposit	
2201	含钍石碱性岩矿床	Thorite-bearing alkaline rock deposit	
2202	矽卡岩型方钍石矿床	Skarn-thorianitic deposit	
2203	含钍碳酸岩型矿床	Thorium-bearing carbonatite deposit	
2301	伟晶岩锂矿床	Spodumene-lepidolite-pegmatite deposit	
2302	盐湖型锂矿床	Salt-lake-type lithium deposit	
2303	绿柱石伟晶岩矿床	Beryl pegmatite deposit	
2304	含绿柱石交代蚀变花岗岩矿床	Beryl-bearing metagranite deposit	
2305	含铍矽卡岩矿床	Beryllium-bearing skarn deposit	
2306	铌钽交代蚀变花岗岩矿床	Niobium and tantalum deposit in altered granite	
2307	含细晶石交代蚀变花岗岩矿床	Microtite-bearing metagranite deposit	
2308	铌钽伟晶岩矿床	Niobium-and tantalum-bearing pegmatite deposit	
2309	烧绿石碳酸岩矿床	Pyrochlore-bearing carbonatite deposit	
2310	锆矿床	Zirconium deposit	
2311	矽卡岩硼矿床	Boron-bearing skarn deposit	
2312	火山沉积型硼矿床	Vocano-sedimentary-type boron deposit	
2313	盐湖型硼矿床	Salt-lake-type boron deposit	
2314	绿柱石石英脉矿床	Beryl-quartz vein deposit	
2401	锗矿床	Germanium deposit	
2402	镓矿床	Gallium deposit	
2403	铟矿床	Indium deposit	
2404	铊矿床	Thallium deposit	
2405	镉矿床	Cadmium deposit	
2406	硒矿床	Selenium deposit	
2407	碲矿床	Tellurium deposit	
2408	碘矿床	Iodine deposit	
2409	铼矿床	Rhenium deposit	
2410	铷矿床	Rubidium deposit	
2411	铯矿床	Cesium deposit	
2412	钪矿床	Scandium deposit	
2413	铪矿床	Hafnium deposit	
2414	金属矿床	Metallic mineral deposit	
2501	开阳式磷矿床	Kaiyang-type phosphate deposit	
2502	昆阳式磷矿床	Kunyang-type phosphate deposit	
2503	什邡式磷矿床	Shifang-type phosphate deposit	
2504	凤台式磷矿床	Fengtai-type phosphate deposit	
2505	富川式磷矿床	Fuchuan-type phosphate deposit	
2506	孤峰式磷矿床	Gufeng-type phosphate deposit	
2507	浏阳式磷矿床	Liuyang-type phosphate deposit	

表 1（续）

代码	汉 字 名	英 译 名	说明
2508	东海式磷矿床	Donghai-type phosphate deposit	海州式磷矿床
2509	丰宁式磷矿床	Fengning-type phosphate deposit	
2510	麻山式磷矿床	Mashan-type phosphate deposit	
2511	湟中式磷矿床	Huangzhong-type phosphate deposit	
2512	马营式磷矿床	Maying-type phosphate deposit	
2513	兴和式磷矿床	Xinghe-type phosphate deposit	
2514	西霞式磷矿床	Xixia-type phosphate deposit	
2515	德保式磷矿床	Debao-type phosphate deposit	
2516	马龙式磷矿床	Malong-type phosphate deposit	
2517	东方式磷矿床	Dongfang-type phosphate deposit	
2518	西沙式磷矿床	Xisha-type phosphate deposit	
2519	磷灰石矿床	Apatite deposit	
2520	海相沉积磷块岩矿床	Marine sedimentary phosphorite deposit	
2601	自然硫矿床	Native sulphur deposit	
2602	碳酸盐岩及砂页岩中硫铁矿床	Pyrite deposit in carbonate rock and sandstoneshale	
2603	火山岩系中硫铁矿床	Pyrite deposit in volcanic series	
2604	沉积变质硫铁矿床	Sedimentary-metamorphosed pyrite deposit	
2605	矽卡岩型硫铁矿床	Skarn-type pyrite deposit	
2606	煤系沉积硫铁矿床	Sedimentary pyrite deposit in coal series	
2607	脉状硫铁矿床	Vein type pyrite deposit	
2701	钾盐矿床	Potash salt deposit	
2702	海绿石矿床	Glauconite deposit	
2703	硝酸岩矿床	Nitrate deposit	
2704	硼酸岩矿床	Borate deposit	
2705	天然碱矿床	Trona deposit	
2706	溴矿床	Bromine deposit	
2707	碘矿床	Iodine deposit	
2708	盐湖	Salt lake	
2801	明矾石矿床	Alunite deposit	
2802	重晶石矿床	Barite deposit	
2803	漂白土矿床	Fuller's earth deposit	
2804	硅藻土矿床	Diatomite deposit	
2901	石墨矿床	Graphite deposit	
2902	金刚石矿床	Diamond deposit	
2903	晶质（鳞片状）石墨矿床	Crystalline(flaky)graphite deposit	
2904	隐晶质（土状）石墨矿床	Aphanitic(earthy)graphite deposit	
2905	白云母矿床	Muscovite deposit	
2906	金云母矿床	Phlogopite deposit	
2907	云母矿床	Mica deposit	
2908	蛭石矿床	Vermiculite deposit	
2909	石棉矿床	Asbestos deposit	
2910	蛇纹石石棉矿床	Chrysotile-asbestos deposit	
2911	蓝石棉矿床	Crocidolite-asbestos deposit	
2912	滑石绿泥片岩矿床	Talc-chlorite schist deposit	
2913	瓦板岩矿床	Roofing slate deposit	
3001	压电水晶矿床	Piezo-electric monutain crystal deposit	
3002	电气石矿床	Tourmaline deposit	
3003	水晶矿床	Mountain crystal deposit	
3004	方解石矿床	Calcite deposit	
3005	冰洲石矿床	Iceland spar deposit	
3006	石膏矿床	Gypsum deposit	

表 1（续）

代码	汉　字　名	英　译　名	说明
3101	石灰岩矿床	Limestone deposit	
3102	萤石矿床	Fluorite deposit	
3103	白云岩矿床	Dolomite deposit	
3104	耐火粘土矿床	Fite clay deposit	
3105	菱镁矿矿床	Magnesite deposit	
3106	冰晶石矿床	Cryolite deposit	
3201	粘土矿床	Clay deposit	
3202	高岭土矿床	Kaolin deposit	
3203	叶蜡石矿床	Pyrophyllite deposit	
3204	硅线石矿床	Sillimanite deposit	
3205	红柱石矿床	Andlusite deposit	
3206	蓝晶石矿床	Kyanite deposit	
3207	长石矿床	Feldspar deposit	
3208	石英砂矿床	Quartz sand deposit	
3209	砂岩矿床	Sandstone deposit	
3210	石英岩矿床	Qranite deposit	
3211	硬质高岭土矿床	Hard kaolin deposit	
3212	软质高岭土矿床	Soft kaolin deposit	
3213	砂质高岭土矿床	Sandy kaolin deposit	
3214	凹凸棒石粘土矿床	Attapulgite clay deposit	
3215	累托石矿床	Rectorite deposit	
3216	硅灰石矿床	Wollastonite deposit	
3301	花岗岩矿床	Granite deposit	
3302	大理岩矿床	Marble deposit	
3303	板岩矿床	Slate deposit	
3304	珍珠岩矿床	Perlite deposit	
3305	泥灰岩矿床	Marl deposit	
3307	砂砾矿床	Sand and gravel deposit	
3308	硬石膏矿床	Anhydrite deposit	
3401	白垩矿床	Chalk deposit	
3402	滑石矿床	Talc deposit	
3403	皂石矿床	Saponite deposit	
3404	橄榄岩矿床	Peridotite deposit	
3501	宝石矿床	Precious stone deposit	
3502	玉石矿床	Jade deposit	
3503	蓝宝石矿床	Sapphire deposit	
3504	红蓝宝石矿床	Ruby-sapphire deposit	
3505	绿松石矿床	Turquoise deposit	
3506	尖晶石矿床	Spinel deposit	
3507	蔷薇辉石矿床	Rhodonite deposit	
3601	石榴子石矿床	Garnet deposit	
3602	刚玉矿床	Corundum deposit	
3603	浮岩矿床	Pumice deposit	
3701	海泡石矿床	Sepiolite deposit	
3702	膨润土矿床	Bentonite deposit	
3703	非金属矿床	Nonmetallic mineral deposit	
3809	伴生金矿床	Accompanying gold deposit	
KCC	矿种		
1001	煤	Coal	
1002	油页岩	Oil shale	
1003	石油	Petroleum	

表 1（续）

代码	汉 字 名	英 译 名	说明
1004	天然气	Natural gas	
1006	煤成气	Gas from coal	
1009	石煤	Stone coal	
2001	铁	Iron	
2002	锰	Manganese	
2003	铬	Chromium	
2004	钛	Titanium	
2005	钒	Vanadium	
2006	铜	Copper	
2007	铅	Lead	
2008	锌	Zinc	
2009	铝土矿	Boxites	
2011	镁	Magnesium	
2012	镍	Nickel	
2013	钴	Cobalt	
2014	钨	Tungsten	
2015	锡	Tin	
2016	铋	Bismuth	
2017	钼	Molybdenum	
2018	汞	Mercury	
2019	锑	Antimony	
2101	铂	Platinum	
2102	钯	Palladium	
2103	铱	Iridium	
2104	铑	Rhodium	
2105	锇	Osmium	
2106	钌	Ruthenium	
2201	金	Gold	
2202	银	Silver	
2301	铌	Niobium	
2302	钽	Tantalum	
2401	铍	Beryllium	
2402	锂	Lithium	
2403	锆	Zirconium	锆英石
2404	锶	Strontium	
2405	铷	Rubidium	
2406	铯	Cesium	
2501	钇	Yttrium	
2502	钆	Gadolinium	
2503	铽	Terbium	
2504	镝	Dysprosium	
2505	钬	Holmium	
2506	铒	Erbium	
2507	铥	Thulium	
2508	镱	Ytterbium	
2509	镥	Lutetium	
2601	铈	Cerium	
2602	镧	Lanthanum	
2603	镨	Praseodymium	
2604	钕	Neodymium	
2605	钐	Samarium	

表 1（续）

代码	汉 字 名	英 译 名	说明
2606	铕	Europium	
2701	锗	Germanium	
2702	镓	Gallium	
2703	铟	Indium	
2704	铊	Thallium	
2705	铪	Hafnium	
2706	铼	Rhenium	
2707	镉	Cadmium	
2708	钪	Scandium	
2709	硒	Selenium	
2711	碲	Tellurium	
2712	铀	Uranium	
2713	钍	Thorium	
3010	金刚石	Diamond	
3020	石墨	Graphite	
3030	自然硫	Native sulfur	
3070	硫铁矿	Pyrite	
3100	水晶	Quarty crystal	
3101	压电水晶	Piegocrystal	
3102	熔炼水晶	Smeltting crystal	
3103	光学水晶	Optical crystal	
3104	工艺水晶	Technique crystal	
3110	刚玉	Corundum	
3200	蓝晶石	Kganite	
3210	硅线石	Sillimanite	
3220	红柱石	Andalusite	
3230	硅灰石	Wollastonite	
3240	钠硝石	Nitre	
3250	滑石	Talc	
3260	石棉	Asbestos	
3270	蓝石棉	Blue asbestos	
3280	云母	Mica	
3290	长石	Falaspar	
3300	电气石	Tourmaline	
3310	石榴子石	Garnet	
3320	黄玉	Topag	
3330	叶腊石	Pyrophyllite	
3340	透辉石	Vermiculite diopside	
3350	蛭石	Vermiculite	
3360	沸石	Zeolite	
3370	透闪石	Tremotite	
3500	明矾石	Aluminilite	
3510	芒硝(含钙芒硝)	Mirabilite	
3520	石膏(含硬石膏)	Gypsum	
3530	重晶石	Barite	
3600	毒重石	Witherite	
3610	天然碱	Trona	
3620	方解石	Calcite	
3630	冰洲石	Iceland spar	
3640	菱镁矿	Magnesite	
3700	萤石	Fluorite	

表 1（续）

代码	汉 字 名	英 译 名	说明
3701	普通萤石	Ordinary fluorite	
3702	光学萤石	Optical fluorite	
3750	宝石	Jamstone	
3800	玉石	Jadestone	
3850	玛瑙	Agate	
3870	颜料矿物	Mineral for pigment	
3871	赭石	Ochreous iron ore	
3872	颜料黄土	Pigment loess	
3900	石灰岩	Limestone	
3901	电石用灰岩	Limestone for carbide	
3902	制碱用灰岩	Limestone for alkali industry	
3903	化肥用灰岩	Limestone for chemical firtiliger	
3904	熔剂用灰岩	Limestone for flux	
3905	玻璃用灰岩	Limestone for glass	
3906	水泥用灰岩	Limestone for cement	
3907	建筑石料用灰岩	Limestone for construction	
3908	饰面用灰岩	Limestone for ornament	
3909	制灰用灰岩	Limestone for lime industry	
3920	泥灰岩	Marl	
3930	白垩	Chalk	
3940	白云岩	Dolomite crystal	
3941	冶金用白云岩	Dolomite for metallurgical use	
3942	化肥用白云岩	Dolomite for chemical firtiliger	
3943	玻璃用白云岩	Dolomite for glass	
3944	建筑用白云岩	Dolomite for cast stone	
3950	石英岩	Quartzite	
3951	冶金用石英岩	Quartzite for metallurgical use	
3952	玻璃用石英岩	Quartzite for glass	
3953	化肥用石英岩	Quartzite for chemical firtilizer	
3970	砂岩	Sandstone	
3971	冶金用砂岩	Sandstone for metallurgical use	
3972	玻璃用砂岩	Sandstone for glass	
3973	水泥配料用砂岩	Sandstone for cement burden	
3974	砖瓦用砂岩	Sandstone for brick-tile	
3975	化肥用砂岩	Sandstone for fertilizer	
3976	铸型用砂岩	Sandstone for cast	
3977	陶瓷用砂岩	Sandstone for ceramic	
3990	天然石英砂	Quartz sand	
3991	玻璃用砂	Sand for glass	
3992	铸型用砂	Sand for foundry	
3993	建筑用砂	Sand for construction	
3994	水泥配料用砂	Sand for cement burden	
3995	水泥标准砂	Standard sand for cement	
3996	砖瓦用砂	Sand for brick-tile	
4030	脉石英	Vein quartz	
4031	冶金用脉石英	Vein quartz for metallurgical use	
4032	玻璃用脉石英	Vein quartz for glass	
4050	粉石英	Konilite	
4070	天然油石	Native oilstone	
4080	含钾岩石	Potassium-bearing rock	
4090	含钾砂页岩	K-bearing sandstone and shale	

表 1（续）

代码	汉 字 名	英 译 名	说明
4110	硅藻土	Tripolite	
4130	页岩	Shale	
4131	陶粒页岩	Ceramisite shale	
4132	砖瓦用页岩	Shale for brick-tile	
4133	水泥配料用页岩	Shale for cement burden	
4150	高岭土	Kaolin	
4170	陶瓷土	Ceramic clay	
4190	耐火粘土	Refractory clay	
4210	凹凸棒石粘土	Attapulgite clay	
4230	海泡石粘土	Sepiolite clay	
4250	伊利石粘土	Illite clay	
4270	累托石粘土	Rectorite clay	
4290	膨润土	Bentonite	
4310	铁矾土	Bauxite	
4410	其他粘土	Other clay	
4411	铸型用粘土	Clay for foundry	
4412	砖瓦用粘土	Clay for brick-tile	
4413	陶粒用粘土	Ceramisite clay	
4414	水泥配料用粘土	Clay for cement burden	
4415	水泥配料用红土	Latemite for cement burden	
4416	水泥配料用黄土	Loess for cement burden	
4417	水泥配料用泥岩	Mudstone for cement burden	
4418	保温材料用粘土	Clay for keeping temperature material	
4510	橄榄岩	Peridotite	
4512	化肥用橄榄岩	Peridotite for chemical firtilizer	
4513	建筑用橄榄岩	Refractory peridotite	
4530	蛇纹岩	Serpentinite	
4531	熔剂用蛇纹岩	Serpentinite for flux	
4532	化肥用蛇纹岩	Serpentinite for chemical firtilizer	
4533	饰面用蛇纹岩	Serpentinite for ornament	
4550	玄武岩	Basalt	
4551	铸石用玄武岩	Basalt for cast stone	
4552	岩棉用玄武岩	Basalt for rock-asbestos	
4570	辉绿岩	Diabase	
4571	水泥用辉绿岩	Diabase for cement	
4572	铸石用辉绿岩	Diabase for cast stone	
4573	饰面用辉绿岩	Diabase for ornament	
4574	建筑用辉绿岩	Diabase for build	
4590	安山岩	Andesite	
4591	饰面用安山岩	Andesite for ornament	
4592	建筑用安山岩	Andesite for build	
4593	水泥混合材用安山玢岩	Andesite porphyrite for cement mix-material	
4610	闪长岩	Diorite	
4611	建筑用闪长岩	Diorite for build	
4612	水泥混合材用闪长玢岩	Diorite porphyrite for cement mix-material	
4710	花岗岩	Granite	
4711	建筑用花岗岩	Granite for build	
4712	饰面用花岗岩	Granite for ornament	
4730	珍珠岩	Pearlite	
4750	黑曜岩	Obsidian	
4770	松脂岩	Pitchstone	

表 1（续）

代码	汉　字　名	英　译　名	说明
4790	浮石	Pumice	浮岩
4810	粗面岩	Trachyte	
4811	水泥用粗面岩	Trachyte for cement	
4812	铸石用粗面岩	Trachyte for cast stone	
4830	霞石正长岩	Nepheline syenite	
4850	凝灰岩	Tuff	
4851	玻璃用凝灰岩	Tuff for glass	
4852	水泥用凝灰岩	Tuff for cement	
4853	建筑用凝灰岩	Tuff for construction	
4870	火山灰	Volcanic ash	
4890	火山渣	Scoria	
4910	大理岩	Marble	
4911	饰面用大理岩	Marble for decoration	
4912	建筑用大理岩	Marble for construction	
4913	水泥用大理岩	Marble for cement	
4914	玻璃用大理岩	Marble for glass	
4920	板岩	Slate	
4921	饰面用板岩	Slate for ornament	
4922	水泥配料用板岩	Slate for cement burden	
4930	片麻岩	Gneiss	
4940	角闪岩	Hornblendite	
4950	泥炭	Peat	
4970	天然沥青	Native pitch	
5510	矿盐	Saline ores	
5511	湖盐	Lake salt	
5512	岩盐	Rock salt	
5513	天然卤水	Natural brine	
5530	镁盐	Magnesium salt	
5550	钾盐	Sylvite	
5610	碘	Zodine	
5630	溴	Bromine	
5650	砷	Arsenic	
5670	硼	Boron	
5690	磷	Phosphorus	
7010	矿泉水	Mineralized spring	
7030	地下水	Ground water	
7050	地热	Geotherm	
7070	二氧化碳气	Carbon dioxide gas	
7090	硫化氢气	Sulfurated hydrogen gas	
7110	氦气	Helium gas	
7130	氡气	Radon	

附 录 A
（规范性附录）
关于分类选词范围归属的说明

《地质矿产术语分类代码》各学科大类的选词范围基本参照地质出版社出版的《地质辞典》划分。具体内容如下。

A.1 宇宙地质学(YZ)：包括天体地质学，陨石学，天文地质学。月球地质学较详细，包括月球结构、地貌、月球矿物等。陨石学的陨击坑、陨石、陨石矿物等。

A.2 地球物理学(DW)：包括地球的各种物理性质、基本物理量及单位，古地磁级、磁场、仪器测量及数据处理等内容。

A.3 火山地质(HS)：包括火山机制与构造，火山活动、喷发、喷出物、火山地貌、区域火山地质，近期火山活动。

A.4 地震地质(DZ)：包括地震的分类、成因、前兆、灾害、预报及图件资料等。

A.5 外动力地质学(WZ)：包括外营力，外力地质作用类型，外力地质作用方式，影响外力地质作用的因素等。

A.6 地貌学(DM)：包括由地球内力及各种外力地质作用在地球表面形成的地貌分类、形态、年龄及各种地貌图件等。

A.7 大地构造学(DD)：包括各大地构造学派对大地构造的分类、单元划分、构造演化、构造特征，我国及世界主要区域构造，研究和区分各种构造的地质特征、依据和研究方法，以及地壳运动和新构造等。

A.8 构造地质学(GZ)：包括成层构造，褶皱、节理、断层、面理、线理、同沉积构造，岩浆岩原生构造，重力、底辟、撞击构造、显微构造、矿田构造、应变分析，构造应力场等。

A.9 矿物学及结晶学(KW)：包括矿物的成因、形态、物理性质(侧重肉眼鉴定方面)、化学组成、矿物分类和名称及晶体发生学、几何结晶学和结构结晶学方面的内容。

A.10 岩石学(YS)：包括三大类岩石的名称、结构、构造、成分，各种岩相，火成岩产状，岩浆作用，岩石组合，沉积模式，沉积环境，沉积相及变质作用的类型、方式，变质建造等。

A.11 地球化学(DH)：包括元素地球化学的化学元素，地球化学参数，元素地球化学分类、分布、作用；放射性同位素地球化学中的同位素表，同位素的类型、分析测量方式、仪器，地质年龄的测量和计算；稳定同位素分析、地质及地球化学特点；实验地球化学中有关包裹体类型、成因、镜下特征和实验技术、设备、参数以及各类地球化学图件等。

A.12 岩矿鉴定(YK)：包括各种鉴定方法、鉴定参数、仪器、岩矿物理性质(侧重仪器鉴定方面)。

A.13 化学分析(HX)：包括分析类型，分析方法、分析项目、分析误差、样品分解、化学反应，分析结果、分析浓度、测试条件、化学常数及分析仪器、试剂种类等。

A.14 地史学及地层学(DS)：包括年代地层学的基本概念以及全国范围内各时代各大区组以上的地层单位名称。

A.15 古地理学(GD)：包括古地理事件，古地理单元，古地理特征及古地理图件等。

A.16 矿床学(KC)：包括矿产、矿床成因、矿床类型、矿田构造、矿体形状、成矿作用、围岩蚀变、矿石结构、构造、成矿带等。

A.17 煤地质学(MD)：包括煤层、聚煤作用、煤变质作用，聚煤盆地分析；煤炭资源勘探有关内容；煤化、煤质、工业分析，煤的气化和液化；煤岩成分分类，煤的物理性质以及煤的各种分类等。

A.18 石油及天然气地质学(SY)：包括油气显示和固体沥青，石油分类，石油的物理性质、组成、馏分及简易分析，石油烃类化合物，石油非烃类化合物、天然气、油气田水、储集层、圈闭、油气成因、运移、聚集、油气盆地，石油地球化学分析及同位素地球化学(有机部分)，烃原岩及其评价、油气勘探、储量和资源量

计算、油气田开发等内容。

A.19 海洋地质学(HY):包括海洋构成,海洋及河口水文要素、海洋地貌、海洋沉积、海洋底构造、海底矿产资源、古海洋及古气候和海洋地质调查等内容。

A.20 水文地质学(SW):包括水文地质学基础内容、各种水文地质调查、水文地质钻探、野外水文地质试验、地下水动态与均衡、水文地球化学、地下水动力学、岩溶水文地质、水资源、矿床水文地质、土壤改良、各项水文调查成果等。

A.21 工程地质学(GC):包括岩土成分与结构、岩土工程性质、岩土工程地质分类、岩土工程改良以及土体工程、岩体工程、区域工程等各种工程地质条件、问题、作用、研究方法和工程地质勘察等内容。

A.22 地热地质学(DR):包括地温调查、热流、地热显示、地球化学调查、地热勘探、地热介质、地热区、地热储、地热田、地热系统、地热开发、地热经济及地热图件等。

A.23 环境地质学(HJ):包括环境地球化学、环境水文地质学、城市地质、医学地质以及环境污染、环境质量和环境保护等内容。

A.24 地质经济(JJ):包括矿产资源形势分析、矿产资源的储备、供需、经济决策各项指标,矿产、矿业和矿产品各项经济指标、矿床经济评价指标、地质工作经济效果及地质工作管理等内容。

A.25 遥感地质(YG):包括遥感技术方法在地质领域的应用、遥感台仪器设备、遥感图像及解释、成果资料等。

A.26 数学地质(SD):包括地质数据统计分析、矿产资源预测及评价、地质过程模拟、用于地质工作中的各种数学方法以及这些方法涉及到的各种参数、变量和计算机处理等方面的内容。

A.27 区域地质调查(QD):包括工作区概况、工作步骤、各种调查方法、野外数据采集及调查成果资料等。

A.28 地球物理勘探(WT):包括重、磁、电、地震、测井各种物探方法用于陆地、空中、海上各方面所涉及的数据采集、各种物性参数、方法手段、仪器设备、资料数据解释及成果图件等内容。

A.29 勘查地球化学(HT):包括勘查地球化学所依据的地球化学背景、异常、分散、元素存在形式等基本原理涉及的各项内容,各种化探方法,野外样品采集、各种参数、数据处理及成果解释等内容。

A.30 矿山地质与采矿(KS):包括矿山设计、基础地质工作、生产勘探、生产指导及矿山储量、矿石贫化、矿石损失方面的内容和有关采矿、通风、排水等内容。

A.31 选矿与冶金(XY):包括选矿产品、选矿技术经济指标、矿石可选性和冶金流程、冶金方法、矿石性质、熔剂、冶金炉、冶金产品及冶金工业指标等内容。

A.32 固体矿产普查与勘探(PK):包括矿产资源分类、地质工作阶段划分、固体矿产普查勘探方法、勘探类型、取样种类和方法、储量计算、矿石类型、地质编录、矿产工业要求等。

A.33 探矿工程(TK):包括陆地钻探、坑探及石油钻井、海上钻探等各种探矿工程的技术方法、工艺要求、工作程序、施工记录、各项技术参数及仪器设备、成果图件等。

A.34 古生物学(GS):包括总论,古无脊椎动物、古脊椎动物、古植物、孢粉及遗迹化石和几丁虫等标准化石。

A.35 测绘学(CH):包括控制测量、摄影测量、普通测量及地质勘探工程测量所涉及到的各有关定量和定性数据、成果资料、各种导航系统等各种空间定位数据、测绘方法、精度、仪器等。

以上是各学科包括的主要内容,详见各学科术语分类代码表。

ICS 35.040
A 24

中华人民共和国国家标准

GB/T 9649.17—2009
代替 GB/T 9649.17—2001

地质矿产术语分类代码 第17部分：煤地质学

Terminology classification and code of geology and mineral resources—Part 17: Coal geology

2009-10-15 发布 2009-12-01 实施

中华人民共和国国家质量监督检验检疫总局
中国国家标准化管理委员会 发布

前　言

GB/T 9649《地质矿产术语分类与代码》分为35个部分：

——第1部分：宇宙地质学；
——第2部分：地球物理学；
——第3部分：火山地质；
——第4部分：地震地质；
——第5部分：外动力地质学；
——第6部分：地貌学；
——第7部分：大地构造学；
——第8部分：构造地质学；
——第9部分：结晶学及矿物学；
——第10部分：岩石学；
——第11部分：地球化学；
——第12部分：岩矿鉴定；
——第13部分：化学分析；
——第14部分：地史学及地层学；
——第15部分：古地理学；
——第16部分：矿床学；
——第17部分：煤地质学；
——第18部分：石油及天然气地质学；
——第19部分：海洋地质学；
——第20部分：水文地质学；
——第21部分：工程地质学；
——第22部分：地热地质；
——第23部分：环境地质；
——第24部分：地质经济学；
——第25部分：遥感地质；
——第26部分：数学地质；
——第27部分：区域地质调查；
——第28部分：地球物理勘查；
——第29部分：地球化学勘查；
——第30部分：矿山地质与采矿；
——第31部分：选矿与冶金；
——第32部分：固体矿产普查与勘探；
——第33部分：探矿工程；
——第34部分：古生物学；
——第35部分：测绘学。

本部分为GB/T 9649的第17部分，代替GB/T 9649.17—2001《地质矿产术语分类代码　煤地质学》。

本部分与 GB/T 9649.17—2001 相比，主要变化如下：

——按 GB/T 1.1—2000 规范了标准的语言、编排和格式；

——增加了部分新的术语；

——删减了部分解释不当的说明；

——修正了部分术语名称；

——修正了英译名存在的问题。

本部分的附录 A 为规范性附录。

本部分由中国标准化研究院提出并归口。

本部分起草单位：中国国土资源经济研究院、国土资源部信息中心。

本部分主要起草人：林畅松、赵祺彬、陈春仔、李永涛。

本部分所代替标准的历次版本发布情况为：

——GB/T 9649—1988；

——GB/T 9649.17—2001。

地质矿产术语分类代码
第 17 部分：煤地质学

1 范围

本部分规定了煤层、聚煤作用、煤变质作用，聚煤盆地分析，煤炭资源勘探，煤化、煤质、工业分析，煤的气化和液化，煤岩成分分类及煤的物理性质等煤地质学方面的数据分类代码。

本部分适用于各类地质矿产信息系统建设，是确定数据库标准体系和数据字典，制定各类地质数据文件格式标准的基础标准。

2 术语和定义

下列术语和定义适用于本部分。

2.1

数据项 data item

反映各种地质实体的基本属性及其上层概念的术语。

2.2

文字值 literal value

对地质实体的基本属性进行具体的定性描述用的术语。

3 分类原则

3.1 本部分按照易编好用和尽量减少代码冗余而又留有扩充余地等原则，采用面分类法，将地质科学分成 35 个学科大类，并严格划分边界，保持总体的系统性、完整性，避免内容的重复与交叉。

3.2 大类下面采用三级树型分类，中类、小类到基本数据项名。各学科内容层次不一，可少于三层，在编码容量允许的条件下，也可分至四层。

3.3 各级分类具有科学性、系统性和通用性。

4 选词原则

4.1 选词对象：可能作为各类地质矿产数据库之数据项(包括从分类意义上选取的数据项的上层概念)的术语，以及定性描述数据项的文字值要用到的术语。所选术语与现行有关国家标准取得一致，尽量参照现行的各种地质工作规范。

4.2 作为数据项用的术语在本部分中具有唯一性。凡有同义词的在备注栏标明，以备参照。

4.3 选词力求简单、明确，无二义性。充分考虑到建立数据库的需要。

4.4 为保证“地质矿产术语分类代码”的整体性、系统性，避免重复，在基础学科已包含的内容，应用学科中不再选录，新兴学科和边缘学科只选取其独有内容。有关分类选词范围归属的说明见附录 A。

4.5 适当选入一些反映学科发展新方向、新水平的术语。

4.6 为了使用的方便，个别使用频度高的数据项在不同学科可重复出现，但要用统一编码，确保代码的唯一性。在不同数据项下的文字值可有少量重复。

5 编码方法

5.1 数据项采用不多于六位的拉丁字母(大写)编码，一般共分为四个层次。结构如下：

× × × × × ×
大类 中类 小类 数据项

各大类取能反映该类含义的两个汉字的汉语拼音字头为代码，具有一定的可读性。如“构造地质学”取“GZ”为代码。以下为树型嵌套式，中类和小类各取 A～Z 一位字母顺序编排，最后两位为基本数据项，数量较多，取 AA～ZZ 顺序编排。若有分级需要，且扩充余量足够，也可将最后两位分作两级使用。

5.2 文字值一般采用数字编码，其长度由分级需要、文字值的个数及留出的扩充余量来决定，尽量缩短，减少冗余。文字值分等级时，采用数字层次嵌套方式，同一数据项下的文字值代码为等长码。有些文字值(如化学元素、地层等)继续采用原有的国际或国内通用字符代码。

6 使用与管理

6.1 使用方法：本部分以书面及磁介质两种方式提供使用，用户可根据各自建库目的从各学科选择所需术语及其代码，作为各自系统的数据字典。

6.2 若本部分内容尚不能满足某项需要，可提出要补充的内容，报请该部分管理单位在相应学科增补，并给定代码以供使用。

7 煤地质学术语分类代码表

为适应建设数据库和与国际交流的需要，分类代码表设置代码、汉字名、英译名(古生物为拉丁文字名)及说明四个栏目，见表 1。

表 1 煤地质学术语分类代码表

代码	汉字名	英译名	说明
MD	煤地质学		
MDA	煤田地质	Coalfield geology	见 P2
MDB	煤炭资源勘探	Coal resources exploration	见 P16
MDC	煤化学	Coal chemistry	见 P27
MDD	煤岩学	Coal petrology	见 P46
MDE	煤的分类	Coal classification	见 P63
MDF	煤矿地质	Coal mine geology	见 P69
MDJ	开采技术条件	Mining technical condition	见 P70
MDK	煤矿设计	Design of coal mine	见 P76
MDM	煤成气	Gas of coal forming	
MDN	煤层气	Coal gas	
MDA	煤田地质		
MDAA	煤田	Coalfield	煤盆地
MDAB	地层	Stratum	
MDAC	构造	Structure	
DDEAC	岩浆活动	Magmation	
MDAE	含煤岩系	Coal-bearing series	含煤建造
MDAF	含煤性	Coal-bearing parameter	

表 1（续）

代码	汉字名	英译名	说明
MDAG	煤层	Coal seam	
MDAI	成煤作用	Coal-forming process	煤聚集作用
MDAJ	煤变质作用	Coal metamorphism	
MDAK	含煤岩系沉积环境	Depositional environment of coal formation	
MDAL	聚(含)煤盆地分析	Coal accumulating basin analysis	
MDAA	煤田		
MDAAA	煤矿区名	Coal district name	煤产地名
MDAAB	煤矿名	Coal mine name	
MDAAC	井田名	Well field name	
MDAAD	煤田名称	Coalfield name	
MDAAE	小煤窑名称	Small coal mine name	
MDAAF	煤田概况	Coalfield survey	
MDAAG	煤田数	Coalfields number	
MDAAH	井田数	Well fields number	
MDAB	地层		
MDABA	含煤地层	Coal-bearing stratum	煤系地层
MDABB	非含煤地层	Noncoal-bearing stratum	
MDABC	上覆地层	Overlying stratum	
MDABD	下伏地层	Underlying stratum	
MDABE	含煤地层对比	Correlation of coal-bearing stratum	
MDABF	含煤地层划分	Division of coal-bearing stratum	
MDABG	地层概况	Strata survey	
MDABH	地层格架	Stratigraphic framework	
MDABI	与煤系关系	Relation to coal series	
MDABJ	松散层	Loose bed	
MDABL	风化层	Regolith	
MDABM	软弱夹层	Soft parting	
MDABN	地层厚度	Thickness of stratum	
MDABO	生物地层	Biostratigraphy	
MDABP	岩性地层	lithostratigraphy	
MDABC	上覆地层		
MDABCA	上覆地层岩性	Lithology of overlying stratum	
MDABCB	上覆地层厚度	Thickness of overlying stratum	
MDABCC	上覆基岩岩性	Lithology of overlying bedrock	
MDABCD	上覆基岩厚度	Thickness of overlying bedrock	

表1（续）

代码	汉字名	英译名	说明
MDABG	地层概况		
MDABGA	下部岩性	Lower lithology	
MDABGB	中部岩性	Middle lithology	
MDABGC	上部岩性	Upper lithology	
MDABGD	顶部岩性	Top lithology	
MDABGE	底部岩性	Bottom lithology	
MDABGF	顶板岩性	Lithology of roof	
MDABGG	底板岩性	Lithology of floor	
MDABGH	基岩岩性	Lithology of bedrock	
MDABGI	围岩岩性	Lithology of country rock	
MDABGK	标志层岩性	Lithology of marker horizon	
MDABGP	观测点岩性	Lithology of observation point	
MDABGQ	解释岩性	Interpreted lithology	
MDABGR	主要岩性	Major lithology	
MDABJ	松散层		
MDABJA	松散层岩性	Lithology of loose bed	
MDABJB	松散层产状	Occurrence of loose bed	
MDABJC	松散层深度	Depth of loose bed	
MDABJD	松散层厚度	Thickness of loose bed	
MDABJE	松散层底界标高	Elevation of lower boundary of loose bed	
MDABJF	松散层名称	Name of loose bed	
MDABL	风化层		
MDABLA	风化层岩性	Lithology of regolith	
MDABLB	风化层产状	Occurrence of regolith	
MDABLC	风化层深度	Depth of regolith	
MDABLD	风化层厚度	Thickness of regolith	
MDABLE	风化层底界标高	Elevation of lower boundary of regolith	
MDABLF	强风化层底界标高	Elevation of lower boundary of strongly weathered bed	
MDABLG	强风化层厚度	Thickness of strongly weathered bed	
MDABLH	风化层名称	Name of regolith	
MDABM	软弱夹层		
MDABMA	软弱夹层编号	Number of soft parting	
MDABMB	软弱夹层顶板	Roof of soft parting	
MDABMC	软弱夹层底板	Floor of soft parting	
MDABMD	软弱夹层深度	Depth of soft parting	

表 1（续）

代码	汉字名	英译名	说明
MDABME	软弱夹层间距	Spacing of soft parting	
MDABMF	软弱夹层类型	Type of soft parting	
MDABN	地层厚度		
MDABNA	地层最小厚度	Minimum thickness of stratum	
MDABNB	地层最大厚度	Maximum thickness of stratum	
MDABNC	地层平均厚度	Average thickness of stratum	
MDAC	构造		
MDACA	盆地构造	Basin structure	
MDACB	煤田构造	Coalfield structure	
MDACC	矿区构造	Mine field structure	
MDACD	井田构造	Well field structure	
MDACE	煤层构造	Coal seam structure	
MDACF	勘探区构造	Exploration area structure	
MDACG	构造带	Structural belt	
MDACH	构造样式	Structural style	
MDAE	含煤岩系		
MDAEA	岩石组成	Lithologic composition	
MDAEB	沉积构造	Sedimentary structures	
MDAEC	矿物成分	Mineral composition	
MDAED	结核	Concretion	
MDAEE	植物化石	Phytolite	
MDAEF	动物化石	Animal remains	
MDAEG	痕迹化石	Trace fossils	
MDAEH	共生矿产	Associated deposit	
MDAEI	岩石基本名称	Basic rock name	
MDAEJ	岩石野外名称	Field rock name	
MDAEL	鉴定名称	Determined name	
MDAEQ	上覆岩层	Overlying layer	
MDAER	下伏岩层	Underlying layer	
MDAES	土的名称	Clay name	
MDAET	夹层名称	Interbed name	
MDAEU	夹层描述	Interbed description	
MDAF	含煤性		
MDAFA	含煤层数	Amount of coal seam	
MDAFB	可采煤层数	Amount of mineable coal seam	

表 1（续）

代码	汉字名	英译名	说明
MDAFC	不可采煤层数	Amount of unmineable coal seam	
MDAFD	局部可采煤层数	Amount of local mineable coal seam	
MDAFE	含煤系数	Percentage of coal thickness	
MDAFF	可采含煤系数	Percentage of mineable coal thickness	
MDAFG	煤层累计厚度	Total thickness of coal seam	
MDAFH	可采煤层累计厚度	Total thickness of mineable coal seam	
MDAFI	含煤密度	Coal-bearing density	
MDAFJ	含煤率	Coal-bearing coefficient	
MDAFK	含煤段数	Amount of coal section	
MDAFL	成煤阶段	Coal-forming stage	
MDAFM	主采煤层	Main mineable coal seam	
MDAFG	煤层累计厚度		
MDAFGA	煤层最小累计厚度	Minimum total thickness of coal seam	
MDAFGB	煤层最大累计厚度	Maximum total thickness of coal seam	
MDAFGC	煤层平均累计厚度	Average total thickness of coal seam	
MDAFH	可采煤层累计厚度		
MDAFHA	可采煤层最小累计厚度	Minimum total thickness of mineable coal seam	
MDAFHB	可采煤层最大累计厚度	Maximum total thickness of mineable coal seam	
MDAFHC	可采煤层平均累计厚度	Average total thickness of mineable coal seam	
MDAFHD	可采煤层平均厚度	Average thickness of mineable coal seam	
MDAFHE	可采范围平均煤厚	Average thickness of coal seam in mineable section	
MDAFL	成煤阶段		
1	泥炭化阶段	Peatification stage	
2	腐泥化阶段	Saprofication stage	
3	煤化作用阶段	Coalification stage	
MDAFM	主采煤层		
MDAFMA	主采煤层距松散层最小距离	Minimum distance from main mineable coal seam to loose bed	
MDAFMB	主采煤层距松散层最大距离	Maximum distance from main mineable coal seam to loose bed	
MDAFMC	主采煤层距松散层平均距离	Average distance from main mineable coal seam to loose bed	
MDAFMD	主采煤层走向延伸最小长度	Minimum length of main mineable coal seam along its strike	
MDAFME	主采煤层走向延伸最大长度	Maximum length of main mineable coal seam along its strike	

表 1（续）

代码	汉字名	英译名	说明
MDAFMF	主采煤层走向延伸平均长度	Average length of main mineable coal seam along its strike	
MDAFMG	主采煤层倾向延伸最小长度	Minimum length of main mineable coal seam along its dip	
MDAFMH	主采煤层倾向延伸最大长度	Maximum length of main mineable coal seam along its dip	
MDAFMI	主采煤层倾向延伸平均长度	Average length of main mineable coal seam along its dip	
MDAFMJ	主采煤层距充水含水层平均距离	Average distance of main mineable coal seam from water-filled aquifer	
MDAG	煤层		
MDAGA	煤层名称	Name of coal seam	
MDAGB	煤层夹矸	Dirt band in coal seam	
MDAGC	煤层厚度	Coal seam thickness	
MDAGD	煤层顶板	Coal seam roof	
MDAGE	煤层伪顶	Coal seam false roof	
MDAGF	煤层底板	Coal seam floor	
MDAGG	煤层伪底	Coal seam false floor	
MDAGH	煤层间距	Spacing of coal seam	
MDAGI	煤层氧化带宽度	Width of oxidized coal zone	
MDAGJ	煤层风化带宽度	Width of weathered coal zone	
MDAGK	煤层几何形态	Geometry of coal seam	
MDAGL	分岔型式	Splitting style	
MDAGM	尖灭方式	Pinching style	
MDAGN	厚度分级	Thickness rank	
MDAGO	倾斜分级	Slope rank	
MDAGP	煤层结构	Coal seam texture	
MDAGQ	煤层倾角	Coal seam dip angle	
MDAGR	煤层包体检测方法	Checking method of coal seam inclusion	
MDAGS	煤组名称	Name of coal seam group	煤层群名称
MDAGT	煤层可采性	Mineability	
MDAGU	煤层露头线	Exposure line of coal seam	
MDAGV	煤层层数	Amount of coal seam	
MDAGW	煤层氧化带深度	Depth of oxidized coal zone	
MDAGX	煤层风化带深度	Depth of weathered coal zone	
MDAGY	煤层平均倾角	Average dip angle of coal seam	

表 1（续）

代码	汉字名	英译名	说明
MDAGZ	煤层露头宽度	Exposure width of coal seam	
MDAGB	煤层夹矸		
MDAGBA	夹矸岩性	Lithology of parting	
MDAGBB	夹矸层数	Amount of parting	
MDAGBC	夹矸厚度	Thickness of parting	
MDAGBD	夹矸形态	Geometry of parting	
MDAGBE	含矸率	Percentage of shale content	
MDAGBF	夹矸累计厚度	Total thickness of parting	
MDAGBG	夹矸采心厚度	Parting core thickness	
MDAGC	煤层厚度		
GZBCA	真厚度	True thickness	
MDAGCB	假厚度	Pseudo thickness	伪厚度
MDAGCC	总厚度	Overall thickness	
MDAGCD	有益厚度	Available thickness	
MDAGCE	可采厚度	Mineable thickness	
MDAGCF	临界厚度	Critical thickness	
MDAGCG	纯煤厚度	Pure coal seam thickness	
MDAGCM	储量计算厚度	Calculation thickness of reserves	
MDAGCN	面积可采率	Area coefficient of mineable coal seam	
MDAGCO	层位稳定性	Horizon stability	
MDAGCP	煤层对比可靠程度	Reliability of coal seam correlation	
MDAGCQ	煤层结构复杂程度	Complexity of coal seam texture	
MDAGCR	与上覆煤层间距	Space from overlying coal seam	
MDAGCS	与上覆煤层最小间距	Minimum from overlying coal seam	
MDAGCT	与上覆煤层最大间距	Maximum from overlying coal seam	
MDAGCU	与上覆煤层平均间距	Average from overlying coal seam	
MDAGCO	层位稳定性		
1	稳定	Stable	
2	稳定性较好	More stable	
3	中等稳定	Medium stable	
4	稳定性较差	Less stable	
5	不稳定	Unstable	
6	极不稳定	Extremely unstable	
MDAGCP	煤层对比可靠程度		
1	可靠	Reliability	

表 1（续）

代码	汉字名	英译名	说明
2	较可靠	More reliability	
3	可靠性较差	Less reliability	
4	不可靠	Unreliability	
5	不清楚	Unknow	
MDAGCQ	煤层结构复杂程度		
1	简单	Simple	
2	较简单	More simple	
3	复杂	Complicated	
4	极复杂	Extremely complicated	
5	复煤层	Coal seam complex	
6	不清楚	Unknow	
MDAGK	煤层几何形态		
01	层状	Bedded	
02	似层状	Parabedded	
03	透镜状	Lenticular	
04	楔状	Wedge	
05	串珠状	Pinch-and-swell shape	
06	不规则状	Irregular shape	
07	马尾状	Horsetail shape	
08	鸡窝状	Nest shape	
MDAGL	分岔型式		
01	简单二分岔	Simple two-splitting	
02	多次二分岔	Polygenous two-splitting	
03	马尾状分岔	Horsetail splitting	
04	Z 形分岔	Z-shape splitting	
05	超覆式分岔	Overlapping splitting	
06	退覆式分岔	Offlapping splitting	
07	前进式分岔	Progressive splitting	
08	扩张式分岔	Expanding splitting	
09	退缩式分岔	Shrinking splitting	
10	上分岔	Up-splitting	
11	下分岔	Down-splitting	
12	单向分岔	Unilateral splitting	
13	双向分岔	Bilateral splitting	
14	多向分岔	Polydirectional splitting	

表 1（续）

代码	汉字名	英译名	说明
15	复杂类型分岔	Complex splitting	
16	缓慢分岔	Slow splitting	
17	急速分岔	Rapid splitting	
MDAGM	尖灭方式		
1	分岔变薄尖灭	Splitting pinch out	
2	简单变薄尖灭	Simple pinch out	
3	冲刷变薄尖灭	Scouring pinch out	
4	构造变形尖灭	Tectonized pinch out	
MDAGN	厚度分级		
01	煤线	Coal streak	
02	薄煤层	Thin coal seam	
03	中厚煤层	Medium thick coal seam	
04	厚煤层	Thick coal seam	
05	巨厚煤层	Large-thick coal seam	
06	可采煤层	Mineable coal seam	
07	不可采煤层	Unmineable coal seam	
08	局部可采煤层	Local mineable coal seam	
09	主要可采煤层	Principal mineable coal seam	
10	临界可采煤层	Critical mineable coal seam	
MDAGO	倾斜分级		
1	水平煤层	Horizontal coal seam	
2	缓倾斜煤层	Gently inclined coal seam	
3	倾斜煤层	Inclined coal seam	
4	急倾斜煤层	Steep coal seam	
5	直立煤层	Upright coal seam	
6	倒转煤层	Overturned coal seam	
MDAGP	煤层结构		
1	简单结构	Simple texture	
2	复杂结构	Complex texture	
3	复煤层	Composite coal seam	
MDAGR	煤层包体检测方法		
1	钻探电测	Drilling electric suevey	
2	电测钻探	Electric survey drilling	
3	露头观测	Outcrop observation	
4	井下观测	Underground observation	

表 1（续）

代码	汉字名	英译名	说明
MDAGT	煤层可采性		
1	全区可采	Regional mineable	
2	大部可采	Major mineable	
3	局部可采	Local mineable	
4	不可采	Unmineable	
MDAI	成煤作用		
MDAIA	聚煤期	Coal-forming period	成煤时代
MDAIB	聚煤带	Coal accumulational zone	
MDAIC	聚煤中心	Coal accumulational center	
MDAID	聚煤区	Coal accumulational area	
MDAIE	含煤区	Coal province	煤省
MDAIF	富煤中心	Coal-rich center	
MDAIG	富煤带	Coal-rich zone	
MDAIH	富煤带展布形式	Configuration of coal-rich belt	
MDAII	成煤物质	Coal-forming material	
MDAIJ	成煤作用类型	Coal-forming process type	
MDAIK	成煤物质堆积方式	Accumulational mode of coal-forming material	
MDAIL	成煤阶段	Coal-forming stage	
MDAIM	煤化系列	Coalification series	
MDAIN	煤化轨迹	Coalification track	
MDAIO	煤化间断	Coalification break	
MDAIP	煤化跃变	Coalification jump	
MDAIQ	煤化梯度	Coalification gradient	
MDAIR	人工煤化试验	Artificial coalification experiment	
MDAIS	煤化型式	Coalification type	
MDAIT	成煤次数	Coal-forming times	
MDAIH	富煤带展布形式		
1	短轴串列式	Brachy-axis tandem type	
2	短轴并列式	Brachy-axis juxtaposed type	
3	短轴雁列式	Brachy-axis echelon type	短轴斜列式
4	长"S"形	Long S-shape	
5	长反"S"形	Long reversed S-shape	
6	弧形斜列式	Arcuate echelon type	弧形侧列式
7	弧形条带式	Arc-balt type	
MDAII	成煤物质		

表 1（续）

代码	汉字名	英译名	说明
01	木本植物	Woody plant	
02	乔木	Tree	
03	灌木	Bush	
04	草本植物	Herb	
06	木本为主草本为辅	Woody plantdominated coalforming material with herb	
07	草本为主木本为辅	Herb-dominated coal-forming material with woody plant	
08	木本为主藻类为辅	Woody plant-dominated coal-forming material with algae	
09	草本为主藻类为辅	Herb-dominated coal-forming material with algae	
10	藻类为主木本为辅	Algae-dominated coal-forming material with woody plant	
11	藻类为主草本为辅	Algae-dominated coal-forming material with herb	
12	木本为主草本藻类为辅	Woody plant-dominated coal-forming material with herb and algae	
20	造泥炭植物群落	Peat-forming plant community	
30	植物残体	Plant remnant	
40	藻类	Algae	
MDAIJ	成煤作用类型		
100	泥炭化作用	Peatification	
200	腐植化作用	Humification	
201	酸性腐植化作用	Acid humification	酸性腐植化
202	腐朽作用	Disintegration	分解作用
203	凝胶化作用	Gelefication	
204	凝胶丝炭化作用	Gelefusainization	
205	腐败作用	Mouldering	
206	木栓化作用	Suberinisation	木栓化
207	棕腐化作用	Ulmification	
208	镜煤化作用	Vitrinitization	
209	丝炭化作用	Fusainization	
210	惰性化作用	Inertinitization	
211	木化作用	Lignification	
212	成岩凝胶化作用	Diagenetic gelefication	
213	生物化学凝胶化作用	Biochemical gelefication	
214	生物化学降解作用	Biochemical degradation	
215	半败作用	Semi-mouldering	

表 1（续）

代码	汉字名	英译名	说明
300	腐泥化作用	Saprofication	
400	残植化作用	Liptobiolite froming process	
500	煤玉化作用	Gagatization	
600	煤化作用	Coalification	
601	生物化学煤化作用	Biochemical coalification	
602	化学煤化作用	Chemical coalification	
603	物理-结构煤化作用	Physico-structure coalification	
604	地球化学煤化作用	Geochmical coalification	
605	无烟煤化作用	Anthracitization	
606	造山前期煤化作用	Preorogenic coalification	
607	造山期煤化作用	Synorogenic coalification	
608	造山期后煤化作用	Postorogenic coalification	
609	远程岩浆煤化作用	Telemagmatic coalification	
610	去挥发分作用	Devolatilization	
611	脱硫作用	Desulfurization	
612	沥青化作用	Bitumenization	
613	泥炭成岩作用	Peat diagenesis	
614	气化作用	Gasification	
MDAIK	成煤物质堆积方式		
1	原地堆积	Autochthony	原地成因
2	异地堆积	Allochthony	异地成因
3	微异地堆积	Hypautochthony	微异地成因
MDAIL	成煤阶段		
1	泥炭化阶段	Peatification stage	
2	腐泥化阶段	Saprofication stage	
3	煤化作用阶段	Coalification stage	
MDAJ	煤变质作用		
MDAJA	煤变质阶段	Metamorphic stage of coal	
MDAJB	煤变质程度	Coal metamorphic degree	
MDAJC	煤变质带	Metamorphic belt of coal	
MDAJD	煤变质作用类型	Type of coal metamorphism	
MDAJA	煤变质阶段		
01	褐煤 0 阶段	Lignite 0 stage	
02	烟煤Ⅰ阶段	Bituminite 1 stage	
03	烟煤Ⅱ阶段	Bituminite 2 stage	

表 1（续）

代码	汉字名	英译名	说明
04	烟煤Ⅲ阶段	Bituminite 3 stage	
05	烟煤Ⅳ阶段	Bituminite 4 stage	
06	烟煤Ⅴ阶段	Bituminite 5 stage	
07	烟煤Ⅵ阶段	Bituminite 6 stage	
08	无烟煤Ⅶ阶段	Anthracite 7 stage	
MDAJD	煤变质作用类型		
1	深成变质作用	Deep-seated metamorphism	地热变质作用
2	远程岩浆热变质作用	Telemagmatic metamorphism	
3	接触变质作用	Contact metamorphism	
4	动力变质作用	Dynamic metamorphism	
5	变质脱气作用	Metamorphic degassing	
6	石墨化作用	Graphitization	
7	天然焦化作用	Natural coking	
MDAK	含煤岩系沉积环境		
MDAKA	含煤岩系古地理类型	Paleogeographic type of coal formation	
MDAKB	沉积物的搬运方式	Transport mode of sediment	
MDAKE	聚煤沉积环境	Coal bearing depositional environment	
MDAKF	沉积构造	Sedimentary structure	
MDAKG	沉积体系	Depositional system	
MDAKK	聚煤沉积模式	Coal-forming model	
MDAKL	聚煤古地理类型	Paleogeographic type of coal-accumulation	
MDAKO	岩相组合	Lithofacies association	
MDAKA	含煤岩系古地理类型		
1	近海型含煤岩系	Paralic coal measures	
2	陆相含煤岩系	Continental coal measures	
3	浅海型含煤岩系	Neritic coal measures	
4	内陆型含煤岩系	Limnic coal measures	
MDAKL	聚煤古地理类型		
1	内陆山间盆地型	Continental intermountainous basin type	
2	内陆盆地型	Continental basin type	
3	浅海型	Shallow marine type	
4	滨海平原型	Shore plain type	
5	海湾型	Bay type	
MDAL	聚(含)煤盆地分析		
MDALA	聚煤盆地	Coal accumulation basin	聚煤凹陷

表 1（续）

代码	汉字名	英译名	说明
MDALAA	聚煤盆地类型	Type of coal accumulation basin	
MDALAB	断陷盆地	Rift basin	
MDALAC	前陆盆地	Foreland basin	
MDALAD	克拉通盆地	Cratonic basin	
MDALAE	陆内拗陷盆地	Intracontinental settling basin	
MDALB	聚煤盆地参数	Parameters of coal accumulation basin	
MDALC	盆地几何形态	Geometry of basin	
MDALD	盆地边界性质	Boundary property of basin	
MDALE	盆地构造格架	Structure framework of basin	
MDALF	盆地地层格架	Stratigraphic framework of basin	
MDALG	盆地充填物性质	Filling property of basin	
MDALH	盆地充填序列	Basin-fill sequence	
MDALI	盆地充填样式	Basin-fill pattern	
MDALJ	盆地沉积相空间配置	Configuration of sedimentary facies	
MDALK	盆地古流体系	Paleocurrent system of basin	
MDALL	盆地构造演化	Structural evolution of basin	
MDALM	盆地热特征	Thermal property of basin	
MDALN	盆地模式	Basin model	
MDALC	盆地几何形态		
MDALCA	长宽比	Length-to-width ratio	
MDALCB	轴向	Axial direction	
MDALCC	大小	Size	
MDALD	盆地边界性质		
1	侵蚀边界	Erosional boundary	
2	沉积边界	Depositional boundary	
3	断裂边界	Fracture boundary	
MDALE	盆地构造格架		
MDALEA	聚煤古构造	Palaeostructure of coal-accumulation	
MDALEB	先存断裂网络	Previous fracture network	
GZH	同沉积构造	Syndepositional structure	
MDALED	后沉积构造	Postdepositional structure	
MDALEE	基底构造	Basement tectonics	
MDALEF	基底断裂	Basement fracture	
MDALEG	基底褶皱	Basement fold	
MDALEH	基底隆起	Basement high	基底高地

表 1（续）

代码	汉字名	英译名	说明
MDALEI	边界断裂	Boundary fracture	盆地断裂
MDALEJ	同沉积断裂	Syndepositional fracture	生长断裂
MDALEK	后沉积断裂	Postdepositional fracture	后期断裂
MDALEL	同沉积褶皱	Syndepositional fold	
MDALEN	同沉积背斜	Syndepositional anticly	
MDALEO	同沉积向斜	Syndepositional depression	
GZAH	构造样式	Structural style	
MDALEP	古隆起	Paleouplift	
MDALEQ	盆缘断裂	Basin marginal fault	
MDALF	盆地地层格架		
MDALFA	岩石地层格架	Lithostratigraphic framework	
MDALFB	岩石地层单位	Lithostratigraphic unit	
MDALFC	成因地层格架	Genetic stratigraphic framework	
MDALFD	成因地层单位	Genetic stratigraphic unit	
MDALFE	成因单位	Genetic unit	
MDALFF	沉积构成样式	Depositional architecture	
MDALFG	层序地层格架	Sequence stratigraphic framework	
MDALFGA	层序	Sequence	
MDALFGB	准层序	Parasequence	
MDALFGC	层序界面	Sequence boundary	
MDALFH	沉积体系域	Depositional systems tracts	
MDALFF	沉积构成样式		
01	进积型	Prograding pattern	
02	退积型	Retrograding pattern	
03	填积型	Aggrading pattern	
04	侧积型	Lateral accnetion pattern	
MDALM	盆地热特征		
DRADF	等地温线	Isogeotherm	
DWHACO	热导性	Thermal conductivity	导热率
DRBAD	天然热流量	Natural heat output	
DRBDF	地热异常带	Geothermal anomaly zoning	
DRBDG	热异常区	Thermal anomaly area	热区
MDALMG	含煤岩系平均热导率	Average thermal conductivity of coal formation	
MDB	煤炭资源勘探		
MDBA	煤炭资源勘探阶段	Step of coal resources exploration	

表 1（续）

代码	汉字名	英译名	说明
MDBB	勘探工程类型	Exploration type	
PKGDCD	勘探线类型	Type of exploration line	
MDBD	煤田暴露类型	Exposed types of coalfield	
MDBE	煤矿勘探类型	Exploratory types of coal mine	
MDBF	勘探类型定量评价参数	Parameter of quantitative evaluation of exploration type	
MDBG	钻探工程质量	Quality rank of drilling engineering	
MDBH	矿井工程地质勘探类型	Engineering geological exploration types of shaft	
MDBI	露天矿边坡勘探类型	Exploration types of opencast slope	
MDBJ	煤层顶板类型	Type of coal seam roof	
MDBK	矿井瓦斯	Gas of coal mine	
MDBL	矿区建设	Mine area construction	
MDBM	煤的自燃	Coal spontaneous combustion	
MDBN	煤尘爆炸性	Exspgosibility of coal dust	
MDBO	勘探报告图件	Attached map of exploratory report	
MDBU	普查勘探成果	Prospecting and exploration achievement	
MDBV	煤田地质报告	Geological report of coalfield	
MDBA	煤炭资源勘探阶段		
01	煤田预测	Prediction of coalfield	
02	矿点检查	Examination of discovery	
03	找煤	Look for coal	
04	普查	Prospecting	
05	普查最终	Prospecting for construct mine	
06	详查	Detailed prospecting	
07	详查最终	Detailed prospecting for construct mine	
08	精查	Precise prospecting	
09	以往地质工作	Previous geological exploration	
10	以往地质工作评价	Assessment previous geological exploration	
MDBB	勘探工程类型		
01	生产矿井调查	Investigation of productive mine	
02	小窑调查	Investigation of small coal mine	
03	废窑调查	Investigation of abandoned mine	
04	井田勘探	Mine field exploration	
05	露天勘探	Openout exploration	
06	水源勘探	Water resources exploration	

表 1（续）

代码	汉字名	英译名	说明
07	构造勘探	Structural exploration	
08	沉积勘探	Sedimentary exploration	
09	综合勘探	Comprehensive exploration	
10	矿区补勘	Supplement exploration of mine district	
11	矿区扩勘	Expand exploration of mine district	
21	航空物探	Aerial-bone geophysical prospecting	
22	地面物探	Ground geophysical prospecting	
23	水下物探	Underwater geophysical prospecting	
24	电测井	Electrical logging	
PKGDCD	勘探线类型		
1	勘探线	Exploration line	
2	主导勘探线	Leading exploration line	
3	基本勘探线	Basic exploration line	
4	辅助勘探线	Auxiliary exploration line	
5	走向勘探线	Strike exploration line	
6	总景勘探线	Complete exploration line	
7	复合勘探线	Compound system of exploration line	
8	远景勘探线	Prospective investigation line	
MDBD	煤田暴露类型		
10	暴露式煤田	Exposed coalfield	裸露式煤田
20	半暴露式煤田	Semiexposed coalfield	半裸露式煤田
30	掩盖式煤田	Covered coalfield	
31	单层掩盖型	Simple covered type	
32	双层掩盖型	Double covered type	
33	多层掩盖型	Multiple covered type	
34	推覆构造掩盖型	Nappe structure covered type	
40	半掩盖式煤田	Semicovered coalfield	
MDBE	煤矿勘探类型		
MDBEA	构造类别	Classification of structure	构造复杂程度类别
MDBEB	煤层型别	Category of coal seam	煤层稳定程度
MDBEC	主要可采煤层型别	Stratotype of main mineable coal seam	
MDBED	首采煤层型别	Stratotype of principal mineable coal seam	
MDBEA	构造类别		
1	简单(第一类)	Simple(class1)	

表 1（续）

代码	汉字名	英译名	说明
2	中等(第二类)	Medium(class2)	
3	复杂(第三类)	Complicated (class3)	
4	极复杂(第四类)	Extremely complicated(class4)	
MDBEB	煤层型别		
1	稳定(第一型)	(Type1)	
2	较稳定(第二型)	Less(type2)	
3	不稳定(第三型)	Non(type3)	
4	很不稳定(第四型)	Less non(type4)	
5	极不稳定(第五型)	Extremely non(type5)	
MDBF	勘探类型定量评价参数		
MDBFA	覆盖层	Cover	
MDBFB	煤层厚度参数	Thickness parameter of coal seam	
MDBFF	构造强度指数	Intensive index of structure	
MDBFG	断裂密度	Density of fault	
MDBFH	断裂频度	Frequence of fault	
MDBFI	褶曲指数	Index of fold	
MDBFJ	构造指数	Structure index	
MDBFN	深度参数	Depth parameter	
MDBFA	覆盖层		
MDBFAA	覆盖层岩性	Lithology of cover	
MDBFAB	覆盖层名称	Name of cover	
MDBFAC	覆盖层地质年代	Geochronology of cover	
MDBFAD	覆盖层厚度	Thickness of cover	
MDBFAE	覆盖层平均厚度	Average thickness of cover	
MDBFAF	覆盖层最大厚度	Maximum thickness of cover	
MDBFAG	覆盖层最小厚度	Minimum thickness of cover	
MDBFAH	上部覆盖层厚度	Thickness of upper cover	
MDBFAI	中部覆盖层厚度	Thickness of middle cover	
MDBFAJ	下部覆盖层厚度	Thickness of lower cover	
MDBFAK	松散覆盖层最小厚度	Minimum thickness of loose cover	
MDBFAL	松散覆盖层最大厚度	Maximum thickness of loose cover	
MDBFAM	松散覆盖层平均厚度	Average thickness of loose cover	
MDBFAR	流沙层情况	State of sand current	
MDBFAR	流沙层情况		
1	有流沙层	Sand current occurrence	

表 1（续）

代码	汉字名	英译名	说明
2	无流沙层	Sand current absence	
MDBFB	煤层厚度参数		
MDBFBA	煤层可采厚度	Mineable thickness of coal seam	
MDBFBB	煤层厚度变异系数	Coefficient of coal thickness variation	
MDBFBC	可采系数	Coefficient of mineability	
MDBFBD	煤层厚度标准差	Standard deviation of coal thickness	
MDBFDG	采用厚度	Adopted thickness	
MDBFDH	煤分层厚度	Separating coal seam thickness	
HTBPG	采样厚度	Sampling thickness	
MDBFN	深度参数		
MDBFNA	见煤深度	Initial depth of drilling coal	
MDBFNB	止煤深度	End depth of drilling coal	
MDBFNC	换层深度	Depth of seam change	
MDBFND	分层深度	Depth of seam division	
MDBFNE	判层深度	Depth of seam decision	
PKHFK	采样深度	Sampling depth	
MDBFNG	埋藏深度	Burial depth	
MDBFNH	刮煤深度	Depth of scraping coal	
MDBFNI	井壁取心深度	Depth of hole well coring	
MDBFNJ	封孔区间	Sealing interval	
MDBFNK	封孔深度	Depth of drill hole sealing	
MDBFNL	下塞位置	Plugging site	
MDBFNM	下塞深度	Plugging depth	
MDBFNN	设计孔深	Project depth	
MDBFNO	终孔深度	Depth of drilling terminal	
MDBFNP	煤层最小埋深	Minimum buried depth of coal seam	
MDBFNQ	煤层最大埋深	Maximum buried depth of coal seam	
MDBFNR	煤层平均埋深	Average buried depth of coal seam	
MDBG	钻探工程质量		
MDBGA	煤层厚度差值	Difference of coal seam thickness	
MDBGB	顶末底初回次岩心缺失量	Core loss on upper and lower bounds footage	
MDBGC	终孔层位	Terminal layer of drilling	
MDBGD	孔深误差	Error rate of drilling depth	
MDBGE	钻探质量	Quality of boring	
MDBGF	测井质量	Quality of logging	

表 1（续）

代码	汉字名	英译名	说明
MDBGG	综合质量	Quality of comprehensive boring	
MDBGH	煤层质量	Quality of boring coal seam	
MDBGI	封孔质量	Sealing quality	
MDBGJ	煤样质量	Quality of coal sample	
MDBGK	简易水文观测质量	Quality of simple hydrographic observation	
MDBGL	采取率	Core recovery	
MDBGM	无心钻进比率	Percentage of uncoring drilling	
MDBGN	无心段长度	Length of uncoring interval	
MDBGP	以往钻孔质量等级	Grade of previous hole quality	
MDBGE	钻探质量		
01	特级	The highest grade	
02	甲级	The first grade	
03	乙级	The second grade	
04	丙级	The third grade	
05	等外	Substandard	
06	合格	Qualified	
07	不合格	Unqualified	
08	可利用	Usable	
09	优	Better	
10	良	Good	
11	中	Medium	
12	差	Bad	
13	劣	Worse	
14	参考孔	Reference hole	
15	废孔	Abandoned hole	
MDBGH	煤层质量		
MDBGHA	钻探见煤点厚度	Thickness of coal-occurrence in drilling	
MDBGHB	测井见煤点厚度	Thickness of coal-occurrence in logging	
MDBGHC	分煤层采用厚度	Thickness for dividing coal seam	
MDBGHD	以往钻孔评级	Grade of previous hole	
MDBGHE	以往钻孔煤层利用评级	Utilization of previous drilled coal grading	
MDBGHF	钻探煤层质量	Quality of drilled coal seam	
MDBGHG	测井煤层质量	Quality of logged coal seam	
MDBGJ	煤样质量		
MDBGJA	煤心长度采取率	Recovery of core length of seams	

表 1（续）

代码	汉字名	英译名	说明
MDBGJB	煤心重量采取率	Recovery of core weight of seams	
MDBGJD	污染程度	Contamination degree	
MDBGJE	杂物含量	Impurity content	
MDBGJF	烧变性	Characteristic of burnting metamorphism	
MDBGK	简易水文观测质量		
MDBGKA	简易水文观测率	Simple hydrographic observation percentage	
MDBGKB	抽水质量	Pumping quality	
MDBGL	采取率		
MDBGLA	岩心总采取率	Total core recovery of rock	
MDBGLB	煤心总采取率	Total core recovery of coal seam	
MDBGLC	煤心平均采取率	Average core recovery of coal seam	
MDBGLD	可采煤层总采取率	Total core recovery of mineable coal seam	
MDBGLE	主要煤系总采取率	Total core recovery of main coal series	
MDBGLF	非煤系总采取率	Total core recovery of country rock	
MDBGLG	新生界总采取率	Total core recovery of the Cenozoic	
MDBGLH	风氧化带采取率	Total core recovery of weathered and oxidized zone	
MDBGLI	断层带总采取率	Total core recovery of fracture zone	
MDBH	矿井工程地质勘探类型		
10	松软类	Soft type	
11	未胶结的粉细砂岩	Unconsolidated silt and fine sand type	
12	粘土岩类型	Clay rock type	
20	坚硬类	Solid mass type	
21	碎屑岩类型	Clastic rock type	
22	石灰岩类型	Limestone type	
MDBI	露天矿边坡勘探类型		
10	松软岩石类	Types of soft rocks	
11	岩性较单一型	Simple lithology type	
12	岩性较复杂型	Complicated lithology type	
20	半坚硬岩石类	Types of semi-solid rocks	
21	岩性及构造简单型	Simple style in lithologic character and geologic structure	
22	岩性及构造较复杂型	Complicated style in lithologic character and geologic structure	
30	坚硬岩石类	Type of solid rocks	
31	平缓块状岩层型	Type of gently dipping bed and massive rocks	

表 1（续）

代码	汉字名	英译名	说明
32	倾斜破碎岩层型	Type of inclined bed and fractured rocks	
MDBJ	煤层顶板类型		
1	易冒落顶板	Easily falling roof	
2	中等冒落顶板	Less easily falling roof	
3	难冒落顶板	Difficultly falling roof	
4	极难冒落顶板	Extremly difficultly falling roof	
5	塑性弯曲顶板	Plastically flexible roof	
MDBK	矿井瓦斯		
MDBKA	矿井瓦斯等级	Gas rank of mine	
MDBKB	瓦斯对出量	Absolute outflow of gas	
MDBKC	瓦斯相对涌出量	Relative outflow of gas	
MDBKD	瓦斯涌出形式	Form of gas outflow	
MDBKE	瓦斯存在形式	Form of gas occurrence	
MDBKF	瓦斯成分及含量	Composition and content of gas	
MDBKG	瓦斯压力	Gas pressure force	
MDBKH	瓦斯渗透率	Gas permeability	
MDBKI	瓦斯分带	Zoning of gas	
MDBKJ	瓦斯梯度	Gas gradient	
MDBKA	矿井瓦斯等级		
1	低沼气矿井	Low methane mine	
2	高沼气矿井	High methane mine	
3	煤和瓦斯突出矿井	Coal-gas outburst mine	
4	一级瓦斯矿井	1 rank gas mine	
5	二级瓦斯矿井	2 rank gas mine	
6	三级瓦斯矿井	3 rank gas mine	
7	超级瓦斯矿井	Super rank gas mine	
MDBKD	瓦斯涌出形式		
1	普通涌出	Common gas outflow	
2	瓦斯喷出	Gas outburst	
3	煤与瓦斯突出	Coal-gas outburst	
MDBKE	瓦斯存在形式		
1	吸附瓦斯	Adsorption gas	
2	游离瓦斯	Free gas	
MDBKI	瓦斯分带		
1	二氧化碳氮气带	Carbon dioxide-nitrogen zone	

表 1（续）

代码	汉字名	英译名	说明
2	氮气沼气	Nitrogen-methane zone	
3	沼气	Methane zone	
MDBKJ	瓦斯梯度		
MDBKJA	爆炸性试验	Explosibility test	
SWBDCE	试验次数	Order number of test	
MDBKJC	岩粉用量	Quantity of rock powder	
MDBKJD	最低岩粉用量	Least quantity of rock powder	
MDBKJE	火焰长度	Length of flame	
MDBKJF	爆炸危险性	Explosive risk	
MDBKJF	爆炸危险性		
1	有爆炸危险	Possible explosive risk	
2	无爆炸危险	Nothingness explosive risk	
MDBL	矿区建设		
MDBM	煤的自燃		
MDBMA	自燃倾向指标	Self-combustion tendency index	
MDBMB	自燃倾向等级	Self-combustion tendency class	
MDBMC	自燃发火周期	Self-combustion firing period	
MDBMD	自燃的原因	Self-combustion reason	
MDBME	可能自燃因素	May self-combustion factor	
MDBMF	热害区级别	Rank of geothermal hazard area	
MDBMA	自燃倾向指标		
MDBMAA	着火温度	Firing temperature	
MDBMAB	ΔT1-3	ΔT1-3	
MDBMB	自燃倾向等级		
1	很易自燃	Extremely selfcombustible	
2	易自燃	Easily selfcombustible	
3	不易自燃	Difficultly selfcombustible	
4	不自燃	Most difficultly selfcombustible	
MDBO	勘探报告图件		
101	区域地质图	Regional geological map	
102	区域构造纲要图	Map showing regional structure outline	
103	区域实际材料图	Regional measured data map	
104	区域研究程度图	Map showing regional research level	
105	区域矿产图	Map showing regional mineral resources	
106	区域水文地质图	Reginal hydrogeological map	

表 1（续）

代码	汉字名	英译名	说明
107	区域成煤远景图	Map showing regional coal-forming expectation	
108	区域成煤预测图	Map showing regional coal-forming prediction	
109	区域煤田预测图	Map showing regional coalfield prediction	
201	煤田地质图	Geological map of coalfield	
202	矿区地质图	Geological map of mine district	
203	勘探区地质图	Geological map of exploration area	
204	煤田地形地质图	Topographic-geological map of coalfield	
205	矿区地形地质图	Topographic-geological map of mine district	
206	勘探区地形地质图	Topographic-geological map of exploration area	
207	勘探区工程布置图	Engineering arrangement map of exploration	
208	勘探区工程设计图	Engineering design map of exploration	
209	勘探区实际材料图	Measured data map of exploration area	
210	煤田水文地质图	Hydro-geological map of coalfield	
211	矿区水文地质图	Hydro-geological map of mine district	
212	勘探区水文地质图	Hydro-geological map of exploration area	
301	煤层水平断面图	Horizontal section of coal seam	
302	煤层垂向断面图	Vetical section of coal seam	
303	煤层垂向纵断面图	Vetical longitudinal section of coal seam	
304	煤层垂向横断面图	Vetical cross section of coal seam	
305	剥采比等值线图	Contour map of overburden ratio	
306	剥离量计算平面图	Calculation plan of overburden amount	
307	煤层取样平面图	Sampling plan of coal seam	
308	煤层顶面等高线图	Contour map of top surface of coal seam	
309	煤层底板等高线图	Contour map of bottom surface of coal seam	
310	断层面等高线图	Contour map of fault surface	
320	地质剖面图	Geological profile	
321	勘探线地质剖面图	Geological profile along exploratory line	
322	走向地质剖面图	Strike geological profile	
323	倾向地质剖面图	Dip geological profile	
324	地层剖面图	Stratigraphic profile	
330	勘探线储量计算剖面图	Reserve-calculating section on exploratory line	
331	储量计算垂直投影图	Vertical longitudinal projection calculating reserve	
332	储量计算水平投影图	Horizontal projection calculating reserve	
340	地层等厚图	Isopach map of strat	
341	第四系等厚图	Isopach map of Quaternary system	

表 1（续）

代码	汉字名	英译名	说明
342	煤系等厚图	Isopach map of coal formation	
343	煤层等厚图	Isopach map of coal seam	
344	煤层累计等厚图	Isopach map of total coal seam	
345	底砂体等厚图	Isopach map of bottom sandstone body thickness	主砂体图
346	砂体累计等厚图	Isopach map of total sandstone body thickness	
401	第四纪地质图	Map of Quaternary geology	
402	火山地质图	Map of volcanic geology	
403	基岩地质图	Geological map of bedrocks	
404	岩相古地理图	Map of lithofacies and palaeogeography	
405	古构造图	Palaeotectonic map	
406	新构造图	Neotectonic map	新构造运动图
501	地层柱状图	Stratigraphic column	
502	钻孔柱状图	Drillhole column	
503	地层对比图	Stratigraphic comparatibe map	
504	煤岩层对比图	Comparatibe map of coal seam and stratum	
505	煤层对比图	Comparatibe map of coal seam	
506	测井曲线对比图	Comparatibe map of logging curve	
601	钻孔设计图	Drillhole layout map	
602	歪斜钻孔投影图	Projection map of distortion drillhole	
603	钻孔预想柱状图	Prediction column of drillhole	
701	交通位置图	Traffic position map	
702	地形底图	Topographic basemap	
703	地质底图	Geological basemap	
800	素描图	Sketch	写实图
801	露头地质素描图	Geological sketch of outcrop	
802	探槽素描图	Sketch of trench	
803	浅井素描图	Sketch of pit	
804	坑道素描图	Sketch of drift	
805	煤层素描图	Coal seam sketch	
806	岩心素描图	Core sketch	
807	井壁素描图	Sketch of wall of a well	井筒素描图
808	岩层素描图	Rock formation sketch	
809	构造素描图	Structure sketch	
910	沉积断面图	Sectional drawing of deposit	
920	岩比图	Rock ratio map	

表 1（续）

代码	汉字名	英译名	说明
940	探采对比图	Correlation map between exploration and exploitation data	
960	成果图	Result map	
970	插图	Illustration	
980	附图	Attached map	
981	附表	Attached list	
982	煤质附表	Attached list of coal quality	
MDBU	普查勘探成果		
MDBUA	发现煤田数	Discoveried coalfield number	
MDBUB	发现油田数	Discoveried oilfield number	
MDBUC	发现气田数	Discoveried gasfield number	
MDBV	煤田地质报告		
MDBVA	煤田地质报告附件	Appendix of geological report of coalfield	
MDBVB	煤田地质报告附表	Attached lists of geological report of coalfield	
MDC	煤化学		
MDCA	煤的化学组成	Chemical composition of coal	
MDCB	煤的分子结构	Molecular structure of coal	
MDCC	煤质分析	Coal analysis	
MDCD	工业分析	Proximate analysis	
MDCE	元素分析	Elementary analysis	
MDCF	煤灰成分分析	Coal ash analysis	
MDCG	煤质分析结果的表示方法	Show methods of coal analysis result	
MDCH	煤的工艺性试验	Technological test of coal	
MDCI	氧化物含量	Oxide content	
MDCJ	煤的气化	Gasification of coal	
MDCK	煤的液化	Liquefaction of coal	
MDCL	煤质主要指标的分级标准	Grade scale of coal quality	
MDCM	煤样类型	Sample type of coal	
MDCN	试验报告表	Test report table	
MDCO	试验责任表	Test duty table	
MDCP	煤的综合利用	Coalplex	
MDCQ	煤质评价	Coal valuation	
MDCR	煤水浆的制备及应用	Preparation and utilization of coal slurry	
MDCA	煤的化学组成		
MDCAA	有机质	Organic matter	

表 1（续）

代码	汉字名	英译名	说明
MDCAH	无机质	Inorganic substance	
MDCAM	矿物质	Mineral matter	MM
MDCAN	水分	Moisture	
MDCAO	灰分	Ash	A
MDCAP	挥发分	Volatile matter	V
MDCB	煤的分子结构		
MDCBA	芳香核	Aromatic nucleus	缩合芳香环
MDCBB	芳香度	Aromaticity	
MDCBC	碳原子网	Carbon atom net	
MDCBD	碳原子网间距	Spacing of carbon atom net	
MDCBL	水源地地名	Head water place name	
MDCD	工业分析		
MDCDA	水分分析	Moisture analysis	
MDCDB	灰分分析	Ash analysis	
MDCDC	挥发分分析	Volatile matter analysis	
MDCDD	固定碳	Fixed carbon	C
MDCDE	碳酸盐二氧化碳	Carbonate carbon dioxide	
MDCDF	煤的发热量	Calorific value of coal	Q
MDCDG	煤中矿物质	Mineral matter in coal	MM
MDCDH	精选密度回收率	Recovery percent of cleaned density	
MDCDI	精选密度	Cleaned density	
MDCDA	水分分析		
MDCDAA	水分的存在状态	Existent state of moisture	
MDCDAB	水分含量	Moisture content	
MDCDAC	全水分	Total moisture	Mt
MDCDAD	原煤水分	Raw coal moisture	
MDCDAE	精煤水分	Cleaned coal moisture	
MDCDAF	游离水分	Free moisture	
MDCDAG	内在水分	Inherent moisture	Minh
MDCDAH	外在水分	Free moisture	Mf
MDCDAI	最高内在水分	Moisture-holding capacity	Mhc
MDCDAJ	化合水	Chemically combined water	
MDCDAK	结晶水	Crystallization water	
MDCDAL	热解水	Water of hot decomposition	
MDCDAM	应用水分	Applied moisture	

表 1（续）

代码	汉字名	英译名	说明
MDCDAN	分析水分	Moisture in the analysis coal sample	Mad
MDCDAO	收到基水分	Moisture as received basis	
MDCDB	灰分分析		
MDCDBA	原煤最高灰分	Maximum ash content of raw coal	
MDCDBB	煤的灰分产率	Ash production rate of coal	Aad
MDCDBC	原煤灰分产率	Ash yield of raw coal	
MDCDBD	精煤灰分产率	Ash yield of cleaned coal	
MDCDBE	内在灰分	Inherent ash	
MDCDBF	外来灰分	Extraneous ash	
MDCDBG	加权平均灰分	Weighted mean ash per cent	
MDCDBH	煤的高温灰	Ash with high temperature	
MDCDBI	煤的低温灰	Ash with low temperature	
MDCDBJ	重量加权平均灰分产率	Weighted mean ash production rate by weight	
MDCDBK	体积加权平均灰分产率	Weighted mean ash production rate by volume	
MDCDBL	厚度加权平均灰分产率	Weighted mean ash production rate by thickness	
MDCDBM	灰分最小值	Minimum ash value	
MDCDBN	灰分最大值	Maximum ash value	
MDCDBO	灰分平均值	Average ash value	
MDCDBP	灰分产率最小值	Minimum ash yield value	
MDCDBQ	灰分产率最大值	Maximum ash yield value	
MDCDBR	灰分产率平均值	Average ash yield value	
MDCDC	挥发分分析		
MDCDCA	挥发分产率	Volatile matter yield	Vdaf
MDCDCB	原煤挥发分产率	Volatile matter yield of raw coal	
MDCDCC	浮煤挥发分产率	Volatile matter yield of floated coal	
MDCDCD	焦渣特征	Characteristics of crucible nonvolatile residue	
MDCDCE	体积挥发分	Voluminal volatile matter	
MDCDCF	挥发分产率最小值	Minimum volatile matter yield value	
MDCDCG	挥发分产率最大值	Maximum volatile matter yield value	
MDCDCH	挥发分产率平均值	Average ash volatile matter yield value	
MDCDCD	焦渣特征		
01	粉状	Powdery-state	
02	粘着	Cake	
03	弱粘结	Weakly caking	
04	不熔融粘结	Non-fusion caking	

表 1（续）

代码	汉字名	英译名	说明
05	不膨胀熔融粘结	Non-expansive fusion caking	
06	微膨胀熔融粘结	Little-expansive fusion caking	
07	膨胀熔融粘结	Expansive fusion caking	
08	强膨胀熔融粘结	Strong expansive fusion caking	
MDCDD	固定碳		
PKJHF	固定碳含量	Fixed carbon content	
MDCDDB	燃料比	Fuel ratio	
MDCDF	煤的发热量		Q
MDCDFA	弹筒发热量	Calorific value determination in a steel bomb	Qb,ad
MDCDFB	高位发热量	Gross calorific value	Qgr,ad
MDCDFC	低位发热量	Net calorific value	Qnet,v
MDCDFD	恒容发热量	Calorific value at constant volume	Qv
MDCDFE	恒压发热量	Calorific value at constant pressure	Qp
MDCDFF	恒湿无灰基高位发热量	Gross calorific value on moist ash free basis	Qgr,maf
MDCDFG	干燥无灰基低位发热量	Net calorific value as dry ash-free basis	Qnet,v
MDCDFH	干燥基低位发热量	Net calorific value as dry basis	Qb,ad
MDCDFI	分析基弹筒发热量	Bomb calorific value as analysed basis	
MDCDFJ	干燥无灰基高位发热量	Gross calorific value as dry ash-free basis	Qgr,v
MDCDFK	分析基高位发热量	Gross calorific value as analysed basis	
MDCDFL	最小高位发热量	Minimum gross calorific value	
MDCDFM	最大高位发热量	Maximum gross calorific value	
MDCDFN	平均高位发热量	Average gross calorific value	
MDCDG	煤中矿物质		
01	内在矿物质	Inherent mineral matter	
02	原生矿物质	Primary mineral matter	
03	次生矿物质	Secondary mineral matter	
04	外来矿物质	Extraneous mineral matter	
05	碎屑矿物质	Detrital mineral matter	
06	植物成因矿物质	Vegetolene mineral matter	
07	化学成因矿物质	Chemical mineral matter	
MDCE	元素分析		
MDCEA	硫分析	Sulfur analysis	
MDCEB	有害元素	Hazardous elements	
MDCEC	微量元素分析	Micro elements analysis	
MDCED	常量元素分析	Constants elements analysis	

表 1（续）

代码	汉字名	英译名	说明
MDCEE	氧的测定	Determination of oxygen	
MDCEF	奥亚膨胀度的测定	Determination of Arnu-Audiberts dilatometer	
MDCEA	硫分析		
MDCEAA	全硫	Total sulfur	St
MDCEAB	有机硫	Organic sulfur	So
MDCEAC	硫铁矿硫	Pyritic sulfur	Sp
MDCEAD	黄铁矿硫	Pyrite sulfur	
MDCEAE	白铁矿硫	Marcasite sulfur	
MDCEAF	无机硫	Inorganic sulfur	
MDCEAG	硫化物硫	Sulphide sulfur	
MDCEAH	硫酸盐硫	Sulphate sulfur	Ss
MDCEAI	元素分析硫	Ultimate sulfur	
MDCEAJ	可燃硫	Combustible sulfur	
MDCEAK	不可燃硫	Non-combustible sulfur	
MDCEAL	挥发硫	Volatile sulfur	
MDCEAM	固定硫	Fixed sulfur	
MDCEAN	树脂硫	Resin sulfur	
MDCEAO	腐植硫	Humic sulfur	
MDCEAP	氧化硫	Sulfur oxide	
MDCEAQ	灰中硫	Sulfur in ash	
MDCEAR	各种硫分析	Different sulfur analysis	
MDCEAT	全硫含量测定精度最小值	Minimum value of degree of measuring total sulfur content	
MDCEAU	全硫含量测定精度最大值	Maximum value of degree of measuring total sulfur content	
MDCEAV	全硫含量测定精度平均值	Average value of degree of measuring total sulfur content	
MDCEB	有害元素		
MDCEBA	全磷	Total phosphorus	Pt
MDCEBB	有机磷	Organic phosphorus	
MDCEBC	无机磷	Inorganic phosphorus	
MDCEBD	全氯	Total chlorine	Clt
As	砷	Arsenic	
F	氟	Fluor	
Cd	镉	Cadmium	

表 1（续）

代码	汉字名	英译名	说明
Gr	铬	Chromium	
Be	铍	Beryllium	
Tl	铊	Thallium	
Pb	铅	Lead	
Hg	汞	Mercury	
MDCEC	微量元素分析		
Ge	锗	Germanium	
Ga	镓	Gallium	
U	铀	Uranium	
V	钒	Vanadium	
Th	钍	Thorium	
Re	铼	Rhenium	
MDCEF	奥亚膨胀度的测定		
MDCEFA	奥亚膨胀度最小值	Minimum value of Arnu-Audiberts dilatometer	
MDCEFB	奥亚膨胀度最大值	Maximum value of Arnu-Audiberts dilatometer	
MDCEFC	奥亚膨胀度平均值	Average value of Arnu-Audiberts dilatometer	
MDCEFD	Pm 最小值	Minimum Pm value	
MDCEFE	Pm 最大值	Maximum Pm value	
MDCEFF	Pm 平均值	Average Pm value	
MDCEFG	干燥无灰基氢最小值	Hydrogen minimum value as dry ash-free basis	
MDCEFH	干燥无灰基氢最大值	Hydrogen maximum value as dry ash-free basis	
MDCEFI	干燥无灰基氢平均值	Hydrogen average value as dry ash-free basis	
MDCG	煤质分析结果的表示方法		
02	收到基	As received basis	ar 应用基
03	分析基	As analysed basis	ad
04	干燥基	Dry basis	d
06	干燥无灰基	Dry ash free basis	daf 可燃基
07	干燥无矿物质基	Dry mineral matter free basis	dmmf 有机基
09	无灰基	Ash free basis	
10	恒湿无灰基	Moist ash free basis	maf
11	恒湿无矿物质基	Moist mineral matter free basis	m,mmf
12	无硫基	Sulfur free basis	
13	无硫无氮基	Sulfur and nitrogen free basis	
14	纯煤基	Pure coal basis	
MDCH	煤的工艺性试验		

表 1（续）

代码	汉字名	英译名	说明
MDCHA	胶质层指数测定	Sapozhnikov's penetrometer test	
MDCHB	罗加指数	Roga index	R. I
MDCHC	粘结指数	Caking index of coal	GR. I
MDCHD	焦渣转鼓指数	Index of tumbler test for crucible nonvolatile residue	J. Z. Z
MDCHE	坩锅膨胀序数	Crucible swelling number	CSN
MDCHF	奥亚膨胀度试验	Arnu-Audiberts dilatometer test	
MDCHG	基氏塑性测定	Gieseler plastometer test	
MDCHH	膨胀压力试验	Test for expansive pressure	
MDCHI	葛金干馏试验	Gray-king assay	
MDCHJ	铝甑干馏试验	Carbonization test in aluminium retort	
MDCHK	二百千克焦炉炼焦试验	200 kg samples coke oven test	
MDCHL	抗碎强度	Shatter strength	
MDCHM	热稳定性	Thermal stability	
MDCHN	煤对二氧化碳反应性	Carboxyreactivity	
MDCHO	结渣性	Clinkering property	
MDCHP	可磨性	Grindability	
MDCHQ	煤灰熔融性	Coal ash fusibilty	
MDCHR	煤灰粘度	Coal ash viscosity	
MDCHS	低煤化程度煤的特性试验	Property test of lower coalification degree	
MDCHT	哈氏可磨性指数	Hardgrove grindability index	
MDCHU	筛分试验	Size analysis	
MDCHV	煤粉筛分试验	Sieve analysis of poudery coal	
MDCHW	浮沉试验	Float-and-sink analysis	
MDCHX	煤泥浮沉试验	Float-and-sink analysis of fines	
MDCHY	浮选试验	Froth floatation test	
MDCHZ	燃烧试验	Combustion test	
MDCHA	胶质层指数测定		
MDCHAA	胶质层最大厚度	Maximum thickness of plastic layer	Y
MDCHAB	最终收缩度	Final contraction value plastometric shrinkage	X
MDCHAC	胶质体体积变化曲线	Plastic layer volume curve	
MDCHAD	焦块特征	Characteristics of coke	
MDCHAE	焦块缝隙	Coke fissure	
MDCHAF	焦块孔隙	Coke pore	
MDCHAG	焦块海绵体	Coke spongy body	
MDCHAH	焦块绽边	Coke crack edge	

表 1（续）

代码	汉字名	英译名	说明
MDCHAI	焦块色泽	Coke colour	
MDCHAJ	焦块熔合情况	Coke fused condition	
MDCHAC	胶质体体积变化曲线		
1	平滑下降型	Smooth descend type	
2	平滑斜降型	Smooth oblique descend type	
3	波型	Wave type	
4	微波型	Minute wave type	
5	之字型	Zigzag type	
6	山型	Mountain type	
7	之一山型	Zigzag-mountain type	
MDCHAE	焦块缝隙		
1	无缝隙	No fissure	
2	少缝隙	Little fissure	
3	多缝隙	Many fissure	
MDCHAF	焦块孔隙		
1	小孔隙	Small pore	
2	大孔隙	Big pore	
3	小孔隙带大孔隙	Small pore and big pore	
MDCHAG	焦块海绵体		
1	无海绵体	No spongy body	
2	小泡状海绵体	Small bubble spongy body	
3	敞开的海绵体	Open spongy body	
MDCHAH	焦块绽边		
1	无绽边	No crack edge	
2	低绽边	Low crack edge	
3	高绽边	High crack edge	
4	中等绽边	Mid crack edge	
MDCHAJ	熔合情况		
1	粉状的	Powdery	
2	凝结的	Condensation	
3	部分熔合	Part fuse	
4	完全熔合	Comptate fuse	
MDCHC	粘结指数		
MDCHCA	最小粘结指数	Minimum value of caking index	Gmin
MDCHCB	最大粘结指数	Maximum value of caking index	Gmax

表 1(续)

代码	汉字名	英译名	说明
MDCHCC	平均粘结指数	Average value of caking index	G
MDCHF	奥亚膨胀度试验		
MDCHFA	最大膨胀度	Maximum dilatation	b
MDCHFB	最大收缩度	Maximum contraction	a
MDCHFC	软化温度	Softening temperature	T1
MDCHFD	开始膨胀温度	Original dilatation temperature	T2
MDCHFE	固化温度	Solidification temperature	T3
MDCHG	基氏塑性测定		
MDCHGA	最大流动度	Maximum fluidity	
MDCHGB	最大流动温度	Maximum flow temperature	
MDCHI	葛金干馏试验		
MDCHIA	葛金标准焦型	Gray-king standard coke type	
MDCHIB	焦油收率	Tar yield	
MDCHIC	干馏总水分收率	Distillation total moisture yield	
MDCHID	热解水收率	Thermolysis water yield	
MDCHIE	半焦收率	Char coal yield	
MDCHIF	氨收率	NH3 yield	
MDCHIG	半焦炭	Coalite	
MDCHIA	葛金标准焦型		
01	A 型	A type	
02	B 型	B type	
03	C 型	C type	
04	D 型	D type	
05	E 型	E type	
06	F 型	F type	
07	G 型	G type	
08	G1 型	G1 type	
09	G2 型	G2 type	
10	G3 型	G3 type	
11	G4 型	G4 type	
12	G5 型	G5 type	
13	G6 型	G6 type	
14	G7 型	G7 type	
15	G8 型	G8 type	
16	G9 型	G9 type	

表 1（续）

代码	汉字名	英译名	说明
17	G10 型	G10 type	
18	G11 型	G11 type	
19	G12 型	G12 type	
20	G13 型	G13 type	
MDCHJ	铝甑干馏试验		
MDCHJA	焦油产率	Tar yield	Tar
MDCHJB	气体及损失量	Gas and its loss	
MDCHK	二百千克焦炉炼焦试验		
MDCHKA	抗碎强度	Shatter strength	SS
MDCHKB	磨损指数	Abrasive index	AI
MDCHKC	焦炭	Coke	
MDCHM	热稳定性		
MDCHMA	热稳定性指标	Thermal stability parameter	
MDCHMB	RW+6%	RW+6%	
MDCHMC	RW+13%	RW+13%	
MDCHMD	Kp6	Kp6	
MDCHME	热稳定性辅助指标	Thermal stability help out parameter	
MDCHMF	RW6-3%	RW6-3%	
MDCHMG	RW3-1%	RW3-1%	
MDCHMH	RW-1%	RW-1%	
MDCHMJ	Kp1	Kp1	
MDCHMK	热稳定性曲线	Thermal stability curve	
MDCHN	煤对二氧化碳反应性		
MDCHNA	二氧化碳还原率	Carbon dioxide reduction rate	a
MDCHNB	a-T 曲线	a-T curve	
MDCHNC	煤对二氧化碳反应性(850 ℃)	Reaction of coal with carbon dioxide(850 ℃)	
MDCHND	煤对二氧化碳反应性(950 ℃)	Reaction of coal with carbon dioxide(950 ℃)	
MDCHNE	煤对二氧化碳反应性(1 100 ℃)	Reaction of coal with carbon dioxide(1 100 ℃)	
MDCHNF	煤对二氧化碳反应性(700 ℃)	Reaction of coal with carbon dioxide(700 ℃)	
MDCHNG	煤对二氧化碳反应性(750 ℃)	Reaction of coal with carbon dioxide(750 ℃)	
MDCHNH	煤对二氧化碳反应性(800 ℃)	Reaction of coal with carbon dioxide(800 ℃)	
MDCHNI	煤对二氧化碳反应性(900 ℃)	Reaction of coal with carbon dioxide(900 ℃)	
MDCHNJ	煤对二氧化碳反应性(1 000 ℃)	Reaction of coal with carbon dioxide(1 000 ℃)	

表 1（续）

代码	汉字名	英译名	说明
MDCHNK	煤对二氧化碳反应性(1 050 ℃)	Reaction of coal with carbon dioxide(1 050 ℃)	
MDCHNL	翻转时间	Overrolling time	
MDCHNM	泥化重量	Argillation weight	
MDCHNN	泥化含量	Argillation content	
MDCHNU	泥化观测结果	Argillation observation result	
MDCHNV	安氏泥化试验	An argillation test	
MDCHNW	小于 0.5 毫米重量	Weight of grain with a diameter less than 0.5 mm	
MDCHNX	小于 10 微米重量	Weight of grain with a diameter less than 10 μm	
MDCHNY	泥化结论(a)	Argillation result(a)	
MDCHNZ	泥化结论(b)	Argillation result(b)	
MDCHO	结渣性		
MDCHOA	结渣率	Clinkering rate	
MDCHOB	结渣率(0.1)	Clinkering rate(0.1)	
MDCHOC	结渣率(0.2)	Clinkering rate(0.2)	
MDCHOD	结渣率(0.3)	Clinkering rate(0.3)	
MDCHOE	结渣性曲线	Clinkering property curve	
MDCHOF	鼓风强度	Blowing intensity	
MDCHOG	反应时间	Reaction time	
MDCHOH	灰渣总重	Total weight of clinkered ash	
MDCHOI	>6 mm 灰渣重量	Weight of clinkered ash with a diameter more than 6 mm	
MDCHOJ	>6 mm 灰渣结率	Clinkering rate of ash with a diameter more than 6 mm	
MDCHOK	平均结渣率	Average clinkering rate	
MDCHQ	煤灰熔融性		
MDCHQA	变形温度	Deformation temperature	DT
MDCHQB	软化温度	Softening temperature	ST
MDCHQC	流动温度	Flow temperature	FT
MDCHQD	半球温度	Hemispherical temperature	HT
MDCHR	煤灰粘度		
MDCHRA	粘度曲线图	Viscosity diagram	
MDCHRB	粘度结果报表	Report table of viscosity result	
MDCHRC	炉内气氛	Atmosphere in furnace	
MDCHS	低煤化程度煤的特性试验		

表 1（续）

代码	汉字名	英译名	说明
MDCHSA	腐植酸	Humic acid	HAt 总腐植酸
MDCHSB	原生腐植酸	Primary humic acid	
MDCHSC	次生腐植酸	Secondary humic acid	
MDCHSE	游离腐植酸	Free humic acid	HAr
MDCHSF	结合腐植酸	Combined humic acid	HAc
MDCHSG	氨基腐植酸	Amino-humic acid	
MDCHSH	硝基腐植酸	Nitro-humic acid	
MDCHSI	可燃基腐植酸	Humic acide in combustible basis	
MDCHSJ	纯腐植酸	Pure humic acid	
MDCHSK	腐植酸盐	Humate	
MDCHSL	泥炭腐植酸	Humic acid in peat	
MDCHSM	褐煤腐植酸	Humic acid in brown coal	
MDCHSN	风化煤腐植酸	Humic acid in weathered coal	
MDCHSO	黑腐植酸	Pyrotomaleanic acid	
MDCHSP	棕腐植酸	Hymatomalenic acid	
MDCHSQ	黄腐植酸	Fulvic acid	
MDCHSR	苯抽出物	Benzene extract	
MDCHSS	总酸性基	Total acidic group	
MDCHU	筛分试验		
MDCHUA	粒度组成	Size consist	
MDCHUB	自然级	Size fractions of raw coal	
MDCHUC	破碎级	Size fractions of crushed coal	
MDCHUD	密度级	Specific gravity fractions	
MDCHUE	密度组成	Specific gravity consist	
MDCHUF	粒度特性曲线	Size characteristic curve	
MDCHUG	筛上物产率	Matter rate on the sieve	
MDCHUH	筛分前煤样总重量	Coal sample total gravimetry before sieve	
MDCHUI	最大粒度	Maximum size	
MDCHUJ	筛分试验总样化验结果	Sizing test total sample laboratory test result	
MDCHUK	化验项目	Laboratory test item	
MDCHUL	产物名称	Products name	
MDCHUM	手选	Hand cleaning	
HXGIA	重量	Gravimetry	
MDCHUO	占全样百分比	Occupy total sample per cent	
MDCHUP	筛上累计百分比	Accumulative total on the sieve per cent	

表 1（续）

代码	汉字名	英译名	说明
DWHAAB	质量	Mass	
MDCHUR	粒级	Grain size grade	
MDCHUS	毛煤总计	Run-of-mine coal grand total	
MDCHUT	原煤合计	Raw coal amounts to	
MDCHV	煤粉筛分试验		
MDCHVA	本级粒度	One's grain	
MDCHVB	本级灰分	One's ash	
MDCHVC	本级全硫	One's total sulfur	
MDCHVD	占全样重量	Occupy total sample percent weight	
MDCHVE	煤样重量	Coal sample weight	
MDCHVF	筛分累计产率	Total sieve analysis percent	
MDCHVG	筛分累计灰分	Total sieve analysis ash	
MDCHW	浮沉试验		
MDCHWA	本级占 50～0.5 毫米级产率	Ones fractions occupy 50～0.5 millimetre fractions rate	
MDCHWB	占本级产率百分比	Occupy ones fractions rate per cent	
MDCHWC	占全样产率百分比	Occupy total sample rate per cent	
MDCHWD	小计(去煤泥)	Small count (except for slimes)	
MDCHWE	小计(带煤泥)	Small count (carry slines)	
MDCHWF	总计	Grand total	
MDCHWG	累计	Accumulative total	
MDCHWH	浮物	Float matter	
MDCHWI	沉物	Sink matter	
MDCHWJ	产率百分比	Rate per cent	
MDCHWK	灰分百分比	Ash per cent	
MDCHWL	分选比重±0.1 产率	Grade specific gravity plus or minus 0.1 rate	
MDCHWM	可选性曲线	Washability curves	
MDCHWN	灰分特性曲线	Ash characteristic curve	
MDCHWO	浮物曲线	Cumulative float curve	
MDCHWP	沉物曲线	Cumulative sink curve	
MDCHWQ	密度曲线	Densimetric curve	
MDCHWR	分选密度±0.1 曲线	Near-density curve	
MDCHWS	理论精煤回收率	Theoretical cleaned coal recovery	
MDCHWT	中煤含量	Midding content	
MDCHWU	重液	Dense liquid	

表 1（续）

代码	汉字名	英译名	说明
MDCHWV	试验前煤样重量	Coal sample weight before test	
MDCHWW	累计浮物产率	Total float matter percent	
MDCHWX	累计浮物灰分	Total float matter ash	
MDCHWY	累计沉物产率	Total sink matter percent	
MDCHWZ	累计沉物灰分	Total sink matter ash	
MDCHZ	燃烧试验		
01	爆燃	Explosion combustion	
02	缓慢燃烧	Slow combustion	
03	蒸发燃烧	Evaporate combustion	
04	层状燃烧	Layer combustion	
05	分析燃烧	Analytic combustion	
06	气流式燃烧	Gas stream combustion	
07	表面燃烧	Surface combustion	
08	冒烟燃烧	Smoking combustion	
09	沸腾燃烧	Boil combustion	
MDCJ	煤的气化		
MDCJA	煤气的种类	Gas of kinds	
MDCJB	气化工艺指标	Gasification technical parameter	
MDCJC	煤气组成	Gas composition	
MDCJD	煤气热值	Calorific value of gas	
MDCJE	碳转化率	Carbon transformation	
MDCJF	气化效率	Rate of gasification	
MDCJG	蒸气分解率	Steam decomposition rate	
MDCJH	气化强度	Gasification strength	
MDCJI	气化方式	Gasification form	
MDCJJ	气化工艺	Gasification technique	
MDCJA	煤气的种类		
01	空气煤气	Air gas	
02	混合煤气	Mixed gas	
03	水煤气	Water gas	
04	半水煤气	Half water gas	
05	低热值煤气	Low-calorific value gas	
06	中热值煤气	Middle-heat calorie gas	
07	高热值煤气	High-heat calorie gas	
08	发生炉煤气	Producer gas	

表 1（续）

代码	汉字名	英译名	说明
09	焦炉煤气	Coke oven gas	
10	合成煤气	Synthetic gas	
MDCJC	煤气组成		
MDCJCA	一氧化碳	Carbon oxide	
MDCJCB	二氧化碳	Carbon dioxide	
SYCAAB	甲烷	Methane	
MDCJI	气化方式		
1	移动床气化	Moving-bed gasification	
2	流化床气化	Fluidized gasification	
3	气流床气化	Air-flow-bed gasification	
4	熔融床气化	Fusion-bed gasification	
MDCJJ	气化工艺		
1	鲁奇气化法	Lurgi gasification method	
2	温克勒气化法	Winkler gasification method	
3	K-T气化法	K-T gasification method	
4	德士古气化法	Desgu gasification method	
MDCK	煤的液化		
01	直接液化	Direct liquefaction	
02	氢煤法	Hydrogenating	
03	供氢溶剂法	Supply hydrogenating solvent method	
04	溶剂精炼煤法	Solvent refining coal method	
05	煤一油混炼液化法	Coal-oil mixing liquefaction method	
06	分段干馏液化	Graded dry distillation liquefaction	
07	加氢裂解液化	Hydrogen cracking liquefaction	加氢液化
08	煤的间接液化	Indirect liquefaction of coal	
09	弗托合成法	Fischer-Tropsch method	
10	摩必尔转化法	Mobire transformation method	
11	改良弗托法	Improved Fischer-Tropsch method	
12	异构化	Isonerization	
13	热解	Thermolysis	
14	加成	Addition	
15	游离基	Free basis .	
16	缩聚反应	Condensation polymerization	
17	热解化烃	Thermolysis hydrocarbon	
MDCL	煤质主要指标的分级标准		

表 1（续）

代码	汉字名	英译名	说明
MDCLA	灰分产率分级	Ash content graduation	
MDCLB	全硫含量分级	Total sulfur content graduation	
MDCLC	磷含量分级	Phosphorus content graduation	
MDCLD	焦油产率分级	Tar yield graduation	
MDCLE	煤灰熔融性分级	Coal ash fusibilty graduation	
MDCLF	抗碎强度分级	Resistance to breakage graduation	
MDCLG	煤可选性分级	Washability graduation	
MDCLH	总腐植酸含量分级	Total humic acids content per cent graduation	
MDCLI	胶质层最大厚度分级	Plastic layer maximum thickness graduation	
MDCLJ	罗加指数分级	Roga index graduation	
MDCLK	粘结指数分级	Caking index graduation of coal	
MDCLL	收到基低位发热量分级	As received basis net calorific value graduation	
MDCLM	煤的热稳定性分级	Coal thermal stability graduation	
MDCLN	煤的可选性	Coal washability	
MDCLA	灰分产率分级		
1	特低灰煤	Special low-ash coal	
2	低灰煤	Low-ash coal	
3	中灰煤	Mid-ash coal	
4	富灰煤	Rich-ash coal	
5	高灰煤	High-ash coal	
6	低中灰煤	Low-mid-ash coal	
7	中高灰煤	Mid-high-ash coal	
MDCLB	全硫含量分级		
1	特低硫煤	Special low-sulfur coal	
2	低硫煤	Low-sulfur coal	
3	中硫煤	Mid-sulfur coal	
4	富硫煤	Rich-sulfur coal	
5	高硫煤	High-sulfur coal	
6	低中硫煤	Low-mid-sulfur coal	
7	中高硫煤	Mid-high-sulfur coal	
MDCLC	磷含量分级		
1	特低磷煤	Special low-phosphorus coal	
2	低磷煤	Low-phosphorus coal	
3	中磷煤	Mid-phosphorus coal	
4	高磷煤	High-phosphorus coal	

表 1（续）

代码	汉字名	英译名	说明
MDCLD	焦油产率分级		
1	高油煤	High-tar coal	
2	富油煤	Rich-tar coal	
3	含油煤	Tar-contening coal	
MDCLE	煤灰熔融性分级		
1	难熔灰分	Difficult-fusibilty ash	
2	高熔灰分	High-fusibilty ash	
3	低熔灰分	Low-fusibilty ash	
4	易熔灰分	Easy-fusibilty ash	
MDCLF	抗碎强度分级		
1	高强度煤	High-strength coal	
2	中强度煤	Mid-strength coal	
3	低强度煤	Low-strength coal	
4	特低强度煤	Special low-strength coal	
MDCLG	煤可选性分级		
MDCLGA	±0.1 含量分级	+0.1 content per cent graduation	
MDCLGB	中煤含量分级	Midding content per cent graduation	
MDCLGC	精煤理论回收率分级	Theoretical recovery per cent graduation of cleaned coal	
MDCLH	总腐植酸含量分级		
1	高腐植酸煤	High humic acids coal	
2	富腐植酸煤	Rich humic acids coal	
3	中腐植酸煤	Mid humic acids coal	
4	低腐植酸煤	Low humic acids coal	
MDCLI	胶质层最大厚度分级		
1	强粘结性煤	Strong caking coal	
2	中粘结性煤	Mid caking coal	
3	弱粘结性煤	Weakly caking coal	
4	无粘结性煤	Uncaking coal	
MDCLJ	罗加指数分级		
1	良好粘结性煤	Good caking coal	
2	不粘结性煤	Non-caking coal	
MDCLL	收到基低位发热量分级		
01	高发热量煤	High calorific value coal	
02	中高发热量煤	Mid-high calorific value coal	

表 1（续）

代码	汉字名	英译名	说明
03	中等发热量煤	Mid calorific value coal	
04	低发热量煤	Low calorific value coal	
05	劣质煤	The lowest calorific value coal	
06	特高热值煤	The highest calorific value coal	
07	高热值煤	High calorific value coal	
08	中高热值煤	Mid-high calorific value coal	
09	中热值煤	Mid calorific value coal	
10	中低热值煤	Mid-low calorific value coal	
11	低热值煤	Low calorific value coal	
MDCLM	煤的热稳定性分级		
1	热稳定性良好煤	Good thermal stability coal	
2	热稳定性中等煤	Mid thermal stability coal	
3	热稳定性较差煤	Low thermal stability coal	
4	热稳定性极差煤	Lower thermal stability coal	
5	高热稳定性煤	Better thermal stability coal	
6	较高热稳定性煤	Good thermal stability coal	
7	中等热稳定性煤	Mid thermal stability coal	
8	较低热稳定性煤	Low thermal stability coal	
9	低热稳定性煤	Lower thermal stability coal	
MDCLN	煤的可选性		
01	极易选	Easiest washing	
02	易选	Easy washing	
03	中等可选	Mid washability	
04	难选	Hard washing	
05	很难选	Very hard washing	
07	优等	Excellent	
08	良等	Good	
09	中等	Medium	
10	低等	Lower	
11	中煤含量法	Method of midding content per cent	
12	±0.1%含量法	Method of +0.1 content per cent	
13	±0.1%分选比重法	Method of grading-specific gravity on +0.1 content percent	
MDCM	煤样类型		
07	煤心煤样	Coal core sample	

表 1（续）

代码	汉字名	英译名	说明
08	煤层煤样	Coal seam sample	
09	分层煤样	Stratified coal seam sample	
10	可采煤样	Mineable coal seam sample	
11	生产煤样	Coal sample for checking production	
12	商品煤样	Salable coal sample	
13	浮煤样	Float sample	
14	沉煤样	Sink sample	
15	分析煤样	Analysis sample	
16	全水分煤样	Total moisture sample	
17	视比重煤样	Coal sample for determination of apparent specific gravity	
18	块比重煤样	Coal sample for determination of weight of unit volume	
19	煤岩煤样	Coal sample for petrographic analysis	
20	混合煤样	Mixed coal sample	
21	柱状煤样	Columnar coal sample	
22	块状煤样	Block coal sample	
23	瓦斯煤样	Coal sample for determinition of gas	
24	煤尘煤样	Coal sample for determination of dust	
25	氧化带煤样	Coal sample for determination of oxidized zone	
31	筛分浮沉大样	Size-float-and-sink sample	
32	煤筒选样	Easy washing sample of coal	
33	中煤样	Middings sample	
34	筛分样	Size sample	
35	浮沉样	Float-and-sink sample	
36	小筛分样	Small size sample	
37	小浮沉样	Small float-and-sink sample	
38	浮油选样	Float oil washing sample	
MDCN	试验报告表		
MDCNA	煤质分析试验成果表	Coal analysis result table	
MDCNB	筛分试验报告表	Sizing test report table	
MDCNC	浮沉试验报告表	Float-and-sink analysis report table	
MDCND	筛分浮沉试验报告表	Sieve float-and-sink analysis report table	
MDCNE	50～0.5 毫米粒级原煤浮沉试验综合表	50～0.5 millimetre fractions raw coal float-and-sink test comprehensive table	

表 1（续）

代码	汉字名	英译名	说明
MDCNF	煤粉浮沉试验结果表	Float-and-sink analysis of fines result table	
MDCO	试验责任表		
MDCOA	试样名称	Sample name	
MDCOB	取样日期	Sampling date	
MDCOC	煤样编号	Coal sample number	
MDCOD	试验日期	Testing date	
MDCOE	筛分试验编号	Sizing test number	
MDCOF	生产煤样编号	Production coal sample number	
MDCOG	浮沉试验编号	Float-and-sink analysis number	
MDCOH	化验室负责人	Leading cadre of laboratory	
MDCOI	筛分试验负责人	Leading cadre of sizing test	
MDCOJ	浮沉试验负责人	Leading cadre of float-and-sink	
MDD	煤岩学		
MDDA	煤岩成分	Composition of coal petrology	
MDDC	煤的物理性质	Physical property of coal	
MDDA	煤岩成分		
MDDAA	肉眼煤岩类型	Macroscopic lithotypes of coal	
MDDAB	显微煤岩类型	Microlithotypes of coal	
MDDAC	显微煤岩组分分类	Maceral classification	
MDDAD	斯托普丝分类	Stopes's classification	
MDDAE	斯帕克曼分类	Spackman's classification	
MDDAF	蒂逊矿务局分类	TBM-classification	
MDDAG	范克瑞分类	Van Krevelen classification	
MDDAH	费伦分类	V-classification	
MDDAI	显微煤岩类型分类	Microlithotype classification	
MDDAJ	显微煤岩组分	Maceral	
MDDAA	肉眼煤岩类型		
MDDAAA	斯托普丝—赫尔冷分类	Stopes-Heerlen system	
MDDAAB	按光泽分类的肉眼煤岩类型	Lithotypes of coal by luster	
MDDAAA	斯托普丝—赫尔冷分类		
01	镜煤	Vitrain	
02	亮煤	Clarain	
03	暗煤	Durain	
04	丝炭	Fusain	
MDDAAB	按光泽分类的肉眼煤岩类型		

表 1（续）

代码	汉字名	英译名	说明
01	光亮煤	Bright coal	
02	半亮煤	Semibright coal	
03	半暗煤	Semidull coal	中亮条带煤
04	暗淡煤	Dull coal	暗淡条带煤
MDDAB	显微煤岩类型		
001	微镜煤	Vitrite	
002	微亮煤	Clarite	微亮煤质煤
003	微暗煤	Durite	微暗煤质煤
004	微镜惰煤	Vitrinertite	
005	微惰性煤	Inertite	
006	微壳质煤	Liptite	微稳定煤
007	微三合煤	Trimacerite	
008	微无结构镜煤	Collite	无结构凝胶煤
009	微结构镜煤	Telite	结构镜煤
010	微孢子煤	Sporite	
011	微角质煤	Cutite	
012	微树脂煤	Resite	
013	微木栓煤	Suberite	微木栓质煤
014	微藻类煤	Algite	
015	微半丝煤	Semifusite	微半丝炭
016	微丝煤	Fusite	微丝炭
017	微菌类煤	Sclerotite	微巩膜煤微菌
018	微惰屑煤	Inertodetrite	核煤
019	微粗粒煤	Macroite	微碎屑惰性煤
020	微孢子亮煤	Sporoclarite	
021	微角质亮煤	Cuticoclarite	
022	微树脂亮煤	Resinoclarite	
023	微藻类亮煤	Algo-clarite	藻类微亮煤
024	微孢子暗煤	Sporodurite	
025	微角质暗煤	Cuticodurite	
026	微树脂暗煤	Resinodurite	
027	微暗亮煤	Duroclarite	微镜质三合煤 微三合煤
028	微镜惰壳质煤	Vitrinertoliptite	微壳质三合煤 微三合煤 E

表 1（续）

代码	汉字名	英译名	说明
029	微亮暗煤	Clarodurite	微惰性三合煤 微三合煤 I
030	微丝炭亮煤	Fusoclarite	微丝质亮煤
031	微丝炭镜煤	Fusovitrite	微丝镜煤
032	微镜亮煤	Vitroclarite	
033	科达树微镜煤	Cordaito-vitrite	
034	硬微丝煤	Hard fusite	
035	鳞木微镜煤	Lepitophyto-vitrite	
036	高煤化微亮煤	Meta-clarite	
037	高煤化微暗煤	Metadurite	
038	微叶镜煤	Phyllovitrite	
039	高氢微镜煤	Perhydrous vitrite	
040	微火焚丝煤	Pyrofusites	微焦性丝煤
041	微腐泥混合煤	Sapromixtite	
042	软微丝煤	Soft fusite	
043	微结构镜煤质亮煤	Teloclarite	
044	微结构丝煤	Telofusite	
045	微镜丝煤	Vitrofusite	
046	微镜暗煤	Vitrodurite	
047	微腐泥镜煤	Saprovitrite	
048	灰色微暗煤	Grey durite	惰性微暗煤
049	黑色微暗煤	Black durite	微暗煤 E
050	芦木微镜煤	Calamites-vitrite	
051	矿化煤	Carbominerite	
052	泥质煤	Carbargilite	
053	黄铁矿质煤	Carbopyrite	
054	铁白云石质煤	Carbankerite	
055	硅质煤	Carbosilicite	
056	多矿物质煤	Cabopolyminerite	
057	纯微亮煤	Pureclarite	
060	混合微亮煤	Mixoclarite	
061	微丝质暗亮煤	Fusoduroclarite	
062	微角质暗亮煤	Cuticoduroclarite	
063	微混合暗亮煤	Mixoduroclarite	
064	微丝质亮暗煤	Fusoclarodurite	

表 1（续）

代码	汉字名	英译名	说明
065	微角质亮暗煤	Cuticoclarodurite	
066	微混合亮暗煤	Mixoclarodurite	
067	纯微丝煤	Purefusite	
068	微富丝质暗煤	Rich fusodurite	
069	纯微角质暗煤	Pure cuticodurite	
071	微混合暗煤	Mixodurite	
072	微树皮暗煤	Bark durite	
073	微树皮煤	Barkite	
074	微木质镜煤—微镜煤质煤	Xulovitro-vitrite	
079	微丝炭—木煤质煤	Fuso-xylain	
080	微丝炭—木煤型亮煤	Fuso-xylite clarite	
083	微丝炭—木煤型暗亮煤	Fuso-xyloduroclarite	
084	微孢子暗亮煤	Sporoduroclarite	
085	微树脂暗亮煤	Resinoduroclarite	
086	微丝炭—木煤型亮暗煤	Fuso-xyloduroclarite	
087	微孢子亮暗煤	Sporoclarodurite	
088	微树脂亮暗煤	Resinoclarodurite	
089	微丝炭—木煤型暗煤	Fuso-xyloclarite	
092	微丝炭—木煤	Fuso-xylite	
093	微半木质镜煤—丝炭	Semixylovitrofusite	
095	微结构镜煤质暗煤	Telodurite	
097	微丝质暗煤	Fusodurite	
098	微丝质结构镜煤	Fusotelite	
100	微暗煤质结构镜煤	Durotelovitrite	
101	微暗镜煤	Durovitrite	
102	壳质微亮煤	Clarite E	亮煤 E
			亮煤 L
103	镜质微亮煤	Clarite V	
104	微亮煤质无结构镜煤	Clarocollite	
105	微亮煤质结构镜煤	Clarotelite	
106	微亮质丝炭	Clarofusite	
107	微亮质镜煤	Clarovitrite	
108	微无结构镜质亮煤	Colloclarite	
109	厚壁孢子微亮煤	Crassiclarite	
110	厚壁孢子微暗煤	Crassidurite	

表 1（续）

代码	汉字名	英译名	说明
111	腐植微暗煤	Humodurite	半透明微暗煤
112	蕨类微镜煤	Fern-vitrite	
113	微类镜煤	Provitrite	
MDDAC	显微煤岩组分分类		
MDDACA	国际烟煤和无烟煤显微组分分类	The macerals classification of hard coal ICCP	
MDDACB	国际褐煤显微组分分类	The maceral classification of brown coals and lignites	
MDDACC	苏联科学院显微组分分类	The maceral classification of Academy of Sciences USR	
MDDACD	中国煤炭部显微煤岩组分分类(1964)	The maceral classification CCIM(1964)	
MDDACE	中国煤炭部地质勘探研究院显微组分分类	The maceral classification of the Institute of Geolo gy and Exploration	
MDDACF	显微组分组	Maceral group	
MDDACG	显微组分亚组	Submaceral group	
MDDACH	显微组分	Maceral	煤素质微成分
MDDACI	有机显微组分	Organic micro-constituent	
MDDACJ	无机显微组分	Inorganic micro-constituent	
MDDACK	原生显微组分	Original maceral	
MDDACL	次生显微组分	Secondary maceral	
MDDACM	正常氢量显微组分	Orthohydrous maceral	
MDDACN	亚显微组分	Submaceral	
MDDACO	隐显微组分	Cryptomaceral	
MDDACP	显微组分变种	Maceral variety	
MDDACQ	显微组分含量	Maceral content	
MDDAD	斯托普丝分类		
01	木煤	Xylain	
02	类镜煤	Provitrain	结构镜煤
03	棕腐质无结构镜煤	Ulmain	
04	充分分解无结构镜煤	Eu-vitrain	
05	无结构镜煤	Collain	
06	外皮质煤	Periblain	树皮结构镜煤
07	木栓质煤	Suberain	
08	木煤体	Xylinite	
09	类镜质组亚组	Provitrinite	

表 1（续）

代码	汉字名	英译名	说明
10	充分分解无结构镜质体	Eu-vitrinite	
MDDAE	斯帕克曼分类		
01	炭质组	Anthrinoid group	
02	木煤组	Xylinoid group	
03	半丝质组	Semi-fusinoid group	
04	粗粒体组	Macrinoid group	
05	半粗粒体组	Semi-macrinoid group	
06	微粒体组	Micrinoid group	
07	树脂组	Resinoid group	
MDDAF	蒂逊矿务局分类		
01	碎屑组分	Attritus	
02	透明碎屑	Transparent attritus	
03	不透明碎屑	Opaque attritus	
04	透明分解腐植物质	Translucent humic	
05	褐色物质	Brown matter	褐色细胞壁分解物质
06	菌核体	Sclerotia	
MDDAG	范克瑞分类		
01	肉眼镜煤	Megascopic anthraxylon	
02	肉眼丝炭	Megascopic fusain	
03	显微镜煤	Micro-vitrain	
04	显微亮煤	Micro-clarain	
05	显微暗煤	Micro-durain	
06	显微丝炭	Micro-fusain	
07	半镜煤	Sub-anthraxylon	
08	细屑镜煤	Anthraxylon	
09	细屑丝炭	Attrital anthrxylon	
10	腐植物质	Humic matter	
MDDAH	费伦分类		
01	粒状不透明物质	Granular opaque matter	
02	暗色半丝炭	Dark semi-fusain	
03	丝炭化真菌物质	Fusinized fungal	
04	暗褐色物质	Dark brown matter	
05	淡褐色物质	Light brown matter	
06	岩化丝炭	Petrolgic fusain	

表 1(续)

代码	汉字名	英译名	说明
07	无定形不透明物质	Amorphous opaque matter	
08	假烛煤	Pseudo-cannel	
09	无定形蜡	Amorphous wax	
10	角质层	Cuticles	
11	红树脂	Red resin	
12	孢子外膜	Spore coats	
MDDAI	显微煤岩类型分类		
01	国际煤岩委员会分类	The microlithotypes of coal ICCP	
02	施塔赫分类	Stach′s microlithotypes of coal	
03	金兹堡分类	Ginsibourg′s microlithotypes of coal	
04	中国地质科学研究院分类	The microlithotypes of coal CGA	
05	重庆实验室分类	The microlithotypes of coal CCL	
06	单组分显微煤岩类型	Monomaceral microlithotype	
07	双组分显微煤岩类型	Bimaceral microlithotype	
08	三组分显微煤岩类型	Trimaceral microlithotype	
MDDAJ	显微煤岩组分		
001	镜质组	Vitrinite	
002	壳质组	Exinite	类脂组
003	惰质组	Inertinite	
004	结构镜质体	Telinite	
005	无结构镜质体	Collinite	
006	镜屑体	Vitrodetrinite	碎屑镜质体
007	结构镜质体 1	Telinite 1	
008	结构镜质体 2	Telinite 2	
009	均质镜质体	Telocollinite	镜煤 A
010	胶质镜质体	Gelocollinite	真正无结构镜质体
011	基质镜质体	Desmocollinite	镜煤 B
012	团块镜质体	Corpocollinite	
013	科达木结构镜质体	Cordaitotelinite	
014	真菌质结构镜质体	Fungotelinite	
015	木质结构镜质体	Xylotelinite	
016	鳞木结构镜质体	Lepidophytotelinite	
017	封印木结构镜质体	Sigillariotelinite	
018	孢子体	Sporinite	

表 1（续）

代码	汉字名	英译名	说明
019	角质体	Cutinite	
020	树脂体	Resinite	
021	藻类体	Alginite	藻质体
022	壳屑体	Liptodetrinite	碎屑类脂体 碎屑壳质体 碎屑稳定体
023	薄壁孢子体	Tenuisporinite	
024	厚壁孢子体	Crassisporinite	
025	小孢子体	Microsporinite	
026	大孢子体	Macrosporinite	
027	皮拉藻类体	Pila-alginite	
028	伦奇藻类体	Reinschia-alginite	
029	微粒体	Micrinite	
030	粗粒体	Macrinite	
031	半丝质体	Semifusinite	
032	丝质体	Fusinite	丝炭体
033	菌类体	Sclerotinite	
034	碎屑惰质体	Inertoderinite	碎屑惰性体
035	火焚丝质体	Pyrofusinite	
036	氧化丝质体	Degradofusinite	分解丝质体
037	煤化丝质体	Rank fusinite	煤级丝质体 后生丝质体
038	煤化半丝质体	Rank semifusinite	后生半丝质体
039	真菌菌质体	Fungosclerotinite	真菌巩膜体
040	假薄壁菌质体	Plectenchyminite	假薄壁巩膜体
041	团块菌质体	Corposclerotinite	浑圆菌质体 团块巩膜体
042	假团块菌质体	Pseudocorposclerotinite	假团块巩膜体假浑圆菌质体后生粗粒体
043	煤化粗粒体	Rank macrinite	
044	腐植组	Huminite	
045	结构腐植体	Humotelinite	
046	碎屑腐植体	Humodetrinite	
047	无结构腐植体	Homocollinite	

表 1（续）

代码	汉字名	英译名	说明
048	木质结构体	Textinite	
049	腐木质体	Ulminite	棕腐植体
050	细屑体	Attrinite	
051	密屑体	Densinite	
052	凝胶体	Gelinite	
053	团块腐植体	Corpohuminite	
054	木质结构腐木质体	Texto-ulminite	
055	充分分解腐木质体	Eu-ulminite	
056	多孔腐植体	Porigelinite	
057	均匀腐植体	Levigelinite	
058	鞣质体	Phlobaphinite	
059	假鞣质体	Pseudo-phlobaphinite	
060	木栓质体	Suberinite	
061	碎屑稳定体	Liptodetrinite	壳屑体
062	叶绿素体	Chlorophyllinite	
063	沥青质体	Bituminite	
089	凝胶类	Gelinite	凝胶化类凝 胶化亚类凝 胶化亚组
090	胶质结构体	Gelinite-telinite	
091	胶质次结构体	Gelinite-posttelinite	
092	胶质似无结构体	Gelinite-procollinite	
093	胶质无结构体	Gelinite-collinite	
094	半凝胶类	Semigelinite	半凝胶化亚 组半凝胶化 类半凝胶化亚类
095	半胶质结构体	Semigelinite-telinite	
096	半胶质次结构体	Semigelinite-posttelinite	
097	半胶质似无结构体	Semigelinite-precollinite	
098	半胶质无结构体	Semigelinite-collinite	
099	半胶丝质类	Semigeli-fusinite	半胶丝质亚 组半胶丝质 组半胶丝质亚类
100	半胶丝质结构体	Semigelifusinite-telinite	
101	半胶丝质次结构体	Semigelifusinite-posttelinite	

表 1（续）

代码	汉字名	英译名	说明
102	半胶丝质似无结构体	Semigelifusinite-precollinite	
103	半胶丝质无结构体	Semigelifusinite-collinite	
104	胶丝质类	Gelifusinite	胶丝质亚组 胶丝质组胶 丝质亚类
105	胶丝质结构体	Gelifusinite-telinite	
106	胶丝质次结构体	Gelifusinite-posttelinite	
107	胶丝质似无结构体	Gelifusinite-precollinite	
108	胶丝质无结构体	Gelifusinite-collinite	
109	次半胶丝质类	Quasi-semigelifusinite	次半胶丝质组
110	次半胶丝质结构体	Quasi-semigelifusinite-telinite	
111	次半胶丝质次结构体	Quasi-semigelifusinite-posttelinite	
112	次半胶丝质似无结构体	Quasi-semigelifusinite-precollinite	
114	次胶丝质类	Quasi-gelifusinite	
115	次胶丝质结构体	Quasi-gelifusinite-telinite	
116	次胶丝质次结构体	Quasi-gelifusinite-posttelinite	
117	次胶丝质似无结构体	Quasi-gelifusinite-precollinite	
118	次胶丝质无结构体	Quasi-gelifusinite-collinite	
119	丝质类	Fusinite	丝质亚组丝 质亚类丝质 组丝炭化组
120	丝质结构体	Fusinite-telinite	
121	丝质次结构体	Fusinite-posttelinite	
122	木栓质类	Suberinite	木栓质亚组 木栓质组 木栓质亚类
123	木栓质结构体	Suberinite-telinite	
124	木栓质次结构体	Suberinite-posttelinite	
125	木栓质似无结构体	Suberinite-precollinite	
126	木栓质无结构体	Suberinite-collinite	
127	角质无结构体	Cutinite-collinite	
128	孢子囊体	Sporanginite	
129	胶质菌核体	Gelinite-sclerotinite	
130	藻类结构体	Alginite-telinite	
131	藻类无结构体	Alginite-collinite	

表1(续)

代码	汉字名	英译名	说明
132	结构藻类体	Teloalg nite	
133	薄层藻类体	Lamalginite	
137	凝胶化组	Gelinite group	
138	丝炭化组	Fusinite group	
151	凝胶化基质体	Gelified groundmassinite	透明基质体
152	凝胶化浑圆体	Gelified circleinite	
153	凝胶化菌类体	Gelified sclerotinite	凝胶化巩膜体凝胶化菌核体
154	丝炭化基质体	Fusinized groundmassinite	
155	丝炭化浑圆体	Fusinized circleinite	丝炭化菌核体
156	孢粉体	Sporinite	
157	腐泥化组	Sapropelinite group	
158	腐泥基质体	Sapropelic groundmassinite	
159	木质镜煤半丝炭体	Xyloritrosemifusinite	
160	镜煤半丝炭体	Vitrosemifusinite	
161	半丝炭化菌类体	Semifusinized sclerotinite	半丝炭化巩膜体;半丝炭化菌核体
162	半丝炭化基质体	Semifusinized groundmassinite	
163	半丝炭化浑圆体	Semifusinized circleinite	半丝炭化浑圆体
164	半木煤体	Semixylinite	
165	半木质镜煤体	Semixylotinite	
166	半镜质体	Semicollinite	
167	半凝胶化基质体	Semigelified groundmassinite	
168	半凝胶化浑圆体	Semigelified circleinite	
169	半凝胶化菌类体	Semigelified sclerotinite	半凝胶化巩膜体;半凝胶化菌核体
170	渗出沥青体	Exsudatinite	沥青渗出体
171	均匀凝胶体	Telogelinite	
172	厚角质体	Crassicutinite	
173	薄角质体	Tenuicutinite	
174	氧化微粒体	Degradomicrinite	
175	氧化半丝质体	Oxysemifusinite	
176	半粗粒体	Semimacrinite	
177	蜡质体	Wax-resinite	蜡树脂体

表 1（续）

代码	汉字名	英译名	说明
178	富氢镜质体	Clarovitrinite	
179	粪粒体	Coprolites	
180	隐团块镜质体	Cryptocorpocollinite	
181	隐孢子外壁体	Cryptoexosporinite	
182	隐胶质镜质体	Cryptogelocollinite	
183	隐结构镜质体	Cryptotelinite	
185	隐镜屑体	Cryptovitrodetrinite	隐碎屑镜质体
186	碎屑凝胶体	Detrogelinite	腐植凝胶体
187	碎屑微粒体	Detritomicrinite	
188	碎片体	Detrinite	
189	细分散树脂体	Diffuse resinite	
190	黑色基质	Black fundamental matrix	
191	细微粒体	Fine-grained micrinite	
192	真菌体	Funginite	似真菌体
193	针状丝质体	Fusinite needles	丝质针体
194	碎屑丝质体	Fusinite splitter	碎屑惰性体
195	丝炭化树脂体	Fusi-resinite	
196	真正镜质体	Genuine vitrinite	纯镜质体
197	粒状微粒体	Granular micrinite	细粒体
198	类脂树脂体	Lipid resinite	
199	薄壁结构镜质体	Parenchymotelinite	
200	高氢镜质组	Perhydrous vitrinite	高氢镜质体
201	叶结构镜质体	Phyllotelinite	
202	叶镜质体	Phyllovitrinite	
203	原生丝质体	Primary fusinite	
204	假镜质组	Pseudovitrinite	假镜质体
205	火焚半丝质体	Pyrosemifusinite	
206	树脂—菌类体	Resino-sclerotinite	树脂巩膜体
207	次生树脂体	Secondary resinite	渗出沥青体
208	分泌菌类体	Secretion sclerotinite	分泌巩膜体
209	分泌镜质体	Secretion vitrinite	
210	半惰性组	Semi-inertinite	半惰性体
211	黑色素树脂体	Melanoresinite	团块腐植体
212	高煤化沥青体	Meta-bituminite	
213	高煤化壳质组	Meta-exinite	

表 1（续）

代码	汉字名	英译名	说明
214	高煤化渗出沥青体	Meta-exsudatinite	变渗出沥清体
215	高煤化类脂体	Meta-liptinite	高煤化稳定煤类脂体
217	混合微粒体	Mixtinite	
218	正常镜质体	Normvitrinite	
219	绿沟菌类体	Notched sclerotinite	绿沟巩膜体 绿沟菌类体
220	不透明粪粒体	Opaque coprolite	
221	正常氢量镜质组	Orthohydrous vitrinite	正常氢量镜质体
222	氧化树脂体	Oxyresinite	
224	半镜质组	Semivitrinite	贫氢镜质体
225	低氢镜质组	Subhydrous vitrinite	低氢镜质体
226	薄壁壳质体	Tenexinite	薄壁壳质组
227	萜烯树脂体	Terpene resinite	
228	镜质丝质体	Vitrofusinite	镜质丝煤
229	木质镜质丝质体	Xylovitrofusinite	木质镜丝煤 木镜丝质体
230	不均匀镜质体	Heterocollinite	
231	腐植镜质体	Humovitrinite	
232	腐泥镜质体	Saprovitrinite	
233	镜质树脂体	Colloresinite	
234	树脂镜质体	Resocollinite	
235	原生半丝质体	Primary semifusinite	
236	充分分解凝胶体	Eu-gelinite	
237	油树脂体	Oil resinite	
238	半凝胶化组	Semigelinite group	
239	半丝炭化组	Semifusinoid group	
241	亚硫碳树脂	Durinite	
242	致密凝胶体	Eugelinite	
243	细碎屑基质	Finely detritus graundmass	
244	暗煤体	Durinite	
245	丝炭化树脂	Fusinized resin	
246	高煤化藻类体	Meta-alginite	
247	微粒体基质	Micrinite groundmass	不透明碎片体基质
248	冒孢子	Miospore	中孢子

表 1（续）

代码	汉字名	英译名	说明
249	氧化树脂	Oxidized resin	
250	密丝组织	Plectenchyme	
251	假菌类体	Pseudosclerote	假菌核体
252	假镜质组	Pseudovitrinoid group	
254	真菌冬孢子	Teleutospore	
255	沥青	Bitumen	
256	地蜡	Ozokerite	
257	韧沥青	Wurtzilite	
258	黑沥青	Albertite	
259	地沥青	Asphalt	
260	硬沥青	Gilsonite	
261	辉沥青	Glunzpech	
262	葛氏脆沥青	Grahamite	
263	浅脆沥青	Epi-impsonite	
264	中脆沥青	Meso-impsonite	
265	深脆沥青	Kata-impsonite	
266	沥青质体Ⅰ	Bituminite 1	
267	沥青质体Ⅱ	Bituminite 2	
268	沥青质体Ⅲ	Bituminite 3	
269	荧光体	Fluorinite	
MDDC	煤的物理性质		
MDDCA	普通物理参数	Common physical parameter	
MDDCB	镜质体反射率	Vitrinite reflectance	
MDDCC	煤的折射率	Refringence index of coal	
MDDCD	荧光特性	Fluorescent characteristic	
MDDCE	显微物理性质	Micyophysical property	
MDDCF	煤的结构	Structure of coal	
MDDCG	煤的裂隙	Fissure of coal	
MDDCH	煤的裂隙类型	Type of coal fissure	
MDDCI	煤的孔隙度	Porosity of coal	
MDDCJ	煤的构造	Coal structure	
MDDCK	煤的燃点	Coal ignite	
MDDCA	普通物理参数		
MDDCAA	润湿性	Wettability	
MDDCAB	润湿热	Wetting heat	

表 1（续）

代码	汉字名	英译名	说明
MDDCAC	堆积密度	Accumulation density	
MDDCAD	坚固性系数	Coefficient of coal firmness	
MDDCAE	载割阻力系数	Coefficient of coal cutting resistance	
MDDCAF	刃切割力	Edge-cutting force	
GCBEAB	内表面积	Internal surface area	
MDDCAH	吸收率	Specific absorption	
MDDCAI	真密度	True density	
MDDCAJ	视密度	Apparent density	
MDDCAK	散密度	Bulk density	
MDDCAL	块密度	Weight of lump with unit volume	
MDDCAM	纯煤真密度	True density of pure coal	
MDDCAN	燃烧温度	Ignition temperature	
SYBBU	燃点	Ignition point	
MDDCAP	纯煤燃烧热	Ignition heat of pure coal	
MDDCAQ	煤炭粒度分级	Granular classification of coal	
MDDCAR	透光率	Transmittance	
MDDCAS	可燃质重量	Combustible basis weight	
MDDCAT	燃烧程度	Combustion degree	
MDDCAV	平均密度	Average density	
MDDCAW	平均视密度	Average apparent density	
MDDCAX	干视密度	Dry apparent density	
MDDCAY	湿视密度	Wet apparent density	
MDDCAZ	松密度	Loose density	
MDDCD	荧光特性		
MDDCDA	荧光颜色	Fluorescence colour	
MDDCDB	荧光强度	Fluorescence strength	
MDDCDC	荧光光谱	Fluorescence spectrum	
MDDCDD	荧光色谱	Fluorescence chromatogram	
MDDCDE	荧光效应	Fluorescent effect	
MDDCDF	荧光幅射	Fluorescent radiation	
MDDCDG	荧光衰变	Fluorescence alteration	荧光变化性
MDDCE	显微物理性质		
MDDCEA	显微可熔性	Micro-solubleness	
MDDCEB	显微流动点	Micro-flow point	
MDDCEC	显微熔点	Micro-fusible point	

表 1（续）

代码	汉字名	英译名	说明
KWBDAF	显微硬度	Microhardness	
MDDCF	煤的结构		
01	条带状结构	Banded structure	
02	宽条带状结构	Wide-banded structure	
03	中条带状结构	Middle-banded structure	
04	细条带状结构	Finely-banded structure	
05	线理状结构	Striated structure	
06	凸镜状结构	Lenticular structure	
07	均一状结构	Homogeneous structure	
08	木质状结构	Woody structure	
09	纤维状结构	Fibrous structure	
10	粒状结构	Granular structure	
11	叶片状结构	Foliated structure	
MDDCG	煤的裂隙		
MDDCGA	外生裂隙	Exokinematic fissure	
MDDCGB	内生裂隙	Cleat	煤层节理
MDDCGC	平均裂隙长度	Average fissure length	
MDDCGD	平均裂隙宽度	Average fissure width	
SWAEBL	裂隙密度	Fissure density	
MDDCGF	裂隙发育部位	Fissure development locus	
MDDCGG	裂隙重要性程度	Importance of fracture	
MDDCGH	节理充填物	Joint filling	
MDDCGI	主要内生裂隙组充填物	Filling in main endogenic fissure group	
MDDCGJ	次要内生裂隙组充填物	Filling in minor endogenic fissure group	
MDDCGK	主要外生裂隙内充填物	Filling in main exogenic fissure	
MDDCGL	次要外生裂隙内充填物	Filling in minor exogenic fissure	
MDDCGM	主要内生裂隙组密集度	Density of main endogenic fissure group	
MDDCGN	次要内生裂隙组密集度	Density of minor endogenic fissure group	
MDDCGO	主要外生裂隙组密集度	Density of main exogenic fissure group	
MDDCGP	次要外生裂隙组密集度	Density of minor exogenic fissure group	
MDDCGQ	裂隙间相互关系	Interrelation of fissures	
MDDCGR	内生裂隙间相互关系	Interrelation of endogenic fissure	
MDDCGS	外生裂隙间相互关系	Interrelation of exogenic fissure	
MDDCGT	裂隙发育情况	Development of fissure	
MDDCGU	裂隙发育程度	Development degree of fissure	

表 1（续）

代码	汉字名	英译名	说明
MDDCGV	裂隙间隙	Gap of fissure	
MDDCGW	裂隙长度	Length of fissure	
MDDCGX	裂隙条数	Amounts of fissure	
MDDCGY	裂隙类型	Type of fissure	
MDDCGF	裂隙发育部位		
1	上部	Upper	
2	中部	Middle	
3	下部	Lower	
4	中上部	Middle upper part	
5	中下部	Middle lower part	
6	整层	Whole bed	
MDDCGG	裂隙重要性程度		
1	主要	Main	
2	次要	Minor	
3	伴生	Associated	
4	派生	Induced	
MDDCGQ	裂隙间相互关系		
1	平行	Parallel	
2	斜交	Oblique	
3	垂直	Perpendicular	
MDDCGY	裂隙类型		
1	高倾角裂隙	Fissure of high dip angle	
2	中倾角裂隙	Fissure of middle dip angle	
3	缓倾角裂隙	Fissure of low dip angle	
MDDCH	煤的裂隙类型		
1	充填裂隙	Filled fissure	
2	未充填裂隙	Unfilled fissure	
3	垂直裂隙	Vertical fissure	
4	斜交裂隙	Diagonal fissure	
5	平行裂隙	Parallel fissure	
6	不规则裂隙	Irregular fissure	
MDDCK	煤的燃点		
1	原煤原样燃点	Ignite of primary raw coal sample	
2	原煤氧化样燃点	Ignite of oxidize raw coal sample	
3	原煤还原样燃点	Ignite of reduced raw coal sample	

表 1（续）

代码	汉字名	英译名	说明
4	原煤氧化样与还原样燃点差值 ΔT	ΔT value of raw coal	
MDE	煤的分类		
MDEA	煤的成因类型	Genetic type	
MDEB	煤的自然类型	Natural type	
MDEC	煤的工业类型	Industry type	
MDED	煤的工业牌号	Industry brand	
MDEE	煤的产品	Product of coal	
MDEF	煤的应用类型	Uses type	
MDEG	中国煤炭分类(86)	Coal classification of china (1986)	
MDEH	硬煤国际分类	Hard coal international classification	
MDEI	褐煤国际分类	Brown coal international classification	
MDEJ	中国煤（以炼焦用煤为主）分类	Coal classification (principly for coking coal)	
MDEK	华北煤分类	Coal classification of Hua Bei	
MDEL	东北煤分类	Coal classification of Dong Bei	
MDEA	煤的成因类型		
001	泥炭级腐植煤	Humocoll	
002	褐煤级腐植煤	Humodil	
003	亚烟煤级腐植煤	Humodite	
004	烟煤级腐植煤	Humanthracon	
005	无烟煤级腐植煤	Humanthracite	
009	孢子残植煤	Spore liptobiolith	
010	角质残植煤	Cuticle liptobiolith	
011	树脂残植煤	Resin liptobiolith	
012	树皮残植煤	Bark liptobiolith	
013	烛煤	Cannel coal	
014	藻烛煤	Boghead cannel	
015	藻煤	Algal coal	
016	胶泥煤	Saprocollite	
017	藻油页岩	Boghead shale	
018	腐泥	Sapropel	
019	硬腐泥	Saprocol	泥炭级腐泥
020	腐泥软褐煤	Saprodil	褐煤级腐泥煤
021	腐泥褐煤	Saprodite	亚烟煤级腐泥煤

表 1（续）

代码	汉字名	英译名	说明
022	腐泥烟煤	Sapropelic bituminous coal	烟煤级腐泥煤
023	腐泥无烟煤	Sapropelic anthracite	无烟煤级腐泥煤
024	含藻腐泥煤	Algal sapropelites	
025	滋育泥炭	Eutrophic peat	钙质泥炭
026	潜水滋育泥炭	Basin peat	
027	中滋育泥炭	Mesotrophic peat	中等养分泥炭
028	黑色泥炭	Black peat	
029	浅色泥炭	Light peat	
030	富钙泥炭	Calcium-rich peat	
031	酸性泥炭	Acid peat	
032	氨化泥炭	Ammoniated peat	
033	植屑泥炭	Chaff peat	
034	木贼泥炭	Equisetum peat	
035	苔藓泥炭	Eriophorum peat	
036	森林苔藓泥炭	Forest moss peat	
037	苔芦泥炭	Moss sedge peat	
038	水藓泥炭	Sphagnum peat	
039	暗色水藓泥炭	Dark sphagnum peat	
040	浅色水藓泥炭	Light sphagnum peat	
041	草本泥炭	Grass peat	
042	芦苇泥炭	Reed peat	
043	莎草泥炭	Carex peat	
044	富花粉泥炭	Pollen peat	
045	灌木泥炭	Heath peat	
046	红树泥炭	Mangrove peat	
047	赤杨花粉泥炭	Fimmenite	
048	混合泥炭	Mixed peat	
049	泥炭层	Peat bed	
050	泥炭岛	Peat island	
051	淡水泥炭	Freshwater peat	
052	木炭化泥炭	Carbonized peat	
053	年轻泥炭	Young peat	
054	老泥炭	Older peat	
055	暗煤质泥炭	Durain peat	
057	氨化煤	Ammoniated coal	

表 1（续）

代码	汉字名	英译名	说明
058	氢化煤	Hydrogenous coal	
059	富钙煤	Calcium-rich coal	
060	富黄铁矿煤	Cat coal	
061	低氢煤	Subhydrous coal	
062	低硫煤	Low-sulfur coal	
063	硫化煤	Sulphonated coal	高硫煤
064	含铀褐煤	Uraniferous lignite	
065	含石蜡烟煤	Paraffin coal	
066	树脂褐煤	Resinous lignite	
067	蜡质褐煤	Pyropissite brown coal	
068	蜡煤	Wax coal	
069	半烛煤	Semicannel	
070	腐植烛煤	Humic-cannel coal	假烛煤
071	高煤化藻煤	Meta-boghead coal	
072	高煤化烛煤	Metacannel coal	
073	高煤化褐煤	Metalignitous coal	
074	高煤化烟煤	Metabituminous coal	
075	低变质烟煤	Lower-grade metamorphic bituminous	
076	中变质烟煤	Mid-grade metamorphic bituminous	
077	高变质烟煤	High-grade metamorphic bituminous	
078	高变质无烟煤	Paranthracite	
079	超烟煤	Superbituminous	
080	超无烟煤	Superanthracite	
081	石墨岩	Graphocite	
082	副烟煤	Parabituminous	
083	丝炭层	Fusain layer	
084	煤化木	Coal wood	
085	煤精	Gagate	煤玉
086	沥青煤	Oil coal	
087	黑沥青煤	Albert coal	脉沥青
088	煤垩	Alum coal	
090	琥珀	Amber	
092	天然焦	Cinder coal	
093	热变质低挥发分蒸气煤	Heat-altered lowvolatile steam coal	
094	热变质中挥发分煤	Heat-altered medium-volatile coal	

表 1（续）

代码	汉字名	英译名	说明
095	纯原地生成煤	Euautochthonous coal	
096	原始异地生成煤	Primary allochthonous coal	
097	石煤	Stone-like coal	
101	腐植煤	Humic coal	
102	残植煤	Liptobiolite	
103	腐泥煤	Humic-sapropelic coal	
104	腐植腐泥煤	Humosapropelic coal	
105	原地生成煤	Autochthonous coal	
106	异地生成煤	Allochthonous coal	
107	湖成泥炭	Lake peat	
108	冰碛泥炭	Drift peat	
109	高沼泥炭	Highmoor peat	
110	低沼泥炭	Lowmoor peat	
111	丘陵泥炭	Hill peat	
112	热力变质煤	Heat altered coal	
113	接触变质煤	Dundy	
114	风化煤	Decomposed coal	
115	氧化煤	Oxidized coal	
116	烧变煤	Burnt coal	
117	非海相煤	Nonmarine coal	
118	微异地煤	Para-autochthonous coal	
MDEB	煤的自然类型		
01	无结构泥炭	Amorphous peat	
02	条带状泥炭	Banded peat	
03	纤维状泥炭	Fibrous peat	
04	页状泥炭	Paper peat	
05	席状泥炭	Sheet peat	
06	沥青状泥炭	Pitch peat	
07	松散泥炭	Crumble peat	
08	泥炭球	Peat ball	
09	泥炭角砾	Peat breccia	
10	纤维褐煤	Board coal	
11	土状褐煤	Brown earthy coal	
12	脆性褐煤	Friable lignite	
13	条带状煤	Banded coal	

表 1（续）

代码	汉字名	英译名	说明
14	光亮条带煤	Bright-banded coal	
15	暗淡条带煤	Dull banded coal	
16	宽条带状煤	Wide-banded coal	
17	中条带状煤	Medium-banded-coal	
18	细条带状煤	Finely banded coal	
19	线理状煤	Striated coal	
20	细线理状煤	Finely straited coal	
21	非条带状煤	Nonbanded coal	
22	叶片状煤	Foliated coal	
23	页状煤	Paper coal	
24	眼球状煤	Eye coal	
25	煤核	Coal ball apple core	
26	煤条带	Coal band	
27	构造挤压煤	Pressed coal	
28	碎裂煤	Shatter coal cataclasitic coal	
29	糜棱煤	Mylonitic coal	
30	柱状节理煤	Columnar coal	
31	角砾煤	Brecciated coal	
32	中等亮度煤	Intermediate coal	
33	亮煤质煤	Bright coal	
34	暗煤质煤	Dark coal	
35	丝炭亮煤质煤	Fusian bright coal	
MDEE	煤的产品		
MDEEA	煤的产品类型	Product type of coal	
MDEEB	煤副产品	Coal by-product	
MDEED	块煤下限率	Undersize percentage of lump coal	
MDEEE	配煤比	Coal blending rate	
MDEEA	煤的产品类型		
01	煤	Coal	
02	标准煤	Standard coal	
03	毛煤	Run-of-mine coal	
04	原煤	Raw coal	
05	商品煤	Salable coal	
06	精煤	Cleaned coal	
07	中煤	Middlings	

表 1（续）

代码	汉字名	英译名	说明
08	洗选煤	Washed coal	
09	筛选煤	Screened coal	
10	块煤	Lump coal	
11	特大块煤	Ultra large coal	
12	大块煤	Large sized coal	
13	中块煤	Medium sized coal	
14	混中块煤	Mixed medium-sized coal	
15	小块煤	Small sized coal	
16	粒煤	Pea coal	
17	末煤	Small coal	
18	粉煤	Fine coal	
19	混煤	Mixed coal	
20	混末煤	Mixed small coal	
21	煤粉	Coal fines	
22	煤泥	Slimes	
23	夹矸煤	Interbanded coal	
24	矸石	Shale	
25	单粒级煤	Singles	
26	双粒级煤	Doubles	
27	三粒级煤	Trebles	
28	烟煤	Bituminite	
29	纯煤	Pure coal	
30	硬煤	Hard coal	
31	净煤	Cleaned coal	
32	超净煤	Super cleaned coal	
33	煤尘	Coal dust	
34	配煤	Coal blending	
35	天然焦	Natural coke	
MDEF	煤的应用类型		
01	炼焦煤	Coking coal	
02	非炼焦煤	Non-coking coal	
03	动力用煤	Power coal	
04	航运煤	Steamboat coal	
05	锻造用煤	Forge coal	
06	冶金用煤	Metallurgical coal	

表 1（续）

代码	汉字名	英译名	说明
07	冶铁煤	Smithy coal	
08	锅炉煤	Steam coal	
09	大炉级无烟煤	Stove coal	
10	结焦锅炉用煤	Coking steam coal	
11	取暖用煤	Fire coal	
12	气化用煤	Gasification coal	
13	液化用煤	Liquefication coal	
14	炼油用煤	Coal for refining oil	
15	化工用煤	Chemistry coal	
16	腐植酸用煤	Coal for humic acids	
MDF	煤矿地质		矿井地质
MDFA	煤矿环境地质	Environmental geology of coal mine	
MDFB	煤矿灾害地质	Disaster geology of coal mine	
MDFG	矿山水源保护	Water resource protection in coal mine	
MDFH	煤矿地貌	Morphology of coal mine	
MDFA	煤矿环境地质		
MDFAA	堆煤厂设置	Coal place	
MDFAB	矸石山设置	Stone band place	
MDFAC	煤中有害元素污染	Pollution of diamaging elements by coal	
MDFAD	煤矿污水处理	Disposal of sewage from coal mine	
MDFAE	洗煤厂污水处理	Disposal of sewage from coal washing workshop	
MDFAF	洗煤厂粉煤灰处理	Disposal of coal powder from washing workshop	
MDFAG	矿井水的疏排对井、泉影响	Influence of mine water discharge on well and spring	
MDFAH	矿井开采对水质影响	Influence of mining on water quality	
MDFAI	矿井开采产生的各种地质灾害的防治	Prevention and control of various geological disaster caused by mining	
MDFAA	堆煤厂设置		
1	自然堆放	Natural placing	
2	圈闭堆放	Enclosed placing	
MDFAB	矸石山设置		
1	坑储	Pit storing	
2	充填	Filling	
MDFB	煤矿灾害地质		
01	山体崩塌	Hill collapse	
02	山体滑坡	Hill landslide	

表 1（续）

代码	汉字名	英译名	说明
03	泥石流	Debris flow	
04	地面塌落、地裂	Surface collapse，taphrogeny	
05	采空塌陷	Worked-out collapse	
06	小窑塌陷	Small coal mine collapse	
07	小窑积水灌入	Inflow of logged water in small coal mine	
08	小窑瓦斯涌入	Inflow of gases in small coal mine	
09	矿井瓦斯爆炸	Gas explosion in mining shaft	
10	矿井煤尘爆炸	Coal-dust explosion in mining shaft	
11	矿井淹井	Mine inundation	
MDJ	开采技术条件		
MDJA	煤层顶底板	Roof and floor of coal seam	
MDJB	矿井瓦斯	Gas of coal mine	
MDJC	煤的自燃	Coal spontaneous combustion	
MDJD	煤尘爆炸性	Explosibility of coal dust	
MDJE	爆炸性试验	Explosibility test	
MDJG	小煤窑分布情况	Distribution of small coal mine	
MDJH	小煤窑开采深度	Mining depth of small coal mine	
MDJK	水文地质条件	Hydrogeological condition	
MDJA	煤层顶底板		
MDJAA	煤层顶板类型	Type of coal seam roof	
MDJAB	主要可采煤层顶板类型	Roof type of main mineable coal seam	
MDJAC	顶板坚硬程度	Strength of roof	
MDJAD	底板坚硬程度	Strength of floor	
MDJAE	顶板浸水膨胀性	Water-immersion expansion of roof	
MDJAF	底板浸水膨胀性	Water-immersion expansion of floor	
MDJAG	岩石完整性	Rock completeness	
MDJAH	底板中有无膨胀粘土	Development of expansive clay in floor	
MDJAI	煤层底板稳定性	Stability of coal seam floor	
MDJAA	煤层顶板类型		
1	易冒落顶板	Easily falling roof	
2	中等冒落顶板	Less easily falling roof	
3	难冒落顶板	Difficultly falling roof	
4	极难冒落顶板	Extremly difficultly falling roof	
5	塑性弯曲顶板	Plastically flexible roof	
MDJAC	顶板坚硬程度		

表 1（续）

代码	汉字名	英译名	说明
1	很坚硬	Very strong	
2	坚硬	Strong	
3	中等坚硬	Medium strong	
4	比较松软	Relatively soft	
5	松软	Soft	
MDJAH	底板中有无膨胀粘土		
1	有	Developed	
2	无	Undeveloped	
MDJB	矿井瓦斯		
MDJBA	矿井瓦斯等级	Gas rank of mine	
MDJBB	瓦斯涌出量	Outflow amount of gas	
MDJBC	相对瓦斯梯度	Relative gas gradient	
MDJBD	瓦斯涌出形式	Form of gas outflow	
MDJBE	瓦斯存在形式	Form of gas occurrence	
MDJBF	瓦斯成分	Gas composition	
MDJBG	瓦斯成分组成	Gas component	
MDJBH	氧气含量	Oxygen content	
MDJBI	氮气含量	Nitrogen content	
MDJBJ	二氧化碳含量	Carbon-dioxide content	
MDJBK	甲烷含量	Methane content	
MDJBL	乙烷含量	Ethane content	
MDJBM	丙烷含量	Propane content	
MDJBN	重烃含量	Heavy hydrocarbon content	
MDJBO	煤基面瓦斯含量	Coal gas content	
MDJBP	可燃基瓦斯含量	Combustible gas content	
MDJBQ	二氧化碳—氮气带下界深度	Lower boundary depth of carbon dioxide-nitrogen zone	
MDJBR	氮气—沼气带下界深度	Lower boundary depth of nitrogen-methane zone	
MDJBS	沼气含量梯度	Methane content gradient	
MDJBT	瓦斯压力	Gas pressure	
MDJBU	瓦斯渗透率	Gas permeability	
MDJBV	瓦斯分带	Gas zoning	
MDJBW	气体解析方式	Separation type of gas	
MDJBX	解析量	Separation amount	
MDJBY	瓦斯梯度	Gas gradient	

表 1（续）

代码	汉字名	英译名	说明
MDJBZ	瓦斯突出或爆炸情况	Gas projecting and explosibility	
MDJBA	矿井瓦斯等级		
1	低沼气矿井	Low methane mine	
2	高沼气矿井	High methane mine	
3	煤和瓦斯突出矿井	Coal-gas outburst mine	
4	一级瓦斯矿井	1 rank gas mine	
5	二级瓦斯矿井	2 rank gas mine	
6	三级瓦斯矿井	3 rank gas mine	
7	超级瓦斯矿井	Super rank gas mine	
MDJBB	瓦斯涌出量		
MDJBBA	瓦斯绝对涌出量	Absolute outflow amount of gas	
MDJBBB	瓦斯相对涌出量	Relative outflow amount of gas	
MDJBD	瓦斯涌出形式		
1	普通涌出	Common gas outflow	
2	瓦斯喷出	Gas outburst	
3	煤与瓦斯突出	Coal-gas outburst	
MDJBE	瓦斯存在形式		
1	吸附瓦斯	Adsorption gas	
2	游离瓦斯	Free gas	
MDJBG	瓦斯成分组成		
MDJBGA	沼气含量	Methane content	
MDJBGB	甲烷比例	Methane percentage	
MDJBGC	二氧化碳比例	Carbon-dioxide percentage	
MDJBGD	氮气比例	Nitrogen percentage	
MDJBGE	丙烷比例	Propane percentage	
MDJBGF	乙烷比例	Ethane percentage	
MDJBGG	重烃比例	Heavy hydrocarbon percentage	
MDJBH	氧气含量		
MDJBHA	氧气含量(自然)	Oxygen content(natural)	
MDJBHB	氧气含量(粉碎前)	Oxygen content(before smash)	
MDJBHC	氧气含量(粉碎后)	Oxygen content(after smash)	
MDJBHD	氧气最小含量	Minimum oxygen content	
MDJBHE	氧气最大含量	Maximum oxygen content	
MDJBHF	氧气平均含量	Average oxygen content	
MDJBI	氮气含量		

表 1（续）

代码	汉字名	英译名	说明
MDJBIA	氮气含量(自然)	Nitrogen content(natural)	
MDJBIB	氮气含量(粉碎前)	Nitrogen content(before smash)	
MDJBIC	氮气含量(粉碎后)	Nitrogen content(after smash)	
MDJBID	氮气最小含量	Minimum nitrogen content	
MDJBIE	氮气最大含量	Maximum nitrogen content	
MDJBIF	氮气平均含量	Average nitrogen content	
MDJBJ	二氧化碳含量		
MDJBJA	二氧化碳含量(自然)	Carbon-dioxide content(natural)	
MDJBJB	二氧化碳含量(粉碎前)	Carbon-dioxide content(before smash)	
MDJBJC	二氧化碳含量(粉碎后)	Carbon-dioxide content(after smash)	
MDJBJD	二氧化碳最小含量	Minimum carbon-dioxide content	
MDJBJE	二氧化碳最大含量	Maximum carbon-dioxide content	
MDJBJF	二氧化碳平均含量	Average carbon-dioxide content	
MDJBK	甲烷含量		
MDJBKA	甲烷含量(自然)	Methane content(natural)	
MDJBKB	甲烷含量(粉碎前)	Methane content(before smash)	
MDJBKC	甲烷含量(粉碎后)	Methane content(after smash)	
MDJBKD	甲烷最小含量	Minimum methane content	
MDJBKE	甲烷最大含量	Maximum methane content	
MDJBKF	甲烷平均含量	Average methane content	
MDJBN	重烃含量		
MDJBNA	重烃含量(自然)	Heavy hydrocarbon content(natural)	
MDJBNB	重烃含量(粉碎前)	Heavy hydrocarbon content(before smash)	
MDJBNC	重烃含量(粉碎后)	Heavy hydrocarbon content(after smash)	
MDJBND	重烃最小含量	Minimum heavy hydrocarbon content	
MDJBNE	重烃最大含量	Maximum heavy hydrocarbon content	
MDJBNF	重烃平均含量	Average heavy hydrocarbon content	
MDJBO	煤基面瓦斯含量		
MDJBOA	煤基面最小瓦斯含量	Minimum coal gas content	
MDJBOB	煤基面最大瓦斯含量	Maximum coal gas content	
MDJBOC	煤基面平均瓦斯含量	Average coal gas content	
MDJBP	可燃基瓦斯含量		
MDJBPA	可燃基最小瓦斯含量	Minimum combustible gas content	
MDJBPB	可燃基最大瓦斯含量	Maximum combustible gas content	
MDJBPC	可燃基平均瓦斯含量	Average combustible gas content	

表 1（续）

代码	汉字名	英译名	说明
MDJBQ	二氧化碳—氮气带下界深度		
MDJBQA	二氧化碳—氮气带最小下界深度	Minimum lower boundary depth of carbon dioxide-nitrogen zone	
MDJBQB	二氧化碳—氮气带最大下界深度	Maximum lower boundary depth of carbon dioxide-nitrogen zone	
MDJBQC	二氧化碳—氮气带平均下界深度	Average lower boundary depth of carbon dioxide-nitrogen zone	
MDJBR	氮气—沼气带下界深度		
MDJBRA	氮气—沼气带最大下界深度	Minimum lower boundary depth of nitrogen-methane zone	
MDJBRB	氮气—沼气带最大下界深度	Maximum lower boundary depth of nitrogen-methane zone	
MDJBRC	氮气—沼气带平均下界深度	Average lower boundary depth of nitrogen-methane zone	
MDJBS	沼气含量梯度		
MDJBSA	沼气含量最小梯度	Minimum methane content gradient	
MDJBSB	沼气含量最大梯度	Maximum methane content gradient	
MDJBSC	沼气含量平均梯度	Average methane content gradient	
MDJBV	瓦斯分带		
1	二氧化碳氮气带	Carbon dioxide-nitrogen zone	
2	氮气沼气带	Nitrogen-methane zone	
3	沼气带	Methane zone	
MDJBW	气体解析方式		
1	解析	Separation	
2	真空	Vacuum	
3	加热	Heat	
4	破碎	Smash	
MDJBX	解析量		
MDJBXA	真空脱气量	Vacuum exhaustion amount	
MDJBXB	加热脱气量	Heat exhaustion amount	
MDJBXC	破碎脱气量	Smash exhaustion amount	
MDJBZ	瓦斯突出或爆炸情况		
MDJBZA	瓦斯突出经历	History of gas projecting	
MDJBZB	最大突出煤量	Maximum coal projecting amount	
MDJBZC	瓦斯突出量	Gas projecting amount	
MDJBZD	瓦斯突出次数	Gas projecting times	

表 1（续）

代码	汉字名	英译名	说明
MDJBZE	瓦斯突出危险性	Dangerlity of gas projecting	
MDJBZA	瓦斯突出经历		
1	曾经发生	Occurred	
2	未发生	Unoccurred	
MDJBZE	瓦斯突出危险性		
1	无突出危险	Non-danger of gas projecting	
2	中等突出危险	Middle danger of gas projecting	
3	有突出危险	Danger of gas projecting	
MDJC	煤的自燃		
MDJCA	自燃倾向指标	Self-combustion tendency index	
MDJCB	自燃倾向等级	Self-combustion tendency class	
MDJCC	燃点降低值	Lowering range of ignition point	
MDJCD	氧化程度	Degree of oxidation	
MDJCE	自燃发火周期	Self-combustion firing period	
MDJCF	自燃的原因	Self-combustion reason	
MDJCG	可能自燃因素	Possible self combustible factor	
MDJCH	热害区级别	Rank of geothermal hazard area	
MDJCA	自燃倾向指标		
MDJCAA	着火温度	Firing temperature	
MDJCAB	ΔT	ΔT	
MDJCB	自燃倾向等级		
1	很易自燃	Extremely self combustible	
2	易自燃	Easily self combustible	
3	不易自燃	Difficultly self combustible	
4	不自燃	Most difficultly self combustible	
MDJD	煤尘爆炸性		
1	不爆炸	Unexplosive	
2	爆炸性弱	Weak explosive	
3	爆炸性强	Strongly explosive	
4	爆炸性很强	Extremely explosive	
MDJE	爆炸性试验		
MDJEB	岩粉用量	Quantity of rock powder	
MDJEC	火焰长度	Length of flame	
MDJED	爆炸危险性	Explosive risk	
MDJEE	可燃物	Combustible material	

表 1（续）

代码	汉字名	英译名	说明
MDJEF	不燃物	Uncombustible material	
MDJEB	岩粉用量		
MDJEBA	最少岩粉用量	Minimum quantity of rock powder	
MDJEBB	最多岩粉用量	Maximum quantity of rock powder	
MDJEBC	平均岩粉用量	Mean quantity of rock powder	
MDJEBD	最低岩粉用量	Least quantity of rock powder	
MDJEC	火焰长度		
MDJECA	最小火焰长度	Minimum length of flame	
MDJECB	最大火焰长度	Maximum length of flame	
MDJECC	平均火焰长度	Mean length of flame	
MDJED	爆炸危险性		
1	有爆炸危险	Possible explosive risk	
2	无爆炸危险	No explosive risk	
MDJG	小煤窑分布情况		
1	小窑密布	Closely distributed small coal mine	
2	小窑较多	Many small coal mine	
3	小窑稀少	Sparse small coal mine	
4	无小窑	Absence of small coal mine	
MDJK	水文地质条件		
MDJKA	排泄区位置	Location of drainage area	
MDJKG	水井类型	Type of water well	
MDJKH	含水层的井(泉)数	Well (spring) number of aquifer	
MDJKI	井(泉)总流水量	Total discharge of well (spring)	
MDK	煤矿设计		
MDKC	煤炭工业远景规划	A long-range plan for coal industry	
MDKD	矿区总体设计	General layout of mine area	
MDKE	矿井设计	Design of mine	
MDKF	建设规模	Construction scale	
MDKG	井型	Type of shaft	
MDKH	开拓方式	Development type	
MDKI	开采方式	Production pattern	
MDKJ	采煤方法	Coal mining method	
MDKK	提升方式	Lifting method	
MDKL	露天矿剥采比	Overburden ratio of open pit	
MDKM	回采率	Rate of recovery	

表 1（续）

代码	汉字名	英译名	说明
MDKN	阶段高度	Lift	
MDKO	开采强度	Exploitation intensity	
MDKP	采矿权	Claim	
MDKQ	现采煤层参数	Parameter of present mined coal seam	
MDKR	井柱高度	Well pillar height	
MDKE	矿井设计		
MDKEA	首采区	Initial mining district	
MDKEB	采区	Mining district	
MDKEC	采煤工作面	Coal face	
MDKED	煤柱	Coal block	
MDKEE	采空区	Mined-out area	
MDKEF	井底车场	Shaft bottom	
MDKEG	运输平巷	Gate road	
MDKEH	主平巷	Level road	
MDKEI	工业广场	Industrial square	
MDKEJ	排矸场	Mine dump	
MDKEK	石门	Crosscut	
MDKEL	上山	Rise entry	
MDKEM	下山	Dip entry	
MDKEN	通风巷	Air gallery	
MDKEO	回风巷	Air return gallery	
MDKEP	煤仓	Coal bunker	
MDKEQ	水泵房	Water pump room	
MDKER	溜煤眼	Coal chute	
MDKES	配电房	Powder distribution room	
MDKET	主井	Main shaft	
MDKEU	副井	Auxiliary shaft	
MDKEV	井口标高	Well elevation	
MDKEW	井口位置	Well site	
MDKF	建设规模		
MDKFA	煤矿名称	Coal mine name	
MDKFB	建矿时间	Construction age of coal mine	
MDKFC	工业广场面积	Area of industrial square	
MDKFD	井田面积	Area of mine field	
MDKFE	均衡生产年限	Period of balanced production	

表 1（续）

代码	汉字名	英译名	说明
MDKFF	服务年限	Service life	
MDKFG	设计生产	Design output	
MDKFH	首采区产量	Output from initial mining district	
MDKFI	矿井储量	Reserves in mining shaft	
MDKFH	首采区产量		
MDKFHA	最高年产量	Maximum annual mining output	
MDKFHB	最低年产量	Minimum annual mining output	
MDKFHC	平均年产量	Average annual mining output	
MDKG	井型		
MDKGA	大型矿井	Large-scale mining shaft	
MDKGB	中型矿井	Medium-scale mining shaft	
MDKGC	小型矿井	Small-scale mining shaft	
MDKH	开拓方式		
1	露天	Open	
2	平硐	Adit	
3	斜井	Inclined shaft	
4	平硐及斜井	Adit and inclined shaft	
5	竖井	Shaft	
MDKI	开采方式		
1	人工采掘	Artificial mining	
2	水力采掘	Hydromechanical mining	
3	机械采掘	Mechanical mining	
4	综合机械采掘	Comprehensive mechanical mining	
MDKJ	采煤方法		
MDKJA	设计采煤方法	Design coal mining method	
MDKJB	现用采煤方法	Applied coal mining method	
MDKJC	采煤方法类别	Type of coal mining method	
MDKJC	采煤方法类别		
01	空场法	Mining out	
02	房柱法	Room-and-pillar mining	
03	分段法	Sublevel mining	
04	留矿法	Shrinkage stopping mining	
05	崩落法	Caving system	
06	刀柱法	Tool-and-pillar mining	
07	长壁法	Long-face system	

表 1（续）

代码	汉字名	英译名	说明
08	短壁法	Short wall mining	
09	支柱法	Prop method	
10	充填法	Filled stopes method	
MDKK	提升方式		
1	串车提升	Lifting	
2	绞车提升	Winch lifting	
3	卷扬机提升	Hoist lifting	
MDKL	露天矿剥采比		
MDKLA	深部近似境界剥采比	Overburden ratio of deep approximate boundary limits	
MDKLB	钻孔剥采比	Overburden ratio of drill hole	
MDKP	采矿权		
MDKPA	批准开采煤层层数	Amount of approved mined coal seam	
MDKPB	批准开采煤层编号	Number of approved mined coal seam	
MDKPC	批准开采煤层总厚度	Total thickness of approved mined coal seam	
MDKQ	现采煤层参数		
MDKQA	现采煤层编号	Number of present mined coal seam	
MDKQB	现采煤层倾角	Dip angle of present mined coal seam	
MDKQC	现采煤层总厚度	Total thickness of present mined coal seam	
MDKQD	现采煤层开采高度	Mining height of present mined coal seam	
MDKQH	采空区面积	Area of mined-out region	
MDKQI	第一开采水平深度	Depth of the first mining level	
MDKQJ	第二开采水平深度	Depth of the second mining level	

附　录　A
（规范性附录）
关于分类选词范围归属的说明

《地质矿产术语分类代码》各学科大类的选词范围基本参照地质出版社出版的《地质辞典》划分。具体内容如下。

A.1　宇宙地质学（YZ）：包括天体地质学，陨石学，天文地质学。月球地质学较详细，包括月球结构、地貌、月球矿物等。陨石学的陨击坑、陨石、陨石矿物等。

A.2　地球物理学（DW）：包括地球的各种物理性质、基本物理量及单位，古地磁级、磁场、仪器测量及数据处理等内容。

A.3　火山地质（HS）：包括火山机制与构造，火山活动、喷发、喷出物、火山地貌、区域火山地质，近期火山活动。

A.4　地震地质（DZ）：包括地震的分类、成因、前兆、灾害、预报及图件资料等。

A.5　外动力地质学（WZ）：包括外营力，外力地质作用类型，外力地质作用方式，影响外力地质作用的因素等。

A.6　地貌学（DM）：包括由地球内力及各种外力地质作用在地球表面形成的地貌分类、形态、年龄及各种地貌图件等。

A.7　大地构造学（DD）：包括各大地构造学派对大地构造的分类、单元划分、构造演化、构造特征，我国及世界主要区域构造，研究和区分各种构造的地质特征、依据和研究方法，以及地壳运动和新构造等。

A.8　构造地质学（GZ）：包括成层构造，褶皱、节理、断层、面理、线理、同沉积构造，岩浆岩原生构造，重力、底辟、撞击构造、显微构造、矿田构造、应变分析，构造应力场等。

A.9　矿物学及结晶学（KW）：包括矿物的成因、形态、物理性质（侧重肉眼鉴定方面）、化学组成、矿物分类和名称及晶体发生学、几何结晶学和结构结晶学方面的内容。

A.10　岩石学（YS）：包括三大类岩石的名称、结构、构造、成分，各种岩相，火成岩产状，岩浆作用，岩石组合，沉积模式，沉积环境，沉积相及变质作用的类型、方式，变质建造等。

A.11　地球化学（DH）：包括元素地球化学的化学元素，地球化学参数，元素地球化学分类、分布、作用；放射性同位素地球化学中的同位素表，同位素的类型、分析测量方式、仪器，地质年龄的测量和计算；稳定同位素分析、地质及地球化学特点；实验地球化学中有关包裹体类型、成因、镜下特征和实验技术、设备、参数以及各类地球化学图件等。

A.12　岩矿鉴定（YK）：包括各种鉴定方法、鉴定参数、仪器、岩矿物理性质（侧重仪器鉴定方面）。

A.13　化学分析（HX）：包括分析类型，分析方法、分析项目、分析误差、样品分解、化学反应，分析结果、分析浓度、测试条件、化学常数及分析仪器、试剂种类等。

A.14　地史学及地层学（DS）：包括年代地层学的基本概念以及全国范围内各时代各大区组以上的地层单位名称。

A.15　古地理学（GD）：包括古地理事件，古地理单元，古地理特征及古地理图件等。

A.16　矿床学（KC）：包括矿产、矿床成因、矿床类型、矿田构造、矿体形状、成矿作用、围岩蚀变、矿石结构、构造、成矿带等。

A.17　煤地质学（MD）：包括煤层、聚煤作用、煤变质作用，聚煤盆地分析；煤炭资源勘探有关内容；煤化、煤质、工业分析，煤的气化和液化；煤岩成分分类，煤的物理性质以及煤的各种分类等。

A.18　石油及天然气地质学（SY）：包括油气显示和固体沥青，石油分类，石油的物理性质、组成、馏分及简易分析，石油烃类化合物，石油非烃类化合物、天然气、油气田水、储集层、圈闭、油气成因、运移、聚集、油气盆地，石油地球化学分析及同位素地球化学（有机部分），烃原岩及其评价、油气勘探、储量和资源量计算、油气田开发等内容。

A.19 海洋地质学(HY):包括海洋构成,海洋及河口水文要素、海洋地貌、海洋沉积、海洋底构造、海底矿产资源、古海洋及古气候和海洋地质调查等内容。

A.20 水文地质学(SW):包括水文地质学基础内容、各种水文地质调查、水文地质钻探、野外水文地质试验、地下水动态与均衡、水文地球化学、地下水动力学、岩溶水文地质、水资源、矿床水文地质、土壤改良、各项水文调查成果等。

A.21 工程地质学(GC):包括岩土成分与结构、岩土工程性质、岩土工程地质分类、岩土工程改良以及土体工程、岩体工程、区域工程等各种工程地质条件、问题、作用、研究方法和工程地质勘察等内容。

A.22 地热地质学(DR):包括地温调查、热流、地热显示、地球化学调查、地热勘探、地热介质、地热区、地热储、地热田、地热系统、地热开发、地热经济及地热图件等。

A.23 环境地质学(HJ):包括环境地球化学、环境水文地质学、城市地质、医学地质以及环境污染、环境质量和环境保护等内容。

A.24 地质经济(JJ):包括矿产资源形势分析、矿产资源的储备、供需、经济决策各项指标,矿产、矿业和矿产品各项经济指标、矿床经济评价指标、地质工作经济效果及地质工作管理等内容。

A.25 遥感地质(YG):包括遥感技术方法在地质领域的应用、遥感台仪器设备、遥感图像及解释、成果资料等。

A.26 数学地质(SD):包括地质数据统计分析、矿产资源预测及评价、地质过程模拟、用于地质工作中的各种数学方法以及这些方法涉及到的各种参数、变量和计算机处理等方面的内容。

A.27 区域地质调查(QD):包括工作区概况、工作步骤、各种调查方法、野外数据采集及调查成果资料等。

A.28 地球物理勘探(WT):包括重、磁、电、地震、测井各种物探方法用于陆地、空中、海上各方面所涉及的数据采集、各种物性参数、方法手段、仪器设备、资料数据解释及成果图件等内容。

A.29 勘查地球化学(HT):包括勘查地球化学所依据的地球化学背景、异常、分散、元素存在形式等基本原理涉及的各项内容,各种化探方法,野外样品采集、各种参数、数据处理及成果解释等内容。

A.30 矿山地质与采矿(KS):包括矿山设计、基础地质工作、生产勘探、生产指导及矿山储量、矿石贫化、矿石损失方面的内容和有关采矿、通风、排水等内容。

A.31 选矿与冶金(XY):包括选矿产品、选矿技术经济指标、矿石可选性和冶金流程、冶金方法、矿石性质、熔剂、冶金炉、冶金产品及冶金工业指标等内容。

A.32 固体矿产普查与勘探(PK):包括矿产资源分类、地质工作阶段划分、固体矿产普查勘探方法、勘探类型、取样种类和方法、储量计算、矿石类型、地质编录、矿产工业要求等。

A.33 探矿工程(TK):包括陆地钻探、坑探及石油钻井、海上钻探等各种探矿工程的技术方法、工艺要求、工作程序、施工记录、各项技术参数及仪器设备、成果图件等。

A.34 古生物学(GS):包括总论,古无脊椎动物、古脊椎动物、古植物、孢粉及遗迹化石和几丁虫等标准化石。

A.35 测绘学(CH):包括控制测量、摄影测量、普通测量及地质勘探工程测量所涉及到的各有关定量和定性数据、成果资料、各种导航系统等各种空间定位数据、测绘方法、精度、仪器等。

以上是各学科包括的主要内容,详见各学科术语分类代码表。

ICS 35.040
A 24

中华人民共和国国家标准

GB/T 9649.20—2009
代替 GB/T 9649.20—2001

地质矿产术语分类代码 第20部分：水文地质学

Terminology classification and code of geology and mineral resources—Part 20：Hydrogeology

2009-10-15 发布　　2009-12-01 实施

中华人民共和国国家质量监督检验检疫总局
中国国家标准化管理委员会 发布

前 言

GB/T 9649《地质矿产术语分类与代码》分为35个部分：

——第1部分：宇宙地质学；
——第2部分：地球物理学；
——第3部分：火山地质；
——第4部分：地震地质；
——第5部分：外动力地质学；
——第6部分：地貌学；
——第7部分：大地构造学；
——第8部分：构造地质学；
——第9部分：结晶学及矿物学；
——第10部分：岩石学；
——第11部分：地球化学；
——第12部分：岩矿鉴定；
——第13部分：化学分析；
——第14部分：地史学及地层学；
——第15部分：古地理学；
——第16部分：矿床学；
——第17部分：煤地质学；
——第18部分：石油及天然气地质学；
——第19部分：海洋地质学；
——第20部分：水文地质学；
——第21部分：工程地质学；
——第22部分：地热地质；
——第23部分：环境地质；
——第24部分：地质经济学；
——第25部分：遥感地质；
——第26部分：数学地质；
——第27部分：区域地质调查；
——第28部分：地球物理勘查；
——第29部分：地球化学勘查；
——第30部分：矿山地质与采矿；
——第31部分：选矿与冶金；
——第32部分：固体矿产普查与勘探；
——第33部分：探矿工程；
——第34部分：古生物学；
——第35部分：测绘学。

本部分为GB/T 9649的第20部分，代替GB/T 9649.20—2001《地质矿产术语分类代码　水文地质学》。

本部分与 GB/T 9649.20—2001 相比，主要变化如下：

——规范了标准的中英文名称；

——标准的编排和格式按 GB/T 1.1—2000 进行了修改；

——修改了部分术语名称；

——修正了英译名存在的问题。

本部分的附录 A 为规范性附录。

本部分由中国标准化研究院提出并归口。

本部分起草单位：中国国土资源经济研究院。

本部分主要起草人：于常亮、梁凯、刘伯恩、申文金。

本部分所代替标准的历次版本发布情况为：

——GB/T 9649—1988；

——GB/T 9649.20—2001。

地质矿产术语分类代码 第20部分:水文地质学

1 范围

本部分规定了水文地质学基础内容、各种水文地质调查、水文地质钻探、野外水文地质试验、地下水动态与均衡、水文地质化学、地下水动力学、岩溶水文地质、水资源、矿床水温地质、土壤改良、各项水文调查成果等水文地质学方面的数据分类与代码。

本部分适用于各类地质矿产信息系统建设,确定数据库标准体系和数据字典,是制定各类地质数据文件格式标准的基础标准。

2 术语和定义

下列术语和定义适用于本部分。

2.1

数据项 data item

反映各种地质实体的基本属性及其上层概念的术语。

2.2

文字值 literal value

对地质实体的基本属性进行具体的定性描述用的术语。

3 分类原则

3.1 本部分按照易编好用和尽量减少代码冗余而又留有扩充余地等原则,采用面分类法,将地质科学分成35个学科大类,并严格划分边界,保持总体的系统性、完整性,避免内容的重复与交叉。

3.2 大类下面采用三级树型分类,中类、小类到基本数据项名。各学科内容层次不一,可少于三层,在编码容量允许的条件下,也可分至四层。

3.3 各级分类具有科学性、系统性和通用性。

4 选词原则

4.1 选词对象:可能作为各类地质矿产数据库之数据项(包括从分类意义上选取的数据项的上层概念)的术语,以及定性描述数据项的文字值要用到的术语。所选术语与现行有关国家标准取得一致,尽量参照现行的各种地质工作规范。

4.2 作为数据项用的术语在本部分中具有唯一性。凡有同义词的在说明栏标明,以备参照。

4.3 选词力求简单、明确,无二义性。充分考虑到建立数据库的需要。

4.4 为保证“地质矿产术语分类代码”的整体性、系统性,避免重复,在基础学科已包含的内容,应用学科中不再选入,新兴学科和边缘学科只选取其独有内容。有关分类选词范围归属的说明见附录A。

4.5 适当选入一些反映学科发展新方向、新水平的术语。

4.6 为了使用的方便,个别使用频度高的数据项在不同学科可重复出现,但要用统一编码,确保代码的唯一性。在不同数据项下的文字值可有少量重复。

5 编码方法

5.1 数据项采用不多于六位的拉丁字母(大写)编码,一般共分为四个层次。结构如下:

× × × × × ×

大类 中类 小类 数据项

各大类取能反映该类含义的两个汉字的汉语拼音字头为代码，具有一定的可读性。如“构造地质学”取“GZ”为代码。以下为树型嵌套式，中类和小类各取 A～Z 一位字母顺序编排，最后两位为基本数据项，数量较多，取 AA～ZZ 顺序编排。若有分级需要，且扩充余量足够，也可将最后两位分作两级使用。

5.2　文字值一般采用数字编码，其长度由分级需要、文字值的个数及留出的扩充余量来决定，尽量缩短，减少冗余。文字值分等级时，采用数字层次嵌套方式，同一数据项下的文字值代码为等长码。有些文字值（如化学元素、地层等）继续采用原有的国际或国内通用字符代码。

6　使用与管理

6.1　使用方法：该部分以书面及磁介质两种方式提供使用，用户可根据各自建库目的从各学科选择所需术语及其代码，作为各自系统的数据字典。

6.2　若该部分内容尚不能满足某项需要，可提出要补充的内容，报请该部分管理单位在相应学科增补，并给定代码以供使用。

7　水文地质学术语分类代码表

为适应建设数据库和与国际交流的需要，分类与代码表设置代码、汉字名、英译名（古生物为拉丁文字名）及说明四个栏目。

表 1　水文地质学术语分类代码表

代　码	汉　字　名	英　译　名	说　明
SW	水文地质学		
SWA	水文地质学基础	Principles of hydrogeology	见 P2
SWB	水文地质调查	Hydrogeologic survey	见 P18
SWC	水文地质钻探	Hydrogeologic drilling	见 P28
SWD	野外水文地质试验	Hydrogeologic test in field	见 P35
SWE	地下水动态与均衡	Regime and balance of groundwater	见 P41
SWF	水文地球化学	Hydrogeochemistry	见 P48
SWG	地下水动力学	Dynamics of groundwater	见 P68
SWH	岩溶水文地质	Karst hydrogeology	见 P80
SWI	水资源	Water resources	见 P90
SWJ	矿床水文地质	Mineral deposit-hydrogeology	见 P111
SWK	土壤改良水文地质	Soil improvement hydrogeology	见 P120
SWL	水文地质调查成果	Result of hydrogeologic investigation	见 P123
SWM	水文地质勘探实验设备	Equipment of hydrogeologic exploration test	见 P126
SWN	水文地质通用名词术语	Universal term on hydrogeology	见 P129
SWA	水文地质学基础		
SWAA	水体类型	Type of water body	
SWAB	气象	Meteorology	
SWAC	水文	Hydrology	
SWAD	气象水文数据	Meteorologic and hydrologic data	
SWAE	岩石的空隙和水	Pore and water in rock	

表 1（续）

代　码	汉　字　名	英　译　名	说　明
SWAF	地下水的类型	Types of ground water	
SWAG	含水层的类型	Types of aquifer	
SWAH	基岩储水构造	Storage structure of bed rock	蓄水构造
SWAI	地下水补给条件	Recharge condition of ground water	
SWAJ	地下水径流条件	Runoff condition of ground water	
SWAK	地下水排泄条件	Drainage condition of ground water	
SWAM	地下水的区域性规律	Regional regularity of ground water	
SWAA	水体类型		
10	地表水	Surface water	
11	海洋水	Oceanic water	
12	咸湖内海水	Saline lake and interior sea water	
13	冰川冰冠	Glacier glacial cap	
14	湖泊淡水	Fresh water in lake	
15	河水	River water	
16	水库水	Reservoir water	
20	地下水	Ground water	
21	浅部地下水	Shallow ground water	
22	深部地下水	Deep ground water	
30	土壤水	Soil water	
40	大气水	Atmospheric water	
SWAB	气象		
SWABA	气候带和气候类型	Climatic zone and climatic type	
SWABB	气候的湿润性分区	Climatic division of humidification	
SWABC	气候的垂直分带性	Vertical division of climate	
SWABD	气象要素	Meteorologic element	
SWABE	中国气候带	Climatic zone of china	
SWABA	气候带和气候类型		
10	热带	The torrid zone	
11	热带雨林气候	Tropical rainforest climate	
12	热带草原气候	Tropical grasslands climate	
13	热带季风气候	Tropical monsoon climate	
14	热带沙漠气候	Tropical desert climate	
20	亚热带	Subtropical zone	
21	亚热带季风气候	Subtropical monsoon climate	
22	地中海式气候	Mediterranean climate	
30	温带	Temperate zone	
31	温带海洋性气候	Temperate marine climate	
32	温带大陆性气候	Temperate continental climate	
33	温带森林气候	Temperate forest climate	
34	温带沙漠气候	Temperate desert climate	
35	温带季风气候	Temperate monsoon climate	
36	温带半干旱气候	Temperate-semiarid climate	

表 1（续）

代码	汉字名	英译名	说明
40	亚寒带	Subfrigid zone	
41	亚寒带针叶林气候	Climate of coniferous forest on the subfrigid zone	
50	寒带	Frigid zone	极地气候
51	极地冰原气候	Arctic climate of ice field	
52	极地苔原气候	Arctic tundra climate	
60	高山气候	Alp climate	
70	赤道气候	Equatorial climate	
71	沙漠气候	Desert climate	(BW)
72	草原气候	Steppe climate	(BS)
73	极地气候	Polar climate	
74	永冻气候	Icecap climate	(EF)冰盖气候
75	苔原气候	Tundra climate	(ET)
80	亚寒带温湿气候	Humid subarctic climate	(Df)
81	温带冬季气候	Mediterranean climate	(CS)地中海式气候
82	温带夏雨气候	Temperate rainy climate	(CW)
83	温带湿润气候	Temperate humid climate	(Cf)温带多雨气候
84	湿热气候带	Humid tropics climate zone	
85	温湿气候带	Warm wet climate zone	
SWABB	气候的湿润性分区		
1	湿润地区	Humid area	
2	半湿润地区	Subhumid area	亚湿润地区
3	半干旱地区	Semiarid area	亚干旱地区
4	干旱地区	Arid area	
5	极干旱地区	Extreme arid area	
SWABD	气象要素		
01	大气降水	Precipitated water	
02	蒸发	Evaporation	
03	蒸腾	Transpiration	
04	凝结	Condensation	
05	冻结	Congelation	
06	消融	Ablation	
SWABE	中国气候带		
01	寒温带	Frigid-temperate zone	
02	中温带	Middle temperate zone	
03	暖温带	Warm temperate zone	
10	北亚热带	North subtropical zone	
11	中亚热带	Middle subtropical zone	
12	南亚热带	South subtropical zone	
20	边缘热带	Border tropical zone	
21	中热带	Middle tropical zone	
22	赤道热带	Equatorial tropical zone	
30	高原寒带	Plateau frigid zone	

表 1（续）

代码	汉字名	英译名	说明
31	高原亚寒带	Plateau subfrigid zone	
32	高原温带	Plateau temperate zone	
33	高原亚热带山地	Plateau subtropical mountainous region	
34	高原热带北缘山地	Plateau tropical north-fringe mountainous region	
SWAC	水文		
SWACA	流域特征值	Characteristic value of drainage area	
SWACB	河流的径流类型	Type of river runoff	
SWACC	河床特征值	Characteristic value of river bed	
SWACD	湖泊水文特征	Hydrological characteristic of lake	
SWACE	河水补给来源	Recharge sources of river	
SWACF	河流名称	Name of river	
SWACG	湖泊名称	Name of lake	
SWACH	地表水体特征	Characteristic of surface water body	
SWACI	水位标高	Water level elevation	
SWACA	流域特征值		
SWACAA	河流长度	River length	
SWACAB	河流过境段长度	Transit stream length	
SWACAC	流域面积	Drainage area	
SWACAD	产流面积	Runoff producing area	
SWACAE	流域名称	Name of drainage area	
SWACAF	水系名称	Name of water system	
SWACB	河流的径流类型		
1	常年性河流	Perennial stream	
2	季节性河流	Seasonal stream	
3	暂时性洪流	Temporary torrent	
SWACC	河床特征值		
SWACCA	河床水面宽度	River width	
SWACCB	河床水流深度	Water depth of river	
SWACCC	河床比降	Gradient of riverbed	河流比降
SWACCD	河流平均比降	Average gradient of river	
SWACCE	河流最大比降	Maximum gradient of river	
SWACCF	河流最小比降	Minimum gradient of river	
SWACCG	水系密度	Density of water-system	
SWACD	湖泊水文特征		
SWACDA	湖泊面积	Lake area	
SWACDB	湖泊深度	Depth of lake	
SWACDC	湖泊蓄水量	Storage of lake	
SWACDD	湖泊汇水面积	Catchment area of lake	
SWACE	河水补给来源		
1	降水补给	Precipitation recharge	
2	融雪水补给	Recharge of melted snow	
3	地下水补给	Recharge of ground water	

表 1（续）

代　码	汉　字　名	英　译　名	说　明
SWAD	气象水文数据		
SWADAA	降水量	Precipitation	
SWADAB	降雨量	Rainfall	
SWADAC	降雪量	Snowfall	
SWADAD	年降水量	Yearly precipitation	
SWADAE	月降水量	Monthly precipitation	
SWADAF	旬降水量	Precipitation in ten-day periods	
SWADAG	日降水量	Daily precipitation	
SWADAH	次降水量	Precipitation at a time	
SWADAI	降水强度	Precipitation intensity	
SWADAJ	最大年降水量	Maximum annual precipitation	
SWADAK	最小年降水量	Minimum annual precipitation	
SWADAL	多年年平均降水量	Averaged annual precipitation over years	年平均降水量
SWADAM	多年月平均降水量	Averaged monthly precipitation over years	月平均降水量
SWADAN	最大次降水量	Maximum precipitation at a time	
SWADAO	有效降水量	Effective precipitation	
SWADAP	雨季降水量	Precipitation in rainy season	
SWADAQ	全年降水天数	Days of precipitation all over the year	
SWADAR	雨季起止时间	The time of the beginning and the end for rainy season	
SWADAS	旱季起止时间	The time of the beginning and the end for drought season	
SWADAT	蒸发量	Evaporation discharge	
SWADAU	年蒸发量	Yearly evaporation discharge	
SWADAV	月蒸发量	Monthly evaporation discharge	
SWADAW	多年年平均蒸发量	Averaged annual evaporation discharge over years	
SWADAX	多年月平均蒸发量	Averaged monthly evaporation discharge over years	
SWADAY	土面蒸发量	Evaporation discharge from soil surface	陆面蒸发量
SWADAZ	水面蒸发量	Evaporation discharge from water surface	蒸发度
SWADBA	降水相对变率	Relative change rate of precipitation	
SWADBB	气温	Air temperature	
SWADBC	年平均气温	Yearly mean air temperature	
SWADBD	月平均气温	Monthly mean air temperature	
SWADBE	日平均气温	Daily mean air temperature	
SWADBF	多年最高气温值	Perennial maximum air temperature	
SWADBG	多年最低气温值	Perennial minimum air temperature	
SWADBH	年累积气温	Yearly accumulated air temperature	
SWADBI	年气温变幅	Difference of annual air temperature variation	气温年较差
SWADBJ	日气温变幅	Difference of daily temperature	气温日较差
SWADBK	相对湿度	Relative humidity	
SWADBL	绝对湿度	Absolute humidity	
SWADBM	月平均相对湿度	Monthly mean relative humidity	
SWADBN	月平均绝对湿度	Monthly mean absolute humidity	

表 1（续）

代码	汉字名	英译名	说明
SWADBO	大气压力值	The value of atmospheric pressure	
SWADBP	月平均大气压力值	Monthly mean value of atmospheric pressure	
SWADBQ	年日照时数	Yearly sunshine time	
SWADBR	平均积雪厚度	Average thickness of accumulative snow	
SWADBS	湿润系数	Moisture coefficient	
SWADBT	蒸发系数	Coefficient of evaporation	干燥度
SWADBU	水深	Water depth	
WDAEBA	风速	Wind velocity	
WDAEBB	平均风速	Mean wind velocity	
WDAEBD	最大风速	Maximum wind velocity	
WDAEBF	风向	Wind direction	
WDAEBL	风力	Wind force	
WDAEBM	一般风力	General wind force	
WDAEBN	最大风力	Maximum wind force	
SWADCB	无霜期	Frost-free period	
SWADCC	冰冻期	Freezing period	
SWADCD	地温	Earth temperature	
SWADCE	年地温差	Difference of yearly earth temperature	地温年较差
SWADCF	年平均冻结天数	Number of annual average frozen day	
SWADCG	冻结层深度	Depth of frozen layer	冻结深度
SWADCH	永久冻结层厚度	Thickness of permanently frozen layer	
SWADCI	融冻层厚度	Thickness of thawing layer	
SWADCJ	冻土类型	Types of frozen soil	
WDAEBE	主要风向	Main direction of wind	
WDAEC	风级	Wind scale	
WDAEBQ	风季	Wind season	
WDAEBR	风向频率	Frequency of wind direction	
WDAEBS	年沙暴日数	Days of yearly sandstorm	
SWADCK	年均日照百分率	Yearly mean sunshine percentage	
SWADCL	辐射量	Radiation amount	
SWADCM	年总辐射量	Yearly total radiation amount	
SWADDA	河水位	Water level of river	
SWADDB	湖泊水位	Water level of lake	
SWADDC	水库水位	Water level of reservoir	
SWADDD	最高水位	Maximum water level	洪水位
SWADDE	最低水位	Minimum water level	
SWADDF	丰水期水位	Water level in rainy season	
SWADDG	枯水期水位	Water level in drought season	
SWADDH	平水期水位	Water level in common season	
SWADDI	水位变幅	Difference of water level variation	
SWADDJ	地表径流量	Rate of surface runoff	
SWADDK	年平均径流量	Yearly mean runoff	

表 1（续）

代码	汉字名	英译名	说明
SWADDL	月平均径流量	Monthly mean runoff	
SWADDM	多年年平均径流量	Averaged annual runoff over years	
SWADDN	多年月平均径流量	Averaged monthly runoff over years	
SWADDO	年径流量	Yearly runoff	
SWADDP	最大年径流量	Maximum annual runoff	
SWADDQ	最小年径流量	Minimum annual runoff	
SWADDR	汛期径流量	Runoff in flood season	
SWADDS	枯水期径流量	Runoff in drought season	
SWADDT	多年最大径流量	Perennial maximum runoff	
SWADDU	多年小径流量	Perennial minimum runoff	
SWADDV	河川基流量	Base flow of river	
SWADDW	河川洪流量	Flood discharge of river	
SWADDX	河流含砂量	Sand content of river	
SWADDY	河水漏失量	Quantity of river leakage	
SWADDZ	产流天数	Days of runoff producing	
SWADEA	汛期时间	Flooding period	
SWADEB	汛期次数	Frequency of flooding period	
SWADEC	径流深度(Y)	Depth of runoff	
SWADED	径流模数(M)	Modulus of runoff	
SWADEE	径流系数(d)	Runoff coefficient	径流率
SWADEF	径流模比系数(K)	Rate of modulus variation	径流变率
SWADEG	离势系数(C_u)	Discrete coefficient	离差系数
SWADEH	偏差系数(C_s)	Coefficient of deviation	偏态系数
SWADEI	百年一遇洪峰流量	Flood peak discharge per 100 years	
DWHAAP	频率	Frequency	
SWADEJ	重现期	Period of reappearance	
WDACDD	平均水位	Mean water level	
SWADEL	河流年输沙量	Yearly silt discharge of river	
SWADEM	水量	Water quantity	
SWADEN	地表水冻结厚度	Froze thickness of surface water	
SWADEO	地表水冻结天数	Freezing days of surface water	
SWADEP	日蒸发量	Daily evaporation discharge	
SWADEQ	日最高气温	Daily maximum air temperature	
SWADER	日最低气温	Daily minimum air temperature	
SWADES	消融量	Ablation amount	
SWADET	水温	Water temperature	
SWADCJ	冻土类型		
10	季节冻土	Seasonal frozen soil	
20	永久冻土	Permanently frozen soil	多年冻土
21	岛状冻土	Frozen soil of island shape	
SWAE	岩石的空隙和水		
SWAEA	岩石的空隙类型	Types of void in rock	

表 1（续）

代码	汉字名	英译名	说明
SWAEB	孔隙程度指标	Index of pore degree	
SWAEC	孔隙充填程度	Degree of pore filling	
SWAED	地下水存在形式	Form of ground water existence	
SWAEE	地下水成因类型	Origin types of ground water	
SWAEF	岩石水理性质	Hydrophysics properties of rocks	
SWAEG	岩石的渗透性分类	Rock classification on permeability	
SWAEA	岩石的空隙类型		
10	成岩孔隙	Lithogenesis pore	
11	粒间孔隙	Interparticle pore	沉积孔隙
12	晶间孔隙	Intercrystalline pore	
13	熔岩孔洞	Lava pore and cavern	
14	晶洞	Geode	
20	裂隙	Fissure	
21	构造裂隙	Structure fissure	
22	成岩裂隙	Diagenetic fissure	
23	溶蚀裂隙	Dissolution fissure	
24	风化裂隙	Weathering fissure	
25	重力裂隙	Gravitational fissure	
26	人工裂隙	Artificial fissure	
30	溶蚀孔穴	Dissolution pore and cave	
31	溶孔	Dissolution pore	
32	溶洞	Dissolution cave	
33	溶蚀通道	Dissolution gallery	
SWAEB	孔隙程度指标		
SYGEC	孔隙度	Porosity	
SYGECC	有效孔隙度	Effective porosity	
SWAEBC	裂隙率	Fissure ratio	
SWAEBD	面裂隙率	Fissure ratio on plane	
SWAEBE	线裂隙率	Fissure ratio along a line	
SWAEBF	体积裂隙率	Volume fissure ratio	
SWAEBG	岩溶率	Factor of karst	
SWAEBH	面岩溶率	Karst factor counted on plane	
SWAEBI	线岩溶率	Karst factor counted along a line	
SWAEBJ	体积岩溶率	Volume karst factor	
SWAEBK	溶蚀量	Quantity of dissolution	
SWAEBL	裂隙密度	Fracture density	
SWAEBM	岩溶发育密度	Density of karst development	
SWAEC	孔隙充填程度		
1	全充填	Perfect filling	
2	半充填	Semi-filling	
3	未充填	Non-filling	
SWAED	地下水存在形式		

表 1（续）

代码	汉字名	英译名	说明
100	结晶水	Crystal water	
110	结构水	Constitutional water	
120	沸石水	Zeolite water	
130	结合水	Bound water	
140	吸着水	Hydroscopic water	强结合水
150	薄膜水	Pellicular water	弱结合水
160	毛细水	Capillary water	
161	过路毛细水	Passing capillary water	
162	悬挂毛细水	Suspended capillary water	
163	支持毛细水	Sustained capillary water	
170	重力水	Gravity water	
200	液态水	Liquid water	
210	气态水	Gaseous water	
220	固态水	Solid water	
SWAEE	地下水成因类型		
1	渗入水	Infiltration water	
2	凝结水	Condensation water	
3	沉积水	Sedimentation water	
4	原生水	Juvenile water	
5	大陆盐化潜水	Phreatic water of continental salinization	
6	溶滤水	Leaching water	
SWAEF	岩石水理性质		
SWAEFA	容水度	Specific moisture capacity	
SWAEFB	持水度	Specific retention	
SWAEFC	最大分子持水度	Maximum molecular specific retention	
SWAEFD	吸湿持水度	Specific retention of moisture absorption	
SWAEFE	薄膜持水度	Specific retention of film water	
SWAEFF	毛细持水度	Specific retention of capillary water	
SWAEFG	给水度	Specific yield	
GCDCAB	含水量	Water content	
SWAEG	岩石的渗透性分类		
10	透水层	Permeable stratum	透水岩石
11	强透水层	Strongly permeable stratum	
12	中等透水层	Middle permeable stratum	
13	弱透水层	Weak permeable stratum	
20	含水层	Aquifer	含水岩石
21	强含水层	Good aquifer	
22	中等含水层	Aquifer of middle yield water	
23	弱含水层	Aquitard	
30	含水岩组	Aquifer group	
40	含水岩系	Aquifer series	
50	隔水层	Aquifuge	隔水岩石

表 1（续）

代　码	汉　字　名	英　译　名	说　明
51	区域性隔水层	Regional aquifuge	
52	局部隔水层	Local aquifuge	
53	相对隔水层	Relative aquifuge	
54	隔水岩体	Impermeable rock	
SWAF	地下水的类型		
010	包气带水	Ground water in aeration zone	
011	上层滞水	Perched ground water	
012	潜水	Phreatic water	
013	层间水	Interlayer water	
014	承压水	Confined water	
015	自流水	Artesian water	
016	潜水—承压水	Unconfined-confined water	
020	孔隙水	Pore water	
021	孔隙潜水	Porous phreatic water	
022	孔隙微承压水	Porous semi-confined water	
023	孔隙承压水	Porous confined water	
030	孔隙—裂隙水	Pore-fissure water	
040	裂隙水	Fissure water	
041	风化裂隙水	Weathering fissure water	
042	成岩裂隙水	Lithogenesis fissure water	
043	构造裂隙水	Structure fissure water	
044	层状裂隙水	Bedded fissure water	
045	脉状裂隙水	Vein fissure water	
046	裂隙潜水	Fissure phreatic water	
047	裂隙承压水	Fissure confined water	
048	裂隙层间水	Interlayer fissure water	
050	裂隙—岩溶水	Fissure-karst water	
060	岩溶水	Karst water	喀斯特水
061	岩溶潜水	Karst phreatic water	
062	岩溶承压水	Karst confined water	
063	管道岩溶水	Conduit-karst water	
070	冻结层水	Water in frozen layer	
071	冻结层上水	Water above frozen layer	
072	冻结层间水	Water between frozen layers	
073	冻结层下水	Water under frozen layer	
080	浅层地下水	Shallow-bed ground water	埋藏深度＜100 m
081	深层地下水	Deep-bed ground water	
082	中深层地下水	Ground water in medium-deep aquifer	
090	冲积平原地下水	Ground water in alluvial plain	
091	山前冲洪积平原地下水	Ground water in alluvial-pluvial piedmont plain	
092	湖积平原地下水	Ground water in lacustrine plain	
093	滨海平原地下水	Ground water in littoral plain	

表 1（续）

代码	汉字名	英译名	说明
094	冰积平原地下水	Ground water in apron plain	
095	洪积扇潜水	Phreatic water in pluvial fan	
096	山间盆地地下水	Ground water in intermontane basin	
097	黄土台塬地下水	Ground water in loess platform	
098	沙漠地下水	Ground water in desert	
099	滨海地下淡水	Fresh ground water in littoral deposit	
100	沙丘潜水	Phreatic water in sand dune	
101	河谷潜水	Phreatic water in valley	
102	古河道地下水	Ground water in old course	
103	残坡积层地下水	Ground water in eluvial-cliffdebris	
104	中新生界盆地地下水	Ground water in mesozoic-cenozoic basin	
110	基岩地下水	Ground water in bedrock	
111	红层地下水	Ground water in redbed	
120	地下淡水	Fresh ground water	
121	微咸地下水	Saltish ground water	
122	地下咸水	Saline ground water	
130	地下热水	Hot ground water	
131	融区地下水	Ground water in frozen zone	
132	冻结滞水	Perched water in frozen zone	
SWAG	含水层的类型		
01	层状含水层	Bedded aquifer	
02	孔隙含水层	Porous aquifer	
03	孔隙—裂隙含水层	Pore-fissure aquifer	
04	裂隙含水层	Fissure aquifer	
05	裂隙—岩溶含水层	Fissure-karst aquifer	
06	岩溶含水层	Karst aquifer	
07	火山岩孔洞含水层	Pore aquifer of volcanic rock	
08	裂隙粘土含水层	Fissure-clay aquifer	
10	基岩含水层	Bedrock aquifer	
11	松散含水层	Loose deposit aquifer	
20	潜水含水层	Unconfined aquifer	
21	层间含水层	Interlayers aquifer	
22	承压含水层	Confined aquifer	
30	基岩含水带	Water-bearing fissure zone in bedrock	基岩富水带
31	层间裂隙含水带	Water-bearing fissure zone of interlayer	
32	断裂含水带	Water-bearing fault zone	
33	岩脉含水带	Water-bearing vein zone	
34	接触含水带	Water-bearing contact zone	
35	背斜轴部含水带	Water-bearing zone of anticlinal axis	
36	背斜倾没端含水带	Water-bearing zone of anticline pitching	
37	向斜含水带	Water-bearing zone of syncline	向斜轴部含水带
38	风化裂隙含水带	Water-bearing zone of weathering fissure	

表 1（续）

代 码	汉 字 名	英 译 名	说 明
39	孔洞含水层	Pore space aquifer	
40	含水带	Water-bearing zone	
41	无压含水层	Unconfined aquifer	
42	含水岩组	Water-bearing formation	
43	含水岩系	Interlayers aquifer	
44	岩溶含水系统	Karst water-bearing system	
45	蓄水构造	Water-storing structure	
SWAH	基岩储水构造		
10	单斜层间储水构造	Storage structure of monoclinal interlayers	
11	顶托储水构造	Storage structure of perched water	上层滞水储水构造
12	背斜储水构造	Storage structure of anticline	
13	向斜储水构造	Storage structure of syncline	
14	断裂储水构造	Storage structure of fault	
15	接触储水构造	Storage structure of contact	
16	岩脉储水构造	Storage structure of vein	
17	风化裂隙储水构造	Storage structure of weathering fissure	
18	联合储水构造	Combined storage structure	
30	汇水构造	Catchment structure	
31	导水构造	Permeable structure	
32	阻水构造	Water-resisting structure	
40	汇水岩脉	Catchment rock vein	
41	阻水岩脉	Water-resisting rock vein	
50	汇水断层	Catchment fault	
51	阻水断层	Water-resisting fault	
52	导水断层	Permeable fault	
SWAI	地下水补给条件		
SWAIA	补给来源	Recharge source	
SWAIB	补给方式	Recharge form	
SWAIC	补给区面积	Area of recharge	
SWAID	补给区边界	Boundary of recharge area	
SWAIE	补给量	Quantity of recharge	
SWAIF	地下流域面积	Underground drainage area	
SWAIA	补给来源		
10	大气降水渗入	Infiltration of precipitation	
20	地表水渗入	Surface water infiltration	
21	河水渗漏	River leakage	
22	水库渗漏	Reservoir leakage	
23	渠道渗漏	Canal leakage	
30	灌溉水渗入	Irrigation water leakage	
40	凝结水补给	Recharge of condensation water	
50	相邻含水层越流补给	Leakage from adjacent aquifer	
60	含水层断面流入	Inflow from the cross-section of aquifer	

表 1（续）

代 码	汉 字 名	英 译 名	说 明
70	人工补给	Artificial recharge	
80	开采激发补给	Induced recharge by exploitation	
90	融冻水补给	Recharge by frozen water melting	
SWAIB	补给方式		
10	垂直渗入	Vertical infiltration	
20	侧向补给	Lateral recharge	
30	越流补给	Leakage recharge	
31	顶托补给	Upward leakage recharge	
40	天窗补给	Recharge through skylight	
50	直接补给	Direct recharge	
51	间接补给	Indirect recharge	
60	面状均匀补给	Uniform recharge over a plane	
61	集中补给	Concentrative recharge	
70	常年补给	Perennial recharge	
71	季节补给	Seasonal recharge	
72	暂时性补给	Temporary recharge	
SWAID	补给区边界		
10	地形分水岭	Topographic divide	
20	地下水分水岭	Ground water divide	
21	地下水天然分水岭	Natural divide of ground water	
22	地下水人工分水岭	Artificial divide of ground water	
30	地表水体	Surface water body	
40	构造边界	Structural boundary	
50	岩性边界	Lithological boundary	
SWAIE	补给量		
SWAIEA	天然补给量	Natural recharge	
SWAIEB	开采补给量	Recharge during ground water extraction	
SWAIEC	人工补给量	Artificial recharge	
SWAIED	补给模数	Recharge modulus	
SWAIEE	总补给量	Total recharge yield	
SWAIEG	诱导补给量	Induced recharge	
SWAJ	地下水径流条件		
SWAJA	地下水径流场	Runoff field of ground water	
SWAJB	径流运动方式	Flow pattern	
SWAJC	地下水径流带	Runoff zone of ground water	
SWAJD	地下水交替强度	Replacement intensity ground water	
SWAJE	径流特征值	Eigenvalue of runoff	
SWAJA	地下水径流场		
10	天然径流场	Natural runoff field	
20	人工径流场	Artificial runoff field	
21	水头降速场	Velocity field of water head drawdown	
22	水头梯度场	Gradient field of water head	

表 1（续）

代　码	汉　字　名	英　译　名	说　明
SWAJB	径流运动方式		
1	水平径流	Horizontal flow	
2	下降径流	Descending flow	
3	上升径流	Ascending flow	
SWAJC	地下水径流带		
SWAJCA	径流带强度	Intensity of runoff zone	
SWAJCB	径流带条数	Number of runoff zone	
SWAJCC	径流带宽度	Width of runoff zone	
SWAJCD	径流带长度	Length of runoff zone	
SWAJCE	径流带深度	Depth of runoff zone	
SWAJCF	强径流带地质类型	Geological type of strong runoff zone	
SWAJCA	径流带强度		
1	强径流带	Strong runoff zone	
2	一般径流带	General runoff zone	
3	弱径流带	Weak runoff zone	
SWAJCF	强径流带地质类型		
01	强裂隙带	Dense fissure zone	
02	断裂带	Fault zone	
03	岩性接触带	Lithological contact zone	
04	岩溶发育带	Karst developing zone	
05	向斜轴	Synclinal axis	
06	背斜轴	Anticlinal axis	
07	古河床	Old channel	
08	现代河床	Recent channel	
SWAJD	地下水交替强度		
SWAJDA	地下水交替速度	Replacement velocity of ground water	
SWAJDB	地下水交替系数	Replacement coefficient of ground water	
SWAJDC	地下水循环周期	Cycle of ground water circulation	
SWAJE	径流特征值		
SWAJEA	地下水流速	Velocity of groundwater flow	
SWAJEB	地下水流向	Direction of groundwater flow	
SWAJEC	含水层径流模数	Runoff modulus of aquifer	
SWAJED	地下水径流模数	Runoff modulus of ground water	
SWAK	地下水排泄条件		
SWAKA	排泄方式	Discharge pattern	
SWAKB	排泄区位置	Location of discharge area	
SWAKC	排泄量	Quantity of drainage	
SWAKA	排泄方式		
10	潜水蒸发	Phreatic water evaporation	
20	含水层断面流出	Outflow from the cross-section of aquifer	
30	越流排泄	Leaking discharge	
40	人工消耗	Artificial drainage	

表 1（续）

代码	汉字名	英译名	说明
50	地面溢出	Overflow from surface	
51	泉水排泄	Spring drainage	
52	河流排泄	River drainage	
53	湖泊排泄	Lake drainage	
54	沼泽湿地蒸发	Evaporation from swamp and wetted area	
55	植物蒸腾	Plant transpiration	
SWAM	地下水的区域性规律		
SWAMA	地下水形成条件	Condition of ground water formation	
SWAMB	水文地质单元	Hydrogeologic unit	
SWAMC	地下水盆地	Ground water basin	
SWAMD	地下水系统	Ground water system	
SWAME	地下水垂直分带	Ground water vertical zoning	
SWAMF	地下水水平分带	Ground water horizontal zoning	
SWAMG	岩溶水动力分带	Hgdrodynamic zonality of karst water	
SWAMB	水文地质单元		
SWAMBA	单元结构	Elementary structure	
SWAMBB	单元面积	Elementary area	
SWAMBC	单元边界	Elementary boundary	
SWAMBD	单元类型	Hydrogeological type	
SWAMBA	单元结构		
1	补给区	Recharge area	
2	径流区	Runoff area	
3	排泄区	Discharge area	
SWAMBD	单元类型		
010	平原	Plain	
011	山前冲洪积平原区	Area of piedmont alluvial and flood plain	
012	冲积、冲湖积平原区	Area of alluvial and lacustrine plain	
013	滨海、冲海积平原区	Area of littoral and marine-deposition plain	
020	盆地	Basin	
021	山间冲洪积盆地	Intermontane alluvial and flood basin	
022	内陆冲洪积、冲积盆地	Inland alluvial and flood basin	
030	黄土区	Loessland	
031	黄土高原	Loessland plateau	
032	黄土台塬	Loessland platform	
040	沙漠区	Area of desert	
050	多年冻土区	Frozen ground area of years	
060	岩溶区	Karst area	
061	裸露型岩溶区	Naked karst area	
062	覆盖型岩溶区	Covered karst area	
063	埋藏型岩溶区	Buried karst area	
070	丘陵、山区	Hills and mountains area	
071	沉积岩丘陵、山区	Hills and mountains area of sedimentary rock	

表 1（续）

代 码	汉 字 名	英 译 名	说 明
072	岩浆岩丘陵、山区	Hills and mountains area of magmatite	
073	变质岩丘陵、山区	Hills and mountains area of metamorphite	
SWAMC	地下水盆地		
1	潜水盆地	Unconfined water basin	
2	承压水盆地	Confined water basin	
3	自流水盆地	Artesian basin	
4	自流水斜地	Artesian monoclinal strata	
5	承压水斜地	Monoclinal strata of confined water	
SWAMD	地下水系统		
10	水量系统	Water quantity system	
11	水化学系统	Water chemistry system	
12	热量系统	Heat system	
20	开启系统	Opening system	
21	封闭系统	Close system	
22	半封闭系统	Semi-close system	
30	区域地下水流系统	Regional ground water system	
31	局部地下水流系统	Local ground water system	
40	浅部水流系统	Shallow flow system	
41	中深水流系统	Mid-deep flow system	
42	深部水流系统	Deep flow system	
SWAME	地下水垂直分带		
10	包气带	Aeration zone	
11	土壤水带	Soil water zone	
12	过渡带	Transitional zone	
13	毛细水带	Capillary water zone	
20	饱水带	Saturated zone	
30	积极交替循环带	Circulating zone of active replacement	
31	缓慢交替循环带	Circulating zone of slow replacement	
32	停滞带	Stagnant zone	
40	地下水重力作用带	Gravitation zone of ground water	
41	重碳酸水带	Hydrocarbonate water zone	
42	硫酸水带	Sulphate water zone	
43	氯化物水带	Chloride water zone	
SWAMF	地下水水平分带		
SWAMFA	潜水的分带性	Zoning of phreatic water	
SWAMFB	潜水化学作用分带	Chemical processes zoning of phreatic water	
SWAMFC	冲洪积扇潜水分带	Groundwater zoning in alluvial-pluvial fan	
SWAMFA	潜水的分带性		
1	纬度分带	Latitudinal zoning	
2	经度分带	Longitudinal zoning	
3	气候分带	Climatic zoning	
4	地貌景观分带	Geomorphological landscape zoning	

表 1（续）

代码	汉字名	英译名	说明
5	地势分带	Topographic zoning	
SWAMFB	潜水化学作用分带		
10	溶滤潜水带	Leaching zone of groundwater	
11	大陆盐化潜水带	Phreatic water zone of continental salinization	
20	盐分溶滤带	Salt leaching zone	
21	盐分搬运带	Salt transportation zone	盐分过路带
22	盐分堆积带	Salt accumulation zone	
SWAMFC	冲洪积扇潜水分带		
1	潜水深埋带	Phreatic deep buried zone	
2	潜水溢出带	Overflowing zone of phreatic	
3	潜水下沉带	Phreatic sinking zone	
SWAMG	岩溶水动力分带		
1	渗流带	Vadose zone	
2	季节交替带	Seasonal fluctuation zone	过渡带
3	饱水带	Saturation zone	潜流带
4	深部缓流带	Deep slow moving zone	
5	倒虹吸管循环带	Cycling zone of siphon	谷底循环带
SWB	水文地质调查		
SWBA	水文地质调查种类	Type of hydrogeologic survey	
SWBB	调查工作设计	Investigation planning	
SWBC	调查工作项目	Item of investigation	
SWBD	调查工作量	Amount of work of exploration	
SWBE	调查工作定额	Working quota of investigation	
SWBF	含水层描述	Aquifer description	
SWBG	泉水调查记录	Investigating record of spring	
SWBH	室内试验分析项目	Terms of experiment analysis at lab	
SWBA	水文地质调查种类		
100	区域性水文地质调查	Regional hydrogeologic survey	水文地质普查
200	区域性地质—水文地质调查	Regional geology-hydrogeology survey	
300	专门性水文地质调查	Special hydrogeologic survey	
310	供水水文地质调查	Hydrogeologic survey of water supply	
311	集中供水水文地质调查	Hydrogeologic survey of concentrative water supply	
312	农田供水水文地质调查	Hydrogeologic survey of agriculture water supply	
320	土壤改良水文地质调查	Hydrogeologic survey of soil improvement	
330	矿床水文地质调查	Hydrogeologic survey of mineral deposit	
340	环境水文地质调查	Environmentive-hydrogeologic survey	
350	污染水文地质调查	Contaminative-hydrogeologic survey	
360	放射性水文地质调查	Radioactive-hydrogeologic survey	
370	油田水文地质调查	Hydrogeologic survey of oil field	
380	地热水文地质调查	Geothermal-hydrogeologic survey	
390	矿泉水文地质调查	Hydrogeologic survey of mineral spring	
400	岩溶水文地质调查	Karst hydrogeologic survey	

表 1（续）

代 码	汉 字 名	英 译 名	说 明
410	水土病因水文地质调查	Hydrogeologic survey of disease caused by soil and water	
SWBB	调查工作设计		
SWBBA	调查阶段	Investigation stage	
SWBBB	调查地区等级	Grade of investigation district	
SWBBC	地质构造条件复杂程度	Complicate degree of geologic structure condition	
SWBBD	地貌条件复杂程度	Complicate degree of geomorphologic condition	
SWBBE	水文地质条件复杂程度	Complicate degree of hydrogeologic condition	
SWBBF	水化学复杂程度	Complicate degree of water chemistry	
SWBBG	调查区研究程度	Study level of investigation area	
SWBBH	已进行过的调查工作	Investigated work	
SWBBI	调查区总面积	Total area of investigation region	
SWBBJ	调查比例尺	Scale of investigation	
SWBBK	调查工作时间	Date of investigation	
SWBBL	调查费用	Cost of investigation	
SWBBM	工作分区	Operational division	
SWBBA	调查阶段		
1	普查阶段	Stage of reconnaissance survey	
2	规划阶段	Planning stage	
3	初步调查阶段	Preliminary investigation stage	
4	详细调查阶段	Particular investigation stage	
5	开采阶段	Developing stage	
SWBBG	调查区研究程度		
1	较高	Higher level	
2	中等	Middle level	
3	较低	Lower level	
SWBBI	调查区总面积		
SWBBIA	平原区面积	Area of plain	
SWBBIB	河谷区面积	Area of valley	
SWBBIC	山区面积	Area of mountain	
SWBBH	已进行过的调查工作		
SWBBHA	已有调查工作性质	Type of investigated work	
SWBBHB	已有调查工作阶段	Stage of investigated work	
SWBBHC	已有调查工作比例尺	Scale of investigated work	
SWBBHD	已有调查工作日期	Date of investigated work	
SWBBHE	已有调查工作单位	Unit of investigated work	
SWBBHF	已有调查报告名称	Name of investigated report	
SWBBK	调查工作时间		
SWBBKA	调查工作设计完成时间	Date of finish investigation planning	
SWBBKB	调查工作进行时间	Lasting date of investigation	
SWBBKC	调查报告完成时间	Date of investigation report completion	
SWBBKD	调查报告批准时间	Date of approval investigating report	

表 1（续）

代码	汉字名	英译名	说明
SWBBL	调查费用		
SWBBLA	调查项目总费用	Total cost of investigating terms	
SWBBLB	阶段费用	Staged cost	
SWBBLC	单项生产工作费用	Cost for single productive work	
SWBBM	工作分区		
1	全区	All area	
2	平原	Plain	
3	山区	Mountain area	
SWBC	调查工作项目		
SWBCA	水文地质测绘	Hydrogeologic mapping	
SWBCB	水文地质勘探	Hydrogeologic exploration	
SWBCC	水文地质试验	Hydrogeologic test	
SWBCE	长期观测	Long-term observation	
HTDM	样品种类	Type of samples	
SWBCA	水文地质测绘		
SWBCAA	测绘工作基本内容	Basic content of mapping work	
SWBCAB	观测点类型	Type of observation point	
SWBCAC	水文地质测绘方法	Method of hydrogeologic mapping	
SWBCAD	地下水指示植物	Indicating plant of ground water	
SWBCAA	测绘工作基本内容		
10	地质测绘	Geological mapping	
11	第四纪地质测绘	Quaternary geological mapping	
12	地貌测绘	Geomorphologic mapping	
13	节理裂隙统计	Joint-fissure statistics	
14	地下水点调查	Investigation of ground water point	
15	泉水调查	Spring investigation	
16	水井调查	Investigation of well	
17	矿井调查	Investigation of mine	
18	地表水体调查	Investigation of surface water body	
19	河水流量测量	Flow survey of river	
20	暗河调查	Investigation of underground river	
21	溶洞调查	Investigation of karst cave	
22	地下水有害作用调查	Investigation of ground water hazard	
23	污染源调查	Investigation of contaminative source	
24	地植物调查	Investigation of geobotany	
25	物理地质现象调查	Investigation of physico-geologic phenomena	
SWBCAB	观测点类型		
10	地质观测点	Geological observation point	地质点
11	基岩地质观测点	Geological observation point in bedrock	
12	第四纪地质观测点	Observation point of quaternary geology	
20	地貌观测点	Observation point of geomorphology	地貌点
30	水文地质观测点	Observation point of hydrogeology	水文地质点

表 1（续）

代　码	汉　字　名	英　译　名	说　明
31	水井调查点	Observation point of well	
32	泉水调查点	Observation point of spring	
33	矿坑调查点	Observation point of mine	
40	天然露头观测点	Observation point of natural outcrop	
41	人工露头观测点	Observation point of artificial outcrop	
SWBCAC	水文地质测绘方法		
1	路线穿越法	Passing through method	
2	走向追索法	Investigating method of following the trend	
3	穿越法为主追索法为辅	Passing through method mainly be used tracing method be used as supplementary	
SWBCAD	地下水指示植物		
10	喜水植物	Water-loving plant	
11	红柳	Red willow	
12	黄花菜	Day lily	
13	马莲	Iris ensata thunb	
14	芨芨草	Achnath erum splendens	
15	三棱草	Bolbosehoenus maritimus palla	
16	骆驼刺	Camel thorn	
17	芦苇	Reed	
30	耐盐植物	Salt tolerant plant	
31	盐穗草	Hallostachys belangeriana	
32	盐爪爪	Kalidium	
33	碱蓬	Suaeda glauce	
34	盐吸草	Sheepweed	
SWBCB	水文地质勘探		
1	钻探	Drilling	
2	坑探	Driving exploration	
3	浅井	Shallow well	
4	槽探	Trough probing	
5	露头剥离	Outcrop stripping	
6	水文物探	Geophysical prospecting of hydrogeology	
7	水文测井	Hydrogeologic well logging	
SWBCC	水文地质试验		
1	抽水试验	Pumping test	
2	注水试验	Injecting test	
3	渗水试验	Infiltration test	
4	连通试验	Connecting test	
5	地下水流速测定	Ground water velocity measurement	
6	水质弥散试验	Dispersion test of water quality	
7	钻孔流速测量	Velocity measure in bore hole	
8	降水入渗试验	Test of precipitation infiltration	
9	水质自净试验	Test of water self-purification	

表 1（续）

代　码	汉 字 名	英 译 名	说　明
SWBCE	长期观测		
10	地下水动态观测	Ground water dynamic observation	
11	井水动态观测	Water dynamic observation for well	
12	矿井水动态观测	Water dynamic observation for mine	
13	泉水动态观测	Dynamic observation of spring	
20	地表水动态观测	Dynamic observation of surface water	
21	地表水位动态观测	Dynamic observation of surface water level	
22	地表水流量观测	Flow observation of surface water	
30	简易气象观测	Simple meteorological observation	
31	降水量观测	Rainfall observation	
32	蒸发量观测	Evaporation capacity observation	
33	蒸腾量观测	Transpiration observation	
40	降水渗入量观测	Infiltration capacity observation of precipitation	
50	饱气带水分观测	Moisture observation in aeration zone	
60	污水水质监测	Water quality monitoring of contaminated water	
61	排污量观测	Waste disposal observation	
HTDM	样品种类		
10	地层标本	Stratigraphic specimen	
20	古生物化石	Paleontological fossil specimen	
30	岩石标本	Rock specimen	
40	岩样	Rock sample	
50	土样	Soil sample	
51	扰动土样	Disturbed soil sample	
52	原状土样	Undisturbed soil sample	
60	水样	Water sample	
61	同位素测定水样	Water sample of isotope measurement	
62	地表水样	Surface water sample	
63	泉水样	Spring water sample	
64	井孔水样	Water sample of well or boring	
65	同位素年龄测定水样	Water sample for measuring isotope age	
66	污水分析样	Analysis sample of contaminated water	
67	简分析水样	Water sample of simple analysis	
68	全分析水样	Water sample of comprehensive analysis	
69	指定项目分析水样	Analysis sample of appointing item	
SWBD	调查工作量		
SWBDAA	测绘面积	Mapping area	
SWBDAB	观测路线长度	Mapping route length	
SWBDAC	观测点数	Number of observed points	
SWBDAD	统计点数	Statistical point number	
SWBDAE	调查点数	Number of investigated points	
SWBDAF	调查个数	Number of investigation	
SWBDAG	调查条数	Strip number of investigation	

表 1（续）

代　码	汉　字　名	英　译　名	说　明
SWBDAH	调查长度	Investigation length	
SWBDAI	测流断面数	Number of determined flow cross-sections	
SWBDAJ	断面测流次数	Frequency of determined flow over cross-section	
SWBDAK	剖面条数	Number of profiles	
QDTGE	剖面长度	Profile length	
SWBDAM	剖面总长度	Total profile length	
SWBDAN	地质露头照片数	Photo number of geologic outcrop	
SWBDBA	钻孔数	Number of bore holes	
SWBDBB	浅井数	Number of shallow wells	
SWBDBC	试坑数	Number of trial pits	
SWBDBD	钻探进尺	Length of drilling	
SWBDBE	浅井总深度	Total depth of shallow wells	
SWBDBF	剥土体积	Volume of soil stripped	
SWBDBG	井下摄影剖面长度	Profile length of photo taken in a well	
SWBDCA	试验钻孔数	Number of test wells	
SWBDCB	试验层数	Number of test strata	
SWBDCC	试验段数	Number of test segments	
SWBDCD	试验组数	Group number of test	
SWBDCE	试验次数	Test frequency	
SWBDCF	试验点数	Number of test points	
SWBDCG	试验时数	Time of test	
SWBDDA	分析试验样品组数	Group number of analysis and experiment samples	
SWBDDB	分析试验样品个数	Number of analysis and experiment samples	
SWBDDC	标本块数	Number of specimens	
SWBDEA	长期观测点数	Number of long-term observation points	
SWBDEB	观测次数	Observation frequency	
SWBDEC	观测工作延续时间	Continuance of observation	
SWBE	调查工作定额		
SWBEA	观测路线间距	Interval of observation line	
SWBEB	观测点密度	Density of observation points	单位:个/km^2
SWBEC	水位地质观测点密度	Density of hydrogeologic observation points	
SWBED	观测路线分布定额	Distributed quota of observation line	单位:m/km^2
SWBEE	采样点密度	Density of sampling points	
SWBEF	钻孔密度	Density of bore holes	
SWBEG	钻探进尺分布定额	Distributed quota of drilling depth	单位:m/km^2
SWBEH	试验点密度	Density of test points	
SWBEI	抽水试验段密度	Segment density of pumping test	单位:试验孔数/层
SWBEJ	长期观测点密度	Density of long-term observation points	
SWBEK	单位面积的工作定额	Working quota of specific area	
SWBEL	每层中的工作定额	Working quota for one stratum	单位:m/层或个/层
SWBF	含水层描述		
SWBFA	含水层时代	Age of aquifer	

表 1(续)

代 码	汉 字 名	英 译 名	说 明
SWBFB	含水层成因	Origin of aquifer	
SWBFC	含水层岩性	Lithological characters of aquifer	
SWBFD	含水层分布条件	Distributed condition of aquifer	
SWBFE	含水层埋藏条件	Buried condition of aquifer	
SWBFF	含水层富水性等级	Water yield property grade of aquifer	
SWBFG	含水层富水性指标	Water yield property index of aquifer	
SWBFH	含水层水文地质参数	Hydrogeologic parameter of aquifer	
SWBFI	含水层编号	Serial number of aquifer	
SWBFK	含水层层位	Aquifer position	
SWBFD	含水层分布条件		
SWBFDA	含水层空间分布形式	Distributed form of aquifer in space	
SWBFDB	含水层分布范围	Distributed extent of aquifer	
SWBFDC	含水层出露面积	Outcrop area of aquifer	
SWBFDA	含水层空间分布形式		
1	层状	Bedded	
2	脉状	Veiny	带状物
3	片状	Laminar	
4	似层状	Likelihood bedded	
SWBFE	含水层埋藏条件		
SWBFEA	含水层产出状态	Inchination of aquifer	
SWBFEB	含水层产状	Altitude of aquifer	
SWBFEC	含水层顶板地层时代	Age of apical plate of aquifer	
SWBFED	含水层顶板地层岩性	Lithological characters of apical plate of aquifer	
SWBFEE	含水层顶板埋深	Depth of apical plate of aquifer	
SWBFEF	含水层顶板岩层厚度	Thickness of apical plate of aquifer	
SWBFEG	含水层厚度	Thickness of aquifer	
SWBFEH	含水层底板地层时代	Age of bottom layer of aquifer	
SWBFEI	含水层底板地层岩性	Lithological characters of bottom layer of aquifer	
SWBFEJ	含水层底板埋深	Depth of bottom layer of aquifer	
SWBFEK	隔水层时代	Age of aquifuge	
SWBFEL	隔水层岩性	Lithological characters of aquifuge	
SWBFEM	隔水层厚度	Thickness of aquifuge	
SWBFEN	含水层水位高程	Water level altitude of aquifer	
SWBFEO	含水层水位埋深	Water level depth of aquifer from surface	
SWBFEP	含水层顶板高程	Apical plate altitude of aquifer	
SWBFEQ	含水层底板高程	Bottom plate altitude of aquifer	
SWBFER	承压水头高度	Altitude of piezonmetric head	
SWBFES	含水层平均厚度	Mean thickness of aquifer	
SWBFET	含水层最大厚度	Maximum thickness of aquifer	
SWBFEU	含水层最小厚度	Minimum thickness of aquifer	
SWBFEV	自流水头高度	Altitude of artesian water head	
SWBFEW	含水层个数	Number of aquifer	

表 1（续）

代 码	汉 字 名	英 译 名	说 明
SWBFEX	钻孔揭露的含水层起止深度	Initial and terminal penetration of aquifer by drilling	
SWBFEA	含水层产出状态		
1	近水平	Near horizontal occurrence	
2	缓倾斜	Slowly inclined occurrence	
3	陡斜	Steeply inclined occurrence	
4	直立	Vertical occurrence	
SWBFF	含水层富水性等级		
1	水量极丰富	Great abundant of water quantity	
2	水量丰富	Abundant of water quantity	
3	水量中等	Middle of water quantity	
4	水量贫乏	Poor of water quantity	
SWBFG	含水层富水性指标		
SWBFGA	单井出水量	Water-yield per well	
SWBFGB	单井最大出水量	Maximum water-yield per well	
SWBFGC	水井总出水量	Total water yield of wells	
SWBG	泉水调查记录		
SWBGAA	泉水编号	Number of spring	
SWBGAB	泉水位置	Location of spring	
SWBGAC	泉水名称	Name of spring	
SWBGAD	泉水类型	Type of spring	
SWBGAE	泉的出露高程	Altitude of spring emerging	
SWBGAF	泉的流量	Spring discharge	
SWBGAG	泉的丰水期流量	Spring discharge in rainy season	
SWBGAH	泉的枯水期流量	Spring discharge in drought season	
SWBGAI	泉的最大流量	Maximum discharge of spring	
SWBGAJ	泉的最小流量	Minimum discharge of spring	
SWBGAK	泉的流量变化率	Variation rate of spring discharge	
SWBGAL	泉的稳定性系数	Steady coefficient of spring	
SWBGAM	泉水干枯月份	Month of dried spring	
SWBGAN	泉水干枯年份	Year of dried spring	
SWBGAO	泉水温度	Temperature of spring	
SWBGAP	泉的补给含水层	Recharge aquifer for spring	
SWBGAQ	泉出露的地形条件	Topographic condition of spring emerging	
SWBGAR	泉水流出通道	Flow passage of spring	
SWBGAS	泉口排列方式	Arrangement of spring mouth	
SWBGAT	泉口个数	Number of spring mouth	
SWBGAU	泉水物理性质	Physical property of spring	
SWBGAV	泉水沉淀物名称	Name of spring precipitation	
SWBGAW	泉水气体逸出状况	Condition of gas escape from spring	
SWBGAX	泉水利用状况	Condition of spring utilization	
SWBGAY	泉水冻结时间	Freezing time of spring	
SWBGAZ	泉水冻结状态	Freezing state of spring	

表 1（续）

代 码	汉 字 名	英 译 名	说 明
SWBGBA	泉水流出状态	Flow out state of spring	
SWBGBB	泉水涌出地面高度	Height of spring gushed above the surface	
SWBGBC	泉华厚度	Thickness of sinter	
SWBGBD	泉华阶地高度	Height of sinter terrace	
SWBGBE	泉群分布方向	Direction of springs distribution	
SWBGBF	引泉流量	Imported spring discharge	
SWBGBG	总引泉量	Number of total leading spring	
SWBGBH	引泉个数	Number of leading spring	
SWBGBQ	引泉工程数	Number of spring diverted project	
SWBGAD	泉水类型		
10	上升泉	Ascending spring	
11	下降泉	Descending spring	
12	喷泉	Spout spring	
20	侵蚀泉	Erosional spring	
21	接触泉	Contact spring	
22	溢出泉	Overflowing spring	
23	悬挂泉	Suspended spring	
24	断层泉	Fault spring	
30	海底泉	Sea floor spring	
31	水下泉	Underflow spring	
40	岩溶泉	Karst spring	
41	裂隙泉	Fissure spring	
50	多潮泉	Tidal spring	
51	间歇泉	Geyser	
52	季节泉	Seasonal spring	
53	长年泉	Perennial spring	
60	全排泄型泉	Complete drainage spring	
61	部分排泄型泉	Partial drainage spring	
62	虹吸泉	Siphon spring	
70	单泉	Spring	
71	泉群	Springs	
SWBGAQ	泉出露的地形条件		
01	坡脚	Foot of slope	
02	坡面	Slope plane	坡面包括陡壁
03	河岸	River bank	
04	河床	River bed	
05	谷底	Valley floor	
06	沟头	Top of furrow	
07	海岸	Coast	
08	海底	Sea bottom	
09	湖心	Lake centre	
10	洼地	Depression	

表 1（续）

代码	汉字名	英译名	说明
11	阶地前沿	Front of terrace	
12	平地	Plain	
SWBGAR	泉水流出通道		
1	第四系松散堆积物	Loose deposit of quaternary	
2	基岩裂隙	Fissure in bed rock	
3	岩溶洞穴	Karst grotto	
SWBGAS	泉口排列方式		
1	线状分布	Linear distribution	
2	面状分布	Plane distribution	
3	集中点状分布	Concentrative point-like distribution	
4	不规则分布	Irregular distribution	
SWBGAW	泉水气体逸出状况		
1	少量气体逸出	Little gas escape	
2	大量气体逸出	Much gas escape	
SWBGAX	泉水利用状况		
01	未利用	Non-utilization	
02	饮用	Drinking	
03	灌溉	Irrigation	
04	工业供水	Industrial water supply	
05	医疗	Medical treatment	
06	工业原料	Industrial raw material	化工原料
SWBGAZ	泉水冻结状态		
1	不冻结	No freezing	
2	微冻结	Minute freezing	
3	全冻结	All frozen	
SWBGBA	泉水流出状态		
1	缓慢浸出	Slowly soak out	
2	呈股流出	Flow out in shape of stream	
3	呈股涌出	Pour out in shape of stream	
4	喷出	Gashed out	
SWBH	室内试验分析项目		
SWBHA	土的颗粒成分分析	Grain composition analysis of soil	
SWBHB	水质分析	Water quality analysis	
SWBHC	水质简分析	Simple water quality analysis	
SWBHD	水质全分析	Complete water quality analysis	
SWBHE	水细菌成分分析	Bacteria composition analysis of water	
SWBHF	水的特殊成分分析	Special composition analysis of water	
SWBHG	岩石土壤化学成分分析	Chemical composition analysis of rock and soil	
SWBHH	岩石矿物成分鉴定	Mineral composition determination of rock	
SWBHI	土壤可溶盐分析	Dissolvable salt analysis of soil	
SWBHJ	土壤可溶盐淋滤实验	Leaching experiment of dissolvable salt of soil	
SWBHK	土壤压出液化学分析	Liquid chemistry analysis from compressive soil	

表 1（续）

代　码	汉　字　名	英　译　名	说　明
SWBHL	土壤自净率实验	Self-cleaning experiment of soil	
SWBHM	岩石渗透性质测定	Permeability measurement of rock	
SWBHN	气体成分分析	Gas composition analysis	
SWBHO	颗粒表面特征鉴定	Surface characteristic determination of grain	
SWBHP	地下水年龄测定	Ground water age measurement	
SWBHQ	地下水同位素测定	Isotope measurement of ground water	
SWBHR	岩石水理性质测定	Measuring of hydrophysical properties of rock	
SWC	水文地质钻探		
SWCA	水文地质钻孔类别	Type of hydrogeologic borehole	
TKAB	钻进方法	Drilling method	
SWCC	水井结构	Well construction	钻孔结构
SWCD	过滤器	Filter	
SWCE	井孔止水	Sealing water in borehole	
SWCF	洗井	Well cleaning	洗孔
SWCG	管井结构参数	Parameter of borehole construction	
SWCH	井下爆破	Blast in borehole	
SWCI	钻探水文地质观测项目	Hydrogeologic observation items in drilling	
SWCJ	钻探水文地质观测数据	Hydrogeologic observation data in drilling	
SWCK	勘探孔的处理	Conduct of exploratory borehole	
SWCC	水井结构		
TKCC	井身结构	Well construction	孔身结构
SWCCB	井管类型	Type of well tube	
SWCCC	水井深度	Well depth	
SWCCD	井底深度	Depth from well bottom	
TKCC	井身结构		
01	同径井身	Tube construction with same diameter	
02	异径井身	Tube construction with different diameter	
10	裸井	Nude well	
11	管井	Casing well	
SWCCB	井管类型		
100	井壁管	Well casing pipe	
101	滤水管	Screen pipe	
102	沉淀管	Sedimentary tube	
200	不锈钢管	Stainless steel tube	
201	无缝钢管	Seamless steel tube	
202	铸铁管	Cast iron tube	
203	一般钢管	Common steel tube	
204	镀锌铁管	Zinc-plating iron tube	
205	高级镍钢管	High-quality nickel steel tube	
206	混凝土管	Concrete tube	
207	水泥管	Cement tube	
208	石棉水泥管	Asbestos-cement tube	

表 1（续）

代 码	汉 字 名	英 译 名	说 明
209	塑料管	Plastics tube	
210	缸瓦管	Clinker-tile tube	
211	玻璃钢管	Tube of glass fibre reinforced plastic	
212	卷焊管	Reel welded tube	
SWCD	过滤器		
SWCDA	过滤器种类	Type of filter	
SWCDB	过滤器结构	Construction of filter	
SWCDC	过滤器骨架种类	Type of filter framework	
SWCDD	缠丝种类	Type of wire twine	
SWCDE	滤网种类	Type of filter net	
SWCDF	填砾材料	Material of gravel stuffing	
SWCDA	过滤器种类		
01	骨架过滤器	Framework filter	
02	填砾过滤器	Gravel stuffing filter	
03	贴砾过滤器	Gravel sticking filter	
04	缠丝过滤器	Wire twined filter	
05	缠丝包网过滤器	Filter of twined wire and wrapped net	
06	包网过滤器	Filter of wrapped net	
07	筐式过滤器	Basket filter	
SWCDB	过滤器结构		
01	过滤器骨架	Framework of filter	
02	骨架管	Framework tube	
03	垫筋	Padding steel reinforcement	
04	缠丝	Twined wire	
05	滤网	Filter net	
06	反滤层	Filter layer	
07	滤水孔	Filter opening	
SWCDC	过滤器骨架种类		
1	圆孔骨架	Round hole framework	
2	条孔骨架	Strip hole framework	
3	钢筋骨架	Framework of steel reinforcement	
4	多孔混凝土骨架	Porous concrete framework	
SWCDD	缠丝种类		
1	铅丝	Lead wire	
2	镀锌铁丝	Zinc-plating iron wire	
3	铁丝	Iron wire	
4	塑料丝	Plastics wire	
5	铜丝	Copper wire	
6	不锈钢丝	Wire of stainless steel	
7	玻璃纤维丝	Glass fibre wire	
SWCDE	滤网种类		
10	铁丝网	Net of iron wire	

表 1（续）

代 码	汉 字 名	英 译 名	说 明
11	铜丝网	Net of copper wire	
12	尼龙网	Nylon net	
13	塑料网	Plastics net	
14	棕皮	Palm bark	
20	方格网	Squared net	
21	扁条状网	Flat strip net	平织网
SWCDF	填砾材料		
10	石英质	Quartz	
11	石灰岩质	Lime stone	
12	火山岩质	Volcanic rock	
13	卵砾石	Pebble-gravel	
20	天然砾料	Natural gravel material	
21	人工砾料	Artificial gravel material	
SWCE	井孔止水		
SWCEA	止水目的	Purpose of water sealing	
SWCEB	止水方法	Method of water sealing	
SWCEC	止水层位	Stratum of water sealing	
SWCED	止水质量	Quality of water sealing	
SWCEA	止水目的		
1	分层试验	Stratified test	
2	分层观测	Stratified observation	
3	分层采水样	Stratified sampling of water	
4	隔离劣质水层	Separated inferior aquifer	
5	减少冲洗液漏失	Decreasing loss of wash liquid	
SWCEB	止水方法		
01	暂时性止水	Temporary water sealing	
02	永久性止水	Permanent water sealing	
10	同径止水	Water sealing in same diameter	
11	异径止水	Water sealing in different diameter	
20	管外止水	Water sealing outside the casing	
21	管内止水	Water sealing within the casing	
22	联合止水	Combined water sealing	
30	粘土止水	Water sealing with clay	
31	水泥止水	Water sealing with cement	
32	沥青止水	Water sealing with asphalt	
33	海带止水	Water sealing with kelp	
34	牛皮止水	Water sealing with catllehide	
35	橡胶止水	Water sealing with rubber	
36	套管止水	Water sealing with casing	
37	气囊止水	Water sealing with gasbag	
38	黄豆止水	Water sealing with soybean	
SWCF	洗井		

表 1（续）

代码	汉字名	英译名	说明
SWCFA	洗井方法	Method of well cleaning	
SWCFB	化学洗井液种类	Type of chemical well-cleaning liquid	
SWCFC	洗井工作数据采集	Data collection of well cleaning	
SWCFA	洗井方法		
10	机械洗井	Well cleaning with machine	
11	活塞洗井	Well cleaning with piston	
12	空压机洗井	Well cleaning with air compressor	
13	水泵抽压洗井	Well cleaning through the agency of pumping and compressing of pump	
14	冲孔器洗井	Well cleaning with perforator	
15	联合洗井	Combined well cleaning	
20	化学洗井	Chemical cleaning of well	
21	多磷酸钠洗井	Well cleaning with poly sodium phosphate	
22	液态二氧化碳洗井	Well cleaning with liquid carbon dioxide	
23	干冰洗水	Well cleaning with solid carbon dioxide	
24	酸洗井	Well cleaning with acid	
SWCFB	化学洗井液种类		
01	六偏磷酸钠($(NaPO_3)_6$)	Sodium hexametaphosphate	
02	三聚磷酸钠($Na_5P_3O_{10}$)	Three polyphosphoric sodium	
03	焦磷酸钠($Na_4P_2O_7$)	Sodium acid prophosphate	无水磷酸钠
04	磷酸三钠(Na_3PO_4)	Tisodium pgosphate	
05	液态二氧化碳	Liquid carbon dioxide	
06	固体二氧化碳	Solid carbon dioxide	干冰
07	盐酸(HCl)	Hydrochloric acid	
08	防腐蚀剂	Anticorrosive	
09	甲醛	Formaldehyde	
10	丁炔二醇[$C_4H_4(OH)_3$]	Butynediol	
11	碘化钠[NaI]	Sodium iodide	
12	碘化钾[KI]	Potassium iodide	
SWCFC	洗井工作数据采集		
SWCFCA	化学洗井液用量	Using capacity of chemical liquid for well cleaning	
SWCFCB	化学洗井液浓度	Concentration of chemical liquid for well cleaning	
SWCFCC	防腐蚀剂用量	Using capacity of preservation	
SWCFCD	洗井液压力值	Pressure value of well cleaning liquid	
SWCFCE	洗井前的水井出水量	Water yield before well cleaning	
SWCFCF	洗井后的水井出水量	Water yield after well cleaning	
SWCFCG	洗井前的井深	Depth of well before well cleaning	
SWCFCH	洗井后的井深	Depth of well after well cleaning	
SWCFCI	洗井用的时间	Time of well cleaning	
SWCFCJ	洗井日期	Date of well cleaning	
SWCFCK	井水含沙量	Sand content of well water	
SWCG	管井结构参数		

表 1（续）

代　码	汉　字　名	英　译　名	说　明
SWCGAA	井管规格	Specification of well pipe	公称规格
SWCGAB	井管内径	Internal diameter of well pipe	
SWCGAC	井管外径	External diameter of well pipe	
SWCGAD	单节井管长度	Length of single well pipe	
SWCGAE	井管根数	Number of well pipes	
SWCGAF	井管总长度	Total length of well pipes	
SWCGAG	滤水管规格	Specification of screen tube	公称规格
SWCGAH	滤水管内径	Internal diameter of screen tube	
SWCGAI	滤水管外径	External diameter of screen tube	
SWCGAJ	滤水管长度	Length of screen tube	
SWCGAK	滤水孔直径	Diameter of screen borehole	
SWCGAL	孔心纵距	Longitudinal distance between the centre of two boreholes	
SWCGAM	孔心横距	Latitudinal distance between the borehole centre	
SWCGAN	孔间行距	Row spacing of borehole	孔排行间距离
SWCGAO	每周孔数	Hole numbers at every circuit	
SWCGAP	每周圆孔行数	Line numbers in one circuit	
SWCGAQ	条孔宽度	Width of strip hole	
SWCGAR	条孔长度	Length of strip hole	
SWCGAS	条孔间距	Interval of strip holes	
SWCGAT	条孔垂向净距	Net spacing between strip holes	
SWCGAU	垫筋直径	Diameter of padding steel reinforcement	
SWCGAV	垫筋距离	Distance between padding steel reinforcement	
SWCGAW	缠丝直径	Diameter of twined wire	
SWCGAX	缠丝间距	Spacing of twined wires	
SWCGAY	滤网号	Number of filter net	
SWCGAZ	滤网网眼宽度	Mesh width of filter net	
SWCGBA	含水层标准粒径	Standard grain diameter of aquifer	
SWCGBB	含水层不均匀系数	Uneven coefficient of aquifer	
SWCGBC	填砾直径	Diameter of gravel stuffing	
SWCGBD	填砾层厚度	Thickness of gravel stuffing layer	
SWCGBE	填砾高度	Height of gravel stuffing	
SWCGBF	填砾体积	Volume of gravel stuffing	
SWCGBG	过滤器孔隙率	Porosity of filter	
SWCGBH	过滤器有效孔隙率	Effective porosity of filter	
SWCGBI	滤水器骨架孔隙率	Porosity of screen tube framework	
SWCGBJ	填砾的给水度	Specific yield of gravel stuffing	
SWCGBK	止水深度	Depth of water sealing	
SWCGBL	沉砂管长度	Length of sand settling tube	
SWCGBM	变径位置	Depth of diameter changing	变径深度
TKACD	变径次数	Number of diameter changing	
SWCGBO	井管下置深度	Depth of well casing installation	

表 1（续）

代　码	汉　字　名	英　译　名	说　明
SWCGBP	滤水管下置深度	Depth of screen tube installation	
SWCGBQ	裸井段的起止深度	Depth of naked well length from top to bottom	
SWCGBR	滤水管安装段数	Section number of screen well installation	
SWCGBS	填砾段起止深度	Depth of gravel stuffing from top to bottom	
SWCGBT	进水管直径	Diameter of inflow tube	
SWCGBU	进水管下置深度	Depth of water entering tube installation	
SWCGBV	出水管直径	Diameter of outflow tube	
SWCGBW	泵管直径	Diameter of pump tube	
SWCGBX	泵管节数	Segment number of pump tube	
SWCGBY	泵管下置深度	Depth of pump tube installation	
SWCGBZ	水泵下置深度	Depth of pump installation	
SWCH	井下爆破		
SWCHA	爆破方法	Method of blast	
SWCHB	爆破段岩性	Lithologic characters of blasting segment	
SWCHC	爆破段深度	Depth of blasting segment	
SWCHD	炸药名称	Name of explosive	
SWCHE	炸药用量	Amount of used explosive	
SWCHF	爆破前的水井出水量	Water yield of well before explosion	
SWCHG	爆破后的水井出水量	Water yield of well after explosion	
SWCHA	爆破方法		
01	侧向爆破	Lateral blast	
02	纵向爆破	Longitudinal blast	
03	分段爆破	Segment blast	
SWCI	钻探水文地质观测项目		
SWCIA	岩心完整程度	Degree of core completion	
SWCIB	裂隙面水蚀痕迹	Erosive trace of water on fissure surface	
SWCIC	岩心溶蚀痕迹	Dissolution trace of core	
SWCID	冲洗液颜色	Color of wash liquid	
SWCIE	钻进中的异常现象	Anomaly while drilling	
SWCIA	岩心完整程度		
1	极完整	Very complete	
2	较完整	More complete	
3	破碎	Crushed	
4	极破碎	Extremely crushed	
SWCIB	裂隙面水蚀痕迹		
1	铁质薄膜	Iron film	
2	钙质沉淀	Calcium precipitation	
3	泥质沉淀	Mud precipitation	
4	氧化膜	Oxidation film	
SWCIC	岩心溶蚀痕迹		
1	无溶蚀现象	Non-dissolution trace	
2	稍有溶蚀	Slightly dissolution	

表 1（续）

代 码	汉 字 名	英 译 名	说 明
3	明显溶蚀	Clear dissolution	
SWCIE	钻进中的异常现象		
01	气体逸出	Gas spill	
02	钻孔口涌水	Water flush at well mouth	
03	钻具陷落	Drop of drill tools	掉钻
04	孔壁坍塌	Cave-obstructed bore hole	
05	钻孔涌砂	Sand flush of bore hole	
06	孔壁掉块	Lump drop from bore wall	
07	钻孔缩径	Reduction of drill hole	
08	冲洗液突然漏失	Sudden loss of wash liquid	
09	卡钻	Drilling tool blocking	
10	埋钻	Sticking of drilling rod	
SWCJ	钻探水文地质观测数据		
TKAJAA	岩心采取率	Percentage recovery of core	
SWCJAB	岩心裂隙率	Fissure factor of core	
SWCJAC	岩心岩溶率	Karst factor of core	
SWCJAD	下管前的钻孔水位	Water level in well before casing	
SWCJAE	下管后的钻孔水位	Water level in well after casing	
SWCJAF	异常现象出现的孔深	Depth of anomaly emerged	
SWCJAG	异常现象出现层位	Layer location of anomaly emerged	
SWCJAH	孔口涌水高度	Height of water flush at well mouth	
SWCJAI	孔口自流水量	Quantity of flowing water at well mouth	
SWCJAJ	冲洗液密度	Density of wash liquid	
SWCJAK	冲洗液稠度	Viscosity of wash liquid	
SWCJAL	冲洗液含砂量	Sand content of wash liquid	
SWCJAM	冲洗液消耗量	Consumption of wash liquid	
SWCJAN	钻具陷落深度	Depth of drill tool drop	
SWCJAO	孔内涌砂高度	Height of sand flush from well	
SWCJAP	孔口涌水时的孔深	Well depth of water yielding at well mouth	
SWCJAQ	冲洗液漏失段深度	Depth of wash liquid loss	
SWCJAR	含水层初见水位	Initial water level in aquifer	
SWCJAS	含水层稳定水位	Steady water level of aquifer	
SWCJAT	孔内水温	Water temperature in well	
SWCJAU	测温深度	Depth of temperature measurement	
SWCJAV	含水段编号	Water-bearing section number	
SWCJAW	含水段起止深度	Depth of water-bearing section from top to bottom	
SWCJAX	含水段岩性	Lithologic characters of water-bearing section	
SWCJAY	含水段地层时代	Stratigraphical age of water-bearing section	
SWCJAZ	含水段个数	Number of water-bearing section	
WTIA	测井曲线名称	Curve name of well logging	
SWCJBA	测井曲线异常段深度	Depth of abnormal section for well logging curve	
SWCJBB	起钻后水位	Groundwater level after drilling rig lift	

表 1（续）

代　码	汉　字　名	英　译　名	说　明
SWCJBC	下钻前水位	Groundwater level before drilling rig down	
SWCK	勘探孔的处理		
1	全孔回填封闭	Back-stuffing and sealing in whole well	
2	部分回填封闭	Back-stuffing and sealing in part of well	
3	未进行回填封闭	Unstuffing and unsealing	
4	粘土回填	Back-stuffing with clay	
5	水泥回填	Back-stuffing with cement	
6	水泥粘土分段回填	Sectional back-stuffing with clay and cement	
7	预留开采孔	Reserved mining borehole	
8	预留观测孔	Reserved observation borehole	
SWD	野外水文地质试验		
SWDA	试验布置	Test arrangement	
SWDB	试验方法	Test method	
SWDC	示踪剂	Tracer	
SWDD	试验的观测记录	Observation record for test	
SWDE	试验结果	Test result	
SWDA	试验布置		
SWDAA	试验工程布置数据	Data of test engineering arrangement	
SWDAB	抽水试验观测线	Observation line of pumping test	
SWDAC	钻孔试验段特征	Characteristic of borehole test section	
SWDAD	抽水试验类型	Type of pumping test	
SWDAA	试验工程布置数据		
SWDAAA	试验孔号	Number of test well	
SWDAAB	试验孔组号	Group number of test well	
SWDAAC	试验观察孔号	Number of observation well for test	
SWDAAD	投源点号	Number of reagent dropping point	
SWDAAE	试验观测点号	Number of observation point for test	
SWDAAF	试验孔数	Test well number	
SWDAAG	试验观测孔数	Observation well number for test	
SWDAAH	试验观测点数	Observation point number for test	
SWDAAI	试验孔深度	Depth of test well	
SWDAAJ	观测孔深度	Depth of observation well	
SWDAAK	抽水孔间距离	Distance between pumping wells	
SWDAAL	抽水孔组间距离	Distance between groups of pumping well	
SWDAAM	观测孔到抽水孔距离	Distance between pumping well and observation well	
SWDAAN	投源孔到接收孔距离	Distance between reagent dropping well and receiving well	
SWDAAO	观测点到抽水孔距离	Distance between observation point and pumping well	
SWDAAP	观测点到投源点距离	Distance between observation and reagent dropping point	
SWDAAQ	观测孔间距离	Distance between observation wells	
SWDAAR	弧形观测线半径	Radius of arched observation line	

表 1（续）

代码	汉字名	英译名	说明
SWDAAS	灌水入渗试验面积	Area of water infiltration test	
SWDAAT	渗入试坑深度	Depth of pit of water infiltration test	
SWDAAU	渗水试坑底面积	Bottom area of pit of water infiltration test	
SWDAB	抽水试验观测线		
SWDABA	试验观测线编号	Number of the observation line for test	
SWDABB	试验观测线条数	Observation line number for test	
SWDABC	试验观测线方位	Direction of observation line for test	
SWDABD	试验观测线长度	Length of observation line for test	
SWDABE	观测线与地下水流向夹角	Angle between observation line and groundwater flow direction	
SWDABF	观测线与地表水流向夹角	Angle between observation line and surface water flow direction	
SWDAC	钻孔试验段特征		
SWDACA	试验段层位	Position of experimental part	
SWDACB	试验段岩性	Lithologic characters of experimental part	
SWDACC	试验段深度	Depth of experimental part	
SWDACD	试验段起始深度	Initial depth of test segment	
SWDACE	试验段终止深度	Terminal depth of test segment	
SWDAD	抽水试验类型		
01	单孔抽水试验	Single-well pumping test	
02	多孔抽水试验	Multiple well system pumping test	带观测孔抽水试验
03	群孔干扰抽水试验	Interfering wells pumping test	
04	分层抽水试验	Stratified pumping test	
05	分段抽水试验	Segmented pumping test	
06	混合抽水试验	Mixed pumping test	
07	稳定流抽水试验	Steady pumping test	
08	非稳定流抽水试验	Unsteady pumping test	
09	瞬时抽水试验	Transient pumping test	
10	试验抽水	Trial pumping	
11	民井简易抽水	Simple pumping test from domestic well	
12	开采试验抽水	Trial-developing pumping test	
13	大型井群干扰抽水	Interfering pumping from large scale well groups	
14	非稳定流定流量抽水	Unsteady pumping test at fixed quantity	
15	非稳定流定降深抽水	Unsteady pumping test at fixed drowdown	
16	正向抽水	Pumping test from above to below	顺序抽水
17	反向抽水	Pumping test from bottom to top	回填抽水
SWDB	试验方法		
01	渗水试验方法	Method of water infiltration test	
02	试坑渗水法	Pit permeability method	
03	单环渗水法	Method of water infiltration with single ring	
04	双环渗水法	Method of water infiltration with dual ring	
05	大面积灌水入渗试验法	Water infiltration test method on large area	

表 1（续）

代　码	汉　字　名	英　译　名	说　明
10	地下水流速测定法	Determination method of groundwater velocity	
11	钻孔充电法	Method of charge in well	
12	示踪剂法	Method of tracer	
13	单井同位素示踪测定法	Measuring method of isotope tracer in single well	
14	单井示踪剂稀释法	Method of tracer dilution in single well	
15	多井示踪剂法	Method of tracer in wells	
20	弥散试验方法	Method of dispersion test	
21	室内弥散试验	Method of dispersion experiment in laboratory	
22	野外弥散试验	Method of dispersion test in field	钻孔弥散试验
30	示踪剂投放方法	Method of tracer putting in	
31	连续注入	Continuous injection	
32	脉冲注入	Pulse injection	
33	阶梯式注入	Step injection	
34	锤击安瓶法	Method of hammer ampoule	
35	电爆破法	Method of electric blast	
36	弹簧喷射法	Method of spring spurt	
40	连通试验方法	Method of conduit tracing test	
41	水位传递试验法	Method of water level transfer	
42	断源法	Method of water recharge blocked off	
43	抽水法	Pumping method	
44	注水法	Water injecting method	
45	定时炸弹示踪法	Method of time bomb tracing	
46	烟幕示踪法	Method of smoke screen tracing	
47	示踪试验法	Method of tracing test	指无线电波，电磁波等示踪法
60	野外水质自净试验	Self-cleaning test of water quality in field	
61	室内水质自净试验	Self-cleaning test of water quality in laboratory	
SWDC	示踪剂		
SWDCA	示踪剂种类	Type of tracer	
SWDCB	放射性示踪剂特性	Characteristic of radioactive tracer	
SWDCC	同位素射线种类	Type of isotope ray	
WTJAEC	同位素半衰期	Half-life of isotope	
SWDCA	示踪剂种类		
100	食盐（$NaCl$）	Sodium chloride	
101	氯化钙（$CaCl_2$）	Calcium chloride	
102	氯化铵（NH_4Cl）	Ammonium chloride	
103	亚硝酸钠（$NaNO_2$）	Sodium nitrite	
104	硝酸钠（$NaNO_3$）	Sodium nitrate	
105	偏磷酸钠（Na_2HPO_4）	Sodium biphosphate	
106	氯化铬（$CrCl_3$）	Chromium chloride	
107	溴化铵（NH_4Br）	Bromide of ammonium	
108	溴化钠（$NaBr$）	Bromide of sodium	

表 1（续）

代码	汉字名	英译名	说明
109	碘化钠(NaI)	Iodide of sodium	
110	碘化钾(KI)	Iodide of potassium	
111	氯化金($AuCl_3$)	Gold chloride	
112	氯化高钴钾	Potassium-cobalt cyanide	
113	乙二铵四醋酸铬	Chromium ethylenediaminetetraacetic acid	
114	乙二铵四醋酸钴	Cobalt ethylenediaminetetraacetic acid	
115	氟利昂-12(CCl_2F_2)	Freon-12	
116	氟利昂-10(CCl_2F_2)	Freon-10	
117	碳氟化物(CCl_3)F	Carbon-fluoride	
200	有机染料示踪剂	Organic dye-tracer	
201	萤光红	Fluorescein	
202	伊红	Eosin	四溴萤光素
203	刚果红	Congo red	
204	苯胺盐	Aniline	
300	酵母菌	Saccharomycete	
301	石松孢子	Lycopodium spore	
302	编码纸片	Code card	
303	谷糠	Grain chaff	
304	木屑	Chip	
305	黄泥浆	Yellow-mud	
306	红泥浆	Red-mud	
400	放射性示踪剂	Radioactive tracer	
SWDCB	放射性示踪剂特性		
SWDCBA	示踪剂毒性	Poison of tracer	
SWDCBB	示踪剂价格	Cost of tracer	
SWDCBC	示踪剂检出灵敏度	Sensitivity of tracer detection	
SWDCBD	示踪剂稳定性	Stability of tracer	
SWDCBE	检出的难易程度	Difficulty degree of detection	
SWDCBF	示踪剂随水运移性能	Function of tracer migration with water	
SWDCBG	示踪剂用量	Quantity of tracer used	
SWDCC	同位素射线种类		
1	贝塔(β)	Beta	
2	伽玛(γ)	Gamma	
SWDD	试验的观测记录		
SWDDAA	试验开始时间	Initial time of test	
SWDDAB	试验结束时间	Finishing time of test	
SWDDAC	试验间断时间	Interrupted period of test	
SWDDAD	停止抽水时间	Water pumping stop time	
SWDDAE	恢复水位观测时间	Observation period of recovered water level	
SWDDAF	水位观测时间	Time of water level observation	
SWDDAG	流量观测时间	Time of flow observation	
SWDDAH	观测时间	Observation period	

表 1（续）

代　码	汉　字　名	英　译　名	说　明
SWDDAI	试验总延续时间	Total continuous period of test	
SWDDAJ	稳定延续时间	Stably continuous period	
SWDDAK	示踪剂投放时间	Time of tracer drop	
SWDDAL	峰值到达的时间	Time of peak arrival	
SWDDAM	示踪剂到达时间	Time of tracer arrival	
SWDDAN	水样采取时间	Time of water sampling	
GCJCFI	观测时间间隔	Interval of observation time	
SWDDBA	抽水前的天然水位	Nature water level before pumping	
SWDDBC	稳定恢复水位	Stably recovering water level	
SWDDBD	天然水位的平均降速	Average velocity of nature water level drawdown	
SWDDBE	固体潮的日差值	Daily difference of solid tide	
SWDDBF	水位降深次数	Frequency of drawdown	抽水落程数
SWDDBG	水位落程的顺序号	Number of drawdown sequence	
SWDDBH	水位降深值	Value of drawdown	
SWDDBI	相邻落程的水头差	Head difference between neighbouring drawdowns	
SWDDBJ	抽水孔的水位降深	Drawdown of water level in pumping well	
SWDDBK	观测孔的水位降深	Drawdown of water level in observation well	
SWDDBL	最大水位降深	Maximum drawdown	
SWDDBM	动水位	Dynamic water table	
SWDDBN	恢复水位	Recovered water table	
SWDDBO	抽水孔水位波动值	Fluctuation value of water table	
SWDDBP	水位观测精度	Accuracy of water level observation	
SWDDBQ	开采井动水位最大埋深	Maximum burial depth of water level of mining well	
SWDDBR	设计的水位降深值	Value of drawdown designed	
SWDDBS	实际水位降深值	Real value of drawdown	
SWDDBT	水位观测频率	Frequency of water level observation	
SWDDBU	静止水位	Static groundwater level	
SWDDBV	稳定水位	Steady water level	
SWDDBW	单位涌水量	Specific capacity	
SWDDBX	平均单位涌水量	Average specific water yield	
SWDDBY	最大单位涌水量	Maximum specific water yield	
SWDDBZ	最小单位涌水量	Minimum specific water yield	
SWDDCA	抽水孔流量	Discharge of pumping well	
SWDDCB	抽水孔组流量	Discharge of pumping well group	
SWDDCC	抽水孔总流量	Total discharge of pumping wells	
SWDDCD	设计的抽水量	Designed pumping discharge	
SWDDCE	泉水流量减小值	Decrease of discharge from spring	
SWDDCF	河水流量减小值	Decrease of river flow	
SWDDCG	抽水孔流量波动值	Fluctuation value of pumping discharge	
SWDDCH	流量观测精度	Accuracy of discharge observation	
SWDDCI	流量观测频率	Frequency of discharge observation	
SWDDCJ	抽水前的孔深	Depth of borehole before pumping	

表 1(续)

代码	汉字名	英译名	说明
SWDDCK	抽水后的孔深	Depth of borehole after pumping	
SWDDDA	注水高度	Height of water injection	
SWDDDB	稳定水头高度	Height of steady head	
SWDDDC	注水量	Quantity of water injection	
SWDDDD	稳定注水量	Steady quantity of water injection	
SWDDEA	示踪剂注入量	Quantity of tracer injection	
SWDDEB	示踪剂投放含水层岩性	Lithological characters of aquifer where tracer is put into	
SWDDEC	示踪剂注入深度	Depth of tracer injection	
SWDDED	示踪剂注入速度	Velocity of tracer injecting	
SWDDEE	示踪剂放射性强度	Radioactive intensity of tracer	
SWDDEF	示踪剂浓度	Concentration of tracer	
SWDDEG	示踪剂本底值	Background value of tracer	
SWDDEH	示踪剂浓度稀释速度	Velocity of concentration dilution of tracer	
SWDDEI	示踪剂峰值浓度	Peak concentration of tracer	
SWDDEJ	弥散距离	Distance of dispersion	
SWDDEK	灌水量	Quantity of water pouring	
SWDDEL	灌水入渗时间	Time of infiltration by water pouring	
SWDDEM	灌水入渗深度	Depth of infiltration by water pouring	
SWDE	试验结果		
SWDEAA	垂向稳定渗入流量	Vertically steady quantity of infiltration	
SWDEAB	垂向稳定渗透系数	Vertically-steady permeability coefficient	
SWDEAC	地下水实际流速	Real velocity of groundwater	
SWDEAD	平均孔隙水速度	Average velocity of pore water	
SWDEAE	弥散系数	Dispersivity	
SWDEAF	机械弥散系数	Mechanical dispersivity	
SWDEAG	水动力弥散系数	Dynamic dispersivity	
SWDEAH	分子扩散系数	Molecular diffusivity	
SWDEAI	吸附速度系数	Coefficient of adsorption velocity	
DHABDB	分配系数	Partition coefficient	
SWDEAJ	纵向弥散度	Longitudinal dispersivity	
SWDEAK	横向弥散度	Latitudinal dispersivity	
SWDEAL	弥散试验法渗透系数	Permeability coefficient of dispersion test method	
SWDEAM	弥散带宽度	Width of dispersion belt	
SWDEAN	示踪剂的弥散角	Dispersive angle of tracer	
SWDEAO	地下暗河流速	Flow velocity of underground river	
SWDEAP	暗河流向	Flow direction of underground river	
SWDEAQ	灌水入渗速度	Velocity of infiltration by water pouring	
SWDEAR	参数计算方法	Calculating method of parameter	
SWDEAR	参数计算方法		
10	经验值法	Empiric method	
20	实验室法	Laboratory method	

表 1（续）

代 码	汉 字 名	英 译 名	说 明
30	数值计算法	Numerical calculating method	
40	解析法	Analytic method	
41	稳定流法	Steady-state flow method	
42	非稳定流法	Transient flow method	
50	均衡法	Regime method	
SWE	地下水动态与均衡		
SWEA	地下水动态要素	Groundwater regime elements	
SWEB	地下水动态观测项目	Items of groundwater behaviour observation	
SWEC	地下水动态影响因素	Influence factor of groundwater regime	
SWED	地下水动态名称	Name of groundwater regime	
SWEE	地下水动态成因类型	Genetic type of groundwater regime	
SWEF	地下水动态观测工作布置	Arrangement of groundwater water behaviour observation	
SWEG	地下水动态观测数据	Data of groundwater regime observation	
SWEH	地下水动态曲线类型	Type of groundwater regime curve	
SWEI	地下水均衡类型	Type of groundwater balance	
SWEJ	地下水均衡计算	Groundwater balance calculation	
SWEK	地下水均衡试验	Balance test of groundwater	
SWEA	地下水动态要素		
SWEAA	地下水位	Groundwater level	
SWEAB	地下水量	Groundwater quantity	
SWEAC	地下水温	Groundwater temperature	
SWEAD	地下水质	Groundwater quality	
SWEAE	包气带土壤湿度	Soil moisture in aeration zone	
SWEAF	包气带土壤温度	Soil temperature in aeration zone	
SWED	地下水动态名称		
01	地下水动态	Groundwater regime	
02	水位动态	Regime of groundwater level	
03	水量动态	Regime of water quantity	
04	热动态	Heat regime	
05	水质动态	Regime of water quality	
06	潜水动态	Regime of phreatic water	
07	承压水动态	Regime of confined water	
08	多年冻土区的地下水动态	Groundwater regime in permafrost region	
09	岸边潜水动态	Phreatic water regime on bank	
10	分水岭潜水动态	Phreatic water regime on divide	
11	山区地下水动态	Groundwater regime in mountain area	
12	平原区地下水动态	Groundwater regime in plain area	
13	喀斯特水动态	Karst water regime	
14	地下暗河动态	Regime of subtorranean river	
15	泉水动态	Spring water regime	
16	井水动态	Water regime in well	

表 1（续）

代 码	汉 字 名	英 译 名	说 明
17	矿坑水动态	Water regime in mine	
18	灌区潜水动态	Phreatic water regime in irrigation area	
19	地下水天然动态	Natural regime of groundwater	
20	地下水开采动态	Regime of groundwater development	
21	地下水日动态	Daily groundwater regime	
22	地下水年内动态	Annual groundwater regime	
23	地下水多年动态	Perennial groundwater regime	
24	包气带湿度动态	Moisture regime in aeration zone	
SWEE	地下水动态成因类型		
01	渗入型	Infiltration type	降水渗入型
02	蒸发型	Evaporation type	
03	径流型	Runoff type	
04	水文型	Hydrologic type	
05	开采型	Development type	
06	疏干型	Dewatering type	
07	灌溉型	Irrigation type	
08	多年冻结型	Permafrost type	
SWEF	地下水动态观测工作布置		
SWEFA	观测网点类型	Type of observation net and points	
SWEFB	观测网点数据采集	Data collection of observation net and points	
SWEFC	动态观测点的类型	Type of regime observation point	
SWEFD	动态观测层位	Stratum of regime observation	
SWEFE	地下水位统测	Simultaneous observation of groundwater level	
SWEFA	观测网点类型		
10	动态观测网	Observation net for regime	
11	全国性观测网	National observation net	
12	地区性观测网	Regional observation net	基本观测网
13	局部性观测网	Local observation net	专门性观测网
20	动态观测线	Observation line for regime	
30	动态观测点	Observation point for regime	
40	动态观测站	Observation station for regime	
SWEFB	观测网点数据采集		
SWEFBA	观测网控制面积	Control area of observation net	
SWEFBB	观测网设置时间	Laying time of observation net	
SWEFBC	动态观测线编号	Code of regime observation line	
SWEFBD	动态观测线长度	Length of regime observation line	
SWEFBE	动态观测线方位	Direction of regime observation line	
SWEFBF	动态观测线条数	Number of regime observation line	
SWEFBG	动态观测点编号	Number of regime observation point	
SWEFBH	动态观测点数目	Regime observation point number	
SWEFBI	动态观测站名称	Name of regime observation station	
SWEFBJ	总站数目	Total number of stations	

表 1（续）

代　码	汉　字　名	英　译　名	说　明
SWEFBK	分站数目	Number of substations	
SWEFBL	建站时间	Constructed time of station	
SWEFBM	观测资料积累年数	Years of observation data	
SWEFBN	测点地面高度	Height from observation point to surface	
SWEFBO	测点至水面高度	Height from observation point to water table	
SWEFC	动态观测点的类型		
10	专门观测孔	Special observation borehole	
11	兼用的生产水井	Production well for conjunctive use	
20	泉水观测点	Observation point of spring water	
21	地表水观测点	Observation point of surface water	
22	矿井观测点	Observation point of mine	
23	污水观测点	Observation point of waste water	
24	暗河出口观测点	Observation point of subtorranean river outlet	
25	岩溶竖井观测点	Observation point of karst shaft	
30	固定性的观测点	Fixed observation point	
31	临时性的观测点	Temporary observation point	
SWEFE	地下水位统测		
SWEFEA	水位统测时间	Time of simultaneous observation	
SWEFEB	水位统测井点数目	Number of simultaneous observation	
SWEG	地下水动态观测数据		
SWEGAA	地下水位高程	Altitude of groundwater level	
SWEGAB	地下水位埋深	Buried depth of groundwater	
SWEGAC	水位上升期	Period of water level raising	
SWEGAD	水位下降期	Period of water level decline	
SWEGAE	高水位期	Period of high water level	
SWEGAF	低水位期	Period of low water level	
SWEGAI	地下水高矿化期	Period of groundwater highly mineralized	
SWEGAJ	地下水低矿化期	Period of groundwater low mineralized	
SWEGAK	相对稳定期	Relatively steady period	
SWEGAL	泉流量增加期	Period of spring discharge increasing	
SWEGAM	泉流量下降期	Period of spring discharge decreasing	
SWEGAN	最高水位出现时间	Time of maximum water level	
SWEGAO	最低水位出现时间	Time of minimum water level	
SWEGAR	浅层地下水埋藏深度	Buried depth of shallow groundwater	
SWEGAS	中深层地下水埋藏深度	Buried depth of medium-deep groundwater	
SWEGAT	深层地下水埋藏深度	Buried depth of deep groundwater	
SWEGBA	泉最大流量出现时间	Emerging period of maximum discharge of spring	
SWEGBB	泉最小流量出现时间	Emerging period of minimum discharge of spring	
SWEGBC	地下水位变幅	Fluctuation of groundwater level	
SWEGBD	水位的年变幅	Annual fluctuation of water level	
SWEGBE	水位的多年变幅	Perennial fluctuation of water level	
SWEGBF	水位的日变幅	Daily fluctuation of water level	

表 1（续）

代码	汉字名	英译名	说明
SWEGBG	水位上升速率	Raising rate of water level	
SWEGBH	水位下降速率	Dropping rate of water level	
SWEGBI	泉水流量的年变幅	Annual change of spring discharge	
SWEGBJ	泉水流量的变率	Change rate of spring discharge	
SWEGBK	地下水的气压影响系数	Atmospheric pressure influence coefficient of groundwater	
SWEGBL	矿化度的增长率	Increasing rate of salinity	
SWEGBM	矿化度的递减率	Decreasing rate of salinity	
SWEGBN	水温校正值	Calibration value of water temperature	
SWEGBO	水温递减速度	Rate of water temperature progressively decreasing	
SWEGBP	水温递增速度	Rate of water temperature progressively increasing	
SWEGBQ	动态变化周期的长度	Period of regime change cycle	
SWEGBR	周期数	Period frequency of cycle	
SWEGBS	动态峰值的滞后时间	Delayed time of regime peak	
SWEGBT	动态资料的年份	The year of regime data	
SWEGBU	动态资料的月份	The month of regime data	
SWEGBV	连续观测的年数	Years of successive observation	
SWEGBW	离子浓度的增长率	Incremental rate of ion concentration	
SWEGBX	离子浓度的递减率	Decremental rate of ion concentration	
SWEGCA	最大水位下降速率	Dropping rate of maximum water level	
SWEGCB	最小水位下降速率	Dropping rate of minimum water level	
SWEGCC	泉水流量的变率	Rate of spring discharge variation	
SWEGCD	泉水流量的递减速度	Rate of progressively decrease of spring discharge	
SWEH	地下水动态曲线类型		
1	单峰动态曲线	Regime curve of single peak	
2	多峰动态曲线	Peaky curve of regime	
SWEI	地下水均衡类型		
10	地下水水量均衡	Balance of groundwater quantity	
11	地下水盐均衡	Salt balance of groundwater	水盐均衡
12	地下水热量均衡	Heat balance of groundwater	
20	正均衡	Positive balance	
21	负均衡	Negative balance	
SWEJ	地下水均衡计算		
SWEJA	均衡方程	Balance equation	均衡式
SWEJB	均衡要素	Balance elements	
SWEJC	均衡参数	Balance parameter	
SWEJD	均衡要素确定方法	Method of balance element determination	
SWEJE	均衡计算区	Balance calculation area	
SWEJF	均衡期	Balancing period	
SWEJA	均衡方程		
01	总的水量均衡方程	Balance equation of total groundwater quantity	
02	潜水均衡方程	Balance equation of phreatic water	

表 1（续）

代 码	汉 字 名	英 译 名	说 明
03	承压水均衡方程	Balance equation of confined water	
04	含水层溶质均衡方程	Solute balance equation of aquifer	
05	含水层热量均衡方程	Heat balance equation of aquifer	
SWEJB	均衡要素		
SWEJBA	潜水储存量的变化量	Storage change of phreatic water	
SWEJBB	地表水的渗入量	Seeping discharge of surface water	
SWEJBC	地表水的流出量	Outflow of surface water	
SWEJBD	凝结水量	Condensation water quantity	
SWEJBE	地下水流入量	Groundwater inflow	
SWEJBF	地下水流出量	Groundwater outflow	
SWEJBG	人工引入水量	Quantity of artificial inputted water	
SWEJBH	人工引出水量	Quantity of artificial exported water	
SWEJBI	地表水体的变化量	Change in surface water quantity	
SWEJBJ	包气带水量的变化量	Change in water quantity of aeration zone	
SWEJBK	降水入渗量	Quantity of precipitation infiltration	
SWEJBL	地表水对潜水的补给量	Recharge quantity of phreatic water replenished by surface water	
SWEJBM	泉的溢出量	Quantity of spring overflow	
SWEJBN	潜水凝结补给量	Recharge quantity of water table condensation	
SWEJBO	潜水蒸发量	Evaporation quantity of phreatic water	
SWEJBP	地下水人工补给量	Artificial recharge of groundwater	
SWEJBQ	地下水人工排出量	Artificial discharge of groundwater	
SWEJBR	承压水弹性储量的变化量	Charge of confined water elastic storage	
SWEJBS	越流补给量	Quantity of leaky recharge	
SWEJBT	侧向补给量	Lateral recharge yield	
SWEJBU	河水渗漏系数	Seepage coefficient of river	
SWEJBV	渠水渗漏系数	Seepage coefficient of canal	
SWEJBW	渠道利用系数	Utilization coefficient of irrigation ditch	
SWEJBX	河流单宽补给量	Recharge per unit width of stream	
SWEJBY	坝址渗漏补给量	Leakage replenishment from dam-site	水库渗漏补给量
SWEJC	均衡参数		
SWEJCA	饱和差	Saturation differency	饱和不足量
SWEJCB	包气带天然湿度	Natural moisture of aeration zone	
SWEJCC	极限蒸发深度	Critical depth of evaporation	
SWEJCD	湿度变动带深度	Depth of moisture variation zone	
SWEJCE	潜水水位变动带深度	Depth of phreatic water level change zone	
SWEJCF	毛细带含水量	Water content in capillary zone	
SWEJCG	降水入渗系数	Infiltration coefficient of precipitation	
SWEJCH	次降水入渗系数	Infiltration coefficient of precipitation each time	
SWEJCI	年降水入渗系数	Infiltration coefficient of annual precipitation	
SWEJCJ	有效降水入渗系数	Efficient infiltration coefficient of precipitation	
SWEJCK	前期降水量	Precipitation in early days	

表 1（续）

代码	汉字名	英译名	说明
SWEJCL	计算时段的降水量	Precipitation during calculating period	
SWEJCM	降水入渗速率	Infiltration rate of precipitation	
SWEJCN	年降水入渗深度	Infiltration depth of annual precipitation	
SWEJCO	土壤湿度	Soil moisture	
SWEJCP	土壤湿度梯度	Soil moisture gradient	
SWEJCQ	土壤年内湿度变差	Difference of moisture yearly variance	
SWEJCR	包气带水分运移参数	Parameter of moisture transportation in aeration zone	
SWEJCS	总势能	Total potential energy	
SWEJCT	重力势	Gravity potential	
SWEJCU	压力势	Pressure potential	
SWEJCV	负压势	Potential of negative pressure	
SWEJCW	渗压势	Potential of penetration pressure	
SWEJCX	势能梯度	Gradient of potential energy	
SWEJD	均衡要素确定方法		
01	土样水理性质测定	Determination of hydrophysics properties of soil sample	
02	稳定流抽水试验法	Method of steady pumping test	
03	非稳定流抽水试验	Method of transient pumping test	
04	指示剂抽水试验法	Method of tracer pumping test	
05	卡门斯基差分法	Kamensiji difference method	
06	闭合流域水均衡观测法	Water balance observation method in closed watershed	
07	经验取值法	Method of experimental value	
08	地中渗透仪观测法	Lysimeter method	
09	水位变幅-降雨量比值法	Method of water level variation-precipitation ration	
10	人工降雨试验法	Method of artificial rainfall experiment	
11	泉水流量总和法	Spring discharge summation	
12	开采动态分析法	Analysis method of developing regime	
13	河渠断面测流法	Section discharge determination in rivers and canals	
14	渠底渗透计测定法	Lysimeter beneath channel bed	
15	实际流速测定法	Determination of real flow velocity	
16	济姆三角法	Jimu triangle method	
17	达西公式计算法	Darcy formula method	
18	柯达夫公式计算法	Kedafu formula method	
19	陶凯公式计算法	Turc formula method	
SWEJE	均衡计算区		
SWEJEA	均衡计算区等级	Classification of balance calculation area	
SWEJEB	均衡计算区面积	Area of balance calculation	
SWEJEC	均衡区编号	Number of balance area	
SWEJEA	均衡计算区等级		
1	均衡区	Balance area	

表 1（续）

代　码	汉　字　名	英　译　名	说　明
2	均衡亚区	Balance subarea	
3	均衡地段	Balance district	
SWEK	地下水均衡试验		
SWEKA	试验场位置	Location of testing site	
SWEKB	试验场建立日期	Date of testing ground established	
SWEKC	包气带岩性剖面	Lithological characters profile of aeration zone	
SWEKD	试验场观测项目	Observation items on testing field	
SWEKE	试验样品规格	Specification of experimental sample	
SWEKF	包气带水分运移测试工程	Testing project for moisture transporting in aeration zone	
SWEKG	测试工程数据	Data of testing project	
SWEKC	包气带岩性剖面		
SWEKCA	层序	Sequence of stratum	
SWEKCB	层厚	Thickness of stratum	
YSEB	岩石名称	Name of rock	
SWEKE	试验样品规格		
SWEKEA	原状土样个数	Number of in situ soil samples	
SWEKEB	试验土样组数	Group number of testing soil sample	
SWEKEC	土柱直径	Diameter of soil column	
SWEKED	土柱截面积	Cross section area of soil column	
SWEKEE	试验土样名称	Name of testing soil sample	
SWEKEF	土样筒中的水位深度	Water level depth in soil sample cylinder	
SWEKF	包气带水分运移测试工程		
1	地下观测室	Underground observation laboratory	
2	测试竖井	Testing shaft	
3	观测平硐	Testing tunnel	
4	土壤湿度动态观测井	Observation well for soil moisture regime	
SWEKG	测试工程数据		
SWEKGA	地下观测室深度	Depth of underground observation laboratory	
SWEKGB	地下观测室尺寸	Size of underground observation laboratory	
SWEKGC	观测竖井编号	Number of observation shaft well	
SWEKGD	观测平硐编号	Number of observation tunnel	
SWEKGE	观测竖井直径	Diameter of observation shaft	
SWEKGF	观测竖井深度	Depth of observation shaft	
SWEKGG	观测平硐底深	Bottom depth of observation tunnel	
SWEKGH	观测平硐长度	Length of observation tunnel	
SWEKGI	观测平硐断面尺寸	Cross-section size of observation tunnel	
SWEKGJ	观测平硐方法	Orientation of observation tunnel	
SWEKGK	观测工程位置	Location of observation project	
SWEKGL	湿度测量探头数目	Number of moisture measuring probes	
SWEKGM	湿度测量探头编号	Number the probe of moisture measurement	
SWEKGN	湿度测量探头埋设深度	Buried depth of moisture measuring probe	

表 1（续）

代 码	汉 字 名	英 译 名	说 明
SWF	水文地球化学		
SWFA	水的物理性质	Physical properties of water	
SWFB	水的化学成分	Chemical composition of water	
SWFC	地下水化学成分分类	Classification of groundwater chemical composition	
SWFD	地下水化学成分的形成	Formation of groundwater chemical composition	
SWFE	水文地球化学环境	Hydrogeochemical environment	
SWFF	水文地球化学分带和分区	Hydrogeochemical zoning and division	
SWFG	水化学调查	Hydrochemical investigation	
SWFH	水质分析项目	Analysis item of water quality	
SWFI	水分析成果	Results of water analysis	
SWFJ	地下水水质分类	Classification of groundwater quality	
SWFK	地下水水质评价	Quality evaluation of groundwater	
SWFL	水文地球化学找矿	Hydrogeochemical prospecting	
SWFM	环境水文地质	Environmental hydrogeology	
SWFN	同位素水文地质	Isotopic hydrogeology	
SWFA	水的物理性质		
DWHAA	密度	Density	
SWFAB	水的温度分级	Grade of water temperature	
PKJFQ	透明度	Transparency	浊度
SWFAD	色度	Chromaticity	
SWFAE	味	Taste	
SWFAF	气味	Odor taste	嗅
DWHABX	电导率	Electric conductivity	
SWFAH	放射性强度	Radioactivity strength	
SWFAB	水的温度分级		
1	非常冷的水	Most cold water	<0 ℃
2	很冷的水	More cold water	0～4 ℃
3	冷水	Cold water	4～20 ℃
4	温水	Warm water	20～37 ℃
5	热水	Hot water	37～42 ℃
6	极热的水	Hottest water	42～100 ℃
7	沸腾的水	Boiled water	>100 ℃
PKJFQ	透明度		
1	透明	Translucent	
2	微浊	Less turbid	
3	混浊	Turbid	
4	极浊	Most turbid	
SWFAD	色度		
1	浅蓝色	Pale blue	
2	淡灰色	Pale grey	
3	锈色	Rust	
4	翠绿色	Fresh green	

表 1（续）

代　码	汉　字　名	英　译　名	说　明
5	红色	Red	
6	暗红色	Dark red	
7	暗黄色	Dark yellow	灰黄
SWFAE	味		
1	咸味	Salty taste	
2	涩味	Astringency taste	
3	苦味	Bitter taste	
4	甜味	Sweet taste	
5	墨水味	Ink taste	
6	沼泽味	Bog taste	
7	酸味	Sour taste	
8	清凉可口	Nice taste	
9	无味	Tasteless	
10	臭味	Odor smell(Foul smell)	
11	硫磺味	Sulphur smell	
12	沥青味	Asphalt smell(Bitumen smell)	
13	焦油味	Tar smell	
SWFB	水的化学成分		
SWFBA	无机物组分	Inorganic component	
SWFBB	溶解气体成分	Dissolve gas composition	
SWFBC	微生物成分	Microbiological composition	
SWFBD	有机物成分	Organic composition	
SWFBE	水中元素存在形式	Existence mode of dissolved element	
SWFBF	大量组分	Macrocomponent	
SWFBG	微量组分	Microcomponent	
SWFBH	污染物组分	Pollutant	
SWFBC	微生物成分		
10	原生动物	Protozoan	
20	藻类	Algae	
30	真菌	Fungi	
40	病毒	Virus	
50	喜氧细菌	Aerobic bacteria	
51	硝化菌	Nitrobacteria	
52	硫细菌	Sulfure bacteria	
53	铁细菌	Iron bacteria	
60	厌氧细菌	Anaerobic bacteria	
61	脱硫菌	Desulfurization bacteria	
62	反硝化菌	Denitrifying bacteria	硝化还原菌
63	产甲烷菌	Methane bacteria	
64	氨化菌	Ammonificator (Ammonifying bacteria)	
65	亚硝化菌	Nitrosomonas	
SWFBD	有机物成分		

表 1（续）

代码	汉字名	英译名	说明
10	水生生物机体的有机物	Organic of aquatic biotic body	
20	生物残骸分解的有机物	Organic of biolysis	
30	生物排泄物	Biotic excreta	
40	腐殖酸	Humic acid	
41	灰黄霉酸	Fulvic acid	
SWFBE	水中元素存在形式		
1	溶解气体	Dissolved gases	
2	离子	Ion	
3	络离子	Complex ion	
4	分子	Molecule	
5	胶体	Colloid	
6	悬浮物	Suspended composition	
SWFC	地下水化学成分分类		
SWFCA	水化学成分分类法	Methods of hydrochemistry composition classifications	
SWFCB	地下水化学类型	Chemical type of groundwater	
SWFCA	水化学成分分类法		
1	C. A. 舒卡列夫分类	S. A. Shukarlev classification	
2	A. A. 布罗德斯基分类	A. A. Brodisky classification	
3	O. A. 阿列金-E. B. 波勃霍夫分类	O. A. Arleking-E. V. Bobohof classification	
4	B. A. 苏林分类	V. A. Sulin classification	
SWFCB	地下水化学类型		
01	重碳酸钙型水	Calcium bicarbonate water	
02	重碳酸钙镁型水	Calcium-magnesium bicarbonate water	
03	重碳酸镁型水	Magnesium bicarbonate water	
04	重碳酸钠钙型水	Sodium-calcium bicarbonate water	
05	重碳酸钠钙镁型水	Sodium-calcium-magnesium bicarbonate water	
06	重碳酸钠镁型水	Sodium-magnesium bicarbonate water	
07	重碳酸钠型水	Sodium bicarbonate water	
08	重碳酸硫酸钙型水	Calcium bicarbonate-sulphate water	
09	重碳酸硫酸钙镁型水	Calcium-magnesium bicarbonate-sulphate water	
10	重碳酸硫酸镁型水	Magnesium bicarbonate-sulphate water	
11	重碳酸硫酸钠钙型水	Sodium-calcium bicarbonate-sulphate water	
12	重碳酸硫酸钠钙镁型水	Sodium-calcium-magnesium bicarbonate-sulphate water	
13	重碳酸硫酸钠镁型水	Sodium-magnesium bicarbonate-sulphate water	
14	重碳酸硫酸钠型水	Sodium bicarbonate-sulphate water	
15	重碳酸硫酸氯化钙型水	Calcium bicarbonate-sulphate-chloride water	
16	重碳酸硫酸氯化钙镁型水	Calcium-magnesium bicarbonate-sulphate-chloride water	
17	重碳酸硫酸氯化镁型水	Magnesium bicarbonate-sulphate-chloride water	
18	重碳酸硫酸氯化钠钙型水	Sodium-calcium bicarbonate-sulphate-chloride water	
19	重碳酸硫酸氯化钠钙镁型水	Sodium-calcium-magnesium bicarbonate-sulphate chloride water	

表 1（续）

代码	汉字名	英译名	说明
20	重碳酸硫酸氯化钠镁型水	Sodium-magnesium bicarbonate-sulphate-chloride water	
21	重碳酸硫酸氯化钠型水	Sodium bicarbonate-sulphate-chloride water	
22	重碳酸氯化钙型水	Calcium bicarbonate-chloride water	
23	重碳酸氯化钙镁型水	Calcium-magnesium bicarbonate-chloride water	
24	重碳酸氯化镁型水	Magnesium bicarbonate-chloride water	
25	重碳酸氯化钠钙型水	Sodium-calcium bicarbonate-chloride water	
26	重碳酸氯化钠钙镁型水	Sodium-calcium-magnesium bicarbonate-chloride water	
27	重碳酸氯化钠镁型水	Sodium-magnesium bicarbonate-chloride water	
28	重碳酸氯化钠型水	Sodium bicarbonate-chloride water	
29	硫酸钙型水	Calcium sulphate water	
30	硫酸钙镁型水	Calcium-magnesium sulphate water	
31	硫酸镁型水	Magnesium sulphate water	
32	硫酸钠钙型水	Sodium-calcium sulphate water	
33	硫酸钠钙镁型水	Sodium-calcium-magnesium sulphate water	
34	硫酸钠镁型水	Sodium-magnesium sulphate water	
35	硫酸钠型水	Sodium sulphate water	
36	硫酸氯化钙型水	Calcium surphate-chloride water	
37	硫酸氯化钙镁型水	Calcium-magnesium surphate-chloride water	
38	硫酸氯化镁型水	Magnesium surphate-chloride water	
39	硫酸氯化钠钙型水	Sodium-calcium surphate-chloride water	
40	硫酸氯化钠钙镁型水	Sodium-calcium-magnesium surphate-chloride water	
41	硫酸氯化钠镁型水	Sodium-magnesium surphate-chloride water	
42	硫酸氯化钠型水	Sodium surphate-chloride water	
43	氯化钙型水	Calcium chloride water	
44	氯化钙镁型水	Calcium-magnesium chloride water	
45	氯化镁型水	Magnesium chloride water	
46	氯化钠钙型水	Sodium-calcium chloride water	
47	氯化钠钙镁型水	Sodium-calcium-magnesium chloride water	
48	氯化钠镁型水	Sodium-magnesium chloride water	
49	氯化钠型水	Sodium chloride water	
SWFD	地下水化学成分的形成		
SWFDA	水化学形成作用	Water chemical formation	
SWFDB	水化学形成的影响因素	Effective factor of hydrochemical formation	
SWFDA	水化学形成作用		
10	溶滤作用	Leaching	
20	蒸发浓缩作用	Evaporation and concentration	
30	混合作用	Mixing effect	
40	阳离子交替吸附作用	Cation exchange and adsorption	
50	脱碳酸作用	Decarbonization	
60	生物化学作用	Biochemical action	
61	脱硫作用	Desulfurization	
62	反硝化作用	Denitrification	

表 1（续）

代 码	汉 字 名	英 译 名	说 明
63	硝化作用	Nitrification	
SWFDB	水化学形成的影响因素		
10	古水动力条件	Paleo-hydrodynamic condition	
11	古水化学成分	Paleo-hydrochemical composition	
12	古地温条件	Paleo-ground temperature condition	
20	氧化还原条件	Conditions of oxidation and reduction	
21	扩散作用	Diffusion	
22	渗滤作用	Infiltration	
SWFE	水文地球化学环境		
SWFEA	水文地球化学环境指标	Hydrogeochemical environment index	
SWFEB	水稳定场	Water stable area	
SWFEC	水文地球化学环境分类	Classification of hydrogeochemical environment	
SWFED	特征系数	Characteristic coefficient	
SWFEA	水文地球化学环境指标		
SWFEAA	地下水的酸碱性	Acid and alkali of ground water	
KWAAJG	氧化还原电位	Redox potential	
SWFEB	水稳定场		
SWFEBA	水稳定场上限	High limit of water stable area	
SWFEBB	水稳定场下限	Low limit of water stable area	
SWFEC	水文地球化学环境分类		
10	氧化环境	Oxidation environment	
20	过渡的氧化还原环境	Transitional redox environment	
30	还原环境	Reduction environment	
31	无硫化氢的还原环境	Reduction environment of non-hydrogen sulfide	
32	含硫化氢的还原环境	Reduction environment of hydrogen sulfide containing	
SWFED	特征系数		
SWFEDA	氯溴比值系数	Chloride-bromine ratio	
SWFEDB	溴碘比值系数	Bromine-iodine ratio	
SWFEDC	钙锶比值系数	Calcium-strontium ratio	
SWFF	水文地球化学分带和分区		
SWFFA	水文地球化学分带	Hydro-geochemical zoning	
SWFFB	水文地球化学分区	Hydro-geochemical division	
SWFFC	水文地球化学分区依据	Basis of Hydro-geochemical division	
SWFFA	水文地球化学分带		
1	水化学垂直分带	Hydrochemical vertical zoning	
2	水化学水平分带	Hydrochemical horizontal zoning	
3	水化学相	Hydrochemical facies	
SWFFB	水文地球化学分区		
SWFFBA	分区类型	Divisional type	
SWFFBB	分区单位	Divisional unit	
SWFFBC	分区代号	Divisional symbol	
SWFFBA	分区类型		

表 1（续）

代码	汉字名	英译名	说明
1	成因区划	Original division plan	
2	实用目的区划	Applied division plan	
SWFFBB	分区单位		
1	水文地球化学省	Hydrogeochemical province	
2	水文地球化学区	Hydrogeochemical district	
3	水文地球化学亚区	Hydrogeochemical sub-district	
SWFFC	水文地球化学分区依据		
SWFFCA	水型	Water type	
SWFFCB	水的亚型	Water sub-type	
SWFFCC	水的组分	Water composition	
SWFG	水化学调查		
SWFGA	水样采集	Sampling of water	
SWFGB	水样的保存	Preserving of water sample	
SWFGA	水样采集		
SWFGAA	水样采取层位	Sampling layer of water	
SWFGAB	水样采取方法	Sampling method of water	
SWFGAC	水样采取深度	Sampling depth of water	
SWFGAD	采样点类型	Sampling point type of water	
SWFGAE	水样类别	Water sample kind	
SWFGAF	水样数量	Sampling quantity of water	
SWFGAH	水样化验时间	Analysis date of water sample	
SWFGAI	水样化验单位	Analysis unit of water sample	
SWFGAB	水样采取方法		
1	定深采样	Constant depth sampling	
2	分层采样	Stratified sampling	
3	抽水采样	Sampling by pumping	
4	提桶采样	Sampling with a pail	
SWFGB	水样的保存		
SWFGBA	保存时间	Preserve time	
SWFGBB	密封方法	Sealing hod	
TKCQCG	稳定剂种类	Kind of stabilizer	
SWFGBD	稳定剂加入数量	Quantity of stabilizer	
SWFGBB	密封方法		
1	石蜡	Paraffin wax	
2	火漆	Sealing wax	
SWFH	水质分析项目		
SWFHA	pH 值	pH-value	
SWFHB	总碱度	Alkalinity	
SWFHC	酸度	Acidity	
SWFHD	水的硬度	Hardness of water	
SWFHE	总矿化度	Total mineralization	
SWFHF	常见离子	Common ions	

表 1（续）

代码	汉字名	英译名	说明
SWFHG	游离二氧化碳	Free carbon dioxide	
SWFHI	侵蚀性二氧化碳	Erosion carbon dioxide	
SWFHJ	可溶性二氧化硅	Dissolved silicon dioxide	
SWFHK	溶解氧	Dissolved oxygen	DO
SWFHL	耗氧量	Oxygen consumption demand	
SWFHM	细菌总数	Bacteria amount	
SWFHN	大肠菌群指数	Coli-group index	
SWFHO	微量元素分析	Microelement analysis	
SWFHP	专项分析	Specialized analysis	
SWFHB	总碱度		
SWFHBA	氢氧化物碱度	Hydroxide alkalinity	
SWFHBB	碳酸盐碱度	Carbonate alkalinity	
SWFHBC	重碳酸盐碱度	Dicarbonate alkalinity	
SWFHC	酸度		
SWFHCA	总酸度	Total acidity	酚酞酸度
SWFHCB	强酸酸度	Strong acid acidity	
SWFHD	水的硬度		
SWFHDA	总硬度	Total hardness	
SWFHDB	暂时硬度	Temporary hardness	
SWFHDC	永久硬度	Permanent hardness	
SWFHDD	负硬度	Negative hardness	
SWFHE	总矿化度		
SWFHEA	悬浮性固体	Suspended solid	
SWFHEB	总固体	Total solid	
SWFHEC	灼烧残渣	Ignition residue	
SWFHED	固定残渣	Fixed residue	
SWFHEE	溶解性总固体	Total dissolved solid	TDS
SWFHF	常见离子		
SWFHFA	钙离子	Calcium ion	Ca^{2+}
SWFHFB	镁离子	Magnesium ion	Mg^{2+}
SWFHFC	钾离子	Potassium ion	K^{+}
SWFHFD	钠离子	Sodium ion	Na^{+}
SWFHFF	氯离子	Chloride ion	Cl^{-}
SWFHFG	硫酸根	Sulfate	SO
SWFHFH	重碳酸根	Dicarbonate	HCO
SWFHFI	碳酸根	Carbonate	CO
SWFHFJ	硝酸根	Nitrate	NO
SWFHFK	亚硝酸根	Nitrite	NO
SWFHFL	铵	Ammonium	NH
SWFHFM	三价铁	Ferric iron	Fe^{3+}
SWFHFN	二价铁	Ferrous iron	Fe^{2+}
SWFHFO	氟化物	Fluorine	

表 1（续）

代 码	汉 字 名	英 译 名	说 明
SWFHFP	磷酸根	Phosphate acid ion	PO
SWFHFQ	钾加钠	Potassium and sodium	
SWFHL	耗氧量		
SWFHLA	化学需氧量	Chemical oxygen demand	COD
SWFHLB	高锰酸钾耗氧量	Potassium permanganate oxygen demand	
SWFHLC	重铬酸钾耗氧量	Potassium dichromate oxygen demand	
SWFHLD	碘酸盐耗氧量	Iodate oxygen demand	
SWFHLE	生化需氧量	Biochemical oxygen demand	BOD
SWFHLF	总需氧量	Total oxygen demand	TOD
SWFHLG	生物耗氧量	Biotic oxygen demand	
SWFHO	微量元素分析		
SWFHOA	溴离子	Bromine ion	Br^-
SWFHOB	碘离子	Iodine ion	I^-
SWFHOC	铝离子	Aluminum ion	Al^{3+}
SWFHOD	铜离子	Copper ion	Cu^{2+}
SWFHOE	锰离子	Manganese ion	Mn^{2+}
SWFHOF	锌离子	Zinc ion	Zn^{2+}
SWFHOG	汞离子	Mercury ion	Hg^{2+}
SWFHOH	铬离子	Chromium ion	Cr^{6+}
SWFHOI	砷离子	Arsenic ion	As^{3+}
SWFHOJ	铅离子	Lead ion	Pb^{2+}
SWFHOK	镉离子	Cadmium ion	Cd^{2+}
SWFHOL	钋离子	Polonium ion	Po^{2+}
SWFHOM	硫离子	Sulphur ion	S^{2-}
SWFHON	氟离子	Fluorine ion	F^-
SWFHOO	硒离子	Selenium ion	
SWFHOP	钼离子	Molybdenum ion	
SWFHOQ	锂离子	Lithium ion	
SWFHOR	镍离子	Nickel ion	
SWFHOS	铍离子	Beryllium ion	
SWFHOT	锶离子	Strontium ion	
SWFHOU	总铬	Total chromium	
SWFHOV	铷离子	Rubidium ion	
SWFHOW	钡离子	Barium ion	
SWFHP	专项分析		
SWFHPA	苯酚	Phenol	CN-
SWFHPB	氰化物	Cyanide	
SWFHPC	游离性余氯	Free residual chloride	
SWFHPD	阴离子合成洗涤剂	Negative synthetic detergent	
SWFHPE	硫化物	Sulfide	
SWFHPF	硫化氢	Sulfuretted hydrogen	
SWFHPG	总有机碳	Total organic carbon	TOC

表 1（续）

代 码	汉 字 名	英 译 名	说 明
SWFHPH	有机氮	Organic nitrogen	
SWFHPI	有机氯	Organic chloride	
MDCEBB	有机磷	Organic phosphorus	
SWFHPK	聚氯联苯	Polychlorinated biphenyls	PCB
SWFHPL	油类	Oil and grease	
SWFHPM	偏硼酸	Metaboric acid	
SWFHPN	偏硅酸	Metasilicic acid	
SWFHPO	挥发酚	Volatile phenol	
SWFHPP	氰根	Cyanogen	
SWFHPQ	氯化物	Chloride	
SWFHPR	氯仿	Chloroform(trichloromethane)	三氯甲烷
SWFHPS	四氯化碳	Carbon tetrachloride	
SWFHPT	苯并(α)芘	Benzopyrene	
SWFHPU	滴滴涕	Dichloro-diphenyl-trichloroethane(DDT)	
SWFHPV	六六六	Gammexane(Benzene hexachloride-BHC,666)	
SWFHPW	总α放射性	Total alpha-radioactivity	
SWFHPX	总β放射性	Total beta-radioactivity	
SWFI	水分析成果		
SWFIA	分析结果的表示方法	Indication of analysis results	
SWFIB	水分析资料整理方法	Processing methods of water analytical data	
SWFIA	分析结果的表示方法		
SWFIAA	库尔洛夫式	Kurllov formula	
SWFIAB	含量百分率	Content percentage	
HXDCH	阳离子总和	Total amount of cation	
HXDLI	阴离子总和	Total amount of anion	
SWFIB	水分析资料整理方法		
1	点群分析	Point group analysis	
2	R式分析	R-pattern analysis	
3	Q式分析	Q-pattern analysis	
4	因子分析	Factor analysis	
5	趋势分析	Trend analysis	
6	聚类分析	Cluster analysis	
7	模糊评判	Fuzzy evaluation	
SWFJ	地下水水质分类		
01	淡水	Fresh water	0～1 g/L
02	弱矿化水	Weak mineralized water	1～3 g/L
03	中等矿化水	Middle mineralized water	3～10 g/L
04	强矿化水	Strong mineralized water	10～50 g/L
05	盐水	Salt water	50 g/L
10	极软水	Softest water	0～75 mg/L $CaCO_3$
11	软水	Soft water	75～150 mg/L $CaCO_3$

表 1（续）

代码	汉字名	英译名	说明
12	微硬水	Little hard water	15～300 mg/L $CaCO_3$
13	硬水	Hard water	300～450 mg/L $CaCO_3$
14	极硬水	Hardest water	＞450 mg/L $CaCO_3$
20	强酸性水	Strong acidic water	pH＜5
21	弱酸性水	Weak acidic water	pH＝5～7
22	中性水	Neutral water	pH＝7
23	弱碱性水	Weak alkaline water	pH＝7～9
24	强碱性水	Strong alkaline water	pH＞9
30	耗氧量很低的水	Lowest oxygen consumption water	＜1 mg/L
31	耗氧量低的水	Low oxygen consumption water	1～2.5 mg/L
32	耗氧量中等的水	Medium oxygen consumption water	2.5～5.0 mg/L
33	耗氧量稍高的水	High oxygen consumption water	5.0～10 mg/L
34	耗氧量高的水	Higher oxygen consumption water	10～15 mg/L
35	耗氧量很高的水	Highest oxygen consumption water	＞15 mg/L
40	卫生的水	Sanitary water	＞300 菌度
41	相当卫生的水	More sanitary water	100 菌度
42	不可靠的水	Unreliable water	10 菌度
43	不卫生的水	Unsanitary water	1.0 菌度
44	极不卫生的水	Most unsanitary water	0.1 菌度
SWFK	地下水水质评价		
SWFKA	水质标准的类型	Type of water quality standard	
SWFKB	评价项目	Item of evaluation	
SWFKC	评价指标	Evaluation index	
SWFKD	评价等级	Evaluation grade	
SWFKE	综合评价等级	Synthetic evaluation grade	
SWFKG	水质标准编号	Normal number of quality of water	
SWFKA	水质标准的类型		
010	生活饮用水水质标准	Quality standard of drinking water	
020	工业用水水质标准	Quality standard of industrial water	
021	锅炉用水水质标准	Quality standard of boiler water	
022	冷却用水水质标准	Quality standard of cooling water	
023	建筑业用水水质标准	Quality standard of water for building industry	
024	棉纺业用水水质标准	Quality standard of water for cotton industry	
030	农业灌溉用水水质标准	Water quality standard of agricultural irrigation	
040	肥水水质标准	Quality standard of rich water	
050	污水灌溉水质标准	Quality standard of sewage irrigation	
060	工业废水排放标准	Drainage standard of industrial waste water	
070	放射性废水排放标准	Drainage standard of radioactive waste water	

表 1 (续)

代　码	汉　字　名	英　译　名	说　明
080	国内水质标准	Domestic standard of water quality	
090	地方性水质标准	Regional standard of water quality	
100	国外水质标准	International standard of water quality	
110	矿泉水水质标准	Quality standard of mineral springs	
111	饮料矿泉水标准	Quality standard of mineral spring water for drinking	
112	医疗矿泉水标准	Quality standard of mineral spring water for medical treatment	
113	工业矿泉水标准	Quality standard of mineral spring water for industry	
120	地下水质量标准	Groundwater quality standard	
SWFKB	评价项目		
01	成垢作用	Filth action	
02	起泡作用	Foaming action	
03	腐蚀作用	Corrosive action	
10	分解性侵蚀	Decomposable erosion	
11	结晶性侵蚀	Crystalline erosion	
12	分解结晶复合性侵蚀	Decomposable and crystalline erosion	
20	盐害	Salt damage	
21	碱害	Alkali damage	
22	盐碱害	Saline-alkaline damage	
SWFKC	评价指标		
SWFKCA	锅垢总量(HO)	Total weight of pot filth	
SWFKCB	硬垢总量(HK)	Total weight of hard filth	
SWFKCC	硬垢系数(K_H)	Coefficient of hard filth	
SWFKCD	起泡系数(F)	Foaming coefficient	
SWFKCE	腐蚀系数(K_k)	Corrosion coefficient	
SWFKCF	分解性侵蚀指标	Decomposable erosion index	
SWFKCG	酸性侵蚀指标	Acid erosion index	
SWFKCH	碳酸侵蚀指标	Carbonic acid erosion index	
SWFKCI	结晶性侵蚀指标	Crystalline erosion index	
SWFKCJ	分解结晶复合侵蚀指标	Decomposable and crystalline erosion index	
SWFKCK	灌溉系数	Irrigation coefficient	
SWFKCL	钠吸附比值	Sodium adsorption ratio	
SWFKCM	灌溉水盐度	Salinity of irrigation water	
SWFKCN	灌溉水碱度	Alkalinity of irrigation water	
SWFKCO	综合危害系数	Synthetic harmfulness coefficient	
SWFKCP	感官性指标	Sensuous index	
SWFKCQ	化学指标	Chemical index	
SWFKCR	毒理学指标	Toxicological index	
SWFKCS	细菌学指标	Bacteriological index	
SWFKD	评价等级		
SWFKDA	锅炉用水评价等级	Evaluation grade of boiler water quality	
SWFKDB	侵蚀性评价等级	Erosiveness evaluation grade	

表 1（续）

代码	汉字名	英译名	说明
SWFKDC	农业用水评价等级	Grade of water in agriculture	
SWFKDD	肥水评价等级	Evaluation grade of nutritive water	
SWFKDF	单项评价等级	Single-term evaluation grade	
SWFKDA	锅炉用水评价等级		
01	沉淀物很少的水	Water with little precipitate	
02	沉淀物很多的水	Water with most precipitate	
03	沉淀物较少的水	Water with less precipitate	
04	沉淀物较多的水	Water with more precipitate	
10	软垢水	Soft filth water	
11	软硬垢水	Soft and hard filth water	
12	硬垢水	Hard filth water	
20	腐蚀性水	Corrosion water	
21	半腐蚀性水	Half corrosion water	
22	非腐蚀性水	Non-corrosion water	
SWFKDC	农业用水评价等级		
01	完全适用的水	All suitable water	
02	适用的水	Suitable water	
03	不太适用的水	Less suitable water	
04	不能适用的水	Unsuitable water	
20	有害的水	Harmful water	
21	有害边缘水	Harmful marginal water	
22	相当安全水	Safe water	
30	好水	Good water	
31	中等水	General water	
32	盐碱水	Saline-alkaline water	
33	重盐碱水	Heavy saline-alkaline water	
SWFKDD	肥水评价等级		
1	优质水	Excellent water	
2	良好的水	Better water	
3	可用的水	Up to standard water	
4	不合格的水	Below-grade water	
SWFKDF	单项评价等级		
1	Ⅰ类	Ⅰ-grade	
2	Ⅱ类	Ⅱ-grade	
3	Ⅲ类	Ⅲ-grade	
4	Ⅳ类	Ⅳ-grade	
5	Ⅴ类	Ⅴ-grade	
SWFKE	综合评价等级		
1	优良	Best	
2	良好	Excellent	
3	较好	Better	
4	较差	Worse	

表 1（续）

代码	汉字名	英译名	说明
5	极差	Worst	
SWFL	水文地球化学找矿		
SWFLA	元素迁移	Element transfer	
SWFLB	矿区水化学形成作用	Hydrochemical formation in mine area	
SWFLC	水分散晕类型	Water dispersion halo types	
SWFLD	水文地球化学异常种类	Hydrogeochemical abnormality types	
SWFLE	水化学找矿标志	Hydrochemical mark of mineral deposits prospecting	
SWFLG	矿泉水	Mineral spring water	
SWFLH	工业原料用地下水	Industrial raw ground water	
SWFLI	放射性水	Radioactive water	
SWFLA	元素迁移		
SWFLAA	元素迁移系数(K_x)	Element transfer coefficient	
SWFLAB	元素迁移能力	Element transfer capacity	
SWFLAB	元素迁移能力		
1	最易带出的元素	Most active element	
2	易带出的元素	More active element	
3	活动的元素	Active element	
4	惰性的元素	Inert element	
5	完全不活动的元素	Silent element	
SWFLB	矿区水化学形成作用		
1	氧化作用	Oxidation	
2	电化学溶解作用	Galvano-chemical solution action	
SWFLC	水分散晕类型		
01	原生分散晕	Primary dispersion halo	
02	次生分散晕	Secondary dispersion halo	
10	矿体水	Water in ore body	
11	晕水	Halo water	
12	背景水	Background water	
SWFLD	水文地球化学异常种类		
1	矿异常	Mineral anomaly	
2	非矿异常	Nonmineral anomaly	
3	异常水晕	Abnormal water halo	
4	区域水化学异常	Reginal hydrochemical abnormality	
5	矿化作用	Mineralization	
SWFLE	水化学找矿标志		
SWELEA	直接标志	Direct mark	
SWELEB	间接标志	Indirect mark	
HTAHC	背景值	Background value	
HTAID	异常值	Abnormality value	
SWELEE	最大异常值	Maximum abnormal value	
SWELEF	硫杆菌	Thiobacillus	
SWELEG	氧化硫硫杆菌	Thiobacillus thiooxidant	

表 1（续）

代　码	汉　字　名	英　译　名	说　明
SWELEH	氧化铁硫杆菌	Thiobacillus ferrooxidant	
SWELEI	排硫杆菌	Thiobacillus thioparus	
SWELEJ	脱氮硫杆菌	Thiobacillus denitrificans	
SWFLG	矿泉水		
01	冷矿泉	Cold mineral spring	
02	温矿泉	Warm mineral spring	
03	热矿泉	Hot mineral spring	
04	高热矿泉	High-hot mineral spring	
10	氯化物矿泉水	Chloride mineral spring water	
11	重碳酸盐矿泉水	Dicarbonate mineral spring water	
12	硫酸盐矿泉水	Sulfate mineral spring water	
20	碳酸盐矿泉水	Carbonate mineral spring water	
21	硅酸矿泉水	Silicate mineral spring water	
22	铁质矿泉水	Ferric mineral spring water	
30	含硫矿泉	Sulfur spring	硫磺泉
31	硫化氢水	Hydrogen sulfide water	
32	含氮水	Nitrogen water	
33	含甲烷水	Methane water	
40	碱泉	Alkaline spring	硫磺泉
SWFLH	工业原料用地下水		
01	碘水	Iodine water	
02	硼水	Boron water	
03	硼碘水	Boron-iodine water	
04	溴碘水	Bromine-iodine water	
05	溴锂水	Bromine-lithium water	
06	溴硼水	Bromine-boron water	
07	溴硼锂水	Bromine-boron-lithium water	
08	锂水	Lithium water	
09	溴碘锶水	Bromine-iodine-strontium water	
10	氯水	Chloric water	
20	卤水	Brine	
21	沉积型卤水	Deposit brine	
22	淋滤型卤水	Leaking brine	
23	混合型卤水	Mixed brine	
SWFLI	放射性水		
01	铀水	Uranium water	
02	镭水	Radium water	
03	氡水	Radon water	
04	铀氡水	Radium-radon water	
05	铀氡镭水	Uranium-radon-radium water	
06	氡镭水	Radon-radium water	
07	镭-新钍水	Radium-new thorium water	

表 1（续）

代 码	汉 字 名	英 译 名	说 明
SWFM	环境水文地质		
SWFMA	地下水污染	Groundwater pollution	
SWFMB	地下水污染物质分类	Groundwater pollutant classification	
SWFMC	地下水污染类型	Groundwater pollution type	
SWFMD	地下水污染源	Groundwater pollution source	
SWFME	地下水污染原因	Groundwater pollution cause	
SWFMF	污染源地	Pollutant source region	
SWFMG	污染源分布形状	Arrange form of pollute source	
SWFMH	地下水污染程度	Groundwater pollution degree	
SWFMI	地下水环境质量评价	Environment quality assessment of groundwater	
SWFMJ	地下水质模型	Groundwater quality model	
SWFMK	弥散形式	Dispersion pattern	
SWFML	水动力弥散机理	Mechanism of hydrodynamic dispersion	
SWFMM	水质模型参数	Parameter of water quality model	
SWFMN	污染物的自净作用	Pollutant self-purification	
SWFMO	自净作用数据	Data of self-purification	
SWFMA	地下水污染		
SWFMAA	污染物含量	Pollutant content	
SWFMAB	污染物检出率	Detective rate of pollutant	
SWFMAC	污染物超标率	Over standard rate of pollutant	
SWFMAD	污染起始值	Pollution start value	
SWFMAE	淋滤晕范围	Leaching halo	
SWFMAF	污染带范围	Polluted band	
SWFMAG	地下污染水扩散带范围	Zone of polluted groundwater	
SWFMAH	扩散带范围	Diffusion zone	
SWFMAI	羽状污染体	Contanmination plume	
SWFMAJ	超标值	Value of over level	
SWFMAK	超标率	Rate of over level	
SWFMAL	污染物超标值	Over standard value of pollutant	
SWFMAA	污染物含量		
1	未检出	Undetection	
2	痕量	Trace	
3	检出	Detection	
4	超标	Overproof	
SWFMB	地下水污染物质分类		
001	有机污染物	Organic pollutant	
010	无机污染物	Inorganic pollutant	
020	化学污染物	Chemical pollutant	
030	生物污染物	Biological pollutant	
040	生环污染物	Biological environment pollutant	
050	有毒污染物	Toxic pollutant	
060	无毒污染物	Nontoxic pollutant	

表 1（续）

代码	汉字名	英译名	说明
070	金属物质	Metallic substance	
080	非金属物质	Metalloid substance	
090	酸性物质	Acid substance	
100	碱性物质	Alkali substance	
110	放射性污染物	Radioactive pollutant	
SWFMC	地下水污染类型		
1	细菌污染	Bacteria pollution	
2	化学污染	Chemical pollution	
3	热污染	Thermal pollution	
SWFMD	地下水污染源		
01	工业污染源	Industrial pollution source	
02	固体废物	Solid waste	
03	酸雨	Acid rain	酸性降水
04	液体废物	Liquid waste	
05	被污染的地表水	Polluted surface water	
06	农业污染	Agricultural pollution	
07	公用生活污染	Domestic pollution	
08	海水入侵污染	Sea water intrusion pollution	
09	深层咸水污染	Deep salty water pollution	
10	核爆炸的污染	Nuclear explosion pollution	
11	放射性的污染	Radioactive pollution	
12	分散污染源	Diffuse polluting source	
13	局部污染源	Local polluting source	
14	垃圾土地填埋淋滤液	Landfill leachate	
SWFME	地下水污染原因		
1	天然污染	Natural pollution	
2	人为污染	Artificial pollution	
SWFMF	污染源地		
01	废水坑	Waste water pit	
02	化粪池	Septic tank	
03	污水池	Sewage pool	
04	沉淀池	Deposit pool	
05	蒸发池	Tank evaporimeter	
06	排污水库	Drainage sewage reservior	
07	地表蓄水池	Storage pool on surface	
08	排污沟渠	Drainage sewage canal	
09	蓄污洼地	Storage sewage depression	
10	残渣水池	Residue pool	
11	人工填土	Artificial refilling	
20	矿山废石堆	Waste ore	
21	矿山酸性排水	Mine acid drainage	
23	矿石堆	Ore pile	

表 1(续)

代码	汉字名	英译名	说明
30	地下储放池	Ground storage pool	
40	管道渗漏	Pipe leakage	
50	垃圾土地填埋	Landfill	
SWFMG	污染源分布形状		
1	点状	Dot shaped	
2	线状	Line form	
3	面状	Surface form	
SWFMH	地下水污染程度		
1	未受污染	Unpollution	
2	轻度污染	Mild pollution	
3	中度污染	Median pollution	
4	重度污染	Heavy pollution	
5	严重污染	Serious pollution	
SWFMI	地下水环境质量评价		
SWFMIA	地下水环境质量评价公式	Evaluation formula of groundwater environment quality	
SWFMIB	地下水环境质量指数	Index of groundwater environment quality	
SWFMIC	地下水污染指数	Groundwater pollution index	环境质量指数
SWFMID	污染系数	Pollutional coefficient	
SWFMIE	比标系数(P)	Proportional scale coefficient	
SWFMIF	平均比标系数	Averaged proportional scale coefficient	
SWFMIG	溶质浓度(C_i)	Solute concentration	
SWFMIH	标准浓度(C_{si})	Standard concentration	
SWFMII	极限允许浓度	Limiting concentration	
SWFMIJ	极限允许污染量	Limiting pollutional load	
SWFMIK	相对浓度	Relative concentration	
HJON	环境容量	Environmental capacity	
SWFMIM	年环境容量	Annual environmental capacity	
SWFMIN	基本环境容量	Basic environmental capacity	
SWFMIO	动环境容量	Dynamic environmental capacity	
SWFMIP	绝对环境容量	Absolute environmental capacity	
SWFMIQ	平均环境容量	Average environmental capacity	
SWFMIR	污染物污染指标	The pollution quota of pollutatant	
SWFMIS	污染要素数量	The number of pollution factors	
SWFMIT	综合污染指数	Synthetical pollution index	
SWFMIU	综合污染指标	Synthetical pollution quota	
SWFMK	弥散形式		
1	纵向弥散	Longitudinal dispersion	
2	横向弥散	Transverse dispersion	
3	逆向弥散	Countercurrent dispersion	
4	垂向弥散	Vertical dispersion	
5	弥散锥体	Conical dispersion	

表 1（续）

代　码	汉　字　名	英　译　名	说　明
SWFML	水动力弥散机理		
1	分子扩散	Molecular diffusion	
2	对流弥散	Convective dispersion	
3	宏观弥散	Macroscopic dispersion	
4	微观弥散	Microscopic dispersion	
5	横向微观弥散	Transverse microscope dispersion	
6	纵向微观弥散	Longitudinal microscope dispersion	
SWFMM	水质模型参数		
SWFMMA	体积元内溶质量的纯变化率	Pure change rate of solute in volume element	
SWFMMB	进入元内溶质通量	Solute flux of entering volume element	
SWFMMC	流出元内溶质通量	Solute flux of flow-out volume element	
SWFMMD	流出元内溶质量变化速率	Change rate of solute flowing-out volume element	
DHABCN	浓度梯度	Concentration gradient	
SWFMMF	弥散通量	Dispersive flux	
SWFMMG	弥散张量	Dispersive tensor	
SWFMMI	弥散带长度	Length of dispersive band	
SWFMMJ	水动力弥散系数(D)	Dispersive coefficient of hydrodynamic	
SWFMMK	对流弥散系数(D_c)	Dispersive coefficient of convection	
SWFMML	分子扩散系数(D_d)	Coefficient of molecule diffusion	
SWFMMM	纵向弥散系数(D_l)	Longitudinal dispersion coefficient	
SWFMMN	横向弥散系数(D_t)	Transverse dispersion coefficient	
SWFMMO	多孔介质的弯曲率(T)	Tortuosity of porous medium	
SWFMMP	多孔介质的比面(M)	Specific surface of porous medium	
SWFMMQ	贝克莱标准数(P_e)	Bakerly normalized value	
SWFMMR	污染锋面位置	Pollutional front location	
SWFMMS	变形带长度	Length of deformation band	
SWFMMT	迟后因子(R)	Retardation factor	
SWFMN	污染物的自净作用		
1	生物降解	Bio-degradation	
2	微生物分解作用	Microorganic decomposition	
3	化学沉淀作用	Chemical precipitation	
4	物理化学吸附作用	Physical-chemistry adsorption	
5	机械过滤作用	Mechanical filtration	
6	稀释作用	Dilution process	
7	放射元素衰变	Radioactive element decay	
8	衰减作用	Attenuation	
SWFMO	自净作用数据		
SWFMOA	净化率	Purification ratio	
SWFMOB	被吸附物	Adsorbed substance	
SWFMOC	吸附剂	Adsorbent	吸附体
SWFMOD	吸附量	Adsorptive capacity	
SWFMOE	吸附能	Energy of adsorption	

表 1（续）

代码	汉字名	英译名	说明
SWFMOF	吸附强度	Adsorption strength	
SWFMOG	吸附系数	Adsorption coefficient	
SWFMOH	交替吸附系数	Exchanging adsorption coefficient	
SWFMOI	吸附组分迁移距离	Transfer distance of adsorption component	
SWFMOJ	微生物吸附容量	Microbe adsorption capacity	
SWFMOK	岩石饱和吸附容量	Saturated adsorption capacity of rocks	
SWFMOL	水中微生物的浓度	Microbiological concentration in water	
SWFMOM	动力吸附参数	Dynamic adsorption parameter	
SWFMON	细菌生存时间	Survival period of bacteria	
SWFMOP	细菌迁移距离	Transfer distance of bacteria	
SWFMOQ	沉淀物组分浓度	Precipitate concentration	
SWFMOR	沉淀速度常数	Precipitation velocity constant	
SWFMOS	沉淀物组分	Precipitate composition	
SWFMOT	最大可能饱和浓度	The maximum-possible saturation concentration	
SWFMOU	最小可能饱和浓度	The minimum-possible saturation concentration	
SWFN	同位素水文地质		
SWFNA	环境同位素	Environment isotopes	
DHCCA	同位素成分	Isotopic composition	
SWFNC	同位素标准	Isotopic standard	
SWFND	地下水年龄	Groundwater age	
SWFNE	地下水年龄测定法	Dating method of groundwater	
SWFNF	地下水年龄的数学物理模型	Mathematics-physics models of groundwater age	
SWFNG	地下水年龄计算参数	Computing parameter of groundwater age	
SWFNH	年龄分配函数类型	Type of age distribution function	
SWFNI	估算碳-14 原始放射性的模式	Estimate method of primary radioactive carbon-14	
SWFNJ	环境同位素测试法	Environmental isotope test	
SWFNA	环境同位素		
SWFNAA	天然同位素	Natural isotopes	
SWFNAB	人工同位素	Artificial isotopes	
SWFNC	同位素标准		
1	全球雨水线	Global isohyetal line	克雷格雨水线
2	氧-18 漂移	Oxygen-18 drift	
SWFND	地下水年龄		
QDHIA	同位素年龄	Isotopic age	
QDHIB	相对年龄	Relative age	
SWFNE	地下水年龄测定法		
01	一般方法	General method	
02	地下水动力学法	Groundwater dynamics method	
03	稀有气体聚集法	Rare gas polymerization method	
04	不平衡铀系法	Disbalance Uranides method	
05	化学物质不平衡法	Chemical substance disbalance method	

表 1（续）

代　码	汉　字　名	英　译　名	说　明
06	人工合成化合物环境标记法	Environmental label method of artificial compound	
07	区域水文地质历史法	Regional hydrogeology history method	
10	古气候信息相关分析法	Correlation analysis method of paleoclimate data	
11	氘和氧-18 法	Deuterium and oxygen-18 method	
12	稀有气体法	Rare gas method	
20	同位素衰变法	Isotopic decay method	
21	氚数学模型法	Mathematics model method of tritium	
22	氚衰减比率法	Decay ratio method of tritium	
23	氚经验估算法	Empiric estimation method of tritium	
SWFNF	地下水年龄的数学物理模型		
1	活塞模型	Piston models	非混合模型
2	指数模型	Index models	全混合模型
3	地下水年龄的弥散模型	Dispersion model of groundwater age	
4	年轻水混入模型	Mixed models of modern water	
SWFNG	地下水年龄计算参数		
SWFNGA	同位素输入函数[$Co(t)$]	Isotopic input function	
SWFNGB	平均滞流时间(Z_m)	Average residence time	
SWFNGC	年龄分配函数[$F(z)$]	Age distribution function	
SWFNGD	同位素输出函数	Isotopic output function	
SWFNGE	地下水平均年龄(Z)	Average age of groundwater	
SWFNGF	输入时间系列	Input time series	
SWFNGG	输出时间系列	Output time series	
SWFNGH	入渗面积(a)	Percolation area	
SWFNGI	初期年龄(Z_o)	Initial age	
SWFNGJ	溶解无机碳稀释系数	Dilution coefficient of dissolved carbon	
DHBKFM	放射性比度	Radioactivity density	
SWFNH	年龄分配函数类型		
1	弥散型	Dispersion type	
2	二项式分布型	Binomial distribution type	
SWFNI	估算碳-14 原始放射性的模式		
1	经验估计模式	Model of estimated experience	
2	化学稀释模式	Model of chemical dilution	
3	同位素混合模式	Model of mixing isotopes	
4	同位素混合交换模式	Model of mixed-exchanged isotopes	
5	同位素混合-交换平衡模式	Model of isotopes mixed-exchanged equilibriums	
6	同位素混合-交换总模式	General model of mixed-exchanged isotopes	
7	质量迁移模式	Model of quantity migration	
8	碳迁移模式	Model of carbon migration	
SWFNJ	环境同位素测试法		
1	同位素质量测量	Isotopic mass measuring	
2	α 放射性测量	Alpha-radioactivity measuring	

表 1（续）

代　码	汉　字　名	英　译　名	说　明
3	β放射性测量	Beta-radioactivity measuring	
SWG	地下水动力学		
SWGA	含水介质类型	Types of water-bearing medium	
SWGB	液体的主要性质	Major property of liquid	
SWGC	渗流的主要特征	Major characteristic of seepage	
SWGD	地下水动力学理论	Theory of groundwater dynamics	
SWGE	水文地质计算模型	Model of hydrogeologic calculation	
SWGF	地下水动力学公式	Groundwater dynamics formula	
SWGG	水文地质参数	Hydrogeologic parameter	
SWGH	地下水运动模拟试验	Analogy experiment of groundwater movement	
SWGA	含水介质类型		
010	孔隙介质	Porous medium	多孔介质
011	裂隙介质	Fissure medium	
012	裂隙孔隙介质	Porous-fissure medium	双重孔隙度介质
020	均质含水层	Homogeneous aquifer	均质介质
021	非均质含水层	Heterogeneous aquifer	非均质介质
022	等效含水层	Equivalent aquifer	
030	各向同性含水层	Isotropic aquifer	各向同性介质
031	各向异性含水层	Anisotropic aquifer	各向异性介质
040	均质各向同性含水层	Homogeneous isotropic aquifer	
041	均质各向异性含水层	Homogeneous anisotropic aquifer	
042	非均质各向同性含水层	Heterogeneous isotropic aquifer	
043	非均质各向异性含水层	Heterogeneous anisotropic aquifer	
050	单层含水层	Single-layer aquifer	
051	双层含水层	Double-layer aquifer	
052	多层含水层	Multi-layer aquifer	
060	无限含水层	Infinite aquifer	
061	半无限含水层	Semi-infinite aquifer	
062	有限含水层	Finite aquifer	
070	有限厚度含水层	Aquifer with limited thickness	
071	半无限厚度含水层	Aquifer with semi-limited thickness	
072	无限厚度含水层	Unlimited thickness aquifer	
080	象限含水层	Quadrant aquifer	
081	扇形含水层	Fan-shaped aquifer	
082	条形含水层	Strip aquifer	
083	矩形含水层	Rectangular aquifer	
090	厚度不变的含水层	Aquifer with fixed thickness	
091	厚度变化的含水层	Aquifer with changeful thickness	
100	渗透性沿流向突变含水层	Aquifer of suddenchange in hydraulic conductivity along flow direction	
101	渗透性沿流向渐变含水层	Aquifer of gradual change in hydraulic conductivity along flow direction	

表 1（续）

代码	汉字名	英译名	说明
110	半承压含水层	Semi-confined aquifer	
111	承压转无压含水层	Unconfined aquifer turned from confined aquifer	
120	越流层	Leakage layer	
121	上越流层	Upper leakage layer	
122	下越流层	Down leakage layer	
SWGB	液体的主要性质		
SWGBA	液体种类	Kind of liquid	
SWGBB	液体物理性质	Physical property of liquid	
SWGBC	液体的能量和压强	Energy and pressure of liquid	
SWGBA	液体种类		
10	理想液体	Ideal liquid	
11	实际液体	Real liquid	
20	不可压缩液体	Incompressible liquid	刚体
21	可压缩液体	Compressible liquid	弹性体
SWGBB	液体物理性质		
HXGIA	重量	Weight	
DWHAAB	质量	Mass	
PKJIM	容重	Unit weight	
WTAGBM	密度	Density	
SWGBBE	动力粘滞系数	Dynamic-viscous coefficient	
SWGBBF	运动粘滞系数	Kinematic-viscous coefficient	
SWGBC	液体的能量和压强		
SWGBCA	位能	Potential energy	势能
SWGBCB	压能	Pressure energy	
SWGBCC	动能	Kinetic energy	$1/2Vg^2$
SWGBCD	液体压强	Pressure of liquid	
SWGBCE	静水压强	Static pressure of water	ρh
SWGBCF	动水压强	Dynamic pressure of water	
SWGBCG	绝对压强	Absolute pressure	
SWGBCH	相对压强	Relative pressure	
SWGC	渗流的主要特征		
SWGCA	渗流运动要素	Major factor of seepage movement	
SWGCB	渗流场	Infitration field	
SWGCC	渗流运动形态分类	Pattern classification of seepage movement	
SWGCD	渗流基本定律与公式	Basic law and governing formula of seepage	
SWGCA	渗流运动要素		
SWGCAA	渗透流量	Seepage discharge	
SWGCAB	渗透速度	Seepage velocity	
SWGCAC	渗透距离	Seepage distance	
SWGCAD	水头	Hydraulic head	
SWGCAE	总水头	Total hydraulic head	
SWGCAF	位头	Potential head	

表 1（续）

代码	汉字名	英译名	说明
SWGCAG	压力水头	Pressure head	测压高度
SWGCAH	流速水头	Hydraulic head of flow velocity	
SWGCAI	测压水头	Piezometric head	负压水头
SWGCAJ	毛管水头	Capillary head	
SWGCB	渗流场		
SWGCBA	渗流场的类型	Type of infiltration field	
SWGCBB	渗流的表示方法	Expressive method of infiltration	
SWGCBA	渗流场的类型		
10	天然流场	Natural flow field	
11	人工流场	Artificial flow field	
20	抽水流场	Pumping flow field	
21	水位降速场	Field of water level falling velocity	
22	水位梯度场	Water level gradient field	
SWGCBB	渗流的表示方法		
01	流网	Flow net	
02	流面	Flow surface	
03	流线	Flow line (Stream line)	
04	等势面	Equipotential surface	
05	等水头线	Equipotential line	等势线
06	流层	Flow layer	
07	流束	Flow beam	
08	地下水位线	Groundwater level line	
SWGCC	渗流运动形态分类		
10	稳定流	Steady-state flow	
11	非稳定流	Unsteady-state flow	
12	似稳定流	Quasisteady flow	
20	一维流	One-dimensional flow	
21	二维流	Two-dimensional flow	
22	三维流	Three-dimensional flow	
30	辐射流	Radial flow	
31	平面径向流	Planar-radial flow	
32	空间径向流	Spatial radial flow	
40	饱和流	Saturated flow	
41	非饱和流	Unsaturated flow	
50	缓变流	Slow change flow	
51	急变流	Rapid change flow	
60	层流	Laminar flow	
61	紊流	Turbulent flow	
62	混合流	Mixed flow	
70	无压流	Unconfined flow	
71	有压流	Confined flow	承压流
72	有压无压流	Confined and unconfined flow	

表 1（续）

代　码	汉　字　名	英　译　名	说　明
SWGCD	渗流基本定律与公式		
SWGCDA	渗流基本定律	Basic law of seepage	
SWGCDB	渗流运动主要公式	Major formula of seepage flow	
SWGCDC	微分方程定解条件	Conditions of determining solution of differential equation	
SWGCDD	微分方程解	Solution of differential equation	
SWGCDA	渗流基本定律		
01	达西定律	Darcy's law	线性渗透定律
02	哲才公式	Chezy formula	非线性渗透定律
03	渗流折射定律	Refraction law of seepage	
04	质量守恒定律	Mass conservation law	
05	势的叠加规则	Superposition rule of potential	水流叠加规则
06	裘布依假设	Dupit assumptions	
SWGCDB	渗流运动主要公式		
01	伯努里方程	Bernoulli equation	
02	雷诺数表达式	Reynolds number expression	
03	福熙海麦公式	Forchheimer formula	
04	拉普拉斯方程	Laplace equation	
05	裘布衣微分方程	Dupuit differential equation	
06	渗流连续性方程	Continuity equation of seepage	
07	地下水运动基本微分方程	Governing differential equation of groundwater movement	
08	界面移动近似方程	Approximation equation of interface movement	
09	稳定咸淡水界面近似方程	Approximate equation for steady interface between salt and fresh water	
10	移动咸淡水界面近似方程	Approximate equation for migrating interface bettween salt and fresh water	
11	吉本—赫兹别格方程	Ghyben-Herzberg formula	
SWGCDC	微分方程定解条件		
1	初始条件	Initial condition	
2	边界条件	Boundary condition	
SWGCDD	微分方程解		
01	有解	Solution existence	
02	无解	Non-solution	
03	精确解	Accurate solution	
04	近似解	Approximation	
05	长时间的解	Long-time solution	
06	似稳定状态解	Quasi-steady state solution	
07	短时间的解	Short-time solution	
08	中间时刻解	Middle-time solution	
SWGD	地下水动力学理论		
SWGDA	地下水运动理论	Theory of groundwater movement	

表 1（续）

代码	汉字名	英译名	说明
SWGDB	含水层释水形式	Water release pattern of aquifer	
SWGDC	计算坐标系统	Calculating coordinate system	
SWGDD	地下水位线名称	Name of groundwater level line	
SWGDE	映射要素	Image factor	
SWGDF	越流系统	Leaky system	
SWGDG	计算公式类别	Type of calculating formula	
SWGDH	势函	Potential function	
SWGDI	井函数	Well function	
SWGDJ	井函数标准曲线	Type curves of well function	理论曲线
SWGDK	实际曲线	Real curves	实际资料曲线
SWGDL	配合点坐标	Coordinate of matching point	
SWGDM	拐点读值	Reading value of inflection point	
SWGDA	地下水运动理论		
1	流体力学理论	Hydromechanics theory	
2	渗流理论	Seepage theory	
3	水力学理论	Hydraulics theory	
4	实验模拟理论	Experimental analogy theory	
5	越流理论	Leaky theory	
6	映射法	Image method	镜象法
SWGDB	含水层释水形式		
1	重力疏干	Gravity dewatering	
2	迟后给水	Delayed yield	
3	弹性释放	Elastic release	
4	瞬时释放	Transient release	
5	逐渐释放	Gradual release	缓慢释放
SWGDC	计算坐标系统		
01	直角坐标	Rectangular coordinate	
02	圆柱坐标	Cylindrical coordinate	
03	球坐标	Spherical coordinate	
04	极坐标	Polar coordinate	
10	对数坐标	Logarithm coordinate	
11	普通坐标	Arithmetic coordinate	算术坐标
12	单对数坐标	Single logarithm coordinate	
13	双对数坐标	Double logarithm coordinate	
SWGDD	地下水位线名称		
01	总水头线	Total head line	
02	测压水头线	Piezometeric head line	
03	承压水降落曲线	Depression curve of confined water	
04	潜水浸润曲线	Depression curve of phreatic water	
05	水位下降曲线	Water level descent curves	
06	迴水曲线	Backwater curve	
SWGDE	映射要素		

表 1（续）

代 码	汉 字 名	英 译 名	说 明
SWGDEA	映射点类型	Type of image point	
SWGDEB	映射次数	Number of image	
SWGDEA	映射点类型		
01	汇点	Sink point	
02	源点	Source point	
03	源线	Source line	
04	汇线	Sink line	
05	空间汇线	Spatial sink line	
06	实井	Real well	
07	虚井	Image well	
08	反映井	Reflectional well	
SWGDEB	映射次数		
1	有限次映射	Limited image number	
2	无限次映射	Unlimited image number	
SWGDF	越流系统		
1	第一越流系统	First leaky system	
2	第二越流系统	Second leaky system	
3	第三越流系统	Third leaky system	
4	抽水含水层	Pumping aquifer	主含水层，越补含水层
5	相邻含水层	Neighbouring aquifer	供给层，补给层
SWGDG	计算公式类别		
1	理论公式	Theoretical formula	
2	经验公式	Experimental formula	
3	半经验公式	Semi-experimental formula	
4	近似公式	Approximation formula	
SWGDH	势函		
01	平面势函	Plane potential function	
02	空间势函	Spatial potential function	
03	势的叠加	Superposition of potential	
04	井壁势函	Well-wall potential function	
05	边缘势函	Rim potential function	
SWGDI	井函数		
01	泰斯井函数	Theis well function	
02	博尔顿井函数	Boulton well function	
03	纽曼井函数	Neumann well function	
04	越流系统井函数	Well function of leaky system	
SWGDK	实际曲线		
1	降深—时间曲线	Drawdown-time curves	
2	降深—距离曲线	Drawdown-distance curves	
3	降深—时间距离曲线	Drawdown-time and distance curves	
SWGDL	配合点坐标		

表 1（续）

代码	汉字名	英译名	说明
SWGDLA	配合点的降深值	Drawdown value of matching point	
SWGDLB	配合点的时间值	Time value of matching point	
SWGDLC	配合点的井函数值	Well function of matching point	
SWGDLD	配合点的井函数自变量值	Argument value of well function at matching point	
SWGDM	拐点读值		
SWGDMA	拐点处的时间	Time at inflection point	
SWGDMB	拐点处的斜率	Slope at inflection point	
SWGDMC	拐点处的降深	Drawdown at inflection point	
SWGE	水文地质计算模型		
SWGEA	含水层边界	Boundary of aquifer	计算区边界，模型边界
SWGEB	地下水流态	Flow state of groundwater	
SWGEC	地表垂向渗入条件	Condition of vertical infiltration	
SWGED	河渠水位变化条件	Change condition of water level in rivers and canals	
SWGEE	越流补给条件	Condition of leaky recharge	
SWGEF	井渠进水条件	Water entering condition in wells and canals	
SWGEG	含水层水力性质	Hydraulic property of aquifer	
SWGEA	含水层边界		
100	含水层侧向边界	Lateral boundary of aquifer	
101	直线透水边界	Linear pervious boundary	直线补给边界
102	直线隔水边界	Linear impervious boundary	
103	平行透水边界	Parallel pervious boundary	
104	平行隔水边界	Parallel impervious boundary	
105	平行透水隔水边界	Parallel pervious and impervious boundary	
106	直(正)交透水边界	Orthogonal pervious boundary	
107	直(正)交隔水边界	Orthogonal impervious boundary	
108	直(正)交透水隔水边界	Orthogonal pervious-impervious boundary	
109	三面隔水边界	Impervious boundary in three sides of an aquifer	
110	环形透水边界	Annular pervious boundary	
111	扇形相交的透水边界	Pervious boundary of fan-shaped intersection	
112	扇形相交的隔水边界	Impervious boundary of fan-shaped intersection	
200	含水层垂向边界	Vertical boundary of aquifer	
201	顶板隔水	Water-resisting of apical bed	
202	顶板透水	Water-percolation of apical bed	
203	底板隔水	Water-resisting of bottom bed	
204	底板透水	Water-percolating of bottom bed	
205	水平隔水底板	Horizontal-impervious bottom bed	
206	倾斜隔水底板	Inclined impervious bottom bed	
207	正坡倾斜隔水底板	Positively inclined impervious bottom bed	
208	逆坡倾斜隔水底板	Reversed inclined impervious bottom bed	
SWGEC	地表垂向渗入条件		
1	无地表渗入	Non-infiltration from surface	

表 1（续）

代　码	汉　字　名	英　译　名	说　明
2	有地表均匀渗入	Uniform infiltration from surface	
SWGED	河渠水位变化条件		
1	河渠水位突然变化	Sudden change of water level in rivers and canals	
2	河渠水位等速升降	Water level rising or falling at same velocity in rivers and canals	
SWGEE	越流补给条件		
10	弱透水层水量释放	Water release from weakly permeable layer	
11	弱透水层水量不释放	Non-water release from weakly permeable layer	
20	补给层水位下降	Water level decline of recharge layer	
21	补给层水位不下降	Non-water level decline of recharge layer	
30	有越流补给	Leaky recharge	
31	无越流补给	Non-leaky recharge	
SWGEF	井渠进水条件		
10	井底进水	Water entering from the bottom of well	
11	井壁进水	Water entering from the wall of well	
12	井底井壁进水	Water entering from both bottom and wall of well	
20	一侧进水	Water entering on one side	
21	二侧进水	Water entering on two sides	
30	过滤器和隔水顶板连接	Connection of filter and impervious top bed	
31	过滤器在含水层中部	Filter laid in the middle of aquifer	
32	过滤器与隔水底板连接	Connection of filter and impervious bottom bed	
SWGF	地下水动力学公式		
SWGFA	河渠地下水运动公式	Movement formula of groundwater in river-canal	
SWGFB	稳定流水井公式	Well formula of steady-state flow	
SWGFC	非稳定流水井公式	Well formula of unsteady flow	
SWGFD	影响半径计算方法	Calculating method of influence radius	
SWGFE	非稳定流参数的确定	Determination of unsteady flow parameter	
SWGFA	河渠地下水运动公式		
10	断面流量公式	Formula of sectional flow rate	
11	单宽流量公式	Flow rate formula unit width	
12	承压水降落曲线方程	Depression curve equation of confined water	
13	潜水浸润曲线方程	Saturation curve equation of phreatic water	
20	单位长度流量公式	Flow rate formula in unit length	
21	河渠渗漏量公式	Seepage discharge formula in river and canal	
22	二条平行水渠流量公式	Discharge formula of two parallel canals	
23	河床下集水管流量公式	Discharge formula of water collecting pipe underriver bed	
30	裘布衣潜水平面流公式	Dupuit planar flow formula of phreatic water	
31	卡明斯基近似公式	Kaminsty approximation formula	
32	巴甫洛夫斯基公式	Baplorfsty formula	
SWGFB	稳定流水井公式		
10	裘布衣承压水井公式	Dupuit confined well formula	
11	裘布衣潜水井公式	Dupuit phreatic water well formula	

表 1（续）

代码	汉字名	英译名	说明
12	齐姆公式	Theim formula	有观测孔的水井公式
13	干扰井理论公式	Theoretical formula of interfering wells	
14	干扰井半经验公式	Semi-experimental formula of interfering wells	
20	非完整平底井公式	Formula of partial penetrating well with flat bottom	
21	半球形井底公式	Formula of well with semi-spheric bottom	
22	马斯凯特近似公式	Marschet approximation formula	
23	巴布什金近似公式	Babshkin approximation formula	
24	有效带的水井公式	Water well formula in effective zone	
25	维里金公式	Vinikin formula	
26	非完整干扰井公式	Partial penetrating and interfering wells formula	
27	恰尔爱公式	Chele formula	干扰承压井公式
28	阿勃拉莫夫公式	Arpenamef formula	干扰潜水井公式
29	边界井的稳定流公式	Steady flow formula of boundary well	
SWGFC	非稳定流水井公式		
10	泰斯公式	Theis formula	
11	雅柯布近似公式	Jacob approximation formula	
12	阶梯流量水井公式	Well formula in step flow rate	
13	定降深抽水井公式	Formula of pumping well with fixed drawdown	
14	水位恢复试验的水井公式	Well formula of water level recovery test	
20	边界井的非稳定流公式	Unsteady flow formula of boundary well	
30	非稳定流干扰井公式	Interfering well formula of unsteady flow	
40	有越流补给的水井公式	Well formula of leaky recharge	
50	博尔顿公式	Boulton formula	
51	纽曼公式	Neumann formula	
60	潜水非稳定流不完整井公式	Partial penetrating well formula of unsteady phreatic flow	
SWGFD	影响半径计算方法		
10	库沙金公式	Kossakin formula	
11	吉哈尔特公式	Jihaerte formula	
12	舒尔茨公式	Schulz formula	
13	变换的裘布衣水井公式	Transforming Dupuit well formula	
20	维里金影响半径公式	Influence radius formula of Vinikin	
21	库沙金变形公式	Transform formula of Kossakin	
30	降深—距离图解法	Drawdown-distance graphical method	
51	稳定流图解法	Graphical method for steady flow	
52	稳定流配线法	Superimposed line method for steady flow	
SWGFE	非稳定流参数的确定		
10	试算法	Trial-and-error method	
20	配线法	Superimposed line method	量板法
21	降深—时间配线法	Drawdown-time superimposed line method	
22	降深—距离配线法	Drawdown-distance superimposed line method	

表 1(续)

代　码	汉　字　名	英　译　名	说　明
23	降深—时间距离配线法	Drawdown-time and distance superimposed line method	
30	直线图解法	Linear-graphical method	
31	降深时间图解法	Drawdown-time graphical method	
32	降深距离图解法	Drawdown-distance graphical method	
33	降深时间距离图解法	Drawdown-time and distance graphical method	
34	恢复水位的图解法	Graphical method of water level recovery	
40	拐点法	Inflection point method	
50	切线法	Tangent method	
SWGG	水文地质参数		
SWGGAA	渗透系数	Permeability coefficient	
SWGGAB	水平渗透系数	Horizontal permeability coefficient	
SWGGAC	垂向渗透系数	Vertical permeability coefficient	
SWGGAD	径向渗透系数	Radial permeability coefficient	
SWGGAE	平均渗透系数	Average permeability coefficient	
SWGGAF	等效渗透系数	Equivalent permeability coefficient	加权平均渗透系数
SWGGAG	河渠水渗漏系数	Leakage coefficient of channel water	
SWGGAH	灌溉水回渗系数	Return leakage coefficient of irrigation water	
SYGGA	渗透率(K_p)	Specific permeability	
GCGDE	临界水力坡度	Critical hydraulic gradient	
SWGGAI	水力坡度	Hydraulic gradient	
SWGGAJ	雷诺数(R_e)	Reynolds number	
SWGGAK	过水断面宽度	Width of water cross-section	
SWGGAL	储水系数	Storativity	弹性释水系数
SWGGAM	早期储水系数	Storativity in early period	
SWGGAN	后期储水系数	Storativity in later period	
SWGGAO	导水系数(T)	Transmissivity	
SWGGAP	压力传导系数	Coefficient of pressure conductivity	
SWGGAQ	水位传导系数	Coefficient of water level conductivity	
SWGGAR	含水层骨架压缩模量	Compression modulus of aquifer frame	
SWGGAS	液体体积压缩模量	Compression modulus of liquid volume	
SWGGAT	水体积压缩系数	Elastic coefficient of water	水的弹性系数
SWGGAU	影响半径(R)	Influence radius	
SWGGAV	引用影响半径	Substitute influence radius	
SWGGAW	补给带宽度	Width of recharge zone	
SWGGAX	水井的引用半径	Substitute radius of well	
SWGGAY	水井半径(r)	Well radius	
SWGGAZ	非完整井系数	Partial penetrating well coefficient	
SWGGBA	非完整井有效带	Effective zone of partial penetrating well	
SWGGBB	水跃值	Value of hydraulic jump	井损
SWGGBC	非完整井阻力系数	Resistance coefficient of partial penetrating well	
SWGGBD	附加水头损失	Additional head loss	
SWGGBE	越流系数(k'/m')	Leakage coefficient	

表 1（续）

代码	汉字名	英译名	说明
SWGGBF	阻越流系数(B)	Anti-leakage factor	
SWGGBG	含水层饱水厚度	Saturated thickness of aquifer	
SWGGBH	补给系数	Recharge coefficient	
SWGGBI	侧向补给系数	Lateral recharge coefficient	
SWGGBJ	垂向补给系数	Vertical recharge coefficient	
SWGGBK	剩余恢复降深	Residual recovered drawdown	
SWGGBL	无效降深	Ineffective drawdown	
SWGGBM	有效降深	Effective drawdown	
SWGGBN	加坡系数	Jiape coefficient	
SWGGBO	摩阻系数	Coefficient of friction and resistance	
SWGGBP	井管摩阻系数	Friction and resistance coefficient of well pipe	
SWGGBQ	过滤器摩阻系数	Friction and resistance coefficient of filter	
SWGGBR	井中水层厚度	Water thickness in well	
SWGGBS	渠道水深	Depth of water in channel	
SWGGBT	集水管水层厚度	Water thickness in water collecting pipe	
SWGGBU	流态指数	Index of flow state	
SWGGBV	地下水稳定指数	Stability index of groundwater	
SWGGBW	河床淤塞系数	Silting coefficient of river bed	
SWGGBX	延迟系数	Delay coefficient	
SWGGBY	水井最大出水量	Maximum water yield of well	
SWGGBZ	水井最大水位降深	Maximum water level drawdown in well	
SWGGCA	隔水底板高程	Elevation of impervious bottom plate	
SWGGCB	引用流量	Substitute discharge	
SWGGCC	引用水头值	Substitute water head value	
SWGGCD	疏干因素(D)	Dewatering factor	
SWGGCE	水位削减值	Reducing value of water level	
SWGGCF	过滤器有效长度	Effective length of filter	
SWGGCG	双曲余弦函数 $\mathrm{Ch}(x)$	Hyperbolic cosine function	
SWGGCH	双曲余切函数 $\mathrm{Cth}(x)$	Hyperbolic cotangent function	
SWGGCI	双曲正切函数 $\mathrm{th}(x)$	Hyperbolic tangent function	
SWGGCJ	双曲正弦函数 $\mathrm{Sh}(x)$	Hyperbolic sine function	
SWGGCK	x 的误差函数 $\mathrm{erf}(x)$	Error function	
SWGGCL	误差函数的补函数 $\mathrm{erf}(x)$	Complementary error function	
SWGGCM	第一类零阶贝塞尔函数 $J_0(x)$	Order zero Bessel function of the 1st kind	
SWGGCN	第一类一阶贝塞尔函数 $J_1(x)$	Order 1 Bessel function of the 1st kind	
SWGGCO	第二类零阶贝塞尔函数 $Y_0(x)$	Order zero Bessel function of the 2nd kind	
SWGGCP	第二类一阶贝塞尔函数 $Y_1(x)$	Order 1 Bessel function of the 2nd kind	

表 1（续）

代 码	汉 字 名	英 译 名	说 明
SWGGCQ	第一类零阶虚宗贝塞函数 $I_0(x)$	Order zero modified Bessel function of the 1st kind	
SWGGCR	第一类一阶虚宗贝塞尔函数 $I_1(x)$	Order one modified Bessel function of the 1st kind	
SWGGCS	第二类零阶虚宗贝塞尔函数 $K_0(x)$	Order zero modified Bessel function of the 2nd kind	
SWGGCT	第二类一阶虚宗贝塞尔函数 $K_1(x)$	Order one modified Bessel function of the 2nd kind	
SWGGCU	目标函数	Objective function	
SWGGCV	伽码函数 $F(x)$	Gamma function	
SWGGCW	巴甫洛夫斯基函数 $\phi(\eta)$	Baplorfstz function	
SWGGCX	正坡下降曲线的巴氏函数	Baplorfstz function of depression curve for positive inclination	
SWGGCY	正坡迴水曲线的巴氏函数	Baplorfstz function of back-water curve for positive inclination	
SWGGCZ	逆坡下降曲线的巴氏函数	Baplorfstz function of depression curve for positive inclination	
SWGGDA	吉林斯基函数 $\phi(\pi)$	Jilisji function	
SWGGDB	淡水面在海平面以上高度	Height of fresh water table above sea level	
SWGGDC	咸淡水界面在海平面以下	Depth of salt-fresh water interface under sea level	
SWGGDD	咸淡水界面埋深	Buried depth of salt-fresh water interface	
SWGGDE	海水容重	Unit weight of sea water	
SWGGDF	淡水容重	Unit weight of fresh water	
SWGGDG	地下水入海流量	Discharge of groundwater to the sea	含水层向海洋的排泄量
SWGGDH	流函数	Stream function	
SWGGDI	势函数	Potential function	
SWGH	地下水运动模拟试验		
SWGHA	模拟试验的种类	Type of analogy tests	
SWGHB	模拟介质的类型	Kind of analogy medium	
SWGHA	模拟试验的种类		
100	水量模拟	Water quantity analogy	
110	水质模拟	Water quality analogy	
120	运动原理模拟	Analogy of movement principle	
200	砂模拟	Sand analogy	
210	热模拟	Heat analogy	
220	电模拟	Electric analogy	
221	电解液电模拟	Electric analogy with electrolyte	
222	网络模型模拟	Analogy of net model	
230	窄缝槽模拟	Analogy of narrow-aperture trough	
240	薄膜模拟	Membrane analogy	

表 1（续）

代码	汉字名	英译名	说明
SWGHB	模拟介质的类型		
1	连续介质	Continuous medium	
2	不连续介质	Discontinuous medium	
SWH	岩溶水文地质		
SWHA	岩溶类型	Karst type	
SWHB	岩溶形态	Karst form	
SWHC	岩溶堆积物	Karst deposit	
SWHD	岩溶物理地质现象	Karst physical geological phenomena	
SWHE	岩溶作用	Karst process	
SWHF	碳酸盐岩溶解动力学	Kinetics of carbonate rock dissolution	
SWHG	溶蚀评价	Corrosion evaluation	
SWHH	溶蚀试验	Corrosion test	
SWHI	岩溶洞穴特征	Karst cave characteristics	
SWHJ	岩溶调查数据采集	Data collected in karst investigation	
SWHA	岩溶类型		
01	冰川岩溶	Glaciokarst	
02	寒带岩溶	Frigid karst	
03	温带岩溶	Temperate karst	
04	中欧型岩溶	Central European karst	
05	亚热带岩溶	Subtropical karst	
06	地中海岩溶	Mediterranean karst	
07	热带岩溶	Tropical karst	
08	干旱区岩溶	Arid region karst	
10	高山岩溶	High mountainous karst	
11	高原岩溶	Plateau karst	
12	丘陵平原岩溶	Hilly and plain karst	
13	滨海岩溶	Shore karst	
14	礁岛岩溶	Reef island karst	
20	裸露岩溶	Bare karst	
21	覆盖岩溶	Covered karst	
22	埋藏岩溶	Buried karst	
23	悬挂岩溶	Perched karst	
24	绿岩溶	Green karst	
30	地表岩溶	Surface karst	
31	地下岩溶	Subsurface karst	
32	浅层岩溶	Shallow karst	
33	深部岩溶	Deep karst	
40	化石岩溶	Fossil karst	
41	现代岩溶	Modern karst	
42	古岩溶	Palaeo-karst	
50	石灰岩岩溶	Calcareous karst	
51	白云岩岩溶	Dolomitic karst	

表 1（续）

代　码	汉　字　名	英　译　名	说　明
52	石膏岩溶	Gypseous karst	
53	岩盐岩溶	Salt karst	
54	盐湖岩溶	Salt lake karst	
55	红层岩溶	Laterite karst	
56	假岩溶	Pseudokarst	
57	混合型岩溶	Mixed karst	
60	流水岩溶	Fluviokarst	
61	半岩溶	Merokarst	
62	全岩溶	Holokarst	
63	礁坪岩溶	Reef level karst	
70	包气带岩溶	Vadose karst	
71	饱水带岩溶	Phreatic zone karst	
72	深部缓流岩溶	Deep slow-flowage karst	
80	植物岩溶	Phytokarst	
81	溶盘岩溶	Corrosionalpan karst	
90	水平层岩溶	Horizontal karst	
91	褶皱区岩溶	Folded region karst	
SWHB	岩溶形态		
SWHBA	地表岩溶形态	Surface karst form	
SWHBB	地下岩溶形态	Underground karst form	
SWHBA	地表岩溶形态		
01	溶痕、溶沟	Karren	
02	溶蚀裂隙	Grike	
03	溶面	Clint	
04	石牙	Stone teeth	
05	岩溶石柱	Karst stone column	
06	石林	Stone forest	
07	落水洞	Sink hole	
08	竖井	Shaft	
09	天然井	Natural well	
10	漏斗	Doline	
11	溶斗	Solutional doline	
12	塌陷漏斗	Collapse doline	
13	岩溶洼地	Karst depression	
14	合成洼地	Uvala	
15	岩溶盆地	Karst basin	
16	岩溶槽谷	Karst valley	
17	干谷	Dry valley	
18	盲谷	Blind valley	
19	岩溶嶂谷	Collapse karst gorge	
20	断头河	Reculee	
21	溶帽山	Solutional cap rock	

表 1（续）

代　码	汉　字　名	英　译　名	说　明
22	岩溶丘陵	Karst hills	
23	岩溶垄岗	Karst ridge	
24	峰林	Peak forest	
25	峰丛	Peak cluster	
26	孤逢	Isolated peak	
27	岩溶平原	Karst plain	
28	岩溶准平原	Karst peneplain	
29	岩溶夷平面	Karst planation surface	
30	岩溶高原	Karst plateau	
31	岩溶湖	Karst lake	
32	天生桥	Natural bridge	
33	穿洞	Light through cave	
34	消溢水洞、雷公洞	Estavelle	
SWHBB	地下岩溶形态		
01	洞穴网	Karstic network	
02	倒虹吸管	Upside-down siphon	
03	晶孔	Geode	
04	溶穴	Karstic cave	
05	脚洞	Footcave	
06	边槽	Notch	
07	流痕	Flow mark	
08	悬吊岩	Pendent rock	
09	岩溶裂隙	Karst fissure	
10	地下廊道	Gallery	
11	地下湖	Underground lake	暗湖
12	迷宫式溶洞	Labyrinth cave karst	
13	岩溶大厅	Karst hall	
14	溶孔	Dissolution pore	
15	伏流	Swallet stream	
16	蚀龛	Niche	
17	贝窝	Scallop	
18	洞穴	Cave	
19	溶蚀侵蚀痕	Speleogen	
SWHC	岩溶堆积物		
SWHCA	洞穴化学沉积物	Chemicial deposits inside cave	
SWHCB	洞穴其他堆积物	Other deposit of cave	
SWHCC	洞外岩溶堆积物	Karst deposit outside cave	
SWHCA	洞穴化学沉积物		
01	滴石类	Dripstone	
02	石钟乳	Stalactite	
03	石笋	Stalagmite	
10	流石类	Flowstone	

表 1（续）

代　码	汉　字　名	英　译　名	说　明
11	边石	Rimestone	
12	石幔	Curtain	
13	石旗	Cave flag	
14	云盆	Cloud basin	
15	钙板	Calc-slate	
16	石扇	Rock fan	
17	钙华扇	Clac-sinter fan	
18	石瀑	Stone fall	
20	石花	Cave flower	
30	穴珠	Cave pearl	
31	石荷叶	Cave lotus leaf	
40	石珊瑚	Cave coral	
41	葡萄石	Spherical stalactites	
42	卷曲石	Helictite	
43	石盾	Cave shields(palettes)	调色板
44	晶针	Crystal needle	
45	月奶石	Moon milke	
46	方解石晶簇	Druse of calcites	
47	石片	Rock slice	
SWHCB	洞穴其他堆积物		
SWHCBA	洞穴崩塌堆积物	Cave collapse deposit	
SWHCBB	洞穴生物堆积物	Cave biogenic deposit	
SWHCBC	洞穴残积物	Cave residues	
SWHCBD	水流堆积物	Water flow deposit	
SWHCBE	地下湖积物	Underground lake deposit	
SWHCBF	文化堆积物	Cultural deposit	
SWHCC	洞外岩溶堆积物		
01	石灰华	Calcareous sinter	
02	瀑水钙华	Cascade calc-sinter	
03	白云岩粉	Dolomite flour	
04	蚀余红土	Terra rossa	
05	膏溶角砾岩	Corroded gyps breccia	
06	岩溶角砾岩	Karst breccia	
SWHD	岩溶物理地质现象		
01	土洞	Soil hole	
02	岩溶塌陷	Karst collapse	
03	岩溶陷落柱	Karst collapse-column	
04	岩溶气爆	Karst air-explosion	
SWHE	岩溶作用		
SWHEA	溶蚀作用类型	Corrosional type	
SWHEB	溶蚀强度	Corrosion intensity	
SWHEC	溶蚀带	Corrosion zone	

表 1（续）

代 码	汉 字 名	英 译 名	说 明
SWHED	溶蚀速度计算法	Calculus of corrosion velocity	
SWHEE	岩溶发育强度	Intensity of karst development	
SWHEF	岩溶发育深度	Depth of karst development	
SWHEG	岩溶发育带起始深度	Initial depth of karst development zone	
SWHEA	溶蚀作用类型		
01	化学溶蚀	Chemical corrosion	
02	机械溶蚀	Mechanical corrosion	
03	崩塌作用	Eboulement	
10	片状径流溶蚀	Flake runoff corrosion	
11	渗滤溶蚀	Percolate corrosion	
12	渗滤—片状径流溶蚀	Percolate-flake runoff mixed corrosion	
20	热水溶蚀	Hot-water corrosion	
30	潜蚀	Latent corrosion	
40	冲蚀	Scour	
50	混合溶蚀	Mixed corrosion	
51	饱和液的混合溶蚀	Mixed corrosion of saturated solution	
52	外来物的混合溶蚀	Mixed corrosion of exotic material	
53	温度的混合溶蚀	Temperature mixed corrosion	
SWHEB	溶蚀强度		
SWHEBA	溶蚀率	Corrosion rate	
SWHEBB	抗溶蚀力	Tarnish resistance	
SWHEC	溶蚀带		
1	水平溶蚀带	Horizontal corrosion zone	
2	顺层溶蚀带	Bedding corrosion zone	
3	古风化壳溶蚀带	Corrosion zone in fossil weathered crust	
SWHED	溶蚀速度计算法		
1	柯柏尔计算法	Corbel's method	
2	水化学径流模数法	Hydrochemical runoff modulus method	
SWHEE	岩溶发育强度		
1	极强烈	Very strong	
2	强烈	Strong	
3	中等	Medium	
4	较弱	Weaker	
5	无岩溶发育	Non karst development	
SWHF	碳酸盐岩溶解动力学		
SWHFA	碳酸盐岩-二氧化碳-水体系	Carbonatite-carbon dioxide-water system	
SWHFB	包格里反应模式	Bogli's reaction model	
SWHFC	溶解动力学实验方法	Dissolution kinetics test method	
SWHFD	溶解动力学实验速度方程	Dissolution kinetics test velocity equation	
SWHFE	控制溶解速度的因素	Factors controlling rate of dissolution	
SWHFF	溶解反应	Dissolution reaction	
SWHFG	溶蚀方程计算参数	Calculating parameter of corrosion equation	

表 1（续）

代　码	汉　字　名	英　译　名	说　明
SWHFC	溶解动力学实验方法		
1	自由转换法	Free drift method	
2	pH 法	pH-stat method	
SWHFF	溶解反应		
01	扩散控制反应	Diffusion controlled reaction	
02	活化控制反应	Activation controlled reaction	
03	活化扩散双重控制反应	Diffusion-activation doubly controlled reaction	
SWHFG	溶蚀方程计算参数		
SWHFGA	方解石溶解速度	Dissolution rate of calcite	
SWHFGB	方解石溶解量	Dissolution amount of calcite	
SWHFGC	速度常数	Rate constant	
SWHFGD	氢离子活度常数	Activity of coefficient hydrogen ion	
SWHFGE	被溶样品表面积	Surface area of dissolution sample	
SWHFGF	溶液体积	Solution volume	
SWHFGG	瞬时浓度	Instantaneous concentration	
SWHFGH	饱和浓度	Saturated concentration	
SWHFGI	搅拌速度	Stirring velocity	
SWHFGJ	相对饱和度	Relative saturation degree	
SWHFGK	被溶晶体直径	Diameters of dissolved crystal	
SWHFGL	白云石溶解速度	Dissolution rate of dolomite	
SWHFGM	镁的总浓度	Total concentration of magnesium	
SWHFGN	气体吸收量	Gas-absorbed amount	
SWHFGO	气体吸收系数	Gas-absorbed coefficient	
SWHFGP	溶解速度	Dissolution rate	
SWHFGQ	扩散层厚度	Thickness of diffusion layer	
SWHFGR	气液界面面积	Area of liquid-gas interface	
SWHFGS	方解石饱和指数	Saturation index of calcite	
SWHFGT	白云石饱和指数	Saturation index of dolomite	
SWHG	溶蚀评价		
SWHGA	溶蚀评价指标	Indices of corrosion evaluation	
SWHGB	侵蚀因子	Erosion factor	
SWHGA	溶蚀评价指标		
SWHGAA	矿物饱和指数	Saturation index of mineral	
SWHGAB	水稳定指数	Stability index of water	
SWHGAC	化学溶解量	Chemically dissolved amount	
SWHGAD	机械破坏量	Physically damaged amount	
SWHGAE	溶蚀速度	Corrosion velocity	
SWHGAF	比溶蚀度(K_v)	Specific corrosion degree	
SWHGAG	比溶解度(K_{cv})	Specific solubility	
SWHGB	侵蚀因子		
SWHGBA	大气中的碳酸	Carbonic acid in air	
SWHGBB	无机碳酸	Inorganic carbonic acid	

表 1（续）

代码	汉字名	英译名	说明
SWHGBC	生物碳酸	Biogenic carbonic acid	
SWHGBD	有机酸	Organic acid	
SWHGBE	无机酸	Inorganic acid	
SWHH	溶蚀试验		
SWHHA	溶蚀试验项目	Item of corrosion test	
SWHHB	溶蚀试验试样类别	Sample type of corrosion test	
SWHHC	溶蚀试验试样规格	Sample standards of corrosion test	
SWHHD	溶蚀试验过程	Process of corrosion test	
SWHHE	溶蚀岩片埋放位置	Place to bury rock lump	
SWHHA	溶蚀试验项目		
01	常温常压溶蚀	Corrosion under ordinary temperature and pressure	
02	差温溶蚀	Corrosion under differential temperature	
03	差压溶蚀	Corrosion under differential pressure	
04	酸蚀	Acid corrosion	
05	差异溶蚀	Differential corrosion	
06	研磨溶蚀	Grinding corrosion	
SWHHB	溶蚀试验试验类别		
1	岩片	Rock lump	
2	岩粉	Rock powder	
3	薄片	Slice	
4	标准试样	Standard test sample	
SWHHC	溶蚀试验试样规格		
SWHHCA	单位体积	Unit volume	
SWHHCB	单位面积	Unit area	
SWHHCC	颗粒粒级	Grain size grade	
SWHHCD	颗粒表面积	Grain surface area	
SWHHCE	被溶样表面积	Surface area of a dissolved sample	
SWHHD	溶蚀试验过程		
SWHHDA	淋溶时间	Leaching corrosion time	
SWHHDB	溶浸时间	Drenched corrosion time	
SWHHDC	溶蚀液体积	Volume of corrosion solution	
SWHHDD	溶蚀液化学成分	Chemical composition of corrosion solution	
SWHHDE	试样化学成分	Chemical composition of samples	
SWHHE	溶蚀岩片埋放位置		
SWHHEA	地面以上高度	Height above ground surface	
SWHHEB	地下深度	Depth under ground	
SWHI	岩溶洞穴特征		
SWHIA	洞穴岩石类型	Types of cave rocks	
SWHIB	洞穴成因类型	Types of cave formation	
SWHIC	洞穴蚀成形态	Erosion cave forms(shapes)	
SWHID	洞穴气象因素	Cave meteorology factors	
SWHIE	洞穴气象气候变化带	Cave meteorology and climate zones	

表 1（续）

代　码	汉　字　名	英　译　名	说　明
SWHIF	洞穴水文要素	Cave hydrologic elements	
SWHIG	洞穴泉的类型	Cave spring types	
SWHIH	洞穴生物	Cave organism	
SWHII	洞穴考古和洞穴古生物	Cave archaeology and paleontology items	
SWHIB	洞穴成因类型		
01	岩堆洞	Rockstack-formed cave	
02	灰华洞	Calcareous-sinter cave	
03	礁洞	Reef cave	
04	构造洞	Structural cave	
05	风化洞	Weathering cave	
06	风蚀洞	Wind-erosion cave	
07	外生洞穴	Exogenous cave	
08	内生洞穴	Endogenous cave	
10	岩溶洞	Karstcave	
11	原生渗流洞	Primary seepage cave	
12	次生渗流洞	Secondary seepage cave	
15	浅潜流洞	Shallow phreatic cave	
16	深潜流洞	Deep phreatic cave	
17	混合成因洞	Multi-formation cave	
20	旅游洞穴	Tourist cave	
21	小洞	Small cave	洞长＜50 m
22	中洞	Moderate cave	50～500 m
23	大洞	Big cave	500～5 000 m
24	巨洞	Giant cave	＞5 000 m
25	半洞	Mero cave	岩蔽
26	穿洞	Through cave	
30	热洞	Hot cave	
31	暖洞	Warm cave	
32	温洞	Lukewarm cave	
33	冷洞	Cold cave	
34	冰洞	Ice cavern	
40	有风洞	Cave with wind	
41	无风洞	Cave without wind	
SWHIC	溶穴蚀成形态		
01	通道平面形态	Plane shape of karst conduit	
02	树枝状通道	Tree-branch-like conduit	
03	迷宫通道	Maze-like conduit	
04	花环状通道	Floral-hoop-like conduit	
10	通道横截面形态	Cross-section shape of karst conduit	
11	椭圆形通道	Elliptic conduit	
12	矩形通道	Rectangle conduit	
13	不对称椭圆形通道	Asymmetrical elliptic conduit	

表 1（续）

代　码	汉　字　名	英　译　名	说　明
15	串珠状通道	Paternoster conduit	
16	裂缝形通道	Fracture conduit	
20	三度空间组合形态	Three-dimensional shape of a cave	
21	旋涡沟槽洞	Swirl and trough cave	
22	盲管洞	Blind pipe cave	
23	袋状洞	Bag-like cave	
24	穹顶洞	Dome cave	
25	竖井洞	Karst pothole	
30	洞穴溶沟类	Karst karren shape	
31	洞顶溶沟	Cave ceiling karren	
32	洞壁溶沟	Cave wall karren	
33	倒石芽	Upside-down karren	
34	洞底溶沟	Cave floor karren	
40	流痕类	Flow mark karst shape	
41	贝壳状流痕	Shell-like flow mark	
42	碟状流痕	Saucer-like flow mark	
43	涡状流痕	Vortex-like flow mark	
44	洞壁鱼鳞痕	Fish scale-like mark	
50	穹顶	Arch-like karst	
51	烟突	Blind pipe	
52	陡坡	Steep slope	
SWHIE	洞穴气象气候变化带		
1	昼夜变化的强光带	Day-and-night changed bright zone	
2	季节变化的弱光带	Seasonally changed gloomy zone	
3	季节变化不显著带	Non-obviously seasonal change range	
4	相对稳定地带	Relatively steady range	
SWHIF	洞穴水文要素		
01	洞穴河流	Cave river	
02	间歇洞穴河流	Intermittent cave river	
03	间歇地下湖	Intermittent underground lake	
04	洞穴瀑布	Cave water fall	
05	洞穴溪流	Cave stream	
06	洞穴落水洞	Cave sinkhole	
07	下伏潜流	Underlying phreatic flow	
08	滴流	Drip flow	
09	洞冰	Cave ice	
10	洞穴天窗	Cave skylight	
SWHIH	洞穴生物		
10	籽苗	Seedling	
30	霉菌	Mould	
40	细菌	Bacteria	
50	蝙蝠	Bat	

表 1（续）

代 码	汉 字 名	英 译 名	说 明
51	盲鱼	Blind fish	
60	动物粪便	Animal feces	
SWHII	洞穴考古和洞穴古生物		
1	古人类化石	Palaeohuman fossil	
2	脊椎动物化石	Vertebrate fossil	
3	无脊椎动物化石	Non-vertebrate fossil	
4	洞穴艺术	Cave art	
5	石器	Stone article	
6	骨器	Bone article	
7	古生物化石	Paleontological fossil	
8	陶片	Ceramic wafer	
SWHJ	岩溶调查数据采集		
SWHJAA	洞穴位置	Cave position	
SWHJAB	洞穴分布高程	Altitude of cave distribution	
SWHJAC	洞穴形成时期	Cave formation time	
SWHJAD	洞穴走向	Cave trend	
SWHJAE	洞穴长度	Cave length	
SWHJAF	洞穴宽度	Cave width	
SWHJAG	洞穴高度	Cave height	
SWHJAH	洞底坡度	Slope of cave floor	
SWHJAI	洞穴垂向深度	Cave depth below the ground surface	
SWHJAJ	洞顶高度	Cave top height	
SWHJAK	洞穴体积	Cave volume	
SWHJAL	洞穴横截面积	Cross-section area of a cave	
SWHJAM	洞穴空气运动速度	Air moving velocity in cave	
SWHJAN	洞穴气象要素	Cave meteorology elements	
SWHJAO	洞穴跨度	Cave width	
SWHJAP	洞穴蓄洪体积	Cave volume for flood preservation	
SWHJAQ	洞穴高水位	High level of cave water	
SWHJAR	洞穴低水位	Low level of cave water	
SWHJAS	岩溶洞厅的面积	Area of a karst hall	
SWHJBA	天生桥拱跨	Arch width of a natural bridge	
SWHJBB	天生桥拱高	Arch height of a natural bridge	
SWHJBC	落水洞深度	Depth of ponor	
SWHJBD	落水洞直径	Diameter of ponor	
SWHJBE	岩溶漏斗直径	Diameter of a doline	
SWHJBF	岩溶竖井直径	Karst pit diameter	
SWHJBG	岩溶竖井深度	Karst pit depth	
SWHJCA	暗河长度	Length of an underground river	
SWHJCB	暗河宽度	Width of an underground river	
SWHJCC	暗河埋藏深度	Buried depth of an underground river	
SWHJCD	暗河分支数	Branch number of an underground river	

表 1（续）

代码	汉字名	英译名	说明
SWHJCE	暗河水深度	Water depth of an underground river	
SWHJCF	暗河水流速	Fluid velocity of an underground river	
SWHJCG	暗河分布方向	Distributed direction of an underground river	
SWHJDA	洞穴沉积速度	Cave deposition rate	
SWHJDB	洞穴沉积物种类	Kinds of cave sediments	
SWHJDC	洞穴沉积物厚度	Thickness of cave sediments	
SWHJDD	洞穴沉积物年龄	Age of cave sediments	
SWHJDE	石柱直径	Diameter of karstic stony column	
SWHJDF	石柱长度	Length of karstic stony column	
SWHJDG	钟乳石长度	Length of stalactite	
SWHJDH	钟乳石直径	Diameter of stalactite	
SWHJDI	石笋高度	Height of stalagmite	
SWHJDJ	石笋直径	Diameter of stalagmite	
SWHJDK	滴石长度	Length of dripstone	
SWHJDL	流痕长度	Length of flow mark	
SWHJDM	流痕平均长度	Mean length of flow mark	
SWHJDN	石盾直径	Diameter of rock shield	
SWHJDO	石盾厚度	Thickness of stone shield	
SWHJDP	石瀑宽度	Width of stone fall	
SWHJDQ	石瀑高度	Height of stone fall	
SWHJDR	瀑水钙华厚度	Thickness of cascade calcareous-sinter precipitation	
SWHJDS	穴珠粒级	Grain size of cave pearl	
SWHJEA	张弛长度	Relaxation length	
SWHJEB	岩石弯曲强度	Rock flexural strength	
SWHJEC	通道长度	Length of conduit	
SWHJED	通道直径	Diameter of conduit	
SWHJFA	洞穴塌陷时间	Time of cave collapse	
SWHJFB	洞穴塌陷规模	Scale of cave collapse	
SWI	水资源		
SWIA	水资源分类	Classification of water resources	
SWIB	地下水资源的开发	Ground water resources development	
SWIC	地下水资源计算	Calculation of ground water resources	
SWID	地下水资源评价数据	Data of groundwater resources	
SWIE	地下水资源管理	Management of groundwater resources	
SWIF	地下水人工补给数据	Artificial recharge data of groundwater	
SWIA	水资源分类		
SWIAA	地表水资源	Surface water resources	
SWIAB	地下水资源	Ground water resources	
SWIAC	地下水储量	Ground water reserve	
SWIAD	地下水贮存量	Ground water storage	
SWIAB	地下水资源		
SWIABA	地下水天然资源	Natural resources of groundwater	地下水天然储量

表 1（续）

代　码	汉　字　名	英　译　名	说　明
SWIABB	地下水人工补给资源	Artificial recharge resources of ground water	地下水人工储量
SWIABC	地下水开采资源	Developed resources of ground water	地下水开采储量
SWIABD	地下水激发补给资源	Stimulated recharge resources of groundwater	
SWIABE	地下水贮存资源	Storage resources of groundwater	
SWIABF	地下淡水天然资源	Natural resource of fresh groundwater	
SWIABG	地下微咸水天然资源	Natural resource of saltish groundwater	
SWIABH	地下淡水开采资源	Exploitable resource of fresh groundwater	
SWIABI	地下淡水计算面积	Calculating area of fresh groundwater	
SWIABJ	地下微咸水开采资源	Exploitable resource of saltish groundwater	
SWIABK	地下微咸水计算面积	Calculating area of saltish groundwater	
SWIABL	地下淡水储存资源	Storage resource of fresh groundwater	
SWIABM	地下咸水储存资源	Storage resource of salt groundwater	
SWIABN	地下水推断资源量	Inferred sum of groundwater resource	
SWIABO	地下水预测资源量	Predicted sum of groundwater resource	
SWIABP	地下水允许开采资源	Allowable mining resource of groundwater	能利用的资源
SWIABQ	地下水尚难利用的资源	Groundwater resource to use with difficulty	
SWIABR	地下水源资总量	Total sum of groundwater resource	
SWIABS	地下水探明资源量	Explored groundwater resource	
SWIAC	地下水储量		
SWIACA	动储量	Dynamic reserve	
SWIACB	静储量	Permanent reserve	永久储量
SWIACC	调节储量	Regulating reserve	
PKCAAD	开采储量	Developing reserve	
SWIAD	地下水贮存量		
SWIADA	容积贮存量	Volumetric storage	
SWIADB	弹性贮存量	Elastic storage	
SWIADC	可变贮存量	Variable storage	
SWIADD	可动用贮存量	Available storage	
SWIADE	永久贮存量	Permanent storage	
SWIADF	暂时贮存量	Temporary storage	
SWIB	地下水资源的开发		
SWIBA	地下水源地的类型	Type of ground water sources	
SWIBB	地下集水建筑物	Ground water collecting construction	
SWIBC	抽水井的布局	Pumping well array	
SWIBD	水井布局的工程参数	Engineering parameter of well arrangement	
SWIBE	水井结构数据	Data of well structure	
SWIBF	地下水开采数据	Data of ground water development	
SWIBG	水井工程病害	Hazard of well engineering	
SWIBH	水资源开发利用现状	Present situation of resource development and utilization	水资源开发利用程度
SWIBI	水源地个数	Number of source place of water	
SWIBL	主要开采含水层	Main mined aquifer	

表 1（续）

代码	汉字名	英译名	说明
SWIBA	地下水源地的类型		
10	稳定型水源地	Stable water source	
11	消耗型水源地	Depleting water source	
12	调节型水源地	Regulating water source	
20	渗透型水源地	Penetration water source	
21	渗入型水源地	Infiltration water source	
30	特大型水源地	Super-huge water source	$>15\times10^4\ m^3/d$
31	大型水源地	Large-scale water source	$5\ m^3/d\sim15\times10^4\ m^3/d$
32	中型水源地	Middle-sized water source	$1\ m^3/d\sim5\times10^4\ m^3/d$
33	小型水源地	Small-sized water source	$<1\times10^4\ m^3/d$
SWIBB	地下集水建筑物		
001	井	Well	
010	管井	Casing well	机井
011	大口井	Big aperture well	竖井
012	吊管井	Well with different diameters	
013	扩泉井	Spring well	
014	福射井	Radial well	
015	虹吸管井	Siphon well	
016	坎儿井	Karez	
020	斜井	Slope shaft	
030	集水池	Water collecting pool	方塘大池
040	集水廊道	Water collecting gallery	
041	集水管	Water collecting pipe	
042	渗渠	Infiltration canal	
043	水平坑道	Horizontal tunnel	
044	扩泉工程	Enlarging spring construction	
045	截潜流工程	Works of intercepting underground flow	
050	半球形井底进水井	Water entering well with semispheric bottom	
051	潜水井	Phreatic water well	
052	承压水井	Confined water well	
053	自流井	Flowing water well	
054	承压-无压井	Confined-unconfined well	
055	完整井	Fully penetrating well	
056	非完整井	Partially penetrating well	
057	完整排水渠	Drainage canal excavated to aquifer	集水渠
058	非完整排水渠	Drainage canal unexcavated to aquifer	
059	系统排水渠	Systematical drainage canal	
060	单井	Single well	
061	干扰井	Interference well	
080	深井	Deep well	

表 1（续）

代　码	汉　字　名	英　译　名	说　明
081	浅井	Shallow well	
082	超深井	Extra deep well	
090	真空井	Vacuum well	
100	饮用水井	Well for drinking	
101	工业用水井	Well for industrial use	
102	灌溉水井	Well for irrigating	
103	回灌井	Injection well	
104	排污井	Well for waste disposal	
105	热水井	Thermal water well	
106	机井	Motor-pumped well	
107	手压井	Man-pumped well	小口井
SWIBC	抽水井的布局		
SWIBCA	管井的取水方式	Extracting water pattern from casing well	
SWIBCB	抽水井的平面布置形式	Planar array pattern pumping well	
SWIBCC	井排与地下水流向关系	Relation between well alignment and groundwater flow	
SWIBCD	井排与地形构造线关系	Relation among well alignment and topography tection line	
SWIBCA	管井的取水方式		
1	全断面取水	Full cross-sectional pumping	
2	混合取水	Mixed pumping	
3	分层取水	Stratified pumping	
4	分段取水	Segmented pumping	
5	井组取水	Well group pumping	
SWIBCB	抽水井的平面布置形式		
1	直线井排	Linear well rows	
2	网格形	Net pattern	
3	梅花形	Plum blossom pattern	
4	圆周形	Circle pattern	
5	三角形	Triangle pattern	
6	任意布置	Willful arrangement	
SWIBCC	井排与地下水流向关系		
1	垂直	Vertical	
2	平行	Parallel	
3	斜交	Diagonal	
SWIBCD	井排与地形构造线关系		
01	垂直河谷	Perpendicular to river valley	
02	平行河谷	Parallel with river valley	
03	垂直河流	Perpendicular to river	
04	平行河流	Parallel with river	
05	垂直冲洪积扇轴	Perpendicular to axis of alluvial-pluvial fan	
06	平行冲洪积扇轴	Parallel with axis of alluvial-pluvial fan	
07	垂直富水带走向	Perpendicular to strike of abundant groundwater zone	

表 1（续）

代 码	汉 字 名	英 译 名	说 明
08	沿富水带走向	Along the strike of abundant groundwater zone	
09	沿含水层走向	Along the strike of aquifer	
10	垂直含水层走向	Perpendicular to the strike of aquifer	
11	沿断裂带走向	Along fault strike	
SWIBD	水井布局的工程参数		
SWIBDA	取水层数	Number of pumping stratum	
SWIBDB	取水段数	Number of pumping sections	
SWIBDC	取水段深度	Depth of pumping sections	
SWIBDD	取水段长度	Length of pumping sections	
SWIBDE	取水段间距离	Interval between pumping sections	垂向间距
SWIBDF	滤水管合理长度	Rational length of water filtering sections	
SWIBDG	水井合理深度	Rational depth of well	
SWIBDH	水井排数	Number of well rows	
SWIBDI	井排间距	Interval between well rows	
SWIBDJ	井排长度	Length of well rows	
SWIBDK	井间距离	Distance between wells	
SWIBDL	水井数目	Well number	
SWIBDM	水井分布范围	Range of well distribution	水源地面积
SWIBDN	井排方位	Position of well rows	
SWIBDO	纵向井排数目	Number of longitudinal well rows	
SWIBDP	横向井排数目	Number of transversal well rows	
SWIBDQ	开采井数量	Number of mining well	
SWIBE	水井结构数据		
SWIBEA	井径	Well diameter	
SWIBEB	大口井边长	Perimeter of big aperture well	
SWIBEC	斜井坡度	Gradient of inclined well	
SWIBED	斜井的长度	Length of inclined well	
SWIBEE	斜井垂直深度	Vertical depth of inclined well	
SWIBEF	井筒断面尺寸	Cross-section size of well tubule	
SWIBEG	集水廊道断面尺寸	Cross-section size of water collecting gallery	
SWIBEH	集水管直径	Diameter of water collecting pipe	
SWIBEI	集水廊道底深	Depth of bottom of water collecting gallery	
SWIBEJ	集水管埋深	Burried depth of catchment pipe	
SWIBEK	辐射管层数	Layer number of radial pipe	
SWIBEL	辐射管深度	Depth of radial pipe	
SWIBEM	辐射管根数	Number of radial pipe	
SWIBEN	辐射管长度	Length of radial pipe	
SWIBEO	辐射管倾斜度	Inclination of radial pipe	
SWIBEP	辐射管直径	Diameter of radial pipe	
SWIBEQ	井深	Well depth	
SWIBF	地下水开采数据		
SWIBFA	水井出水量	Well yield	

表 1（续）

代　码	汉　字　名	英　译　名	说　明
SWIBFB	单井平均出水量	Average yield of single well	
SWIBFC	井组出水量	Yield of well group	
SWIBFD	水源地总出水量	Total yield of water sources	
SWIBFE	最大开采量	Maximum mining yield	
SWIBFF	设计开采量	Designed mining yield	
SWIBFG	实际开采量	Real mining yield	
SWIBFH	允许开采量	Allowable mining yield	
SWIBFI	水量减小系数	Coefficient of water decrease	
SWIBFJ	水平干扰系数	Coefficient of horizontal interference	
SWIBFK	垂向干扰系数	Coefficient of vertical interference	
SWIBFL	开采影响距离	Distance of mining influence	
SWIBFM	开采漏斗中心水位标高	Water level altitude mining funnel	
SWIBFN	开采漏斗中心水位埋深	Burried depth of water level at mining funnel	
SWIBFO	开采漏斗面积	Area of mining funnel	
SWIBFP	开动水井数	Number of well operation	
SWIBFQ	备用水井数	Number of reserve well	
SWIBFR	水源地建设总投资	Total investment of water source construction	
SWIBFS	水源地投产时间	Time of water source operation	
SWIBFT	水源地投产年限	Period of water source operation	
SWIBFU	地下水开采成本	Mining cost of groundwater	
SWIBFV	开采量	Mining yield	
SWIBFW	开泵时间	Running pump time	
SWIBFX	总开采量	Total mining yield	
SWIBFY	总允许开采量	Total allowable mining yield	
SWIBFZ	可扩大开采量	Extendible mining yield	
SWIBG	水井工程病害		
SWIBGA	水井工程病害类型	Type of well engineering hazard	
SWIBGB	腐蚀部位	Corrosive location	
SWIBGC	堵塞部位	Blocking location	
SWIBGD	管井结垢物成分	Incrustation composion of casing well	
SWIBGE	管井腐蚀程度	Corrosive degree of casing well	
SWIBGF	腐蚀速度	Corrosive velocity	
SWIBGG	管井堵塞程度	Blocking degree of casing well	
SWIBGA	水井工程病害类型		
10	管井腐蚀	Corrosion of casing well	
11	溶解氧腐蚀	Dissolved oxygen corrosion	
12	电化学腐蚀	Electro-chemical corrosion	
13	细菌腐蚀	Bacteria corrosion	
14	酸性水腐蚀	Acid water corrosion	
20	管井堵塞	Silting-up of casing well	
21	化学沉淀物堵塞	Chemical precipitate blocking	
22	生物细菌堵塞	Biological bacteria blocking	

表 1（续）

代 码	汉 字 名	英 译 名	说 明
23	机械颗粒堵塞	Mechanical grain blocking	
SWIBGB	腐蚀部位		
1	井壁管	Well pipe	
2	泵管	Pump pipe	
3	泵轴	Pump axis	
4	输水管	Conduit	
SWIBGC	堵塞部位		
1	含水层孔隙	Pore of aquifer	
2	过滤器孔眼	Mesh of filter	
3	反滤层孔隙	Pad pore of filter	
4	包网网眼	Mesh of wrapped net	
SWIBH	水资源开发利用现状		
SWIBHA	水资源开发利用率	Rate of water resource development and utilization	
SWIBHB	地表水资源开发利用现状	Present situation of surface water resource development and utilization	
SWIBHC	地下水资源开发利用率	Rate of groundwater resource development and utilization	
SWIBHD	水资源潜力	Water resource potentialities	
SWIBHE	地表水资源潜力	Potentialities of surface water resource	
SWIBHF	地下水资源潜力	Potentialities of groundwater resource	
SWIBHG	地下水资源采补平衡状况	Balance state of groundwater resource extraction and replenishment	
SWIBHH	地下水超采量	Groundwater overexploitation yield	
SWIBHI	地下水年平均超采量	Annual average overexploitation yield of groundwater	
SWIBHJ	地下水累计超采量	Accumulated overexploitation yield of groundwater	
SWIBHK	地下水资源盈余量	Surplus of groundwater resource	
SWIBHL	年平均动用贮存量	Annual average sum of employing storage	
SWIBHM	累计动用贮存量	Accumulated sum of employing storage	
SWIBHG	地下水资源采补平衡状况		
1	采补平衡	Balance of extraction and replenishment	
2	采大于补	Extraction over replenishment	
3	补给量大于开采量	Replenishment over extraction	
SWIC	地下水资源计算		
SWICA	水资源计算模型	Model of water resources calculation	
SWICB	水资源计算方法	Method of water resources calculation	
SWICC	计算方法说明	Explanation on calculation method	
SWICD	地下水资源评价	Ground water resources evaluation	
SWICA	水资源计算模型		
01	物理模型	Physical model	
02	数学模型	Mathematic model	
10	水量模型	Model of water quantity	水量计算模型
11	集中参数系统模型	Model of integrated parameter system	

表 1（续）

代　码	汉　字　名	英　译　名	说　明
12	分布参数系统模型	Model of distributed parameter system	
13	非确定性系统模型	Undeterminated statistical model	随机模型
14	经验方程模型	Experimental equation model	
15	回归方程模型	Regression equation model	
16	确定性模型	Determinate model	
17	渗流计算模型	Seepage calculation model	
18	非渗流计算模型	Non-seepage calculation model	水均衡法模型
20	水质模型	Model of water quality	水质计算模型
21	突变界面模型	Suddenly changing interface model	不溶混突变界面模型
22	弥散模型	Dispersion model	移流弥散模型
30	求参模型	Evaluating parameter model	
31	预报模型	Forecasting model	
32	动态模型	Regime model	非稳定模型
33	静态模型	Steady state model	稳定模型
40	管理模型	Management model	
41	水量管理模型	Model of water quantity management	
42	水质管理模型	Model of water quality management	
43	最优化模型	Optimization model	
SWICB	水资源计算方法		
010	解析计算法	Method of analytical calculation	水动力学方法
011	稳定流计算法	Method of steady flow calculation	
012	非稳定流计算法	Method of unsteady flow calculation	
020	开采-试验法	Mining-test method	
030	补偿疏干法	Compensation-dewatering method	
040	开采强度法	Mining intensity method	
050	相关分析法	Correlation analysis method	
060	水量均衡法	Water balance method	
070	单位静储量法	Specific permanent reserve	
080	流量降深曲线方程下推法	Extrapolation method with equation discharge draw-down curve	
090	水力指数法	Hydraulic index method	
100	允许开采模数法	Permissible mining modulus method	
110	水文分割法	Method of hydrograph separation	
120	地下径流模数法	Modulus method of groundwater runoff	
130	漏斗单位下降值法	Method of specific drawdown within funnel	
140	平均布井法	Method of well uniform distribution	
150	暗河断面截流法	Method of flow interception from cross-section under ground river	
160	数值计算法	Method of numerical calculation	
161	有限单元法	Finite element method	
162	有限差分法	Finite difference method	
170	系统理论法	Systematic theory method	

表 1（续）

代　码	汉　字　名	英　译　名	说　明
180	泉流量衰减方程法	Method of spring attenution equation	
190	水文地质比拟法	Analogy method of hydrogeology	
191	降深比拟法	Analogy method of drawdown	
192	下降系数比拟法	Analogy method of drawdown coefficient	
193	降雨入渗系数比拟法	Analogy method of infiltration coefficient of precipitation	
194	开采模数比拟法	Analogy method of mining modulus	
195	泉水最小流量比拟法	Analogy method of minimum spring discharge	
200	电网络模拟法	Analogy method of electric net work	
201	电阻网络模拟法	Analogy method of resistance net work	R-R 模拟法
202	电阻电容网络模拟法	Analogy method of resistance-capacitance net work	R-C 模拟法
203	电阻-电阻网络模拟法	Analogy method of resistance-resistance net work	
301	线性规划法	Linear program method	
302	边界元法	Boundary element integral method	
303	特征值法	Eigenvalue method	
400	水力学法	Hydraulics method	
500	地下水分析法	Analytic method of groundwater	
600	数理统计法	Mathematical statistics method	
SWICC	计算方法说明		
SWICCA	相关理论	Correlation theory	
SWICCB	数值法说明	Explanation of numerical method	
SWICCC	涌水量水位降深曲线方程	Equation discharge-drawndown curve	
SWICCA	相关理论		
10	变量	Variable	
11	自变量	Argument	
12	因变量	Dependent variable	
20	变量关系	Variable relation	
21	函数关系	Functional relation	
22	没有关系	No relation	
23	相关关系	Related relation	
30	相关类型	Correlation type	
31	简单相关	Simple correlation	
32	复相关	Complex correlation	
33	偏相关	Partial correlation	
34	线性相关	Linear correlation	
35	非线性相关	Nonlinear correlation	
40	回归方程	Regression equation	
41	一元线性回归方程	Linear regression equation of one variable	
42	一元非线性回归方程	Nonlinear regression equation of one variable	
43	二元直线回归方程	Linear regression equation of bi-variate	
44	二元曲线回归方程	Regression equation of bi-variate curve	
45	多元回归方程	Multivariate regression equation	

表 1（续）

代　码	汉　字　名	英　译　名	说　明
SWICCB	数值法说明		
010	计算边界	Calculation boundary	
011	已知水位边界	Boundary of known water level	第一类边界
012	已知流量边界	Boundary of known flow	第二类边界
013	混合边界	Mixed boundary	第三类边界
014	无限边界	Infinite boundary	
015	弱透水边界	Weakly pervious boundary	
020	差分网格	Difference grid	
021	内格	Internal grid	
022	边格	Edge grid	
023	外格	External grid	
024	等距网格	Equidistant grid	
025	不等距网格	In-equidistant grid	
026	矩形网格	Rectangle grid	
027	正方形网格	Square grid	
028	三角形网格	Triangle grid	
030	差分格点	Difference grid point	
031	内格点	Internal grid point	
032	边界格点	Boundary grid point	
040	有限元的单元体	Finite element unit	
041	三角形单元	Triangle element	
042	多边形单元	Polygonal element	
043	四面体单元	Tetrahedral element	
044	有抽水单元	Pumping element	
045	有越流补给单元	Leaky recharge element	
050	节点	Nodal point	
051	内节点	Internal nodal point	
052	外节点	External nodal point	
053	非节点井	Non-nodal well	
054	节点井	Nodal well	
055	插值井	Interpolation well	
056	一类边界外节点	External nodal point of first kind boundary	
057	二类边界外节点	External nodal point of second kind boundary	
060	节点编号规则	Rule of nodal point numbering	
061	顺时针方向编号	Numbering in clockwise direction	
062	逆时针方向编号	Numbering in anticlockwise direction	
070	参数优选	Parameter optimization	
071	单因素优选法	Single factor optimization	0.618 法
072	最小二乘法	Least square method	
073	单因子抛物线优选法	Parabola optimization of single factor	
074	参数初值	Initial value of parameter	
075	待求参数值	Undetermined parameter value	

表 1（续）

代码	汉字名	英译名	说明
076	优选参数值	Optimizing parameter value	
077	分配权值	Distributive value	
080	数学方程	Mathematics equation	
081	差分方程	Difference equation	
082	节点方程	Nodal equation	
083	常微分方程组	Ordinary differential equation	
084	变分法节点方程	Nodal equation of variation method	
085	伽辽金法节点方程	Nodal equation of Galerhin method	
090	差分方程解法	Solution of difference equation	
091	显式方法	Explicit method	
092	稳式方法	Implicit method	
093	交替方法	Alternating-direction method	
100	线性方程组解法	Solution of linear equations	
101	追赶法	Pursuance method	
102	迭代法	Iteration method	
103	LU 分解法	LU-decomposition method	
104	赛德尔法	Seidel method	
105	高斯消元法	Gauss′ elimination method	
110	计算程序	Computational program	
111	有限单元法源程序	Source program of finite element method	
112	潜水源程序	Source program of phreatic water	
113	承压水源程序	Source program of confined water	
114	混合型源程序	Source program of mixed type	
115	参数优选源程序	Source program of parameter optimization	
120	系统理论	Systematic theory	
121	模型系统	Model system	
122	时变系统	Time-varying system	
123	线性时不变系统	Fixed-time linear system	
130	数值法演题步骤	Operation of numerical method	
131	正演计算	Positive-going computation	
132	反演计算	Inverse computation	
140	灵敏度分析	Sensitivity analysis	
SWICCC	涌水量水位降深曲线方程		
10	涌水量水位降深曲线类型	Type of discharge-drawdown curve	
11	直线型	Linear type	
12	抛物线型	Parabola type	
13	幂函数曲线型	Curve type of power function	
14	对数曲线型	Logarithmic curve type	
20	曲线方程的类型	Type of curve equation	同涌水量水位降深曲线类型
30	曲线类型的鉴别	Identification of curve type	
31	作图法	Mapping method	伸直法

表 1（续）

代　码	汉　字　名	英　译　名	说　明
32	曲度法	Curvature method	
40	方程待定系数	Undeterminate coefficient of equation	
50	待定系数确定方法	Determinate method of undetermined coefficient	
51	图解法	Diagram method	
52	均衡误差法	Balance error method	
SWICD	地下水资源评价		
SWICDA	地下水资源量分级	Gradation of groundwater resource	开采储量研究程度
SWICDB	保证率	Guaranteed rate	经验保证率
SWICDC	流量频率	Flow frequency	
SWICDA	地下水资源量分级		
1	A 级	A-grade	
2	B 级	B-grade	
3	C 级	C-grade	
4	D 级	D-grade	
5	E 级	E-grade	
10	Cd 级	Cd-grade	
11	Dd 级	Dd-grade	
12	Ed 级	Ed-grade	
SWID	地下水资源评价数据		
SWIDAA	水位恢复值	Recovery value of water level	
SWIDAB	平均水位恢复速度	Average recovery velocity of water level	
SWIDAC	设计开采时间	Designed mining time	
SWIDAD	预测开采量	Prediction of mining quantity	
SWIDAE	预测降深值	Prediction of drawdown value	
SWIDAF	实际水位下降值	Real water level decrease	
SWIDAG	最大允许水位下降值	Maximum allowable water table decrease	
SWIDAH	补给水量体积	Volume of recharge water	
SWIDAI	疏干水量体积	Dewatering water volume	
SWIDAJ	地下水的开采强度	Mining intensity of groundwater	
SWIDAK	开采区中心水位降	Water level drawdown at the centre of mining area	
SWIDAL	计算区面积	Area of calculated region	
SWIDAM	单位开采下降值	Decrease of specific mining quantity	
SWIDAN	水位累积下降值	Accumulated decrease of water table	
SWIDAO	地下水盈余模数	Surplus modulus of groundwater	
SWIDAP	地下水允许开采模数	Allowable mining modulus of groundwater	
SWIDAQ	地下水亏损模数	Deficiency modulus of groundwater	
SWIDAR	泉水消耗系数	Coefficient of spring depletion	
SWIDAS	初始流量值	Initial flow value	
SWIDAT	末刻水位	Final water level	
SWIDAU	井群分布面积	Distribution area of well group	
SWIDAV	井群周边长度	Perimeter of well group	
SWIDAW	总水位削减值	Total influence value of water table	总水位影响值

表 1（续）

代 码	汉 字 名	英 译 名	说 明
SWIDAX	有效水位削减值	Effective influence value of water table	有效水位影响值
SWIDAY	计算干扰流量	Calculation interference flow	
SWIDBA	实测干扰流量	Measuring interference flow	
SWIDBB	含水层体积	Aquifer volume	
SWIDBC	单位储存量	Specific storage	
SWIDBD	降落漏斗体积	Volume of depression cone	
SWIDBE	疏干体积	Dewatering volume	
SWIDBF	开采水位降落漏斗扩展速率	Expanded rate of depression cone of mining level	
SWIDBG	降落漏斗中心水位最大下降速率	Maximum dropping rate of water level of center of depression cone	
SWIDBH	水位降落漏斗面积	Area of water level depression cone	
SWIDBI	降落漏斗中心水位最大埋深	Maximum burial depth of water level of center of depression cone	
SWIDBK	降落漏斗个数	Number of depression cone	
SWIDBL	降落漏斗中心水位下降速率	Dropping rate of water level of center of depression cone	
SDACDV	相关系数	Coefficient of correlation	
SWIDCB	抽样数	Sampling number	
SWIDCC	样本容量	Sample capacity	观测数据总数
SWIDCD	判断错误的概率	Probability of misjudgement	
SWIDCE	相关显著水平	Signicant level of correlation	
SWIDCF	剩余标准差	Residual standard error	
SWIDCG	均方根差	Root-mean-square error	
SWIDDA	系统输入值	Input value of system	
SWIDDB	系统输出值	Output value of system	
SWIDDC	权函数	Weight function	
SWIDDD	权序列长度	Length of weight sequence	
SWIDDE	非有效降水量	Ineffective precipitation	
SWIDEA	差分格点数	Number of difference grid point	
SWIDEB	格点总数	Total number of grid point	
SWIDEC	格点坐标	Coordinate of grid point	
SWIDED	网格中心点坐标	Coordinate of central point of grid	
SWIDEE	格距	Grid interval	
SWIDFA	单元体个数	Number of elements	
SWIDFB	单元体编号	Numbering of elements	
SWIDFC	节点数	Number of nodes	
SWIDFD	节点井数	Number of nodes well	
SWIDFE	非节点井数	Number of non-nodal well	
SWIDFF	节点编号	Numbering of nodes	
SWIDFG	水文地质单元编号	Number of hydrogeologic unit	单元特征数组
SWIDFH	参数分区数	Number of parameter division	
SWIDFI	节点坐标	Coordinate of node	

表 1（续）

代　码	汉　字　名	英　译　名	说　明
SWIDFJ	非节点井坐标	Coordinate of non-nodal well	
SWIDFK	节点井抽水量	Pumpage of nodal well	
SWIDFL	非节点井抽水量	Pumpage of non-nodal well	
SWIDFM	补给强度	Recharge intensity	
SWIDFO	第二边界侧向流入量	Lateral inflow of second kind boundary	
SWIDFP	单位面积入渗补给量	Infiltration recharge on unit area	
SWIDFQ	弱透水层影响系数	Influence coefficient of weakly pervious layer	
SWIDFR	越流区面积	Area of leaky region	
SWIDFS	越流渗透距离	Distance of leaky percolation	
SWIDFT	越流层厚度	Thickness of leaky aquifer	
SWIDFU	越流层垂向渗透系数	Vertical permeability of leaky aquifer	
SWIDFV	格点水头值	Water head value of grid point	
SWIDFW	节点水头值	Water head value of node	
SWIDFX	初刻水位	Initial water level	
SWIDFY	边界水头值	Water head value on boundary	
SWIDGA	计算时间	Calculation time	
SWIDGB	时间步长	Time step	
SWIDGC	预报时段	Prediction interval	
SWIDGD	水位相对拟合误差	Relative fitting error of water table	
SWIDGE	水位绝对拟合误差	Absolute fitting error of water table	
SWIDHA	目标函数方程	Objective function equation	
SWIDHB	约束条件	Binding condition	约束条件方程组
SWIDHC	基变量	Base variable	
SWIDHD	非基变量	No-base variable	
SWIDHE	模型计算结果的稳定性	Stability of model calculation	
SWIDHF	价值变量的允许变化范围	Allowable variation range of value variable	
SWIDHG	目标变量的允许变化范围	Allowable variation range of objective variable	
SWIDIA	线性规划问题解	Solution of linear program	
SWIDIB	基本解	General solution	
SWIDIC	基本可行解	General feasible solution	
SWIDID	最优基本可行解	Optimum general feasible solution	
SWIE	地下水资源管理		
SWIEA	地下水公害	Groundwater hazard	地下水过量开采公害
SWIEB	水资源规划	Water resources program	
SWIEC	水资源规划数据	Data of water resource planning	
SWIED	水资源保护的法律措施	Lawful measurement of protecting water resource	
SWIEE	地下水位持续下降原因	Cause of groundwater continuous drawdown	
SWIEF	地下水污染调查	Polluting investigation of ground water	
SWIEG	海水入侵	Sea water intrusion	
SWIEH	地下水库	Ground water reservoir	
SWIEI	地下水的人工补给	Artificial recharge of ground water	地下水人工回灌

表 1（续）

代码	汉字名	英译名	说明
SWIEA	地下水公害		
10	地下水位持续下降	Groundwater drawdown continuously	地下水位异常下降
20	含水层枯竭	Depletion of aquifer	
21	抽水量减小	Decrease of pumping discharge	
22	泉流量衰减	Attenuation of spring discharge	
23	泉水枯竭	Spring exhaustion	
30	地下空气缺氧	Oxygen deficit in subterranean atmosphere	
40	地下水水质恶化	Degradation of groundwater quality	
41	水质污染	Water pollution	
42	咸水入侵	Salt water intrusion	
43	地下水温上升	Temperature rise of groundwater	
44	地下水温下降	Temperature drop of groundwater	
50	水井吊泵	Pump suspended in well	
51	抽水费用增加	Increment of pumping cost	
SWIEB	水资源规划		
SWIEBA	用水部门	Department of water use	
SWIEBB	供水水源	Source of water supply	
SWIEBC	水资源开发方案	Program of water resources development	
SWIEBD	农田水利规划方案	Program of water conservancy of farmland	
SWIEBE	用水标准	Standard of water use	
SWIEBA	用水部门		
001	工业	Industry	
010	农田灌溉	Irrigation of farmland	
020	生活用水	Domestic water use	
030	牲畜饮用	Drinking water for livestock	
040	锅炉用水	Water use for boiler	
050	园林绿化	Gardens afforestation	
060	空调降温	Temperature decrease of air-conditioning	
070	冷却循环	Cooling circulation	
080	水产养殖	Breeding of aquatic products	
090	农业	Agriculture	
100	畜牧业	Animal husbandry	
SWIEBB	供水水源		
1	本地水源	Domestic water source	
2	引进水源	Import water	
3	回收改良水	Recovered-treated water	再生水源
4	淡化海水	Freshened sea water	
SWIEBC	水资源开发方案		
1	单一水源	Single water source	
2	联合水源	Combined water sources	
3	垮流域引水	Water importing from transwatershed	
SWIEBD	农田水利规划方案		

表 1（续）

代 码	汉 字 名	英 译 名	说 明
01	井灌	Irrigation with well	
02	渠灌	Irrigation with ditch	
03	井渠联灌	Irrigation with well and ditch	
04	渠排	Drainage with ditch	
05	井排	Drainage with well	
06	渠灌井排	Irrigation with ditch and drainage with well	
SWIEC	水资源规划数据		
SWIECA	需水量	Water requirement	
SWIECB	总需水量	Total water demand	
SWIECC	目前需水量	Present water demand	
SWIECD	实际用水量	Real quantity of water consumption	
SWIECE	计划供水量	Planned quantity for water supply	
SWIECF	实际供水量	Real quantity of water supply	
SWIECG	单位产品耗水量	Consumptive water quantity per unit product	
SWIECH	单位产值耗水量	Consumptive water quantity per unit output value	
SWIECI	农田水利化程度	Degree of bringing all farmland under irrigation	
SWIECJ	水的循环利用率	Rate of water circulation and water utilization	水的重复利用率
SWIECK	回收水量	Recovered water quantity	
SWIECL	回收率	Rate of recovery	灌溉面积和总耕地面积的百分比
SWIECM	供水量	Water supply yield	
SWIECN	水资源开发工程投资	Investment of water resources developing engineering	
SWIECO	单位水量的投资	Investment per unit water volume	
SWIECP	单位水量成本	Cost per unit water volume	
SWIECQ	输水线路长度	Length of transporting water line	
SWIECR	需水量满足程度	Satisfied degree of water demand	
SWIECS	工业需水量	Industrial water demand	
SWIECT	工业用水量	Water yield for industrial use	
SWIECU	农业需水量	Agricultural water demand	
SWIECV	生活需水量	Domestic water demand	
SWIECW	农业用水量	Water yield for agricultural use	
SWIECX	生活用水量	Water yield for domestic use	
SWIECY	其他	Other	
SWIECR	需水量满足程度		
1	完全可以满足	Full satisfaction	
2	基本可以满足	Basic satisfaction	
3	不能满足	Non-satisfaction	
SWIED	水资源保护的法律措施		
SWIEDA	水资源法的名称	Name of water resource law	
SWIEDB	水价	Cost of water	
SWIEDC	含水层年允许疏干率	Rate of allowable aquifer dewatering	

表 1（续）

代 码	汉 字 名	英 译 名	说 明
SWIEDD	含水层允许疏干年限	The number of years set for allowable aquifer dewatering	
SWIEDE	含水层允许疏干深度	Depth of allowable aquifer dewatering	
SWIEDF	含水层年疏干率	Yearly rate of aquifer dewatering	
SWIEDG	水井使用年限	Service life of well	
SWIEDI	允许抽水降深	Allowed pumping drawdown depth	
SWIEDJ	允许抽水量	Allowed pumping amount	
SWIEDK	允许抽水时间	Allowed pumping time	
SWIEDL	潜力分析	Potential analysis	
SWIEDA	水资源法的名称		
10	国家水法	Water law of state	
11	地方水法	Local water law	
20	防止水污染法	Law of water pollution prevention	
30	防止地面沉陷法	Law of land subsidence prevention	
40	建井申请法	Law of well building application	
SWIEDL	潜力分析		
1	超采	Overexploitation	
2	平衡	Balance	
3	盈余	Excess	
SWIEE	地下水位持续下降原因		
10	地下水超采	Groundwater overdevelopment	开采量大于补给量
20	开采井密度过大	Overdensity of developing well	
30	补给源自然衰减	Natural attenuation of recharge source	
31	降水量减少	Decrease of rainfall	
32	河流水量减少	Decrease of water quantity in river	
33	植被面积减少	Decrease of vegetation cover	
40	补给源人为衰减	Artificial attenuation of recharge source	
41	上游河道截流	Interception of upper reaches of river	
42	矿山深部疏干	Deep dewatering at the mine	
43	水源互相袭夺	Interpiracy of water sources	
44	包气带入渗条件变差	Deterioration of infiltration condition in areation zone	
SWIEF	地下水污染调查		
SWIEFA	废水类型	Type of waste water	
SWIEFB	地下水污染标志	Mark of groundwater pollution	
SWIEFC	污水入渗通道	Passage of waste water infiltertion	污水入渗途径
SWIEFD	污水处置措施	Measures of waste liquid disposal	
SWIEFE	地下排污工程	Underground engineering of waste disposal	
SWIEFG	含水层的防污条件	Condition of waste prevention of aquifer	
SWIEFH	包气带自净能力	Ability of self-cleaning of aeration zone	
SWIEFI	防治地下水污染的措施	Measures of protecting and administering ground water pollution	
SWIEFK	污水排放量	Discharge of waste water	

表 1（续）

代　码	汉　字　名	英　译　名	说　明
SWIEFL	污水排放浓度	Concentration of waste water disposal	
SWIEFM	允许污水排放量	Allowable discharge of waste water	
SWIEFN	允许污水排放浓度	Allowable concentration of waste water disposal	
SWIEFO	排污层深度	Depth of waste disposal stratum	
SWIEFP	垃圾淋出液成分	Composition of leaching liquid from refuse	
SWIEFQ	水质超标区面积	Area of water quality overstandard	
SWIEFR	地下水污染监测项目	Monitoring terms of ground water pollution	
SWIEFS	排污层时代	Age of waste disposal stratum	
SWIEFT	排污层岩性	Lithologic characters of waste disposal stratum	
SWIEFU	水质污染区面积	Area of water quality pollution region	
SWIEFA	废水类型		
01	工业废水	Industrial waste water	
10	生活污水	Waste water of domestic use	
20	矿坑废水	Waste water of deposit	
30	农药残液	Remaining liquid of pesticide	
40	化肥残液	Remaining liquid of fertilizer	
50	高温冷却弃水	Cooling waste water of high temperature	
SWIEFB	地下水污染标志		
10	毒性有机化合物检出	Detection of toxic-organic compound	
20	毒性金属元素超标	Overstandard of toxic metallic element	
30	细菌病毒含量超标	Overstandard of bacterial virus content	
40	水质硬化	Water quality hardening	硬度逐年上升
50	水质矿化	Water quality mineralization	矿化度逐年升高
60	水质酸化	Water quality acidation	pH 值逐年下降
70	单项离子含量逐年上升	Rising of single ion content year after year	
SWIEFC	污水入渗通道		
01	外围含水层	Peripheral aquifer	
02	隔水顶板天窗	Louver of upper impervious layer	
03	断层通道	Passage of fault	
04	岩溶通道	Karst passage	
05	井壁和套管间隙	Gap between well wall and casing	
06	地下坑道	Underground pit	
07	排污工程	Engineering of waste disposal	
08	废弃水井	Abandoned well	
SWIEFD	污水处置措施		
01	沉淀蒸发	Precipitation evaporation	
02	地下散失	Underground seepage loss	
03	污灌	Irrigation with waste water	
04	过滤处理	Filtering treatment	
05	氧化塘	Oxidative pond	
06	排入地表水体	Drainage to surface water	
07	冲淡排放	Dilution and disposal	

表 1（续）

代码	汉字名	英译名	说明
08	理化处理	Physical-chemical treatment	
09	生化处理	Biochemical treatment	
SWIEFE	地下排污工程		
01	污水渗库	Infiltration reservoir of sewage	
02	污水渗渠	Infiltration ditch of sewage	
03	污水渗坑	Infiltration pit of sewage	
04	污水渗井	Infiltration well of sewage	
06	废旧矿坑	Abandoned mine	
07	钻孔深部排污	Waste disposal in the depths of borehole	
SWIEFI	防治地下水污染的措施		
01	限制污水排放量	Limit drainaging amount of polluted water	
02	限制污水排放浓度	Limit drainaging concentration of polluted water	
03	堵塞污水进入通道	Blocking passage of polluted water coming in	
04	减少地面污水入渗	Decreasing seepage of polluted water from ground surface	
05	设置地下防污帷幕	Setting up underground protecting pollution curtain	
06	人工回灌冲淡已污染水质	Diluting polluted water by artificial recharge	
07	抽出已污染水体	Pumping polluted water body	
08	设置截污井排	Setting up well rows for protecting pollution	
SWIEG	海水入侵		
SWIEGA	海水入侵状况	Condition of sea water intrusion	
SWIEGB	海水入侵方式	Pattern of sea water intrusion	
SWIEGC	防止海水入侵的措施	Preventative measures of sea water intrusion	
SWIEGD	海水入侵距离	Distance from sea water intrusion	
SWIEGE	海水入侵面积	Area of sea water intrusion	
SWIEGF	海水入侵速度	Velocity of sea water intrusion	
SWIEGG	海水入侵时间	Time of sea water intrusion	
SWIEGH	入侵前的矿化度	Salinity before intrusion	
SWIEGI	入侵后的矿化度	Salinity after intrusion	
SWIEGJ	入侵前氯离子含量	Chloride ion content before intrusion	
SWIEGK	入侵后氯离子含量	Chloride ion content after intrusion	
SWIEGL	氯离子含量日增率	Daily increasing rate of chloride ion content	
SWIEGM	咸淡水界面的埋深	Buried depth of salt-fresh water interface	
SWIEGN	入侵前的地下水型	Ground water type before intrusion	
SWIEGO	入侵后的地下水型	Ground water type after intrusion	
SWIEGP	盐分浓度过渡带宽度	Width of transitional belt salt concentration	
SWIEGQ	峰面推进速度	Advancing velocity front	
SWIEGA	海水入侵状况		
1	没有入侵	Non-intrusion	
2	开始入侵	Initial intrusion	
3	严重入侵	Severe intrusion	
SWIEGB	海水入侵方式		

表 1（续）

代码	汉字名	英译名	说明
01	带状入侵	Strip intrusion	
02	咸水楔	Salt brinewedge	咸水舌侵入
03	上升咸水锥体	Rising salt brine cone	
04	面状入侵	Intrusion on an area	
05	沿海岸入侵	Intrusion through the beach of the sea	
06	沿河道入侵	Intrusion through river course	
07	沿裂隙岩溶通道入侵	Intrusion through fissure-karst passage	
SWIEGC	防止海水入侵的措施		
01	淡水屏障	Fresh water barrier	
02	抽水槽	Pumping trough	
03	注水脊	Injecting ridge	
04	减少开采量	Mining yield decrease	
05	地下挡水墙	Water retaining wall	
SWIEH	地下水库		
SWIEHA	地下水库类型	Type of groundwater reservoir	
SWIEHB	地下水库调蓄能力	Capacity of groundwater reservoir regulation	
SWIEHC	地下水库面积	Area of groundwater reservoir	
SWIEHD	贮水层时代	Age of water-storing bed	
SWIEHE	贮水层岩石	Rock of water-storing bed	
SWIEHF	允许的最高水位	Allowable maximum water level	
SWIEHG	最佳水位变动区间	Interval of optimal water level change	
SWIEHH	地下水库总库容	Total capacity of groundwater reservoir	
SWIEHI	地下水库供水能力	Ability of water supply from groundwater reservoir	
SWIEHA	地下水库类型		
01	有坝式	Reservoir with dam	
02	无坝式	Reservoir with damless	
03	混合式	Mixture type of reservoir	
04	帷幕式	Heavy curtain type	
SWIEHB	地下水库调蓄能力		
1	多年调节	Perennial regulation	
2	年调节	Annual regulation	
SWIEI	地下水的人工补给		
SWIEIA	人工补给目的	Purpose of artificial recharge	
SWIEIB	人工回灌的水源	Water resources for artificial recharge	
SWIEIC	回灌水质	Quality of recharging water	
SWIEID	回灌水质标准	Standard of recharging water quality	
SWIEIE	人工补给方法	Measures of artificial recharge	
SWIEIF	人工补给工程	Engineering of artificial recharge	
SWIEIG	回灌井回扬方法	Back pumping method of disposal well	
SWIEIH	人工补给层时代	Age of artificial recharge stratum	
SWIEII	人工补给层岩石	Rock of artificial recharge layer	
SWIEIJ	人工补给层厚度	Thickness of artificial recharge stratum	

表 1（续）

代码	汉字名	英译名	说明
SWIEIA	人工补给目的		
01	扩大开采量	Augmenting mining yield	
02	稳定供水能力	Stabilizing the capacity of water supply	
03	防止地面沉降	Preventing land subsidence	
04	建造淡水屏障	Building fresh water barrier	
05	输送引进水体	Delivering imported water	
06	地下储能	Underground storage of energy	
07	控制地震	Earthquake control	
08	改良劣质地下水	Ameliorating inferior groundwater	
09	防止地下水位持续下降	Preventing groundwater continuously drawdown	
SWIEIB	人工回灌的水源		
01	河流弃洪	Surplus water from river during flood season	
02	临时性表流	Temporary surface flow	
03	汇集雨水	Rainfall collection	
04	处理过的废水	Treated waster water	
SWIEIE	人工补给方法		
10	地面入渗法	Infiltration from spreading surface land	
20	地表水诱导补给	Induced recharge of surface water	
30	灌溉回渗法	Recharge with irrigation water	
40	水盆地渗入补给	Infiltration from water basin	
50	水井注入法	Water injection of well	
51	加压回灌	Pressurizing recharge	
52	真空回灌	Vacuum recharge	
53	自流回灌	Artesian recharge	
54	降温加压回灌	Recharge with method of decreasing temperature and increasing pressure	
60	冬灌夏用	Recharging in winter and utilizing in summer	
61	夏灌冬用	Recharging in summer and utilizing in winter	
62	间断回灌	Intermittent recharge	
63	连续回灌	Continuous recharge	
SWIEIF	人工补给工程		
01	渗入池	Infiltration pond	
02	入渗渠	Infiltration ditch	
03	人工回灌井	Artificial recharge well	
04	漏库	Leaky reservoir	
05	渗水洼地	Leaky depression	
06	渗水浅井	Leaky shallow well	
07	河床滞流工程	Engineering of leaky riverbed	
08	渗漏草场	Leaky lawn	
SWIEIG	回灌井回扬方法		
1	不定时回扬	Timingless back-pumping	
2	定时回扬	Timing back-pumping	

表 1（续）

代　码	汉　字　名	英　译　名	说　明
3	真空回扬	Vacuum back-pumping	
4	吸气回扬	Back-pumping with air absorption	
5	回流回扬	Back-pumping with flow back	
SWIF	地下水人工补给数据		
SWIFAA	回灌工程数量	Number of artificial recharge engineering	
SWIFAB	回灌工程面积	Area of artificial recharge engineering	
SWIFAC	回灌工程长度	Length of artificial recharge engineering	
SWIFAD	回灌工程深度	Depth of artificial recharge engineering	
SWIFAE	补给能力	Capacity of replenishment	
SWIFBA	补给工程总投资	Total investment of recharge works	
SWIFBB	单位回灌水量的投资	Investment per unit recharge water volume	
SWIFBC	单位回灌量费用	Cost per unit recharge water volume	
SWIFCA	补给速度	Rate of replenishment	
SWIFCB	回灌量	Quantity of water recharge	
SWIFCC	单井回灌量	Recharge per single well	
SWIFCD	回扬量	Quantity of back-pumping	
SWIFCE	纯灌量	Net recharge	
SWIFCF	单位回灌量	Recharge per unit pressure head	
SWIFCH	回灌日期	Date of recharge	
SWIFCI	回灌时数	Duration of recharge	
SWIFCJ	回灌周期	Period of recharge	
SWIFCK	地下水位回升值	Value of waterlevel rising again	
SWIFCL	地下水位回升速度	Velocity of waterlevel rising again	
SWIFCM	单位距离的水温下降值	Value of water temperature drop per unit distance	
SWIFCN	补给水地下停滞时间	Duration of recharging water detention underground	
SWIFCO	补给水扩散范围	Spreading field of recharging water	
SWIFCP	补给水扩散速度	Spreading velocity of recharging water	
SWIFCQ	回灌压力	Recharging pressure	
SWIFCR	回灌水位	Recharged water level	
SWIFDA	回扬前静水位	Static water table before back-pumping	
SWIFDB	回扬动水位	Dynamic water table of back-pumping	
SWIFDC	回扬时数	Duration of back-pumping	
SWIFDD	回扬水量	Water quantity of back-pumping	
SWIFDE	回扬次数	Number of back-pumping	
SWIFDF	回扬前的回灌量	Recharging water quantity before back-pumping	
SWIFDG	回扬后的回灌量	Recharging water quantity after back-pumping	
SWIFDH	回扬增加的净增量	Increment of net recharge for back-pumping	
SWIFDI	回扬周期	Period of back-pumping	
SWIFDJ	回扬前的水质	Water quality before back-pumping	
SWIFDK	回扬后的水质	Water quality after back-puming	
SWJ	矿床水文地质		
SWJA	矿床充水条件	Condition of mineral deposit inundation	

表 1（续）

代　码	汉　字　名	英　译　名	说　明
SWJB	矿床水文地质边界	Hydrogeologic boundary of mineral deposit	矿床边界进水条件
SWJC	矿床水文地质分类	Classification of mineral deposit-hydrogeology	
SWJD	矿井涌水量预测	Prediction of water yield of mine	
SWJE	矿井突水	Bursting water in mine	
SWJF	矿床疏干与矿井防水	Mineral deposit dewatering and water prevention in mine	
SWJG	矿区地下热害	Heat hazard of mining area	
SWJH	矿床水文地质数据	Data of mineral deposit-hydrogeology	
SWJI	矿坑水文地质现象	Hydrogeologic phenomenon in mines	
SWJJ	矿坑水	Pit water	
SWJA	矿床充水条件		
SWJAA	矿床充水水源	Water source of mineral deposit inundation	
SWJAB	充水通道	Passage of water inundation	充水途径
SWJAC	充水影响因素	Effective factors of inundation	
SWJAD	矿体空间位置	Location of ore body in space	
SWJAA	矿床充水水源		
1	老窑水	Goaf water	
SWJAB	充水通道		
10	人工充水通道	Passage of artificial water filling	
11	钻孔通道	Passage of borehole	
12	顶板冒落通道	Passage of apical layer collapse	
13	底板突破通道	Passage of bottom layer break through	
20	天然充水通道	Passage of natural water filling	
21	含水层通道	Passage of aquifer	
22	强裂隙通道	Passage of heavy fracture	
23	地震裂隙通道	Passage of earthquake fracture	
24	岩溶塌陷通道	Passage of karst collapse	
25	岩溶天窗通道	Passage of karst louver	
26	岩溶管道通道	Passage of karst pipe	
27	岩溶裂隙通道	Passage of karst fissure	
28	岩溶陷落柱通道	Passage of karst collapse column	
SWJAD	矿体空间位置		
10	侵蚀基准面以上	Above the erosional basis	
11	侵蚀基准面以下	Under the erosional basis	
20	地下水位以上	Above ground water table	
21	地下水位以下	Under ground water table	
30	近地表水体	Near by surface water	
31	远离地表水体	Far from surface water	
SWJB	矿床水文地质边界		
SWJBA	矿床平面边界类型	Type of planar boundary of mineral deposit	
SWJBB	矿床垂向边界类型	Type of vertical boundary of mineral deposit	
SWJBC	隔水层完整性	Completeness of aquifuge	

表 1（续）

代码	汉字名	英译名	说明
SWJBD	隔水层稳定性	Stability of aquifuge	
SWJBA	矿床平面边界类型		
1	复杂边界	Complicated boundary	
2	简单边界	Simple boundary	
SWJBB	矿床垂向边界类型		
10	顶板隔水边界	Impervious boundary of apical layer	
11	顶板透水边界	Pervious boundary of apical layer	
20	底板隔水边界	Impervious boundary of bottom layer	
21	底板透水边界	Pervious boundary of bottom layer	
SWJBC	隔水层完整性		
1	隔水层完整	Complete aquifuge	
2	隔水层不完整	Incomplete aquifuge	
3	隔水层局部缺失	Partly incomplete aquifuge	
SWJBD	隔水层稳定性		
1	厚度稳定	Stable thickness	
2	逐渐变薄	Gradually thinning	
3	局部变薄	Locally thinning	
4	局部缺失	Local lacuna	
5	缺失	Lacuna	
SWJC	矿床水文地质分类		
SWJCA	分类方案	Classificatory plan	
SWJCB	矿床水文地质分类等级	Classificatory grade of mineral deposit-hydrogeology	
SWJCC	矿床水文地质类型	Type of mineral deposit-hydrogeology	
SWJCD	矿床水文地质条件复杂程度	Complicated degree of condition of mineral deposit-hydrogeology	
SWJCE	露天矿床水文地质勘探类型	Hydrogeologic exploration type of open-to-air mine	
SWJCA	分类方案		
10	地质部一九八二年分类	Classification by geological ministry in 1982	
11	地质部一九八三年分类	Classification by geological ministry in 1983	
12	王锐分类	Wang Rui classification	
13	沈尔炎分类	Shen Eryan classification	
20	Д. N. 谢戈列夫分类	D. I. Shegolev classification	
21	Л. П. 聂留波夫分类	L. P. Nierobov classification	
22	С. П. 普罗霍夫分类	S. P. prlhorov classification	
23	С. В. 特罗杨斯基分类	S. V. Trojanski classification	
24	П. П. 克利门托夫分类	P. P. Klimantov classification	
25	Н. N. 普洛特尼科夫分类	N. I. Protnikov classification	
26	阿加比耶夫分类	Acabijev classification	
SWJCB	矿床水文地质分类等级		
1	类	Category	
2	亚类	Sub-category	
3	型	Pattern	

表 1(续)

代　码	汉　字　名	英　译　名	说　明
4	级	Grade	
SWJCC	矿床水文地质类型		
10	孔隙充水矿床	Mineral deposit of pore inundation	
20	裂隙充水矿床	Mineral deposit of fissure inundation	
30	岩溶充水矿床	Mineral deposit of karst inundation	
40	大水岩溶矿床	Mineral deposit of karst flooding	
41	溶蚀裂隙充水矿床	Mineral deposit of karst-fissure inundation	
42	溶洞充水矿床	Mineral deposit of karst grotto	
43	暗河充水矿床	Mineral deposit of underground river inundation	
50	直接进水的矿床	Mineral deposit of direct inundation	
51	顶板间接进水的矿床	Mineral deposit of indirect inundation from apical layer	
52	底板间接进水的矿床	Mineral deposit of indirect inundation from bottom layer	
SWJCE	露天矿床水文地质勘探类型		
1	不需要专门疏干的矿床	Ore deposits of nonspecial drainage	第一型矿床
2	易于疏干的矿床	Ore deposits of easy drainage	第二型矿床
3	难于疏干的矿床	Ore deposits of difficult drainage	第三型矿床
SWJD	矿井涌水量预测		
SWJDA	矿井涌水量	Water yield of mine	
SWJDB	矿井涌水量预测方法	Method of water yield prediction	
SWJDC	涌水量参数计算方法	Calculating method of water yield parameter	
SWJDA	矿井涌水量		
SWJDAA	矿坑正常涌水量	Normal water yield of mine	
SWJDAB	矿坑总涌水量	Total water yield of mine	
SWJDAC	矿坑最大涌水量	Maximum water yield of mine	
SWJDAD	开拓井巷涌水量	Water yield of development opening	
SWJDAE	疏干工程排水量	Discharge of dewatering engineering	
SWJDAF	旋回涌水量	Cycle water yield	
SWJDAG	峰期涌水量	Water yield in peak runoff period	
SWJDAH	矿坑预测涌水量	Predicting water yield of mine	
SWJDAI	矿坑实测涌水量	Measured water yield mine	
SWJDB	矿井涌水量预测方法		
1	富水系数比拟法	Analogical method of coefficient water content	
2	分区法	Divisional method	
3	大井法	Method of big aperture well	
SWJDC	涌水量参数计算方法		
1	加权平均法	Weighted averaging method	
2	厚度平均法	Thickness averaging method	
3	面积平均法	Area averaging method	
4	方向平均法	Direction averaging method	
5	流场分析法	Method of flow field analysis	
6	闭合等值线法	Method of closed contour	
SWJE	矿井突水		

表 1（续）

代 码	汉 字 名	英 译 名	说 明
SWJEA	突水水源	Source of bursting water	
SWJEB	突水分类	Classification of bursting water	
SWJEC	突水规模	Scale of bursting water	
SWJED	突水点位置	Location of bursting point	
SWJEE	顶底板破坏现象	Destructive phenomenon of apical or bottom bed	
SWJEF	顶底板破坏分带	Destructive zoning of apical or bottom bed	
SWJEG	突水可能性预测	Prediction of water bursting possibility	
SWJEH	安全程度分区	Division of safe degree	
SWJEI	来压方式	Pattern of coming pressure	
SWJEB	突水分类		
01	巷道突水	Bursting water in mining tunnel	
02	采场突水	Bursting water at stope	
03	顶板突水	Bursting water from apical bed	
04	底板突水	Bursting water from bottom bed	
05	侧向突水	Lateral bursting water	
06	老窑突水	Bursting water from goaf	
10	瞬时突水	Transient bursting water	
11	滞后突水	Delayed bursting water	
30	断裂突水	Bursting water of fault	
SWJEC	突水规模		
1	特大突水	Exceptionally big bursting water	
2	大型突水	Large scale of bursting water	
3	中型突水	Medium scale of bursting water	
4	小型突水	Small scale of bursting water	
SWJED	突水点位置		
1	顶板	Apical bed	
2	底板	Bottom bed	
3	回采工作面	Stope	
4	侧帮	Lateral wall	
5	掌子面	Face of work area	
SWJEE	顶底板破坏现象		
01	来压	Coming pressure	
02	岩层变形	Deformation of rock	
03	底板鼓起	Break out of bottom bed	
04	岩层破裂	Break of stratum	
05	岩层移动	Movement of stratum	
06	顶板冒落	Collapse of apical bed	
07	出水	Yielding water	
08	突水	Bursting water	
SWJEF	顶底板破坏分带		
10	冒落带	Collapse zone	
11	整体移动带	Whole shift zone	

表 1（续）

代码	汉字名	英译名	说明
12	裂隙带	Fissure zone	
20	有效破裂带	Effective fractured zone	
21	弹缩性变形带	Elastic deformation zone	
22	断层异常升高带	Abnormal rise zone of fault	
SWJEG	突水可能性预测		
1	安全	Safety	
2	临界状态	Critical condition	
3	可能突水	Possible bursting water	
4	可能渗入	Possible infiltration	
5	危险	Danger	
6	灌入	Pouring in	
SWJEH	安全程度分区		
1	安全区	Safe area	
2	危险区	Dangerous area	
3	准安全区	Quasi-safe area	
SWJEI	来压方式		
1	首次来压	First coming pressure	
2	二次来压	Second coming pressure	
3	周期来压	Periodic coming pressure	
SWJF	矿床疏干与矿井防水		
SWJFA	矿床疏干方式	Pattern of mineral deposit dewatering	
SWJFB	矿床疏干工程	Engineering of mineral deposit dewatering	
SWJFC	防水措施	Measures of water prevention	
SWJFD	矿井探水与放水	Probing water and draining water in the mine	
SWJFE	矿井堵水方法	Block up water method in mining well	
SWJFF	矿井堵水效果	Effect of water blocking of mine	
SWJFA	矿床疏干方式		
10	预先疏干	Advance dewatering	超前疏干
11	并行疏干	Dewatering with mining	开采疏干
20	地表疏干	Surface dewatering	
21	地下疏干	Underground dewatering	
22	联合疏干	Combined dewatering	
30	自行疏干	Automatic dewatering	
40	巷道钻孔结合疏干	Dewatering with gallery and borehole	
SWJFB	矿床疏干工程		
10	疏干巷道	Dewatering lane	
20	疏干孔	Dewatering borehole	
21	直通式疏干钻孔	Directly lead borehole for dewatering	
22	打入式疏干钻孔	Dirving borehole for dewatering	
30	放水孔	Drainage borehole	
40	泄水孔	Discharge borehole	吸水孔
SWJFC	防水措施		

表 1（续）

代　码	汉　字　名	英　译　名	说　明
10	地面防水措施	Measures of water prevention on surface	
11	填堵进水通道	Blocking and stuffing intake passage	
12	排出或截留洪水	Draining or intercepting flood water	
13	河渠防渗	Seepage prevention of river and ditch	
14	河流改道	Change of river course	
20	井下防水措施	Measures of water prevention under the mine	
21	防水矿柱	Pillar of water prevention	
22	防水岩柱	Rock column of water prevention	
23	防水闸门	Sluice gate of water prevention	
24	防水墙	Wall of water prevention	
SWJFD	矿井探水与放水		
10	井下探水	Water probing in well	
11	探水线	Line of water probing	
12	探水警戒线	Warning line of water probing	
13	探水钻孔	Bore hole of water probing	
20	井下放水	Drainage in borehole	
21	放水钻孔	Draining borehole	
SWJFE	矿井堵水方法		
10	局部性堵水	Local water blocking	
11	井巷注浆堵水	Blocking water with grouting of shaft and mining lane	
12	封堵突水点	Sealing and blocking the point of bursting water	
13	注浆升压封堵	Seal and block with grouting and pressure heightening	
20	全区性截流	Regional water intercepting	
21	帷幕灌浆堵水	Blocking water with grouting heavy curtain	
SWJFF	矿井堵水效果		
SWJFFA	帷幕内地下水头	Ground water head in curtain grouting heavy	
SWJFFB	帷幕外地下水头	Ground water head outside the grouting heavy curtain	
SWJFFC	帷幕内外水头差	Difference of water head between the grouting heavy curtain inside and outside	
SWJFFD	堵水前的水位	Water table before water blocking	
SWJFFE	堵水后的水位	Water table after water blocking	
SWJFFF	堵水前后水头差	Difference of water head between before and after water blocking	
SWJFFG	堵水前的排水量	Discharge before water blocking	
SWJFFH	堵水后的排水量	Discharge after water blocking	
SWJG	矿区地下热害		
SWJGA	热害源类型	Type of heat hazard source	
SWJGB	矿井温度	Temperature of mine	
SWJGA	热害源类型		
1	岩温型	Type of rock heat	
2	热水型	Type of hot water	
3	混合型	Mixed type	

表 1（续）

代码	汉字名	英译名	说明
SWJGB	矿井温度		
SWJGBA	矿井气温	Atmospheric temperature of mine	
SWJGBB	矿井岩温	Rock heat of mine	
SWJGBC	矿井水温	Water temperature of mine	
SWJH	矿床水文地质数据		
SWJHAA	疏干水平	Dewatering level	
SWJHAB	疏干半径	Dewatering radius	
SWJHAC	引用宽度	Quoted width	
SWJHAD	影响带宽度	Width of influence zone	
SWJHAE	大井引用半径	Quoted radius of big aperture well	
SWJHAF	矿井富水系数	Water content coefficient of mine	
SWJHAG	雨季峰期时间	Peak time in rainy season	
SWJHAH	峰期的降雨补给强度	Replenishment intensity of precipitation during peak season	
SWJHAI	峰期系数	Coefficient during peak season	
SWJHAJ	雨季矿坑最大涌水量	Maximum water yield of mine in rainy season	
SWJHAK	暴雨强度	Intensity of storm	
SWJHAL	峰期旋回降雨量	Cycled precipitation during peak season	
SWJHAM	暗河充水系数	Inundation coefficient of underground river	
SWJHAN	疏干时间	Dewatering time	
SWJHBA	突水点坐标	Coordinate of water bursting point	
SWJHBB	突水点高程	Altitude of water bursting point	
SWJHBC	突水时间	Time of water bursting	
SWJHBD	突水量	Quantity of water bursting	
SWJHBE	初期突水量	Quantity of water bursting in the early days	
SWJHBF	稳定突水量	Steady quantity of water bursting	
SWJHBG	顶板突水量	Water bursting yield from apical bed	
SWJHBH	底板突水量	Water bursting yield from bottom bed	
SWJHBI	最大突水量	Maximum water bursting yield	
SWJHBJ	突水延续时间	Continuous period of water bursting	
SWJHCA	理论安全水压值	Value of safe water pressure in theory	
SWJHCB	实际静水压力值	Real value of static water pressure	
SWJHCC	隔水层最小安全厚度	Minimum-safe thickness of aquifuge	
SWJHCD	理论最小安全厚度	Minimum-safe thickness in theory	
SWJHCE	允许静水压力值	Allowable value of static water pressure	
SWJHCF	隔水层实际厚度	Real thickness of aquifuge	
SWJHCG	安全宽度	Safe width	
SWJHCH	安全水平距	Safely horizontal distance	
SWJHCI	水压降低值	Value of water pressure decrease	
SWJHCJ	突水系数	Water bursting coefficient	阻水系数
SWJHCK	临界突水系数	Critical coefficient of water bursting	
SWJHCL	冒落带高度	Height of collapse zone	

表 1（续）

代　码	汉　字　名	英　译　名	说　明
SWJHCM	底板破坏带厚度	Thickness of destructive zone of bottom bed	
SWJHCN	岩石等效系数	Equivalent coefficient of rock	
SWJHCO	等效厚度	Equivalent thickness	
SWJHCP	质量等效系数	Equivalent coefficient of mine	
SWJHCQ	矿山压力系数	Pressure coefficient of mine	
SWJHCR	有效破裂带深度	Depth of effective fractured zone	
SWJHCS	高压水破裂带深度	Depth of fractured zone of high pressure water	
SWJHCT	矿山压力破裂带深度	Depth of fractured zone of mine-pressure	
SWJHCU	碎胀系数	Breaking and expanding coefficient	
SWJHCV	破裂带高度	Height of fractured zone	
SWJI	矿坑水文地质现象		
SWJIA	坑道进水方式	The inflow way of water in gallery	
SWJIB	矿井地下水灾害	Groundwater disaster in mines	
SWJIA	坑道进水方式		
1	滴水	Dropping water	
2	淋水	Leaching water	
3	涌水	Gushing water	
SWJIB	矿井地下水灾害		
1	淹井	Shafe submergence	
2	矿井涌沙	Sand gushing in mines	
3	井巷突泥	Bursting mud in mining tunnel	
SWJJ	矿坑水		
SWJJA	矿井名称	Shaft name	
SWJJB	矿坑排水量	Mine drainage yield	
SWJJC	矿坑水总量	Total yield of pit water	
SWJJD	矿坑水水化学成分	Chemical composition of pit water	
SWJJE	矿坑水水质级别	Grade of pit water quality	
SWJJF	矿坑水 pH 值	pH value of pit water	
SWJJG	矿坑水腐蚀性	Corrosiveness of pit water	
SWJJH	矿坑水利用量	Quantity of pit water utilization	
SWJJI	矿坑水利用程度	Degree of pit water utilization	
SWJJJ	矿坑水的工业利用量	Yield of pit water used for industry	
SWJJK	矿坑水的灌溉利用量	Yield of pit water used for irrigation	
SWJJL	矿坑水浊度	Turbidity of pit water	
SWJJG	矿坑水腐蚀性		
1	腐蚀性极强	The strongest of corrosiveness	
2	有一定腐蚀性	Certain corrosiveness	
3	腐蚀性较弱	Weaker corrosiveness	
4	无腐蚀性	No corrosiveness	
SWJJI	矿坑水利用程度		
1	基本被利用	Basic utilized	
2	部分被利用	Part utilized	

表 1（续）

代 码	汉 字 名	英 译 名	说 明
3	少量被利用	Little utilized	
4	未被利用	No utilized	
SWK	土壤改良水文地质		
SWKA	土壤盐渍化	Soil salinization	
SWKB	土壤沼泽化	Swamping of soil	
SWKC	潜水成壤作用	Soil formation of phreatic water	
SWKD	土壤改良方法	Improvement method of soil	
SWKA	土壤盐渍化		
SWKAA	盐渍化类型	Type of salinization	
SWKAB	盐分来源	Source of salt	
SWKAC	盐渍化形成条件	Condition of saline formation	
SWKAD	盐渍化作用	Salinization	
SWKAE	土壤盐渍度分级	Grading of soil salinity	
SWKAF	盐渍土分类	Classification of salinized soil	
SWKAG	盐渍土的分布	Distribution of saline soil	
SWKAH	盐渍土的分区	Partition of saline soil	
SWKAI	盐渍化地表标志	Ground surface symbolization of salinization	
SWKAJ	盐渍土的数据采集	Data-collecting of saline soil	
SWKAA	盐渍化类型		
1	原生盐渍化	Primary salinization	
2	次生盐渍化	Secondary salinization	
SWKAC	盐渍化形成条件		
1	地下水位过高	Over height of groundwater level	
2	矿化度大	High mineralization	
3	干旱的气侯条件	Dry climate condition	
SWKAD	盐渍化作用		
1	盐化作用	Salinization	
2	碱化作用	Solonization	
3	变质作用	Metamorphism	
4	复原作用	Reactivation	
5	脱碱化作用	Solodization	
6	后期盐化作用	Deuteric salinization	
SWKAE	土壤盐渍度分级		
1	非盐渍化	Unsalinization	
2	弱度盐渍化	Weak salinization	
3	中度盐渍化	Middle salinization	
4	强度盐渍化	Strong salinization	
SWKAF	盐渍土分类		
01	原生盐渍化	Primary salinized soil	
02	次生盐渍化	Secondary salinized soil	
10	盐土	Saline soil	
11	盐碱土	Saline-alkaline soil	

表 1（续）

代　码	汉　字　名	英　译　名	说　明
12	碱土	Alkaline soil	
13	脱碱土	Solod (dealkaline soil)	
14	盐化碱土	Salinized-alkaline soil	
20	碳酸盐盐渍土	Carbonate salinized soil	
21	硫酸盐盐渍土	Sulfate salinized soil	
22	氯化物盐渍土	Chloride salinized soil	
23	碳酸盐—硫酸盐盐土	Carbonate-sulfate salinized soil	
24	硫酸盐—碳酸盐盐土	Sulfate-carbonate salinized soil	
25	氯化物—硫酸盐盐土	Chloride-sulfate salinized soil	
26	硫酸盐—碳化物盐土	Sulfate-chloride salinized soil	
30	结皮盐土	Surface-harden saline soil	
31	疏松盐土	Loose saline soil	
32	草甸盐土	Saline soil of grassy marshland	
34	潮湿盐土	Wetted saline soil	
SWKAH	盐渍土的分区		
1	海滨盐渍区	Salinized zone in seashore	
2	泛滥平原盐渍区	Salinized zone in overflowed plain	
3	荒漠及荒漠草原盐渍区	Salinized zone in desert and desert steppe	
4	草原盐渍区	Salinized zone in grassland	
5	渠旁盐渍区	Salinization range along ditch	
6	库岸盐渍区	Salinization range along reservoir	
SWKAI	盐渍化地表标志		
1	盐霜	Salt efflorescence	
2	盐斑	Salt cast	
3	碱斑	Alkaline cast	
10	耐盐植被	Salt-resistant vegetation	
20	耐碱植被	Alkali-resistant vegetation	
SWKAJ	盐渍土的数据采集		
SWKAJA	全盐量	Total salinity	
SWKAJB	含氯量	Chloride content	
SWKAJC	水土比例	Ratio between water and soil	
SWKAJD	肉眼鉴定盐渍度	Salinity identification by the naked eye	
SWKAJE	易溶盐含量百分比	Percent proportion content of soluble salt	
SWKAJF	土壤溶液浓度	Concentration of soil solution	
SWKAJG	土壤溶液的酸碱度	Acidity-alkalinity reaction of soil solution	
SWKAJH	盐渍地面积	Saline area	
SWKB	土壤沼泽化		
SWKBA	沼泽类型	Swamp type	
SWKBB	沼泽植被	Swamp vegetation	
SWKBC	沼泽化产物	Swamping product	
SWKBD	泥炭属性	Peat attribute	
SWKBE	沼泽水的补给类型	Charge type of swamp water	

表 1（续）

代码	汉字名	英译名	说明
SWKBA	沼泽类型		
01	沼泽	Swamp	
02	沼泽化地	Swampy land	
03	湿地	Wetted land	
04	沼泽低地	Swale	
05	泥泞沼泽	Swing moor	沼地
06	沼泽河	Swamp stream	
10	高地沼泽	Upland moor	分水岭沼泽
11	低地沼泽	Lowland moor	河谷沼泽
12	过渡沼泽	Transition swamp	坡地沼泽
20	盐沼泽	Saline bog	
30	苔草沼泽	Sedge moor	
SWKBB	沼泽植被		
1	沼泽林	Swamp forest	
2	沼泽丛林	Swamp woodland	
SWKBC	沼泽化产物		
10	沼泽土	Swamp soil	
11	沼泽腐植土	Swamp muck	沼泽泥炭
20	泥炭层	Peat bed	
21	高位泥炭	High located peat	
22	低位泥炭	Low located peat	
23	森林泥炭	Forest peat	
24	沼泽森林泥炭	Swamp-forest peat	
25	热泥塘	Swamp of hat mud	热泥潭
SWKBD	泥炭属性		
SWKBDA	含灰量	Ash content	
SWKBDB	分解程度	Decomporite extent	
HXGIH	化学成分	Chemical composition	
SWKC	潜水成壤作用		
SWKCA	成壤作用类型	Soil formation type	
SWKCB	潜水成壤作用过程	Process of soil formation by phreatic water	
SWKCC	脱盐期	Desalting period	
SWKCD	脱盐强度	Desalting strength	
SWKCE	返盐期	Salt return period	
SWKCF	返盐强度	Strength of salt return	
SWKCG	潜水临界深度	Critical depth of phreatic water	
SWKCH	土壤特性	Soil property	
SWKCA	成壤作用类型		
1	可溶盐的分离作用	Separation of soluble salt	
2	土壤脱盐作用	Salt exclusion of soil	
3	土壤返盐作用	Salt return of soil	
SWKCB	潜水成壤作用过程		

表 1（续）

代码	汉字名	英译名	说明
1	脱盐过程	Process of salt exclusion	
2	返盐过程	Process of salt return	
SWKCH	土壤特性		
SWKCHA	通气性	Aeration	
SWKCHB	透水性	Perviousness	
SWKCHC	团粒结构	Crumb texture	
SWKCHD	板结程度	Harden extent	
SWKD	土壤改良方法		
1	洗盐	Washing salt	
2	压盐	Lowing the salt location in soil	
3	降低潜水位	Lowing phreatic level	
4	抽咸换淡	Pumping saline water and replanish fresh	
SWL	水文地质调查成果		
SWLA	水文地质基础性图件	Basic maps of hydrogeology	
SWLB	综合性水文地质图件	Comprehensive hydrogeologic maps	
SWLC	专门性水文地质图件	Specific hydrogeologic maps	
SWLD	单项水文地质特征图件	Map of monomial hydrogeologic characteristic	
SWLE	观测试验图表	Diagram of observation and experiment	
SWLA	水文地质基础性图件		
01	工作区交通位置图	Traffic map of research area	
02	研究程度图	Map of research level	
03	调查工作实际材料图	Map of surveying work arrangement	
04	勘探工程布置图	Map of prospect engeneering arrangement	
05	基岩地质图	Geological map for bedrock	
06	第四纪地质图	Quaternary geological map	
07	地貌图	Geomorphologic map	
08	第四纪沉积物等厚线图	Isopach map of quaternary sediment	
09	第四纪地质剖面图	Quaternary geological profile	
10	地貌剖面图	Geomorphic profile	
11	水资源利用程度图	Map of utilization degree of water resources	
SWLB	综合性水文地质图件		
01	水文地质图	Hydrogeologic map	
02	区域水文地质图	Regional hydrogeologic map	
03	综合水文地质图	Comprehensive hydrogeologic map	
04	水文地质分区图	Map of hydrogeologic division	
05	水文地质剖面图	Hydrogeologic profile	
06	区域水文地质剖面图	Regional hydrogeologic profile	
07	基岩水文地质图	Hydrogeologic map for bedrock	
08	古水文地质图	Paleo hydrogeologic map	
09	含水层立体结构图	Stereogram of aquifer structure	
SWLC	专门性水文地质图件		
010	供水水文地质图	Hydrogeologic map on water supply	

表 1（续）

代码	汉字名	英译名	说明
011	水文地质条件概化图	Generalized map of hydrogeologic condition	
012	水文地质参数分区图	Map of hydrogeologic parameter division	
013	地下水资源分布图	Map of ground water resources distribution	
014	计算区部分网格图	Network map of calculation area	
015	取水工程布置图	Arrangement map of water withdrawal engineering	
016	地下水开采条件图	Condition map of ground water development	
017	均衡计算分区图	Division map of balance calculation	
018	电模拟边界条件图	Map of boundary condition with electro analogue	
030	矿床水文地质图	Hydrogeologic map of ore deposit	
031	坑道水文地质图	Hydrogeologic map in tunnel	
032	坑道水文地质展示图	Hydrogeologic map of tunnel spreading	
033	突水系数等值线图	Contour map of bursting water coefficient	
034	突水预测图	Map of bursting water prediction	
050	农田供水水文地质图	Hydrogeologic map on agricultural water supply	
051	灌区水文地质图	Hydrogeologic map on irrigation	
052	土壤改良水文地质图	Hydrogeologic map of reclamation	
060	环境水文地质图	Environmental hydrogeologic map	
061	污染水文地质图	Map of pollution hydrogeology	
062	污染源分布图	Distribution map of pollution source	
063	污染水文地质剖面图	Profile of pollution hydrogeology	
064	地下水环境质量评价图	Map of environment quality evaluation of ground water	
065	地下水污染成因类型	Origin map of ground water pollution	
066	地下水污染程度图	Map of ground water pollution degree	
080	油田水文地质图	Hydrogeologic map for oil field	
081	油田水化学图	Hydrochemical map for oil field	
082	油田水化学剖面图	Hydrochemistry profile for oil field	
090	矿泉水文地质图	Hydrogeologic map for mineral spring	
100	水文地球化学图	Hydrogeochemical map	
101	水化学类型图	Map of hydrochemical type	
102	水化学分区图	Map of hydrochemical division	
103	水化学剖面图	Hydrochemical profile	
104	水化学柱状图	Hydrochemical columnar section	
105	古水文地球化学图	Paleo-hydrogeochemical map	
106	放射性水化学图	Map of radioactivity hydrochemistry	
120	岩溶水文地质图	Map of karst hydrogeology	
121	岩溶地貌剖面图	Karst geomorphology profile	
122	岩溶暗河水系图	Karst hydrographic map of underground rivers	
123	岩溶类型图	Karst type map	
124	岩溶形态分布图	Distribution map of karst form	
125	岩溶水文地质剖面图	Karst hydrogeology profile	
126	溶洞纵剖面图	Longitudinal section of grotto	
127	溶洞横剖面图	Transverse section of grotto	

表 1（续）

代码	汉字名	英译名	说明
128	溶洞平面图	Grotto plan	
130	计算程序框图	Diagram of computational program	
SWLD	单项水文地质特征图件		
01	潜水等水位线图	Water level contour map	
02	潜水埋藏深度图	Burried depth map of phreatic water	
03	承压水等水压线图	Isopiezometric level map of confined water	
04	承压水顶板等高线图	Contour map of apical bed of confined aquifer	
05	含水层顶板埋藏深度图	Burried depth of apical bed of aquifer	
06	含水层底板等高线图	Contour map of bottom bed of aquifer	
07	含水层等厚线图	Isopach map of aquifer	
08	含水层富水程度图	Map of water content of aquifer	
20	地下水离子等值线图	Ion contour map of ground water	
21	地下水等矿化度图	Isosalinity map of ground water	
30	地下水等温线图	Isothermal map of ground water	
31	钻孔测温曲线	Curve of temperature measuring in drill hole	
40	降雨量等值线图	Isohyetal map	
41	地表径流模数图	Surface runoff modulus map	
42	地下径流模数图	Underground runoff modulus map	
43	含水层径流模数图	Runoff modulus map of aquifer	
44	地下径流深度等值线图	Isobath map of underground runoff	
45	地表径流深度等值线图	Isobath map of surface runoff	
50	平面流网图	Flow net plan	
51	剖面流网图	Flow net profile	地下水流动系统剖面
52	剖面水头分布图	Profile of water head distribution	
SWLE	观测试验图表		
010	气象要素变化过程曲线	Curve of meteorological element change	
011	气象要素直方图	Histogram of meteorological element	
020	地表水位变化曲线	Curve of surface water level change	
021	河水流量过程曲线	Curve of river flow	
022	河水水质变化曲线	Curve of river quality change	
030	岩溶暗河流量过程曲线	Flow graph of underground river in karst area	
031	泉水流量过程曲线	Curve of spring flow	
032	地下水水位动态曲线	Regime curve of ground water level	
033	地下水开采动态曲线	Regime curve of ground water development	
034	地下水开采直方图	Histogram of ground water development	
035	地下水水质动态曲线	Regime curve of ground water quality	
036	地下水水温动态曲线	Regime curve of ground water temperature	
037	地面沉降量变化曲线	Curve of surface subsidence change	
050	矿井排水量动态曲线	Regime curve of mine drainage	
060	地下水动态要素综合曲线	Comprehensive curve of ground water regime element	
061	动态要素变化剖面	Regime element change profile	

表 1（续）

代码	汉字名	英译名	说明
062	地下水等变幅图	Equal range map of ground water level change	
070	动态要素相关曲线	Correlation curve of regime element	
090	均衡要素相关曲线	Correlation curve of balance element	
110	动态要素—影响因素关系曲线	Related curve of regime element-influence factor	
130	均衡要素—影响因素关系曲线	Related curve of balance element-influence factor	
150	包气带含水量变化曲线	Curve of water content change in aeration zone	
200	钻孔综合成果图表	Graph of synthetical result of drill hole	
201	钻孔结构剖面图	Bore hole construction profile	
202	抽水孔结构剖面图	Profile of pumping well construction	
203	试验钻孔平面布置图	Planar distribution map of testing borehole	
204	地下水位等降深图	Equal drawdown map ground water	
205	抽水漏斗剖面图	Pumping cone profile	
206	水位降深历时曲线	Drawdown-time curve	S-t 曲线
207	抽水量历时曲线	Curve of pumpage-time	Q-t 曲线
208	流量降深关系曲线	Curve of discharge-drawdown	Q-s 曲线
209	单位涌水量降深关系曲线	Curve of specific well yield-drawdown	q-S 曲线
210	降深时间半对数曲线	Semilogarithmic curve of drawdown-time	S-lg$t$ 曲线
211	降深距离半对数曲线	Semilogarithmic curve of drawdown-distance	S-lg$r$ 曲线
212	降深时间距离半对数曲线	Semilogarithmic curve of drawdown-time-distance	S-lgt/r^2 曲线
213	水位恢复曲线	Recovery curve of water table	
220	渗透速度时间关系曲线	Curve of percolating velocity-time	
230	示踪剂浓度变化过程曲线	Graph of tracer concentration change	
240	水文物探测井曲线	Curve of hydrgeophysical logging	
241	自然电位测井曲线	Curve of spontaneous potential logging	
242	井液电阻率测井曲线	Curve of liquid resistivity logging in well	
243	热测井曲线	Curve of heat logging	
244	流速测井曲线	Curve of velocity logging	
245	井下摄影剖面	Photo profile in well	
250	保证率曲线	Curve of guarantee rate	
251	开采量保证率曲线	Curve of guarantee rate of mining quantity	
252	降水量保证率曲线	Curve of guarantee rate of precipitation	
SWM	水文地质勘探实验设备		
SWMA	抽水试验设备	Equipment of pumping test	
SWMB	地下水位测量工具	Equipment of measuring the groundwater level	
SWMC	钻孔流量测定工具	Equipment of boring flow measurement	
SWMD	弥散试验设备	Equipment of dispersion test	
SWME	均衡试验设备	Equipment of balance test	
SWMF	地下水模拟试验设备	Equipment of groundwater modeling test	
SWMG	孔内探测设备	Survey equipment inside boring	
SWMH	水样瓶	Water sample bottle	

表 1（续）

代码	汉字名	英译名	说明
SWMI	核技术找水方法	Method of nuclear technology seeking water	
SWMA	抽水试验设备		
SWMAA	水泵名称	Name of pump(Type of pump)	
SWMAB	水泵规格	Ordination of pump	
SWMAC	空压机抽水装置	Air compressor pumping installation	
SWMAD	空压机装置数据	Installation data of air compressor	
SWMAA	水泵名称		
01	离心泵	Centrifugal pump	
02	立式深井泵	Vertical deep well pump	
03	潜水泵	Submerged pump	
04	空气压缩机	Air compressor	
05	射流泵	Jet injector	
06	往复泵	Reciprocating pump	
07	拉杆泵	Draw-bar pump	
08	汲水式水泵	Drawing pump	
09	提桶	Lifting barrel	
10	抽筒	Suction tube	
SWMAB	水泵规格		
SWMABA	水泵型号	Model of pump	
TKBCAV	功率	Power	
SWMABC	最大吸程	Maximum sucking height	
SWMABD	扬程	Dilivery lift	
WDACC	流量	Discharge	
SWMABF	叶轮直径	Diameter of impeller	
SWMAC	空压机抽水装置		
1	并列式	Pattern of juxtaposition	
2	同心式	Concentric pattern	
3	接力式	Pattern of relay	
4	混合器	Admixer	
SWMAD	空压机装置数据		
SWMADA	水管直径	Diameter of water pipe	
SWMADB	风管直径	Diameter of wind pipe	
SWMADC	测水管直径	Diameter of water gage glass	
SWMADD	混合器下置深度	Setting depth of admixer	
SWMADE	水管下置深度	Setting depth of water pipe	
SWMADF	风管下置深度	Setting depth of wind pipe	
SWMADG	沉没比	Ratio of submergence	
SWMADH	压缩空气需要量	Demanding quantity of compressed air	
SWMADI	风管沉没深度	Sinking depth of wind pipe	
SWMADJ	空气压缩机风量	Wind volume of air compressor	
SWMB	地下水位测量工具		
01	测水钟	Water gage bell	

表 1（续）

代　码	汉　字　名	英　译　名	说　明
02	电测水位计	Electric fluviograph	
03	自记水位计	Automatic fluviograph	
04	电容式水位计	Capacitor fluviograph	
05	压力水位计	Pressure fluviograph	
06	超声水位计	Ultrasonic fluviograph	
07	无线电遥测水位计	Radio remote sensing fluviograph	
SWMC	钻孔流量测定工具		
1	量水箱	Measuring box	
2	水表	Water flowmeter	流量表
3	三角堰	Friangular-notch weir	
4	梯形堰	Trapezoidal weir	
5	流速流量计	Velocity flowmeter	
6	孔板流量计	Orifice meter	叶轮式孔口瞬时流量计
SWMD	弥散试验设备		
1	示踪剂投放器	Tracer releaser	
2	定深取样器	Constant-depth sampler	
3	深井取样器	Deep well sampling pump	
4	示踪剂接收探头	Tracer receive probe	
SWME	均衡试验设备		
1	地中渗透仪	Sub-surface permeameter	
2	负压计	Negative pressure meter	
3	中子水分测定仪	Neutron moisture gauge	
4	压力薄膜仪	Pressure film instrument	
5	温差式微流速计	Thermal small current meter	
6	热偶式土壤温度计	Thermo-soil-hydrometer	
7	地温计	Geothermometer	
SWMF	地下水模拟试验设备		
SWMFA	模拟试验仪器	Instrument of modeling test	
SWMFB	电模拟机结构	Constitution of electrical analog machine	
SWMFA	模拟试验仪器		
10	渗流槽	Seepage trough	
20	缝隙槽	Slit trough	
30	电力积分仪	Electric integraph	
40	水力积分仪	Hydraulic integraph	
50	电模拟机	Electrical analog machine	
51	电阻—电阻网络模拟机	Resistance-resistance network analog machine	
52	电阻—电容网络模拟机	Resistance-capacitance network analog machine	
SWMFB	电模拟机结构		
10	激发装置	Excitation device	
11	时间控制器	Time controller	
12	边界条件函数发生器	Producer of boundary condition function	

表 1（续）

代　码	汉　字　名	英　译　名	说　明
13	初始条件函数发生器	Producer of initial condition function	
14	流量函数发生器	Producer of flow function	
20	模拟模型	Analog model	
30	反应装置	Reaction installation	
31	直流电流放大器	Direct-current amplifier	
32	光线示波器	Ray oscilloscope	
33	数字电压表	Digital voltmeter	
34	数字打印机	Digital printer	
SWMG	孔内探测设备		
1	井下电视机	Logging television	
2	钻孔摄影仪	Borehole pick-up camera	
3	钻孔流量仪	Borehole velocity instrument	
4	钻孔流速仪	Borehole flow instrument	
SWMH	水样瓶		
1	硬质玻璃瓶	Hard bottle	
2	石英玻璃瓶	Quartz bottle	
3	聚乙稀瓶	Formale bottle	
4	聚四氟乙稀瓶	Fluon bottle	
SWMI	核技术找水方法		
1	氡气测量法	Radon measurement method	
2	伽玛强度测定法	Gamma intensity measuration	
3	α 径迹测量法	Trace measurement method	
4	P^{210} 测量	P^{210} measurement method	
SWN	水文地质通用名词术语		
SWNA	时间段	Period	
SWNB	水文地质条件程度等级	Degree grade of hydrogeologic condition	
SWNC	几何量	Geometric quantity	
SWNA	时间段		
SWNAAA	年	Year	
SWNAAB	月	Month	
SWNAAC	旬	A period of ten days	
SWNAAD	日	Day	
SWNAAE	时	Hour	
SWNAAF	分	Minute	
SWNAAG	秒	Second	
SWNAAH	次	Number	
SWNAAI	多年	Over years	
SWNABA	雨季	Rainy season	
SWNABB	旱季	Drought season	
SWNABC	丰水年	Rainy year	
SWNABD	枯水年	Drought year	
SWNABE	平水年	Normal year	

表 1（续）

代码	汉字名	英译名	说明
SWNABF	丰水期	Rainy period	
SWNABG	枯水期	Drought period	
SWNABH	平水期	Normal period	
SWNACA	多年平均值	Average value over years	
SWNACB	多年最大值	Maximum value over years	
SWNACC	多年最小值	Minimum value over years	
SWNACD	年平均值	Annual mean	
SWNACE	月平均值	Monthly mean	
SWNACF	日平均值	Daily mean	
SWNB	水文地质条件程度等级		
001	最大	Maximum	
002	最小	Minimum	
010	最高	Highest	
011	最低	Lowest	
020	极好	Excellent	
021	较好	Better	
022	较差	Worse	
023	极差	Worst	
030	极强	Strongest	
031	强	Strong	
032	弱	Weak	
033	极弱	Weakest	
040	中等	Medium	
050	一般	General	
060	简单	Simple	
061	复杂	Complex	
070	极明显	Most obvious	
071	明显	Obvious	
072	不明显	Non-obvious	
080	有	Having	
081	无	No	
090	大量	Great quantities	
091	少量	Small quantities	
092	合乎要求	Qualified	
093	不合乎要求	Unqualified	
SWNC	几何量		
SWNCAA	面积	Area	
SWNCAB	体积	Volume	容积
SWNCAC	长度	Length	
SWNCAD	宽度	Width	
SWNCAE	高度	Height	
SWNCAF	厚度	Thickness	

表 1（续）

代　码	汉　字　名	英　译　名	说　明
CHEDC	距离	Distance	
SWNCAH	深度	Depth	
CHAJ	高程	Altitude	
CHAHAA	纵坐标	Ordinate	
CHAHAB	横坐标	Abscissa	
SWNCAL	直径	Diameter	
SWNCAM	半径	Radius	

附　录　A
（规范性附录）
关于分类选词范围归属的说明

《地质矿产术语分类代码》各学科大类的选词范围基本参照地质出版社出版的《地质辞典》划分。具体内容如下。

A.1　宇宙地质学（YZ）：包括天体地质学，陨石学，天文地质学。月球地质学较详细，包括月球结构、地貌、月球矿物等。陨石学的陨击坑、陨石、陨石矿物等。

A.2　地球物理学（DW）：包括地球的各种物理性质、基本物理量及单位，古地磁级、磁场、仪器测量及数据处理等内容。

A.3　火山地质（HS）：包括火山机制与构造，火山活动、喷发、喷出物、火山地貌、区域火山地质，近期火山活动。

A.4　地震地质（DZ）：包括地震的分类、成因、前兆、灾害、预报及图件资料等。

A.5　外动力地质学（WZ）：包括外营力，外力地质作用类型，外力地质作用方式，影响外力地质作用的因素等。

A.6　地貌学（DM）：包括由地球内力及各种外力地质作用在地球表面形成的地貌分类、形态、年龄及各种地貌图件等。

A.7　大地构造学（DD）：包括各大地构造学派对大地构造的分类、单元划分、构造演化、构造特征，我国及世界主要区域构造，研究和区分各种构造的地质特征、依据和研究方法，以及地壳运动和新构造等。

A.8　构造地质学（GZ）：包括成层构造，褶皱、节理、断层、面理、线理、同沉积构造，岩浆岩原生构造，重力、底辟、撞击构造、显微构造、矿田构造、应变分析，构造应力场等。

A.9　矿物学及结晶学（KW）：包括矿物的成因、形态、物理性质（侧重肉眼鉴定方面）、化学组成、矿物分类和名称及晶体发生学、几何结晶学和结构结晶学方面的内容。

A.10　岩石学（YS）：包括三大类岩石的名称、结构、构造、成分，各种岩相，火成岩产状，岩浆作用，岩石组合，沉积模式，沉积环境，沉积相及变质作用的类型、方式，变质建造等。

A.11　地球化学（DH）：包括元素地球化学的化学元素，地球化学参数，元素地球化学分类、分布、作用；放射性同位素地球化学中的同位素表，同位素的类型、分析测量方式、仪器，地质年龄的测量和计算；稳定同位素分析、地质及地球化学特点；实验地球化学中有关包裹体类型、成因、镜下特征和实验技术、设备、参数以及各类地球化学图件等。

A.12　岩矿鉴定（YK）：包括各种鉴定方法、鉴定参数、仪器、岩矿物理性质（侧重仪器鉴定方面）。

A.13　化学分析（HX）：包括分析类型，分析方法、分析项目、分析误差、样品分解、化学反应，分析结果、分析浓度、测试条件、化学常数及分析仪器、试剂种类等。

A.14　地史学及地层学（DS）：包括年代地层学的基本概念以及全国范围内各时代各大区组以上的地层单位名称。

A.15　古地理学（GD）：包括古地理事件，古地理单元，占地理特征及古地理图件等。

A.16　矿床学（KC）：包括矿产、矿床成因、矿床类型、矿田构造、矿体形状、成矿作用、围岩蚀变、矿石结构、构造、成矿带等。

A.17　煤地质学（MD）：包括煤层、聚煤作用、煤变质作用，聚煤盆地分析；煤炭资源勘探有关内容；煤化、煤质、工业分析，煤的气化和液化；煤岩成分分类，煤的物理性质以及煤的各种分类等。

A.18　石油及天然气地质学（SY）：包括油气显示和固体沥青，石油分类，石油的物理性质、组成、馏分及简易分析，石油烃类化合物，石油非烃类化合物、天然气、油气田水、储集层、圈闭、油气成因、运移、聚集、油气盆地，石油地球化学分析及同位素地球化学（有机部分），烃原岩及其评价、油气勘探、储量和资源量计算、油气田开发等内容。

A.19 海洋地质学(HY):包括海洋构成,海洋及河口水文要素、海洋地貌、海洋沉积、海洋底构造、海底矿产资源、古海洋及古气候和海洋地质调查等内容。

A.20 水文地质学(SW):包括水文地质学基础内容、各种水文地质调查、水文地质钻探、野外水文地质试验、地下水动态与均衡、水文地球化学、地下水动力学、岩溶水文地质、水资源、矿床水文地质、土壤改良、各项水文调查成果等。

A.21 工程地质学(GC):包括岩土成分与结构、岩土工程性质、岩土工程地质分类、岩土工程改良以及土体工程、岩体工程、区域工程等各种工程地质条件、问题、作用、研究方法和工程地质勘察等内容。

A.22 地热地质学(DR):包括地温调查、热流、地热显示、地球化学调查、地热勘探、地热介质、地热区、地热储、地热田、地热系统、地热开发、地热经济及地热图件等。

A.23 环境地质学(HJ):包括环境地球化学、环境水文地质学、城市地质、医学地质以及环境污染、环境质量和环境保护等内容。

A.24 地质经济(JJ):包括矿产资源形势分析、矿产资源的储备、供需、经济决策各项指标,矿产、矿业和矿产品各项经济指标、矿床经济评价指标、地质工作经济效果及地质工作管理等内容。

A.25 遥感地质(YG):包括遥感技术方法在地质领域的应用、遥感台仪器设备、遥感图像及解释、成果资料等。

A.26 数学地质(SD):包括地质数据统计分析、矿产资源预测及评价、地质过程模拟、用于地质工作中的各种数学方法以及这些方法涉及到的各种参数、变量和计算机处理等方面的内容。

A.27 区域地质调查(QD):包括工作区概况、工作步骤、各种调查方法、野外数据采集及调查成果资料等。

A.28 地球物理勘探(WT):包括重、磁、电、地震、测井各种物探方法用于陆地、空中、海上各方面所涉及的数据采集、各种物性参数、方法手段、仪器设备、资料数据解释及成果图件等内容。

A.29 勘查地球化学(HT):包括勘查地球化学所依据的地球化学背景、异常、分散、元素存在形式等基本原理涉及的各项内容,各种化探方法,野外样品采集、各种参数、数据处理及成果解释等内容。

A.30 矿山地质与采矿(KS):包括矿山设计、基础地质工作、生产勘探、生产指导及矿山储量、矿石贫化、矿石损失方面的内容和有关采矿、通风、排水等内容。

A.31 选矿与冶金(XY):包括选矿产品、选矿技术经济指标、矿石可选性和冶金流程、冶金方法、矿石性质、熔剂、冶金炉、冶金产品及冶金工业指标等内容。

A.32 固体矿产普查与勘探(PK):包括矿产资源分类、地质工作阶段划分、固体矿产普查勘探方法、勘探类型、取样种类和方法、储量计算、矿石类型、地质编录、矿产工业要求等。

A.33 探矿工程(TK):包括陆地钻探、坑探及石油钻井、海上钻探等各种探矿工程的技术方法、工艺要求、工作程序、施工记录、各项技术参数及仪器设备、成果图件等。

A.34 古生物学(GS):包括总论,古无脊椎动物、古脊椎动物、古植物、孢粉及遗迹化石和几丁虫等标准化石。

A.35 测绘学(CH):包括控制测量、摄影测量、普通测量及地质勘探工程测量所涉及到的各有关定量和定性数据、成果资料、各种导航系统等各种空间定位数据、测绘方法、精度、仪器等。

以上是各学科包括的主要内容方面,详见各学科术语分类与代码表。

ICS 35.040
A 24

中华人民共和国国家标准

GB/T 9649.21—2009
代替 GB/T 9649.21—2001

地质矿产术语分类代码
第21部分：工程地质学

Terminology classification and code of geology and mineral resources—
Part 21: Engineering geology

2009-10-15 发布　　　　2009-12-01 实施

中华人民共和国国家质量监督检验检疫总局
中国国家标准化管理委员会　发布

前　言

GB/T 9649《地质矿产术语分类代码》分为35个部分：

——第1部分：宇宙地质学；
——第2部分：地球物理学；
——第3部分：火山地质；
——第4部分：地震地质；
——第5部分：外动力地质学；
——第6部分：地貌学；
——第7部分：大地构造学；
——第8部分：构造地质学；
——第9部分：结晶学及矿物学；
——第10部分：岩石学；
——第11部分：地球化学；
——第12部分：岩矿鉴定；
——第13部分：化学分析；
——第14部分：地史学及地层学；
——第15部分：古地理学；
——第16部分：矿床学；
——第17部分：煤地质学；
——第18部分：石油及天然气地质学；
——第19部分：海洋地质学；
——第20部分：水文地质学；
——第21部分：工程地质学；
——第22部分：地热地质；
——第23部分：环境地质；
——第24部分：地质经济学；
——第25部分：遥感地质；
——第26部分：数学地质；
——第27部分：区域地质调查；
——第28部分：地球物理勘查；
——第29部分：地球化学勘查；
——第30部分：矿山地质与采矿；
——第31部分：选矿与冶金；
——第32部分：固体矿产普查与勘探；
——第33部分：探矿工程；
——第34部分：古生物学；
——第35部分：测绘学。

本部分为GB/T 9649的第21部分，代替GB/T 9649.21—2001《地质矿产术语分类代码　工程地质学》。

本部分与GB/T 9649.21—2001相比，主要变化如下：

——规范了标准的中英文名称；

——标准的编排和格式按GB/T 1.1—2000进行了修改；

——补充了部分新的术语；

——修改了部分术语名称；

——修正了英译名存在的问题。

本部分的附录A为规范性附录。

本部分由中国标准化研究院提出并归口。

本部分起草单位：中国国土资源经济研究院。

本部分主要起草人：梁凯、于常亮、刘伯恩、王雪。

本部分所代替标准的历次版本发布情况为：

——GB/T 9649—1988；

——GB/T 9649.21—2001。

地质矿产术语分类代码
第21部分:工程地质学

1 范围

本部分规定了岩土成分与结构、岩土工程性质、岩土工程分类、岩土工程改良以及土体工程等各种工程地质条件、问题、作用、研究方法和工程地质勘察等工程地质学方面的数据分类与代码。

本部分适用于各类地质矿产信息系统建设,是确定数据库标准体系和数据字典,制定各类地质数据文件格式标准的基础标准。

2 术语和定义

下列术语和定义适用于本部分。

2.1

数据项 data item

反映各种地质实体的基本属性及其上层概念的术语。

2.2

文字值 literal value

对地质实体的基本属性进行具体的定性描述用的术语。

3 分类原则

3.1 本部分按照易编好用和尽量减少代码冗余而又留有扩充余地等原则,采用面分类法,将地质科学分成35个学科大类,并严格划分边界,保持总体的系统性、完整性,避免内容的重复与交叉。

3.2 大类下面采用三级树型分类,中类、小类到基本数据项名。各学科内容层次不一,可少于三层,在编码容量允许的条件下,也可分至四层。

3.3 各级分类具有科学性、系统性和通用性。

4 选词原则

4.1 选词对象:可能作为各类地质矿产数据库之数据项(包括从分类意义上选取的数据项的上层概念)的术语,以及定性描述数据项的文字值要用到的术语。所选术语与现行有关国家标准取得一致,尽量参照现行的各种地质工作规范。

4.2 作为数据项用的术语在本部分中具有唯一性。凡有同义词的在说明栏标明,以备参照。

4.3 选词力求简单、明确,无二义性。充分考虑到建立数据库的需要。

4.4 为保证“地质矿产术语分类代码”的整体性、系统性,避免重复,在基础学科已包含的内容,应用学科中不再选入,新兴学科和边缘学科只选取其独有内容。有关分类选词范围归属的说明见附录A。

4.5 适当选入一些反映学科发展新方向、新水平的术语。

4.6 为了使用的方便,个别使用频度高的数据项在不同学科可重复出现,但要用统一编码,确保代码的唯一性。在不同数据项下的文字值可有少量重复。

5 编码方法

5.1 数据项采用不多于六位的拉丁字母(大写)编码,一般共分为四个层次。结构如下:

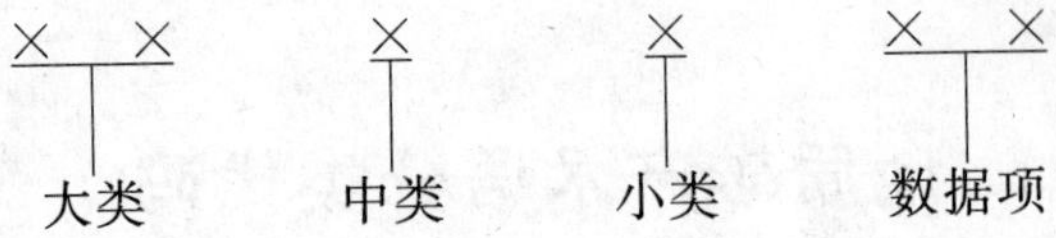

各大类取能反映该类含义的两个汉字的汉语拼音字头为代码，具有一定的可读性。如“构造地质学”取“GZ”为代码。以下为树型嵌套式，中类和小类各取A～Z一位字母顺序编排，最后两位为基本数据项，数量较多，取AA～ZZ顺序编排。若有分级需要，且扩充余量足够，也可将最后两位分作两级使用。

5.2　文字值一般采用数字编码，其长度由分级需要、文字值的个数及留出的扩充余量来决定，尽量缩短，减少冗余。文字值分等级时，采用数字层次嵌套方式，同一数据项下的文字值代码为等长码。有些文字值(如化学元素、地层等)继续采用原有的国际或国内通用字符代码。

6　使用与管理

6.1　使用方法：本部分以书面及磁介质两种方式提供使用，用户可根据各自建库目的从各学科选择所需术语及其代码，作为各自系统的数据字典。

6.2　若本部分内容尚不能满足某项需要，可提出要补充的内容，报请本部分管理单位在相应学科增补，并给定代码以供使用。

7　工程地质学术语分类代码表

为适应建设数据库和与国际交流的需要，分类与代码表设置代码、汉字名、英译名(古生物为拉丁文字名)及说明四个栏目。

表1　工程地质学术语分类代码表

代码	汉字名	英译名	说明
GC	工程地质学		
GCA	概论	Introduction	
GCB	岩土成分与结构	Composition and structure of rock and soil	
GCC	岩土工程地质分类	Engineering geological classification for rock and soil	
GCD	岩土的工程地质性质	Engineering geological properties of rock and soil	
GCE	岩土实验研究	Test studies of rock and soil	
GCF	岩土工程改良	Engineering modification of rock and soil	
GCG	土体工程地质	Engineering geology of soil mass	
GCH	岩体工程地质	Engineering geology of rock mass	
GCI	区域工程地质	Regional engineering geology	
GCJ	工程地质勘察	Engineering geological investigation	
GCK	工程地质及灾害地质调查	Engineering and disaster geology investigation	
GCA	概论		
GCAA	工程地质学分科	Engineering geological division	
GCAB	工程地质条件	Engineering geological condition	
GCAC	工程地质作用	Engineering geological process	
GCAD	工程地质问题	Engineering geological problem	
GCAE	工程地质研究方法	Method of engineering geological studies	
GCAA	工程地质学分科		
01	工程岩土学	Rock and soil engineering	

表 1（续）

代　码	汉　字　名	英　译　名	说　明
02	土质学	Science of ground soil	
03	土力学	Soil mechanics	
04	岩体力学	Rock mass mechanics	岩石力学
05	岩体工程地质力学	Engineering geomechanics of rock mass	
06	工程动力地质学	Engineering dynamic geology	
07	区域工程地质学	Regional engineering geology	
08	海洋工程地质学	Marine engineering geology	
09	环境工程地质学	Environmental engineering geology	
10	宇宙工程地质学	Universal engineering geology	
11	军事工程地质学	Military engineering geology	
12	地质工程学	Geological engineering	
13	地下工程地质学	Underground engineering geology	
14	岩土工程学	Engineering rock and soil	
15	专门工程地质	Specialism engineering geology	
16	灾害地质学	Disaster geology	
17	城市工程地质学	City engineering geology	
18	水利水电工程地质学	Water conservancy and Hydro-electric power engineering geology	
19	洞室工程地质学	Grotto engineering geology	
20	边坡工程地质	Slope engineering geology	
GCAB	工程地质条件		
GCABA	地形地貌条件	Topographic and geomorphic condition	
GCABB	地质结构条件	Geological structure condition	
GCABC	水文气象条件	Hydrologic and meteorological condition	
GCABD	水文地质条件	Hydrogeological condition	
GCABE	物理地质现象	Physical geological phenomenon	
GCABF	岩土工程条件	Engineering condition of rock and soil	
GCABG	区域稳定条件	Stability condition of region	
GCABH	建筑材料条件	Building material condition	
GCAC	工程地质作用		
GCACA	自然地质作用	Natural geological process	物理地质作用
GCACB	人类工程活动	Engineering activities of human	
GCAD	工程地质问题		
GCADA	区域地壳稳定问题	Problem of stability of regional earths crust	
GCADB	土体稳定问题	Problem of stability of soil mass	
GCADC	岩体稳定问题	Problem of stability of rock mass	
GCADD	边坡稳定问题	Problem of stability of slope	
GCADE	山体稳定问题	Problem of stability of mountain bodies	
GCADF	地基稳定问题	Problem of stability of foundation	
GCADG	地下洞室稳定问题	Problem of stability of underground excavation	
GCADH	地基变形问题	Problem of deformation of foundation	
GCADI	渗漏与渗透变形问题	Problem of seepage and permeation deformation	

表 1（续）

代　码	汉　字　名	英　译　名	说　明
GCADJ	地下水浸没问题	Problem of immersion of groundwater	
GCADK	淤积问题	Problem of accretion	
GCADL	地面沉降问题	Problem of ground subsidence	
GCADM	岩溶稳定问题	Problem of karst stability	
GCADN	岸坡稳定问题	Problem of stability of bank slope	
GCADO	诱发地震	Induced earthquake	
GCADP	地面沉陷	Surface subsidence	
GCAE	工程地质研究方法		
1	地质历史分析	Geological historical analysis	
2	工程地质试验	Engineering geological test	
3	工程地质计算	Engineering geological calculation	数学力学分析法
4	工程地质类比	Engineering geological analogy	工程地质比拟法
GCB	岩土成分与结构		
GCBA	土的粒度成分	Granulometric composition of soil	
GCBB	岩土的矿物成分	Mineral composition of soil and rock	
GCBC	岩土的化学成分	Chemical composition of soil and rock	
GCBD	土中水	Soil water	
GCBE	土与水的相互作用	Interaction of soil and water	
GCBF	土的结构特征	Structure feature of soil mass	
GCBG	岩体结构面	Discontinuity of rock mass	
GCBH	结构体	Structural clement	岩土体结构单元
GCBI	岩体结构类型	Structural type of rock mass	
GCBJ	土体结构类型	Structural type of soil mass	
GCBA	土的粒度成分		
YSCBAC	颗粒形状	Grain shape	
GCBAB	颗粒大小	Grain size	粒径大小
YSCBAD	颗粒表面特征	Surface features of grain	
GCBAD	粒组	Grain grade	粒级
YSBF	粒度成分	Granulometric composition	颗粒成分 机械成分
GCBAF	粘粒含量	Content of clay particle	
GCBAG	粒径分布曲线	Grain size distribution curve	颗分曲线
GCBAH	土的级配	Grain-size distribution of soil	粒径级配 粒径组成
GCBAI	颗粒分析	Grain-size analysis	
GCBAJ	有效粒径(d_{10})	Effective grain size	
GCBAK	平均粒径(d_{50})	Mean grain size	
GCBAL	控制粒径(d_{60})	Control grain size	
GCBAM	不均匀系数(C_u)	Coefficient of non-uniformity	不均粒系数

表 1（续）

代 码	汉 字 名	英 译 名	说 明
GCBAN	曲率系数(C_u)	Coefficient of curvature	
GCBAO	粒度模数(M_n)	Modulus of granularity	
GCBAP	粒组划分	Grain size division	
GCBAQ	累积曲线	Accumulation curve	
GCBAR	颗粒分选性	Grain sortation	
YSCBAC	颗粒形状		
01	圆球形	Spherical shape	
02	椭球形	Ellipsoidal shape	
03	浑圆形	Perfectly round shape	
04	柱状	Columnar	
05	片状	Lamellar	
06	棱角状	Angular	
07	不规则状	Irregular	
08	半圆形	Semicircular	
09	扁圆形	Oblate	
YSCBAD	颗粒表面特征		
1	表面光滑的	Surface smooth	
2	表面粗糙的	Surface rough	
GCBAD	粒组		
GCBADA	漂石(块石)组	Boulder(block) grain grade	
GCBADB	卵石(碎石)组	Cobble(angular cobble) grain grade	
GCBADC	圆砾(角砾)组	Pebble(angular cobble) grain grade	
GCBADD	砂粒组	Sand grain grade	
GCBADE	粉粒组	Silt grain grade	
GCBADF	粘粒组	Clay grain grade	
GCBADG	胶粒组	Colloid grain grade	
GCBADH	砾粒组	Gravel grain grade	
GCBADI	粗砾组	Coarse gravel grain grade	
GCBADJ	细砾组	Fine gravel grain grade	
GCBAH	土的级配		
1	良好级配(W)	Well grain size distribution	分选程度低
2	不良级配(P)	Poor grain size distribution	分选程度高
GCBAR	颗粒分选性		
1	分选好	Well-sorted	
2	分选中等	Moderately sorted	
3	分选差	Poorly sorted	
GCBB	岩土的矿物成分		
GCBBA	岩土矿物种类	Mineral kinds of soil and rock	
GCBBB	矿物等电 pH 值	Isoelectric pH value of mineral	
GCBBC	硅铝率	Silic-alum rate	分子率硅铝比摩尔比
GCBBD	有机质含量	Content of organic matters	

表 1（续）

代码	汉字名	英译名	说明
GCBBE	粘土矿物含量	Content of clay mineral	
GCBBA	岩土矿物种类		
00	原生矿物	Primary mineral	
01	母岩碎屑	Fragment of mother rock	
02	单矿物	Monomineral	
10	次生矿物	Secondary mineral	
11	次生二氧化硅	Secondary silica	
12	粘土矿物	Clay mineral	
13	倍半氧化物	Sesquioxide	
20	水溶盐类	Water soluble salt	
21	易溶盐	Lyso-soluble salt	
22	中溶盐	Medium-soluble salt	
23	难溶盐	Bad-soluble salt	
30	有机质	Organic material	
31	动植物残骸	Remains of animal and plant	
33	腐殖质	Humus	
34	草木炭	Plant charcoal	
GCBC	岩土的化学成分		
GCBCAA	倍半氧化物含量	Content of sesquioxide	
GCBCAB	三氧化二铝含量	Content of alumina	
GCBCAC	三氧化二铁含量	Content of ferric oxide	
GCBCAD	游离三氧化二铝含量	Content of free alumina	
GCBCAE	游离三氧化二铁含量	Content of free ferric oxide	
GCBCBA	二氧化硅含量	Content of silica	
GCBCBB	游离二氧化硅含量	Content of free silica	
GCBCCA	氧化亚铁含量	Content of ferrous oxide	
GCBCCB	氧化锰含量	Content of manganese oxide	
GCBCCC	氧化钛含量	Content of titanium oxide	
GCBCCD	五氧化二磷含量	Content of phosphorus pentoxide	
GCBCCE	氧化钙含量	Content of calcium oxide	
GCBCCF	氧化镁含量	Content of magnesium oxide	
GCBCCG	氧化钠含量	Content of sodium oxide	
GCBCCH	氧化钾含量	Content of potassium oxide	
GCBCDA	易溶盐含量	Content of lyso-soluble salt	
GCBCDB	中溶盐含量	Content of medium-soluble salt	
GCBCDC	难溶盐含量	Content of bad-soluble salt	
PKJHH	烧失量	Burnable quantity	灼减量
GCBCFA	水化阳离子含量	Content of hydrobase-exchange	
GCBCFB	水化阳离子种类	Kinds of hydrobase-exchange	
GCBD	土中水		
GCBDA	土中水的类型	Type of soil water	
GCBDB	最大吸着水溶量	Maximum absorbed water volume	

表 1（续）

代码	汉字名	英译名	说明
GCBDC	最大分子水溶量	Maximum molecular water volume	
GCBDA	土中水的类型		
10	矿物内部结合水	Bound water inside the mineral	化学结合水
11	结晶水	Crystal water	
12	结构水	Constitutional water	
13	沸石水	Zeolitic water	
20	土粒表面结合水	Bound water on mineral surface	物理结合水
21	吸着水	Hydroscopic water	强结合水
22	薄膜水	Pellicular water	弱结合水
GCBE	土与水的相互作用		
PKJDA	比表面积	Specific surface area	
GCBEAB	内表面积	Internal surface area	
GCBEAC	外表面积	External surface area	
GCBEAD	表面能	Surface energy	
GCBEAE	热力电位	Thermal-electric potential	
GCBEAF	电动电位	Electric potential	
GCBEAG	土粒与水的作用方式	The mode of action between grain and water	
GCBEBA	离子交换能力	Capability of ion-exchange	
PKJHV	阳离子交换容量	Capacity of base-exchange	
GCBEBC	离子交换常数	Ion-exchange constant	
GCBEBD	交换性 Ca 离子含量	Exchange-Ca ion capacity	
GCBEBE	交换性 Mg 离子含量	Exchange-Mg ion capacity	
GCBEBF	交换性 K 离子含量	Exchange potassium-ion capacity	
GCBEBG	交换性 Na 离子含量	Exchange sodium-ion capacity	
GCBEBH	交换性 Al 离子含量	Exchange aluminium-ion capacity	
GCBEBI	交换性 H 离子含量	Exchange hydrogen-ion capacity	
GCBEBJ	可置换的离子类型	Type exchangeable ones	
GCBECA	粘土矿物亲水程度	Degree of hydrophilicity of clay mineral	
GCBECB	活性指数	Activity index	
GCBECC	粘性土的活动性等级	Grade of activity of clay mineral	
GCBEDA	胶团结构	Colloidal cluster structure	
GCBEEA	电动现象	Electrokinetic phenomena	
GCBEEB	电渗系数	Electro-osmotic transmission	
GCBEEC	电泳电位	Migration potential	
GCBEAG	土粒与水的作用方式		
1	吸附作用	Adsorption action	
2	离解作用	Dissociation action	
3	离子交换作用	Ion-exchange action	
4	凝聚作用	Condensation action	聚沉作用 胶凝作用
5	分散作用	Dispersion action	胶溶作用 稳定作用

表 1（续）

代码	汉字名	英译名	说明
GCBECA	粘土矿物亲水程度		
1	强亲水的	Strong hydrophilicity	
2	中等亲水的	Medium hydrophilicity	
3	弱亲水的	Weak hydrophilicity	
GCBECC	粘性土的活动性等级		
1	无活动的	Non-active	
2	正常活动的	Normal active	
3	活动的	Active	
GCBEDA	胶团结构		
01	胶团	Colloidal cluster	
02	胶粒	Colloidal particle	
03	胶核	Colloidal nucleus	
04	胶体颗粒	Colloidal grain	
05	双电层	Double electrical layer	
06	反离子层	Counter ion layer	
07	固定层	Adsorbed layer	吸附层
08	扩散层	Diffusion layer	活动层
GCBEEA	电动现象		
01	电渗	Electro-osmosis	
02	电泳	Electro-phoresis	
GCBF	土的结构特征		
GCBFA	土结构的基本单元	Texture fundamental element of soil	
GCBFB	结构连结类型	Type of texture bond	
GCBFC	胶结类型	Type of cementation	
GCBFD	接触类型	Contact type	
GCBFE	结构连结力	Force of texture bond	
GCBFF	颗粒排列方式	Form of grain arrangement	
GCBFG	土结构等级	Texture grade of soil	
GCBFH	土结构类型	Texture type of soil	
GCBFI	土的灵敏度(S_t)	Degree of sensitivity of soil	
GCBFJ	土中孔隙类型	Pore type in soil	
GCBFK	定向程度指数(FI)	Fabric index	结构指数
GCBFL	形态指标(λ_d)	Form index	
GCBFA	土结构的基本单元		
10	单粒体	Single body	碎屑颗粒
20	集合体	Assemblage body	
21	集粒	Aggregate grain	
22	凝聚体	Aggregation body	集块体
30	外包颗粒	Coated grain	
40	迭聚体	Lamina body	
50	絮凝体	Floccule body	

表 1（续）

代 码	汉 字 名	英 译 名	说 明
60	连接体	Connector body	粘土桥粘土条带
70	基质体	Matrix body	
GCBFB	结构连结类型		
01	无连结	Non-bond	
02	毛细水连结	Capillary bond	水连结
03	结合水连结	Bound water bond	水胶连结
04	强结合水连结	Strong bound water bond	
05	弱结合水连结	Weak bound water bond	
06	胶结连结	Cementation bond	环形支托
07	冰连结	Ice bond	
08	接触连结	Contact bond	
09	键条连结	Link bond	冷焊
10	同相接触连结	Phase contact bond	固相接触连接
11	结晶连结	Crystalline bond	
12	刚性连结	Rigid bond	
GCBFC	胶结类型		
1	盐晶胶结	Salt crystal cement	
2	硅质胶结	Siliceous cement	
3	铁质胶结	Ferruginous cement	
4	钙质胶结	Calcareous cement	
5	泥质胶结	Pelitic cement	
GCBFD	接触类型		
1	远凝聚接触	Remote aggregation contact	
2	近凝聚	Close aggregation contact	
3	过度性接触	Transient contact	
4	同相性接触	Phase contact	冷焊
5	面—面接触	Face-face contact	
6	边—边接触	Edge-edge contact	
7	边—面接触	Edge-face contact	
GCBFE	结构连结力		
1	离子键力	Ionic bonding force	
2	氢键力	Hydrogen bonding force	
3	分子引力	Molecular attraction	范德华力
4	磁性力	Magnetized attraction	
5	静电引力	Electrostatic attraction	偶极力
6	毛细力	Capillary force	
7	粒间斥力	Interparticle repulsion	
GCBFF	颗粒排列方式		
1	单粒正方体排列	Arrangement of square body single particle	
2	单粒四方体排列	Arrangement of tetrahedral single particle	
3	单粒菱形体排列	Arrangement of rhombohedron single particle	

表 1（续）

代 码	汉 字 名	英 译 名	说 明
4	镶嵌排列	Arrangement of mosaic	
GCBFG	土结构等级		
1	宏观结构	Macro texture	
2	中观结构	Meso texture	
3	微观结构	Micro texture	
4	超微结构	Ultrastructure	
GCBFH	土结构类型		
01	松散单粒结构	Loose texture of single particle	
02	紧密单粒结构	Compact texture of single particle	
03	镶嵌结构	Mosaic texture	
04	蜂窝状结构	Honey-comb texture	
05	骨架状结构	Skeletal texture	构架状结构
06	基质状结构	Matrix texture	
07	紊流状结构	Turbulent texture	
08	层流状结构	Laminar texture	纹层状结构
09	海绵状结构	Floccus texture	棉絮状结构
10	伪球状结构	Pseudoglobular texture	
11	畴状结构	Domain texture	
12	散体结构	Dispersion texture	分散结构
13	团聚结构	Flocculent texture	
14	片堆结构	Book-house texture	页状集束结构
15	片架结构	Card-house texture	盒式结构
GCBFJ	土中孔隙类型		
1	单元体内孔隙	Pore in liberation	
2	单元体间孔隙	Pore of liberation separate	
3	架空孔隙	Overhead pore	
4	镶嵌粒间孔隙	Mosaic intergranular pore	
5	溶孔	Dissolution pore	
GCBG	岩体结构面		
GCBGAA	结构面成因类型	Genesis type of discontinuity	
GCBGAB	结构面等级	Grade of discontinuity	
GCBGBA	结构面形态特征	Shape feature of discontinuity	
GCBGBB	结构面粗糙程度	Roughness of discontinuity	
GCBGBC	粗糙度系数	Roughness coefficient	
GCBGBD	起伏角	Relief angle	
GCBGBE	起伏差	Relief difference	
GCBGCA	结构面密集程度	Dense degree of discontinuity	
GCBGCB	线密度	Line density	
WTELAC	体积密度	Volume density	
GZDC	节理间距	Joint spacing	
GZDE	节理频率	Joint frequency	
SWAEBC	裂隙率	Fissure ratio	裂隙孔隙度

表 1（续）

代 码	汉 字 名	英 译 名	说 明
GCBGDA	结构面胶结程度	Degree of cementation of discontinuity	
GCBGDB	结构面充填程度	Filled degree of discontinuity	
GCBGDC	结构面充填物成分	Composition of filling material of discontinuity	
GCBGDD	结构面连续程度	Continuous degree of discontinuity	
GCBGDE	线连续性系数	Coefficient of linear continuity	
GCBGDF	面连续性系数	Coefficient of planar continuity	
GCBGDG	结构面张开程度	Opening of discontinuity	
GCBGEA	结构面组合型式	Assemblage form of discontinuity	
GCBGFA	泥化夹层分带	Zoning of intercalated soft layer	
GCBGAA	结构面成因类型		
00	原生结构面	Primary discontinuity	
01	沉积结构面	Sedimentary discontinuity	
02	火成结构面	Igneous discontinuity	
03	变质结构面	Metamorphic discontinuity	
10	构造结构面	Tectonic discontinuity	
11	节理面	Joint plane	
12	断层面	Fault plane	
13	劈理面	Cleavage plane	
14	裂隙面	Fracture plane	
15	片理面	Schistosity plane	
16	层间错动面	Interlayer dislocation plane	
20	次生结构面	Secondary discontinuity	表生结构面
21	卸荷裂隙	Relaxed fracture	
22	风化裂隙	Weathering fracture	
23	风化夹层	Weathering intercalated layer	
24	泥化夹层	Argillic intercalated layer	
25	次生夹泥	Secondary intercalated clay layer	
26	爆破裂隙	Bursting fracture	
27	原生裂隙	Primary fracture	
28	构造裂隙	Tectonic fracture	
GCBGAB	结构面等级		
1	Ⅰ级结构面	1-grade discontinuity	
2	Ⅱ级结构面	2-grade discontinuity	
3	Ⅲ级结构面	3-grade discontinuity	
4	Ⅳ级结构面	4-grade discontinuity	
5	Ⅴ级结构面	5-grade discontinuity	
GCBGBA	结构面形态特征		
1	平直结构面	Straight discontinuity	
2	台阶状结构面	Stepped discontinuity	
3	锯齿状结构面	Serrate discontinuity	
4	波浪状结构面	Wavy discontinuity	
5	不规则状结构面	Irregular discontinuity	

表 1（续）

代　码	汉　字　名	英　译　名	说　明
GCBGBB	结构面粗糙程度		
1	极光滑的结构面	Most smooth discontinuity	
2	光滑的结构面	Smooth discontinuity	
3	中等粗糙的结构面	Medial rough discontinuity	
4	粗糙的结构面	Rough discontinuity	
5	非常粗糙的结构面	Very rough discontinuity	
GCBGCA	结构面密集程度		
1	高度裂隙化	Highly fissured	
2	裂隙化	Fissured	
3	轻微裂隙化	Slightly fissured	
4	很轻微裂隙化	Very slightly fissured	
GCBGDA	结构面胶结程度		
1	完全胶结的	Complete cemented	
2	半胶结的	Semi cemented	
3	未胶结的	Uncemented	
4	局部胶结	Partial cementation	
GCBGDB	结构面充填程度		
1	无充填的	Unfilled	
2	薄膜式充填的	Filmily filling	
3	薄层充填的	Thin-layer filling	
4	厚层充填的	Thick-layer filling	
GCBGDC	结构面充填物成分		
1	泥质充填	Clayey filling	
2	砂质充填	Sandy filling	
3	角砾碎石充填	Breccia-gravel filling	
4	可溶盐充填	Soluble saline filling	
5	含水蚀变矿物充填	Hydrous altered mineral filling	
GCBGDD	结构面连续程度		
1	连续结构面	Continuous discontinuity	
2	不连续结构面	No-continuous discontinuity	
GCBGDG	结构面张开程度		
1	很密闭的	Very close	
2	密闭的	Close	
3	中等张开的	Medial opening	
4	张开的	Opening	
GCBGEA	结构面组合型式		
1	棋盘格式	Chess-board type	
2	入字型	Lambda-type	
3	歹字型	Eta-type	
4	米字型	Meter-type	
5	州字型	Thirty-type	
6	十字型	Cross-type	

表 1（续）

代码	汉字名	英译名	说明
7	梯字型	Trapezium-type	
8	X 型	X-type	
9	多字型	Xi-type	
GCBGFA	泥化夹层分带		
1	泥化带	Argillation zone	
2	鳞片带	Scaly zone	
3	节理密集带	Dense joint zone	
GCBH	结构体		
GCBHA	结构体形态类型	Shape of texture body	
GCBHB	结构体等级	Grade of texture body	
GCBHA	结构体形态类型		
1	柱状	Columnar	
2	块状	Massive	
3	楔形体	Wedge	
4	锥形体	Conical	
5	板状	Slaty	
6	菱形体	Rhombohedron	
7	碎块状	Clastic	
8	碎屑状	Fragmental	
GCBHB	结构体等级		
1	一级结构体	1st-grade texture body	地质体或断块体
2	二级结构体	2nd-grade texture body	山体
3	三级结构体	3rd-grade texture body	块体
3	四级结构体	4th-grade texture body	岩体
5	五级结构体	5th-grade texture body	微结构体
GCBI	岩体结构类型		
10	整体块状结构	Complete massive texture	
11	整体结构	Complete texture	
12	块状结构	Massive texture	
20	块裂结构	Fracture texture	
21	完整块裂体结构	Complete block fracture texture	
22	破碎块裂体结构	Block fracture texture	
30	碎裂结构	Clastic texture	
31	块状碎裂结构	Massive cataclastic texture	碎裂结构
32	层状碎裂结构	Stratiform cataclastic texture	
33	镶嵌碎裂结构	Interlocked texture	镶嵌结构
40	散体结构	Loosen texture	
41	碎块散体结构	Clastic loosen texture	
42	糜棱化散体结构	Mylonitic loosen texture	
50	层状结构	Bedded texture	
51	页片状结构	Laminated texture	

表 1（续）

代码	汉字名	英译名	说明
52	薄层状结构	Thin-bedded texture	
53	中厚层状结构	Medium-thick bedded texture	
54	厚层状结构	Thick-bedded texture	
GCBJ	土体结构类型		
1	均一结构	Homogeneous texture	
2	双层结构	Two-layered texture	
3	多层结构	Poly layered texture	
GCC	岩土工程地质分类		
GCCA	土的工程地质分类	Engineering geological classification of soil	
GCCB	岩石的工程地质分类	Engineering geological classification of rock	
GCCC	岩体的工程地质分类	Engineering geological classification of rock mass	
GCCD	工程地质体分类	Classification of engineering geological body	
GCCA	土的工程地质分类		
GCCAA	土的成因类型	Genetical type of soil	
GCCAB	土质类型	Type of soil	
GCCAC	松散堆积物	Loosen accumulational material	
GCCAA	土的成因类型		
00	风化残积型	Weathering eluvial type	
01	土壤	Soil	
02	残积土	Eluvial soil	
10	静水沉积型	Limnetic sedimentory type	
11	湖积土	Lacustrine soil	
12	沼泽土	Swamp soil	
20	风力堆积型	Wind power accumulation type	
21	风积土	Aeolian soil	
30	重力堆积型	Gravity accumulation type	
31	坠积土	Drop accumulation soil	
32	崩塌堆积土	Colluvial soil	
33	滑坡堆积土	Landslide accumulation soil	
40	海洋沉积型	Marine sedimentary type	
41	泻湖沉积土	Lagoon sedimentary soil	
42	滨海沉积土	Littoral sedimentary soil	
43	浅海沉积土	Shallow-sea sedimentary soil	
44	深海沉积土	Deep-sea sedimentary soil	
50	人工堆积型	Fill type	
51	素填土	Plain fill	
52	杂填土	Miscellaneous fill	
53	冲填土	Rinse fill	
60	地表流水沉积型	Surface flowing waters sedimentary type	
61	坡积土	Talus soil	
62	洪积土	Diluvium soil	
63	冲积土	Alluvial soil	

表 1（续）

代码	汉字名	英译名	说明
70	冰川推积型	Glacial accumulation type	
71	冰碛土	Moraine soil	
72	冰水沉积土	Glaciofluvial sedimentary soil	
73	三角洲堆积土	Delta accumulation soil	
74	洞穴堆积土	Cave accumulation soil	
75	泉水堆积土	Spring accumulation soil	
GCCAB	土质类型		
001	巨粒土	Boulder soil	
002	混合巨粒土	Mixed boulder soil	
003	巨粒混合土	Boulder mixed soil	
010	混合土漂石	Mixed erratic boulder	
011	混合土卵石	Mixed cobble	
012	漂石混合土	Erratic boulderly mixed soil	
013	卵石混合土	Mixed cobble	
014	级配良好砾石	Well graded gravel	
015	级配不良砾石	Poorly graded gravel	
016	粘质土砾	Clayey gravel	
017	粉质土砾	Silty gravel	
030	级配良好砂	Well graded sand	
031	级配不良砂	Poorly graded sand	
032	粘质土砂	Clayey sand	
033	粉质土砂	Silty sand	
100	一般性土	General soil	
101	粗碎屑土	Coarse detrital soil	
102	粗粒土	Coarse grained soil	
103	砾石类土	Gravel soil	
104	砾石	Gravel	
105	微含细粒的砾石	Gravel containing lightly fine grains	
106	含细粒的砾石	Gravel containing fine grains	
107	漂石	Erratic boulder	
108	块石	Rock block	
109	卵石	Pebble	
110	碎石	Debris	
111	圆砾	Rounded pebble	
112	角砾	Angular gravel	
113	砂类土	Sandy soil	
114	砂	Sand	
115	微含细粒砂土	Sand containing lightly fine grains	
116	含细粒砂土	Sand containing fine grains	
117	砾砂	Gravel sand	
118	粗砂	Coarse sand	
119	中砂	Medium sand	

表 1（续）

代码	汉字名	英译名	说明
120	细砂	Fine sand	
121	粉砂	Silt sand	微砂，极细砂
122	无粘性土	Cohesionless soil	
123	碎石土	Debris soil	
124	砾质土	Gravelly soil	
125	砾质砂土	Gravelly sand	
126	砾质亚砂土	Gravelly sandy loam	
127	砾质亚粘土	Gravelly loam	
128	砾质粘土	Gravelly clay	
129	粗砾土	Coarse gravel soil	
130	细砾土	Fine gravel soil	
131	粉质砂土	Silty sand soil	
132	粉土	Silt soil	
141	低液限粉质土	Low-liquid limit silty soil	
142	中液限粉质土	Median-liquid limit silty soil	
143	高液限粉质土	High-liquid limit silty soil	
144	低液限粘质土	Low-liquid limit clay soil	
145	中液限粘质土	Median-liquid limit clay soil	
146	高液限粘质土	High-liquid limit clay soil	
147	混合土	Mixed soil	
148	污染土	Polluted soil	
151	细粒土	Fine grained soil	
152	细碎屑土	Fine detrital soil	
153	粉质土	Silty soil	
154	含粗粒粉质土	Silty soil containing coarse grains	
155	微含粗粒粉质土	Silty soil containing lightly coarse grains	
156	低塑性粉土	Low-plastic silt	
157	中塑性粉土	Median-plastic silt	
158	高塑性粉土	High-plastic silt	
159	粘质土	Clay soil	
160	含粗粒粘质土	Clay soil containing coarse grains	
161	微含粗粒粘质土	Clay soil containing lightly coarse grains	
162	低塑性粘质土	Low-plastic clay soil	
163	中塑性粘质土	Median-plastic clay soil	
164	高塑性粘质土	High-plastic clay soil	
165	粘性土	Cohesive soil	
166	老粘性土	Ancient deposited cohesiveness soil	
167	一般粘性土	General cohesive soil	
168	新近沉积粘性土	Recent deposited cohesive soil	
169	粘土	Clay	
170	重粘土	Heavy clay(Rich clay)	
171	轻粘土	Light clay	

表 1（续）

代码	汉字名	英译名	说明
172	砂质粘土	Sandy clay	
173	粉质粘土	Silty clay	
174	亚粘土	Loam(Mild clay)	壤土
175	重亚粘土	Heavy loam	重壤土
176	粉质重亚粘土	Silty heavy loam	粉质重壤土
177	中亚粘土	Middle loam	中壤土
178	粉质中亚粘土	Silty middle loam	粉质中壤土
179	轻亚粘土	Light loam	轻壤土
180	粉质轻亚粘土	Silty light loam	粉质轻壤土
181	亚砂土	Mild sand	砂壤土
182	重亚砂土	Heavy mild sand	重砂壤土
183	粉质重亚砂土	Silty heavy mild sand	粉质重砂壤土
184	轻亚砂土	Light mild sand	轻砂壤土
185	粉质轻亚砂土	Silty light mild sand	粉质轻砂壤土
186	有机质土	Organic soil	
187	含粗粒有机质土	Organic soil containing coarse grains	
188	微含粗粒有机质土	Organic soil containing lightly coarse grains	
189	有机质粉土	Organic silt	
190	有机质粘土	Organic clay	
192	高有机土	Highest organic soil	
300	特殊土	Special soil	
310	淤泥类土	Muddy soil	
311	淤泥质土	Muck soil	
312	淤泥	Muck	
313	泥炭	Peat	
320	黄土	Loess	
321	黄土状土	Loess like soil	
322	老黄土	Old loess	
323	新黄土	Young loess	
324	新近堆积的黄土	Recent deposited loess	
325	湿陷性黄土	Collapsible loess	
326	非湿陷性黄土	Non-collapsible loess	
327	自重湿陷性黄土	Self-weight collapsing loess	
328	非自重湿陷性黄土	Nonself-weight collapsing loess	
329	大孔土	Soil with great pore	
330	红粘土	Red clay	
331	红土	Red soil	
340	膨胀土	Swelling soil	胀缩土
341	裂隙粘土	Fissured clay	
350	盐渍土	Saline soil	
351	氯盐渍土	Chlorine saline soil	
352	亚氯盐渍土	Chlorous saline soil	

表 1（续）

代码	汉字名	英译名	说明
353	亚硫酸盐渍土	Sulphurous acrid saline soil	
354	硫酸盐渍土	Sulphate-saline soil	
355	碳酸盐渍土	Carbonate-saline soil	
356	弱盐渍土	Slightly salified soil	碱性盐渍土
357	中盐渍土	Moderately salified soil	
358	强盐渍土	Strongly salified soil	
359	超盐渍土	Completely salified soil	
360	冻土	Frozen soil	
371	分散土	Dispersion soil	
372	软土	Soft soil	
373	硬土	Firm soil	
374	塑性图	Plasticity chart	
GCCB	岩石的工程地质分类		
GCCBA	岩石坚固性分类	Protodyakonovs classification of rock	
GCCBB	米勒岩石分类	Miller classification of rock	双指标分类
GCCBC	模量比	Modulus ratio	
GCCBD	岩石质量指标	Rock quality index	
GCCBE	岩石质量系数	Rock quality coefficient	
GCCBF	岩石风化程度系数	Coefficient of weathering for rock	
GCCBG	岩石软化性系数	Coefficient of softening of rock	
GCCBH	岩石裂隙化程度	Fissured degree of rock	
GCCBI	二向裂隙比	Two dimensional extent of fissure	
GCCBJ	三向裂隙比	Three dimensional extent of fissure	
GCCBK	裂隙系数	Coefficient of fissure	
GCCBA	岩石坚固性分类		
1	硬质岩石	Hard rock	硬岩
2	软质岩石	Soft rock	软岩
GCCBB	米勒岩石分类		
1	强度极高的岩石	Extremely high strength rock	质量非常好的岩石
2	强度高的岩石	High strength rock	质量好的岩石
3	中等强度的岩石	Middle strength rock	质量较好的岩石
4	强度低的岩石	Low strength rock	质量不好的岩石
5	强度极低的岩石	Very low strength rock	质量非常不好的岩石
6	高模量比岩石	High ratio of modulus	
7	中等模量比岩石	Medium ratio of modulus	
8	低模量比岩石	Low ratio of modulus	
GCCBH	岩石裂隙化程度		

表 1（续）

代　码	汉　字　名	英　译　名	说　明
1	基本无裂隙	Non-fissured	弱裂隙性
2	中等裂隙化	Medium fissured	中等裂隙性
3	严重裂隙化	Very fissured	强裂隙性
GCCC	岩体的工程地质分类		
GCCCA	岩体风化程度	Weathering degree of rock mass	风化等级
GCCCB	岩体质量指标(R. Q. D)	Rock mass quality index	
GCCCC	岩体完整性系数(C_m)	Intactness index of rock mass	
CCCCD	节理组数系数	Coefficient of joint set	
GCCCE	节理面粗糙度系数	Joint roughness coefficient	
GCCCF	节理面蚀变程度系数	Joint alteration rules coefficient	
GCCCG	裂隙水折减系数	Reduction factor of fissure water	
GCCCH	岩体的 SRF 值	S. R. F. value of rock mass	
GCCCI	岩体连续性等级	Continuity rank of rock mass	
GCCCJ	岩体的结构类型分类	Structure type classification of rock mass	
GCCCK	岩体的质量分级	Quality classification of rock mass	
GCCCL	岩体完整性划分	Integrity classification of rock mass	
GCCCA	岩体风化程度		
1	微风化	Slightly weathered	
2	弱风化	Moderately weathered	
3	强风化	Severely weathered	
4	剧风化	Completely weathered	全风化
GCCCI	岩体连续性等级		
1	连续岩体	Continuous rock mass	
2	过渡性岩体	Intermediate rock mass	
3	不连续岩体	Discontinuous rock mass	
4	松散岩体	Loosened rock mass	
GCCCK	岩体的质量分级		
1	好的岩体	Well rock mass	
2	较好的岩体	Better rock mass	
3	中等的岩体	Middle-season rock mass	
4	较坏的岩体	Worse rock mass	
5	坏的岩体	Bad rock mass	
GCCCL	岩体完整性划分		
1	完整	Integral	
2	较完整	Relatively integral	
3	破碎	Broken	
4	较破碎	Relatively broken	
5	松散	Loose	
GCCD	工程地质体分类		
1	土体	Soil mass	
2	岩体	Rock mass	
3	岩土体	Soil-rock mass	

表 1（续）

代码	汉字名	英译名	说明
GCD	岩土的工程地质性质		
GCDA	岩土密度	Density of rock and soil	
GCDB	岩土的孔隙性	Porosity of rock and soil	
GCDC	岩土的水理性质	Rock and soil properties relating water	
GCDD	粘性土的可塑性与稠度	Plasticity and consistency of cohesive soil	
GCDE	粘性土的膨胀性与崩解性	Swelling-shrinkage and disintegration of cohesive soil	
GCDF	黄土的湿陷性	Collapsibility of loess	
GCDG	冻土的工程地质性质	Engineering geological properties of frozen soil	
GCDH	岩石的抗水性	Water resistance of rock	
GCDI	岩土的材料属性	Nature of materials of rock and soil	
GCDJ	应力与应变	Stress and strain	
GCDK	变形与强度	Deformation and strength	
GCDL	土的压缩性	Compressibility of soil	
GCDM	土的抗剪性	Shear property of soil	
GCDN	土的击实性	Compactibility of soil	
GCDO	岩石的流变性质	Rheological property of rock and soil	
GCDP	岩石的力学性质	Mechanical properties of rock	
GCDQ	岩土的动力性质	Dynamic properties of rock and soil	
GCDR	岩土的热学性质	Thermal properties of rock and soil	
GCDS	岩土的电学性质	Electric properties of rock and soil	
GCDT	岩土的放射性	Radioactivity properties of rock and soil	
GCDU	岩土的声学性质	Acoustic properties of rock and soil	
GCDV	岩土的其他工程性质	Other engineering properties of rock and soil	
GCDW	岩石断裂力学性质	Fracture mechanic properties of rock	
GCDA	岩土密度		
GCDAB	重力密度（重度 γ）	Unit weight	
GCDAC	饱和密度（ρ_{sat}）	Saturated density	饱水容重
GCDAD	水下密度（ρ）	Submerged density	浮容重
GCDAE	干密度（ρ_d）	Dry density	
GCDAF	有效密度	Effective density	
GCDAG	水的密度（ρ_w）	Water density	
GCDAH	土的重量	Weight of soil	
GCDAI	岩块重量	Weight of rock block	
GCDAJ	最小干密度（ρ_{dmin}）	Minimum dry density	
GCDAK	土粒密度（ρ_s）	Density of soil grains	
GCDAL	湿密度（ρ）	Wet density	
GCDAM	质量密度（密度 ρ）	Mass density(density)	
GCDAN	最大干密度（ρ_{dmax}）	Maximum dry density	
GCDAO	岩石颗粒密度	Density of rock particles	
GCDAP	土的质量	Quality of soil	
GCDAQ	土粒质量	Quality of soil grain	
GCDAR	岩块质量	Quality of rock block	

表 1（续）

代 码	汉 字 名	英 译 名	说 明
GCDB	岩土的孔隙性		
SYGEC	孔隙度(n)	Porosity	孔隙率空隙率
GCDBB	孔隙比(e)	Pore ratio	
GCDBC	最大孔隙比(e_{max})	Maximum void ratio	
GCDBD	最小孔隙比(e_{min})	Minimum void ratio	
GCDBE	原始孔隙比(e_0)	Original void ratio	初始孔隙比
GCDBF	临界孔隙比(e_c)	Critical void ratio	
GCDBG	天然孔隙比(e_0)	Natural void ratio	
GCDBH	大开空隙率	Big open void rate	
GCDBI	小开空隙率	Little open void rate	
GCDBJ	总开空隙率(n_0)	Total open void rate	
GCDBK	闭空隙率(n_c)	Closed void rate	
GCDBL	总空隙率	Total void rate	
GCDBM	岩石的空隙类型	Type of rock void	
GCDBN	砂土相对密度(D_r)	Relative density of sand	
GCDBO	砂土的密实程度	Compactness of sand	
SYGECC	有效孔隙度	Effective porosity	
GCDBM	岩石的空隙类型		
1	开型孔隙	Open void	
2	闭型孔隙	Closed void	
3	大开型孔隙	Big open void	
4	小开型孔隙	Small open void	
GCDBO	砂土的密实程度		
1	密实	Dense	
2	中密	Moderate dense	
3	稍密	Sparse	
4	松散	Loose	
GCDC	岩土的水理性质		
GCDCAA	天然湿度	Natural wetness	
GCDCAB	含水量(W)	Water content	
GCDCAC	饱和含水量(W_{sat})	Water content of saturated soil	
GCDCAD	膨胀含水量	Swelling water content	
GCDCAE	缩限含水量(W_s)	Shrinkage limit	缩限收缩界限
GCDCAF	天然含水量	Natural water content	
GCDCAG	原始含水量	Original water content	
GCDCAH	含水比(U)	Moisture ratio	
DHABCU	饱和度(S_r)	Degree of saturation	
SWEJCA	饱和差	Saturated differency	
GCDCAK	饱水率(W_{sa})	Rate of saturated	
GCDCAL	吸水率(W_a)	Water absorption rate	
GCDCAM	饱水系数	Saturation coefficient	
GCDCAN	土的饱和度分级	Degree of saturation grade of soil	

表 1（续）

代码	汉字名	英译名	说明
GCDCAO	体积含水率(n_w)	Water-content coefficient by volume	
GCDCAP	引用体积含水率(e_w)	Cited-water content coefficient by volume	
GCDCBA	毛细上升高度(H_k)	Height of capillary rise	
GCDCBB	毛细上升速度	Capillary rise velocity	
SYLDE	毛细压力	Capillary pressure	
GCDCCA	吸湿度	Hydroscopic capacity	
GCDCCB	吸湿系数	Hydroscopic coefficient	
GCDCCC	吸湿含水量	Hydroscopic moisture	
GCDCCD	吸湿水含量	Hydroscopic water content	
GCDCCE	吸湿压力	Hydroscopic pressure	
GCDCAN	土的饱和度分级		
1	干燥	Dry	
2	稍湿	Slightly humid	
3	很湿	Severely humid	
4	饱和	Saturated	
GCDD	粘性土的可塑性与稠度		
GCDDA	稠度	Consistency	
GCDDB	稠度界限	Consistency limits	阿太型界限 界限含水量
GCDDC	塑限(W_p)	Plastic limit	塑性下限 搓揉界限
GCDDD	液限(W_l)	Liquid limit	塑性上限 流性下限
GCDDE	塑性指数(I_p)	Plasticity index	
GCDDF	液性指数(I_l)	Liquidity index	稠度指标
GCDDG	粘着界限	Coherent limit	
GCDDH	流性上限	Liquid upper limit	
GCDDI	土的可塑性分级	Plasticity grade of soil	
GCDDI	土的可塑性分级		
1	无塑性	Non-plasticity	
2	低塑性	Low-plasticity	
3	中塑性	Medium-plasticity	
4	高塑性	High-plasticity	
GCDE	粘性土的膨胀性与崩解性		
GCDEAA	无荷载膨胀率(V_H)	Nonloaded swelling rate	
GCDEAB	有荷载膨胀率(V_{hp})	Loaded swelling rate	
GCDEAC	线膨胀率(e_p)	Linear expansion rate	线胀率，膨胀系数
GCDEAD	体积膨胀率	Swelling rate of volume	膨胀率
GCDEAE	膨胀力(P_p)	Swelling force	膨胀压力
GCDEAF	自由膨胀率(F_a)	Free swelling rate	
GCDEAG	膨胀指数(C_a)	Swelling index	回弹指数

表 1（续）

代　码	汉　字　名	英　译　名	说　明
GCDEAH	膨胀率	Swelling rate	
GCDEAI	膨胀方式	Swelling mode	
GCDEBA	线缩率(e_{sa})	Linear shrinkage rate	
GCDEBB	体缩率(e_s)	Volumetric shrinkage rate	
GCDEBC	纵向线缩率(e_{sl})	Longitudinal shrinkage rate	
GCDEBD	横向线缩率(e_{sd})	Transverse shrinkage rate	
GCDEBE	收缩指数(I_s)	Shrinkage index	
GCDEBF	收缩系数(C_{se})	Shrinkage coefficient	
GCDEBG	横向收缩系数(C_{sd})	Transverse shrinkage rate	
GCDEBH	垂直收缩量	Vertical shrinkage	
GCDECA	胀缩总率(e_{ps})	Total swelling and shrinkage rate	
GCDECB	膨胀土的胀缩性分级	Swelling and shrinkage grade of swelling soil	
GCDECC	地基土的胀缩等级	Swelling grade of foundation soil	
GCDECD	胀缩潜势	Shrink-swell potentiality	
GCDECE	胀缩土地基分级变形量(SC)	Grading deformation of swelling soil foundation	
GCDEDA	崩解速度	Disintegration velocity	
GCDEDB	崩解量(A_t)	Disintegration volume	
GCDEDC	湿化时间(t)	Time of slacking	
GCDEDD	崩解时间	Time of disintegrating	
GCDEAI	膨胀方式		
1	粒间膨胀	Interparticle swelling	
2	层间膨胀	Interlayer swelling	
3	无荷载膨胀	Nonloaded swelling	
4	有荷载膨胀	Loaded swelling	
5	有侧限膨胀	Confined swelling	
6	无侧限膨胀	Unconfined swelling	
GCDECB	膨账土的胀缩性分级		
1	强胀缩性土	Strong swelling-shrinkage soil	
2	中等胀缩性土	Medium swelling-shrinkage soil	
3	弱胀缩性土	Weak swelling-shrinkage soil	
GCDECC	地基土的胀缩等级		
1	严重胀缩地基	Very severely swelling-shrinking foundation	
2	较严重胀缩地基	Severely swelling-shrinkage foundation	
3	中等胀缩地基	Moderately swelling-shrinkage foundation	
4	较轻微整缩地基	Slightly swelling-shrinkage foundation	
5	轻微整缩地基	Very slightly swelling-shrinkage foundation	
GCDF	黄土的湿陷性		
GCDFA	湿陷系数(δ_s)	Coefficient of collapsible	相对下沉系数 相对湿陷变形系数
GCDFB	黄土湿陷性分级	Collapsible grading of loess	
GCDFC	湿陷起始压力(p_{sn})	Initial collapse pressure	
GCDFD	黄土湿陷类型	Collapse of loess type	

表1(续)

代码	汉字名	英译名	说明
GCDFE	自重湿陷量(Δ_{zs})	Self-weight collapse settlement	
GCDFF	自重湿陷系数(δ_{zs})	Coefficient of self-weight collapse	
GCDFG	黄土压缩变形系数(δ_p)	Coefficient of compressive deformation of loess	
GCDFH	黄土溶滤变形系数(δ_{wt})	Coefficient of leach deformation of loess	渗透溶滤变形系数
GCDFI	分级湿陷量(Δ_s)	Grading of collapse settlement	
GCDFJ	黄土地基湿陷等级	Collapsible grade of loess foundation	
GCDFK	浸水压缩试验	Immersion compression test	
GCDFL	试坑浸水试验	Pit immersion test	
GCDFM	测定湿陷系数压力	Determination of pressure of collapsibility coefficient	
GCDFN	实测自重湿陷量	Actually tested self-weight	
GCDFO	剩余湿陷量	Residual collapse settlement	
GCDFB	黄土湿陷性分级		
1	轻微湿陷	Light collapsible	
2	中等湿陷	Medium collapsible	
3	强烈湿陷	Highly collapsible	
GCDFD	黄土湿陷类型		
1	自重湿陷	Self-weight collapse	
2	非自重湿陷	Non self-weight collapse	
GCDFJ	黄土地基湿陷等级		
1	Ⅰ级湿陷地基	1st grade collapsible foundation	
2	Ⅱ级湿陷地基	2nd grade collapsible foundation	
3	Ⅲ级湿陷地基	3rd grade collapsible foundation	
4	Ⅳ级湿陷地基	4th grade collapsible foundation	
GCDG	冻土的工程地质性质		
GCDGAA	冻土含水量(ω)	Water content of frozen soil	
GCDGAB	冻土密度	Unit weight of frozen soil	
GCDGAC	相对含冰量(i_o)	Relative content of ice	
GCDGAD	未冻结水含量(ω_r)	Non-frosted water content	
GCDGAE	土的比热(c_d)	Specific heat of soil	
GCDGAF	土的导热系数(λ)	Coefficient of thermal conductivity of soil	
GCDGAG	土的导温系数(α)	Coefficient of thermometric conductivity of soil	
GCDGAH	冻胀率(η)	Coefficient of frost heaving	
GCDGAI	极限冻结强度(τ_{ls})	Critical frost strength	
GCDGAJ	切向冻胀力(τ_z)	Tangential frost heaving force	
GCDGAK	饱冰度(V)	Degree of saturation of ice	
GCDGAL	冻结指数	Freezing index	
GCDGAM	冻土的长期内聚力	Long term cohesion of frozen soil	
GCDGAN	冻土的瞬时内聚力	Instantaneous cohesion of frozen soil	
GCDGAO	融沉系数(A_0)	Coefficient of melt-settlement	
GCDGAP	起始冻胀含水量(ω_0)	Initial water content of frost heaving	
GCDGAQ	冻胀量(V_p)	Capacity of frost heaving	

表 1（续）

代　码	汉　字　名	英　译　名	说　明
GCDGAR	法向膨胀力	Normal frost heaving force	
GCDGAS	冻土融化压缩	Thaw compression of frozen soil	
GCDGAT	融化压缩系数	Thaw compression coefficient	
GCDGAU	融陷	Thaw settlement	
GCDGAV	冻结力	Frozen force	
GCDGAW	季节冻土的冻胀性分类	Frost heaving classification of seasonal frozen soil	
GCDGAX	多年冰冻土融陷性分级	Thaw settlement classification of perennialicy frost soil	
GCDGAY	冻土按融陷性分类	Classification of frozen soil by thaw settlement	
GCDGAW	季节冻土的冻胀性分类		
1	不冻胀	Not frost heave	
2	弱冻胀	Lightly frost heave	
3	冻胀	Frost heave	
4	强冻胀	Highly frost heave	
GCDGAX	多年冰冻土融陷性分级		
1	（Ⅰ）不融陷	（Ⅰ）No thaw settlement	
2	（Ⅱ）弱融陷	（Ⅱ）Weak thaw settlement	
3	（Ⅲ）中融陷	（Ⅲ）Moderate thaw settlement	
4	（Ⅳ）强融陷	（Ⅳ）Strong thaw settlement	
5	（Ⅴ）极融陷	（Ⅴ）Severe thaw settlement	
GCDGAY	冻土按融陷性分类		
1	Ⅰ类土（不融陷）	1st grade soil(No thaw settlement)	
2	Ⅱ类土（弱融陷）	2nd grade soil(Weak thaw settlement)	
3	Ⅲ类土（中融陷）	3rd grade soil(Moderate thaw settlement)	
4	Ⅳ类土（强融陷）	4th grade soil(Strong thaw settlement)	
5	Ⅴ类土（极融陷）	5th grade soil(Severe thaw settlement)	
GCDH	岩石的抗水性		
GCDHA	岩石冻失率（K_d）	Loss rate of rock weight by frost	重量损失率
GCDHB	抗冻系数（K_{dp}）	Coefficient of frost resistance	
GCDHC	岩石强度损失率（R_f）	Loss rate of rock strength	
GCDHD	岩石允许流速	Allowable velocity of flow of rock	
GCDHE	岩石抗冲刷系数（K_o）	Coefficient of scouring resistance	
GCDI	岩土的材料属性		
01	岩土体	Rock and soil mass(Geotechnical mass)	
02	均质体	Homogeneous body	
03	非均质体	Heterogeneous body	
04	弹性体	Elastic body	
05	塑性体	Plastic body	
06	弹塑性体	Elastoplastic body	
07	半弹性体	Semi-elastic body	粘滞体
08	半粘性流体	Quasi-viscous fluid	
09	流变体	Rheological body	
10	刚体	Rigid body	

表 1（续）

代 码	汉 字 名	英 译 名	说 明
11	弹性	Elasticity	
12	塑性	Plasticity	
13	弹塑性	Elastoplasticity	
14	粘弹性	Visco-elasticity	
15	脆性	Brittleness	
16	延性	Ductility	
17	延性度	Degree of ductility	
18	水塑性	Hydroplasticity	
19	流变性	Rheological behavior	
20	各向同性	Isotropy	
21	各向异性	Anisotropy	
22	非均匀性	Heterogeneity	
23	结构不连续性	Discontinuity of structure	
24	光弹性	Photoelasticity	
GCDJ	应力与应变		
GCDJAA	力的种类	Type of force	
GCDJAB	应力	Stress	
GCDJAC	正应力(σ)	Normal stress	直应力法向应力
GCDJAD	剪应力(τ)	Shearing stress	切应力扭应力
GCDJAE	压应力	Compressive stress	
GCDJAF	拉应力	Tensile stress	张应力
GCDJAG	主应力	Principal stress	
GCDJAH	最大主应力(σ_1)	Maximum principal stress	
GCDJAI	最小主应力(σ_3)	Minimum principal stress	
GCDJAJ	中间主应力(σ_2)	Intermediate principal stress	
GCDJAK	最大剪应力(τ_{max})	Maximum shear stress	
GCDJAL	差异应力	Difference stress	应力差
GCDJBA	应力状态	Stress state	
GCDJBB	主应力轴	Axes of principal stress	
GCDJBC	应力偏量	Stress deviator	
GCDJBD	应力降	Stress drop	
GCDJBE	应力张量	Stress tensor	
GCDJBF	应力轴方位	Orientation of stress axes	
GCDJBG	应力图形	Stress map	
GCDJCA	应变	Strain	
GCDJCB	应变量	Strain value	
GCDJCC	应变能	Strain energy	
GCDJCD	应变类型	Strain type	
GCDJCE	应变硬化	Strain-hardening	
GCDJCF	应变软化	Strain-softening	
GCDJCG	应变状态	Strain state	

表 1（续）

代　码	汉　字　名	英　译　名	说　明
GCDJCH	应变轴	Strain axis	
GCDJCI	应变梯度	Strain gradient	
GCDJCJ	应变图形	Strain map	
GCDJAA	力的种类		
01	合力	Resultant force	
02	分力	Component of force	
03	外力	External force	
04	内力	Internal force	
05	体积力	Volume force	
06	面积力	Facial force	
07	重力	Gravitation	
08	惯性力	Force of inertia	
09	吸引力	Attractive of force	
10	排斥力	Repulsive force	
11	离心力	Centrifugal force	
GCDJBA	应力状态		
1	单轴应力状态	Uniaxial stress state	
2	双轴应力状态	Biaxial stress state	
3	三轴应力状态	Triaxial stress state	
4	一点应力状态	Point stress state	
5	初始应力状态	Primary state of stress	
6	二次应力状态	Secondary state of stress	
GCDJBB	主应力轴		
1	最大主应力轴	Axes of maximum principal stress	
2	中间主应力轴	Axes of intermediate principal stress	
3	最小主应力轴	Axes of minimum principal stress	
GCDJBC	应力图形		
1	极限应力图	Critical stress circle	
2	应力椭球	Stress ellipsoid	
3	应力途径	Stress paths	应力迹线 应力路径
4	莫尔包络面	Mohr's envelope	莫尔包络线
5	应力轨迹图	Stress pattern	
6	应力泡	Bulb of pressure	
GCDJCD	应变类型		
01	均匀应变	Homogeneous strain	
02	非均匀应变	Non-uniform strain	
03	塑性应变	Plastic strain	
04	弹性应变	Elastic strain	
05	旋转应变	Rotational strain	有旋应变
06	非旋转应变	Irrotational strain	无旋应变 纯应变

表 1 (续)

代码	汉字名	英译名	说明
07	线应变	Line strain	
08	体变	Dilation	体积应变
09	角应变(Υ)	Shearing strain	剪应变 切应变
10	形变	Distortion	
11	单向拉伸应变	Uniaxial tensile strain	
12	双向拉伸应变	Biaxial tensile strain	
13	纯拉伸	Pure tension	
14	纯压缩	Pure compression	
15	单剪	Simple shear	
16	纯剪	Pure shear	
GCDJCH	应变轴		
1	最大应变轴	Maximum strain axis	
2	中间应变轴	Intermediate strain axis	
3	最小应变轴	Minimum strain axis	
GCDJCJ	应变图形		
1	应变椭球体	Strain ellipsoid	
2	应变花	Strain rosette	
3	应力一应变曲线	Stress-strain curve	
4	应变椭球园截面	Circular section of strain ellipsoid	
5	应变椭球圆锥面	Ellipticone of strain ellipsoid	
GCDK	变形与强度		
GCDKAA	变形	Deformation	
GCDKAB	变形种类	Deformation type	
GCDKAC	变形曲线	Deformation curve	
GCDKAD	变形系数	Deformation factor	
GCDKAE	变形能	Deformation energy	
GCDKAF	变形势	Force potential of deformation	
GCDKAG	变形量	Deformation value	变形值
GCDKBA	变形模量(E_o)	Modulus of deformation	
GCDKBB	弹性模量(E)	Modulus of elasticity	
GCDKBC	体积变形模量(E_v)	Modulus of volume deformation	
GCDKBD	压缩模量(E_s)	Modulus of compression	
GCDKBE	剪切模量(G)	Shear modulus	
GCDKBF	初始模量	Initial modulus	
GCDKBG	切线模量	Tangent modulus	
GCDKBH	割线模量	Secant modulus	
GCDKBI	刚性模量	Modulus of rigidity	
GCDKBJ	回弹模量	Modulus of resilience	
GCDKCA	强度	Strength	
GCDKCB	抗压强度(R)	Compression strength	
GCDKCC	干抗压强度	Dry compression strength	

表 1（续）

代　码	汉　字　名	英　译　名	说　明
GCDKCD	饱和抗压强度	Saturation compression strength	湿抗压强度
GCDKCE	冻融抗压强度	Freezing-melting compression strength	
GCDKCF	干强度	Dry strength	
GCDKCG	单轴抗压强度	Uniaxial compression strength	
GCDKCH	无侧限抗压强度(q_u)	Unconfined compression strength	
PKJFH	抗拉强度	Tensile strength	抗张强度
GCDKCJ	摩擦强度(τ)	Friction strength	抗剪强度
GCDKCK	抗剪断强度(τ_{ck})	Shearing strength	
GCDKCL	抗切强度(τ_c)	Pure shearing strength	
GCDKCM	抗弯强度	Bend strength	
GCDKCN	抗扭强度	Torsional strength	
GCDKCO	长期强度	Long-term strength	
GCDKCP	瞬时强度	Instantaneous strength	
GCDKCQ	疲劳强度	Fatigue strength	
YKBHKC	峰值强度	Peak strength	
GCDKCS	残余强度	Residual strength	
GCDKCT	极限强度	Ultimate strength	破坏强度
GCDKCU	屈服强度	Yield strength	
GCDKDA	压密极限	Compaction limit	
GCDKDB	弹性极限	Elastic limit	
GCDKDC	屈服极限	Yield limit	
GCDKDD	比例极限	Proportional limit intensity	
GCDKEA	强度衰减	Strength in decay	
GCDKEB	强度理论	Strength theory	
GCDKEC	岩石破坏型式	Failure type of rock	
GCDKAB	变形种类		
01	均匀变形	Uniform deformation	仿射变形
02	非均匀变形	Non-uniform deformation	
03	弹性变形	Elastic deformation	
04	塑性变形	Plastic deformation	永久变形
05	弹塑性变形	Elastic-plastic deformation	
06	递进变形	Progressive deformation	
07	线变形	Linear deformation	
08	角变形	Angle deformation	
09	拉伸变形	Tensile deformation	
10	压缩变形	Compressing deformation	
11	扭转变形	Torsional deformation	
12	弯曲变形	Bend deformation	
13	残余变形	Residual deformation	
14	纵向变形	Axial deformation	轴向变形
15	横向变形	Diameter deformation	径向变形
16	粘弹性变形	Viscoelasticity deformation	

表 1（续）

代 码	汉 字 名	英 译 名	说 明
17	假塑性变形	Pseudo-plastic deformation	
18	蠕动变形	Creep deformation	蠕变
19	均匀流动	Homogeneous flow	
20	塑性流动	Plastic flow	
21	粘性流动	Viscous flow	
22	半粘性流动	Quasi-viscous flow	
23	滑移流动	Gliding flow	
24	假粘性流动	Pseudoviscous flow	
GCDKEB	强度理论		
1	最大主应力理论	Maximum principal stress criterion	
2	最大主应变理论	Maximum principal strain criterion	
3	最大剪切应力强度理论	Maximum shear stress criterion	
4	最大正应变理论	Maximum normal strain criterion	
5	莫尔强度理论	Mohr's criterion	
6	剪应变能强度理论	Shearing strain energy criterion	
7	八面体应力理论	Octahedral stress criterion	
8	联合强度理论	Combining strength criterion	
9	格里菲斯强度理论	Griffith's strength criterion	
GCDKEC	岩石破坏型式		
1	脆性破坏	Brittle failure	
2	延性破坏	Ductile failure	
3	张破裂	Tensile failure	拉断破坏
4	剪破裂	Shear failure	剪切破坏
5	流动	Flow	
6	滑动	Slip	滑移
7	渐进破坏	Progressive failure	
GCDL	土的压缩性		
GCDLAA	土的压缩性分级	Compressibility rank of soil	
GCDLAB	土体压缩变形阶段	Compressive deformation stage of soil mass	
GCDLAC	压缩系数(α)	Coefficient of compressibility	
GCDLAD	压缩指数(C_c)	Compression index	
GCDLAE	体积压缩系数(M_v)	Coefficient of volume compressibility	
GCDLAF	前期固结压力(p_c)	Preconsolidation pressure	先期固结压力
GCDLAG	压缩类型	Compression type	
GCDLAH	泊松比(μ)	Poisson's ratio	侧膨胀系数
GCDLAI	侧压力系数(U_s)	Coefficient of lateral pressure	
GCDLAJ	有效压力(δ)	Effective pressure	粒间压力
GCDLAK	孔隙水压力(U)	Pore water pressure	孔隙压力 中性压力 超静水压力
GCDLAL	静水压力(P)	Hydrostatic pressure	
GCDLAM	孔隙压力系数(A)(B)	Pore pressure parameters	
GCDLAN	消散系数(C_v)	Dissipation factor	

表 1(续)

代码	汉字名	英译名	说明
GCDLAO	孔隙压力消散百分数(D_c)	Dissipation percentage pore pressure	
GCDLAP	压缩曲线类型	Type of compression curve	
GCDLAQ	超孔隙水压力	Excess pore pressure	
GCDLBA	土的固结状态	Consolidation state of soil	
GCDLBB	土的渗透固结类型	Permeation consolidation type of soil	
GCDLBC	超固结比(R)	Overconsolidation ratio	
GCDLBD	固结系数(C)	Coefficient of consolidation	
GCDLBE	固结度(U)	Degree of consolidation	
GCDLBF	固结比(K_c)	Consolidation ratio	
GCDLAA	土的压缩性分级		
1	高压缩性土	High compressible soil	
2	中压缩性土	Middle compressible soil	
3	低压缩性土	Low compressible soil	
GCDLAB	土体压缩变形阶段		
1	压密变形阶段	Compaction deformation stage	
2	局部剪切变形阶段	Partial shear deformation stage	
3	破坏阶段	Failure stage	
GCDLAG	压缩类型		
1	侧限压缩	Confined compress	
2	无侧限压缩	Unconfined compress	
3	粒间压缩	Interparticle compress	
GCDLAP	压缩曲线类型		
1	压缩主支曲线	Main compression curve	
2	压缩曲线	Compression curve	
3	膨胀曲线	Swelling curve	
4	再压缩曲限	Recompression curve	
5	固结曲线	Consolidation curve	
GCDLBA	土的固结状态		
1	超固结土	Overconsolidated soil	
2	正常固结土	Normally consolidated soil	
3	欠固结土	Under consolidated soil	
GCDLBB	土的渗透固结类型		
1	主固结	Main-consolidation	
2	次固结	Secondary-consolidation	
3	单向渗透固结	One-dimensional consolidation	
4	双向渗透固结	Two-dimensional consolidation	
5	三向渗透固结	Three-dimensional consolidation	
6	K_0 固结	K_0 consolidation	
7	前期固结	Pre-consolidation	
GCDM	土的抗剪性		
GCDMAA	抗剪强度指标类型	Type of shear strength index	
GCDMAB	内摩擦力(F)	Internal friction force	

表 1(续)

代码	汉字名	英译名	说明
GCDMAC	内摩擦角(φ)	Angle of internal friction	
GCDMAD	内摩擦系数(f)	Coefficient of friction	
GCDMAE	内聚力(C)	Cohesion	凝聚力
GCDMAF	内聚力种类	Cohesion type	
GCDMAG	塑性变形区范围	Plastic deformation area	
GCDMAH	天然坡度角(α)	Natural angle of repose	天然休止角
GCDMAI	水上坡角(α_c)	Natural slope angle above water surface	
GCDMAJ	水下坡角(α_w)	Natural slope angle under water	
GCDMAK	剪切速率(V_{sr})	Rate of shearing	
GCDMAL	土的抗剪强度(τ_l)	Shear strength of soil	
GCDMAM	原状土抗剪强度	Shear strength of undisturbed soil	
GCDMAN	扰动土抗剪强度	Shear strength of disturbed soil	
GCDMAO	重塑土抗剪强度	Shear strength of remolded soil	
GCDMAP	地下水临界波度	Groundwater critical gradient	
GCDMAA	抗剪强度指标类型		
1	总应力强度指标	Total stress strength index	
2	有效应力强度指标	Effective stress strength index	
GCDMAF	内聚力种类		
1	原始内聚力	Original cohesion	
2	毛细内聚力	Capillary cohesion	
3	加固内聚力	Reinforcement cohesion	固化内聚力
GCDN	土的击实性		
GCDNA	击实曲线	Compact curve	
GCDNB	最大干容重(Y_{dmax})	Maximum dry unit weight	
GCDNC	最优含水量(W_{op})	Optimum water content	
GCDND	击实数(N)	Numbers of compact	
GCDNE	击实功	Compacting work	
GCDNF	临界功	Critical work	
GCDNG	合理功	Rational work	
GCDO	岩土的流变性质		
GCDOAA	蠕变速率	Creep rate	
GCDOAB	蠕变常数	Creep constant	
GCDOAC	蠕变指数	Creep index	
GCDOAD	蠕变阶段	Creep stage	
GCDOAE	蠕变曲线类型	Type of creep curve	
GCDOAF	蠕变模型	Creep model	
GCDOBA	松弛时间	Slacking time	
GCDOAD	蠕变阶段		
1	瞬时变形阶段	Instantaneous strain stage	
2	初始蠕变阶段	Primary strain stage	不稳定蠕变阶段
3	稳定蠕变阶段	Secondary creep stage	等速蠕变阶段

表 1（续）

代　码	汉　字　名	英　译　名	说　明
4	加速蠕变阶段	Tertiary creep stage	
GCDOAE	蠕变曲线类型		
1	趋稳蠕变曲线	Transient creep curve	
2	标准蠕变曲线	Typical creep curve	
3	加速蠕变曲线	Acceleration creep curve	
GCDOAF	蠕变模型		
00	理想物体的基本模型	Basic model of ideal body	
01	欧基里德刚体	Euclid rigid body	
02	虎克弹性体	Hooke elastic body	
03	牛顿粘滞体	Newton viscous body	
04	圣维南塑性体	Stvenant plastic body	
05	帕斯卡液体	Pascal liquid	
10	组合模型	Constituent model	
11	马克斯韦尔模型	Maxwell model	
12	凯尔文-沃特模型	Kelvin-voigt model	
13	宾哈姆模型	Bingham model	
14	劳农模型	Loonen model	
15	斯菲尔德-斯科特模型	Sehofield-Scat model	
16	岗兹模型	Geuze model	
17	克里斯迪逊模型	Christensen model	
18	阿菩达汉合-赫林模型	Abdel-herrin model	
19	考马姆拉模型	Komamura model	
20	吴天行模型	Wu Tian-Xing model	
21	陈宗基模型	Chen Zhong-ji model	
22	廖国华模型	Liao Guo-hua mode	
GCDP	岩石的力学性质		
GCDPA	岩石的变形特征	Deformation character of rock	
GCDPB	岩石的强度特征	Strength character of rock	
GCDPA	岩石的变形特征		
GCDPAA	岩石变形阶段	Deformation stage of rock	
GCDPAB	岩石变形的影响因素	Deformation influential factor of rock	
GCDPAC	围压	Confining pressure	
GCDPAD	加荷速率	Rate of loading	
GCDPAE	循环荷载	Recurring load	
GCDPAA	岩石变形阶段		
1	微裂隙压密阶段	Microvoid compression stage	
2	弹性变形阶段	Elastic deformation stage	
3	裂纹稳定扩展阶段	Cracks increasing and extending stage	
4	裂纹加速扩展阶段	Cracks acceleratively extending and failure stage	
5	破坏后阶段	Stage after failure stage	
GCDPAB	岩石变形的影响因素		
1	尺寸效应	Scale effect	

表 1（续）

代码	汉字名	英译名	说明
2	时间效应	Time effect	
3	温度效应	Temperature effect	
4	弹性滞后	Elastic hysteresis	
5	加荷方式	Way of loading	
GCDPB	岩石的强度特征		
GCDPBA	剪胀强度	Dilation strength	
GCDPBB	剪胀点	Dilation point	
GCDPBC	剪胀角	Dilation angle	
GCDPBD	剪胀量	Dilation value	
GCDPBE	应力比	Stress ratio	
GCDPBF	极限应力比	Critical stress ratio	
GCDPBG	破裂角	Fracture angle	
GZDI	剪切角	Shear angle	
GCDPBI	共轭角	Conjugate shear angle	
GCDPBJ	法向刚度系数	Normal stiffness coefficient	
GCDPBK	切向刚度系数	Tangential stiffness coefficient	
GCDPBL	弹性拉力系数	Elastic tensile coefficient	
GCDQ	岩土的动力性质		
GCDQAA	动正应力(σ_d)	Dynamic normal stress	
GCDQAB	动剪应力(τ_d)	Dynamic shearing stress	
GCDQAC	动应变(ε_d)	Dynamic strain	
GCDQAD	动泊松比(μ_d)	Dynamic Poisson's ratio	
GCDQAE	动应力比	Dynamic stress ratio	
GCDQAF	动弹性模量(E_d)	Dynamic modulus of elasticity	动弹模
GCDQAG	动剪切模量(G_d)	Dynamic modulus of shear	
GCDQAH	动孔隙水压力(U_d)	Dynamic water pressure	超孔隙水压力
GCDQAI	动内摩擦角(ψ_d)	Dynamic angles of internal friction	
GCDQAJ	动内聚力(C_d)	Dynamic cohesion	
DWCCAG	纵波波速(v_p)	Velocity of pressure wave	
DWCCAH	横波波速(v_s)	Velocity of shear wave	
GCDQAN	波的衰减系数	Damping factor of wave	
GCDQAO	动抗压强度	Dynamic strength of compression	
GCDQAP	动抗剪强度	Dynamic strength of shearing	
GCDQAQ	动抗拉强度	Dynamic strength of tensile	
GCDQAR	振动加速度(a)	Vibration acceleration	
GCDQAS	岩土振动破坏方式	Vibration failure mode of rock soil	
GCDQAT	触变周期(T)	Thixotropy period	
GCDQAU	地基土的卓越周期	Outstanding cycle of subgrade soil	
GCDV	岩土的其他工程性质		
GCDVAA	骨料含泥量	Mud content in aggregate	
GCDVAB	骨料有机质含量	Organic content in aggregate	
GCDVAC	骨料硫化物含量	Sulphating in aggregate	

表 1（续）

代　码	汉　字　名	英　译　名	说　明
GCDVAD	骨料云母含量	Mica content in aggregate	
GCDVAE	骨料压碎指标	Aggregate crushing index	
GCDVAF	骨料有害颗料含量	Deleterious particle content in aggregate	
GCDVAG	骨料软弱颗粒含量	Soft particle content of aggregate	
GCDVAH	活性骨料含量	Active material content of aggregate	
GCDVAI	水溶盐的含量	Content of water soluble salt	
GCDVAJ	含砾石丰度	Abundance of gravel	
GCDVAK	砾石粒径范围	Grain-size range of gravel	
GCDVAL	砾石主要粒径	Main grain size of gravel	
GCDVAM	砾石分选性	Gravel sortation	
GCDVBA	道碴韧度	Toughness of road metal	
GCDVBB	道碴抗撞击强度	Shock strength of road metal	
GCDVBC	道碴磨耗率	Abrasive rate of road metal	
GCDVBD	道碴模量值	Modulus of road metal	
GCDVBE	道碴含泥量	Pelitic content of road metal	
GCDVBF	道碴软弱颗粒含量	Content of soft grain of road metal	
GCE	岩土试验研究		
GCEA	岩土室内试验	Laboratory soil and rock test	
GCEB	土体原位测试	In situ soil mass test	
GCEC	岩体原位试验	In situ test of rock mass	
GCED	工程地质测试仪器	Engineering geological test instrument	
GCEE	工程地质模拟试验	Simulated test of engineering geology	
GCEA	岩土室内试验		
GCEAA	试样描述	Description of sample	
GCEAB	试样编录	Sample record	
GCEAC	试样规格	Dimension of sample	
GCEAD	试样制备方法	Sample preparation method	
GCEAE	试样种类	Sample type	
GCEAF	试样数量	Sample quantity	
GCEAG	试验项目	Test item	
SWDB	试验方法	Test method	
GCEAI	土样目测鉴定	Soil sample identification with naked eye	
GCEAJ	试验成果总表	Soil test data sheet	
GCEAK	试验数据	Record of test	
GCEAA	试样描述		
PKJIN	颜色	Color	
SWFAF	气味	Odor taste	
GCEAAC	稠度状态	Consistency state	
GCEAAD	结构构造	Structure and texture	
GCEAAE	夹杂物	Contamination material	
GCEAAF	扰动情况	Disturbance case	
WTHA	名称	Name	

表 1（续）

代码	汉字名	英译名	说明
GCEAAH	物质组成	Material composition	
GCEAAI	胶结情况	Cementation condition	
PKJIN	颜色		
01	白色	White	
02	乳白色	Milky white	
03	灰白色	Greyish white	
04	浅黄色	Light-yellow	淡黄色
05	乳黄色	Milky-yellow	土黄色
06	黄色	Yellow	
07	褐黄色	Brown-yellow	
08	浅灰色	Light-grey	
09	灰色	Grey	
10	深灰色	Dark grey	暗灰色
11	黑灰色	Black grey	
12	浅棕色	Light-brown	
13	红棕色	Reddish-brown	
14	棕色	Brown	
15	暗棕色	Dark-brown	
16	黄褐色	Yellow-brown	
17	紫褐色	Purplish brown	
18	黑褐色	Black brown	暗褐色
19	淡红色	Light red	浅红色
20	粉红色	Pink	桃红色
21	肉红色	Yellowish pink	
22	红色	Red	
23	砖红色	Brick red	
24	深红色	Dark red	暗红色
25	紫红色	Purplish red	
26	橙色	Orange	
27	浅栗色	Light maroon	
28	栗色	Maroon	
29	深栗色	Dark maroon	
30	黑色	Black	
31	淡绿色	Light green	
32	灰绿色	Grey green	
33	黄绿色	Yellow green	
34	深绿色	Dark green	
35	淡蓝色	Pale blue	
36	杂色	Variegated	
SWFAF	气味		
1	霉腥味	Mouldy odor	
2	腐臭味	Fetid odor	

表 1（续）

代 码	汉 字 名	英 译 名	说 明
3	土腥味	Argillaceous odor	
4	酸味	Sour odor	
GCEAAC	稠度状态		
1	液流	Liquidity flow	
2	粘流	Coherent flow	流塑
3	潜流	Hidden flow	
4	软塑	Incompetent plastic	
5	可塑	Plastic state	
6	硬塑	Competent plastic	
7	潜塑	Hidden plastic	
8	坚硬	Endurable	
GCEAAD	结构构造		
01	结构疏松	Loose texture	
02	结构微密	Fine texture	
03	微层理	Micro bedding	
04	透镜体	Lens	
05	大孔隙	Big pore	
06	虫孔	Worm trace	
07	结构均匀	Uniform texture	
08	结构不均匀	Non-uniform texture	
09	裂缝多	A lot of fissures	
10	有少量裂缝	A little fissures	
11	无裂缝	No fissure	
GCEAAE	夹杂物		
1	锰质结核	Manganese nodule	
2	铁锰质结核	Ferreous-manganous nodule	
3	铁锰质条纹	Ferreous-manganous stripe	
4	钙质结核	Calc-nodule	
5	钙质花纹	Calc-spot	
6	钙质条带	Calc-stripe	
7	植物根系	Root system of plant	
8	动物残骸	Animal remains	
9	贝壳	Shell	
GCEAAF	扰动情况		
1	严重扰动	Heavy disturbed	
2	扰动	Disturbed	
3	轻微扰动	Slight disturbed	
4	未扰动	Undisturbed	
GCEAAI	胶结情况		
1	无胶结	Non-cementation	
2	弱胶结	Weakly cementation	
3	中等胶结	Moderate cementation	

表 1（续）

代码	汉字名	英译名	说明
4	强胶结	Strong cementation	
GCEAB	试样编录		
GCEABA	工程名称	Project designation	
GCEABB	试样编号	Sample number	
GCEABC	野外编号	Sample number in the field	
GCEABD	室内编号	Sample number in the laboratory	
GCEABE	取样地点	Location of sample	
GCEABF	地层层位	Succession of strata	
GCEABG	土样深度	Sample depth of soil	
GCEABH	取样高程	Altitude of sample	
GCEABI	取样方法与设备	Method of obtaining sample and equipment（collecting method）	
GCEABJ	取样时间	Sampling time	
GCEABI	取样方法与设备		
01	坑探	Exploring mining	
02	钻探	Drilling	
03	洛阳铲	Loyang spoon	
04	取样机	Sampling rig	
05	地质锤	Geological hammer	
06	麻花钻	Fluted twist drill	螺纹钻
07	土样盒	Sample can	
08	土样筒	Sample barrel	
09	土样袋	Sample bag	
10	土样标签	Sample label	
11	刻槽法	Channel method	
12	吊桶法	Bucket method	
13	全坑法	Grosspit sampling	
14	全孔法	Grosshole sampling	
15	四分法	Quartering	
16	原状取土器	Undisturbed soil sampler	
17	浅井	Shallow well	
18	槽探	Trenching	
GCEAC	试样规格		
SWNCAA	面积	Area	
SWNCAB	体积	Volume	
SWNCAC	长度	Length	
SWNCAD	宽度	Width	
SWNCAE	高度	Height	
SWNCAF	厚度	Thickness	
SWNCAL	直径	Diameter	
HXGIA	重量	Weight	
GCEAD	试样制备方法		

表 1（续）

代 码	汉 字 名	英 译 名	说 明
01	浸水饱和法	Saturating of intrusion water	
02	毛细饱和法	Saturating of capillary	
03	真空饱和法	Vacuum saturating	
04	击实法	Compacting process	
05	压样法	Compaction sample process	
06	粉样法	Powder method process	
07	磨样法	Ground sample process	
08	锯样法	Saw sample process	
09	物理化学分离法	Discrete process of physical chemistry	
10	湿研磨分离法	Discrete process of wet	
GCEAE	试样种类		
01	原状样	Undisturbed sample	
02	扰动样	Disturbed	
03	风干样	Air-dried sample	
04	烘干样	Over-dried sample	
05	土样	Soil sample	
06	砂样	Sand sample	
07	碎石样	Gravel sample	
08	块石样	Debris sample	
09	饱和样	Saturated sample	
10	重塑样	Remolded sample	
GCEAG	试验项目		
01	颗粒大小分析试验	Gradation test(granularmetric analysis test)	粒度分析
02	比重试验	Specific gravity test	
03	密度实验	Density test	
04	含水量试验	Water content test	
05	相对密度试验	Relative density test	
06	岩石吸水率试验	Water absorption rate of rock test	
07	岩石饱水率试验	Rate of saturated of rock test	
08	道碴含泥量试验	Content of pelitic of road metal test	
09	道碴软弱颗粒含量试验	Content of soft grain of road metal test	
10	道碴有害矿物含量试验	Content of harmful mineral of road metal test	
11	冻土相对含冰量试验	Relative content of ice test	
12	阳离子交换容量试验	Cation exchange capacity test	
13	比表面积试验	Specific surface test	
14	界限含水量试验	Water content as limit test	
15	塑液限联合试验	Plasticity and liquidity test	
16	天然稠度试验	Natural stiffness test	
17	湿化试验	Slaking test	
18	毛细水上升高度试验	Capillary rise test	
19	击实试验	Compaction test	
20	渗透试验	Permeability test	

表 1（续）

代码	汉字名	英译名	说明
21	压缩试验	Compression test	
22	黄土压缩试验	Compression test of loess	
23	孔隙压力消散试验	Pore pressure dissipation test	
24	三轴剪切试验	Triaxial shear test	
25	反复加荷三轴试验	Triaxial test of reiteration compacting	
26	无侧限抗压强度试验	Unconfined compression test	
27	直剪试验	Direct shear test	
28	排水反复直剪试验	Direct shear test of drained reiteration	
29	天然休止角试验	Test natural angle of repose	
30	易溶盐试验	Easy-soluble salt test	
31	中溶盐试验	Medium-soluble salt test	
32	难溶盐试验	Bad-soluble salt test	
33	有机质试验	Organic matter test	
34	酸碱度试验	Acidity alkalinity test	
35	土化学全分析试验	Total chemical analysis of soil	
36	差热分析	Differential thermal analysis	
37	X射线衍射分析	X-ray diffraction analysis	
38	粘土矿物成分分析	Clay mineral composion analysis	
39	电子显微镜观察	Electron microscope observation	
40	渗透变形试验	Permeating deformation test	
41	反滤料试验	Inverse test	
42	自由膨胀率试验	Coefficient of heat expansion test	
43	游离氧化物试验	Free oxides test	
44	染色试验	Staining test	
45	膨胀量试验	Swelling capacity test	
46	膨胀力试验	Swelling pressure test	
47	收缩试验	Shrinkage test	
48	弹性模量试验	Modulus of elasticity test	
49	单轴抗压强度试验	Uniaxial compressive strength test	
50	土的变形参数试验	Soil deformation parameters test	
51	土的动三轴试验	Dynamic triaxial test of soil	
52	冻土比热试验	Specific heat test of frozen soil	
53	冻土导热系数试验	Thermal conductivity coefficient test of frozen soil	
54	冻土导温系数试验	Thermometric diffusivity coefficient test of frozen soil	
55	冻土强度试验	Frost strength test	
56	冻土融化压缩试验	Frozen soil thaw compression test	
57	冻土抗剪强度试验	Shear strength test of frozen soil	
58	岩石软化性试验	Softening test of rock	
59	单轴抗拉强度试验	Uniaxial tensile strength test	
60	岩石抗冻试验	Frost resistivity test of rock	
61	岩石变形试验	Deformation test of rock	
62	岩石流变试验	Rheologic test of rock	

表 1（续）

代　码	汉　字　名	英　译　名	说　明
63	岩石抗拉试验	Tensile strength test of rock	
64	岩石动参数试验	Dynamic parameters test of rock and soil	
65	固结试验	Consolidation test	
66	切向冻胀力试验	Tangential frost heaving force test	
67	冻胀量试验	Frost-heave capacity test	
68	骨料压碎试验	Aggregate crushing test	
69	道碴韧度试验	Toughness of road metal test	
70	道碴磨耗试验	Abrasive of road metal test	
SWDB	试验方法		
01	肉眼观察法	Macrography methods	
02	筛析法	Sieve analysis methods	
03	比重计法	Hydrometer analysis	
04	移管法	Transfer pipe methods	吸管法
05	烘干法	Oven drying methods	
06	炒干法	Fry drying methods	
07	酒精然烧法	Alcohol-burnt methods	
08	比重法	Specific gravity methods	
09	实容重法	Real unit weight process	
10	湿度密度计法	Density-hydrometer methods	
11	红外炉法	Infra-red drying aids process	
12	比重瓶法	Specific gravity bottle method	
13	切刀法	Cutting ring method	
14	腊封法	Wax sealing method	
15	沉降分析法	Sedimentation analysis	
16	灌砂法	Sand cone method	
17	灌水法	Water cone method	
18	真空排气法	Vacuum removal method	
19	水中称重法	Weight process in water	
20	体积排水法	Volumetric dewater method	
21	容积法	Volumetric method	体积法
22	沉锥法	Falling cone method	
23	干捣法	Dry rodding	
24	浸水法	Intrusion water process	
25	干击法	Dry damping	
26	虹吸筒法	Siphon cylinder method	
27	振动法	Vibrating method	
28	加压法	Pre-pressure compacting method	
29	膨胀法	Expansion method	
30	染色法	Dyeing method	
31	液称量法	Liquid weigh process	
32	高压水法	Water pressure method	
33	EDTA 铵盐速测法	EDTA-Ammonium salt method	

表 1（续）

代码	汉字名	英译名	说明
34	醋酸铵法	Amine acetate process	
35	乙二醇吸附法	Alcohol adsorption method	
36	干油吸附法	Glycol adsorption method	
37	湿捣法	Moist rodding	
38	湿击法	Moist damping	
39	搓条法	Thread-rouing method	
40	四分法	Quartering	
41	直接观察法	Direct observation method	
42	常水头法	Constant water level method	
43	变水头法	Variable water level method	
44	试坑渗水法	Pit permeability method	
45	水平渗透试验法	Horizontal seepage test method	
46	垂直渗透试验法	Vertical seepage test method	
47	实际荷重法	Real triaxial process	
48	双线法	Double method	
49	量热法	Calorimeting method	
50	剔除法	Scalping method	
51	球形探针法	Globe probing method	
52	标准击实法	Typical compacting method	
53	简易击实法	Low-cost compacting method	
54	压碎法	Crushing method	
55	撞击法	Hitting method	
56	研磨法	Grinding method	
57	侧压仪法	Pressuremeter method	
58	单面剪切法	Single shear method	
59	双面剪切法	Double shear method	
60	压入法	Indentation method	
61	垂直加压法	Vertical pre-pressure compacting	
62	直接拉伸法	Direct pull method	
63	劈裂法	Brazilian tensiling method	
65	点荷载法	Point loading method	
66	快速压缩试验法	Fast compression process	
67	稳定压缩试验法	Steady compression process	
68	假设稳定压缩试验法	Tentative steady compression process	
69	固结排水剪	Consolidated-drained test	慢剪法
70	固结不排水剪	Consolidated-undrained test	固结快剪法
71	不固结不排水剪	Uncondolidated-undraind test	快剪法
GCEAI	土样目测鉴定		
GCEAIA	干强度试验	Dry strength test	
GCEAIB	韧性试验	Ductile test	
GCEAIC	摇震试验	Shaking test	
GCEAID	光泽反应	Luster reaction	

表 1（续）

代　码	汉　字　名	英　译　名	说　明
GCEAIE	握团试验	Test of grasping soil into a ball	
GCEAIA	干强度试验		
1	干强度高	High dry strength	
2	干强度中等	Middle dry strength	
3	干强度低	Low dry strength	
GCEAIB	韧性试验		
1	韧性高	Highly ductility	
2	韧性中等	Middle ductility	
3	韧性低	Low ductility	
GCEAIC	摇震反应		
1	反应快	Fast response	
2	反应慢	Slow response	
3	无反应	Non-response	
GCEAID	光泽反应		
1	土面有光泽	Luster of soil surface	
2	土面粗糙	Roughness of soil surface	
GCEAIE	握团试验		
1	指缝中挤出清水	Squeezing clear water out of soil	
2	指缝中挤出泥炭	Squeezing peat out of soil	
GCEAJ	试验成果总表		
GCEAJA	试样说明	Test description of sample	
GCEAJB	试验者	Tester	
CHAMCF	计算者	Calculator	
GCEAJD	校对者	Proofreader	
GCEAJE	试验日期	Date of testing	
GCEAJF	试验值	Tested value	
GCEAJG	最大值	Maximum value	
GCEAJH	最小值	Minimum value	
HXGAC	平均值	Average value	
GCEAJJ	综合指标值	Comprehensive index value	
GCEB	土体原位测试		
GCEBA	载荷试验	Loading test	
GCEBB	地基承载力测试	Bearing capacity of foundation test	
GCEBC	静力触探试验	Static cone penetration test	
GCEBD	动力触探试验	Dynamic penetration test	
GCEBE	旁压试验	Lateral pressure test	横压试验
GCEBF	野外剪切试验	Field shear test	
GCEBG	地基动力参数测试	Determination subsoil dynamic parameters	
GCEBH	波速试验	Wave velocity test	
GCEBA	载荷试验		
GCEBAA	载荷试验种类	Type of loading test	
GCEBAB	承压板尺寸	Dimension of bearing plate	

表 1（续）

代 码	汉 字 名	英 译 名	说 明
GCEBAC	形状系数	Displacement coefficient	
GCEBAD	承压板下沉量	Subsidence magnitude of bearing plate	
GCEBAE	加荷标准	Loading standard	
GCEBAF	沉降观测时间	Subsidence observation time	
GCEBAG	沉降观测值	Subsidence observation content	
GCEBAH	极限压力	Limit pressure，Ultimate load	极限荷载
GCEBAI	试坑尺寸	Dimension of test pit	
GCEBAJ	试坑深度	Depth of test pit	
GCEBAK	回弹值	Rebound	
GCEBAL	载荷曲线	Loading curve	
GCEBAM	承压板形状	Shape of bearing plate	
GCEBAN	试验点编号	Number of test spot	
GCEBAO	试验点深度	Depth of test spot	
GCEBB	地基承载力测试		
GCEBBA	地基承载力	Bearing capacity of foundation	
GCEBBB	地基容许承载力(R)	Allowable bearing capacity of foundation	
GCEBBC	承载力系数	Bearing capacity factor	
GCEBBD	桩的临界承载力	Critical bearing capacity of pile	
GCEBBE	桩的极限承载力	Ultimate bearing capacity of pile	
GCEBBF	桩的容许承载力	Allowable bearing capacity of pile	
GCEBBG	单桩下沉量	Subsidence magnitude of pile	
GCEBBH	桩侧壁阻力	Lateral pile resistance	
GCEBBI	桩尖阻力	Point and tip resistance	
GCEBBJ	单桩承载力	Allowable pile bearing load	
GCEBBK	地基极限承载力	Ultimate bearing capacity of foundation	
GCEBBL	承载力基本值(f_k)	Basic value of bearing capacity	
GCEBBM	承载力标准值(f_0)	Standard value of bearing capacity	
GCEBBN	承载力设计值	Design value of bearing capacity	
GCEBBO	桩端土承载力标准值	Standard value of bearing capacity of pile point	
GCEBBP	桩周土承载力标准值	Standard value of bearing capacity of lateral pile	
GCEBBQ	单桩竖向承载力	Vertical bearing capacity of pile	
GCEBBR	单桩横向承载力	Lateral bearing capacity of pile	
GCEBBS	群桩承载力	Bearing capacity of group piles	
GCEBAA	载荷试验种类		
1	静载荷试验	Static loading test	
2	动载荷试验	Dynamic loading test	
3	桩载荷试验	Pile loading test	
4	试坑载荷试验	Pit loading test	
5	钻孔载荷试验	Drill hole loading test	
6	螺旋板载荷试验	Screw plate loading test	
GCEBC	静力触探试验		
GCEBCA	触探机类型	Type of penetration sounding machine	

表 1（续）

代 码	汉 字 名	英 译 名	说 明
GCEBCB	探头种类	Type of probe	地层阻力传感器
GCEBCC	锥头传感器	Cone sensor	
GCEBCD	侧壁传感器	Lateral sensor	
GCEBCE	探头锥底面积	Area of probe bottom	
GCEBCF	贯入能力	Capacity of penetration	
GCEBCG	贯入速度	Velocity of penetration	
GCEBCH	静力触探曲线	Static sounding curve	
GCEBCI	探头标定系数(K_q)	Coefficient of probe demarcation	
GCEBCJ	锥尖阻力(q_c)		
GCEBCK	侧壁摩擦阻力(f_s)	Lateral pile friction	
GCEBCL	摩阻比(n)	Frictional ratio	
GCEBCM	比贯入阻力(P_s)	Specific cone resistance	
GCEBCN	地基持力层	Subgrade bearing stratum	
GCEBCO	持力层埋深	Depth of bearing stratum (supportion course)	
GCEBCP	持力层厚度	Thickness of bearing stratum	
GCEBCA	触探机类型		
1	电动丝杠式触探机	Electrical leading screw sounding machine	
2	手动链式触探机	Hand chain sounding machine	
3	单缸液压触探机	Single cylinder hydraulic sounding machine	
4	双缸液压触探机	Double cylinder hydraulic sounding machine	
5	连续贯入触探机	Continuous penetrating sounding machine	
GCEBCB	探头种类		
1	单桥探头	Single-bridge probe	
2	双桥探头	Double-bridge probe	
GCEBCE	探头锥底面积		
1	10 cm^2	10 cm^2	
2	15 cm^2	15 cm^2	
3	20 cm^2	20 cm^2	
GCEBD	动力触探试验		
GCEBDA	动力触探种类	Type of dynamic sounding	
GCEBDB	贯入试验击数	Number of standard penetration	
GCEBDC	贯入度	Penetration	
GCEBDD	动贯入阻力(R_d)	Penetration resistance	
GCEBDE	锤重(drop)	Hammer weight	
GCEBDF	落距	Fall distance	
GCEBDG	贯入深度	Depth of penetration	
GCEBDH	锤击数(N)	Blow count	
GCEBDI	触探杆外径	Outside diameter of penetrometing pod	
GCEBDJ	锥头角度	Angle of penetrometer	
GCEBDK	锥底直径	Diameter of penetrometer	

表 1（续）

代码	汉字名	英译名	说明
GCEBDL	锥底面积	Area of penetrometer	
GCEBDM	贯入量	Penetration quantity	
GCEBDN	能量损失系数(K)	Coefficient of energy loss	
GCEBDO	动能量指数(π_0)	Index of dynamic energy	
GCEBDP	临界密度	Critical density	
GCEBDQ	触探杆长度校正系数	Correction coefficient of length of penetrometing pole	
GCEBDA	动力触探种类		
1	轻型动力触探	Light dynamic sounding	
2	中型动力触探	Mesotype dynamic sounding	
3	重(Ⅰ)型动力触探	Heavy(1) dynamic sounding	标准贯入试验
4	重(Ⅱ)型动力触探	Heavy(2) dynamic sounding	
GCEBE	旁压试验		
GCEBEA	旁压仪类型	Pressuremeter type	
GCEBEB	旁压仪探头种类	Type of probe of pressuremeter	
GCEBEC	旁压曲线	Lateral compression curve	
GCEBED	旁压模量(E_m)	Pressuremeter modulus	
GCEBEE	旁压极限压力(p_1)		
GCEBEF	弹性摸约束力	Binding force of elasticity film	
GCEBEG	弹性膜校正曲线	Correction curve of elastic film	
GCEBEH	旁压试验加压等级	Loading grade of lateral pressure test	
GCEBEI	旁压试验稳定标准	Stability criterion of lateral pressure test	
GCEBEJ	旁压钻孔	Lateral compression boring	
GCEBEK	承载力系数(K)	Coefficient of bearing capacity	
GCEBEL	旁压系数(M)	Lateral compression coefficient	
GCEBEM	旁压仪常数(M)	Pressuremeter parameter	
GCEBEN	旁压极限压力确定法	Deciding method of pressuremeter limit pressure	
GCEBEA	旁压仪类型		
1	梅纳式旁压仪	Menard pressuremeter	
2	自钻式旁压仪	Self-boring pressuremeter	
GCEBEB	旁压仪探头种类		
1	单腔式	Single-cell	
2	三腔式	Three-cell	
GCEBEN	旁压极限压力确定法		
1	旁压曲线外推法	Extrapolated method of lateral pressure curve	
2	倒数曲线法	Reciprocal curve method	
3	双对数曲线法		
4	相对体积法	Relative volume method	
GCEBF	野外剪切试验		
GCEBFA	野外剪切试验种类	Type of field shear test	
GCEBFB	野外剪切试验方法	Process of field shear test	
GCEBFC	试件面积	Area of sample	
GCEBFD	试件高度	Height of sample	

表 1（续）

代　码	汉　字　名	英　译　名	说　明
GCEBFE	十字板常数	Vane borer constant	
GCEBFA	野外剪切试验种类		
1	大面积直剪试验	Large scale direct shear test	
2	水平推剪试验	Horizontal-push shear test	
3	崩落剪切试验	Rock slump shear test	
4	十字板剪切试验	Vane shear test	
GCEBG	地基动力参数测试		
GCEBGA	阻尼系数(c)	Coefficient of damping	阻尼值
GCEBGB	临界阻尼系数(c_D)	Coefficient of damping of critical	临界阻尼值
GCEBGC	阻尼比(D_2)	Damping ratio	
GCEBGD	地基刚度(K)	Subgrade stiffness	
GCEBGE	抗压刚度(K_2)	Compressive stiffness	
GCEBGF	抗弯刚度(K_2)	Bending stiffness	
GCEBGG	抗剪刚度(K_x)	Shearing stiffness	
GCEBGH	抗扭刚度(K)	Torsional stiffness	
GCEBGI	刚度系数(C)	Coefficient of rigidity	
GCEBGJ	抗压刚度系数(C_2)	Coefficient of compressive stiffness	
GCEBGK	抗弯刚度系数	Coefficient of bending stiffness	
GCEBGL	抗剪刚度系数	Coefficient of shearing stiffness	
GCEBGM	抗扭刚度系数	Coefficient of torsional stiffness	
GCEBGN	桩基刚度	Pile foundation stiffness	
GCEBGO	动基床系数	Dynamic elastic modulus	
GCEBGP	阻尼因素	Damping factor	
GCEBGQ	地基土弹性系数	Coefficient of elastic of ground soil	
GCEBGR	能量吸收系数(α)	Coefficient of energy absorb	
GCEBGS	地基振动变形系数(K_d)	Coefficient of deformation of ground	
GCEBH	波速试验		
GCEBHA	波速试验种类	Type of wave velocity test	
GCEBHB	波速试验仪设备	Instrument and equipment of wave velocity test	
GCEBHA	波速试验种类		
1	单孔波速法	wave velocity test of single pore	
2	跨孔波速法	Cross-hole wave velocity test	
3	表面波速法	Surface wave velocity test	
GCEBHB	波速试验仪设备		
1	震源设备	Seismic focus equipment	
2	三分量检波器	Three-dimensional component wave detector	
3	地震仪	Seismograph	
GCEC	岩体原位试验		
GCECA	岩体变形试验方法	Deformation test of rock mass	
GCECB	承压板刚度	Bearing plate stiffness	
GCECC	变形稳定标准	Deformation standard	
GCECD	单位湿胀应变(ε_d)	Unit swelling strain	

表 1（续）

代　码	汉　字　名	英　译　名	说　明
GCECE	岩体应力应变曲线类型	Type of stress and strain curve of rock mass	
GCECF	岩体剪切试验种类	Type of shear test of rock mass	
GCECG	岩体剪切试验方法	Shear test of rock mass	
GCECH	压水试验	Lugeon test	
GCECA	岩体变形试验方法		
1	承压板法	Bearing plate process	
2	狭缝法	Flat-gap process	刻槽法
3	单向压缩法	One-dimensional compression method	
4	双向压缩法	Two-dimensional compression method	
5	水压法	Water pressure test	
6	径向液压枕法	Diameter flat jack process	
GCECE	岩体应力应变曲线类型		
1	直线型	Linear type	
2	上凹型	Upper depression	
3	上凸型	Upper convex type	
4	复合型	Combination type	
GCECF	岩体剪切试验种类		
1	抗剪断试验	Rock shear test	
2	抗剪试验	Shearing test	摩擦试验
3	抗切试验	Nou-loaded shear test	
GCECG	岩体剪切试验方法		
1	斜推法	Oblique bed process	
2	单点法	Single-point process	
3	双千斤顶法	Double jack process	
4	扁千斤顶法	Flat jack process	
GCECH	压水试验		
GCECHA	压水试验方法	The method of lugeon test	
GCECHB	试验段长度	Length of test sector	
GCECHC	压力阶段	Pressure stage	
GCECHD	压力值	Pressure value	压力水头
GCECHE	压入水量	Volume of the water injected	
GCECHF	流量稳定标准	Stable criterion of discharge	
TKBMD	压力损失	Pressure loss	
GCECHH	单位吸水量(*W*)	Specific water absorption	
GCECHI	吕容单位	Lugeon unit	
GCECHA	压水试验方法		
1	分段压水	Injecting water sectionally	
2	综合压水	Comprehensive injecting water	
3	试验性压水	Trial injecting water	
GCED	工程地质测试仪器		
01	甲种比重计	Methy gravitometer	
02	乙种比重计	Ethy gravitometer	

表 1 (续)

代　码	汉　字　名	英　译　名	说　明
03	瓦氏平衡锥	Cone penetrometer for liquid limit lest	锥式液限仪
04	碟式液限仪	Liquid limit device with grooving tool	
05	标准筛	Standard sieve	
06	饱和器	Saturator	
07	膨胀仪	Swelling apparatus	
08	压缩仪	Compressive apparatus	渗压仪固结仪
09	高压固结仪	High pressure consolidometer	
10	收缩仪	Shrinkage apparatus	
11	崩解仪	Slaking apparatus	
12	应力式直剪仪	Direct shear apparatus	
13	应变式直剪仪	Direct strain apparatus	
14	三轴剪力仪	Triaxial shear apparatus	
15	真三轴剪力仪	True triaxial shear apparatus	
16	动三轴剪力仪	Dynamic triaxial shear apparatus	
17	十字板剪力仪	Vane shear borer	
18	无侧限压缩仪	Unconfined compressive apparatus	
19	击实仪	Proctor compaction apparatus (compaction device)	
20	振动台	Shaking table, vibro-stand	
21	共振柱	Resonant column	
22	岩石三轴压力机	Rock triaxial apparatus	
23	孔隙水压力仪	Piezonmeter, pore water pressure cell	
24	疲劳试验机	Fatigue testing machine	
25	压剪试验机	Compress-shear testing machine	
26	载荷仪	Loading apparatus	
27	静力触探仪	Static sounding apparatus	
28	动力触探仪	Dynamic sounding apparatus	
29	标准贯入器	Standard penetrometer	
30	薄壁取土器	Thin wall sampler	
31	旁压仪	Lateral pressure apparatus	
32	刚性压力机	Rigid pressure machine	
33	声波仪	Soniscope	
34	点荷载仪	Point load device	
35	回弹仪	Resiliometer	
36	流变仪	Rheometer	
37	边坡遥测仪	Slope remote measurement device	
38	多点位移计	Multiple point displacometer	
39	挠度计	Deflectometer	
40	收敛计	Convergometer	
GCEE	工程地质模拟试验		
GCEEA	相似材料模拟试验	Model test of similar material	
GCEEB	光弹性模拟试验	Photoelastic modeling test	

表 1（续）

代码	汉字名	英译名	说明
GCEEC	光塑性模拟试验	Photo-plastic modeling test	
GCEED	离心式模拟重力模拟试验机试验	Gravity modeling trial machine test of centrifugal modeling	
GCEEE	平面移动摩擦模拟重力模拟试验机试验	Gravity modeling trial machine test of plane moving frictional modeling	
GCF	岩土工程改良		
GCFA	岩土工程改良方法	Engineering improvement of soil and rock	
GCFB	岩体喷锚支护	Rockbolts and shotcrete supporting of rock mass	
GCFC	岩体衬砌支护	Lining of rock mass	
GCFD	灌浆	Grouting	
GCFE	砂井	Sand drain well	
GCFF	砂桩	Sand pile	
GCFG	砂垫层	Sand cushion	
GCFH	强夯	Dynamic consolidation	
GCFA	岩土工程改良方法		
000	拌和加固法	Admixture stabilization	
001	表层拌和法	Admixture stabilization of skin	
002	深层拌和法	Deep admixture stabilization	
003	最优土法	Optimum soil process	
004	胶结法	Cementing method	
005	吸湿盐法	Hydroscopic salt method	
010	换土垫层法	Replacement cushion method	
020	灌浆法	Injection process	注浆法
021	水泥灌浆法	Cement grouting	
022	粘土灌浆法	Injection process of clay	
023	冷沥青灌浆法	Cold bitumen grouting method	
024	热沥青灌浆法	Heat bitumen grouting method	
025	化学灌浆法	Chemical grouting method	
026	搅凝法	Disturbance-solidification method	
027	旋喷法	Rotary sprinkling method	
030	机械压实法	Mechanical densification	
031	重锤夯实法	Compaction by tamping	
032	强夯法	Dynamic consolidating	
033	机械辗压法	Mechanical roller compaction method	
040	深层挤密法	Deep extrusion method	
041	砂桩挤密法	Extrusion method of sand pile	
042	抛石挤密法	Extrusion method of toss a rock	
043	打桩挤密法	Extrusion method of pile driving	
044	爆破挤密法	Extrusion method compaction by explosion	
050	振动压密法	Compaction by vibration	
051	平振法	Plane polarized method	
052	插振法	Immersion-type vibration method	

表 1（续）

代 码	汉 字 名	英 译 名	说 明
053	水撼法	Method of water rammer	
060	预压加固法	Prepressing method	
061	堆载预压法	Prepressing method of stack	
062	降水预压法	Prepressing process of drawdown	
063	砂井排水预压法	Prepressing process of sandfilled drainage well	
064	射流降水预压法	Prepressing process of jet-drawdown	
065	真空降水预压法	Prepressing process vacuum-drawdown	
066	纸板排水预压法	Paper drain preloading method	
067	塑料板排水预压法	Plastic plate drain preloading method	
070	电化学法	Electrochemical method	
071	电渗排水法	Method of electrodialysis dewatering	
072	硅化法	Silicification method	化学灌浆法
073	电动硅化法	Electric silicification method	
074	压力硅化加固法	Pressure silicification method	
080	热处理法	Heat treatment method	
081	焙烧法	Roasting method	
082	气热加固法	Thermal stabilization method	
090	冻结法	Freezing method	
100	喷锚支护法	Rockbolts and shotcrete supporting method	
GCFB	岩体喷锚支护		
GCFBAA	锚杆长度	Rock-bolt length	
GCFBAB	锚杆直径	Rock-bolt diameter	
TKBKDB	锚杆间距	Rock-bolt spacing	
GCFBAD	锚固深度	Anchoring depth	
GCFBAE	锚固类型	Anchor type	
TKBKDE	锚固力	Belt locking force	
GCFBAG	锚杆类型	Rock-bolt type	
GCFBAH	锚杆数	Number of rock-bolt	
GCFBBA	喷浆厚度	Guniting thickness	
GCFBBB	素喷法	Gunite	
GCFBAE	锚固类型		
1	集中锚固	Concentrated anchorage	
2	全长锚固	All-length anchorage	
GCFBAG	锚杆类型		
1	楔缝式锚杆	Slit-rod-and-wedge-type bolt	
2	涨壳式锚杆	Expansion-shell bolt	
3	树脂式锚杆	Bolt of resinigication	
4	砂浆式锚杆	Bolt of sand grout	
5	爆固式锚杆	Bolt of blasting	
6	予应力锚杆	Prestress bolt	
7	砂浆全长粘结式锚杆	Completely grouted rockbolt	
8	早强锚杆	Early-strength rockbolt	

表 1（续）

代码	汉字名	英译名	说明
GCFC	岩体衬砌支护		
GCFCAA	岩体抗力	Rock mass resistibility	
GCFCAB	坚固性系数(f)	Protdyakonovs -coefficient	普氏系数
GCFCAC	围岩自稳能力	Autophasing of wall rock	
GCFCBA	衬砌厚度	Lining thickness	
GCFCBB	衬砌类型	Lining type	
GCFCBC	支撑类型	Supporting type	
GCFCBB	衬砌类型		
1	暂时性衬砌	Emergency lining support	
2	永久性衬砌	Permanent lining support	
3	快速衬砌	Rapid lining support	
4	初期支护	Preliminary bracing	
GCFCBC	支撑类型		
1	钢支撑	Steel shotcrete	
2	木支撑	Lignum shotcrete	
3	岩柱支撑	Rock post shotcrete	
4	混凝土柱支撑	Concrete post shotcrete	
GCFD	灌浆		
GCFDAA	灌浆试验	Grouting test	
GCFDAB	灌浆段高程	Grouting level height	
GCFDAC	灌浆段长度	Grouting level length	
GCFDAD	灌浆孔深度	Grouting hole depth	
GCFDAE	灌浆孔距离	Grouting drill hole space	
GCFDAF	灌浆类型	Grouting type	
GCFDAG	灌浆压力	Injection pressure	灌注压力
GCFDAH	最大水头	Maximum hydraulic head	
GCFDAI	剩余水头	Residual hydraulic head	
GCFDAJ	吸浆量	Absorption mud	
GCFDAK	灌浆质量	Grouting quality	
GCFDAL	冒浆情况	Mud pumping condition	冒泥
GCFDAM	灌浆孔数	Number of grouting borehole	
GCFDAO	检查孔数	Number of checking hole of grouting	
GCFDAP	灌浆目的	Grouting purpose	
GCFDBA	浆液材料	Serous material	
GCFDBB	浆液浓度	Serous material concentration	
GCFDBC	浆液流量	Serous material flow	
GCFDBD	浆液容许压力	Allowable pressure of serous material	
GCFDBE	浆液抗剪强度	Shearing strength of serous material	
GCFDBF	浆液粘滞性系数	Coefficient of viscosity of serous material	
GCFDBG	浆液密度	Serous density	
GCFDBH	浆液类型	Serous type	
TKBCDE	水泥标号	Grade of cement	

表 1（续）

代 码	汉 字 名	英 译 名	说 明
TKCCBQ	水泥用量	Amount of cement	
GCFDBK	水泥种类	Type of cement	
TKBCDF	水灰比	Water-cement ratio	
GCFDCA	灌浆帷幕	Grouting curtain	
GCFDCB	帷幕深度	Curtain depth	
GCFDCC	帷幕宽度	Curtain width	
GCFDDA	总投资	Total investment of grouting	
GCFDDB	灌浆时间	Grouting time	
GCFDCD	灌浆有效半径	Effective radius of grouting	
GCFDAF	灌浆类型		
1	固结灌浆	Consolidated grouting	
2	防渗灌浆	Curtain grouting	帷幕灌浆
3	接触灌浆	Contact grouting	
GCFDAK	灌浆质量		
1	质量很好	Very good quality	
2	质量好	Good quality	
3	质量一般	Middle quality	
4	质量不好	Not good quality	
5	质量很差	Bad quality	
GCFDAL	冒浆情况		
1	冒浆严重	Serious mud pumping	
2	冒浆轻微	Light mud pumping	
3	不冒浆	Not mud pumping	
GCFDAP	灌浆目的		
1	防渗	Seepage prevention	
2	堵水	Exclusion of water	
3	排水	Drainage	
4	加固地基	Reinforcing foundation	
5	加固工程	Engineering reinforcement	
GCFDBA	浆液材料		
01	水泥浆	Cement mortar	
02	粘土浆	Slurry	泥浆
03	沥青浆	Bitumen	
04	水玻璃浆	Soluble glass paste	硅酸钠浆
05	纸浆废液	Black liquor	
06	丙烯酰胺	Acrylamide	
07	尿醛树脂	Urearesin	
08	环氧树脂	Epoxy resin	
09	碱液	Basic solution	
10	氨液	Ammonia solution	
11	间苯二酚-甲醛	Resorcinol-formaldehyde	
12	硅酸钠	Sodium silicate	水玻璃

表 1（续）

代码	汉字名	英译名	说明
13	氯化钠	Sodium chloride	
GCFDBH	浆液类型		
1	稳定浆液	Stable grout	
2	不稳定浆液	Instable grout	
3	胶体浆液	Colloid grout	
GCFDBK	水泥种类		
1	普通硅酸盐水泥	Geographical silicate cement	
2	普通抗硫酸盐水泥	Geographical resistant sulfate cement	
3	高抗硫酸盐水泥	High resistant sulfate cement	
4	矿碴水泥	Slag cement	
5	火山灰水泥	Pozzolan cement	
6	速凝水泥	Fast coagulating cement	
GCFE	砂井		
TKCBAA	井号	Well number	
SWIBEQ	井深	Well depth	
WTEUBA	井径	Well Calibre	
GCFED	井距	Well space	
GCFEE	井内填料	Stemming(Infilling)	
GCFEF	造井机具	Penetration drilling of well completion	
GCFEG	袋状砂井	Sand wick	
GCFEH	灌砂量	Filling sand amount	
GCFEI	砂井平面布置形状	Plane distribution shape of sand drain	
GCFF	砂桩		
GCFFA	桩号	Pile number	
GCFFB	桩深	Pile depth	
GCFFC	桩距	Pile spacing	
GCFFD	灌入高度比	Grouting height ratio	
GCFFE	砂的挤实比	Sand compactive ratio	
GCFFF	压短比	Compressibility ratio	
GCFG	砂垫层		
GCFGA	垫层材料	Material of cushion	
GCFGB	垫层厚度	Thickness of cushion	
GCFGC	垫层宽度	Width of cushion	
GCFGD	单层铺土厚度	Unit lift thickness	
GCFGE	压实次数	Compactor pass	
GCFGF	压实机械种类	Compactive machine type	
GCFGG	压实系数(D_y)	Compaction factor	
GCFGF	压实机械种类		
1	重型平碾	Heavy smooth wheel roller	
2	中型平碾	Middle weight smooth wheel roller	
3	轻型平碾	Light smooth wheel roller	
4	羊脚碾	Sheepfoot roller	羊足碾

表 1（续）

代　码	汉　字　名	英　译　名	说　明
5	双联羊脚碾	Double sheepfoot roller	
6	蛙式夯	Frog-rammer	
7	人工夯	Set ram	手夯
8	重锤夯	Heavy ram	
GCFH	强夯		
GCFHA	夯击能	Rammed energy	
GCFHB	夯击数	Rammed number	
GCFHC	锤直径	Diameter of hammer	
GCFHD	锤重量	Heavy hammer weight	
GCFHE	重锤落距	Heavy hammer fall distance	
GCFHF	夯击点间距	Compaction space	
GCFHH	间夯时间	Compaction interval	
GCFHJ	有效夯实深度	Effective compacted depth	
GCFHK	夯击宽度	Rammed width	
GCFHL	加固土层厚度	Thickness of compacted soil	
GCG	土体工程地质		
GCGA	地基应力分布	Stress distribution in foundation soil	
GCGB	地基沉降	Settlement of foundation	
GCGC	土坡稳定性与土压力	Soil slope stability and earth pressure	
GCGD	土体渗透变形	Seepage deformation of soil mass	
GCGE	砂土振动液化	Vibration liquefaction of sand	
GCGF	地面沉降	Land subsidence	地面下沉
GCGG	地面裂缝	Ground crack	地裂
GCGH	地基稳定性	Foundation stability	
GCGA	地基应力分布		
GCGAAA	荷载类型	Load type	
GCGAAB	偏心矩(e)	Eccentricity	
GCGAAC	接触压力(p)	Contact pressure	基础底面压力
GCGAAD	基底附加压力(p_0)	Additional stress of foundation base	
GCGAAE	荷载量	Load quantity	
GCGABA	地基中应力	Ground stress	
GCGABB	自重应力(δ_{c2})	Self-weight stress	常驻应力自重压力
GCGABC	附加应力(δ_c)	Additional stress	
GCGABD	应力系数(k)	Stress factor	附加应力系数
GCGABE	角点应力系数	Stress factor of corner-points	
GCGABF	应力集中系数	Stress concentration factor	
GCGABG	角点法	Corner-points method	
GCGAAA	荷载类型		
01	集中荷载	Point load	点荷载
02	线荷载	Line load	
03	分布荷载	Distributed load	

表 1（续）

代码	汉字名	英译名	说明
04	均布荷载	Uniformly distributed load	
05	中心荷载	Center load	
06	偏心荷载	Eccentric load	
07	水平荷载	Horizontal load	
08	垂直荷载	Vertical load	
09	三角形分布荷载	Triangular distribution load	
10	倾斜荷载	Dip load	
11	设计荷载	Design load	
12	动荷载	Dynamic load	
13	临界荷载	Critical load	
14	临塑荷载	Critical-plastic load	
15	极限荷载	Ultimate load	
16	破坏荷载	Failure load	
17	容许荷载	Admissible load；Allowable load，safe load	
18	反复荷载	Repeated load	
19	瞬时荷载	Instantaneous load	
20	风荷载	Wind load	
GCGB	地基沉降		
GCGBAA	地基种类	Type of foundation soil	
GCGBAB	地基变形系数	Coefficient of foundation soil deformation	
GCGBAC	地基系数	Foundation modulus	基床系数
GCGBBA	基础类型	Type of foundation	
GCGBBB	基础宽度	Width of foundation	
GCGBBC	基础砌置深度	Depth of foundation	基础埋深
GCGBBD	基础刚度	Foundation rigidity	
GCGBCA	地基沉降类型	Type of foundation subsidence	
GCGBCB	地基沉降计算方法	Computational method of foundation subsidence	
GCGBCC	地基压缩层深度	Compression bed depth of foundation	受压层厚度
GCGBCD	沉降稳定时间	Stable time of subsidence	
GCGBCE	沉降稳定标准	Stable standard of subsidence	
GCGBCF	最终沉降量(s)	Final settlement	
GCGBCG	单位沉降量	Unit settlement	
GCGBCH	沉降差	Settlement difference	
GCGBCI	塑性变形区最大深度	Maximum depth of plastic deformation area	
GCGBDA	地基变形验算	Deformation verification of foundation	
GCGBDB	地基容许变形值	Permissible deformation value of foundation	
GCGBDC	下卧基岩表面容许坡度值	Surface permissible gradient dip of underlying bed rock	
GCGBDD	地基容许沉降量	Permissible settlement of foundation	
GCGBDE	地基容许沉降差	Permissible settlement difference of foundation	
GCGBDF	地基容许倾斜值	Permissible dip value of foundation	
GCGBDG	地基实测变形值	Actual survey dip of foundation	
GCGBAA	地基种类		

表 1（续）

代　码	汉　字　名	英　译　名	说　明
01	天然地基	Natural ground	
02	人工地基	Artificial ground	
03	岩基	Rock ground	
04	土基	Soil ground	
05	岩土地基	Ground of rock and soil	
06	软弱地基	Poor ground	
07	甲类地基	First type ground	
08	乙类地基	The second type ground	
09	弹性地基	Elastic ground	
GCGBBA	基础类型		
01	浅基础	Shallow foundation	
02	单独基础	Single foundation	
03	柱下单独基础	Single foundation in pillar	
04	墙下单独基础	Single foundation in wall	
05	条形基础	Strip foundation	
06	筏片基础	Floating foundation	
07	有肋梁筏片基础	Floating foundation costae girder	
08	无肋梁筏片基础	Floating foundation noncostae girder	
09	箱形基础	Box foundation	
10	大块基础	Bulk foundation	
11	壳体基础	Hull foundation	
12	深基础	Deep foundation	
13	桩基础	Pile foundation	
14	端承桩	Column pile	
15	摩擦桩	Friction pile	
16	预制桩	Precast pile	
17	灌注桩	Grout pile	
18	打入式灌注桩	Driving grout pile	
19	钻孔灌注桩	Hole grout pile	
20	爆扩桩	Explosive forming pile	
21	机扩桩	Machining pile	
22	单桩	Pile	
23	群桩	Group of pile	
24	挤密桩	Compaction pile	
25	组合桩	Composite pile	
26	斜桩	Dip pile	
27	沉井基础	Foundation by pit sinking	
28	单孔沉井	Unipunch pit sinking	
29	单排井孔沉井	One-way permutation pit sinking	
30	多排孔沉井	Porous pit sinking	
31	柱形沉井	Columnar pit sinking	
32	阶梯形沉井	Benched pit sinking	

表 1（续）

代码	汉字名	英译名	说明
33	刚性基础	Rigid foundation	
34	柔性基础	Flexible foundation	
35	振动基础	Vibration foundation	
36	混凝土基础	Concrete foundation	
37	钢筋混凝土基础	Reinforced concrete foundation	
38	砖石砌体基础	Brick mass foundation	
39	毛石砌体基础	Bonder mass foundation	
40	灰土基础	Spodosol mass foundation	
41	三合土基础	Triacomposition foundation	
42	钢管基础	Steel tube foundation	
43	补偿式基础	Compensated foundation	
44	联合基础	Combined footing	
45	圆形基础	Circular foundation	
46	框架式基础	Frame foundation	
47	振动式灌注桩	Vibra pile	
58	压入式灌注桩	Injection grout pile	
59	沉管灌注桩	Driven cast-place pile	
60	抗压桩	Compressive pile	
61	抗拔桩	Uplift pile	
62	护护桩	Slope protection pile	
63	木桩	Wooden pile	
64	钢桩	Steel pile	
65	钢筋混凝土桩	Reinforced concrete pile	
66	高承台桩基础	Pile foundation with high supporting platform	
67	低承台桩基础	Pile foundation with low supporting platform	
GCGBCA	地基沉降类型		
1	主固结沉降	Principal consolidation settlement	
2	次固结沉降	Secondary-consolidation settlement	
3	均匀沉降	Uniform settlement	
4	不均匀沉降	Differential settlement	差异沉降
5	瞬间沉降	Instantaneous settlement	
GCGBCB	地基沉降计算方法		
1	单向分层总合法	One-way layer-built total method	
2	三向分层总合法	Three-dimensional layer-built total method	
3	弹性理论计算法	Elastic computational theory method	
4	斯开普敦法	Skempton method	
5	工民建地基规范法	Industrial-civil foundation gage method	
6	附加应力系数法	Additional stress factor method	
7	载荷试验法	Load test method	
GCGC	土坡稳定性与土压力		
GCGCAA	土压力(p)	Earth pressure	
GCGCAB	主动土压力(p_s)	Active earth pressure	

表 1（续）

代码	汉字名	英译名	说明
GCGCAC	被动土压力(p_p)	Passive earth pressure	
GCGCAD	静止土压力(p_0)	Static earth pressure	
GCGCAE	土压力系数(K)	Coefficient of earth pressure	
GCGCAF	主动土压力系数(K_a)	Coefficient of active earth pressure	
GCGCAG	被动土压力系数(K_p)	Coefficient of passive earth pressure	
GCGCAH	静止土压力系数(K_o)	Coefficient of static earth pressure	
GCGCAI	土压力理论	Earth pressure theory	
GCGCBA	土坡稳定性	Stability of soil slope	
GCGCBB	稳定性系数(K)	Safety factor	安全系数
GCGCBC	最小安全系数(K_{min})	Minimum safety factor	
GCGCBD	最危险滑动面位置	Slip plane position of up-to-danger	
GCGCBE	最危险滑动中心位置	Sliding center position of up-to-danger	
GCGCBF	土坡稳定性计算结果	Computation result of soil slope stability	
GCGCBG	土坡稳定性因素分析	Factor analysis of soil slope stability	
GCGCBH	土坡稳定性评价方法	Evaluation method of soil slope stability	
GCGCBI	土坡的极限坡角	Ultimate angle of soil slope	
GCGCBJ	土坡的极限高度	Ultimate height of soil slope	
GCGCBK	滑动面长度	Sliding plane length	
GCGCBL	滑动面形状	Sliding plane shape	
GCGCBM	滑动力矩	Sliding moment	
GCGCBN	抗滑力矩	Resistance moment	
GCGCBO	土坡安全稳定措施	Safety measure of soil slope	
GCGCCA	挡土墙类型	Type of retaining wall	
GCGCAI	土压力理论		
1	库伦土压力理论	Coulomb's earth pressure theory	
2	朗肯土压力理论	Rankine's earth pressure theory	
GCGCBH	土坡稳定性评价方法		
1	条分法	Slice method	
2	泰勒图解法	Taylor graphical construction	
3	毕肖普图解法	Bishop's graphical construction	
4	稳定计算图解法	Stable computation graphical construction	
6	查表法	Table look-up method	
7	坡脚应力与强度对比法	Stress and strength contrast method of slope foot	
8	摩尔圆分析法	Mohr's circle analysis method	
9	有限差分法	Finite difference method	
GCGCBL	滑动面形状		
1	直线型滑动面	Linear slip surface	
2	圆弧状滑动面	Circular slip surface	
3	折线型滑动面	Zigzag slip surface	
4	不规则滑动面	Irregular slip surface	
GCGCBO	土坡安全稳定措施		
1	人工护坡	Artificial guard a slope	

表 1(续)

代码	汉字名	英译名	说明
2	人工削坡	Artificial pare a slope	
3	坡顶排水	Slope apex drainage	
4	坡面排水	Slope surface drainage	
5	排水盲沟	Ditch drainage blind ditch	
6	挡土墙	Retaining wall	
7	截水沟	Interception cut	
8	植被	Vegetative cover	
GCGCCA	挡土墙类型		
1	重力式挡土墙	Gravity retaining wall	
2	支墩式挡土墙	Pier brace retaining wall	
3	柔性挡土墙	Flexible retaining wall	
4	悬臂梁式挡土墙	Cantilever retaining wall	
5	格架式挡土墙	Crib retaining wall	
GCGD	土体渗透变形		
GCGDA	渗透变形类型	Type of seepage deformation	
GCGDB	渗透压力	Seepage pressure	
GCGDC	土的抗渗强度	Seepage resistance strength of soil	
SWGGAI	水力梯度(i)	Hydraulic gradient	水力坡度水头梯度
GCGDE	临界水力梯度	Critical hydraulic gradient	
GCGDF	破坏水力梯度	Failure hydraulic gradient	
GCGDG	允许水力梯度	Permissible hydraulic gradient	
GCGDH	实测水力梯度	Actual hydraulic gradient	
GCGDI	临界渗透速度	Critical seepage velocity	
GCGDJ	渗透长度	Seepage length	
GCGDK	水头差	Head fall, Height of water	
GCGDL	水头损失	Loss of head	
GCGDM	起始水力梯度	Initial hydraulic gradient	
GCGDN	渗流溢出点位置	Position of vadose overflow	
GCGDO	渗流溢出点高程	Height of vadose overflow	
GCGDP	渗透变形防治措施	Treatment measure of seepage deformation	
GCGDA	渗透变形类型		
01	管涌	Piping	潜蚀
02	机械管涌	Mechanical piping	
03	化学管涌	Chemical piping	
04	水平管涌	Horizontal piping	
05	垂直管涌	Vertical piping	
06	接触管涌	Contact piping	
07	渗透液化	Seepage liquefaction	
08	流土	Quicksand	假流砂
09	流砂	Shifting sand	真流砂
GCGDP	渗透变形防治措施		

表 1（续）

代　码	汉　字　名	英　译　名	说　明
01	排水沟	Drainage ditch	
02	防渗墙	Water-tight barrier	
03	减压井	Relief well	
04	排水廊道	Drainage gallery	
05	水平排水垫层	Horizontal drainage blanket	
06	排水井	Drainage well	
07	排水孔	Drainage hole	
08	铺盖	Pavement	
09	截水墙	Cut off wall	
10	反沪层	Inverted filter	
GCGE	砂土振动液化		
GCGEA	附加孔隙水压力	Additional pore water pressure	剩余孔隙水压力
GCGEB	最大循环剪应力	Maximum cyclic shearing stress	
GCGEC	初始围限压力	Natural flank pressure	
GCGED	有效覆盖层厚度	Effective overburden depth	
GCGEE	有效覆盖层压力	Effective overburden pressure	
GCGEG	等效平均剪应力(τ_a)	Equivalent mean shearing stress	
GCGEH	地面最大振动加速度(a_{max})	Maximum vibrating acceleration of surface	
GCGEI	临界标准贯入击数	Critical standard of injected percussition round trip	
GCGEJ	临界盖重	Critical covered load	
GCGEK	液化势	Liquefaction potential	
GCGEL	初始破坏	Incipient failure	
GCGEM	液化层深度	Depth of liquefaction layer	
GCGEN	振动强度	Vibrating strength	
GCGEO	砂土振动液化机制	Vibration liquefaction mechanism of sand	
GCGEP	液化的宏观判定	Macroscopic criterion of liquefaction	
GCGEQ	液化的微观判定	Microscopic criterion of liquefaction	
GCGER	实测标贯击数	Tested standard penetration number	
GCGES	液化指数	Liquefaction index	
GCGET	液化等级	Liquefaction grades	
GCGET	液化等级		
1	轻微液化	Slight liquefaction	
2	中等液化	Moderate liquefaction	
3	严重液化	Severe liquefaction	
GCGF	地面沉降		
GCGFAA	地面沉降位置	Position of land subsidence	
GCGFAB	地面沉降范围	Extent of land subsidence	
GCGFAC	地面沉降面积	Area of land subsidence	
GCGFAD	沉降速率	Subsidence rate	
GCGFAE	最大沉降速率	Maximum subsidence rate	
GCGFAF	平均沉降速率	Mean subsidence rate	

表 1（续）

代码	汉字名	英译名	说明
GCGFAG	沉降量	Settling volume	
GCGFAH	最大沉降量	Maximum settling volume	
GCGFAI	平均沉降量	Mean settling volume	
GCGFAJ	沉降中心位置	Position of subsidence center	
GCGFAK	沉降起始时间	Beginning time of subsidence	
GCGFAL	最大沉降时间	Time of maximum subsidence	
GCGFAM	单层压密量	One layer compressibility	
GCGFAN	总压密量	Total compressibility	
GCGFAO	沉降漏斗长轴方向	Long axle direction of settlement funnel	
GCGFAP	地面沉降因素	Land subsidence factors	
GCGFAQ	含水层组比储量	Composite water content specific reserves	
GCGFAR	沉降规模	Dimension of land subsidence	
GCGFAS	沉降类型	Type of land subsidence	
GCGFAT	沉降强度分区	Division of subsidence strength	
GCGFAU	最小沉降速率	Minimum subsidence rate	
GCGFAV	沉降时期划分	Division of subsidence period	
GCGFAW	沉降区形态	Shape of subsidence area	
GCGFAX	沉降特征	Feature of subsidence	
GCGFAY	累积沉降量	Volume expansion coefficient of subsidence	
GCGFAZ	累积回弹量	Accumulation in pick up	
GCGFBA	地下采空区面积	Underground workingout section area	
GCGFBB	煤矿采空区	Coal mine workingout section	
GCGFBC	安全开采深度	Safety working layer depth	
GCGFBD	地面坍陷量	Ground subsidence measuring	
GCGFBE	坍塌深度	Collapsing depth	
GCGFBF	坍陷区范围	Extent of collapse area	
GCGFBG	陷落角	Collapse angle	
GCGFBH	移动角	Moving angle	
GCGFBI	沉降区人类活动状况	Mankind active condition of subsidence area	
GCGFBJ	沉降区地形地貌	Topography and geomorphy of subsidence area	
GCGFBK	沉降区地层岩性	Lithological character of strata of subsidence area	
GCGFBL	沉降区地质构造	Geological structure of subsidence area	
GCGFBM	沉降区水文地质特征	Hydrogeological character of subsidence area	
GCGFBN	地面沉降发展趋势	Developing tendency of land subsidence	
GCGFBO	地面沉降监测	Monitor of land subsidence	
GCGFBP	地面沉降预测	Prediction of land subsidence	
GCGFBQ	地面沉降次生灾害	Secondary disaster of land subsidence	
GCGFBR	沉降历史	History of subsidence	
GCGFBS	地面沉降防(整)治	Prevention of land subsidence	
GCGFBT	地面沉降观测值	Value of land subsidence	
GCGFBU	沉降范围扩展速率	Spreading mining position of ground water	
GCGFBV	地下采空区范围	Extent of underground workingout section area	

表 1（续）

代　码	汉　字　名	英　译　名	说　明
GCGFCA	观测标类型	Type of point survey signal	
GCGFCB	沉降漏斗数量	Number of settlement funnel	
GCGFCD	沉降区平面形态	Plane shape of settlement area	
GCGFCE	塌陷区平面形态	Plane shape of collapse area	
GCGFCF	沉降区人类活动类型	Type of mankind activity of settlement area	
GCGFCG	沉降区人类活动起始时间	Initial time of mankind activity of settlement area	
GCGFCH	沉降区人类活动加剧时间	Enhanced time of mankind activity of settlement area	
GCGFCI	沉降区人类活动强度评估	Estimation of mankind activity strength of settlement area	
GCGFCJ	沉降区地下水开采强度	Mining strength of ground water of settlement area	
GCGFCK	沉降区地下水主要开采层位	Main mining layers of ground water of settlement area	
GCGFCL	降落漏斗区平均水位高程	Mean water table altitude of falling cone area	
GCGFCN	沉降次数	Number of subsidence	
GCGFCO	各次沉降时间	Time of every subsidence	
GCGFCQ	最大沉降规模	Dimensions of maximum subsidence	
GCGFDA	人工控制地面沉降方法	Ground settlement method of artificial control	
GCGFDB	地下水回灌量	Groundwater recharge	
GCGFDC	水位回升值	Water table in picking up	
GCGFDD	回灌期	Recharge period	
GCGFDE	地面回升值	Ground in picking up	
GCGFDF	体积膨胀回弹系数	Volume expansion coefficient of resilience	
GCGFDG	沉降区水位波动曲线	Variation curve of water table of settlement area	
TKCMVN	压力梯度	Pressure gradient	
GCGFDI	补偿系数	Coefficient of complementary	
GCGFDJ	有效应力增值	Increment of effective stress	
GCGFDK	地下水位升降	Rising and declining of ground water level	
GCGFDL	地下水开采量	Well-pumpage of groundwater	
GCGFDM	人工回灌量	Artificial recharge	
GCGFDN	地下水化学成分	Chemical components of groundwater	
GCGFDO	地下水污染状况	Groundwater contamination condition	
GCGFDP	孔隙水压力观测	Observation of pore pressure	
GCGFDQ	土层变形观测	Observation of soil deformation	
GCGFDR	地面沉降观测	Subsidence observation	
GCGFDS	地面沉降观测高程网	Elevation network of land subsidence observation	
GCGFDT	沉降点密度	Density of subsidence observation	
GCGFDU	沉降观测时间	Time of subsidence observation	
GCGFDV	沉降观测精度	Precision of subsidence observation	
SWBFI	含水层编号	Number of aquifer	
SWBFEG	含水层厚度	Thickness of aquifer	
SWBFC	含水层岩性	Lithological character of aquifer	
GCGFEA	含水层压密量	Compressibility of aquifer	
GCGFEB	含水层回弹量	Rebound value of aquifer	
GCGFEC	含水层开采量	Mining yield of aquifer	

表 1（续）

代码	汉字名	英译名	说明
GCGFED	压缩层	Compression	
GCGFEE	压缩层层位	Strata of compression	
GCGFEF	压缩层岩性	Lithological character of compression	
GCGFEG	压缩层厚度	Thickness of compression	
GCGFEH	压缩层压缩量	Compression value of compression	
GCGFFA	一月沉降值	Observation for January	
GCGFFB	二月沉降值	Observation for February	
GCGFFC	三月沉降值	Observation for March	
GCGFFD	四月沉降值	Observation for April	
GCGFFE	五月沉降值	Observation for May	
GCGFFF	六月沉降值	Observation for June	
GCGFFG	七月沉降值	Observation for July	
GCGFFH	八月沉降值	Observation for August	
GCGFFI	九月沉降值	Observation for September	
GCGFFJ	十月沉降值	Observation for October	
GCGFFK	十一月沉降值	Observation for November	
GCGFFL	十二月沉降值	Observation for December	
GCGFAP	地面沉降因素		
1	新构造地震	Geotectonic movement	
2	强烈地震	Strong earthquake	
3	海平面上升	Sea level of rise	
4	土层天然固结	Natural consolidation of soil layer	
5	抽汲地下气体	Underground air pump	
6	抽汲地下液体	Underground liquid pump	
7	地面堆载	Ground load	
GCGFAS	沉降类型		
1	自然地面沉降	Natural land subsidence	
2	人为地面沉降	Man-made land subsidence	
3	重力地面沉降	Gravitate ground settling	
4	构造地面沉降	Tectonic land subsidence	
5	地震地面沉降	Seismic land subsidence	
GCGFAV	沉降时期划分		
1	孕育期	Growth period	
2	缓慢变形期	Slow deformation period	
3	变形发展期	Deformed-developed period	
4	急剧发展期	Rapid development period	
5	回灌回弹期	Recharge and rebound period	
GCGFBN	地面沉降发展趋势		
1	已经停止	Stopped	
2	基本停止	Basic stopped	
3	逐渐减缓	Gradually slowing	
4	逐渐加剧	Gradually enhanced	

表 1（续）

代　码	汉　字　名	英　译　名	说　明
GCGFBS	地面沉降防(整)治		
1	限制地下水开采量	Limitation of groundwater pumpage	
2	地下水人工回灌	Artificial recharge of groundwater	
3	调整地下水开采层次	Artificial of groundwater mining arrangement	
GCGFCA	观测标类型		
1	基岩标	Bed rock mark	
2	分层标	Layer-built mark	
3	地面标	Ground mark	
4	高程基准标	Datum mark of elevation	
5	地层沉降标	Subsidence mark soil layer	
GCGG	地面裂缝		
GCGGA	地面裂缝调查	Investigation of ground crack	
GCGGB	地面裂缝统一编号	Unit number of ground crack	
GCGGC	地裂缝(带)名称	Name of geosuture(zone)	
GCGGD	地裂缝分类	Classification of geosuture	
GCGGE	裂缝形态	State of crack	
GCGGF	裂缝形变	Distortion of ground crack	
GCGGG	裂缝区地质构造	Geological structure of ground crack area	
GCGGH	分布特征	Feature of propagation	
GCGGI	活动速率	Active velocity	
GCGGJ	优势速度	The principal velocity	
GCGGK	最大差异沉降值	Maximum difference subsidence values	
GCGGL	活动强度分级	Active strength grade	
GCGGM	地裂缝运动机制	Mechanism of geosuture	
GCGGN	诱发因素	Induced factors	
GCGGO	危害程度	Harmful degree	
GCGGP	地裂缝带分段	Section of geosuture belt	
GCGGQ	地裂缝活动规律	Regulation of geosuture activity	
GCGGR	伴生现象	Accompanying phenomenon	
GCGGS	地裂缝原因分析	Origin analysis of geosuture	
GCGGT	地裂缝防治措施	Treatment measures of geosuture	
GCGGD	地裂缝分类		
1	地震地裂缝	Earthquake geosuture	
2	构造地裂缝	Tectonic geosuture	
3	环境地裂缝	Circumstance geosuture	
4	重力地裂缝	Gravitate geosuture	
GCGGE	裂缝形态		
GCGGEA	地裂缝方向	Orientation of geosuture	
GCGGEB	地裂缝产状	Attitude of geosuture	
GCGGEC	地裂缝最大长度	Maximum length of geosuture	
GCGGED	地裂缝累积长度	Accumulative length of geosuture	
GCGGEE	最大可见深度	Maximum visible depth	

表 1（续）

代码	汉字名	英译名	说明
GCGGEF	地表影响平均宽度	Average width of ground surface effective zone	
GCGGEG	地裂缝最大宽度	Maximum width of geosuture	
GCGGEH	地裂缝充填物	Filling material of geosuture	
GCGGEI	地裂缝平均间距	Average distance of geosuture	
GCGGEJ	地裂缝条数	Number of geosuture	
GCGGEK	地裂区面积	Area of earth crack area	
GCGGF	裂缝形变		
GCGGFA	水平拉张位移量	Horizontal tensile displacement value	
GCGGFB	垂直位移量	Vertical displacement value	
GCGGFC	水平扭动位移量	Horizontal torque displacement value	
GCGGFD	扭动性质	Property of torque	
GCGGFE	裂缝性质	Property of fracture	
GCGGFF	微观运动特征	Feature of microscopic movement	
GCGGFG	垂直形变	Vertical distortion	
GCGGFH	垂直形变差	Vertical distortion difference	
GCGGFI	垂直形变量	Vertical distortion value	
GCGGFJ	垂直形变率	Vertical distortion rate	
GCGGFK	垂直形变梯度	Vertical distortion gradient	
GCGGFD	扭动性质		
1	左旋	Sinistral	
2	右旋	Dextral	
GCGGFE	裂缝性质		
1	张性	Tensile	
2	扭性	Torsional	
3	压性	Compression	
4	倾滑运动	Dip slip movement	
5	垂直张扭性	Vertical tensile-torsional	
GCGGFF	微观运动特征		
1	强破碎带	Strong cataclastic zone	
2	微破碎带	Slight cataclastic zone	
GCGGG	裂缝区地质构造		
GCGGGA	地表地层岩性	Surfacial strata lithology	
GCGGGB	土层垂直节理产状	Vertical joint occurrence of soil layer	
GCGGGC	错断早期地层	Early strata of tangential displacement	
GCGGGD	错断晚期地层	Later strata of tangential displacement	
GCGGGE	区域主压应力方向	Direction of principal compression stress of region	
GCGGGF	最大张应力方向	Direction of maximum tensile stress	
GCGGGG	断层活动速度	Velocity of fault activity	
GCGGGH	莫霍面深度	Depth of mohorovicic discontinuity	
GCGGH	分布特征		
GCGGHA	地裂缝平均展布特征	Feature of plane propagation of geosuture	
GCGGHB	平面组合形态	Shape of plane composition	

表 1（续）

代　码	汉　字　名	英　译　名	说　明
GCGGHC	剖面组合形态	Shape of profile composition	
GCGGHA	地裂缝平均展布特征		
1	线性	Linear	
2	平均等间距	Parallel equal space	
3	多级雁裂	Xi-en echelon	
4	锯齿状	Jig-saw shape	
GCGGI	活动速率		
GCGGIA	平均活动速率	Average active velocity	
GCGGIB	水平引张累计	Horizontal tensile accumulation	
GCGGIC	水平张拉速率	Horizontal tensile velocity	
GCGGID	垂直位移速率	Velocity of vertical displacement	
GCGGIE	水平扭动速率	Velocity of horizontal torque	
GCGGIF	地裂缝两端扩展速率	Spreading velocity of ends geosuture	
GCGGL	活动强度分级		
1	极强	Very strong	
2	强	Strong	
3	弱	Weak	
4	微弱	Slight	
GCGGO	危害程度		
GCGGOA	地裂缝危害分区	Harm division of earth fracture	
GCGGOB	地基和基础变形	Ground and foundation happen deformation	
GCGGOA	地裂缝危害分区		
1	严重区	Serious area	
2	较严重区	More serious area	
3	较微区	Slight area	
GCGGOB	地基和基础变形		
1	均匀沉降	Even rise and decline	
2	不均匀沉降	Uneven rise and decline	
3	拉裂	Tensile fracture	
4	错开	Offset	
GCGGP	地裂缝带分段		
GCGGPA	分段位置	Location of section	
GCGGPB	分段编号	Number of section	
GCGGPC	途经地点	Geosuture passed through location	
SWNCAC	长度	Length of geosuture	
GZBBAB	走向	Strike of geosuture	
GZBBAC	倾向	Dip of geosuture	
GZBBAD	倾角	Dip angle of geosuture	
GCGGPH	最大宽度	Maximum width of geosuture	
GCGGPI	平均宽度	Average width of geosuture	
GCGGPJ	地面最多条数	Maximum number of ground surface	
GCGGPK	地面平均条数	Average number of ground surface	

表 1（续）

代 码	汉 字 名	英 译 名	说 明
GCGGPL	单缝最大宽度	Maximum width of single crack	
GCGGPM	单缝平均宽度	Average width of single crack	
GCGGPN	垂直最大错距	Vertical maximum separation	
GCGGPO	垂直平均错距	Vertical average separation	
GCGGPP	主裂缝	Principal crack	
GCGGPQ	次裂缝	Secondary crack	
GCGGS	地裂缝原因分析		
1	地震	Earthquake	
2	土体胀缩	Soil mass swelling	
3	土体滑动	Soil mass slide	
4	地下塌陷	Underground collapse	
5	冻胀	Frost heave	
6	干缩	Dry shrinkage	
7	基底断裂活动	Activity of fundamental fault	
GCH	岩体工程地质		
GCHA	岩体中应力	Stress in a rock mass	
GCHB	岩质边坡稳定性	Stability of rock slope	
GCHC	洞室围岩稳定性	Stability of surrounding rock of underground excavation	
GCHD	地基岩体稳定性	Stability of foundation rock mass	
GCHA	岩体中应力		
GCHAAA	初始应力	Natural stress; Initial stress; Primary stress	天然应力；一次应力；地应力
GCHAAB	重分布应力	Secondary stress	感生应力；二次应力；诱发应力；围岩应力
DZCBAA	地应力方向	Direction of natural stress	
GCHAAD	构造应力	Tectonic stress	
GCHAAE	活动构造应力	Active tectonic stress	
GCHAAF	剩余构造应力	Residual tectonic stress	
GCHAAG	变异应力	Altered stress	
GCHAAH	残余应力	Residual stress	
GCHAAI	水平应力	Horizontal stress	
GCHAAJ	垂直应力	Vertical stress	
GCHAAK	径向应力	Radial stress	
GCHAAL	切向应力	Tangential stress; stress of tangential direction	
GCHAAM	轴向应力	Stress of axial direction	
GCHAAN	高地应力区位置	Locality of high natural stress area	
GCHAAO	应力集中区范围	Location of stress concentration zone	
GCHAAP	应力岩体破坏方式	Failure mode of stress rock mass	
GCHAAP	应力岩体破坏方式		

表 1（续）

代　码	汉　字　名	英　译　名	说　明
01	岩爆	Rock burst	弹射
02	冒顶	Roof fall; Cave in	顶板塌落
03	底鼓	Bottom squeeze	
04	缩径	Necking	
05	片帮	Sidewall spalling slabbing	片落
06	边墙鼓胀	Squeeze of side wall	
07	饼状岩心	Cake core	
08	块体滑移	Slide of block	
09	弯折破坏	Buckling failure	
GCHB	岩质边坡稳定性		
GCGBAA	边坡类型	Types of slope	
GCHBAB	边坡形态要素	Factors of slope shape	
GCHBAC	坡高	Height of slope	
DMFAA	坡度	Gradient	边坡陡度 边坡斜率
GCHBAE	坡角	Slope angle	
GCHBAF	坡顶高程	Altitude of slope top	
GCHBAG	坡面宽度	Width of slope surface	
GCHBAH	边坡长度	Length of slope	
GCHBAI	稳定坡角	Stable slope angle	
GCHBAJ	极限坡角	Ultimate slope angle	
GCHBAK	边坡角起始值	Initial value of slope angle	
GCHBAL	边坡形式	Slope shape	
GCHBBA	岩质边坡稳定性计算方法	Computing method of stability failure of rock slope	
GCHBBB	岩坡破坏的防治措施	Treatment methods of rock slope	
GCHBBC	最大拉应力区范围	Range of maximum tension area	
GCHBBD	斜坡张应力带宽度	Width of tension zone	
GCHBBE	卸荷带宽度	Width of relaxed zone	
GCHBBF	应力活动带范围	Range of active stress zone	
GCHBBG	边坡稳定性评价	Stability evaluation of slope	
GCHBBH	围岩稳定性评价	Stability evaluation of surrounding rock	
GCHBCA	斜坡破坏形式	Failure mode of slope	
GCHBCB	斜坡移动速度	Velocity of slope movement	
GCHBCC	斜坡失稳主导因素	Principal factor of slope failure	
GCHBAA	边坡类型		
01	人工边坡	Artificial slope	
02	天然边坡	Natural slope	
03	露天矿边坡	Open-pit slope	
04	路堤边坡	Embankment slope	
05	基坑边坡	Excavation slope	
06	路堑边坡	Trench slope	
07	洞脸边坡	Slope of tunnel face	

表 1（续）

代码	汉字名	英译名	说明
08	高边坡	High slope	
09	顺层边坡	Slope of strata dip toward excavation	
10	切层边坡	Slope of strata dip cross excavation	
11	反倾向边坡	Slope of strata dip away from excavation	
12	岩质边坡	Rock slope	
13	稳定边坡	Stable slope	
14	不稳定边坡	Unstable slope	
15	碎石边坡	Stone slope	
16	陡立边坡	Steep slope	
17	缓坡	Gentle slope	
18	倒坡	Inverted slope	
19	低边坡	Low slope	
20	水上边坡	Slope on water	
21	水下边坡	Slope in water	
GCHBAB	边坡形态要素		
1	坡脚	Slope foot	
2	坡面	Slope plane	
3	坡顶	Slope top	
4	边坡后缘	Back edge of slope	
GCHBAL	边坡形式		
1	直线型边坡	Linear slope	
2	阶梯型边坡	Step slope	
3	折线型边坡	Broken-Line slope	
GCHBBA	岩质边坡稳定计算方法		
1	刚体极限平衡法	Limit equilibrium method	
2	滑坡推力法	Slide thrust method	
3	有限单元法	Finite element method	
4	萨尔玛法	Sarma method	
5	图解法	Diagram method	
GCHBBB	岩坡破坏的防治措施		
1	明硐	Open tunnel	
2	抗滑桩	Slide-resistant pile	
3	疏导工程	Discharge engineering	
4	清除危石	Clearing dangerous rock	
5	锚固	Anchoring	
GCHBCA	斜坡破坏形式		
1	滑坡	Landslide	滑落
2	崩塌	Eboulement	
3	坠落	Rock fall	
4	错落	Rock dislocation	
5	剥落	Slabbing	片落
GCHC	洞室围岩稳定性		

表 1（续）

代　码	汉　字　名	英　译　名	说　明
GCHCAA	地下洞室	Underground caverns	
GCHCAB	洞室尺寸	Size of underground opening	
GCHCAC	洞长	Tunnel length	
GCHCAD	洞宽	Tunnel width	跨度
GCHCAE	洞体高度	Cavernous height	
GCHCAF	洞室断面形状	Chamber cross form	
GCHCAG	洞室类型	Chamber type	
GCHCAH	高垮比	Rise-span ratio	
GCHCAI	洞径	Tunnel diameter	
GCHCBA	围岩类型	Surrounding rocks type	
GCHCBB	围岩压力	Pressure of surroundings	山岩压力，岩体压力，山体压力，地层压力
GCHCBC	变形围岩压力	Deformation pressure of surroundings	
GCHCBD	上复地层厚度	Thickness of overlying strata	
GCHCBE	上复地层压力	Pressure of overlying strata	
GCHCBF	松动围岩压力	Relaxation pressure of surroundings	
GCHCBG	冲击围岩压力	Percussive pressure of surroundings	
GCHCBH	膨胀围岩压力	Expansion pressure of surroundings	
GCHCBI	内水压力	Inner water pressure	
GCHCBJ	外水压力	Outer water pressure	
GCHCBK	动水压力	Hydrodynamic pressure	
GCHCBL	坍落拱高度	Height of collapse arch	
GCHCBM	围岩极限承载力	Limiting bearing capacity of surroundings	
GCHCBN	围岩偏压	Non-uniform rock pressure	
GCHCBO	松动圈厚度	Thickness of relaxation ring	
GCHCBP	径向位移	Radial displacement	
GCHCBQ	岩石抗力系数(K)	Coefficient of rock resistance	
GCHCBR	单位抗力系数(K_0)	Coefficient specific resistance	
GCHCBS	岩石抗力	Rock resistance	
GCHCBT	洞室围岩分类	Classification of surrounding rock of tunnel	
GCHCBU	仰拱	Arch of elevation	
GCHCBV	松弛带范围	Range of relaxed zone	
GCHCAF	洞室断面形状		
1	圆形	Round shape	
2	正方形	Square	
3	长方形	Rectangle shape	矩形
4	马蹄形	Hoof shape	城门楼形
5	椭圆形	Elliptic conduit	
GCHCAG	洞室类型		
01	有水隧洞	Water tunnel	

表 1（续）

代 码	汉 字 名	英 译 名	说 明
02	无水隧洞	Non-water tunnel	
03	有压隧洞	Pressure tunnel	
04	无压隧洞	Non-pressure tunnel	
05	铁路隧道	Rail-way tunnel	
06	公路隧洞	High-way tunnel	
07	涵洞	Tunnel	
08	过江隧道	Tunnel cross river	
09	海底隧道	Floor tunnel	
10	防空洞	Air-raid shelter	
11	地下洞室	Underground caverns	
12	地下厂房	Underground plant	
13	矿山巷道	Mining excavation	
14	矿井	Mining shaft	
GCHD	地基岩体稳定性		
GCHDAA	坝基岩体附加荷载	Superimposed load of dam foundation	
GCHDAB	库水静压力	Hydrostatic pressure of reservoir	
GCHDAC	泥砂压力	Mud-sand pressure	
GCHDAD	浪压力	Wave pressure	
WDAEBI	风压力	Wind pressure	
GCHDAF	冰雪压力	Ice-snow pressure	
GCHDAG	扬压力	Raised pressure	
HCHDAH	浮托力	Uplift pressure	
GCHDAI	地震惯性力	Seismic inertial force	
GCHDAJ	动荷载	Dynamic load	
GCHDAK	单宽坝体重量	Gravity of unit width dam	
GCHDAL	坝体重量	Dam weight	
GCHDAM	建筑物附加荷载	Superimposed load of building	
GCHDBA	坝的类型	Type of dam	
GCHDBB	坝体尺寸	Size of dam mass	
GCHDBC	坝高	Dam height	
GCHDBD	坝长	Dam length	
GCHDBE	坝顶宽度	Dam top width	
GCHDBF	坝顶高程	Dam top height	
GCHDBG	坝基宽度	Dam foundation width	
GCHDBH	坝基高程	Dam foundation height	
GCHDBI	坝上游坡度	Dam upper reaches slope	
GCHDBJ	坝前水头高度	Water head height of front dam	
GCHDBK	坝下游坡度	Dam lower reaches slope	
GCHDBL	坝踵	Heel of dam	
GCHDBM	坝趾	Toe of dam	
GCHDBN	坝肩	Abutment	
GCHDCA	坝基岩体滑动型式	Rock sliding type of dam foundation	

表 1（续）

代 码	汉 字 名	英 译 名	说 明
GCHDCB	滑动边界条件	Sliding boundary condition	
GCHDCC	抗力体	Resistance mass	
GCHDCD	滑动力	Sliding force	
GCHDCE	抗滑力	Sliding resistance	
GCHDCF	抗滑安全系数	Safety factor of sliding resistance	
GCHDCG	保护层厚度	Thickness of retaining layer	
GCHDDA	坝基处理	Dam foundation treatment	
GCHDBA	坝的类型		
01	重力坝	Gravity dam	
02	宽缝重力坝	Broad suturing gravity dam	
03	重力拱坝	Gravity-arch dam	
04	混凝土重力坝	Concrete gravity dam	
05	浆砌石重力坝	Paste lining gravity dam	
06	拱坝	Arched dam	
07	连拱坝	Continuous arched dam	
08	双曲拱坝	Hyperboloid arched dam	
09	薄拱坝	Shell arched dam	
10	支墩坝	Braced framing dam	
11	大头坝	Massive-head dam	
12	薄板坝	Sheet dam	
13	混凝土坝	Concrete dam	
14	钢筋混凝土坝	Steel reinforced concrete dam	
15	土坝	Earth dam	
16	均质土坝	Homogeneous earth dam	
17	心墙坝	Heart wall dam	
18	斜墙坝	Dip wall dam	
19	堆石坝	Accumulation rock dam	
20	砌石坝	Bonder dam	
21	橡胶坝	Rubber dam	
22	溢流坝	Spillway dam；Overfall dam	
23	非溢流坝	Non-spillway dam	
GCHDCA	坝基岩体滑动型式		
1	表层滑动	Surface slip	表面滑动 接触滑动
2	岩体内浅层滑动	Shallow slip in rock mass	
3	深层滑动	Deep slip	
4	混合滑动	Composite slip	
GCHDCB	滑动边界条件		
11	单一滑动面	Unique slip surface	
12	组合滑动面	Composite sliding surface	
20	切割面	Dissected plane	
21	纵向切割面	Compressional dissected plane	

表 1（续）

代 码	汉 字 名	英 译 名	说 明
22	横向切割面	Shear dissected plane	
30	临空面	Free face	
31	水平临空面	Horizontal free face	
32	垂直临空面	Vertical free face	
GCI	区域工程地质		
GCIA	中国区域工程地质条件	Regional engineering geology conditions of China	
GCIB	区域地壳稳定性	Stability of regional crust	
GCIC	中国区域工程地质分区	Regional engineering geology division of China	
GCIA	中国区域工程地质条件		
GCIAA	区域工程地质因素	Factors of regional engineering geology	
GCIAB	区域工程地质因素分带性	Zonality of the factors of regional engineering geology	
GCIAC	中国的地理景观带	Geographical landscape zone in China	
GCIAD	中国的潜水分区	Zonality of underground water in China	
GCIAE	中国的土壤类型分区	Type of soil partitioned of Chinese	
GCIAF	中国的大地构造单元划分	Division of geotectonic elements in China	
GCIAG	中国新构造运动分区	Zoning of geotectonic movement in China	
GCIAH	中国地貌分区	Zoning of geomorphic in China	
GCIAI	中国的气候带	Climatic zone in China	
GCIAJ	中国地震分区	Seismic zonation in China	
GCIAA	区域工程地质因素		
GCIAAA	地带性因素	Zonal factors	
GCIAAB	区域性因素	Regional factors	
GCIAAA	地带性因素		
1	气候	Climate	
2	潜水	Phreatic water	
GCIAAB	区域性因素		
1	地质构造	Geological structure	
2	新构造运动	Geotectonic movement	
3	地层岩性	Formation lithology	
4	地貌	Landform	
5	自流水	Artesian water	
GCIAB	区域工程地质因素分带性		
1	纬向分带性	Latitudinal zoning	
2	经向分带性	Longitudinal zoning	
3	垂直分带性	Vertical zoning	
4	水平分带性	Horizontal zoning	
5	空间分布规律性	Regular of space distribution	
GCIAC	中国的地理景观带		
01	亚寒带针叶林灰化土带	Coniferous forest illimerized soil zone in subfrigid zone	
02	寒温带混交林灰化土带	Frigid temperate zone mix forest illmerized soil zone	
03	温带夏绿林褐土带	Temperate zone summer green forest cinnamon soil zone	
04	暖温带混交林黄褐土带	Warm temperate zone mix forest yellow cinnamon soil zone	

表 1（续）

代码	汉字名	英译名	说明
05	亚热带常绿林黄壤带	Subtropical evergreen forest yellow cinnamon earth zone	
06	亚热带季雨林红壤带	Subtropical monsoon forest red soil zone	
07	草原草地栗钙土黑钙土带	Timber chestnut soil black calcareous soil zone	
08	干旱半干旱荒漠土带	Arid and half arid desert soil zone	
09	高山草原土灰化土带	High mountain timber soil illimerized slil zone	
10	高山高原荒漠土带	High mountain high plateau desert soil zone	
GCIAD	中国的潜水分区		
1	多年冻结潜水区	Perennial frost underground water area	
2	中等湿度潜水区	Medium moist underground water area	
3	潮湿地区潜水区	Moist area underground water area	
4	半干旱地区潜水区	Half arid area underground water area	
5	干旱地区潜水区	Arid area underground water area	
6	高山潜水区	High mountain underground water area	
GCIAE	中国的土壤类型分区		
01	生草灰化土区	Sward illimerized soil area	
02	褐土及褐灰土区	Cinnamon soil and cinnamon grey soil area	
03	灰色森林土及黑土区	Phaiozem and black soil area	
04	黄褐土区	Yellow cinnamon soil area	
05	黄壤区	Yellow earth area	
06	砖红壤性土壤及砖红壤区	Brown laterite soil and brown laterite area	
07	红壤区	Red soil area	
08	西部山地森林土区	The west mountain forest soil area	
09	高山草甸土及草原土区	High mountain meadow soil and timber soil area	
10	高原荒漠土区	High plateau desert soil area	
11	内蒙栗钙土及棕钙土区	Nei Mongol chestnut soil and brown calcareous soil area	
12	北疆栗钙土及棕钙土区	Chestnut soil and brown calcareous soil area in North of Xinjiang province	
13	阿拉善塔里木灰钙土及荒漠土区	Gray calcic soil and desert soil area in Alasan Tanium Alasan Tanium	
14	天山山地草甸土草原褐土区	Meadow timber cinnamon soil area in Tian mountain	
GCIAI	中国的气候带		
1	热带	Torrid zone, tropical zone	
2	亚热带	Subtropical zone	
3	温带	Temperate zone	
4	寒温带	Frigid temperate zone	亚寒带
5	寒带	Frigid zone	冰冻带
GCIB	区域地壳稳定性		
GCIBA	活动性断层	Active fault	
GCIBB	水库诱发地震	Reservoir filling-triggering earthquake	
GCIBC	区域地壳稳定性评价	Evaluation of stability of regional crust	
GCIBA	活动性断层		
GCIBAA	活断层类型	Active fault type	

表 1（续）

代码	汉字名	英译名	说明
GCIBAB	活断层规模	Active fault in scale	
GCIBAC	活断层特性	Active fault specificity	
GCIBAD	活断层活动频率	Active frequency of active fault	
GCIBAE	活断层错动速率	Dislocation velocity of active fault	
GCIBAF	活断层错动速率分级	Dislocation velocity grade of active fault	
GCIBAG	活断层活动周期	Active cycle of active fault	重现周期错动间隔时间
GCIBAH	活断层活动时代	Active age of active fault	
GCIBAI	活断层判别标志	Differentiate mark of active fault	活动证据
GCIBAJ	活断层监测方法	Monitoring method of active fault	
GCIBAK	最大位移量	Maximum displacement	
GCIBAL	活断层断距	Separation of active fault	
GCIBAM	活断层长度	Length of active fault	
GCIBAN	活断层宽度	Width of active fault	
GCIBAO	活断层活动方式	Active way of active fault	
GCIBAF	活断层错动速率分级		
1	AA 级	AA-grade	
2	A 级	A-grade	
3	B 级	B-grade	
4	C 级	C-grade	
5	D 级	D-grade	
GCIBB	水库诱发地震		
GCIBBA	蓄水时间	Water storage time	
GCIBBB	满库时间	Period of reservoir with full water	
GCIBBC	第一次发震时间	Time of first induced earthquake	
DZIF	地震次数	Number of earthquake	
GCIBBE	主震震级	Dimension of principal earthquake	
GCIBBF	主震时间	Time of principal earthquake	
GCIBBG	较大地震时间	Time of larger earthquake	
GCIBBH	较大地震震级	Dimension of larger earthquake	
GCIBBI	发震时库水位标高	Height of reservoir water table when earthquake is induced	
GCIBBJ	发震时总库容	Total storage capacity when earthquake is induced	
GCIBBK	水库地震与蓄水关系	Relation between storage water and reservior earthquake	
GCIBBL	水库地震频度	Frequency of reservoir earthquake	
GCIBBM	水库诱发地震特点	Character of reservoir induced earthquake	
GCIBBN	诱发地震滞后时间	Stagnant time of induced-earthquake	
GCIBBO	诱发地震类型	Type of induced earthquake	
DWCACC	震源深度	Depth of focus	
GCIBBK	水库地震与蓄水关系		
1	正相关	Positive relativity	
2	负相关	Negative relativity	
3	无关	Unrelated	

表 1（续）

代码	汉字名	英译名	说明
GCIBBM	水库诱发地震特点		
1	震源浅	Shallow earthquake focus	
2	震源体小	Small earthquake focus mass	
3	震中集中	Epicenter concentration	
GCIBBO	诱发地震类型		
1	茂木 1 型	Motegi 1 type	主震余震型
2	茂木 2 型	Motegi 2 type	前震余震型
3	茂木 3 型	Motegi 3 type	
GCIBC	区域地壳稳定性评价		
GCIBCA	区域地壳稳定性分级	Grade of stability of regional crust	
GCIBCB	新构造运动活跃程度	Mobile level of new tectogenesis	
GCIBCA	区域地壳稳定性分级		
1	稳定地区	Stable area	
2	基本稳定地区	Basically stable area	
3	不稳定地区	Unstable area	
4	极不稳定地区	Very unstable area	
5	相对稳定地块	Relative stable mass	安全岛
GCIBCB	新构造运动活跃程度		
1	新构造运动停顿地区	Stable area of new tectogenesis	
2	新构造运动一般地区	Ordinary area of new tectogenesis	
3	新构造运动活动地区	Active area of new tectogenesis	
4	新构造运动极活跃地区	Very active area of new tectogenesis	
GCIC	中国区域工程地质分区		
GCICA	工程地质分区等级	Divisional grade of engineering geology	
GCICB	区域工程地质图上岩层分级	Rock formation grade in engineering geology map	
GCICC	中国工程地质区的划分	Division of engineering geological region	
GCICA	工程地质分区等级		
1	地域	Region	一级区
2	地带	Zone	二级区
3	地区	Region	三级区
4	地段	Sector	四级区
GCICB	区域工程地质图上岩层分级		
GCICBA	基岩	Bedrock	
GCICBB	表层沉积	Surficial deposit	
GCICBC	地质建造	Geological formation	
GCICBD	地质成因杂岩	Complex of geologic origin	
GCICBE	岩石建筑种及亚种	Rock construction types and its mutation	
GCICBF	工程地质岩组	Engineering geology petrofabric	
GCJFLO	岩石类型	Rock type	
GCICC	中国工程地质区的划分		
100	新蒙大区	Xinjiang，Mongolia section	一级区
200	康臧青大区	Kang,Xizang,Qinghai section	一级区

表 1（续）

代码	汉字名	英译名	说明
300	内蒙吉黑大区	Neimeng,Jilin,Heilongjiang section	一级区
400	台湾大区	Taiwan section	一级区
500	华北大区	Northern china section	一级区
600	华南大区	Southern china section	一级区
GCJ	工程地质勘察		
GCJA	勘察项目种类	Type of investigation program	
GCJB	勘察设计依据	Design basis for investigation	
GCJC	勘察工作类型	Working type of investigation	
GCJD	勘察工作量	Working quantity of investigation	
GCJE	勘察工作定额	Working quota of investigation	
GCJF	勘察内容	Content of investigation	
GCJG	勘察资料与数据	Material and data of investigation	
GCJH	勘察工作成果	Result of investigation	
GCJI	工程建筑资料	Data of engineering construction	
GCJA	勘察项目种类		
10	城市工程地质勘察	Engineering geological exploration of city	
11	一般建筑物地基勘察	Foundation exploration of general construction	
12	高层建筑物地基勘察	Ground exploration of high construction	
13	振动基础厂房地基勘察	Exploration of factory foundation and vibrating ground	
14	水塔地基勘察	Exploration of water tower foundation	
15	烟囱地基勘察	Exploration of chimney foundation	
16	立交桥工程地质勘察	Engineering geological exploration of grade separation	
17	机场工程地质勘察	Engineering geological exploration of air field	
18	剧场工程地质勘察	Engineering geological exploration of theatre ground	
19	商场工程地质勘察	Engineering geological exploration of market field	
20	码头工程地质勘察	Engineering geological investigation of dock	
21	货场工程地质勘察	Engineering geological investigation of goods yard	
22	发射塔址勘察	Exploration of launch tower site	
30	道路与桥梁工程地质勘察	Engineering geological investigation of bridge and road	
31	线路勘察	Investigation of linear road	
32	桥址勘察	Investigation of bridge	
33	隧道勘察	Engineering geological investigation of tunnel	
34	站址勘察	Investigation of station-site	
40	地下建筑工程地质勘察	Engineering geological investigation of underground construction	
41	地下厂房勘察	Investigation of underground powerhouse	
42	地下铁道勘察	Investigation of subway	
43	地下仓库勘察	Investigation of underground storehouse	
44	地下车库勘察	Investigation of underground garage	
45	地下水库勘察	Investigation of underground reservior	
46	地下油库勘察	Investigation of underground oil store	
47	地下剧场勘察	Investigation of underground theatre	

表 1（续）

代　码	汉　字　名	英　译　名	说　明
48	地下商店勘察	Investigation of underground shop	
50	水利水电工程地质勘察	Engineering geological investigation of water conservancy and hydroelectric station	
51	水库工程地质勘察	Engineering geological investigation of reservoir	
52	坝址工程地质勘察	Engineering geological investigation of dam-site	
53	溢洪道工程地质勘察	Engineering geological investigation of spillway	
54	输水洞工程地质勘察	Engineering geological investigation of water-tunnel	
55	渠道工程地质勘察	Engineering geological investigation of canal	
56	电站厂房工程地质勘察	Engineering geological investigation of electricstation build	
57	扬水站址工程地质勘察	Engineering geological investigation of pumping station-site	
58	闸址工程地质勘察	Engineering geological investigation of sluice gatesite	
59	洪区工程地质勘察	Engineering geological investigation of irrigation region	
60	排洪区工程地质勘察	Engineering geological investigation of draining flooded fields	
70	港湾工程地质勘察	Engineering geological investigation of harbor	
71	海湾工程地质勘察	Engineering geological investigation of gulf	
72	船坞工程地质勘察	Engineering geological investigation of shipyard	
73	港外工程地质勘察	Engineering geological investigation of outer harbor	
80	天然建筑材料勘察	Engineering geological investigation of natural building materials	
81	核电站工程地质勘察	Engineering geological investigation of nuclear power station	
82	港区工程地质勘察	Engineering geological investigation of harbor area	
GCJB	勘察设计依据		
GCJBA	勘察阶段	Investigation	
GCJBB	勘察区研究的程度	Degree of investigation of the construction site	
GCJBC	建筑场地复杂程度	Complex degree of construction site	场地类型
GCJBD	建筑物等级	Building grade	
GCJBE	建筑物类型	Building type	
GCJBA	勘察阶段		
01	区域规划阶段	Regional planning stage	
02	城市总体规划阶段	Overall planning stage of city	
03	选择场址勘察阶段	Detailed planning stage	详细规划阶段
04	初勘阶段	First prospecting stage	
05	详勘阶段	Detailed prospecting stage	
11	草测阶段	Preliminary survey stage	
12	初测阶段	Primary survey stage	
13	定测阶段	Definitive survey stage	
14	施工阶段	Construction stage	
21	规划选点阶段	Stage of planning and selecting-site	

表 1（续）

代码	汉字名	英译名	说明
22	可行性研究阶段	Feasibility study stage	
23	初步设计阶段	Primary design stage	
24	初设一期	First stage of primary design	
25	初设二期	Second stage of primary design	
26	施工图设计阶段	Design stage of constructive map	
27	施工图阶段	Stage of constructive map	
GCJBB	勘察区研究的程度		
1	较低的	Lower	
2	中等的	Middle	
3	较高的	Higher	
GCJBC	建筑场地复杂程度		
1	简单场地	Simple site	
2	中等复杂场地	Medium complexity site	
3	复杂场地	Complex site	
GCJBD	建筑物等级		
GCJBDA	水力水电工程规模	Engineering scale of water conservancy and hydropower	水利水电工程等级
GCJBDB	水工建筑物级别	Grades of water conservancy engineering	
GCJBDC	房屋建筑等级	Grades of house construction	
GCJBDD	铁路等级	Grade of railway	
GCJBDE	城镇等级	Grade of city and town	
GCJBDA	水力水电工程规模		
1	大(1)型	Very large size	一
2	大(2)型	Large size	二
3	中型	Medium size	三
4	小(1)型	Small size	四
5	小(2)型	Very small size	五
GCJBDB	水工建筑物级别		
1	1级	1st grade	
2	2级	2nd grade	
3	3级	3rd grade	
4	4级	4th grade	
5	5级	5th grade	
GCJBDC	房屋建筑等级		
1	Ⅰ类建筑物	1 Important construction	重要建筑物
2	Ⅱ类建筑物	2 General construction	一般建筑物
3	高层建筑	High building	
4	多层建筑	Multistage building	
5	低层建筑	Lower building	
GCJBDD	铁路等级		
1	Ⅰ级铁路	1 grade railway	
2	Ⅱ级铁路	2 grade railway	

表 1（续）

代　码	汉　字　名	英　译　名	说　明
3	Ⅲ级铁路	3 grade railway	
GCJBDE	城镇等级		
1	特大城市	Very large city	
2	大城市	Large city	
3	中等城市	Middle city	
4	小城市	Small city	
5	城镇	Town	
6	村庄	Village	
7	县城	County town	
8	集镇	Market town	
GCJC	勘察工作类型		
GCJCA	工程地质测绘	Engineering geological mapping	
GCJCB	工程地质钻探	Engineering geological drilling	
GCJCC	工程地质物探	Engineering geological geophysical exploration	
GCJCD	工程地质坑探	Engineering geological exploring mining	
GCJCE	工程地质试验	Engineering geological test	见岩土体试验研究
GCJCF	工程地质长期观测	Long-term observation of engineering geology	
GCJCA	工程地质测绘		
GCJCAA	测绘种类	Mapping types	
GCJCAB	测绘区范围	Range of survey area	
GCJCAC	测绘比例尺	Mapping scale	
GCJCAD	地质测绘方法	Geological mapping method	
GCJCAE	定点方法	Selecting point method	
SWBEAB	观测点密度	Density of observation point	
GCJCAG	地质剖面线长度	Length of geological section line	
GCJCAA	测绘种类		
01	水库区地质测绘	Geology mapping of reservoir area	
02	坝址区地质测绘	Geology mapping of dam site	
03	溢洪道地质测绘	Geology mapping of spillway	
04	隧洞地质测绘	Geology mapping of tunnel	
05	渠道地质测绘	Geology mapping of canal	
06	灌区工程地质测绘	Engineering geology mapping of irrigation area	
07	线路工程地质测绘	Engineering geology mapping of road	
08	海港工程地质测绘	Engineering geology mapping of harbor	
09	城市工程地质测绘	Engineering geology mapping of urban	
10	综合性工程地质测绘	Comprehensive engineering geological mapping	
11	专门性工程地质测绘	Special engineering geological mapping	
GCJCAD	地质测绘方法		
1	横穿越法	Passing through method	路线法穿越法
2	界限追索法	Tracing boundary method	
3	全面勘察法	Overall investigation method	

表 1（续）

代码	汉字名	英译名	说明
4	陆地摄影法	Land photography method	
5	卫片解译法	Analysis method of satellite picture	
6	布点法	Method of distributing points	
7	摄影地质法	Photogeology method	
GCJCAE	定点法		
1	目测法	Eye-survey method	
2	罗盘交汇法	Two compass acrossing method	半仪器法
3	仪器测量法	Instrument-survey method	
GCJCB	工程地质钻探		
TKAA	钻探方法	Drilling method	
GCJCBB	钻机类型	Type of drilling machine	见勘探工程
TKBCAZ	开孔直径	Diameter of borehole mouth	
TKACB	终孔直径	Final Diameter of hole	
TKACI	钻孔角度	Angle of hole	钻孔倾斜角
TKACC	钻孔深度	Depth of hole	
GCJCBG	钻孔间距	Borehole spacing	
TKAB	钻孔类型	Hole type	
GCJCBI	钻杆直径	Diameter of drill pipe	
GCJCBJ	地面高程	Altitude of ground surface	
WTHI	钻孔位置	Borehole location	
GCJCBL	孔口高程	Altitude of borehole mouth	孔口标高
GCJCBM	钻孔坐标	Borehole coordinate	
GCJCBN	钻孔编号	Borehole number	
TKAJAA	岩心采取率	Percentage recovery of core	
GCJCBP	岩石可钻性等级	Drilling grade of rock	
GCJCBQ	取土器种类	Type of soil sampler	
GCJCBR	钻机转速	Rotational speed of drilling machine	
GCJCBS	钻头压力	Bit Pressure	
GCJCBT	钻程长度	Drilling length	
SWCJAM	冲洗液消耗量	Consumption of rinsing liquid	
TKAA	钻探方法		
01	冲击钻进	Percussive drilling	
02	回转钻进	Rotary drilling	
03	冲击一回转钻进	Pounding-rotating drilling	
04	振动钻进	Vibration drilling	
05	无冲洗液钻进	Dry drilling	干钻
06	有冲洗液钻进	Watering drilling	
07	硬质合金钻进	Tungsten-coring drilling	
08	钢砂钻进	Steel sand drilling	
09	金刚石钻进	Diamond drilling	
10	大孔径钻进	Big diameter drilling	
11	小孔径钻进	Small diameter drilling	

表 1（续）

代码	汉字名	英译名	说明
12	反循环钻进	Reverse circulating drilling	
13	清水钻进	Clear water drilling	
14	泥浆钻进	Slurry drilling	
15	压缩空气钻进	Pressure air drilling	
16	岩芯钻进	Core drilling	
17	螺旋钻进	Auger boring	
TKAB	钻孔类型		
01	观察孔	Borehole of observation	
02	控制孔	Controlling borehole	
03	取样孔	Sampling borehole	
04	试验孔	Test borehole	
05	长期观察孔	Borehole of long-term observation	
06	测井孔	Survey borehole	
07	灌浆孔	Grouting borehole	
08	垂直孔	Vertical borehole	
09	水平孔	Horizontal borehole	
10	斜孔	Inclination borehole	
11	大口径钻孔	Big diameter borehole	
12	小口径钻孔	Small diameter borehole	
13	机钻孔	Machine drilling	
14	土钻孔	Hand drilling	
GCJCBP	岩石可钻性等级		
01	Ⅰ级	1 grade	
02	Ⅱ级	2 grade	
03	Ⅲ级	3 grade	
04	Ⅳ级	4 grade	
05	Ⅴ级	5 grade	
06	Ⅵ级	6 grade	
07	Ⅶ级	7 grade	
08	Ⅷ级	8 grade	
09	Ⅸ级	9 grade	
10	Ⅹ级	10 grade	
11	Ⅺ级	11 grade	
12	Ⅻ级	12 grade	
GCJCBQ	取土器种类		
01	球阀式取土器	Soil sampler of spherical valve	
02	活阀式取土器	Soil sampler of active valve	
03	回转压入式取土器	Soil sampler of rotary drilling	
04	气压式取土器	Soil sampler of air pressure	
05	活塞式取土器	Soil sampler of piston	
06	单壁取土器	Soil sampler of single wall	
07	双壁取土器	Soil sampler of double wall	

表 1（续）

代码	汉字名	英译名	说明
08	薄壁取土器	Soil sampler of thin wall	
GCJCC	工程地质物探		
GCJCCA	物探方法类型	Type of geophysical prospecting method	
GCJCCB	视电阻率(ρ_k)	Quasi-resistivity	
GCJCCC	极距 AB	Electrodes space	
GCJCCD	电测曲线类型	Types of electrical prospecting curves	
GCJCCA	物探方法类型		
01	电测深法	Logging method of electrical prospecting	
02	电测剖面法	Method of electrical prospecting section	
03	充电法	Excitation-at-the-mass method	
04	自然电场法	Method of natural electric field	
05	声波法	Sound wave method	
06	地震法	Seismic method	
07	电测井法	Electrical Logging method	
08	井下电视法	TV. method under well	
09	电磁法	Electromagnetic method	
10	无线电波透视法	Radiowave penetration method	
11	地质雷达法	Geological radar method	
12	核物探法	Nuclear geophysical prospection method	
GCJCD	工程地质坑探		
GCJCDA	坑探工程种类	Types of pit engineering	
GCJCDB	坑探工程编号	Pit engineering number	
GCJCDC	坑口高程	Altitude of pit mouth	
GCJCDA	坑探工程种类		
1	剥土	Stripping soil	
2	探槽	Exploratory trench	
3	试坑	Test pit	
4	竖井	Shaft cave	
5	平峒	Horizontal adit	
GCJCF	工程地质长期观测		
GCJCFA	观测项目	Contents of observation	
GCJCFB	观测日期	Data of observation	
GCJCFC	观测记录	Record of observation	
GCJCFD	观测点距离	Space of observation points	
GCJCFE	观测线间距	Space of observation line	
GCJCFF	观测线方向	Direction of observation line	
GCJCFG	相对位移量	Relative position movement	
GCJCFH	相对下沉量	Relative subsidence	
GCJCFI	观测时间间隔	Interval of observation time	
GCJCFA	观测项目		
01	水库诱发地震监测	Monitoring of induced earthquake of reservoir	
02	活动断层监测	Monitoring of mobile fault	

表 1（续）

代码	汉字名	英译名	说明
03	斜坡岩体变形观测	Monitoring of deformation of rock mass of slope	
04	孔隙水压力观测	Observation of pore water pressure	
05	滑坡动态观测	Monitoring of landslide moving	
06	泥石流动态观测	Observation of movement of debris flow	
07	洞室围岩变形观测	Monitoring of deformation of surrounding rock of tunnel	
08	洞室围岩压力观测	Monitoring of surrounding rock pressure	
09	建筑物沉降观测	Monitoring building settlement	
10	地面下沉观测	Monitoring of land subsidence	
11	坝基扬压力观测	Monitoring of uplift pressure on the dam	
12	坝体位移观测	Monitoring of displacement of dam	
13	地基应力观测	Observation of foundation stress	
14	土坝浸润线观测	Observation of saturation line in soil dam	
15	风砂流动观测	Observation of movement of wind-drift sand	
16	库岸再造观测	Observation of bank ruin of reservoir	
17	地应力观测	Natural stress observation	
18	地裂缝观测	Geosuture observation	
19	地倾斜观测	Earth crust dip monitor	
GCJD	勘察工作量		
GCJDAA	地质测绘面积	Geological mapping area	
GCJDAB	水库区测绘面积	Geological mapping area of reservoir region	
GCJDAC	坝址区测绘面积	Geological mapping area of dam site	
GCJDAD	灌区测绘面积	Geological mapping area of irrigation region	
GCJDAE	线路测绘面积	Geological mapping area of road	
GCJDAF	观测线长度	Length of observing line	
GCJDAG	地质点数	Number of geological points	
GCJDAH	地貌点数	Number of geomorphy points	
GCJDAI	水文地质点数	Number of hydrogeological points	
GCJDAJ	节理统计点数	Number of statistical joint	
GCJDAK	航测面积	Area of air survey	
GCJDBA	机钻孔数	Number of machine drilling	
GCJDBB	土钻孔数	Number of land drilling	
GCJDBC	大孔径钻孔数	Number of big diameter borehole	
GCJDBD	机钻总进尺	Total drilling footage of machine drilling	
GCJDBE	土钻总进尺	Total drilling footage of land drilling	
GCJDBF	大孔径钻总进尺	Total drilling footage of big diameter borehole	
GCJDBG	钻探总进尺	Total drilling footage of drilling	
GCJDBH	平峒数	Number of adit	
GCJDBI	平峒总长度	Total length of adit	
GCJDBJ	竖井数	Number of vertical shaft	
GCJDBK	竖井总深度	Total depth of vertical shaft	
SWBDBC	试坑数	Number of trial pits	
GCJDBM	探槽数	Number of exploratory trench	

表 1（续）

代　码	汉　字　名	英　译　名	说　明
GCJDBN	坑槽探方量	Total volume of exploring mining and exploratory trench	
GCJDBO	槽探总长度	Total length of exploratory trench	
GCJDCA	电测深点数	Logging number of electrical prospecting	
GCJDCB	电测剖面长度	Length of electrical prospecting section	
GCJDCC	电测剖面条数	Number of electrical prospecting section	
GCJDCD	地震剖面长度	Length of seismic prospecting section	
GCJDCE	声波测井长度	Total length of sound wave logging well	
GCJDCF	综合测井长度	Total length of synthetical logging well	
GCJDCG	井下电视段长度	Length of TV under well	
GCJDCH	地震测点数	Number of seismic survey points	
GCJDDA	抽水试验孔数	Number of water pumping test hole	
GCJDDB	压水试验孔数	Number of water-pressure test hole	
GCJDDC	压水试验总长度	Total length of water pressure test segment	
GCJDDD	渗水点数	Number of filter test	
GCJDDE	土样数	Number of soil sample	
GCJDDF	岩样数	Number of rock sample	
GCJDDG	水样数	Number of water sample	
GCJDDH	载荷试验数	Number of loading test	
GCJDDI	旁压试验数	Number of lateral pressure test	
GCJDDJ	标贯数	Number of standard penetration test	
GCJDDK	静触探点数	Number of static cone penetration test	
GCJDDL	静触探总进尺	Total length of static cone penetration test	
GCJDDM	动触探点数	Number of dynamic penetration test	
GCJDDN	十字板剪力试验点数	Number of vane shear test	
GCJDDO	野外大剪试验点数	Number of field shear test	
GCJDDP	弹模试验数	Number of elastic modulus test	
GCJDDQ	声波测点数	Number of sonic logging test	
GCJDDR	点荷载试验数	Number of dot loading test	
GCJDDS	地应力测点数	Number of ground-stress determination	
GCJDDT	岩体变形试验点数	Number of deformation parameters test of rock mas	
GCJH	勘察工作成果		
GCJHA	工程地质勘察报告	Engineering geological investigation report	
GCJHB	工程地质图	Engineering geological map	
GCJHC	工程地质论证	Engineering geological demonstration	
GCJHB	工程地质图		
01	综合工程地质图	General engineering geological map	
02	工程地质详图	Engineering geological detail map	
03	工程地质略图	Engineering geological scheme map	
04	工程地质分析图	Engineering geological analysis map	
05	工程地质条件图	Engineering geological condition map	
06	工程地质柱状图	Engineering geological columnar section	
07	工程地质剖面图	Engineering geological section	

表 1（续）

代　码	汉　字　名	英　译　名	说　明
08	工程地质预测图	Engineering geological predicting map	
09	工程地质分区图	Engineering geological divisional map	
10	区域工程地质图	Regional engineering geological map	
11	环境工程地质图	Environmental engineering geological map	
12	立体投影图	Orthographic project map	
13	等值线图	Contour line map	
14	工程地质纵断面图	Vertical section of engineering geology	
15	工程地质横断面图	Cross section of engineering geology	
16	实际材料图	Actual material map	
GCJHC	工程地质论证		
1	工程地质特征	Engineering geological characteristics	
2	工程地质分析	Engineering geological analysis	
3	工程地质评价	Engineering geological evaluation	
4	工程地质预测	Engineering geological predicting	
5	工程地质改造	Engineering geological improvement	
6	工程地质结论	Engineering geological conclusion	
7	工程地质建议	Engineering geological recommendation	
GCJI	工程建筑资料		
GCJIA	工程编号	Engineering number	
GCJIB	工程位置	Engineering position	
GCJIC	工程指标	Engineering index	
GCJID	工程类型	Type of engineering	
GCJIE	工程总投资	Total cost of engineering	
GCJIF	工程造价	Investment of engineering	
GCJIG	兴建日期	Construction date	
GCJIH	工作年限	The number of years for work	
GCJIC	工程指标		
SWACAC	流域面积	Drainage area	
GCJICB	集水面积	Drainage basin area	
GCJICC	水库面积	Water reservoir area	
GCJICD	总库容	Reservoir capacity	
GCJICE	有效库容	Effective storage capacity	
GCJICF	防洪库容	Protective storage capacity	
GCJICG	装机容量	Installed capacity	
GCJICH	年发电量	Capacity of electric production	
GCJICI	正常高水位	Normal water-level	
GCJICJ	校核洪水位	Checked flood-water-level	
WDACCA	最大流量	Maximum discharge	
WDACCC	平均流量	Average discharge	
GCK	工程地质及灾害地质调查		
001	特大型地质灾害	Outsized geologic hazard	
002	大型地质灾害	Large geologic hazard	

表 1（续）

代码	汉字名	英译名	说明
003	中型地质灾害	Moderate geologic hazard	
004	小型地质灾害	Small geologic hazard	
GCKA	滑坡调查	Landslide investigation	
GCKB	地震调查	Earthquake investigation	
GCKC	泥石流调查	Debris flow investigation	
GCKD	冻土调查	Frozen soil investigation	
GCKE	岩溶调查	Karst investigation	
GCKF	风沙调查	Wind-sand investigation	
GCKG	渗漏调查	Seepage investigation	
GCKH	塌岸调查	Bank collapse investigation	
GCKI	淤积调查	Deposit investigation	
GCKJ	浸没调查	Submergency investigation	
GCKK	地形地貌调查	Topography and geomorphy investigation	
GCKL	地层岩性调查	Strata and rock type investigation	
GCKM	地质构造调查	Investigation of geological structural investigation	
SWB	水文地质调查	Hydrogeological investigation	
GCKO	物理地质现象调查	Investigation of physical geological phenomenon	
GCKP	新构造运动调查	Investigation of geotectonic movement	
GCKQ	地基调查	Foundation investigation	
GCKR	围岩调查	Surroundings investigation	
GCKS	海岸调查	Shore investigation	
GCKT	边坡变形调查	Investigation of slop deformation	
GCKU	塌陷调查	Collapse investigation	
GCKV	崩塌调查	Avalanche investigation	
GCKW	危岩体调查	Perilous lock investigation	
GCKX	碎屑流调查	Fragmentary flow investigation	
GCKA	滑坡调查		
GCKAA	滑坡名称及编号	Number and name of landslide	
GCKAB	滑坡位置	Landslide location	
GCKAC	滑坡类型	Landslide type	
GCKAD	滑坡规模	Dimension of landslide	
GCKAE	滑坡体形态特征	Feature of landslide mass shape	
GCKAF	滑动带	Sliding zone	
GCKAG	滑坡裂隙	Landslide crack	
GCKAH	滑坡泉	Landslide spring	
GCKAI	坡体变形阶段	Stage of slope deformation	
GCKAJ	滑坡平面形态	Plane shape of landslide	
GCKAK	滑面特征	Feature of sliding plane	
GCKAL	滑动原因	Slide cause	
GCKAM	滑坡稳定程度	Stability degree of landslide	
GCKAN	滑坡要素	Landslide factors	
GCKAO	滑坡区地质环境	Feature of geological environment of landslide area	

表 1（续）

代码	汉字名	英译名	说明
GCKAP	滑坡区地质调查	Geological investigation of landslide area	
GCKAQ	滑动历史	Sliding history	
GCKAR	滑动时间	Sliding time	
GCKAS	滑坡防治措施	Preventional measures of landslide	
GCKAT	滑动速度	Slide velocity	
GCKAC	滑坡类型		
01	牵引式滑坡	Drawing landslide	
02	推动式滑坡	Pushing landslide	
03	混合式滑坡	Compound landslide	
11	无层滑坡	Homogeneous landslide	
12	顺层滑坡	Bedding plane landslide	
13	切层滑坡	Insequent landslide	
21	转动式滑坡	Rotational landslide	
22	平移式滑坡	Translational landslide	
31	粘性土滑坡	Cohesive soil landslide	
32	黄土滑坡	Loess landslide	
33	杂填土滑坡	Miscellaneous fill landslide	
34	堆积土滑坡	Drift soil landslide	
35	破碎岩石滑坡	Broken rock landslide	
36	软硬互层岩组滑坡	Landslide of rock group of hardsoft interbedded	
37	软弱岩岩组滑坡	Landslide of soft rock group	
38	坚硬-半坚硬岩组滑坡	Landslide of hard-hemihard rock group	
39	岩石滑坡	Rock landslide	
41	浅层滑坡	Shallow landslide	
42	中层滑坡	Moderate landslide	
43	深层滑坡	Deep landslide	
51	堆积面滑坡	Drift surface landslide	
52	构造面滑坡	Structure plane landslide	
53	原生面滑坡	Original plane landslide	
54	风化面滑坡	Weathering plane landslide	
55	卸荷构造面滑坡	Landslide of unload structural plane	
56	复合构造面滑坡	Landslide of compound structural plane	
61	工程滑坡	Engineering landslide	
62	自然滑坡	Natural landslide	
63	复合自然滑坡	Compound natural landslide	
71	死滑坡	Dead landslide	
72	活滑坡	Active landslide	
GCKAD	滑坡规模		
GCKADA	滑坡体	Landslide mass	
GCKADB	滑坡体主轴长度	Main axle length of sliding mass	
GCKADC	滑坡体平均宽度	Average width of sliding mass	
GCKADD	滑坡宽度	Landslide width	

表 1（续）

代码	汉字名	英译名	说明
GCKADE	滑坡体面积	Area of landslide mass	
GCKADF	滑坡体平均厚度	Average thickness of sliding mass	
GCKADG	滑坡体体积	Volume of landslide mass	
GCKADH	滑坡体规模	Dimension of sliding mass	
GCKADI	滑坡轴方位	Direction of landslide axle	
GCKADJ	变形坡体	Deformation slope	
GCKADK	变形坡体主轴长度	Principal axial length of deformation slope	
GCKADL	变形坡体平均宽度	Average width of deformation slope	
GCKADM	变形坡体面积	Area of deformation slope	
GCKADN	变形坡体平均厚度	Average thickness of deformation slope	
GCKADO	变形坡体面积	Area of deformation slope	
GCKADP	滑坡面积	Area of landslide	
GCKADQ	已滑方量	Slide volume	
GCKADR	待滑方量	Volume of potential slide	
GCKADH	滑坡体规模		
1	小型滑坡体	Small landslide	
2	中型滑坡体	Medium landslide	
3	大型滑坡体	Large landslide	
4	特大型滑坡体	Very large landslide	
GCKAE	滑坡体形态特征		
GCKAEA	滑面形态	Shape of sliding plane	
GCKAEB	主滑面类型	Type of main sliding plane	
GCKAEB	主滑面类型		
1	堆积面	Accumulation surface	
2	构造面	Structural plane	
3	原生面	Original plane	
4	风化面	Weathering plane	
5	卸荷结构面	Unload structural plane	
6	复合结构面	Compound structural plane	
GCKAF	滑动带		
GCKAFA	滑动带条数	Number of sliding zone	
GCKAFB	主滑带深度	Depth of main sliding zone	
GCKAFC	主滑带厚度	Thickness of main sliding zone	
GCKAFD	主滑带结构	Texture of main sliding zone	
GCKAG	滑坡裂隙		
GCKAGA	滑坡裂隙组数	Number of landslide crack group	
GCKAGB	滑坡裂隙数	Number of landslide cracks	
GCKAGC	滑坡裂隙产状	Attitude of landslide crack	
GCKAGD	滑坡裂隙种类	Type of landslide cracks	
GCKAGE	滑坡裂隙长度	Length of landslide crack	
GCKAGF	滑坡裂隙宽度	Width of landslide cracks	
GCKAGG	滑坡裂隙间距	Interval of landslide crack	

表 1（续）

代　码	汉　字　名	英　译　名	说　明
GCKAGH	裂隙出现部位	Occurring position of crack	
GCKAGD	滑坡裂隙种类		
1	拉长裂隙	Tensile crack	
2	鼓张裂隙	Bloating-tensile crack	
3	扇形裂隙	Fan shape crack	
4	剪切裂隙	Shearing crack	
GCKAH	滑坡泉		
GCKAHA	泉出露最高标高	The highest altitude of spring outcrop	
GCKAHB	滑坡泉流量	Spring discharge of landslide	
GCKAI	坡体变形阶段		
GCKAIA	蠕变变形阶段	Stage of creep deformation	
GCKAIB	缓慢蠕变阶段	Stage of slow creep deformation	
GCKAIC	加速蠕变阶段	Stage of accelerate creep	
GCKAID	滑面贯通阶段	Through stage of sliding plane	
GCKAJ	滑坡平面形态		
GCKAJA	斜坡体类型	Slope type	
GCKAJB	斜坡体平均产状	Average attitude of slope mass	
GCKAJC	滑坡后缘顶点高程	Top altitude of landslide back-edge	
GCKAJD	滑坡前缘舌底高程	Altitude of tongue bottom of landslide front-edge	
GCKAJE	滑坡后壁	Landslide cliff	
GCKAJF	滑坡台坎	landslide terrace	
GCKAJG	滑坡组合	Landslide combination	
GCKAJA	斜坡体类型		
1	直线坡型	Straight slope	
2	凸型坡	Convex slope	
3	凹型坡	Concave slope	
GCKAJG	滑坡组合		
1	单一滑坡	Single sliding mass	
2	复合滑坡	Compound sliding mass	
3	新老组合滑坡	Sliding mass of new-old composition	
GCKAK	滑面特征		
GCKAKA	滑面物质	Substance of sliding surface	
GCKAKB	滑面形状	Shape of sliding surface	
GCKAKC	滑面平均产状		
GCKAKD	滑面所在地层岩性	Strata and rock type that sliding surface	
GCKAKE	滑动擦痕	Slide mark	
GCKAKF	滑面粘土矿物类型	Clay mineral kind of sliding surface	
GCKAKB	滑面形状		
1	圆弧型	Circle arc	
2	折线型	Broken line	
3	直线型	Straight line	
GCKAL	滑动原因		

表 1（续）

代码	汉字名	英译名	说明
01	地震	Earthquake	
02	爆破	Explosion(Blast)	
03	机械振动	Mechanical vibration	
04	不合理削坡	Unreasonable cutting slope	
05	坡面被破坏	Destroyed slope surface	
06	地下水位抬高	Ground water surface lift	
07	地表水渗入	Surface water infiltration	
08	风化	Weathering	
09	大气降雨	Precipitated water	
10	地下水位降低	Decline of underground water level	
11	坡面不合理加载	Unreasonable loading on water face	
GCKAM	滑坡稳定程度		
1	已稳定滑坡	Stabilized landslide	
2	基本稳定滑坡	Basic-stable landslide	
3	将要滑动滑坡	Potential landslide	
4	正在滑动滑坡	Sliding landslide	
GCKAN	滑坡要素		
01	滑坡体	Landslide mass	
02	滑坡周界	Landslide perimeter	
03	滑坡壁	Landslide cliff	
04	滑坡台阶	Landslide terrace	
05	滑坡圈	Landslide sphere	
06	滑动面	Slide surface	
07	滑坡床	Landslide bed	
08	滑动带	Slide zone	
09	滑坡舌	Landslide tongue	
10	滑坡鼓丘	Landslide mound	
11	滑坡轴	Landslide axle	
12	破裂缘	Fracture edge	
13	封闭洼地	Close depression	
14	滑坡裂缝	Landslide crack	
15	滑坡平台	Landslide platform	
16	滑坡湖	Landslide lake	
GCKAO	滑坡区地质环境	Feature of geological environment landslide area	
GCKAOA	滑坡区基岩岩性	Lithological character of bed-rock of landslide area	
GCKAOB	滑坡覆盖层岩性	Lithological character of landslide overburden	
GCKAOC	滑坡区地质构造	Geological structure of landslide area	
GCKAOD	滑坡区地面坡度	Gradient of earth surface of landslide area	
GCKAOE	滑坡水文地质特征	Hydrogeological feature of landslide area	
GCKAOF	滑坡区气象条件	Meteorological condition of landslide area	
GCKAOG	滑坡区人类活动状况	Mankind activity state of landslide area	
GCKAOH	人类活动类型	Mankind activity type	

表 1（续）

代　码	汉　字　名	英　译　名	说　明
GCKAOI	滑坡区植被发育状况	Condition vegetation growth of landslide area	
GCKAOJ	滑坡区地形地貌	Topography and geomorphy of landslide area	
GCKAOH	人类活动类型		
1	农灌	Agriculture irrigation	
2	削坡	Cutting slope	
3	开挖	Excavating	
GCKAOI	滑坡区植被发育状况		
1	茂盛	Luxuriant	
2	一般	General	
3	稀疏	Sparse	
4	无植被	Non-vegetation	
GCKAP	滑坡区地质调查		
GCKAPA	滑动方向	Sliding direction	
GCKAPB	滑动速度	Sliding velocity	
GCKAPC	水平滑距	Horizontal sliding distance	
GCKAPD	垂直滑距	Vertical sliding distance	
GCKAPE	滑坡总长	Total length of landslide	
GCKAPF	滑体滑动结构	Texture of slide of landslide mass	
GCKAPG	整体式滑动	Mass sliding	
GCKAPH	解体式滑动	Disjoining sliding	
GCKAPI	滑塌式滑动	Avalanche-sliding	
GCKAPJ	碎屑流式滑动	Debris-flowing sliding	
GCKAPK	气垫效应	Air-cushioned effect	
GCKAPL	滑距	Sliding distance	
GCKAPM	全程滑动时间	Total sliding time	
GCKAPN	滑动特征	Sliding feature	
GCKAPO	坡顶汇水面积	Catchment area of slope top	
GCKAPP	滑动前兆异常	Anomaly of sliding precursor	
GCKAPN	滑动特征		
01	缓动低速	Low velocity of slow movement	
02	常动高速	High velocity of normal movement	
03	剧动高速	High velocity of sudden movement	
11	剧发崩滑	Sudden avalanche sliding	
12	缓发流滑	Slow flow fliding	
13	单级冲程	Single stroke	
21	多级冲程	Many grade stroke	
22	俯冲	Under thrust	
23	俯仰冲	Under-up thrust	
GCKAPP	滑动前兆异常		
01	动物异常	Animal anomaly	
02	前缘泉水冒出	Pour out of front-edge spring	
03	前缘湿地出现	Happened wetland of front-edge	

表 1（续）

代 码	汉 字 名	英 译 名	说 明
04	前缘泉水混浊	Muddy of front-edge spring	
05	地声	Earth noise	
06	滑体上泉(井)水突然干涸	Abrupt dry of spring(well) water in sliding mass	
07	滑体上泉(井)水位突升	Abrupt rising of spring(well) water in sliding mass	
08	滑体上泉(井)水位突降	Abrupt decent of spring(well) water in sliding mass	
09	地下水颜色突变	Abrupt change of groundwater color	
10	地下水质突变	Abrupt change of groundwater quality	
11	局部崩塌	Local avalanche	
12	局部陷落	Local collapse	
13	局部隆起	Local upheaval	
14	树木歪斜	Tree slant	
15	生态突变	Abrupt ecological change	
16	斜坡裂缝加速开裂	Accelerate cracking of slope crack	
17	建筑物裂缝速度剧增	Sudden increase of building cracking velocity	
GCKAT	滑动速度		
1	非常快	Extremely quick	
2	很快	Very quick	
3	快	Quick	
4	中等	Medium	
5	慢	Slow	
6	很慢	Very slow	
7	非常慢	Extremely slow	
GCKB	地震调查		
GCKBA	地震效应	Seismic effect	
GCKBB	场地条件	Site condition	
GCKBC	砂土地震液化	Seismic liquefaction of sand	
DZA	地震分类	Classification of earthquake	
GCKBA	地震效应		
GCKBAA	地面破坏效应	Failure effect of ground surface	
GCKBAB	地基失稳	Foundation failure	
GCKBAC	斜坡破坏效应	Failure effect of slope	
GCKBAD	震动破坏效应	Failure effect of earthquake	
GCKBAE	次生灾害	Secondary disaster	
GCKBAF	裂缝长度	Length of fissure	
GCKBAG	裂缝宽度	Width of fissure	
GCKBAH	裂缝深度	Depth of fissure	
GCKBAI	裂缝延展方向	Extending direction of fissure	
GCKBAA	地面破坏效应		
1	地裂缝	Geosuture	
2	地面隆起	Land uplift	
3	地表塌陷	Earth surface collapse	
4	海啸	Tsunami	

表 1（续）

代　码	汉　字　名	英　译　名	说　明
GCKBAB	地基失稳		
1	地基强烈沉降	Strong settlement of foundation	
2	不均匀沉降	Differential settlement	
3	地基水平滑移	Horizontal slide of foundation	
4	沙基液化	Liquefaction of sand foundation	
GCKBAC	斜坡破坏效应		
1	地震诱发滑坡	Earthquake-induced landslide	
2	地震诱发崩塌	Earthquake-induced collapse	
3	地震诱发泥石流	Earthquake-induced debris flow	
GCKBAD	震动破坏效应		
1	建筑物开裂	Buildings cracking	
2	建筑物倾斜	Building inclination	
3	建筑物倒塌	Building collapse	
GCKBAE	次生灾害		
1	火灾	Fire	
2	危险物爆炸	Explosion dangerous material	
3	灾后瘟疫	Pestilence of post-disaster	
4	毒气扩散	Diffusion of poison gas	
5	水灾	Flooding	
6	人员伤亡	Number of the dead and the wounded	
GCKBB	场地条件		
GCKBBA	地形地貌	Topography and geomorphy	
GCKBBB	地质构造	Geological structure	
GCKBBC	地基岩土性质	Properties of soil and rock	
PKFAH	水文地质条件	Hydrogeologic condition	
GCKBC	砂土地震液化	Earthquake-induced liquefaction of sand	
GCKBCA	砂土地震液化机制	Earthquake-induced liquefaction mechanism of sand	
GCKBCB	液化形成条件	Form condition of liquefaction	
GCKBCC	砂土粒度和级配	Granulity and grain-size distribution of sand	
GCKBCD	砂土相对密度	Relative density of sand	
GCKBCE	饱水砂土埋藏条件	Buried condition of saturated sand	
GCKBCF	饱水砂层成因和年代	Genetic cause and time of saturated sand	
GCKBCG	地震强度和持续时间	Intensity and duration time of earthquake	
GCKBCH	地表实测最大加速度	The maximum surface observed acceleration	
GCKBCI	土单元体最大剪应力	The maximum shear stress of unit soil	
GCKBCJ	液化判别指标	Discriminant index of liquefaction	
GCKBCK	液化初界限指标	Initial limitation index of liquefaction	
GCKBCL	液化最大震中距	The maximum epicentral distance of liquefaction	
GCKBCM	液化最低地震烈度	The lowest seismic intensity of liquefaction	
GCKBCN	最大液化深度	The maximum liquefaction depth	
GCKBCO	最大地下水位深度	The maximum depth of groundwater	
GCKBCP	平均粒径(D_{50})	Average grain diameter	

表 1（续）

代　码	汉　字　名	英　译　名	说　明
GCKBCQ	不均匀系数(C_u)	Unhomogeneous coefficient	
SYEFAB	相对密度(D_r)	Relative density	
GCKBCS	塑性指数(I_P)	Plasticity index	
GCKBCT	液化指数(I_{le})	Liquefaction index	
GCKBCU	临界标准贯入击数(N_{cr})	Critical standard penetration number	
GCKBCV	临界剪切波速(V_s)	Critical shear wave velocity	
GCKBCW	地基液化等级	Liquefaction grade of foundation	
GCKBCA	砂土地震液化机制		
1	渗流液化	Vadose liquefaction	
2	剪切液化	Shear liquefaction	
GCKBCW	地基液化等级		
1	轻微	Slight	
2	中等	Moderate	
3	严重	Serious	
GCKC	泥石流调查	Debris flow investigation	
GCKCD	泥石流历时	Lasting period of debris flow	
GCKCG	泥石流种类	Type of debris flow	
GCKCH	泥石流规模	Dimensions of debris flow	
GCKCI	泥石流特性	Properties of debris flow	
GCKCJ	泥石流流动特征	Flowing feature of debris flow	
GCKCK	泥石流流体特征	Feature of debris flow body	
GCKCL	岩土、水补给	Recharge of rock and soil, water	
GCKCM	泥石流区地形地貌	Topography and geomorphy of debris flow area	
GCKCN	泥石流形成区	Formed area of debris flow	
GCKCO	泥石流流通区	Circulated area of debris flow	
GCKCP	泥石流堆积区	Accumulated area of debris flow	
GCKCQ	泥石流区地层岩性	Strata and rock type of debris flow area	
GCKCR	泥石流区地质构造	Geological structure of debris flow area	
GCKCS	泥石流区气象水文特征	Meteorological-hydrogeological feature of debris area	
GCKCT	物质储备	Substance storage	
GCKCU	趋势预测	Tendency prediction	
GCKCV	泥石流监测状况	Monitoring state of debris flow	
GCKCW	泥石流历史	History of debris flow	
GCKCX	泥石流阵流观测	Observation of debris flow shower	
GCKCY	泥石流防治措施	Preventive measures of debris flow treatment	
GCKCZ	泥石流发生前兆	Occurrence precursor of debris flow	
GCKCG	泥石流种类		
01	沟谷型泥石流	V-shaped debris flow	
02	河谷型泥石流	River valley-shaped debris flow	
03	山坡型泥石流	Slope debris flow	
11	泥流	Mud flow	
12	泥石流	Debris flow	

表 1（续）

代 码	汉 字 名	英 译 名	说 明
13	水石流	Water-stone flow	
21	粘性泥石流	Viscous debris flow	
22	稀性泥石流	Liquid debris flow	
31	暴雨型泥石流	Rainstorm type debris flow	
32	冰川型泥石流	Glacier type debris flow	
33	溃块型泥石流	Burst type debris flow	
34	地震型泥石流	Seismic type debris flow	
35	火山型泥石流	Volcanic type debris flow	
36	滑坡型泥石流	Landslide type debris flow	
37	崩塌型泥石流	Avalanche type debris flow	
38	共生型泥石流	Connate type debris flow	
39	发展期泥石流	Developing period debris flow	
42	旺盛期泥石流	Exuberant period debris flow	
43	衰退期泥石流	Decline period debris flow	
44	停歇期泥石流	Ceasing period debris flow	
51	小型泥石流	Small debris flow	
52	中型泥石流	Moderate debris flow	
53	大型泥石流	Large debris flow	
54	巨型泥石流	Vast debris flow	
GCKCH	泥石流规模		
GCKCHA	泥石流体长	Length of debris flow body	
GCKCHB	泥石流体横断面积	Cross area of debris flow body	
GCKCHC	冲出物方量	Volume of alluvial	
GCKCHD	堆积区体积	Volume of accumulative area	
GCKCHE	堆积区面积	Area of accumulative area	
GCKCHF	一次活动堆积量	Accumulation quantity of once activity	
GCKCHG	泥石流固体堆积物长度	Length of debris flow solid drift	
GCKCHH	泥石流固体堆积物最小宽度	Minimum breadth of debris flow	
GCKCHI	泥石流固体堆积物平均宽度	Average breadth of debris flow solid drift	
GCKCHJ	泥石流固体堆积物最小宽度	Minimum thickness of mud-stone solid drift	
GCKCHK	泥石流固体堆积物最大宽度	Maximum breadth of debris flow solid drift	
GCKCHL	泥石流固体堆积物最大厚度	Maximum thickness of debris flow solid drift	
GCKCHM	泥石流固体堆积物平均厚度	Average thickness of debris flow solid drift	
GCKCI	泥石流特性		
GCKCIA	分布的区域性	Distributing regionalism	
GCKCIB	活动的时间性	Mobilizing timeliness	
GCKCIB	活动的时间性		
1	季节性	Seasonal	
2	周期性	Periodic	
3	降雨高峰期	Peak period of rainfall	
GCKCJ	泥石流流动特征		
GCKCJA	泥石流流向	Flowing direction of debris flow	

表 1（续）

代 码	汉 字 名	英 译 名	说 明
GCKCJB	泥石流流速	Velocity of debris flow	
GCKCJC	泥石流稠度	Consistency of debris flow	
GCKCJD	爬坡高度	Height of debris flow dragon-head	
GCKCJE	堵塞系数	Coefficient of stopping up	
GCKCJF	泥石流沟粗糙系数	Roughness index of debris flow	
GCKCJG	淤积速度	Velocity of deposit	
GCKCJH	下伏基岩面坡度	Slope of underlying bed rock	
GCKCJI	冲刷量	Erosion quantity	
GCKCJJ	下切深度	Dissected depth	
GCKCJK	阵流	Shower	
GCKCJL	持续流动	Continuous flow	
GCKCJC	泥石流稠度		
1	泥石流饱和的液体	Saturated liquid of mud-stone	
2	流动果汁状	Flowing juice stone	
3	粘性粥状	Viscous gruel state	
4	浆糊状	Paste state	
GCKCK	泥石流流体特征		
GCKCKA	液体含量	Liquid content	
GCKCKB	固体含量	Solid content	
GCKCKC	碎石含量	Spall content	
GCKCKD	砂含量	Sand content	
GCKCKE	粘土含量	Clay content	
GCKCKF	最大粒径	Maximum particle diameter	
GCKCKG	常见粒径	Common particle diameter	
GCKCL	岩土、水补给		
01	残坡积物	Eluvial-drift sediment	
02	河床冲积物	River bed alluvia	
03	河床岸坡崩坍物	Avalanche material of river bank slope	
04	滑坡岩土	Rock and soil of landslide	
05	崩塌岩土	Rock and soil of avalanche	
06	冰碛物	Glacial material	
11	降雨	Rainfall	
12	冰雪快溶	Ice-snow melted	
13	水库溃决	Reservoir burst	
14	湖坡溃决	Lake burst	
GCKCM	泥石流区地形地貌		
GCKCMA	沟源高程	Altitude of source of gully	
GCKCMB	沟口高程	Altitude of gully mouth	
GCKCMC	泥石流区地貌单元	Geomorphic unit of debris flow area	
GCKCMD	主沟	Principal gully	
GCKCME	主沟谷型	Shape of principal gully	
GCKCMF	主沟长度	Length of principal gully	

表 1（续）

代码	汉字名	英译名	说明
GCKCMG	主沟宽度	Width of principal gully	
GCKCMH	主沟坡降	Gradient of principal gully	
GCKCMI	最大切割深度	Maximum dissected depth	
GCKCMJ	山坡平均坡度(左)	Average gully gradient of left bank	
GCKCMK	山坡平均坡度(右)	Average gully gradient of right bank	
GCKCN	泥石流形成区		
GCKCNA	形成区最小坡度	Minimum gradient of formed area	
GCKCNB	形成区平均坡度	Average gradient of formed area	
GCKCNC	形成区谷坡坡度	Gully gradient of formed area	
GCKCND	形成区沟谷切割深度	Dissected depth of formed area gully	
GCKCNE	汇水面积	Catchment area	
GCKCNF	形成区面积	Area of formed region	
GCKCNG	形成区形态	Shape of formed region	
GCKCNG	形成区形态		
1	山间低地	Intermontane lowland	
2	山间	Intermontane	
GCKCO	泥石流流通区		
GCKCOA	流通区沟床平均坡度	Average gradient of gully bed of circulated area	
GCKCOB	流通区谷坡坡度	Gully gradient of circulated area	
GCKCOC	流通区沟谷切割深度	Dissected depth of circulated area gully	
GCKCOD	流通区长度	Length of circulated area	
GCKCOE	流通区最大宽度	Maximum width of circulated area	
GCKCOF	流通区平均宽度	Average width of circulated area	
GCKCOG	流通区沟谷特征	Gully feature of circulated area	
GCKCOG	流通区沟谷特征		
1	U 型谷	U shape gully	
2	V 型谷	V shape gully	
3	复合谷	Compound gully	
GCKCP	堆积区		
GCKCPA	堆积区谷坡坡度	Gully gradient of accumulation area	
GCKCPB	堆积区沟床平均坡度	Average gradient of gully bed of accumulation area	
GCKCPC	堆积区沟谷切割深度	Dissected depth of gully in accumulation area	
GCKCPD	堆积区平均宽度	Average width of accumulation area	
GCKCPE	堆积区形态	Shape of accumulation area	
GCKCPF	堆积区类型	Type of accumulation area	
GCKCPE	堆积区形态		
1	扇形	Fan shape	
2	长堤形	Long dyke shape	
3	不规则形	Irregular shape	
GCKCPF	堆积区类型		
1	沟口	Gully mouth	
2	山间盆地	Intermontane basin	

表 1（续）

代码	汉字名	英译名	说明
3	山间河谷地区	River gully area of intermontane	
GCKCQ	泥石流区地层岩性		
GCKCQA	泥石流形成区地层岩性	Lithological character of strata of debris flow formed area	
GCKCQB	泥石流流通区地层岩性	Lithological character of strata of debris flow circulation area	
GCKCQC	泥石流堆积区地层岩性	Lithological character of strata of debris flow accumulation area	
GCKCS	泥石流区气象水文特征		
GCKCSA	流前降雨量	Rainfall before debris flow	
GCKCSB	流前降雪量	Snow fall before debris flow	
GCKCT	物质储备		
GCKCTA	物质来源	Origin of substance	
GCKCTB	物质储备总量	Total quantity of substance storage	
GCKCTC	泥石流沟坡	Gully slope of debris flow	
GCKCTD	崩滑总面积	Total area of slump	
GCKCTE	残坡积物体积	Volume of eluvial-drift body	
GCKCTF	泥石流人类活动状况	Mankind active condition of debris flow	
GCKCTG	泥石流植被发育状况	Condition of vegetation growth in debris flow area	
GCKCU	趋势预测		
1	近期不会发生	Not happening presently	
2	近期可能发生	Possible happening presently	
GCKCW	泥石流历史		
GCKCWA	次数	Order number	
GCKCWB	各次时间	Time of each debris flow	
GCKCWC	最大泥石流时间	Time of maximum debris flow	
GCKCWD	最大泥石流规模	Dimension of maximum debris flow	
GCKCX	泥石流阵流观测		
GCKCXA	泥石流编号	Number of debris flow	
GCKCXB	泥石流阵流地理位置	Geographical location of debris flow	
GCKCXC	泥石流阵流次数	Shower number of debris flow	
GCKCXD	阵流观测时间	Time of shower	
GCKCXE	泥石流阵流流速	Shower velocity of debris	
GCKCXF	泥石流阵流流量	Volume of debris flow	
GCKCXG	泥石流阵流历时	Continuous time of debris flow shower	
GCKCXH	泥石流阵流间歇时间	Intermittent time of debris flow shower	
GCKCZ	泥石流发生前兆		
1	崩塌	Avalanche	
2	滑坡	Landslide	
3	地声	Earth sound	
4	其他	Other	
GCKD	冻土调查		
GCKDA	冻土分布范围	Distribution area of frozen soil	

表 1（续）

代 码	汉 字 名	英 译 名	说 明
GCKDB	冻土分类	Classification of frozen soil	
GCKDC	冻土平面分布	Plane distribution of frozen soil	
GCKDD	冻土构造	Frozen soil structure	
GCKDE	地基土冻胀性分级	Classification of frost heaving of foundation soil	
GCKDF	冻土融沉性分级	Classification of thaw-settlement of frozen soil	
GCKDG	冻害类型	Type of frost-damage	
GCKDH	冻土物理力学性质	Physical and mechanical properties of frozen soil	
GCKDI	冻土的热学性质	Thermal character of frozen soil	
GCKDJ	冻结土类型	Frozen soil type	
GCKDK	冻结层含水特性	Water-bearing character of Frozen soil	
GCKDL	冻结层物质成分	Material components of frozen soil	
GCKDM	冻土区年平均气温	Annual average temperature of frozen area	
GCKDN	冻土区地质-地理环境	Geologic and geographic environment of frozen area	
GCKDO	冻土区水文地质条件	Hydrogeologic conditions of frozen area	
GCKDP	冻土场地类型	Type of frozen site	
GCKDB	冻土分类		
01	少冰冻土	Poor ice content frozen soil	
02	多冰冻土	Medium ice content frozen soil	
03	富冰冻土	Rich ice content frozen soil	
04	饱冰冻土	Saturated ice frozen soil	
05	含土冰层	Argillaceous ice layer	
11	多年冻土	Permafrost	
12	季节冻土	Seasonal frozen soil	
13	岛状冻土	Island frozen soil	
21	发展型冻土	Developmental type frozen soil	
22	退化型冻土	Degenerative type frozen soil	
31	坚硬冻土	Hard frozen soil	
32	塑性冻土	Plastic frozen soil	
33	松散冻土	Loose frozen soil	
34	泥炭化冻土	Peaty frozen soil	
GCKDC	冻土平面分布		
1	零星冻土区	Scule frozen soil area	
2	岛状冻土区	Island frozen soil area	
3	断续冻土区	Intermittent frozen soil area	
4	整体冻土区	Integral frozen soil area	
GCKDD	冻土构造		
1	整体构造	Monolithic structure	
2	层状构造	Bedded structure	
3	网状构造	Netted structure	
GCKDE	地基土冻胀性分级		
1	不冻胀	Non-frost heaving	
2	弱冻胀	Weak frost heaving	

表 1（续）

代 码	汉 字 名	英 译 名	说 明
3	冻胀	Frost heaving	
4	强冻胀	Strong frost heaving	
5	特强冻胀	Extreme frost heaving	
GCKDF	冻土融沉性分级		
1	不融沉	Non melt-settlement	
2	弱融沉	Weak melt-settlement	
3	融沉	Melt-settlement	
4	强融沉	Strong melt-settlement	
GCKDG	冻害类型		
1	地面隆起	Land uplift	
2	地基冻胀	Frost heaving of foundation	
3	地基开裂	Cracking of foundation	
4	融化沉陷	Melt-settlement	
5	寒冻裂隙	Frost crack	
6	热融滑塌	Hot-melt collapse	
7	融冻泥流	Frozen-thaw mud flow	
GCKDH	冻土物理力学性质	Physical and mechanical property of freezing soil	
GCKDHA	冻土起始冻结温度	Beginning frost temperature of freezing soil	
GCKDHB	冻土总含水量	Total water content of freezing soil	
GCKDHC	冻土重度	Unit weight of frozen soil	
SWADCC	冰冻期	Freezing period	
GCKDHF	冻土融化压缩	Melt compression of freezing soil	
GCKDHG	融沉系数(A_0)	Coefficient of melt-settlement	
GCKDHH	冻胀量	Quantity of frost heaving	
GCKDHI	冻结深度	Frost penetration depth	
GCKDHJ	冻胀率	Frozen heaving rate	
GCKDHK	冻土层厚度	Thickness of frozen soil layer	
GCKDHL	融冻层厚度	Thickness of frozen-thaw layer	
GCKDHM	多年冻土层上限	Upper limitation of perpetually frozen soil layer	
GCKDHN	最大冻结深度	Maximum depth of frozen soil	
GCKDHO	法向冻胀力	Normal frost-heaving force	
GCKDHP	切向冻胀力	Tangential frost-heaving force	
GCKDHQ	冻胀力	Frost force	
GCKDHR	冻土融化压缩系数	Melt compressive coefficient of freezing soil	
GCKDHS	冻土抗剪强度	Shear resistant strength of freezing soil	
GCKDHT	冻土含冰量	Ice content of freezing soil	
GCKDHU	质量含冰量	Quantity of ice content	
GCKDHV	体积含冰量	Ice content of volume	
GCKDHX	相对含冰量	Relative ice content	
GCKDP	冻土场地类型		
1	一级(复杂场地)	1st grade(complex field)	
2	二级(一般场地)	2nd grade(ordinary field)	

表 1（续）

代 码	汉 字 名	英 译 名	说 明
3	三级(简单场地)	3rd grade(simple field)	
GCKE	岩溶调查		
GCKEA	岩溶基本类型	Basic karst type	
GCKEB	岩溶发育条件	Developmental condition of karst	
GCKEC	岩溶分布规律	Distribution law of karst	
GCKED	岩溶发育强度	Developmental intensity of karst	
GCKEE	主要岩溶形态	Main karst form	
GCKEF	岩溶尺寸及形态测量	Measure of karst dimension and shape	
GCKEG	洞穴连通情况	Connected condition of karst cave	
GCKEH	洞穴顶板岩体完整情况	Intact condition of rock mass above karst cave	
GCKEI	塌陷洼地分布规律	Distribution law of collapse depression	
GCKEJ	岩溶地基处理	Treatment of karst foundation	
GCKEK	岩溶稳定性分级	Grade of cave stability	
GCKEL	岩溶区地形地貌	Topography and geomorphy of karst area	
GCKEM	岩溶区地质构造	Geological tectonics of karst area	
GCKEN	岩溶区地层岩性	Lithological character of strata in karst area	
GCKEO	岩溶区水文地质条件	Hydrogeologic condition of karst area	
GCKEP	岩溶渗漏	Karst seepage	
GCKEA	岩溶基本类型		
01	裸露型	Bare karst	
02	半裸露型	Semi-bare karst	
03	覆盖型	Covered karst	
04	埋藏型	Buried karst	
11	古岩溶	Palaeo-karst	
12	近代岩溶	Recent karst	
21	寒带型	Frigid karst	
22	亚热带型	Subtropical karst	
23	热带型	Tropical karst	
31	碳酸盐岩岩溶	Carbonate rock karst	
32	复合岩溶	Compound karst	
41	溶蚀为主类型	Corrosion type	
42	溶蚀-侵蚀类型	Corrosion-erosion type	
43	溶蚀构造类型		
GCKED	岩溶发育强度		
1	岩溶强烈发育	Intense development of karst	
2	岩溶中等发育	Moderate development of karst	
3	岩溶弱发育	Weak development of karst	
4	岩溶微弱发育	Slight development of karst	
GCKEE	主要岩溶形态		
01	溶洞	Karst cave	
02	溶沟	Karsten	
03	溶槽	Karstic channel	

表 1（续）

代 码	汉 字 名	英 译 名	说 明
04	溶孔	Dissolution pore	
05	溶泉	Karst spring	
06	溶隙	Corroded fissure	
07	石林	Stone forest	
08	石牙	Stone sprout	
11	溶蚀洼地	Corroded depression	
12	溶蚀平原	Corrosional plain	
13	溶蚀准平原	Corrosional quasi-plain	
14	溶蚀谷地	Corroded valley	
15	落水洞	Sinkhole	
16	溶蚀漏斗	Corroded funnel	
17	暗河	Underground river	
18	天窗	Skylight	
19	岩溶山峰	Karst mountain peak	
20	岩溶山丘	Karst hill	
GCKEF	岩溶尺寸及形态测量		
GCKEFA	溶洞大小	Karst dimension	
GCKEFB	岩洞形状	Karst shape	
GCKEFC	溶洞顶板厚度	Strata thickness above karst cave	
GCKEFD	溶洞充填物	Filling material of karst cave	
GCKEFE	溶洞充填率	Filling ratio of karst cave	
GCKEFF	溶洞出现高度	Elevation of karst cave	
SWHJCA	暗河长度	Length of underground river	
GCKEFH	暗河宽度	Width of underground river	
GCKEFI	暗河水深	Water depth of underground river	
GCKEFJ	土洞埋深	Burying depth of soil cave	
GCKEFK	土洞体积	Volume of soil cave	
GCKEFL	塌陷洼地形状	Shape of collapse depression	
GCKEFM	塌陷洼地大小	Size of collapse depression	
GCKEJ	岩溶地基处理		
1	挖填	Fill by digging other part of rock	
2	跨盖	Step covering	
3	灌注	Recharge	
4	截流	Cutting flow	
5	堵漏	Plug a hole	
6	改道	Change a way	
7	排导	Discharge	
GCKEK	岩溶稳定性分级		
1	稳定	Stable	
2	基本稳定	Basically stable	
3	稳定性差	Poor stable	
4	不稳定	Disstable	

表 1（续）

代　码	汉　字　名	英　译　名	说　明
GCKF	风沙调查		
GCKFA	风沙地区分类	Classification of wind-sand area	
GCKFB	风沙地貌类型	Type of wind-sand landform	
GCKFC	风沙作用	Wind-sand action	
GCKFD	风沙流动特征	Feature of sand-driving wind movement	
GCKFE	沙丘移动规律	Law of dune movement	
GCKFF	风沙危害类型	Type of wind-sand damage	
GCKFG	风蚀地貌调查和形态测量	Deflation landform investigation and feature measurement	
GCKFH	风积地貌调查和形态测量	Wind deposition land form investigation and feature measurement	
GCKFI	沙漠化土地地貌调查	Geomorphy investigation of desert land	
GCKFJ	风沙区水资源调查	Water resource investigation of wind-sand area	
GCKFK	风沙区植物和林业调查	Plant and forestry investigation in wind-sand area	
GCKFL	风沙区土壤调查	Soil investigation of wind-sand area	
GCKFM	风沙防治措施	Measures of wind-sand prevention	
GCKFA	风沙地区分类		
1	沙漠	Desert	
2	沙地	Sand land	
3	沙漠化土地	Desertified land	
4	剥蚀戈壁	Gobi of denudation	
5	堆积戈壁	Packing Gobi	
GCKFB	风沙地貌类型		
GCKFBA	风蚀地貌	Deflation geomorphy	
GCKFBB	风积地貌	Geomorphy of wind deposition	
GCKFBA	风蚀地貌		
1	风蚀洼地	Deflation depression	
2	风蚀残丘	Deflation monadnock	
3	风蚀城堡	Deflation castle	
GCKFBB	风积地貌		
1	流动沙丘	Wandering dune	
2	固定、半固定沙丘	Anchored and semi-anchored dune	
GCKFD	风沙流动特征		
GCKFDA	风沙流形成	Formation of wind-sand current	
WDAEBA	风速	Wind velocity	
WDAEBD	风向	Wind direction	
GCKFDD	起沙风速	Starting wind-speed	
GCKFDE	单车临界翻车风速	Critical wind-speed of overturning single car	
GCKFDF	列车临界翻车风速	Critical wind-speed of overturning a train	
GCKFDG	砾浪高度	Gravel wave altitude	
GCKFDH	砾浪间距	Gravel wave span	
GCKFDI	沙粒运动方式	Movement way of sand particle	
GCKFDJ	风沙流结构	Structure of wind-sand current	

表 1（续）

代 码	汉 字 名	英 译 名	说 明
GCKFDK	输沙量	Silt discharge	
GCKFDL	跳移输沙量	Silt discharge of jump-movement	
GCKFDM	蠕移输沙量	Silt discharge of creep-movement	
GCKFDN	跳移高度	Height of jump-movement	
GCKFDO	风沙流强度	Strength of wind-sand current	
GCKFDP	风沙流密度	Density of wind-sand current	
GCKFDI	沙粒运动方式		
1	跳跃式	Jumping type	
2	滑移式	Slipping type	
3	蠕移式	Creeping type	
4	滚动式	Rolling type	
5	悬浮式	Suspended type	
GCKFE	沙丘移动规律		
GCKFEA	沙丘移动方向	Direction of dune movement	
GCKFEB	沙丘移动方式	Mode of dune movement	
GCKFEC	沙丘移动速度	Speed of dune movement	
GCKFED	沙丘间距	Span of dune	
GCKFEB	沙丘移动方式		
1	一线前进式	Way of straight going	
2	往复摆动式	Way of reciprocating motion	
3	往复前进式	Way of alternative motion	
GCKFF	风沙危害类型		
1	沙埋	Sand cover	
2	舌状沙埋	Sand cover of tongue shape	
3	片状沙埋	Sand cover of slice shape	
4	综合沙埋	Compound sand cover	
5	风蚀	Deflation	
6	磨蚀	Abrasion	
GCKFG	风蚀地貌调查和形态测量		
GCKFGA	风蚀洼地长度	Length of deflation depression	
GCKFGB	风蚀洼地宽度	Width of deflation depression	
GCKFGC	风蚀洼地深度	Depth of deflation depression	
GCKFGD	风蚀洼地面积和体积	Area and volume of deflation depression	
GCKFGE	风蚀洼地排列方向	Arrangement direction of deflation depression	
GCKFGF	风蚀残丘高度、宽度	Height and width of deflation monadnock	
GCKFGG	风蚀残丘间距	Distance of deflation monadnock	
GCKFGH	风蚀残丘物质组成	Composition of deflation monadnock	
GCKFGI	风蚀残丘形态	Feature of deflation monadnock	
GCKFGJ	风蚀残丘排列方向	Arrangement direction of deflation monadnock	
GCKFH	风积地貌调查及形态测量		
GCKFHA	沙丘相对高度	Relative height of dune	
GCKFHB	沙丘相互间距	Relative distance of dunes	

表 1（续）

代 码	汉 字 名	英 译 名	说 明
GCKFHC	沙丘迎风坡长度和坡度	Length and gradient of windward slope face of dune	
GCKFHD	沙丘背风坡长度和坡度	Length and gradient of leeward slope face of dune	
GCKFHE	沙丘走向	Strike of dune	
GCKFHF	沙丘干沙层厚度	Dry sand thickness of dune	
GCKFHG	沙漠化土地地貌调查	Geomorphy investigation of desertification land	
GCKFM	风沙防治措施		
01	固沙措施	Measures of fixed sand	
02	铺石固沙	Fixed sand by bedding stone	
03	粘土固沙	Fixed sand by bedding clay	
04	沥青固沙	Fixed sand by cover gasphalt	
05	植被固沙	Fixed sand by vegetation	
06	格状沙障	Sand barrier of grid shape	
07	行带状沙障	Sand barrier of band shape	
08	铺草席固沙	Fixed sand by mat shape grass land	
20	阻沙措施	Measure of obstructing sand	
21	防沙栏栅	Grid of prevent sand	
22	挡沙沟堤	Ditch ada barrier of obstructing sand	
40	输沙措施	Measure of translating sand	
41	平台防护	Terrace prevent	
GCKG	渗漏调查		
GCKGA	渗漏段位置	Position of seepage sector	
GCKGB	渗漏带宽度	Width of leakage zone	
GCKGC	渗漏类型	Type of seepage	
GCKGD	地下分水岭位置	Position of ground-water parting	
GCKGE	地下分水岭高程	Height of ground-water parting	
GCKGF	分水岭宽度	Width of watershed	
GCKGG	渗漏段岩性	Lithological character of leakage portion	
GCKGH	相对隔水层厚度	Thickness of relative aquifuger	
GCKGI	相对隔水层岩性	Lithological character of relative aquifuger	
GCKGJ	渗漏范围	Leakage area	
GCKGK	渗漏量	Quantity of seepage	
GCKGL	渗漏通道	Channel of seepage	
GCKGM	防渗措施	Provision for seepage of control	
GCKGC	渗漏类型		
01	永久性渗漏	Permanency seepage	
02	暂时性渗漏	Temporary seepage	
03	间歇性渗漏	intermittent seepage	
04	库岸渗漏	Leakage from reservoir	
05	坝下渗漏	Seepage of dam foundation	
06	坝肩渗漏	Seepage of dam abutment	
07	绕坝渗漏	Seepage around dam abutment	
08	断层破碎带渗漏	Seepage in fault zone	

表 1（续）

代码	汉字名	英译名	说明
09	岩溶洞穴渗漏	Seepage through karst cave	
10	古河道渗漏	Seepage through the old channel	
11	分水岭渗漏	Seepage over subdivide	
12	邻谷渗漏	Neighbor valley seepage	
13	下游渗漏	Downstream seepage	
14	河间地块渗漏	Seepage of interchannel massif	
GCKGK	渗漏量		
GCKGKA	总渗漏量	Total leakage	
GCKGKB	坝基渗漏量	Leakage amount of dam foundation	
GCKGKC	绕坝渗漏量	Seepage amount around dam abutment	
GCKGM	防渗措施		
01	水平防渗	Horizontal prevention of seepage	
02	垂直防渗	Vertical prevention of seepage	
03	排水减压	Drainage to reduce pressure	
04	防渗铺盖	Seepage prevention apron	
05	防渗墙	Seepage cutoff wall	
06	防渗体	Prevention seepage	
07	斜墙	Dip dire	
08	心墙	Core of dam	
09	泄水井	Drainage well	
10	水泥灌浆	Cement grouting	
11	粘土浆	Clay slurry	
12	化学灌浆	Chemical grouting	
GCKH	塌岸调查		
GCKHA	水库塌岸地点	Location of bank ruin of reservoir	
GCKHB	水库塌岸时间	Time of bank ruin of reservoir	
GCKHC	水库塌岸范围	Range of bank ruin of reservoir	
GCKHD	塌岸速度	Velocity of bank collapse	
GCKHE	塌岸规模	Scale of bank collapse	
GCKHF	水库塌岸阶段	Stage of bank ruin of reservoir	
GCKHG	塌岸危害	Harm of bank ruin	
GCKHH	库岸破坏方式	Mode of reservoir bank failure	
GCKHI	库岸地层岩性分类	Classification of lithological character of strata of reservoir bank	
GCKHJ	库岸地形地貌	Geomorphy and topography of reservoir bank	
GCKHK	库岸地质构造	Geologic structure of reservoir bank	
GCKHL	库岸水文地质条件	Hydrogeologic conditions of reservoir area	
GCKHM	水库水位值	Reservoir level	
GCKHN	水库波浪	Reservoir wave	
GCKHO	塌岸预报	Forecast of bank ruin	
GCKHP	库岸观测	Observation of reservoir bank	
GCKHQ	非稳定库岸防护措施	Measure of reservoir unsteady bank treatment	

表 1（续）

代 码	汉 字 名	英 译 名	说 明
GCKHC	水库塌岸范围		
GCKHCA	初期塌岸带宽度	Initial width of bank ruin of reservoir	
GCKHCB	最终塌岸带宽度	Final width of bank ruin of reservoir	
GCKHH	库岸破坏方式		
1	崩塌	Avalanche	
2	滑坡	Landslide	
3	坍塌	Sloughing	
GCKHI	库岸地层岩性分类		
1	松散地层岸坡	Bank slope of loose stratum	
2	岩质地层岸坡	Bank slope of rock stratum	
3	岩土混合型	Mixing type of rock and soil	
GCKHJ	库岸地形地貌		
GCKHJA	库岸形态	Form of reservoir bank	
GCKHJB	岸坡原始高度	Original height of bank slope	
GCKHJC	库岸原始坡角	Original slope-angle of reservoir bank	
GCKHJD	磨蚀浅滩宽度	Width of abrasion shoal patch	
GCKHJE	磨蚀浅滩坡角	Slope angle of abrasion shoal patch	
GCKHJF	水下极限坡角	Critical angle of slope under water	
GCKHJG	岸坡天然稳定坡角	Natural stability slope-angle of bank slope	
GCKHJH	淤积浅滩	Sedimentation riffle	
GCKHJA	库岸形态		
1	库岸支沟	Branch ditch of reservoir bank	
2	曲折库岸	Sinuous bank of reservoir	
3	岸前阶地	Terrace in front of bank	
4	库岸浅滩	Riffle of reservoir bank	
GCKHM	水库水位值		
GCKHMA	水库水位变化幅度	Amplitude of water level change of reservoir	
GCKHMB	正常高水位	Normal high water level	
GCKHMC	消落水位	Degrading water level	
GCKHN	水库波浪		
GCKHNA	水库激浪强度	Strength of torrential wave of reservoir	
GCKHNB	浪爬高度	Height of wave climbing	
GCKHNC	波浪冲刷深度	Depth of wave erosion	
GCKHND	最大吹程	Maximum blow-distance	
WDAEBB	最大风速	Maximum wind velocity	
GCKHO	塌岸预报		
1	短期预报	Short-term forecast	
2	长期预报	Long-term forecast	
GCKHP	库岸观测		
GCKHPA	水位动态观测	Water level dynamic observation	
GCKHPB	风浪观测	Observation of wind wave	
GCKHPC	沿岸流观测	Observation of alongshore flow	

表 1（续）

代码	汉字名	英译名	说明
GCKHPD	淤积观测	Sedimentation observation	
GCKHPE	岸壁形态及变形观测	Bulkhead wall feature and deformation observation	
GCKHPF	滑坡体变形监测	Monitoring of landslide block deformation	
GCKHPG	崩塌体变形监测	Monitoring of collapse block deformation	
GCKHQ	非稳定库岸防护措施		
01	片石护坡	Slope protection of schistose rock	
02	挡墙	Retaining wall	
03	堆石	Rockfill	
04	喷锚防护	Schotcreted and anchored protection	
05	减重	Weight reduction	
06	锚固	Anchoring	
07	抗滑桩	Friction pile	
08	地表排水	Surface drainage	
09	地下排水	Subsurface drainage	
GCKI	淤积调查		
GCKIA	淤积类型	Silting type	
GCKIB	淤积位置	Silting location	
GCKIC	淤积速率	Silting speed	
GCKID	淤积厚度	Silting thickness	
GCKIE	年淤积量	Annual siltating	
GCKIF	河流淤积规律	Law of river silting	
GCKIG	河床演变规律	Law of river bed development	
GCKIH	淤积进展情况	Silting situation	
GCKII	水流搬运方式	Pattern of water transporting	
GCKIJ	水流搬运物质	Carried material of water	
GCKIK	河水含沙量	Coad-discharge of river	
GCKIL	水流冲刷力	Scouring force of water	
GCKIM	水流挟沙能力	Sand carried capacity of water	
GCKIN	河床稳定性	Stability of river bed	
GCKIO	淤积物来源调查	Survey of resource of silt	
GCKIP	淤积三角洲	Silt delta	
GCKIQ	淤积危害	Silt harm	
GCKIR	防护工程	Protective project	
GCKIA	淤积类型		
GCKIAA	河流淤积	River silt	
GCKIAB	水库淤积	Reservior silt	
GCKIF	河流淤积规律		
GCKIFA	水流特征	Water current character	
GCKIFB	河流水位	Water level of a river	
GCKIFC	河流流量	Discharge of a river	
GCKIFD	流速场	Field of flow velocity	
GCKIFE	水流结构	Structure of flow	

表 1（续）

代 码	汉 字 名	英 译 名	说 明
GCKIFF	河床特征	Character of a river bed	
GCKIFG	河床坡降	Slope of a river bed	
GCKIFH	河岸组成物质	Composition of banks	
GCKIFI	河床平面几何形态	Geometric plane feature of a river bed	
GCKIFJ	河床断面几何形态	Geometric section feature of a river bed	
GCKII	水流搬运方式		
1	推移	Traction	
2	悬移	Suspension	
GCKIJ	水流搬运物质		
1	推移质泥沙	Bed load and sand	
2	悬移质泥沙	Suspension load clay and sand	
GCKIK	河水含沙量		
GCKIKA	推移质泥沙量	Bed load discharge	
GCKIKB	悬移质泥沙量	Suspension load discharge	
GCKIM	水流挟沙能力		
GCKIMA	悬移质泥沙平均沉速	Average deposit velocity of suspended load clay and sand	
GCKIMB	过水断面水力半径	Hydraulic radius of water carrying section	
GCKIMC	水流断面平均流速	Average flow velocity of water-carrying section	
GCKIMD	河流携沙量	Nature load	
GCKIME	年输沙量	Annual volume of carried silt	
GCKIN	河床稳定性		
GCKINA	河床稳定性指标	Index of a river bed stability	
GCKINB	河流稳定性指标	Index of a river stability	
GCKIQ	淤积危害		
1	河道淤塞	Channel block	
2	港口堵塞	Port block	
3	淹没	Submergence	
4	浸没	Immersion	
5	地基沉陷	Foundation settlement	
6	航道紊乱	Channel confusion	
7	河床改道	River bed diversion	
8	洪灾	Flood disaster	
GCKIR	防护工程		
1	抛石	Rock riprap	
2	砌石护面	Stone pitched face	
3	边岸挡土墙	Retaining wall of side bank	
4	导流坝	Training dyke	
5	丁坝	Groyne	
GCKJ	浸没调查		
GCKJA	浸没地段	Immersion zone	
GCKJB	浸没区范围	Range of immersed area	
GCKJC	浸没类型	Type of immersion	

表 1（续）

代码	汉字名	英译名	说明
GCKJD	浸没危害	Harm of immersion	
GCKJE	浸没区地形地貌	Topographic and geomorphic condition of immersed area	
GCKJF	浸没区地层岩性	Lithological character of strata in immersed area	
GCKJG	浸没区地质构造	Geologic structure of immersed area	
GCKJH	浸没区水文地质特征	Hydrogeologic feature of immersed area	
GCKJI	浸没区人类活动	Human activity of immersed	
GCKJJ	浸没预测方法	Predicting method of immersion	
GCKJK	浸没严重度分区	Severity subzone of immersion	
GCKJL	浸没防治措施	Measure of immersion prevention	
GCKJC	浸没类型		
1	水库岸边型浸没	Immersion of reservoir bank	
2	库外型浸没	Immersion of reservoir outside	
3	坝下型浸没	Immersion of low reaches of dam	
4	渠道型浸没	Immersion of channel	
GCKJD	浸没危害		
1	土地沼泽化	Land swamping	
2	土壤盐渍化	Soil salinization	
3	地基软化	Foundation softening	
4	矿坑淹没	Pit submerged	
GCKJH	浸没区水文地质特征		
SWBFEG	含水层厚度	Thickness of aquifer	
GCKJHB	地下水位	Groundwater level	
GCKJHC	潜水层的补给径流	Supply runoff of phreatic aquifer	
GCKJHE	地下水排泄条件	Discharging condition of groundwater	
GCKJHF	地下水壅水高值	Clogged up height of groundwater level	
GCKJHG	地下水临界深度	Critical depth of groundwater	
GCKJHH	地下水回水高程	Altitude of groundwater recharge	
SWGGAQ	水位传导系数	Coefficient of transmissibility of water level	
GCKJHJ	含水层水位传导系数	Coefficient of transmissibility of water level of aquifer	
GCKJJ	浸没预测方法		
1	水动力学法	Hydrodynamic methods	
2	有限单元法	Finite element method	
3	水均衡法	Water balance method	
4	类比法	Analogy method	
GCKJK	浸没严重度分区		
1	严重浸没	Severe immersion	
2	中等浸没	Moderate immersion	
3	轻微浸没	Slight immersion	
4	非浸没	Non immersion	
GCKJL	浸没防治措施		
01	明沟排水	Open ditch drainage	
02	暗管排水	Closed drainage	

表 1（续）

代　码	汉　字　名	英　译　名	说　明
03	暗洞排水	Bonstay drainage	
04	暗沟排水	Buried drainage	
05	竖井抽水	Shaft pump drainage	
10	防渗处理	Anti-seepage treatment	
11	堵漏措施	Blocking leak measure	
GCKK	地形地貌调查		
YGGDDB	地貌类型	Geomorphic type	
GCKKB	地貌形态特征	Land form features	
GCKKC	地形坡度	Gradient of topography	
GCKKD	地面起伏状况	Roughness condition of ground	
GCKKE	地面高差	Difference of ground height	
GCKKF	河谷类型	River valley type	
GCKKG	阶地类型	Terrace type	
GCKKH	阶地面高程	Altitude of terrace surface	
GCKKI	阶地面宽度	Width of terrace surface	
DMHDD	河谷宽度	Valley width	
GCKKK	河床宽度	Width of river bed	
GCKKL	斜坡陡度	Steepness of slope	
GCKL	地层岩性调查		
DDCDIA	地层时代	Stratigraphic age	
GCKLB	成因类型	Genetic type	
DDCDID	地层厚度	Stratigraphic thickness	
WTEQAA	地层产状	Formation occurrence	
GCKLE	分布情况	Distributing condition	
GCKLF	基岩出露高程	Outcrop altitude of baserock	
GZBD	接触关系	Contact relation ship	
GCKLH	第四系覆盖层厚度	Thickness of overlying Quaternary system	
GCKLI	软弱层埋藏深度	Buried depth of soft layer	
GCKLJ	软弱层厚度	Thickness of soft layer	
GCKLK	软弱层岩性	Lithology of soft layer	
GCKLL	岩相变化特征	Features of lithofacies variation	
GCKLM	层面构造特征	Structural features of bedding plane	
GCKLN	风化深度	Weathering depth	
GCKLO	风化岩面高程	Altitude of weathering rock surface	
GCKLP	岩石类型	Rock type	
GCKLQ	岩性特征	Lithological feature	
GCKLR	土的类型	Soil type	
GCKLS	土的工程特性	Engineering properties of soil	
GCKLT	地层岩性描述	Description of lithological character of strata	
GCKM	地质构造调查		
GCKMA	构造形迹类型	Type of structural trace	
GCKMB	褶皱轴位置	Location of fold axle	

表 1（续）

代 码	汉 字 名	英 译 名	说 明
GCKMC	褶曲形态特征	Features of fold shape	
GCKMD	地层产状与工程关系	Relationship between stratigraphic attitude and engineering	
GCKMD	地层产状与工程关系		
1	走向平行	Strike paralleling	
2	二者斜交	Both inclined cross	
3	相互垂直	Both perpendicular	
4	倾向上游	Dipping toward upstream	
5	倾向下游	Dipping toward down stream	
6	倾向一致	Same dipping direction	
7	倾向相反	Contrary dipping direction	
GCKQ	地基调查		
GCKQA	基底高程	Elevation of foundation base	
GCKQB	地基开挖深度	Excavating depth of foundation	
GCKQC	清基深度	Cleaning base depth	
GCKQD	冲刷坑最大深度	Maximum depth of scour pit	
GCKQE	基坑涌水量	Water-in-flow of foundation pit	
GCKQF	环境水侵蚀性分类	Classification of water corrosivity	
GCKQG	环境水侵蚀性评价	Evaluation of water corrosivity	
GCKQH	基底允许坡度	Allowable gradient of slope by piles	
GCKQI	挖方工程量	Volume of excavation	
GCKQJ	填方工程量	Volume of filling	
GCKQK	基坑验槽	Foundation pit	
GCKQL	地基验算	Foundation test	
GCKQF	环境水侵蚀性分类		
1	结晶性侵蚀	Crystalling erosion	
2	分解性侵蚀	Decomposed erosion	
3	复合型侵蚀	Compound erosion	
GCKQG	环境水侵蚀性评价		
1	有侵蚀性	Erodible	
2	无侵蚀性	Not erodible	
GCKS	海岸调查		
GCKSA	海港工程种类	Type of harbor engineering projects	
GCKSB	港外工程类型	Type of outer harbor engineering projects	
GCKSC	港湾堆积物厚度	Accumulation depth of harbor	
GCKSD	港湾堆积物岩性	Lithological character of accumulation of harbor	
GCKSE	海湾淤积速率	Speed of silting up in harbor	
GCKSF	软土工程指标	Engineering index of soft soil	
GCKSG	海岸带宽度	Width of coastal zone	
GCKSH	海流方向	Sea flow direction	
GCKSI	海流强度	Sea flow strength	
GCKSJ	海流速度	Sea flow velocity	
HYBABC	海水深度	Depth of sea water	

表 1（续）

代　码	汉　字　名	英　译　名	说　明
GCKSL	波浪冲击能	Impact energy of wave	
GCKSM	海底泥沙流强度	Strength of mud and sand flow in seafloor	
GCKSN	海流携砂量	Sand capacity carried by current	
GCKSO	海侵速率	Ingression speed	
GCKSP	海退速率	Regression speed	
GCKSA	海港工程种类		
01	码头	Dock	
02	船坞	Dock ship yard	
03	防坡堤	Digue groyne	
04	丁堤	Spur	
05	破浪堤	Breaker dyke	
06	顺堤	Longitudinal dyke	
07	拦砂堤	Cheak dyke	
08	潮汐电站	Tidal power station	
09	护岸工程	Bank protection projects	
GCKU	塌陷调查		
GCKUF	塌陷类型	Collapse type	
GCKUG	塌陷规模	Dimension of collapse	
GCKUH	塌陷特征	Collapse character	
GCKUI	塌陷地表变形特征	Feature of surface deformation of collapse	
GCKUJ	塌陷区特征	Feature of collapse area	
GCKUK	塌陷区地质环境	Geological environment of collapse area	
GCKUL	塌陷区覆盖层	Overburden of collapse area	
GCKUM	塌陷形成机制	Formed mechanism of collapse	
GCKUN	塌陷区监测状况	Monitoring condition of collapse area	
GCKUO	次生灾害	Secondary disaster	
GCKUP	塌陷历史	Collapse history	
GCKUQ	塌陷位置	Location of collapse	
GCKUR	电波试验	Test of electrical waves	
GCKUS	塌陷前兆	Collapse precursor	
GCKUF	塌陷类型		
01	土层塌陷	Soil collapse	
02	基岩塌陷	Rock collapse	
03	自然塌陷	Natural collapse	
04	人为塌陷	Artifical collapse	
05	岩溶塌陷	Karst collapse	
06	非岩溶塌陷	Non-karst collapse	
07	黄土塌陷	Loess collapse	
08	火山岩溶塌陷	Volcanic lava collapse	
09	冻融塌陷	Congelifraction collapse	
10	地震塌陷	Earthquake collapse	
11	降雨塌陷	Rainfall collapse	

表 1（续）

代码	汉字名	英译名	说明
12	洪水塌陷	Flood collapse	
13	排水塌陷	Drainage collapse	
14	抽水塌陷	Pumping collapse	
15	蓄水塌陷	Impounding collapse	
16	荷载塌陷	Loading collapse	
17	推动塌陷	Vibration collapse	
18	渗水塌陷	Percolation collapse	
19	矿山采空塌陷	Collapse by mining	
20	潜蚀塌陷	Suberosion collapse	
21	重力塌陷	Gravity collapse	
22	吸蚀塌陷	Suckingerosion collapse	
23	冲爆塌陷	Wash-explosion collapse	
24	根蚀塌陷	Root-erosion collapse	
25	溶蚀塌陷	Corrosion collapse	
26	小型塌陷	Small collapse	
27	中型塌陷	Moderate collapse	
28	大型塌陷	Large collapse	
29	巨型塌陷	Vast collapse	
GCKUG	塌陷规模		
GCKUGA	塌陷坑	Collapse pit	
GCKUGB	塌陷个数	Number of collapse pit	
GCKUGC	塌陷方量	Volume of collapse	
GCKUGD	最大塌陷坑口直径	Maximum diameter of collapse pit mouth	
GCKUGE	最大陷坑坑底直径	Maximum diameter of collapse pit bottom	
GCKUGF	最大陷坑深度	Maximum depth of collapse pit	
GCKUGG	塌陷面积	Area of collapse	
GCKUGH	塌陷区面积	Area of collapse area	
GCKUH	塌陷特征		
1	发型塌陷	Sudden collapse	
2	变形塌陷	Slow collapse	
GCKUJ	塌陷区特征		
GCKUJA	塌陷坑形态	Shape of collapse depression	
GCKUJB	塌陷分布地段	Segment of collapse distributed	
GCKUJA	塌陷坑形态		
1	圆形	Circle	
2	椭圆形	Ellipse	
3	不规则多边形	Irregular polygon	
4	规则多边形	Regular polygon	
GCKUJB	塌陷分布地段		
1	岩溶发育区	Karst development area	
2	降落漏斗中心区	Central area of depression cone	
3	第四系松散物转薄地段	Section of the quaternary system loose deposits	

表 1（续）

代 码	汉 字 名	英 译 名	说 明
4	河床两侧及地形低洼处	Both sides of river bed and landform low-lying	
GCKUK	塌陷地区地质环境		
GCKUKA	地貌形态单元	Geomorphical units	
GCKUKB	塌陷区地层岩性	Lithological character of strata of collapse area	
GCKUKC	塌陷区构造部位	Structural position of collapse area	
GCKUKD	岩溶岩分布特征	Feature of karst rock distributed	
GCKUKE	地面岩溶分布密度指数	Density index of karst distribution of ground surface	
GCKUKF	塌陷区水文地质特征	Hydrogeological feature of collapse area	
GCKUKG	地下水水位埋深	Buried depth of groundwater level	
GCKUKH	塌陷后动水位埋深	Buried depth of dynamic water table after collapse	
GCKUKI	覆盖层含水层厚度	Aquifer thickness of overburden	
GCKUKJ	覆盖层含水层渗透系数	Seepage coefficient of aquifer of overburden	
GCKUKK	塌陷区地表径流特征	Feature of sheet runoff of collapse area	
GCKUKC	塌陷区构造部位		
1	断裂带	Fault zone	
2	背斜轴部	Axial plane of anticline	
3	背斜翼部	Anticline limb	
4	向斜轴部	Axial plane of syncline	
5	向斜翼部	Syncline limb	
GCKUKD	岩溶岩分布特征		
1	条带状	Striped	
2	面状	Plane	
GCKUL	塌陷区覆盖层		
GCKULA	塌陷区覆盖层厚度	Overburden thickness of collapse area	
GCKULB	塌陷覆盖层岩性	Litho logical character of collapse overburden	
GCKULC	岩溶岩与覆盖层连接强度	Joined degree between karts rock and overburden	
1	强	Strong	
2	弱	Weak	
GCKUM	塌陷区形成机制		
1	潜蚀作用	Phreatic corrosion	
2	初始真空吸盘吸蚀作用	Absorbed erosion of initial vacuum sucker	
3	真空腔吸蚀作用	Absorbed erosion of vacuum cavity	
4	吸蚀漏斗吸蚀作用	Absorbed erosion of whirl absorbed cone	
GCKUP	塌陷历史		
GCKUPA	塌陷次数	Number of collapses	
GCKUPB	各次塌陷时间	Time of every collapse	
GCKUPC	最大塌陷时间	Time of maximum collapse	
GCKUPD	最大塌陷规模	Dimension of Maximum collapse	
GCKV	崩塌调查		
GCKVE	崩塌类型	Avalanche type	
GCKVF	崩塌规模	Dimension of avalanche	
GCKVG	崩塌方向	Fall direction	

表 1（续）

代　码	汉　字　名	英　译　名	说　明
GCKVH	崩塌特征	Avalanche characters	
GCKVI	坡体变形特点	Character of slope mass deformation	
GCKVJ	崩塌坡体特征	Feature of avalanche slope mass	
GCKVK	崩塌堆积体特征	Feature of avalanche drift mass	
GCKVL	崩塌区地质环境	Geological environment of avalanche area	
GCKVM	崩塌坡体变形阶段	Deformation stage of avalanche slope mass	
GCKVN	崩塌岩体结构特征	Texture character of avalanche rock body	
GCKVO	崩塌区人类活动状况	Mankind activity conditions of avalanche area	
GCKVP	崩塌区植被发育状况	Vegetation condition of avalanche area	
GCKVQ	崩塌体稳定程度	Stability degree of avalanche slope mass	
GCKVR	崩塌次生灾害	Secondary disaster of avalanche	
GCKVS	崩塌历史	History of avalanche	
GCKVT	崩塌次数	Number of avalanche	
GCKVU	崩塌灾害	Disaster of avalanche	
GCKVV	结构面摩擦系数	Friction coefficient of structure plane	
GCKVW	滑体稳定系数	Stable coefficient of sliding mass	
GCKVX	崩塌预报	Forecasting of avalanche	
GCKVY	崩塌监测	Monitor of avalanche	
GCKVZ	崩塌前兆	Avalanche precursor	
GCKVE	崩塌类型		
01	土崩	Soil avalanche	
02	岩崩	Rock avalanche	
03	山崩	Mountain avalanche	
04	岸崩	Cliff avalanche	
05	削落	Cutting down	
06	坠面	Falling stone	
07	崩落	Bursting down	
11	崩积物崩塌	Avalanche of colluvial deposits	
12	表面风化物崩塌	Avalanche of surface weathering material	
13	沉积物崩塌	Avalanche of deposits	
21	散落型崩塌	Falling avalanche	
22	滑动型崩塌	Slip avalanche	
23	流动型崩塌	Flow avalanche	
31	倒倾式崩塌	Inverted plunge avalanche	
32	鼓胀式崩塌	Swelling avalanche	
33	拉裂式崩塌	Tensile cracking avalanche	
34	错断式崩塌	Cutting avalanche	
35	整体式崩塌	Whole-mass avalanche	
36	逐渐坠落式崩塌	Gradually falling avalanche	
37	崩滑式崩塌	Avalanche-sliding avalanche	
GCKVF	崩塌规模		
GCKVFA	崩塌堆积体	Avalanche drift mass	

表 1（续）

代　码	汉　字　名	英　译　名	说　明
GCKVFB	堆积体平均长度	Average length of drift mass	
GCKVFC	堆积体平均宽度	Average width of drift mass	
GCKVFD	堆积体平均厚度	Average thickness of avalanche drift mass	
GCKVFE	崩塌堆积物覆盖面积	Covering area of avalanche accumulation	
GCKVH	崩塌特征		
GCKVHA	崩塌垂直落距	Vertical distance avalanche	
GCKVHB	崩塌水平滚距	Horizontal distance of avalanche	
GCKVI	坡体变形特点		
GCKVIA	裂隙	Crack	
GCKVIB	裂隙发育部位	Position of tensile crack growth	
GCKVIC	裂隙组数	Number of crack groups	
GCKVID	裂隙间距	Span of crack	
GCKVIE	裂隙深度	Depth of tensile crack	
GCKVIF	裂隙产状	Occurrence of tensile crack	
GCKVIG	裂隙面形态	Shape of crack plane	
GCKVIH	裂隙延伸最大长度	Maximum length of tensile crack	
GCKVJ	崩塌坡体特征		
GCKVJA	崩塌坡体产状	Occurrence of avalanche slope mass	
GCKVJB	崩塌坡体类型	Type of avalanche slope mass	
GCKVJC	平均坡度	Average gradient	
GCKVJD	坡顶高程	Altitude of slope top	
GCKVJE	坡底高程	Altitude of slope bottom	
GCKVJF	坡体高度	Height of slope mass	
GCKVJG	主要临空面方向	Direction of main free face	
GCKVJH	临空面倾角	Dip angle of free slope surface	
GCKVJI	有效临空高度	Height of effective free face	
GCKVJJ	崩塌体临空面构成	Composition of free face of avalanche body	
GCKVJK	崩塌堆积体特征	Feature of avalanche drift mass	
GCKVJM	堆积物形态	Shape of avalanche drift mass	
GCKVJL	崩塌物堆积部位	Drift position of avalanche	
GCKVJL	崩塌物堆积部位		
1	坡面	Slope plane	
2	坡脚	Slope foot	
GCKVJM	堆积物形态		
1	倒面堆	Talus	
2	岩屑锥	Debris cone	
3	岩屑坡	Debris slope	
GCKVL	崩塌区地质环境		
GCKVLA	崩塌区地形地貌	Topography and geomorphy of avalanche area	
GCKVLB	崩塌区地层岩性	Lithological character of strata of avalanche area	
GCKVLC	崩塌区岩性风化程度	Weathering degree of avalanche rock mass	
GCKVLD	崩塌区地质构造	Geological structure of avalanche area	

表1(续)

代码	汉字名	英译名	说明
GCKVLE	崩塌区水文地质特征	Hydrogeological feature of avalanche area	
GCKVLF	地层与坡度倾向关系	Relationship between stratum and gradient	
GCKVLF	地层与坡度倾向关系		
1	倾向斜坡	Inclination slope	
2	反向斜坡	Anti-inclination slope	
3	切向斜坡	Shearing slope	
4	直立斜坡	Vertical slope	
GCKVM	崩塌坡体变形阶段		
1	孕育期或缓变形期	Growth period or slow deformation period	
2	变形发展期	Deformation development period	
3	急剧变形期	Accelerated development period	
4	破坏崩滑期	Destroyed slump period	

附 录 A
（规范性附录）
关于分类选词范围归属的说明

《地质矿产术语分类代码》各学科大类的选词范围基本参照地质出版社出版的《地质辞典》划分。具体内容如下。

A.1 宇宙地质学(YZ):包括天体地质学,陨石学,天文地质学。月球地质学较详细,包括月球结构、地貌、月球矿物等。陨石学的陨击坑、陨石、陨石矿物等。

A.2 地球物理学(DW):包括地球的各种物理性质、基本物理量及单位,古地磁级、磁场、仪器测量及数据处理等内容。

A.3 火山地质(HS):包括火山机制与构造,火山活动、喷发、喷出物、火山地貌、区域火山地质,近期火山活动。

A.4 地震地质(DZ):包括地震的分类、成因、前兆、灾害、预报及图件资料等。

A.5 外动力地质学(WZ):包括外营力,外力地质作用类型,外力地质作用方式,影响外力地质作用的因素等。

A.6 地貌学(DM):包括由地球内力及各种外力地质作用在地球表面形成的地貌分类、形态、年龄及各种地貌图件等。

A.7 大地构造学(DD):包括各大地构造学派对大地构造的分类、单元划分、构造演化、构造特征,我国及世界主要区域构造,研究和区分各种构造的地质特征、依据和研究方法,以及地壳运动和新构造等。

A.8 构造地质学(GZ):包括成层构造,褶皱、节理、断层、面理、线理、同沉积构造,岩浆岩原生构造,重力、底辟、撞击构造、显微构造、矿田构造、应变分析,构造应力场等。

A.9 矿物学及结晶学(KW):包括矿物的成因、形态、物理性质(侧重肉眼鉴定方面)、化学组成、矿物分类和名称及晶体发生学、几何结晶学和结构结晶学方面的内容。

A.10 岩石学(YS):包括三大类岩石的名称、结构、构造、成分,各种岩相,火成岩产状,岩浆作用,岩石组合,沉积模式,沉积环境,沉积相及变质作用的类型、方式,变质建造等。

A.11 地球化学(DH):包括元素地球化学的化学元素,地球化学参数,元素地球化学分类、分布、作用;放射性同位素地球化学中的同位素表,同位素的类型、分析测量方式、仪器,地质年龄的测量和计算;稳定同位素分析、地质及地球化学特点;实验地球化学中有关包裹体类型、成因、镜下特征和实验技术、设备、参数以及各类地球化学图件等。

A.12 岩矿鉴定(YK):包括各种鉴定方法、鉴定参数、仪器、岩矿物理性质(侧重仪器鉴定方面)。

A.13 化学分析(HX):包括分析类型,分析方法、分析项目、分析误差、样品分解、化学反应,分析结果、分析浓度、测试条件、化学常数及分析仪器、试剂种类等。

A.14 地史学及地层学(DS):包括年代地层学的基本概念以及全国范围内各时代各大区组以上的地层单位名称。

A.15 古地理学(GD):包括古地理事件,古地理单元,占地理特征及古地理图件等。

A.16 矿床学(KC):包括矿产、矿床成因、矿床类型、矿田构造、矿体形状、成矿作用、围岩蚀变、矿石结构、构造、成矿带等。

A.17 煤地质学(MD):包括煤层、聚煤作用、煤变质作用,聚煤盆地分析;煤炭资源勘探有关内容;煤化、煤质、工业分析,煤的气化和液化;煤岩成分分类,煤的物理性质以及煤的各种分类等。

A.18 石油及天然气地质学(SY):包括油气显示和固体沥青,石油分类,石油的物理性质、组成、馏分及简易分析,石油烃类化合物,石油非烃类化合物、天然气、油气田水、储集层、圈闭、油气成因、运移、聚集、油气盆地,石油地球化学分析及同位素地球化学(有机部分),烃原岩及其评价、油气勘探、储量和资源量计算、油气田开发等内容。

A.19 海洋地质学(HY):包括海洋构成,海洋及河口水文要素、海洋地貌、海洋沉积、海洋底构造、海底矿产资源、古海洋及古气候和海洋地质调查等内容。

A.20 水文地质学(SW):包括水文地质学基础内容、各种水文地质调查、水文地质钻探、野外水文地质试验、地下水动态与均衡、水文地球化学、地下水动力学、岩溶水文地质、水资源、矿床水文地质、土壤改良、各项水文调查成果等。

A.21 工程地质学(GC):包括岩土成分与结构、岩土工程性质、岩土工程地质分类、岩土工程改良以及土体工程、岩体工程、区域工程等各种工程地质条件、问题、作用、研究方法和工程地质勘察等内容。

A.22 地热地质学(DR):包括地温调查、热流、地热显示、地球化学调查、地热勘探、地热介质、地热区、地热储、地热田、地热系统、地热开发、地热经济及地热图件等。

A.23 环境地质学(HJ):包括环境地球化学、环境水文地质学、城市地质、医学地质以及环境污染、环境质量和环境保护等内容。

A.24 地质经济(JJ):包括矿产资源形势分析、矿产资源的储备、供需、经济决策各项指标,矿产、矿业和矿产品各项经济指标、矿床经济评价指标、地质工作经济效果及地质工作管理等内容。

A.25 遥感地质(YG):包括遥感技术方法在地质领域的应用、遥感台仪器设备、遥感图像及解释、成果资料等。

A.26 数学地质(SD):包括地质数据统计分析、矿产资源预测及评价、地质过程模拟、用于地质工作中的各种数学方法以及这些方法涉及到的各种参数、变量和计算机处理等方面的内容。

A.27 区域地质调查(QD):包括工作区概况、工作步骤、各种调查方法、野外数据采集及调查成果资料等。

A.28 地球物理勘探(WT):包括重、磁、电、地震、测井各种物探方法用于陆地、空中、海上各方面所涉及的数据采集、各种物性参数、方法手段、仪器设备、资料数据解释及成果图件等内容。

A.29 勘查地球化学(HT):包括勘查地球化学所依据的地球化学背景、异常、分散、元素存在形式等基本原理涉及的各项内容,各种化探方法,野外样品采集、各种参数、数据处理及成果解释等内容。

A.30 矿山地质与采矿(KS):包括矿山设计、基础地质工作、生产勘探、生产指导及矿山储量、矿石贫化、矿石损失方面的内容和有关采矿、通风、排水等内容。

A.31 选矿与冶金(XY):包括选矿产品、选矿技术经济指标、矿石可选性和冶金流程、冶金方法、矿石性质、熔剂、冶金炉、冶金产品及冶金工业指标等内容。

A.32 固体矿产普查与勘探(PK):包括矿产资源分类、地质工作阶段划分、固体矿产普查勘探方法、勘探类型、取样种类和方法、储量计算、矿石类型、地质编录、矿产工业要求等。

A.33 探矿工程(TK):包括陆地钻探、坑探及石油钻井、海上钻探等各种探矿工程的技术方法、工艺要求、工作程序、施工记录、各项技术参数及仪器设备、成果图件等。

A.34 古生物学(GS):包括总论,古无脊椎动物、古脊椎动物、古植物、孢粉及遗迹化石和几丁虫等标准化石。

A.35 测绘学(CH):包括控制测量、摄影测量、普通测量及地质勘探工程测量所涉及到的各有关定量和定性数据、成果资料、各种导航系统等各种空间定位数据、测绘方法、精度、仪器等。

以上是各学科包括的主要内容方面,详见各学科术语分类与代码表。

ICS 35.040
A 24

中华人民共和国国家标准

GB/T 9649.24—2009
代替 GB/T 9649.24—2001

地质矿产术语分类代码 第24部分:地质经济学

Terminology classification and code for geology and mineral resources—Part 24:Geoeconomy

2009-10-15 发布 2009-12-01 实施

中华人民共和国国家质量监督检验检疫总局
中国国家标准化管理委员会 发布

前 言

GB/T 9649《地质矿产术语分类代码》分为 35 个部分：

——第 1 部分：宇宙地质学；

——第 2 部分：地球物理学；

——第 3 部分：火山地质；

——第 4 部分：地震地质；

——第 5 部分：外动力地质学；

——第 6 部分：地貌学；

——第 7 部分：大地构造学；

——第 8 部分：构造地质学；

——第 9 部分：结晶学及矿物学；

——第 10 部分：岩石学；

——第 11 部分：地球化学；

——第 12 部分：岩矿鉴定；

——第 13 部分：化学分析；

——第 14 部分：地史学及地层学；

——第 15 部分：古地理学；

——第 16 部分：矿床学；

——第 17 部分：煤地质学；

——第 18 部分：石油及天然气地质学；

——第 19 部分：海洋地质学；

——第 20 部分：水文地质学；

——第 21 部分：工程地质学；

——第 22 部分：地热地质；

——第 23 部分：环境地质；

——第 24 部分：地质经济学；

——第 25 部分：遥感地质；

——第 26 部分：数学地质；

——第 27 部分：区域地质调查；

——第 28 部分：地球物理勘查；

——第 29 部分：地球化学勘查；

——第 30 部分：矿山地质与采矿；

——第 31 部分：选矿与冶金；

——第 32 部分：固体矿产普查与勘探；

——第 33 部分：探矿工程；

——第 34 部分：古生物学；

——第 35 部分：测绘学。

本部分为 GB/T 9649 的第 24 部分，代替 GB/T 9649.24—2001《地质矿产术语分类代码　地质经济学》。

本部分与 GB/T 9649.24—2001 相比，主要变化如下：

——按 GB/T 1.1—2000 对标准进行修改；

——根据《建设项目经济评价方法与参数》和财务制度要求，增加了新的术语；

——修正部分术语名称；

——修正英译名存在的问题。

本部分的附录 A 为规范性附录。

本部分由中国标准化研究院提出并归口。

本部分起草单位：中国国土资源经济研究院、国土资源部信息中心。

本部分主要起草人：鹿爱莉、陈春仔、梁凯、兰井志、李刚。

本部分所代替标准的历次版本发布情况为：

——GB/T 9649—1988；

——GB/T 9649.24—2001。

地质矿产术语分类代码
第24部分:地质经济学

1 范围

本部分规定了矿产资源形势分析、矿产资源的储备、供需、经济决策各项指标,矿产、矿业和矿产品各项经济指标、矿床经济评价指标,地质工作经济效果及地质工作管理等地质经济学方面的数据分类与代码。

本部分适用于各类地质矿产信息系统建设,是确定数据库标准体系和数据字典,制定各类地质数据文件格式标准的基础标准。

2 术语和定义

下列术语和定义适用于本部分。

2.1

数据项 data item

反映各种地质实体的基本属性及其上层概念的术语。

2.2

文字值 literal value

对地质实体的基本属性进行具体的定性描述用的术语。

3 分类原则

3.1 本部分按照易编好用和尽量减少代码冗余而又留有扩充余地等原则,采用面分类法,将地质科学分成35个学科大类,并严格划分边界,保持总体的系统性、完整性,避免内容的重复与交叉。

3.2 大类下面采用三级树型分类,中类、小类到基本数据项名。各学科内容层次不一,可少于三层,在编码容量允许的条件下,也可分至四层。

3.3 各级分类具有科学性、系统性和通用性。

4 选词原则

4.1 选词对象:可能作为各类地质矿产数据库之数据项(包括从分类意义上选取的数据项的上层概念)的术语,以及定性描述数据项的文字值要用到的术语。所选术语与现行有关国家标准取得一致,尽量参照现行的各种地质工作规范。

4.2 作为数据项用的术语在本标准中具有唯一性。凡有同义词的在说明栏标明,以备参照。

4.3 选词力求简单、明确,无二义性。充分考虑到建立数据库的需要。

4.4 为保证“地质矿产术语分类代码”的整体性、系统性,避免重复,在基础学科已包含的内容,应用学科中不再选入,新兴学科和边缘学科只选取其独有内容。有关分类选词范围归属的说明见附录A。

4.5 适当选入一些反映学科发展新方向、新水平的术语。

4.6 为了使用的方便,个别使用频度高的数据项在不同学科可重复出现,但要用统一编码,确保代码的唯一性。在不同数据项下的文字值可有少量重复。

5 编码方法

5.1 数据项采用不多于六位的拉丁字母(大写)编码,一般共分为四个层次。结构如下:

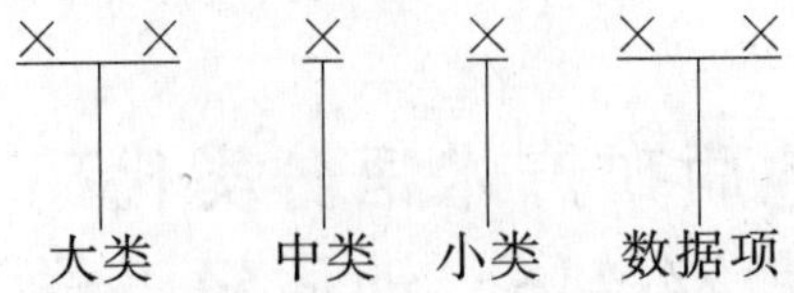

各大类取能反映该类含义的两个汉字的汉语拼音字头为代码，具有一定的可读性。如"构造地质学"取"GZ"为代码。以下为树型嵌套式，中类和小类各取A～Z一位字母顺序编排，最后两位为基本数据项，数量较多，取AA～ZZ顺序编排。若有分级需要，且扩充余量足够，也可将最后两位分作两级使用。

5.2 文字值一般采用数字编码，其长度由分级需要、文字值的个数及留出的扩充余量来决定，尽量缩短，减少冗余。文字值分等级时，采用数字层次嵌套方式，同一数据项下的文字值代码为等长码。有些文字值（如化学元素、地层等）继续采用原有的国际或国内通用字符代码。

6 使用与管理

6.1 使用方法：该部分以书面及磁介质两种方式提供使用，用户可根据各自建库目的从各学科选择所需术语及其代码，作为各自系统的数据字典。

6.2 若该部分内容尚不能满足某项需要，可提出要补充的内容，报请该部分管理单位在相应学科增补，并给定代码以供使用。

7 地质经济学术语分类代码表

为适应建设数据库和与国际交流的需要，分类与代码表设置代码、汉字名、英译名（古生物为拉丁文字名）及说明四个栏目，见表1。

表1 地质经济学术语分类代码表

代码	汉字名	英 译 名	说明
JJ	地质经济学		
JJA	矿产资源形势	The situation of mineral resources	
JJD	技术经济基础资料	Basic information of technical-economics	
JJG	矿床经济评价	Economic evaluation of ore deposits	
JJJ	地质工作经济效果	Economic effect of geological work	
JJM	地质工作管理	Geological work management	
JJN	矿业权	Mining tenement	
JJP	矿业市场	Mining market	
JJA	矿产资源形势		
JJAA	资源形势分析范围	Range of resources situation analysis	
JJAB	矿产品供需分析	Supply and demand analysis of mineral commodities	
JJAC	矿产资源储备动态分析	Dynamic analysis of mineral resources reserve	
JJAD	资源形势因素分析	Analysis of factors of the resources situation	
JJAE	矿产品市场预测	Market forecasting of mineral commodities	
JJAF	矿产资源经济决策	Decision making of mineral economics	
JJAG	矿产资源形势分析方法	Analysis methods of mineral resources situation	
JJAK	价格	Price	

表 1（续）

代码	汉字名	英 译 名	说明
JJAA	资源形势分析范围		
JJAAA	矿产形势分析	mineral situation analysis	
JJAAB	地域名称	Names of district	
JJAAC	年限	Life cycle	
JJAAD	空间范围	Spatial range	
JJAAE	时间要素	Time factor	
JJAAA	矿产形势分析		
JJAAAA	长线矿产	Sufficient minerals	
JJAAAB	急缺矿产	Deficient minerals	
JJAAAC	优势矿产	Superior minerals	
JJAAAD	劣势矿产	Deficient minerals	
JJAAAE	短线产品	Deficient products	
JJAAD	空间范围		
01	国内	Domestic	
02	省内	Provincial	
03	地区	District	
04	流域	Drainage basin	
05	经济区	Economic zone	
21	世界	World	
22	洲	Continent	
23	地区国家	Regional nations	
24	国家集团	National group	
25	其他国家或地区	Other countries or regions	
JJAAE	时间要素		
JJAAEA	远景分析	Long-term analysis	
JJAAEB	现状分析	Present situation analysis	
JJAAEC	事先分析	Prior analysis	
JJAAED	事后分析	Posterior analysis	
JJAB	矿产品供需分析		
JJABA	矿产品供需量	Demand and supply of mineral commodities	
JJABB	矿产开采基地	Mining base	
JJABC	矿产品终端用途分析	End-use analysis of mineral commodities	
JJABD	矿产品供应	Supply of mineral commodities	
JJABE	供求关系	Relationship between supply and demand	
JJABA	矿产品供需量		

表 1（续）

代码	汉字名	英 译 名	说明
JJABAA	年产量	Annual production	
JJABAB	年消费量	Annual consumption	
JJABAC	年剩余量	Annual surplus	
JJABAD	年短缺量	Annual shortage	
JJABAE	年出口量	Annual export	
JJABAF	年进口量	Annual import	
JJABAG	年增长系数	Annual growth rate	
JJABAH	矿产自给率	Rate of self-sufficiency of mineral commodities	
JJABAI	供需比	Ratio of supply to demand	
JJABAJ	产量所居位数	Position of production	
JJABAK	产量占百分比	Production in terms of percentage	
JJABAL	消耗量所居位数	Position of consumption	
JJABAM	消耗量占百分比	Consumption in terms of percentage	
JJABAN	出口量所居位数	Position of export	
JJABAO	出口量占百分比	Export in terms of percentage	
JJABAP	进口量所居位数	Position of import	
JJABAQ	进口量占百分比	Import in terms of percentage	
JJABAR	消费量	Consumption	
JJABAS	需求量	Demand	
JJABAT	消费部门	Consumption department	
JJABAU	消费单位	Consumption unit	
JJABAV	供应量	Supply	
JJABAW	进口量	Import	
JJABAX	出口量	Export	
JJABAY	需求部门	Demand department	
JJABAZ	需求单位	Demand unit	
JJABB	矿产开采基地		
JJABBA	主要矿产国	Major mineral production countries	
JJABBB	次要矿产国	Minor mineral production countries	
JJABBC	主要矿产地区	Major mineral production regions	
JJABBD	次要矿产地区	Minor mineral production regions	
JJABBE	主要矿山	Major mines	
JJABBF	次要矿山	Minor mines	
JJABBG	年开采量	Annual ore production	
JJABBH	开采量所居位数	Position of ore production	

表 1（续）

代码	汉字名	英 译 名	说明
JJABBI	开采量占百分比	Annual ore production in terms of percentage	
JJABBJ	销采比	Ratio of sales to production	
JJABBK	法人单位代码	Code of corporate body	
JJABC	矿产品终端用途分析		
JJABCA	矿产品用途	Usage of mineral commodities	
JJABCB	矿产品主要用途	Major use of mineral commodities	
JJABCC	矿产品次要用途	Minor use of mineral commodities	
JJABCD	主要用量	Tonnage for major use	
JJABCE	次要用量	Tonnage for minor use	
JJABCF	主要用量占百分比	Percentage of major use	
JJABCG	次要用量占百分比	Percentage of minor use	
JJABCH	消费满足率	Ratio of production full consumption	
JJABCI	新用途开发概率	Probability of new use development	
JJABCJ	代用品开发概率	Probability of substitutional products development	
JJABCA	矿产品用途		
01	民用工业	Civil industry	
02	农业	Agriculture	
03	军需工业	Military industry	
11	重工业	Heavy industry	
12	轻工业	Light industry	
13	基础工业	Basic industry	
14	矿业	Mining industry	
15	地勘业	Geological exploration industry	
16	钢铁工业	Iron and steel industry	
17	有色金属工业	Nonferrous metals industry	
31	加工工业	Processing industry	
32	化学工业	Chemical industry	
33	电子工业	Electronic industry	
34	机械制造工业	Mechanical industry	
35	建筑材料工业	Constructive material industry	
36	陶瓷及耐火工业	Ceramic and refractory industry	
37	研磨工业	Abrasive industry	
51	能源工业	Energy industry	
52	煤炭工业	Coal industry	
53	石油工业	Oil industry	

表 1（续）

代码	汉字名	英 译 名	说明
71	对外贸易	Foreign trade business	
72	珍宝业	Gemstone and jewellery industry	
73	金融业	Finance business	
74	服务业	Service industry	
75	旅游业	Tourist industry	
76	电力工业	Electric power industry	
JJABD	矿产品供应		
JJABDA	供货单位	Unit of supply	
JJABDB	供货部门	Department of supply	
JJABDC	供货地点	Location of supply	
JJABDD	供货方式	Mode of supply	
JJABDE	进口国别	Nationality of import	
JJABDF	进口部门	Department of import	
JJABDG	进口单位	Unit of import	
JJABDH	出口国别	Nationality of export	
JJABDI	出口部门	Department of export	
JJABDJ	出口单位	Unit of export	
JJABDK	存量	Stock	
JJABDL	增量	Addition	
JJABDM	流量	Flow	
JJABDD	供货方式		
1	现货	Spot	
2	期货	Futures	
JJABE	供求关系		
1	供求平衡	Balance between supply and demand	
2	供不应求	Demand exceeds supply	
3	供过于求	Supply exceeds demand	
JJAC	矿产资源储备动态分析		
JJACA	可回收矿产	Recoverable minerals	
PKCAAA	能利用储量	Usable reserves	
JJACB	经济可采储量	Economically minable ore reserves	
JJACC	拥有资源所居位数	Position of mineral resources	
JJACD	拥有资源所占百分比	Mineral resources in terms of percentage	
JJACE	储采比	Ratio of ore reserve to ore mined	
JJACF	储采均衡程度	Balance degree between ore reserve and ore mined	

表 1（续）

代码	汉字名	英 译 名	说明
JJACG	可供开采年限	Mine life	
PKCAAB	暂不能利用储量	Reserves unusable in near future	
PKBBC	预测资源量	Predictive resources	
JJACJ	储量增长率	Reserve increasing rate	
JJACK	储量增长主要因素	Major factors of ore reserve increase	
JJACL	储量耗竭率	Rate of ore reserve depletion	
JJACM	储量耗竭主要因素	Major factors of ore reserve depletion	
JJACN	国内资源保证程度	Degree of self-sufficiency of mineral resources	
JJACO	世界资源储备状况	Situation of world mineral resources reserve	
PKCIB	保有储量	Unmined reserve	
JJACP	资源储备前景	Prospects of mineral resources reserve	
JJACR	矿产资源资产	Property of mineral resources	
JJACS	矿产资源价值	Value of mineral resources	
JJACT	矿产资源计价方法	Valuation methods of mineral resources	
JJACU	矿产资源核算方法	Accounting methods of mineral resources	
JJACF	储采均衡程度		
1	均衡	Balance	
2	基本均衡	Basic balance	
3	正失调	Positive imbalance	储备过多
4	负失调	Negative imbalance	储备不足
JJACN	国内资源保证程度		
1	有充分保证	Fully meeting the demand	
2	基本有保证	Almost fully the demand	
3	有缺口	Deficiency	
4	资源急缺	Critical deficiency	
JJACO	世界资源储备状况		
1	充足	Sufficiency	
2	基本满足	Basic sufficiency	
3	不足	Deficiency	
4	严重不足	Critical deficiency	
JJACP	资源储备前景		
1	乐观	Optimistic	
2	较好	Better	
3	不明	Unknown	
4	不佳	Worse	

表 1（续）

代码	汉字名	英 译 名	说明
5	悲观	Pessimistic	
JJACU	矿产资源核算方法		
1	区域价值估计法	Regional value estimation	
2	体积估计方法	Volume estimation	
3	丰度估计法	Abundance estimation	
4	丰度模型法	Abundance-model method	
5	矿产模型化法	Mineral deposit modeling	
6	德尔菲法	Delphi	
7	矿床模拟法	Deposit simulated method	
JJAD	资源形势因素分析		
JJADA	经济分析方法	Methods of economic analysis	
JJADB	影响资源形势的因素	Factors influencing resources situation	
JJADC	矿产地质因素	Factors of geology of mineral resources	
JJADD	地质勘查因素的事后分析	Factors of prospecting and exploration for position	
JJADE	技术因素	Technical factors	
JJADF	经济因素	Economic factors	
JJADG	政治社会因素	Political and social factors	
JJADH	其他因素	Other factors	
JJADA	经济分析方法		
1	静态分析法	Static analysis	
2	动态分析法	Dynamic analysis	
3	价格分析	Price analysis	
4	数理分析	Mathematical analysis	
5	经济模型	Economic model	
6	综合分析	Integrative analysis	
7	定量分析	Quantitative analysis	
8	定性分析	Qualitative analysis	
JJADB	影响资源形势的因素		
001	资源丰度系数高	Higher abundance of resources	
002	资源丰度系数低	Lower abundance of resources	
003	成矿地质条件有利	Most favorable geological conditions for mineralization	
004	成矿地质条件较好	Better favorable geological conditions for mineralization	
005	成矿地质条件不利	Unfavorable geological conditions for mineralization	
006	成矿地质条件不清	Unknown geological conditions for mineralization	

表 1（续）

代码	汉字名	英 译 名	说明
101	基础地质研究工作增强	Strengthening of basic geological research	
102	基础地质研究工作削弱	Weakening of basic geological research	
103	矿产普查增强	Strengthening of mineral prospecting	
104	矿产普查削弱	Weakening of mineral prospecting	
105	矿床勘探增强	Strengthening of mineral deposit exploration	
106	矿床勘探削弱	Weakening of mineral deposit exploration	
107	地质科学理论的更新	Update of geological theory	
108	发现新的矿床类型	Discovery of new types of ore deposits	
109	发现新的资源基地	Discovery of new resources bases	
110	探采工作协调	Balance between prospecting and mining	
111	探采工作失调	Imbalance between prospecting and mining	
112	地质资料更新	Update of geological information	
201	矿业开发技术高	Advanced mining technology	
202	矿业开发技术低	Less advanced mining technology	
203	矿产加工技术高	Advanced mineral processing technology	
204	矿产加工技术低	Less advanced mineral processing technology	
205	探矿技术高	Advanced exploration technology	
206	探矿技术低	Less advanced exploration technology	
207	技术经济指标合理	Rational technological and economic indicators	
208	技术经济指标不合理	Irrational technological and economic indicators	
209	资源综合利用	Comprehensive utilization of resources	
210	资源合理利用	Rational utilization of resources	
211	资源浪费	Wasting mineral resources	
212	开采过甚	Over mining	
213	资源开发正常枯竭	Normal depletion of resources by mining	
214	资源再生利用率高	High-rate of recycling use of resources	
215	资源再生利用率低	Low-rate of use of resources	
301	经济振兴	Economic prosperity	
302	经济稳定	Economic stability	
303	经济萧条	Economic depression	
304	经济危机	Economic crisis	
305	经济复苏	Economic recovery	
306	矿业开发兴旺	Prosperous mine development	
307	增建新矿山	Developing new mines	
308	矿业萧条	Mining depression	

表 1（续）

代码	汉字名	英 译 名	说明
309	消耗增长	Consumption increase	
310	消耗缩减	Consumption decrease	
311	需求增长	Demand increase	
312	需求缩减	Demand depletion	
313	生产成本增加	Production cost increase	
314	生产成本降低	Production cost decrease	
315	生产成本稳定	Production cost stability	
316	矿产价格刺激	Stimulation of price of mineral commodities	
317	矿产价格偏低	Lower price of mineral commodities	
318	矿产价格稳定	Stable price of mineral commodities	
319	商业集团垄断	Gray market monopoly	
320	商业性囤积	Trade stockpile	
321	商业性倾销	Speculation marketing	
322	银根紧缩	Tight money	
323	银根松	Easy money	
401	国际关系缓和	International relations detente	
402	国际关系紧张	International relations tension	
403	政局稳定	Political stability	
404	政局动荡	Political instability	
405	政策干预	Policy intervention	
406	军事影响	Military effect	
407	增加军需储备	Military reserve increase	
408	削减军需储备	Military reserve decrease	
409	矿产品战略储备	Mineral commodity strategic reserve	
410	地质矿业政策性调整	Policy adjustment in geological and mining sector	
501	有益于环境	Beneficial to environment	
502	致害环境	Harmful to environment	
503	环境无害	Harmless to environment	
504	扩大矿产品用途	Extending use of mineral commodities	
505	代用品的冲击	Impact of substitutional products	
JJAE	矿产品市场预测		
JJAEA	市场预测年限	Time period of market forecasting	
JJAEB	产销预测	Production and marketing forecasting	
JJAEC	需求预测	Demand forecasting	
JJAED	商品供需关系	Relationship between supply and demand of commodities	

表 1（续）

代码	汉字名	英 译 名	说明
JJAEE	价格预测	Price forecasting	
JJAEF	市场展望	Market outlook	
JJAEG	国际贸易协定	International trade agreement	
JJAEB	产销预测		
JJAEBA	生产增长率	Rate of productive increasing	
JJAEBB	生产增长主要因素	Major factors of productive increase	
JJAEBC	生产衰减率	Rate of productive decrease	
JJAEBD	生产衰减主要因素	Major factors of productive decrease	
JJAEBE	销售增长率	Sales growth rate	
JJAEBF	销售增长主要因素	Major factors of sales growth	
JJAEBG	销售减衰率	Sales decrease rate	
JJAEBH	销售减衰主要因素	Major factors of sales decrease	
JJAEBI	消耗递增率	Consumption increase rate	
JJAEBJ	消耗递增主要因素	Major factors of consumption increase	
JJAEBK	消耗递减率	Rate of consumption decrease	
JJAEBL	消耗递减主要因素	Major factors of consumption decrease	
JJAEBM	新用途影响程度	Effected degree of new use	
JJAEBN	代用品影响程度	Effected degree of substitutes	
JJAEBO	增建矿山概率	Probability of developing new mines	
JJAEBP	新增矿山生产能力	Production capability of new mines	
JJAEBQ	可替代程度	Substitutional degree	
JJAEBM	新用途影响程度		
1	极大	Huge	
2	较大	Bigger	
3	一般	Medium	
4	较小	Small	
5	极微	Very small	
JJAEC	需求预测		
JJAECA	需求增长率	Demand increase Rate	
JJAECB	需求增长主要因素	Major factors of demand increase	
JJAECC	需求减缩率	Demand decrease rate	
JJAECD	需求减缩主要因素	Major factors of demand decrease	
JJAECE	需求满足率	Ratio of supply to demand	
JJAECF	需求	Demand	
JJAECG	市场需求	Market demand	

表 1（续）

代码	汉字名	英 译 名	说明
JJAECH	市场需求容量	Capacity of market demand	
JJAECI	需求弹性	Elasticity of demand	
JJAED	商品供需关系		
JJAEDA	主要生产国	Major production nations	
JJAEDC	主要生产商	Major producers	
JJAEDD	次要生产商	Minor producers	
JJAEDE	主要需求国	Major demand nations	
JJAEDF	次要需求国	Minor demand nations	
JJAEDG	主要经销商	Major sellers	
JJAEDH	次要经销商	Minor sellers	
JJAEDI	垄断商	Monopolists	
JJAEDJ	贸易控制程度	Degree of administered-trade	
JJAEDK	商品供需经济周期	Business cycle of supply and demand of goods	
JJAEDL	滞后期	Time lag	
JJAEDM	矿产稀缺性	Mineral scarcity	
JJAEDN	矿产可供性	Mineral availability	
JJAEDO	国际能源机构	International Energy Organization	
JJAEDJ	贸易控制程度		
1	不控制	Non-control	
2	一般控制	General control	
3	控制	Control	
JJAEDK	商品供需经济周期		
1	供过于求	Supply exceeds demand	
2	供需平衡	Balance between supply and demand	
3	供不应求	Demands exceeds supply	
JJAEDO	国际能源机构		
01	世界石油会议	World Petroleum Congress	
02	国际能源会议	International Energy Congress	
03	沙特阿拉伯石油会议	Saudi Arabia Petroleum Congress	
04	国际货币基金组织石油基金	Petroleum Fund of the International Monetary Fund	
05	国际大石油公司	International majors	
06	国家石油公司	National oil company	
07	综合石油公司	Integrated oil company	
08	独立石油公司	Independents	
09	埃克森美孚公司	Exxon and Mobil Corporation	

表 1（续）

代码	汉字名	英 译 名	说明
10	英国石油公司	British Petroleum Company	
11	英荷壳牌公司	Royal Dutch/Shell Group	
12	美孚公司	Mobil Corporation	已合并为埃克森美孚公司
13	加利福尼亚美孚石油公司	Standard Oil Corporation of California	
14	海湾石油公司	Gulf Oil Corporation	
15	埃尼集团	Eni Group	
16	埃尔夫-阿基坦国营石油公司	Socirty National Elf Aquitaine	
JJAEE	价格预测		
JJAEEA	价格增长率	Rate of price increase	
JJAEEB	价格增长主要因素	Major factors of price increase	
JJAEEC	价格下降率	Rate of price decrease	
JJAEED	价格下降主要因素	Major factors of price decrease	
JJAEEE	价格稳定程度	Degree of price stability	
JJAEEE	价格稳定程度		
1	稳定	Stability	
2	基本稳定	Basic stability	
3	不稳定	Non-stability	
JJAEF	市场展望		
JJAEFA	主要市场	Major market	
JJAEFB	次要市场	Minor market	
JJAEFC	市场销售量	Market sales	
JJAEFD	销售量所居位数	Position of sales	
JJAEFE	销售量占百分比	Market share in terms of percentage	
JJAEFF	政治干预概率	Probability of political interference	
JJAEFG	市场控制商	Sellers controlling market	
JJAEFH	市场寿命期	Market life	
JJAEFI	市场景况	Market situation	
JJAEFJ	市场竞争前景	Prospects of market competition	
JJAEFK	开发新市场概率	Probability of developing new market	
JJAEFI	市场景况		
1	畅销	Better salable	
2	中等	Generally salable	
3	滞销	Unsalable	
JJAEG	国际贸易协定		

表 1（续）

代码	汉字名	英 译 名	说明
JJAEGA	禁运	Embargo	
JJAEGB	关税	Tariff	
JJAEGC	配额	Quota	
JJAF	矿产资源经济决策		
JJAFA	矿产贸易对策	Trade strategy of mineral commodities	
JJAFB	矿产需求对策	Demand strategy of mineral commodities	
JJAFC	矿产价格对策	Price strategy of mineral commodities	
JJAFD	技术经济对策	Technical and economical strategy	
JJAFE	地质勘探工作战略决策	Geological prospecting and exploration strategy	
JJAFA	矿产贸易对策		
1	自由贸易	Free trade	
2	有限贸易	Conditional trade	
3	控制贸易	Administered trade	
JJAFB	矿产需求对策		
1	自力更生	Autarchy	
2	有限进口	Conditional import	
3	适时进口	Optimum import	
4	依靠进口	Relying on import	
JJAFC	矿产价格对策		
1	浮动价格	Floating price	伸缩价格
2	垄断价格	Monopolistic price	
3	平稳价格	Stable price	
4	贱价	Low price	
5	压价	Forcing the price down	
JJAFD	技术经济对策		
01	加强技术经济研究	Strengthening technological and economic research	
02	开发技术研究	Research of development technology	
03	加工技术研究	Research of processing technology	
04	综合利用研究	Research of comprehensive utilization	
05	探矿技术研究	Research of exploration technology	
06	经济理论与方法研究	Research of economic theory and method	
07	管理理论与方法研究	Research of management theory and method	
21	调整技术经济结构	Regulating technical and economic structure	
22	调整技术结构	Regulating technical structure	
23	调整经济结构	Regulating economic structure	

表 1（续）

代码	汉字名	英 译 名	说明
24	调整技术经济指标	Regulating indicators of techno-economics	
25	调整产品结构	Regulating products structure	
26	调整管理机构	Restructuring administrative organizations	
JJAFE	地质勘探工作战略决策		
01	加强基础地质工作	Strengthening basic geological work	
02	加强成矿地质研究	Strengthening geological research of mineralization	
03	加速矿产普查	Speed up mineral prospecting	
04	增强矿床勘探工作	Strengthening ore deposit exploration	
05	加强矿山地质工作	Strengthening mining geological work	
06	择优勘探	Optional exploration	
07	暂缓勘探	Suspending exploration	
08	调整工作结构	Regulating the structure of geological work	
JJAG	矿产资源形势分析方法		
1	消费比例系数法	Consumption ratio-coefficient method	
2	弹性系数法	Elastic coefficient method	
3	累计需求量预测方法	Cumulative demands forecasting method	
4	回归分析法	Regression analysis	
5	矿产资源供给分析	Mineral resources supply analysis	
6	矿产资源保证程度分析	Analysis of sufficient degree of mineral resources for demand	
7	潜力和远景分析	Potentiality and prospect analysis	
JJAK	价格		
JJAKAA	国家定价	State fixed price	
JJAKAE	成本价格	Cost price	
JJAKAF	生产价格	Productive price	
JJAKAG	现货价格	Spot price	
JJAKAH	工业品价格	Price of industrial products	
JJAKAI	消费者价格	Consumer's price	
JJAKAJ	生产者价格	Producer's price	
JJAKAK	期货价格	Futures price	
JJAKAL	不变价格	Constant price	
JJAKAM	价格上限	Price ceiling	
JJAKAN	价格下限	Price floors	
JJAKAO	垄断价格	Monopoly price	
JJAKAP	国际垄断价格	International monopoly price	
JJAKAQ	最低限价	Minimum price	

表 1（续）

代码	汉字名	英 译 名	说明
JJAKAR	竞争价格	Competitive price	
JJAKAS	幅度浮动价格	Range floating price	
JJAKAT	影子价格	Shadow price	
JJAKAU	最终价格	Final price	
JJAKAV	议价	Bargaining price	
JJAKAW	计划价格	Planning price	
JJAKAX	双轨制价格	Two-track system price	
JJAKAY	补贴价格	Subsidy price	
JJAKAZ	商品差价	Price different of commodities	
JJAKBA	商业批发价格	Commercial wholesale price	
JJAKBB	商业零售价格	Commercial retail price	
JJAKBC	商业调拨价格	Commercial transfer price	
JJAKBD	进口商品国内价格	Domestic price for imports	
JJAKBE	出口商品国内价格	Domestic price for exports	
JJAKBF	参考价格	Reference price	
JJAKBG	矿物原料的交易所价格	Goods exchange price of raw mineral material	
JJAKBH	矿山交货价格	Delivery price in mine	
JJAKBI	石油基准价格	Oil trigger price	
JJAKBJ	国际市场价格	International market price	
JJAKBK	国际市场商品价格指数	Commodity price index in international market	
JJAKBL	仲裁价格	Arbitration price	
JJAKBM	溢价	Premiums	
JJAKBN	国际价格剪刀差	Scissors movement of world market prices	
JJAKBO	均衡价格	Equilibrium price	
JJAKBP	计税价格	Price of reckoning by tax	
JJAKBQ	报价	Quoted price	
JJAKBR	价格信息	Price information	
JJAKBS	价格歧视	Price discrimination	
JJAKBT	价目表	Price list	
JJAKBU	买方仓库交货价格	Ex buyer's godown	
JJAKBV	卖方仓库交货价格	Ex godown	
JJAKBW	工厂交货价	Ex works	
JJAKBX	离岸价	Free on board(FOB)	
JJAKBY	货交承运人价	Free carrier(FRC)	
JJD	技术经济基础资料		

表 1（续）

代码	汉字名	英 译 名	说明
JJDA	一般资料	General information	
JJDB	技术经济指标	Technological and economic indicators	
JJDC	矿山资料	Mine information	
JJDA	一般资料		
JJDAA	原始数据来源	Original data source	
JJDAB	数据收集日期	Date of data acquisition	
JJDAC	数据记录者	Recorder	
JJDAD	数据可靠程度	Data reliability	
JJDAE	矿区名称	Title of mining area	
JJDAF	矿床名称	Title of ore deposits	
PKAB	矿产名称	Title of mineral commodities	
JJDAH	伴生矿物名称	Title of associated mineral	
JJDAI	共生矿物名称	Title of paragenesis mineral	
JJDAJ	矿产地名	Title of ore deposits	
JJDAK	矿山名称	Title of mine	
JJDAL	地质勘查工作阶段	Stage of geological prospecting-exploration	
JJDB	技术经济指标		
JJDBA	矿产经济指标	Economic indicators of mineral commodities	
JJDBB	矿业经济指标	Economic indicators of mining industry	
JJDBC	矿产品指标	Mineral commodity indicators	
JJDBD	质量标准	Standard of quality	
JJDBE	商品的品质	Commodity quality	
JJDBA	矿产经济指标		
JJDBAA	矿产经济临界品位	Economic cutoff grade of mineral commodity	矿产盈亏品位
JJDBAB	伴生矿经济临界品位	Economic cutoff grade of associated-mineral commodity	
JJDBAC	综合经济临界品位	Integrative economic cutoff grade	
JJDBB	矿业经济指标		
KSLDC	剥采比	Striping ratio	
KSMEJ	采矿回收率	Mining recovery	矿石回采率
KSMEL	采矿贫化率	Mining dilution ratio	采矿
XYACJ	选矿回收率	Dressing recovery	
XYACP	精矿产率	Rate of concentrates yield	
XYBGD	冶炼回收率	Smelting recovery	
XYAOP	采选综合回收率	Recovery of mining and dressing	
XYBGL	采选冶综合回收率	Recovering of mining, dressing and smelting	

表 1（续）

代码	汉字名	英 译 名	说明
XYACM	选矿比	Ratio of concentration	
XYBGK	冶炼比	Ratio of smelting	
JJDBBK	产率	Yield	
KSIB	矿石损失率	Rate of ore losses	
KSIBAF	总损失率	Rate of overall losses	
JJDBC	矿产品指标		
JJDBCA	产品名称	Name of mineral commodity	
JJDBCB	产品牌号	Brand of mineral commodity	
JJDBCC	产品计量单位	Unit of measurement	
JJDBCD	交货地点	Place of delivery	交换地点
JJDBCE	生产价格	Price of production	
JJDBCF	现货价格	Spot price	
JJDBCG	价格指数	Price index	
JJDBCH	计划(预定)价格	Target price	
JJDBCI	现行市场价格	Current market price	
JJDBCJ	国内价格	Domestic price	
JJDBCK	黑市价格	Black market price	
JJDBCL	优惠价格	Favorable price	
JJDBCM	国外价格	International price	
JJDBCN	交易所价格	Exchange price	
JJDBCO	需求价格	Demand price	
JJDBCP	期货价格	Futures price	
JJDBCQ	垄断价格	Monopoly price	
JJDBCR	产品价格	Price of products	
JJDBCS	价格计量单位	Unit of price measurement	
JJDBCT	产品计量对象	Object of products measurement	
JJDBCU	离岸价格	Free on board (F. O. B)	
JJDBCV	到岸价格	Cost, insurance, and freight(C. I. F)	
JJDBCW	支付方式	Means of payment	
JJDBCX	定金	Earnest money	
JJDBCY	罚金	Fine	
JJDBCZ	创汇	Create foreign exchange	
JJDBCD	交货地点		
01	井口	Mine site	坑口价
02	工厂	Plant	厂价

表 1（续）

代码	汉字名	英 译 名	说明
03	码头	Dock	码头价(d/d)
04	离岸	Free on board	离岸价(FOB)
05	到岸	Cost，Insurance，and freight	到岸价(CIF)
06	车站	Railway station	车站价
07	车皮	On truck	车皮价
JJDBCS	价格计量单位		
01	元/万吨	Yuan/Ten thousand tons	
02	元/吨	Yuan/Ton	
03	元/千克	Yuan/Kilogram	
04	元/克	Yuan/Gram	
05	亿元/亿立方米	Hundred million yuan/Hundred million cubic meters	
06	亿元/万立方米	Hundred million yuan/Ten thousand cubic meters	
07	元/立方米	Yuan/Cubic meter	
08	元/平方米	Yuan/Square meter	
09	亿元/亿吨	Hundred million yuan/Hundred million tons	
JJDBCT	产品计量对象		
1	实物量	Volume of material objects	
2	含量	Content	
3	折合量	Convertible volume	
4	算量	Calculating volume	
JJDBE	商品的品质		
JJDBEA	商品数量	Commodity quantity	
JJDBEB	产品成本	Product cost	
JJDBEC	产品质量指标	Product quality indicators	
JJDBED	商标	Trade mark	
JJDBEE	商标注册	Trade mark registration	
JJDBEF	牌号	Brand	
JJDBEG	产地标记	Marks of production place	
JJDBEH	产品认证	Product approval	
JJDBEI	产品质量标准	Product quality standard	
JJDBEJ	产品税	Product taxes	
JJDC	矿山资料		
JJDCA	采矿井场	Mining site	
JJDCB	矿山现状调查	Survey of present situation	
JJDCC	矿山建设初步方案的选择和确定	Choosing and determining the initial plans of mine development	

表 1（续）

代码	汉字名	英 译 名	说明
JJDCA	采矿井场		
JJDCAA	矿区平均标高	Average elevation of mine area	
JJDCAB	露采场深度	Depth of open-pit	
JJDCAC	露采场标高	Elevation of open-pit	
JJDCAD	露采场边坡角	Slope of open-pit	
JJDCAE	采井深度	Shaft depth	
JJDCAF	井底标高	Elevation of shaft bottom	
JJDCAG	采井倾角	Dip angle of shaft	
JJDCAH	设计开采深度	Planning mining depth	
JJDCAI	现已开采深度	Present mining depth	
JJDCB	矿山现状调查		
JJDCBA	投产时间	Date of starting operation	
JJDCBB	剩余可采储量	Residual recoverable reserves	
JJDCBC	尚可服务年限	Residual of life cycle of the mine	
JJDCBD	累计产值	Cumulative output value	
JJDCBE	潜在资源价值	Potential value of mineral resources	
JJDCBF	开采情况	Status of mining	
JJDCBG	未采原因	Reason for unquarried mining	
JJDCBH	弃采原因	Reason for relinquishing mining	
JJDCBF	开采情况		
1	生产矿区	Producing mine	
2	建设矿区	Developing mine	
3	停采矿区	Stopping mine	
4	停建矿区	Mine of stopping development	弃产矿区
5	采空区	Mined up area	资源枯竭
6	未利用资源	Unused resource	待采矿区
JJDCBG	未采原因		
01	储备待用	Reserved for development	
02	已列入近期规划	In the near future program	
03	开采设计未批准	Unapproved of mining plan	
04	储量比例不合要求	The ratio of reserves classes not satisfying the requirement	
05	设计储量失实	Unfounded planning reserves	储量严重减少
06	储量耗竭	Ore reserves depletion	
07	井下瓦斯严重	Critical concentration of gas under shaft	
08	矿体围岩技术条件差	Poor technical conditions of surrounding rocks	

表 1（续）

代码	汉字名	英 译 名	说明
09	民采严重	Critical circumstances of individual mining	
10	气候恶劣	Poor climate	
21	缺水	Water deficiency	
22	缺电	Electric power deficiency	
23	交通困难	Poor traffic conditions	
24	压矿	Forbidden area of mining due to safety consideration	保安禁采区
25	自然保护区、旅游区或军事禁区	Natural reservation area or tourist attraction or military area	
26	污染环境	Environmental pollution	
27	水质污浊	Water pollution	
28	劳动力不足	Lack of 1abour	
29	名胜古迹	Scene spots and historical sites	
30	风景区	Scenic area	
31	水文地质条件复杂	Complicated conditions of hydrogeology	
33	矿体埋藏深	Very deep occurrence of ore body	
35	矿石选冶难	Hard processing and metallurhical ore	
36	煤质差、矿石品位低或有害组分高	Poor coal quality or Low grade or higher harmful composition	
37	矿体规模小而分散	Ore body with small size and dispersed distribution	
38	地质构造复杂	Complicated geological structure	
39	农田覆盖不宜露采	Covered by farmland and unminable	
40	矿层(煤层)薄	Thin ore bed	
41	矿产综合利用问题未解决	Unsolved problems of comprehensive utilization	
42	经济效益差	Low economic benefit	
43	矿产品无销路	No market for mineral commodities	
51	地质勘探程度不够	Insufficient exploration	
61	计划调整	Planning regulation	
62	地质情况变化	Change of geological condition	
70	受灾害地区	Afflicted area	
90	政治问题	Political problems	
91	军事问题	Military problems	
92	其他原因或原因不清	Other reason or unclear reason	
93	政策原因	Political reason	
94	经济剧降	Dramatically economic dropping	
JJDCBH	弃采原因		
01	矿山管理不善	Poor management of mines	

表 1（续）

代码	汉字名	英 译 名	说明
02	保护贸易政策	Protected trade policy	
JJG	矿床经济评价		
JJGA	评价依据资料	Information for evaluation	
JJGB	评价阶段	Stage of evaluation	
JJGC	评价技术	Evaluation technology	
JJGD	投入	Input	
JJGE	分项基建投资	Development capital in terms of items	
JJGF	生产综合费用	Integrative expenditure of production	
JJGG	产出	Output	
JJGH	分项年产量	Annual production in terms of items	
JJGI	分项年产值	Annual output value in terms of items	
JJGJ	利和税	Interest and tax	
JJGK	投资回收	Payback	
JJGL	矿区经济地理条件	Economic-geographic conditions of mine	
JJGM	技术经济综合评价	Integrative technical-economic evaluation	
JJGN	评价结论	Conclusion of evaluation	
JJGO	矿业项目的国民经济评价	National economic evaluation of mining projects	
JJGP	微观技术经济评价	Micro technical and economic evaluation	
JJGQ	宏观技术经济评价	Macro technical and economic evaluation	
JJGR	矿产综合利用的经济效果评价	Economic effects evaluation of comprehensive utilization of mineral products	
JJGA	评价依据资料		
JJGAA	地质报告名称	Title of geological report	
JJGAB	地质报告日期	Date of geological report	
JJGAC	报告审批部门	Department of approving the geological report	
JJGAD	选冶试验报告名称	Title of the report of processing and metallurgical tests	
JJGAE	矿石物性试验报告名称	Title of the report of physical property tests	
JJGAF	市场调查报告名称	Name of market surveying report	
JJGAG	评价日期	Date of evaluation	
JJGAH	设计生产规模	Planning production scale	
JJGAI	日处理量	Processing volume per day	
JJGAJ	建设类别	Type of construction	
JJGAK	设计项目等级	Class of planning project	
JJGAL	设计生产年限	Planning life cycle of production	
JJGAM	产品方案	Plan of products	产品结构
JJGAN	环境调查报告名称	Title of environmental survey reports	

表 1（续）

代码	汉字名	英 译 名	说明
JJGAO	建设期	Date of construction	
JJGAP	生产期	Date of production	
JJGAQ	可行性研究报告	Research report of feasibility	
JJGAJ	建设类别		
1	新建	New mine	
2	扩建	Expansion	
3	改建	Renovation	
JJGAK	设计项目等级		
01	国家级	National	
02	省级	Provincial	
03	地区级	Regional	
04	经济区级	Class of economic region	
05	一般项目	General project	
06	地方级	Local class	
07	集体或个体	Collective or individual	
08	中外合资	China-foreign joint venture	
JJGAM	产品方案		
01	原矿	Ores	
02	精矿	Concentrates	
03	金属	Metals	
04	加工品	Processed products	
05	综合性产品	Comprehensive products	
JJGB	评价阶段		
1	概略技术经济评价	Preliminary technical and economic evaluation	概略评价
2	初步技术经济评价	Initial technical and economic evaluation	初步评价
3	详细技术经济评价	Detailed technical and economic evaluation	详细评价
4	矿产开发的企业经济评价	Enterprise economic evaluation of mineral deposit development	
5	矿床开发的国民经济评价	National economic evaluation of mineral deposit development	
6	矿产开发的财务评价	Financial evaluation of mineral deposit development	
JJGC	评价技术		
JJGCA	评价的视野	Scope of evaluation	
JJGCB	评价计算方法	Calculating method of evaluation	
QDNFB	评价方法	Methods of evaluation	
JJGCA	评价的视野		

表 1 (续)

代码	汉字名	英 译 名	说明
1	微观经济评价	Micro economic evaluation	企业经济评价
2	宏观经济评价	Macro economic evaluation	国民经济评价
JJGCB	评价计算方法		
01	静态计算法	Static calculating method	
02	动态计算法	Dynamic calculating method	
QDNFB	评价方法		
01	总利润法	Gross profits method	
02	利润贴现法	Discounted method of profits	
03	净现值法	Net present value method	
04	投资收益率法	Rate of return on invested capital method	投入资本所得率法
05	返本期法	Payback period method	回收期法
06	综合评价方法	Integrative evaluation method	
07	霍斯科尔德法	H. D. Hoskold method	
08	内部收益率法	Internal rate of return method	
09	矿山级差地租法	Mining differential rent method	
10	利润表法	Profit statement method	
11	财务平衡表法	Financial balance statement method	
12	财务效用费用分析	Financial benefit-cost analysis	
13	盈利能力分析	Profit capacity analysis	
14	偿债能力分析	Debt paying ability analysis	
15	费用效果分析	Cost effectiveness analysis	
16	费用效益分析	Cost benefit analysis	
17	盈亏平衡分析	Break-Even-Point	
18	敏感性分析	Sensitivity analysis	
JJGD	投入		
JJGDA	建设资金	Construction capital	总投资
JJGDB	基本建设投资	Investment in capital construction	
JJGDC	资本化利息	Capitalized interest	
JJGDD	固定资金	Fixed asset	
JJGDE	流动资金	Working capital	
JJGDF	地质勘查总费用	Total expenditure of prospecting and exploration	
JJGDG	其他投资	Other investment	
JJGDH	工程预算	Engineering budget	
JJGDI	工程成本	Engineering cost	
JJGDJ	矿产投资	Investment in mineral resources	

表 1（续）

代码	汉字名	英　译　名	说明
JJGDK	矿产筹资	Financing mineral project	
JJGDL	项目融资	Project financing	
JJGDN	基础设施费	Infrastructure cost	
JJGDO	补偿费征收	Imposition of compensation fee	
JJGDO	补偿费征收		
JJGDOA	应征数	Provided amount	
JJGDOB	减免数	Reduced amount	
JJGDOC	拖欠数	Amount in arrears	
JJGDOD	实缴数	Actual amount of levy	
JJGE	分项基建投资		
JJGEA	露采场建设	Open pit construction	
JJGEB	矿井建设	Shaft construction	
JJGEC	选矿厂建设	Ore dressing plant construction	
KSMEO	尾矿池建设	Tailings reservoir construction	
JJGEE	冶炼厂建设	Metallurgical plant construction	
JJGEF	矿山运输建设	Mine transportation system construction	
JJGEG	外部运输建设	Regional transportation system construction	
JJGEH	能源建设	Energy system construction	
JJGEI	供电建设	Electric supply system construction	
JJGEJ	供水建设	Water supply system construction	
JJGEK	机修厂建设	Construction of plant of machinery repair	
JJGEL	民用建筑	Civil buildings	
JJGEM	环保治理建设	Environmental protection and control system construction	
JJGEN	其他建设	Other Constructions	
JJGEO	石油钻探平台投资	Oil drilling platform investment	
JJGEP	石油钻井装置投资	Oil drilling equipment investment	
JJGEQ	采油平台投资	Oil extraction platform investment	
JJGER	石油开发装置	Oil development equipment	
JJGES	采金船投资	Gold dredge investment	
JJGET	辅助船舶投资	Other auxiliary steamers investment	
JJGEU	洗煤厂建设	Construction of coal washery	
JJGEV	折旧准备回收	Recoupment of depreciation-reserve	
JJGEW	安全防护建设	Construction of safety	
JJGEV	折旧准备回收		
JJGEVA	回收总额	Total amount	

表 1（续）

代码	汉字名	英 译 名	说明
JJGEVB	单位原矿回收	Recouped amount per unit of ore	
JJGEVC	单位精矿回收	Recouped amount per unit of concentrates	
JJGEVD	单位金属回收	Recouped amount per unit of metal	
JJGEVE	单位成品回收	Recouped amount per unit of products	
JJGEVF	折旧准备率	Rate of depreciation-reserve	
JJGEVG	残值	Remnant value	
JJGF	生产综合费用		
JJGFA	总成本费用	Total cost and expenditure	
JJGFB	年度经营费用	Annual operation expenditure	
JJGFC	成品成本	Cost of products	
KSMEO	采矿成本	Mining cost	
JJGFE	选矿成本	Dressing cost	
XYBGI	冶炼成本	Metallurgical cost	
JJGFG	加工综合费用	Integrative processing expenditure	
JJGFH	副产品综合费用	Integrative expenditure of by-products	
JJGFI	大修总费用	Total expenditure of heavy repair	
JJGFJ	大修年度费用	Annual cost of heavy repair	
JJGFK	维修总费用	Total cost of upkeep	
JJGFL	年度维修费用	Annual cost of upkeep	
JJGFM	成品推销费	Marketing cost of products	
JJGFN	运输费	Transportation cost	
JJGFO	复垦费用	Reclamation cost	
JJGFP	生产成本	Cost of production	
JJGFQ	固定成本	Fixed cost	
JJGFR	可变成本(费用)	Variable cost	
JJGFS	实际总成本	Actual total cost	
JJGFT	维简费	Cost of maintenance simple reproduction	
JJGFU	工资	Labor cost	
JJGFV	原材料费用	Raw material cost	
JJGFW	燃料费用	Fuel cost	
JJGFX	动力费用	Power cost	
JJGFY	工厂成本	Factory cost	
JJGFZ	经营成本	Operation cost	
JJGFM	成品推销费		
JJGFMA	总推销费	Total marketing expenditure	

表 1（续）

代码	汉字名	英 译 名	说明
JJGFMB	年度推销费	Annual salable expenditure	
JJGFMC	单位成品推销费	Marketing cost per unit of products	
JJGFMD	销售费用	Selling expenditure	
JJGFME	管理费	Administrative	
JJGFMF	矿山距市场里程	Distance between mine and market	
JJGFU	工资		
JJGFUA	基本工资	Basic labor cost	
JJGFUB	附加工资	Supplementary labor cost	
JJGG	产出		
JJGGA	原矿总产量	Total production of ores	
JJGGB	精矿总产量	Total production of concentrates	
JJGGC	金属总产量	Total production of metals	
JJGGD	成品总产量	Total production of products	
JJGGE	副产品总产量	Total production of by-products	
JJGGF	总产值	Gross output value	
JJGGG	其他产值	Other output value	
JJGH	分项年产量		
JJGHA	原矿年产量	Annual production of ores	
JJGHB	精矿年产量	Annual production of concentrates	
JJGHC	金属年产量	Annual production of metals	
JJGHD	成品年产量	Annual production of products	
JJGHE	副产品年产量	Annual production of by-products	
JJGHF	其他产品年产量	Annual production of other products	
JJGI	分项年产值		
JJGIA	原矿年产值	Annual output value of ores	
JJGIB	精矿年产值	Annual output value of concentrates	
JJGIC	金属年产值	Annual output value of metals	
JJGID	成品年产值	Annual output value of products	
JJGIE	副产品年产值	Annual output value of by-products	
JJGIF	其他产品年产值	Annual output value of other products	
JJGJ	利和税		
JJGJA	微观经济收益	Micro-economic return	财务经济收益
JJGJB	宏观经济收益	Macro-economic return	国民经济收益
JJGJC	课税	Taxation	
JJGJD	利率	Interest rate	

表 1（续）

代码	汉字名	英 译 名	说明
JJGJE	税率	Tax rate	
JJGJA	微观经济收益		
JJGJAA	毛利润	Gross profit	
JJGJAB	净利润	Net profit	
JJGJAC	年利润	Annual profit	
JJGJAD	总利润	Total profit	
JJGJAE	贴现值	Discounted value	
JJGJAF	销售利润	Sales profit	
JJGJAG	实现利润	Actual profit	
JJGJAH	现金流入量	Cash inflow	
JJGJAI	现金流出量	Cash outflow	
JJGJAJ	净现金流量	Net cash flow	
JJGIAK	贴现现金流量	Discounted cash flow	
JJGJAL	财务净现值	Financial net present value	
JJGJAM	利息	Interest	
JJGJAN	股息	Dividend	
JJGJAO	基准回益值	Base return of capital	
JJGJAP	投资收益值	Investment return	
JJGJAQ	已累缴利润	Cumulative profit turned over	
JJGJAR	其他收益	Other returns	
JJGJAS	投资利税率	Rate of profit and tax of capital	
JJGJAT	投资利润率	Rate of profit of capital	
JJGJAU	现值比	Ratio of present values	
JJGJAV	净现值比	Ratio of net present values	
JJGJAW	投资偿还期	Payback period of capital	
JJGJAX	财务内部收益率	Financial internal rate of return	
JJGJB、	宏观经济收益		
JJGJBA	国民收入净增值	Net increment of national income	
JJGJBB	社会纯收入	Net social income	
JJGJBC	外汇流出量	Amount of foreign exchange outflow	
JJGJBD	外汇流入量	Amount of foreign exchange inflow	
JJGJBE	净外汇流量	Amount of net foreign exchange flow	
JJGJBF	国家净收入	National net income	
JJGJBG	换汇成本	Cost of foreign exchange	
JJGJBH	投资国家净收益率	Rate of net national return of capital	

表 1（续）

代码	汉字名	英 译 名	说明
JJGJBI	投资国民收入净增值率	Rate of added value of national income	
JJGJBJ	国家净收益现值比	Ratio of present value of national net return	
JJGJBK	国民收入净增值现值比	Ratio of present value of national net income	
JJGJBL	就业效果	Effect of employment	
JJGJDM	直接投资就业系数	Employment coefficient of direct investment	
JJGJBN	间接投资就业系数	Employment coefficient of indirect investment	
JJGJBO	分配效果	Distributive effect	
JJGJBP	换汇率(创汇率)	Exchange rate	
JJGJBQ	国际竞争能力	International competitive ability	
JJGJBR	经济净现值	Economic net present value	
JJGJBS	经济内部收益率	Economic internal rate of return	
JJGJC	课税		
JJGJCA	工商税	Business tax	
JJGJCB	所得税	Income tax	
JJGJCC	固定资金占用税	Fixed asset tax	
JJGJCD	流动资金占用税	Working capital	
JJGJCE	矿产资源税	Mineral resources tax	资源税
JJGJCF	矿产资源补偿费	Compensation of mineral resources depletion	
JJGJCG	年税额	Annual tax	
JJGJCH	总税额	Total tax	
JJGJCI	其他税	Other taxes	
JJGJCJ	已累缴税额	Cumulative tax	
JJGJCK	已累缴利税总额	Cumulative profits and taxes	
JJGJCL	增值税	Added value tax	
JJGJCM	城市维护建设税	City maintenance construction tax	
JJGJCN	教育费附加	Educational fee add	
JJGJCO	营业税	Sales tax	
JJGJD	利率		
JJGJDA	金融利率	Finance interest rate	
JJGJDB	资本化利率	Capitalized interest rate	
JJGJDC	经营利率	Business interest rate	
JJGJDD	股金利率	Dividend interest rate	
JJGJDE	贴现率	Discount rate	
JJGJDF	投资收益率	Rate of return of capital	
JJGJIX	基准收益率	Basic rate of return	

表 1(续)

代码	汉字名	英 译 名	说明
JJGJDH	其他利率	Other interest rate	
JJGJDI	净现值指数	Index of net present value	
JJGJDJ	国民净增值收益率	Rate of return of net national increased Value	
JJGJDK	社会纯收入收益率	Rate of return of net social income	
JJGJDL	国家分配指标	National income distributed to state	
JJGJDM	地方分配指标	National income distributed to enterprises	
JJGJDN	企业分配指标	National income indicator for local	
JJGJDO	职工分配指标	National income distributed to staff members	
JJGJDP	就业效果	Effect of employment	
JJGJDQ	平均利润率	Average rate of profits	
JJGJDR	借贷利率	Loan interest	
JJGJDS	固定利率	Regular interest rate	
JJGJDT	浮动利率	Float interest rate	
JJGJE	税率		
JJGJEA	工商税率	Business tax rate	
JJGJEB	所得税率	Income tax rate	
JJGJEC	固定资金占用税率	Fixed asset tax rate	
JJGJED	流动资金占用税率	Working capital tax rate	
JJGJEE	矿产资源税率	Resources tax rate	资源税率
JJGJEF	矿产资源补偿费费率	Compensation of mineral resources depletion rate	
JJGJEG	其他税率	Other tax rate	
JJGJEH	增值税率	Added value tax rate	
JJGJEI	营业税率	Sales tax rate	
JJGJEJ	城市维护建设税税率	City maintenance construction tax rate	
JJGJEK	教育费附加率	Educational fee add rate	
JJGK	投资回收		
JJGKA	投资回收总额	Total amount of recovered capital	返本总额
JJGKB	年投资回收额	Annual recovery of capital	
JJGKC	静态返本期	Static payback period	静态投资回收期
JJGKD	动态返本期	Dynamic payback period	动态投资回收期
JJGL	矿区经济地理条件		
JJGLA	交通运输	Transportation	
JJGLB	能源供应	Energy supply	
JJGLC	供水	Water supply	
JJGLD	环境分析	Environment analysis	

表 1（续）

代码	汉字名	英 译 名	说明
JJGLE	自然地理条件	Natural geographic conditions	
JJGLF	劳动力供应	Labor supply	
JJGLG	附近有无矿山企业	Is there any mine enterprise nearby	
JJGLH	配套矿产	Conveyance minerals	
JJGLI	建筑材料	Building materials	
JJGLJ	生产资料	Means of production	
JJGLK	国民经济建设需求程度	Degree of demand for national economic development	
JJGLL	工业技术协作条件	Cooperative conditions of industry and technology	
JJGLA	交通运输		
JJGLAA	铁路名称	Title of railroad	
JJGLAB	火车站名称	Name of railway station	
JJGLAC	距火车站里程	Distance between mine and station	
JJGLAD	拟建支线里程	Kilometerage of planning railway feeder	
JJGLAE	公路名称	Title of road	
JJGLAF	拟建公路里程	Kilometerage of planning highway feeder	
JJGLAG	航道名称	Name of channel	
JJGLAH	距码头里程	Distance between mine and dock	
JJGLAI	拟掘建航道里程	Kilometerage of planning channel	
JJGLAJ	机场名称	Title of airfield	
JJGLAK	距机场里程	Distance between mine and airport	
JJGLAL	拟建架空索道规格	Planning telpher specifications	
JJGLAM	拟建架空索道长度	Length of telpher	
JJGLAN	拟建输送管道规格	Planning transport pipeline specifications	
JJGLAO	拟建输送管道长度	Length of planning pipeline	
JJGLAP	通行程度等级	Degree of pass through	
JJGLAQ	距矿产品消费地距离	Distance between mine and consumption site	
JJGLAR	运输半径	Radius of transportation	
JJGLAS	交通类别	Traffic classification	
JJGLAT	交通运输工具	Means of transport	
DDADC	地理位置	Geographical position	
JJGLAS	交通类别		
01	铁路	Railway	
02	公路	Highway	
03	水路	Waterway	
04	管道	Pipeline	

表 1（续）

代码	汉字名	英 译 名	说明
05	公路-铁路	Highway- Railway	
06	水路-铁路	Waterway-Railway	
07	空运	Air transportation	
08	其他	Others	
JJGLB	能源供应		
JJGLBA	能源类别	Classification of energy	
JJGLBB	电源类别	Classification of electric power	
JJGLBC	电压等级	Capacity of class of voltage	
JJGLBD	变电站容量	Transformer substation	
JJGLBE	输电线牌号	Transmission line specification	
JJGLBF	供电量	Power supply kilowattage	
JJGLBG	拟建输电线长度	Length of planning power transmission line	
JJGLBH	煤炭牌号	Coal rank	
JJGLBI	供煤量	Coal supply tonnage	
JJGLBJ	供煤里程	Coal supply kilometerage	
JJGLBK	可燃气类别	Type of combustible gas	
JJGLBL	输气管规格	Gas transmission pipeline specification	
JJGLBM	供气量	Gas supply cubicmeterage	
JJGLBN	拟设输气管长度	Length of planning gas transmission pipeline	
JJGLBO	地热温度	Temperature of geothermal heat	
JJGLBP	地热类型	Type of geothermal heat	
JJGLBQ	核能种类	Type of nuclear energy	
JJGLC	供水		
JJGLCA	水质类型	Type of water quality	
JJGLCB	供水方式	Means water supply	
JJGLCC	供水里程	Water supply distance	
SWIRCA	需水量	Water demand	
JJGLCB	供水方式		
1	水道	Water course	
2	水管	Pipe	
3	交通工具运输	By means of transport	
JJGLD	环境分析		
JJGLDA	环境危害类别	Classification of environmental impact	
JJGLDB	环境危害程度	Degree of environmental impact	
JJGLDC	环境治理措施	Measure taken for environmental control	

表 1（续）

代码	汉字名	英 译 名	说明
JJGLDA	环境危害类别		
01	火山	Volcano	
02	地震	Earthquake	
03	山崩	Avalanche	
04	岩崩	Rock avalanche	
05	雪崩	Snow avalanche	
06	滑坡	Earth slide	
07	地滑	Landslide	
08	洪水	Flood	
09	水涝	Water log	
10	砂洪	Sand flood	
11	泥石流	Mudflow	
12	岩流	Rock flow	
13	石河	Rock stream	
14	海啸	Tsunami	
15	风暴	Wind storm	
16	采矿污染	Mining pollution	
17	水污染	Water pollution	
18	气污染	Gas pollution	
19	渣污染	Slag pollution	
20	油类污染	Oil pollution	
21	放射性污染	Radioactive pollution	
22	毒品污染	Narcotics pollution	
23	其他污染	Other pollutions	
24	危害生态	Harmful to ecology	
25	地面沉降	Land subsidence	
JJGLDB	环境危害程度		
1	轻度	Light	
2	中等	Medium	
3	严重	Serious	
4	极严重	Most serious	
JJGLDC	环境治理措施		
1	一般性处理	General processing	
2	中等治理	Medium control	
3	专项治理	Special control	

表 1（续）

代码	汉字名	英 译 名	说明
4	无法治理	Unable to get under control	
JJGLE	自然地理条件		
JJGLEA	气候条件	Climate conditions	
JJGLEB	地形条件	Topographic conditions	
JJGM	技术经济综合评价		
JJGMA	评价等级	Class of assessment	
JJGMB	矿产地质评价	Geological assessment of mineral deposits	
JJGMC	矿石质量评价	Ore quality assessment	矿产质量评价
JJGMD	加工技术评价	Technological and processing assessment	
JJGME	开采条件评价	Assessment of mining conditions	
JJGMF	水文地质评价	Hydrogeological assessment	
JJGMG	矿山建设条件评价	Assessment of mine development conditions	
JJGMH	交通运输评价	Transport condition assessment	
JJGMI	能源评价	Energy supply assessment	
JJGMJ	供水评价	Water supply assessment	
JJGMK	环境保护评价	Environmental protection assessment	
JJGML	矿区外部条件评价	Assessment of external conditions of mine	
JJGMM	自然地理条件评价	Assessment of natural geographic conditions	
JJGMN	微观经济评价	Microeconomic assessment	
JJGMO	宏观经济评价	Macroeconomic assessment	
JJGMP	相对评价	Relative assessment	
JJGMQ	绝对评价	Absolute assessment	
JJGMA	评价等级		
1	优越	Best	
2	较好	Better	
3	一般	General	
4	差	Worse	
5	很差	Worst	
JJGN	评价结论		
JJGNA	矿山企业经济效益	Economic benefit of mine enterprise	
JJGNB	社会经济效益	Social economic benefit	
JJGNC	矿山设计方案选择	Selection of mine planning program	
JJGND	矿山建设可行性评价	Feasibility assessment of mine development	
JJGNE	社会效益	Social benefit	
JJGNF	环境效益	Environmental benefit	

表 1（续）

代码	汉字名	英 译 名	说明
JJGNG	资源效益	Resources benefit	
JJGNA	矿山企业经济效益		
1	盈利	Profit	
2	亏损	Deficit	
3	不明	Unknown	
JJGND	矿山建设可行性评价		
1	可行	Feasible	
2	暂缓	Postponing	
3	待定	Remaining to be decided	
4	不可行	Unfeasible	
JJJ	地质工作经济效果		
JJJA	地质成果指标	Geological result indicator	
JJJB	工程效率指标	Engineering efficiency indicator	
JJJC	经济核算指标	Economic accounting target	
JJJD	地质市场经营	Geological market operation	
JJJE	工作周期	Working period	
JJJF	经济效率	Economic efficiency	
JJJG	地质经济活动	Economic activities of geological work	
JJJH	地质劳动消耗	Geological work consumption	
JJJI	地质劳动占用	Geological work occupation	
JJJJ	地质行业经济结构	Economic structure of geological trade	
JJJA	地质成果指标		
JJJAA	新矿产地发现率	Discovery rate of new mineral deposit	
JJJAB	矿产地突破率	Breakthrough rate of discovering mineral deposit	
JJJAC	增加储量完成率	Completion rate of a plan of increasing reserves	
JJJAD	储量利用率	Rate of reserves utilization	
JJJB	工程效率指标		
JJJBA	工作量完成率	Completion rate of amount of work	
JJJBB	工作质量合格率	Qualified rate of working quality	
JJJBC	优质工程率	Rate of engineering with best quality	
JJJBD	工作效率	Working efficiency	
JJJBE	工作效率完成率	Completion rate of working efficiency	
JJJBF	伤亡事故人数	Numbers of injuries and deaths	
JJJBG	伤亡事故降低率	Reductive rate of injuries and deaths	
JJJC	经济核算指标		

表 1（续）

代码	汉字名	英译名	说明
JJJCA	单位储量成本	Cost of unit of ore reserve	
JJJCB	单位储量工程量	Engineering amount per unit ore reserve	
JJJCC	单位工作成本	Cost of unit working	
JJJCD	成本降低率	Rate of cost decrease	
JJJCE	单位工作能耗	Energy consumption per unit working	
JJJCF	能耗降低率	Rate of energy consumption decrease	
JJJCG	材料消耗量	Amount of material consumption	
JJJCH	材料消耗降低率	Rate of material consumption decrease	
JJJCI	地勘费用节约额	Amount of exploration expenditures saved	
JJJCJ	地勘费用节约率	Economizing rate of exploration expenditures	
JJJCK	地质勘查费用	Expenditures of geological exploration	
JJJCL	图幅综合总成本	Total cost of survey per map	
JJJCM	综合研究费	Expenditures of comprehensive study	
JJJCN	报告编写费	Expenditures of report compilation	
JJJD	地质市场经营		
JJJDA	地质成果价值	Value of geological result	
JJJDB	成果价值增长率	Increasing rate of geological result value	
JJJDC	地质成果利用率	Utilization rate of geological result	
JJJDD	市场收入额	Geological market income	
JJJDE	市场收入增长率	Increasing rate of geological market income	
JJJDF	经营盈利额	Profit of operation	
JJJDG	经营盈利增长率	Increasing rate of operation profit	
JJJE	工作周期		
JJJEA	工作周期指标	Working period target	
JJJEB	工作周期缩短率	Rate of cutting short of working period	
JJJEC	经营周期	Operating cycle	
JJJED	成本回收周期	Period of cost recovery	
JJJEE	比较效率	Comparative efficiency	
JJJF	经济效率		
JJJFA	资金利润率	Profit rate of capital	
JJJFB	成本利润率	Profit of cost	
JJJFC	劳动占用经济指标	Economic indicators of labors employed	
JJJFD	劳动经济效益指标	Indicators of economic results of labors employed	
JJJFE	经济效益提高率	Increase rate of economic results	
JJM	地质工作管理		

表 1（续）

代码	汉字名	英 译 名	说明
JJMA	计划管理	Plan control	
JJMB	资金管理	Capital control	
JJMC	劳动管理	Labor control	
JJMD	设备管理	Equipment control	
JJME	勘查登记	Exploration registration	
JJMF	物资管理	Material management	
JJMG	矿管机构	Organization of mineral development supervision	
JJMA	计划管理		
JJMAA	项目工作计划完成率	Completion rate of project plans	
JJMAB	报告提交及时率	Timely rate of report submission	
JJMAC	储量计划完成率	Completion rate of plan of ore reserves	
JJMAD	投资计划完成率	Completion rate of investment plans	
JJMAE	劳动工资计划完成率	Completion rate of plans of 1abour and wages	
JJMB	资金管理		
JJMBA	固定资金占用率	Occupancy rate of fixed capital	
JJMBB	年折旧回收	Recovery of annual depreciation	
JJMBC	月折旧回收	Recovery of monthly depreciation	
JJMBD	年综合折旧率	Annual integrative depreciation rate	
JJMBE	流动资金占用额	Occupancy quota of circulating capital	
JJMBF	流动资金占用率	Occupancy rate of circulating capital	
JJMBG	流动资金降低率	Decrease rate of working capital	
JJMBH	流动资金周转次数	Revolving times of working capital	
JJBMI	流动资金周转天数	Turnover days of working capital	
JJBMJ	专用资金额	Amount of earmarked fund	
JJMBK	专用基金增长率	Growth rate of earmarked fund	
JJMBL	财务收入计划完成率	Completion rate of planned financial income	
JJMBM	财务支出计划完成率	Completion rate of planned financial expenditure	
JJMBN	资金来源	Sources of funds	
JJMBO	资金名称	Fund name	
JJMBP	经济类型	Types of economies	
JJMBN	资金来源		
01	国家拨款	National allocate funds	
02	国外投资	Foreign investment	
03	银行贷款	Bank loan	
04	无息贷款	Gift loan	

表 1（续）

代码	汉字名	英译名	说明
05	抵押贷款	Secured loan	
06	信用贷款	Credit loan	
07	筹集资金	Build up the funds	
08	自有资金	Private funds	
09	高利贷	Loan shark	
10	公债	Government loan	
11	发行公债	Raise a loan	
12	互助储金会	Loan society	
JJMBP	经济类型		
01	国有经济	Government-owned economy	
02	集体经济	Collective economy	
03	私营经济	Private economy	
04	个体经济	Individual economy	
05	联营经济	Pooling economy	
06	股份制经济	Shareholding system economy	
07	外商投资经济	Foreign trader investing economy	
08	港、澳、台投资经济	Hong Kong，Macao，Taiwan investing economy	
09	其他经济	Other economies	
JJMC	劳动管理		
JJMCA	生产工人劳动效率	Labor efficiency of productive worker	
JJMCB	全员劳动效率	Total numbers labor efficiency	
JJMCC	劳动时间效率	Efficiency of labor time	
JJMCD	劳动占用量	Occupied amount of labor	
JJMCE	劳动占用节约率	Economization rate of labor occupancy	
JJMD	设备管理		
JJMDA	设备完好率	Rate of equipment in good condition	
JJMDB	设备利用率	Utilization rate of equipment	
JJMDC	钻探设备事故率	Accident rate of drilling equipment	
JJMDD	工厂设备事故率	Accident rate of factory equipment	
JJMDE	事故降低率	Accident reductive rate	
JJMDF	维修费效率	Upkeep efficiency	
JJMDG	固定资产效率	Fixed capital efficiency	
JJME	勘查登记		
UMEA	合同编号	Number of contract	
JJMEB	合同名称	Name of contract	

表 1（续）

代码	汉字名	英 译 名	说明
JJMEC	合同签订日	Signatory date of contract	
JJMED	合同生效日	Effective date of contract	
JJMEE	承担单位	Assuming unit	
JJMEF	申请单位	Applicant unit	
JJMEG	配合单位	Cooperative unit	
JJMEH	填报单位	Reporting	
JJMEI	项目类别	Type of project	
JJMEJ	项目数	Numbers of projects	
JJMEK	项目名称	Project name	
JJMEL	完成起时间	Start time of the project	
JJMEM	完成止时间	End time of the project	
JJMEN	主管部门	The competent authority	
JJMEO	批准恢复部门	Ratification department of resuming	
JJMEP	决定部门	Determining department	
KSMEG	设计能力	Design capacity	
JJMF	物资管理		
JJMFA	物资供应计划	Plan of material supply	
JJMFB	物资消耗	Material consumption	
JJMFC	物资储备	Material reserves	
JJMFD	物资储备定额	Quota of material reserves	
JJMFE	物资消耗定额	Quota of material consumption	
JJMFF	物资管理考评	Assessment of material management	
JJN	矿业权		
JJNA	矿业权管理	Mineral tenement administration	
JJNB	矿业权状况	Status for mineral tenement	
JJNC	矿业权受让人	Transferee for mineral tenement	
JJND	矿业权转让人	Transfer for mineral tenement	
JJNE	矿业权承租人	Lessee for mineral tenement	
JJNF	矿业权继承人	Inheritor for mineral tenement	
JJNG	矿产资源补偿费	Mineral resources compensation	
JJNA	矿业权管理		
JJNAA	探矿权	Exploration right	
JJNAB	采矿权	Mining right	
JJNAC	矿山所处区块号	Block number for the mine	
JJNAD	权利金	Royalty	

表 1 (续)

代码	汉字名	英 译 名	说明
JJNAE	资源税	Resource tax	
JJNAA	探矿权		
JJNAAA	探矿权法人	Exploration licensee	
JJNAAB	探矿权申请人	Exploration rights applicant	
JJNAAC	勘查许可证号	Number for exploration license	
JJNAAD	勘查区块号	Number for exploration block	
JJNAAE	探矿权审批单位	Licensing authority for exploration right	
JJNAAF	探矿权价款	Reimbursement fee for exploration right	
JJNAAG	探矿权评估	Evaluation for exploration right	
JJNAAH	最低勘查投入	Minimum expenditure for exploration	
JJNAAI	探矿权使用费	Exploration fee	
JJNAB	采矿权		
JJNABA	采矿权法人	Concessioner for mining right	
JJNABB	采矿权申请人	Mining rights applicant	
JJNABC	采矿许可证号	Number of mining license	
JJNABD	采矿权审批单位	Licensing authority for mining right	
JJNABE	采矿权使用费	Mining fee	
JJNABF	采矿权价款	Reimbursement fee for mining right	
JJNABG	采矿权评估	Evaluation for mining right	
JJNB	矿业权状况		
1	延续	Extension	
2	出让	Grant	
3	转让	Transfer	
4	抵押	Mortgage	
5	出租	Lease	
6	继承	Inherit	
7	注销	Cancellation	
8	吊销	Withdrawal	
9	招标	Invite bid	
10	拍卖	Auction	
11	挂牌	Hang	
JJP	矿业市场		
JJPA	矿业资本市场	Capital market of mining	
JJPB	股票交易所	Stock exchange	
JJPC	风险投资	Risk investment	

表 1（续）

代码	汉字名	英 译 名	说明
JJPD	勘查资金	Exploration funds	
JJPE	股票承包商	Stock broker	
JJPF	中介公司	Intermediate companies	
JJPG	地质咨询公司	Geological consultants	
JJPH	财务公司	Financial companies	
JJPI	法律事务所	Law office	
JJPJ	投股说明书	Prospectus	
JJPK	上市公司	Companies listing on stock exchange	
JJPL	审计	Audit	
JJPM	年报	Annual report	
JJPN	股票交易所	Stock exchange	
JJPO	上市规则	Regulations for stock exchange	
JJPP	矿业分析人	Mining analyst	
JJPQ	找矿人	Individual prospector	
JJPR	红利	Bonus	
JJPS	技术服务公司	Technical service companies	
JJPT	矿业投资银行	Bank of mining investment	
JJPU	投资者	Investor	
JJPV	初级矿业公司	Junior mining companies	
JJPW	大矿业公司	Senior mining companies	

附 录 A
（规范性附录）
关于分类选词范围归属的说明

《地质矿产术语分类代码》各学科大类的选词范围基本参照地质出版社出版的《地质辞典》划分。具体内容如下。

A.1 宇宙地质学(YZ)：包括天体地质学，陨石学，天文地质学。月球地质学较详细，包括月球结构、地貌、月球矿物等。陨石学的陨击坑、陨石、陨石矿物等。

A.2 地球物理学(DW)：包括地球的各种物理性质、基本物理量及单位，古地磁级、磁场、仪器测量及数据处理等内容。

A.3 火山地质(HS)：包括火山机制与构造，火山活动、喷发、喷出物、火山地貌、区域火山地质，近期火山活动。

A.4 地震地质(DZ)：包括地震的分类、成因、前兆、灾害、预报及图件资料等。

A.5 外动力地质学(WZ)：包括外营力，外力地质作用类型，外力地质作用方式，影响外力地质作用的因素等。

A.6 地貌学(DM)：包括由地球内力及各种外力地质作用在地球表面形成的地貌分类、形态、年龄及各种地貌图件等。

A.7 大地构造学(DD)：包括各大地构造学派对大地构造的分类、单元划分、构造演化、构造特征，我国及世界主要区域构造，研究和区分各种构造的地质特征、依据和研究方法，以及地壳运动和新构造等。

A.8 构造地质学(GZ)：包括成层构造，褶皱、节理、断层、面理、线理、同沉积构造，岩浆岩原生构造，重力、底辟、撞击构造、显微构造、矿田构造、应变分析，构造应力场等。

A.9 矿物学及结晶学(KW)：包括矿物的成因、形态、物理性质(侧重肉眼鉴定方面)、化学组成、矿物分类和名称及晶体发生学、几何结晶学和结构结晶学方面的内容。

A.10 岩石学(YS)：包括三大类岩石的名称、结构、构造、成分，各种岩相，火成岩产状，岩浆作用，岩石组合，沉积模式，沉积环境，沉积相及变质作用的类型、方式，变质建造等。

A.11 地球化学(DH)：包括元素地球化学的化学元素，地球化学参数，元素地球化学分类、分布、作用；放射性同位素地球化学中的同位素表，同位素的类型、分析测量方式、仪器，地质年龄的测量和计算；稳定同位素分析、地质及地球化学特点；实验地球化学中有关包裹体类型、成因、镜下特征和实验技术、设备、参数以及各类地球化学图件等。

A.12 岩矿鉴定(YK)：包括各种鉴定方法、鉴定参数、仪器、岩矿物理性质(侧重仪器鉴定方面)。

A.13 化学分析(HX)：包括分析类型，分析方法、分析项目、分析误差、样品分解、化学反应，分析结果、分析浓度、测试条件、化学常数及分析仪器、试剂种类等。

A.14 地史学及地层学(DS)：包括年代地层学的基本概念以及全国范围内各时代各大区组以上的地层单位名称。

A.15 古地理学(GD)：包括古地理事件，古地理单元，古地理特征及古地理图件等。

A.16 矿床学(KC)：包括矿产、矿床成因、矿床类型、矿田构造、矿体形状、成矿作用、围岩蚀变、矿石结构、构造、成矿带等。

A.17 煤地质学(MD)：包括煤层、聚煤作用、煤变质作用，聚煤盆地分析；煤炭资源勘探有关内容；煤化、煤质、工业分析，煤的气化和液化；煤岩成分分类，煤的物理性质以及煤的各种分类等。

A.18 石油及天然气地质学(SY)：包括油气显示和固体沥青，石油分类，石油的物理性质、组成、馏分及简易分析，石油烃类化合物，石油非烃类化合物、天然气、油气田水、储集层、圈闭、油气成因、运移、聚集、油气盆地，石油地球化学分析及同位素地球化学(有机部分)，烃原岩及其评价、油气勘探、储量和资源量计算、油气田开发等内容。

A.19　海洋地质学(HY)：包括海洋构成，海洋及河口水文要素、海洋地貌、海洋沉积、海洋底构造、海底矿产资源、古海洋及古气候和海洋地质调查等内容。

A.20　水文地质学(SW)：包括水文地质学基础内容、各种水文地质调查、水文地质钻探、野外水文地质试验、地下水动态与均衡、水文地球化学、地下水动力学、岩溶水文地质、水资源、矿床水文地质、土壤改良、各项水文调查成果等。

A.21　工程地质学(GC)：包括岩土成分与结构、岩土工程性质、岩土工程地质分类、岩土工程改良以及土体工程、岩体工程、区域工程等各种工程地质条件、问题、作用、研究方法和工程地质勘察等内容。

A.22　地热地质学(DR)：包括地温调查、热流、地热显示、地球化学调查、地热勘探、地热介质、地热区、地热储、地热田、地热系统、地热开发、地热经济及地热图件等。

A.23　环境地质学(HJ)：包括环境地球化学、环境水文地质学、城市地质、医学地质以及环境污染、环境质量和环境保护等内容。

A.24　地质经济(JJ)：包括矿产资源形势分析、矿产资源的储备、供需、经济决策各项指标，矿产、矿业和矿产品各项经济指标、矿床经济评价指标、地质工作经济效果及地质工作管理等内容。

A.25　遥感地质(YG)：包括遥感技术方法在地质领域的应用、遥感台仪器设备、遥感图像及解释、成果资料等。

A.26　数学地质(SD)：包括地质数据统计分析、矿产资源预测及评价、地质过程模拟、用于地质工作中的各种数学方法以及这些方法涉及到的各种参数、变量和计算机处理等方面的内容。

A.27　区域地质调查(QD)：包括工作区概况、工作步骤、各种调查方法、野外数据采集及调查成果资料等。

A.28　地球物理勘探(WT)：包括重、磁、电、地震、测井各种物探方法用于陆地、空中、海上各方面所涉及的数据采集、各种物性参数、方法手段、仪器设备、资料数据解释及成果图件等内容。

A.29　勘查地球化学(HT)：包括勘查地球化学所依据的地球化学背景、异常、分散、元素存在形式等基本原理涉及的各项内容，各种化探方法，野外样品采集、各种参数、数据处理及成果解释等内容。

A.30　矿山地质与采矿(KS)：包括矿山设计、基础地质工作、生产勘探、生产指导及矿山储量、矿石贫化、矿石损失方面的内容和有关采矿、通风、排水等内容。

A.31　选矿与冶金(XY)：包括选矿产品、选矿技术经济指标、矿石可选性和冶金流程、冶金方法、矿石性质、熔剂、冶金炉、冶金产品及冶金工业指标等内容。

A.32　固体矿产普查与勘探(PK)：包括矿产资源分类、地质工作阶段划分、固体矿产普查勘探方法、勘探类型、取样种类和方法、储量计算、矿石类型、地质编录、矿产工业要求等。

A.33　探矿工程(TK)：包括陆地钻探、坑探及石油钻井、海上钻探等各种探矿工程的技术方法、工艺要求、工作程序、施工记录、各项技术参数及仪器设备、成果图件等。

A.34　古生物学(GS)：包括总论，古无脊椎动物、古脊椎动物、古植物、孢粉及遗迹化石和几丁虫等标准化石。

A.35　测绘学(CH)：包括控制测量、摄影测量、普通测量及地质勘探工程测量所涉及到的各有关定量和定性数据、成果资料、各种导航系统等各种空间定位数据、测绘方法、精度、仪器等。

以上是各学科包括的主要内容，详见各学科术语分类代码表。

ICS 35.040
A 24

中华人民共和国国家标准

GB/T 9649.28—2009
代替 GB/T 9649.28—1998

地质矿产术语分类代码 第28部分：地球物理勘查

Terminology classification and code of geology and mineral resources—Part 28：Geophysical exploration

2009-10-15 发布　　2009-12-01 实施

中华人民共和国国家质量监督检验检疫总局
中国国家标准化管理委员会　发布

前　言

GB/T 9649《地质矿产术语分类代码》分为35个部分：

——第1部分：宇宙地质学；

——第2部分：地球物理学；

——第3部分：火山地质；

——第4部分：地震地质；

——第5部分：外动力地质学；

——第6部分：地貌学；

——第7部分：大地构造学；

——第8部分：构造地质学；

——第9部分：结晶学及矿物学；

——第10部分：岩石学；

——第11部分：地球化学；

——第12部分：岩矿鉴定；

——第13部分：化学分析；

——第14部分：地史学及地层学；

——第15部分：古地理学；

——第16部分：矿床学；

——第17部分：煤地质学；

——第18部分：石油及天然气地质学；

——第19部分：海洋地质学；

——第20部分：水文地质学；

——第21部分：工程地质学；

——第22部分：地热地质；

——第23部分：环境地质；

——第24部分：地质经济学；

——第25部分：遥感地质；

——第26部分：数学地质；

——第27部分：区域地质调查；

——第28部分：地球物理勘查；

——第29部分：地球化学勘查；

——第30部分：矿山地质与采矿；

——第31部分：选矿与冶金；

——第32部分：固体矿产普查与勘探；

——第33部分：探矿工程；

——第34部分：古生物学；

——第35部分：测绘学。

本部分为GB/T 9649的第28部分，代替GB/T 9649.28—1998《地质矿产术语分类代码　地球物理勘查》。

本部分与 GB/T 9649.28—1998 相比，主要变化如下：

——按 GB/T 1.1—2000 对标准进行修改；

——增加了新的术语：重力勘探和地震勘探新增 27 条术语；

——修正部分术语名称；

——修正术语的英译名。

本部分的附录 A 为规范性附录。

本部分由中国标准化研究院提出并归口。

本部分起草单位：中国地质调查局发展研究中心、中国国土资源经济研究院、国土资源部信息中心。

本部分主要起草人：张明华、段兆芳、陈春仔、李永涛。

本部分所代替标准的历次版本发布情况为：

——GB/T 9649—1988；

——GB/T 9649.28—1998。

地质矿产术语分类代码
第28部分:地球物理勘查

1 范围

本部分规定了重、磁、电、地震、测井、放射性各种物探方法的数据采集、物性参数、方法手段、仪器设备、资料数据解释及成果图件等地球物理勘查方面的数据分类和代码。

本部分适用于各类地质矿产信息系统建设,是确定数据库标准体系和数据字典,制定各类地质数据文件格式标准的基础标准。

2 术语和定义

下列术语和定义适用于本部分。

2.1

数据项　data item

反映各种地质实体的基本属性及其上层概念的术语。

2.2

文字值　literal value

对地质实体的基本属性进行具体的定性描述用的术语。

3 分类原则

3.1　本部分按照易编好用和尽量减少代码冗余而又留有扩充余地等原则,采用面分类法,将地质科学分成35个学科大类,并严格划分边界,保持总体的系统性、完整性,避免内容的重复与交叉。

3.2　大类下面采用三级树型分类,中类、小类到基本数据项名。各学科内容层次不一,可少于三层,在编码容量允许的条件下,也可分至四层。

3.3　各级分类具有科学性、系统性和通用性。

4 选词原则

4.1　选词对象:可能作为各类地质矿产数据库之数据项(包括从分类意义上选取的数据项的上层概念)的术语,以及定性描述数据项的文字值要用到的术语。所选术语与现行有关国家标准取得一致,尽量参照现行的各种地质工作规范。

4.2　作为数据项用的术语在本部分中具有唯一性。凡有同义词的在说明栏标明,以备参照。

4.3　选词力求简单、明确,无二义性。充分考虑到建立数据库的需要。

4.4　为保证“地质矿产术语分类代码”的整体性、系统性,避免重复,在基础学科已包含的内容,应用学科中不再选入,新兴学科和边缘学科只选取其独有内容。有关分类选词范围归属的说明见附录A。

4.5　适当选入一些反映学科发展新方向、新水平的术语。

4.6　为了使用的方便,个别使用频度高的数据项在不同学科可重复出现,但要用统一编码,确保代码的唯一性。在不同数据项下的文字值可有少量重复。

5 编码方法

5.1　数据项采用不多于六位的拉丁字母(大写)编码,一般共分为四个层次。结构如下:

× × × × × ×

大类 中类 小类 数据项

各大类取能反映该类含义的两个汉字的汉语拼音字头为代码，具有一定的可读性。如“构造地质学”取“GZ”为代码。以下为树型嵌套式，中类和小类各取 A～Z 一位字母顺序编排，最后两位为基本数据项，数量较多，取 AA～ZZ 顺序编排。若有分级需要，且扩充余量足够，也可将最后两位分作两级使用。

5.2 文字值一般采用数字编码，其长度由分级需要、文字值的个数及留出的扩充余量来决定，尽量缩短，减少冗余。文字值分等级时，采用数字层次嵌套方式，同一数据项下的文字值代码为等长码。有些文字值（如化学元素、地层等）继续采用原有的国际或国内通用字符代码。

6 使用与管理

6.1 使用方法：该部分以书面及磁介质两种方式提供使用，用户可根据各自建库目的从各学科选择所需术语及其代码，作为各自系统的数据字典。

6.2 若该部分内容尚不能满足某项需要，可提出要补充的内容，报请该部分管理单位在相应学科增补，并给定代码以供使用。

7 地球物理勘查术语分类代码表

为适应建设数据库和与国际交流的需要，分类与代码表设置代码、汉字名、英译名（古生物为拉丁文字名）及说明四个栏目，见表 1。

表 1 地球物理勘查术语分类代码表

代 码	汉 字 名	英 译 名	说 明
WT	地球物理勘查		
WTA	重力勘探	Gravity prospecting	
WTB	磁法勘探	Magnetic prospecting	
WTC	电法勘探	Electrical prospecting	
WTD	地震勘探	Seismic prospecting	
WTE	测井方法	Log method	
WTF	测井仪器设备	Log equipment	
WTG	测井成果解释	Log interpretation	
WTH	测井通用词	Log public word	
WTI	测井曲线及成果图件	Log curve and plot	
WTJ	放射性勘探	Radioactive prospecting	
WTK	异常检查	Anomaly check	
WTA	重力勘探		
WTAA	地球重力场	Gravity field of the earth	
WTAB	重力测量分类	Classification of gravity survey	
WTAC	重力仪	Gravimeter	
WTAD	重力测量工作方法	Methods of field work of gravity survey	
WTAE	重力校正	Gravity correction	
WTAF	重力测量精度	Accuracy of gravity survey	
WTAG	重力异常数据处理	Data processing of gravity anomaly	
WTAH	重力异常解释	Interpretation of gravity anomaly	
WTAI	重力异常图	Gravity anomaly maps	

表 1（续）

代码	汉字名	英译名	说明
WTAA	地球重力场		
WTAAAA	重力加速度	Acceleration of gravity	
WTAAAB	重力场强度	Intensity of gravity field	
WTAAAC	引力场强度	Intensity of gravitational field	
WTAAAD	离心力场强度	Intensity of centrifugal field	
WTAAAE	正常重力值	Normal gravity value	
WTAAAF	正常重力公式	Normal gravity formula	
WTAAAG	重力导出量	Various order derivative of gravity potential	
WTAAAH	影响重力场因素	Latitude effect	
WTAAAI	观测重力值	Gravity value observation	
WTAAAF	正常重力公式		
1	国际正常重力公式	International normal gravity formula	
2	赫尔莫特重力公式	Helmert formula of gravity	
3	新国际正常重力公式	New international normal gravity formula	
4	卡辛尼重力公式	Cassini formula of gravity	
WTAAAG	重力导出量		
1	重力垂直梯度	Vertical gradient of gravity	
2	重力垂直二阶导数	Second vertical derivative of gravity	
3	重力位二阶导数	Second derivative of gravity potential	
4	重力位各阶导数	Various order derivative of gravity potential	
5	重力位高阶导数	Higher order derivative of gravity potential	
6	重力位	Gravity potential	
7	重力矢量	Gravity vector	
8	曲率向量	Curvature vector	
9	重力水平梯度	Gradient of gravity	
WTAAAH	影向重力场因素		
1	纬度影响	Latitude effect	纬度效应
2	高度影响	Elevation effect	高度效应
3	中间层影响	The effect of intermediate layer	中间层效应
4	布格影响	Bouguer effect	布格效应
5	地形影响	Terrain effect	地形效应
6	固体潮影响	The effect of earth tide	固体潮效应
7	干扰加速度	Disturbing acceleration	
8	垂直干扰加速度	Vertical disturbing acceleration	
9	水平干扰加速度	Horizontal disturbing acceleration	
WTAB	重力测量分类		
1	绝对重力测量	Absolute gravity measurement	
2	相对重力测量	Relative gravity measurement	
3	动态重力测量	Dynamic gravity survey	
4	静态重力测量	Static gravity survey	
5	陆地重力测量	Land gravity survey	
6	海洋重力测量	Marine gravity survey	

表 1（续）

代　码	汉　字　名	英　译　名	说　明
7	航空重力测量	Aerogravity survey	
8	井中重力测量	Borehole gravity measurement	
9	重力梯度测量	Gravity gradiometry survey	
10	航空重力梯度测量	Airborne gravity gradiometry survey	
11	三维重力测量	Three-dimensional(3D) gravity survey	
12	三维重力梯度测量	Three-dimensional(3D) gravity gradiometry survey	
13	地下重力测量	Underground gravity survey	
14	卫星重力测量	Satellite gravity survey	
15	船舷(载)重力测量	Ship board gravity survey	
WTAC	重力仪		
WTACAA	弹簧式重力仪	Spring gravimeter	
WTACAB	振摆式重力仪	Vibrating-pendulum gravimeter	
WTACAC	振弦式重力仪	Vibrating-string gravimeter	
WTACAD	轴对称式重力仪	Axially symmetric gravimeter	
WTACAE	其他类型重力仪	Other type gravimeter	
WTACAF	重力梯度仪	Gravity gradiometer	
WTACAG	船载重力仪	Ship board gravimeter	
WTACBA	重力仪辅助设备	Additional device of gravimeter	
WTACDA	重力仪精度	Accuracy of gravimeter	
WTACDB	动态精度	Dynamic accuracy	
DWGFL	测程	Range of measurement	
WTACDD	滞后	Lag	
WTACDE	格值测定精度	Accuracy of scale value determination	
WTACDF	重力仪光线灵敏度	Beam sensitivity of gravimeter	
WTACDG	重力仪角灵敏度	Angular sensitivity of gravimeter	
WTACDH	重力仪零点位移	Drift of gravimeter	
WTACDI	动态特征	Dynamic feature	
WTACDK	重力仪一致性精度	Congruity accuracy of gravimeters	
WTACDL	格值	Scale value	
WTACAA	弹簧式重力仪		
11	CS 型阿斯卡尼亚重力仪	CS Askania gravimeter	
12	CG 石英弹簧重力仪	CG quartz-spring gravimeter	
13	渥登重力仪	Worden gravimeter	
14	ZSM 型石英弹簧重力仪	ZSM quartz-spring gravimeter	
15	诺伽重力仪	Norgaard gravimeter	
16	410 系列重力仪	Series 410 gravimeter	
17	拉科斯特-隆伯格重力仪	Lacoste-Romberg gravimeter	
18	伽尔型重力仪	Gal gravimeter	
WTACAB	振摆式重力仪		
31	维宁曼乃兹海洋三摆仪	Vening Meinesz sea three pendulum apparatus	
32	阿斯卡尼亚 GSS-Z 型	Graf-askania Gss-z	
33	ZYZY 型	ZYZY	

表 1（续）

代码	汉字名	英译名	说明
WTACAC	振弦式重力仪		
41	吉尔伯特	Gilbert	
42	MIT	MIT	
43	TSSG	TSSG	
44	ZY-1 型	ZY-1	
45	MAGASTR	MAGASTR	
WTACAD	轴对称式重力仪		
51	阿斯卡尼亚 GSS-3 型	Graf-Askania Gss-3	
52	KSS-50 型	Kss-50	
53	拉科斯特-隆伯格	Lacoste and Romberg	
54	拉科斯特-隆伯格空/海重力仪	Lacoste and Romberg air/sea gravimeter	
WTACAE	其他类型重力仪		
61	超导重力仪	Superconductive gravimeter	
62	激光重力仪	Laser gravimeter	
63	航空重力仪	Airborne gravimeter	
64	海洋重力仪	Marine gravimeter	
WTACBA	重力仪辅助设备		
1	常平架	Gimbal suspension	
2	陀螺稳定平台	Gyrostabilization unit	
3	动力稳定器	Power-stabilized unit	
4	重力传感器	Gravity sensor	
WTAD	重力测量工作方法		
WTADAA	重力基点	Gravity base station	
WTADAB	仪器安置高度	Apparatus-fixed height	
WTADAC	重力观测方法	Gravity observation method	
WTADAD	重力闭合差	Closing error of gravimetry	
WTADAE	重力基点网平差	Adjustment of gravity base station network	
WTADAF	重力差	Gravity difference	
WTADAG	相对总基点重力差	Gravity difference to main base station	
WTADAH	相对基点重力差	Gravity difference to base station	
WTADAI	重力测网	Gravimetric network	
WTADAJ	重力测量任务	Survey task of gravity	
WTADAK	基点名称	Base station name	
WTADAL	起算国家重力基点	Calculating national gravity base station	
WTADAM	起算国家重力基点值	Calculating national gravity base station value	
WTADAN	重力工作系统标准	Standard of gravity work system	
WTADAP	观测点数	Observation point number	
WTADBB	地层平均密度	Average density of layers	
WTADBC	地层密度统计分组数	Statistical class number of layer density	
WTADBD	地层密度统计分组数号	Statistical divisional symbol of layer density	
WTADBE	检查岩石块数	Check piece number of rock	

表 1（续）

代 码	汉 字 名	英 译 名	说 明
WTADBF	测定岩石块数	Determining piece volume of rock	
WTADBG	剩余密度	Contrast density	
WTADBH	剩余质量	Residual mass	
WTADBI	岩石密度	Rock density	
WTADAA	重力基点		
01	重力总基点	Gravity main base station	
02	辅助基点	Additional base station	
03	重力控制基点	Gravity control base station	
04	码头基点	Dock base station	
05	重力基点网	Gravity base station network	
06	国际重力基点网	International gravity station network	IGSN
07	国家重力基点网	National gravity base station network	
08	国家重力基准点	National gravity base station	
09	国家一等重力点	National first grade gravity base station	
10	物探重力一级基点	First-grade gravity base station for exploration geophysics	
11	物探重力二级基点	Second-grade gravity base station for exploration geophysics	
12	物探重力三级基点	Third-grade gravity base station for exploration geophysics	
WTADAC	重力观测方法		
1	单次观测	Single observation	
2	重复观测	Repeated observation	
3	三程二次观测	Three-way double observation	
4	检差观测	Control observation	
5	闭合导线观测	Looping observation	
6	三程循环观测	Three-way loop observation	
7	双程往返观测	Two-way observation	
WTADAE	重力基点网平差		
1	波波夫平差	POPOV adjustment	
2	条件平差	Condition adjustment	
3	间接平差	Indirect adjustment	
WTADAI	重力测网		
1	自由网	Free network	
2	规则网	Regular network	
3	矩形网	Rectangular network	
WTADAJ	重力测量任务		
1	重力普查	Gravity reconnaissance	
2	重力详查	Detailed gravity survey	
3	剖面重力测量	Profile gravity survey	
4	面积重力测量	Area gravity survey	
5	区域重力测量	Regional gravity survey	
6	路线重力测量	Route gravity survey	
7	点位重力测量	Point gravity survey	
WTAE	重力校正		

表 1（续）

代　码	汉　字　名	英　译　名	说　明
WTAEAA	纬度校正系数	Latitude correction coefficient	
WTAEAB	纬度校正值	Latitude correction value	
WTAEAC	高度校正系数	Altitude correction coefficient	
WTAEAD	高度校正值	Altitude correction value	
WTAEAE	中间层校正值	Intermediate layer correction value	
WTAEAF	布格校正系数	Bouguer correction coefficient	
WTAEAG	布格校正值	Bouguer correction value	
WTAEAH	地形校正值	Terrain correction value	
WTAEAI	近区地形校正值	Terrain correction value of near area	
WTAEAJ	中区地形校正值	Terrain correction value of middle area	
WTAEAK	远区地形校正值	Terrain correction value of far area	
WTAEAL	地形校正半经	Terrain correction radius	
WTAEAM	地改范围	Terrain correction range	
WTAEAN	自由空间校正值	Free-air correction value	
WTAEAO	地形校正方法	Terrain correction way	
WDAGFC	潮汐校正值	Tidal correction value	
WTAEBB	固体潮校正值	Earth tidal correction value	
WTAEBC	艾特淮斯校正值	Eotvos correction value	
WTAEBD	基座倾斜校正值	Base frame tilt correction value	
WTAEBE	交叉耦合校正值	Cross-coupling correction value	
WTAEBF	布朗校正值	Brown's correction value	
WTAEBH	区域剩余校正值	Regional-residual correction value	
WTAEBI	重力均衡校正值	Gravity isotropic correction value	
WTAECA	重力仪零点校正值	Drift correction value of gravimeter	
WTAECB	重力仪混合零点校正值	Compound drift correction value of gravimeter	
WTAF	重力测量精度		
WTAFAA	重力测量总精度	Total accuracy of gravity survey	
WTAFAB	重力仪观测精度	Observational accuracy of gravimeter	
WTAFAC	纬度校正精度	Accuracy of latitude correction	
WTAFAD	布格校正精度	Accuracy of Bouguer correction	
WTAFAE	地形校正精度	Accuracy of terrain correction	
WTAFAF	交差点	Mis-tie at intersection	
WTAFAG	高程测量均方差	Root mean square error of elevation measurement	
WTAFAH	密度测量均方差	Root mean square error of density measurement	
WTAFAI	纬向距精度	Accuracy of latitude distance	
WTAFBA	普通点观测精度	Observational accuracy of ordinary station	
WTAFBB	基点网观测精度	Observational accuracy of base station network	
WTAFBC	基点网平差后精度	Accuracy of adjusted base station network	
WTAFBD	重力仪观测总精度	Total observational accuracy of gravimeter	
WTAFBE	调差前观测精度	Measuring precision before adjustment	
WTAFBF	调差后观测精度	Measuring precision after adjustment	
WTAFBG	基点网联测精度	Accuracy of base station network	

表 1（续）

代　码	汉　字　名	英　译　名	说　明
WTAFBH	基点网重力值均方误差	Root mean square error of base station gravity	
WTAFBI	一级基点观测精度	Observation accuracy of base station grade 1	
WTAFBJ	二级基点观测精度	Observation accuracy of base station grade 2	
WTAFBK	三级基点观测精度	Observation accuracy of base station grade 3	
WTAFBL	基点闭合差	Misclosure of base station	
WTAFEA	地形校正总精度	Total accuracy of terrain correction	
WTAFEB	近区地形校正精度	Accuracy of terrain correction on medium distance	
WTAFEC	中区地形校正精度	Accuracy of terrain correction on medium distance	
WTAFED	远区地形校正精度	Accuracy of terrain correction on farther distance	
WTAFEE	三项外部改正	Correction for 3 external distance	
WTAG	重力异常数据处理		
WTAGAA	重力异常圆滑	Gravity anomaly smoothing	
WTAGAB	重力异常划分	Gravity anomaly separation	
WTAGAC	重力异常延拓	Gravity anomaly continuation	
WTAGAD	重力异常垂向二阶导数换算	Second vertical derivative calculation of gravity anomaly	
WTAGAE	数据网格化方法	Data gridding method	
WTAGAA	重力异常圆滑		
1	三点线性平滑	Linear smoothing with three points	
2	五点线性平滑	Linear smoothing with five points	
3	五点二次曲线平滑	Quadratic smoothing with five points	
4	七点二次曲线平滑	Quadratic smoothing with seven points	
5	九点二次曲线平滑	Quadratic smoothing with nine points	
6	徒手平滑	Hand smoothing	
WTAGAB	重力异常划分		
1	平行直线法	Method of parallel straight line	
2	平滑曲线法	Method of smooth curve	
3	圆周平均法	Method of circle average	
4	多项式拟合法	Method of polynomial fitting	
5	曲线拟合法	Method of curve fitting	
6	徒手法	Method with hand	
7	滑动平均法	Moving average method	
8	趋势分析法	Method of trend analysis	
WTAGAC	重力异常延拓		
1	重力异常向上延拓	Upward continuation of gravity anomaly	
2	重力异常向下延拓	Downward continuation of gravity anomaly	
WTAGAD	重力异常垂向二阶导数换算		
1	哈克公式	Hark formula	
2	艾勒金斯公式Ⅰ	Elkins formula 1	
3	艾勒金斯公式Ⅱ	Elkins formula 2	
4	艾勒金斯公式Ⅲ	Elkins formula 3	
5	罗森巴赫公式Ⅰ	Rosenbach formula 1	
WTAGAE	数据网格化方法		

表 1（续）

代　码	汉　字　名	英　译　名	说　明
1	二向网格化方法	Bi-directional gridding method	
2	最小曲率网格化方法	Minimum curvature gridding method	
3	克里金网格化方法	Kriging gridding method	
4	加权滑动平均网格化方法	Weighted moving average gridding method	
5	解释性网格化方法	Interpretive gridding method	
6	等效层网格化方法	Equivalent layer gridding method	
7	临近点网格化方法	Close (gridding) method	
8	距离反比方法	Distance inverse method	
WTAH	重力异常解释		
WTAHAA	重力异常正演问题	Forward problem of gravity anomaly	
WTAHAB	重力异常反演问题	Inverse problem of gravity anomaly	
WTAHAC	重力异常类别	Type of gravity anomaly	
WTAHAD	重力异常地质类型	Geological type of gravity anomaly	
WTAHAE	重力异常类型	Type of gravity anomaly	
WTAHAF	重力异常极大值	Gravity anomaly maximum	
WTAHAG	重力异常极小值	Gravity anomaly minimum	
WTAHAH	重力异常峰值	Gravity anomaly peak	
WTAHAI	重力异常形态	Gravity anomaly configuration	
WTAHAJ	重力异常走向	Gravity anomaly strike	
WTAHAK	重力异常水平梯度	Horizontal gradient of gravity anomaly	
WTAHAL	重力异常梯度带	Gradient zone of gravity anomaly	
WTAHAM	自由空间异常	Free-air anomaly	
WTAHAN	布格异常	Bouguer anomaly	
WTAHAO	均衡异常	Isotropic anomaly	
WTAHAP	卫星重力(异常)	Satellite gravity (anomaly)	
WTAHAQ	卫星测高重力(异常)	Satellite altimeter gravity (anomaly)	
WTAHAR	广义重力梯度分析	Generalized gravity gradient analysis	
WTAHAA	重力异常正演问题		
01	解析法	Analytical method	
02	量板法	Template method	
03	二度重力量板	Two-dimensional gravity graticule	
04	三度重力量板	Three-dimensional gravity graticule	
05	Δg 二度量板	Two-dimensional Δg graticule	
06	V_{XZ} 二度量板	Two dimensional V_{XZ} graticule	
07	g_{ZZ} 二度量板	Two-dimensional g_{ZZ} graticule	
08	Δg 似二度量板	Δg graticule for quasi two-dimension bodies	
09	多边形截面法	Polygon-section forward calculation method	
10	长方体元法	Cuboid-element method	
11	直立矩形棱柱法	Vertical rectangular prismy forward calculation method	
WTAHAB	重力异常反演问题		
01	曲线拟合法	Curve-matching method	
02	迭代法	Iteration method	

表 1（续）

代码	汉字名	英译名	说明
03	直接法	Direct method	
04	特征点法	Characteristic point method	
05	人机联作模型法	Interactive modelling	
06	最优化法	Optimizing method	
07	线性反演方法	Linear inverse method	
08	单层密度介面反演	Inversion of single density interface	
09	多层密度介面反演	Inversion of multiple density interface	
10	线性规划法	Linear programming method	
11	非线性规划法	Non-linear programming method	
12	切线法	Tangent method	
13	二度半组合体可视化正反演	Forward and inverse problem in second half assembly visualization	
14	三维物性(密度)反演方法	3-D material property (density) inverse problem method	
WTAHAD	重力异常地质类型		
01	陆缘重力异常	Gravity anomaly of continental border	
02	陆架边缘重力异常	Gravity anomaly of continental shelf border	
03	陆坡重力异常	Continental slope gravity anomaly	
04	重力边缘效应	Gravity edge effect	
05	岛弧重力异常	Island-arc gravity anomaly	
06	海沟重力异常	Gravity anomaly over trench	
07	海山重力异常	Gravity anomaly over seamount	
08	中脊重力异常	Gravity anomaly over mid-ridge	
09	海盆重力异常	Gravity anomaly over basin	
10	二维准均衡异常	Two-dimemsional pseudo isostatic anomaly	
11	海沟洋侧长波低幅正异常	Long-wavelength low-amplitude positive anomaly at ocean side of trench	
12	盖层重力异常	Gravity anomaly over mantle	
13	基底重力异常	Gravity anomaly over base	
14	界面重力异常	Gravity anomaly over interface	
WTAHAE	重力异常类型		
1	区域重力异常	Regional gravity anomaly	
2	局部重力异常	Local gravity anomaly	
3	剩余重力异常	Residual gravity anomaly	
4	叠加重力异常	Superposition gravity anomaly	
5	有效重力异常	Effective gravity anomaly	
WTAHAR	广义重力梯度分析		
13	归一化总梯度方法	Total normalized gradient method	
14	视深度切片法	Pseudo-depth slicing method	
15	位场测深	Potential field sounding	
16	非迭代反演方法	Non-iteration inversion technique	
17	重力场源矩反演	Gravity source moment inversion	
18	广义紧凑重力反演	Generalized compact gravity inversion	

表 1（续）

代 码	汉 字 名	英 译 名	说 明
19	重力异常欧拉反褶积	Euler deconvolution of gravity anomaly	
20	重力异常维纳反褶积	Wener deconvolution of gravity anomaly	
WTAI	重力异常图		
01	布格重力异常图	Bouguer gravity anomaly map	
02	区域重力异常图	Regional gravity anomaly map	
03	剩余重力异常图	Residual gravity anomaly map	
04	重力异常剖面图	Gravity anomaly profile	
05	重力水平梯度剖面图	V_{XZ} anomaly profile	
06	重力垂向二阶导数图	Second vertical gravity derivative map	
07	均衡重力异常图	Isotropic gravity anomaly map	
08	伪重力异常图	Pseudo gravity anomaly map	
09	重力垂向一阶导数图	First vertical gravity derivative map	
10	重力水平方向导数图	Horizontal gravity direction derivative map	
11	重力水平梯度剖面图	Horizontal gravity gradient section map	
12	重力测点分布图	Distribution map of survey point gravity	
13	重力解释信号(总梯度模)图	Signal map of gravity interpretation	
WTB	磁法勘探		
WTBC	磁测仪器	Instrument of magnetic survey	
WTBD	野外磁测工作	Field work of magnetic survey	
WTBE	磁异常	Magnetic anomaly	
WTBF	磁异常数据处理	Data processing of magnetic anomaly	
WTBG	磁异常解释	Interpretation of magnetic anomaly	
WTBH	磁测图件	Magnetic survey map	
WTBC	磁测仪器		
WTBCAA	厂商	Company name	
WTBCAB	磁力仪型号	Magnetometer model	
WTBCAC	磁力仪类型	Magnetometer type	
WTBCBA	磁力仪灵敏度	Magnetometer sensitivity	
WTBCBB	磁力仪格值	Magnetometer scale value	
WTBCBC	磁力仪精度	Magnetometer precision	
WTBCBD	梯度仪灵敏度	Gradiometer sensitivity	
WTBCBE	记录灵敏度	Recording sensitivity	
WTBCBF	记录精度	Recording precision	
WTBCBG	记录时间	Time of recording	
WTBCBH	探头灵敏度	Sensor sensitivity	
WTBCBI	零点漂移	Drift	零点掉格
WTBCCA	记录方式	Way of recording	
WTBCDA	磁性测量仪	Instrument for magnetic property measurement	
WTBCGA	传感器	Sensor	
WTBCHA	主从传感器距离	Distance between master and slave sensor	
WTBCHB	传感器沉放深度	Depth of sensor	
WTBCHC	拖缆长度	Towed cable length	

表 1（续）

代 码	汉 字 名	英 译 名	说 明
WTBCHD	采样速率	Sample rate	
YKCAP	温度系数	Temperature coefficient	
WTBCIB	扭鼓常数	Torsion drum coefficient	
WTBCIC	同向差	Difference of readings in the same orientation	
WTBEID	转向差	Difference of readings at the opposite orientation	
WTBCAC	磁力仪类型		
00	机械式磁力仪	Mechanical magnetometer	
01	刃口式磁力仪	Knife-edge magnetometer	
02	悬丝式磁力仪	Torsion-type magnetometer	
10	磁通门磁力仪	Flux-gate magnetometer	
20	质子旋进磁力仪	Proton-precession magnetometer	质子共振磁力仪
21	双重核共振磁力仪	Double nuclear resonance magnetometer	
30	光泵磁力仪	Optical pumping magnetometer	
31	铷蒸气磁力仪	Rubidium vapor magnetometer	
32	铯蒸气磁力仪	Cesium vapor magnetometer	
40	超导磁力仪	Superconductive magnetometer	
41	RF 超导磁力仪	RF-squid magnetometer	
42	DC 超导磁力仪	DC-squid magnetometer	
50	磁力梯度仪	Magnetic gradiometer	
51	水平磁力梯度仪	Magnetic horizontal gradiometer	
52	垂直磁力梯度仪	Magnetic vertical gradiometer	
60	袖珍磁力仪	Pocket magnetometer	
70	航空质子旋进磁力仪	Airborne proton-precession magnetometer	
71	航空磁通门磁力仪	Airborne flux-gate magnetometer	
72	航磁梯度仪	Aeromagnetic gradiometer	
73	航磁水平梯度仪	Aeromagnetic horizontal gradiometer	
74	航磁垂直梯度仪	Aeromagnetic vertical gradiometer	
80	海空核子旋进磁力仪	Sea-air nuclear precession magnetometer	
81	海洋磁力梯度仪	Sea magnetic gradiometer	
82	深海拖曳磁力仪	Deep-towed magnetometer	
83	海洋质子磁力梯度仪	Sea proton magnetic gradiometer	
WTBCCA	记录方式		
1	打点记录	Punch tape recording	
2	磁带数字记录	Digital tape recording	
3	纸卷模拟记录	Paper tape recording	
WTBCDA	磁性测量仪		
1	无定向磁力仪	Astatic magnetometer	
2	旋转磁力仪	Spinner magnetometer	
3	磁化率仪	Susceptibility meter	
4	转矩式磁力仪	Torque-type magnetometer	
WTBCGA	传感器		

表 1（续）

代码	汉字名	英译名	说明
1	主传感器	Master sensor	
2	从传感器	Slave sensor	
WTBD	野外磁测工作		
WTBDAA	观测点号	Observation point number	
WTBDAB	观测线号	Observation line number	
WTBDAC	观测值	Observation value	
WTBDAD	检查观测点号	Check observation point number	
WTBDAH	检查观测线号	Check observation line number	
WTBDAF	检查观测值	Check observation value	
WTBDAG	观测分量	Observation component	
WTBDBA	磁测区范围	Magnetic survey area	
WTBDBB	磁测区位置	Location of magnetic survey area	
WTBDBC	磁测总基点位置	Position of magnetic general base station	
WTBDBD	磁测基点位置	Position of magnetic base station	
WTBDBE	剖面磁方位	Magnetic azimuth of profile	
WTBDBF	磁测时间	Magnetic survey date	
WTBDCA	磁测精度	Magnetic survey precision	
WTBDCB	磁测百分相对误差	Relative percentage error in magnetic survey	
WTBDCC	磁测绝对误差	Absolute error in magnetic survey	
WTBDCD	磁测均方误差	Root mean-square error in magnetic survey	
WTBDDA	磁测方法	Method of magnetic survey	
WTBDFA	磁性测定方法	Method of magnetism measurement	
WTBDFB	标本类型	Sample type	
WTBDFC	标本名称	Sample name	
WTBDFD	标本编号	Sample code	
WTBDFE	采样地点	Sampling site	
SWBDDC	标本块数	Number of specimens	
DWGDBJ	科尼斯贝格比	Koenigsberger ratio	
WTBDFH	视磁化率值	Apparent susceptibility value	
WTBDFI	露头磁化率值	Susceptibility value on outcrops	
WTBDFJ	标本磁化率值	Susceptibility value of samples	
WTBDHA	飞行方向	Flight direction	
WTBDHB	切割线间距	Distance between cross lines	
WTBDHC	航磁异常地面查证等级	Grade of ground check on aeromagnetic anomalies	
WTBDHD	测线切割线交点误差	Error between flight line and cross lines	
WTBDHE	飞机磁干扰场补偿精度	Airplane's magnetization compensation precision	
WTBDHF	飞机磁干扰场补偿方式	Ways of airplane's magnetization compensation	
WTBDIA	飞行项目	Flying items	
WTBDIB	测线公里	Flight line kilometers	
WTBDIC	测线号	Profile line number	
WTBDKA	飞行平均高度	Flying average altitude	
WTBDKB	飞行相对高度	Flying relative altitude	

表 1（续）

代码	汉字名	英译名	说明
WTBDKC	飞行海拔高度	Flying altitude	
WTBDKD	飞行高度平均差	Average difference of flying altitude	
WTBDKE	气压计飞行高度	Flying altitude of barometer	
WTBDLA	航空定位方法	Method of airborne fix	
WTBDLB	定位精度	Fix precision	
WTBDLC	地面定位台位置	Position of ground fix station	
WTBDMA	船体磁效应	Magnetic effect of ship-body	
WTBDNA	磁测校正项目	Correction items of magnetic measurement	
WTBDNB	日变校正值	Diurnal correction value	
WTAEAB	纬度校正值	Latitude correction value	
WTAEAD	高度校正值	Altitude correction value	
WTBDNE	温度校正值	Temperature correction value	
WTBDNF	混合校正值	Compound correction value	
WTBDNG	扭鼓校正值	Torsion drum correction value	
WTBDNH	辅磁校正值	Auxiliary magnet correction value	
WTBDAG	观测分量		
1	磁场水平分量	Horizontal component of magnetic field	
2	磁场垂直分量	Vertical component of magnetic field	
3	总磁场强度	Total magnetic intensity	
WTBDDA	磁测方法		
051	人工磁化法	Artificial magnetization method	
052	日变法	Diurnal variation method	
053	压磁法	Piezomagnetic method	
054	微磁测量	Micromagetic survey	
055	磁化率测量	Magnetic susceptibility variation method	
056	梯度测量	Gradient survey	
057	三分量磁测	Three-component magnetic survey	
058	高分辨率航空磁测	High-resolution aeromagnetic survey	
059	高精度航空磁测	High-precision aeromagnetic survey	
060	水下磁测	Magnetic survey under water	
061	船磁测量	Shipborne magnetic survey	
062	地磁测量	Geomagnetic field survey	
063	高精度磁测	High-grade accuracy magnetic prospecting	
WTBDFA	磁性测定方法		
1	磁秤法	Magnetometer method	
2	无定向磁力仪法	Astatic magnetometer method	
3	旋转磁力仪法	Spinner magnetometer method	
4	冲击法	Ballistic method	
WTBDFB	标本类型		
1	定向标本	Oriented specimen	
2	半定向标本	Semi-oriented specimen	
3	非定向标本	Unoriented specimen	

表 1（续）

代　码	汉　字　名	英　译　名	说　明
WTBDHC	航磁异常地面查证等级		
1	踏勘检查	Reconnaissance examination	三级查证
2	详细检查	Detailed examination	二级查证
3	工程验证	Engineering examination	一级查证
WTBDHF	飞机磁干扰场补偿方式		
1	电子自动补偿	Electronic automatic compensation	
2	坡莫合金补偿	Permalloy compensation	
WTBDIA	飞行项目		
01	偏向飞行	Declination flying	
02	测量飞行	Survey flying	
03	测线飞行	Line flying	
04	基线飞行	Base-line flying	
05	辅助飞行	Auxiliary flying	
06	切割线飞行	Cross flying	
07	重复线飞行	Repetition line flying	
08	接线飞行	Junction flying	
09	视察飞行	View flying	
10	切割线控制网飞行	Cross flying and control-network flying	
WTBDLA	航空定位方法		
1	目视定位	Visual fix	
2	无线电波导航定位	Radio range fix	
3	航迹摄影定位	Aerial photograph fix	
4	多普勒雷达定位	Doppler-radar fix	
5	卫星定位	Satellite fix	
6	全球定位系统定位	Global positioning system(GPS) fix	
WTBDNA	磁测校正项目		
1	日变校正	Diurnal correction	
2	纬度校正	Latitude correction	
3	高度校正	Altitude correction	
4	温度校正	Temperature correction	
5	混合校正	Compound correction	
6	扭鼓校正	Torsion drum correction	
7	辅磁校正	Auxiliary magnet correction	
8	日常梯度校正	Correction for normal gradient	
WTBE	磁异常		
WTBEAA	磁异常名称	Magnetic anomaly name	
WTBEAB	磁异常编号	Magnetic anomaly code	
WTBEAC	磁异常位置	Position of magnetic anomaly	
WTBEAD	磁异常走向	Magnetic anomaly trend	
WTBEAE	磁异常强度	Magnetic anomaly intensity	磁异常幅度
WTBEAF	磁异常宽度	Magnetic anomaly width	
WTBEAG	磁异常水平梯度	Horizontal gradient of magnetic anomaly	

表 1 (续)

代码	汉字名	英译名	说明
WTBEAH	磁异常垂向梯度	Vertical gradient of magnetic anomaly	
WTBEBA	磁异常特征	Magnetic anomaly characteristics	
WTBEBB	磁异常类型	Magnetic anomaly type	
WTBEBA	磁异常特征		
01	低缓磁异常	Small amplitude-low gradient magnetic anomaly	
02	线性磁异常	Linear magnetic anomaly	条带磁异常
03	正磁异常区	Positive magnetic anomaly area	
04	负磁异常区	Negative magnetic anomaly area	
05	正负相间磁异常	Positive alternating with negative anomaly	
06	放射状磁异常	Radial magnetic anomaly	
07	串珠状磁异常	Pearl magnetic anomaly	
08	雁行磁异常	Echelon magnetic anomaly	
09	等轴磁异常	Isoaxial magnetic anomaly	
20	磁力高	Magnetic high	
21	磁力低	Magnetic low	
30	磁寂带	Magnetic quiet zone	
31	大磁弯	Great magnetic bight	
32	大洋磁异常	Ocean magnetic anomaly	
33	海山磁异常	Magnetic anomaly of sea-mount	
34	东海岸磁异常	East coast magnetic anomaly	
WTBEBB	磁异常类型		
01	叠加磁异常	Overlapping magnetic anomalies	
02	复杂磁异常	Complex magnetic anomalies	
03	简单磁异常	Simple magnetic anomaly	
04	低频磁异常	Low frequency magnetic anomaly	
05	高频磁异常	High frequency magnetic anomaly	
06	局部磁异常	Local magnetic anomaly	
07	区域磁异常	Regional magnetic anomaly	
08	剩余磁异常	Residual magnetic anomaly	
20	矿异常	Mineral anomaly	
21	非矿异常	Nonmineral anomaly	
WTBF	磁异常数据处理		
01	徒手圆滑	Smoothing by hand	
02	最小二乘圆滑	The least square smoothing	
10	样条插值	Spline interpolation	
11	拉格郎日插值	Lagrange interpolation	
12	双线性插值	Bilinear interpolation	
20	向上延拓	Upward continuation	
21	向下延拓	Downward continuation	
22	旁侧延拓	Lateral continuation	
23	全空间延拓	All space continuation	
30	水平一阶导数	First horizontal derivative	

表 1（续）

代　码	汉　字　名	英　译　名	说　明
31	水平二阶导数	Second horizontal derivative	
32	垂向一阶导数	First vertical derivative	
33	垂向二阶导数	Second vertical derivative	
40	曲化平	Curved surface reduced to horizontal plane	
41	保角影射法	Conformal mapping method	
42	导电纸模拟	Modeling with conductive paper	
50	三度异常化二度异常	Three-dimensional anomaly transforming to two-dimensional anomaly	
60	化到地磁极	Reduction to the pole	
61	ΔT 换成 g_m	Transforming from ΔT into g_m	
62	Z_a 换成 g_m	Transforming from Z_a into g_m	
63	H_a 换成 g_m	Transforming form H_a into g_m	
70	二度异常 H_a 换成 Z_a	Transforming from H_a into Z_a in two-dimension	
71	二度异常 Z_a 换成 H_a	Transforming from Z_a into H_a in two-dimension	
72	二度异常 ΔT 换成 H_a	Transforming from ΔT into H_a in two-dimension	
73	二度异常 ΔT 换成 Z_a	Transforming from ΔT into Z_a in two-dimension	
80	三度异常 Z_a 换成 H_a	Transforming from Z_a into H_a in three-dimension	
81	三度异常 H_a 换成 Z_a	Transforming from H_a into Z_a in three-dimension	
82	三度异常 ΔT 换成 H_a	Transforming from ΔT into H_a in three-dimension	
83	三度异常 ΔT 换成 Z_a	Transforming from ΔT into Z_a in three-dimension	
84	自动增益控制滤波	Automatic gain control(AGC) filtering	
WTBG	磁异常解释		
WTBGAA	磁性体形状	Shapes of magnetic bodies	
WTBGAB	磁性体形状参数	Parameters of magnetic body shapes	
WTBGAC	磁性体埋深	Depth to the magnetic body	
WTBGAD	磁性体下底埋深	Depth to the bottom of the magnetic body	
WTBGAE	磁性体上顶埋深	Depth to the top of the magnetic body	
WTBGAF	磁性体中心埋深	Centre depth to the magnetic body	
WTBGAG	磁性体厚度	Thickness of the magnetic body	
WTBGAH	磁性体宽度	Width of the magnetic body	
WTBGAI	磁性体长度	Length of the magnetic body	
WTBGAJ	磁性体走向	Strike of the magnetic body	
WTBGAK	磁性体倾向	Inclination of the magnetic body	
WTBGAM	磁性体倾角	Dip of the magnetic body	
WTBGAN	居里点深度	Curie point depth	
WTBGAO	磁性基底深度	Magnetic basement depth	
WTBGAP	磁性体视深度	Apparent depth to the magnetic body	
WTBGAQ	有效磁化强度	Effective magnetization	
WTBGAR	有效磁化倾角	Effective magnetized inclination	
WTBGBA	磁化方向	Magnetizing direction	
WTBGCA	磁异常解释方法	Interpretation method of magnetic anomalies	
WTBGDA	磁异常谱	Magnetic anomaly spectrum	

表 1（续）

代　码	汉　字　名	英　译　名	说　明
WTBGAA	磁性体形状		
01	板状体	Plate-like body	
02	圆柱体	Cylinder	
03	椭球体	Ellipsoid	
04	球体	Sphere	
05	台阶	Step	
06	长方体	Cuboid	
07	棱柱体	Prism	
08	磁性基底	Magnetic basement	
09	磁性接触面	Magnetic contact interface	
10	磁性接触线	Magnetic contact boundary line	
WTBGBA	磁化方向		
1	水平磁化	Horizontal magnetization	
2	垂直磁化	Vertical magnetization	
3	倾斜磁化	Inclined magnetization	
4	顺层磁化	Bedding magnetization	
5	斜交磁化	Oblique magnetization	
WTBGCA	磁异常解释方法		
01	点元法	Point element method	
02	线元法	Line element method	
03	面元法	Surface element method	多边形截面法
04	异常特征分析法	Anomaly characteristic analysis method	
05	特征曲线法	Characteristic curve method	
06	特征三角形法	Characteristic triangle method	
07	特征点法	Characteristic point method	
08	任意点法	Arbitrary point method	
09	参量图法	Parametric curve method	
10	磁场空间分布法	Spatial distribution method of magnetic field	
11	积分法	Integral method	
12	矢量法	Vector method	
13	T_a 矢量交点法	T_a-vector intersection point method	
14	矢量强度解释法	Vector intensity method	
15	矢量倾角法	Vector inclination method	
16	导数比值法	Derivative ratio method	
17	直线斜率法	Straight line slope method	
18	量板法	Template method	
19	扇形量板法	Sector graticule method	
20	带校正系数量板法	Graticule method with corrected coefficient	
21	似二度量板法	Graticule method for quasi two-dimensional	
22	剩余异常法	Residual anomaly method	
23	复变函数法	Complex variable function method	
24	共轭点解释法	Conjugate point method	

表 1（续）

代 码	汉 字 名	英 译 名	说 明
25	复变函数求奇点法	Singular point method From complex variable function	
26	复合函数法	Compound function method	
27	切线法	Tangent method	
28	多点切线法	Tangential method with multipoint	
29	罗加切夫切线法	Logarcheve tangential method	
30	带系数切线法	Tangential method with coefficients	
31	外奎尔切线法	Vacquir tangential method	
32	彼特斯切线法	Peters tangential method	
33	拐点正交切线法	Inflection-tangent-intersection method	
34	曲线拟合法	Curve-matching method	选择法
35	最优化法	Optimization method	
36	计算机曲线拟合法	Curve-matching method by computer	
37	线性规划法	Linear programming method	
38	复梯度法	Complex gradient method	
39	二次微商法	Quadratic differential method	
40	高阶导数法	Higher derivative method	
41	模拟实验法	Simulation test method	
42	模型实验法	Model experiment method	
43	图解法	Diagram method	
44	谱分析法	Spectrum analysis method	
45	功率谱包线法	Power spectrum envelope method	
46	平均功率谱法	Average power spectrum method	
47	电阻网格模拟	Resistive network modelling	
48	土槽模拟法	Soil tank modelling	
49	水槽模拟试验	Water tank modelling	
50	空间域磁性界面反演	Magnetic interface inversion in space domain	
51	频率域磁性界面反演	Magnetic interface inversion in frequency domain	
52	视磁化率计算	Computing of apparent susceptibility	
53	梯度模分析	Analytic signal analysis	
54	垂直积分变换法	Vertical integral transformation	
55	磁双极图	Magnetic dipole map	
WTBGDA	磁异常谱		
01	频谱	Frequency spectrum	
02	复谱	Complex spectrum	连续谱
03	振幅谱	Amplitude spectrum	
04	相位谱	Phase spectrum	
05	功率谱	Power spectrum	能谱
06	对数能谱	Logarithmic energy spectrum	
07	对数振幅谱	Logarithmic amplitude spectrum	
08	矩谱	Moment spectrum	
09	径向平均频谱	Radial average frequency spectrum	
10	振幅谱因子	Amplitude spectrum factor	

表 1（续）

代码	汉字名	英译名	说明
11	离散谱	Discrete spectrum	
WTBH	磁测图件		
010	磁场分区图	Zoned magnetic field chart	
012	区域磁异常图	Regional magnetic anomaly chart	
022	局部磁异常图	Local magnetic anomaly chart	
030	磁异常轴线图	Magnetic anomaly axis chart	
040	视磁化率图	Apparent susceptibility chart	
050	磁性体等深度图	Magnetic body isodep chart	
052	磁性体最小深度图	Magnetic body minimum depth chart	
060	地层磁性柱状图	Columnar section of stratigraphic magnetism	
070	居里面深度图	Curie isotherm surface depth map	
080	磁性基底深度图	Magnetic basement depth map	
110	磁异常剖面图	Profile of magnetic anomaly	
120	磁异常平面剖面图	Magnetic anomaly profile on plane	磁异常剖面平面图
130	磁异常平面等值线图	Plane isoline map of magnetic anomaly	
140	磁异常空间等值线图	Space isoline map of magnetic anomaly	
150	Z_a-H_a 参量图	Z_a-H_a parametric chart	
160	实测曲线	Measured curve	
170	理论曲线	Theoretical curve	
180	国际地磁参考场	International Geomagnetic Reference Field(IGRF)	
200	假重力异常图	Pseudo-gravity chart	
210	磁异常推断解释图	Magnetic anomaly interpretation chart	
220	二阶导数图	Second derivative map	
300	自相关函数平面图	Plane curve of autocorrelation function	
310	径向平均对数能谱曲线	Radial average logarithmic energy spectrum curve	
320	离散对数能谱曲线	Discrete logarithmic energy spectrum curve	
400	玫瑰图	Rose chart	
410	频率直方图	Frequency histogram	
420	频率分布曲线	Frequency distribution curve	
500	改航对磁场影响图	Chart of magnetic field affected by direction variation	
510	重复线异常水平错动图	Anomaly horizontal displacement curve in repetition line	
520	测线切割线交点误差曲线	Crossover point error curve of line and crossline	
530	磁补偿结果示意图	Schematic drawing of magnetic compensation	
540	偏向曲线	Declination curve	
550	航迹偏离度分布曲线	Distribution curve of flying path deviation	
WTC	电法勘探		
WTCA	电法勘探基础词	Basic words of electrical prospecting	
WTCB	电法勘探方法	Electrical prospecting method	
WTCC	电法勘探仪器	Instrument of electrical prospecting	
WTCD	电法勘探野外工作	Field work of electrical prospecting	
WTCE	电法勘探异常	Anomaly of electrical prospecting	
WTCF	电法资料数据处理	Electrical prospecting data processing	

表 1（续）

代　码	汉　字　名	英　译　名	说　明
WTCG	电法资料解释	Electrical prospecting data interpretation	
WTCH	电法勘探成果图件	Result figure of electrical method	
WTCA	电法勘探基础词		
WTCAAA	电法勘探场源类型	Type of field source in electrical prospecting	
WTCAAB	电法勘探中的电场	Electrical field in electrical prospecting	
WTCAAC	直流电法场源类型	Type of field source in DC electrical prospecting	
WTCAAD	电法勘探的正反演	Forward and inverse problem in electrical prospecting	
WTCAAE	电法勘探正演模型	Forward model in electrical prospecting	
WTCAAF	物理模拟方法	Physical modeling method	
WTCAAG	数值模拟方法	Numerical modeling method	
WTCAAJ	地质断面的电性特征	Electrical characteristic of geological cross section	
WTCAAK	探测深度	Depth of investigation	
WTCAAL	地层的电参数	Electrical parameter of layer	
WTCAAM	电屏蔽干扰类型	Type of interference in electrical shield	
WTCAAN	角域地形单元	Unit of angle domain topography	
WTCAAO	岩矿石的各向异性特征	Anisotropic characteristic of rocks and minerals	
WTCAAP	岩矿石的极化类型	Type of polarization of rocks and minerals	
WTCAAQ	岩矿石的极化系数	Polarization coefficient of rocks and minerals	
WTCAAR	极化单元的物理模型	Physical model of polarized unit	
WTCAAS	电磁法的激励场类型	Type of inducing field in EM method	
WTCAAT	电磁法的激励场源脉冲波	Pulse wave of inducing field source in EM method	
WTCAAU	电磁法的磁场类型	Type of magnetic field in EM method	
WTCAAV	磁场参数	Parameter of magnetic field	
WTCAAW	二次磁场特性	Feature of secondary magnetic field	
WTCABA	二次磁场振幅	Amplitude of secondary magnetic field	
WTCABB	总磁场振幅	Amplitude of total magnetic field	
WTCABC	二次磁场相位	Phase of secondary magnetic field	
WTCABD	总磁场相位	Phase of total magnetic field	
WTCABE	二次磁场的频率特性	Frequency character of secondary magnetic field	
WTCABF	二次磁场的时间特性	Time character of secondary magnetic field	
WTCABG	发射线圈类型	Configuration of transmitting loop	
WTCABH	接收线圈类型	Configuration of receiving loop	
WTCABI	面极化系数	Coefficient of surface polarization	
WTCABJ	体极化系数	Coefficient of volume polarization	
WTCACA	时间特性	Time character	
WTCACB	频率特性	Frequency character	
WTCACC	标量位	Scalar potential	
WTCACD	矢量位	Vector potential	
WTCACE	实分量	Real component	
WTCACF	虚分量	Imaginary component	
WTCACJ	互阻抗	Mutual impedance	
WTCACK	最佳频率	Optimum frequency	

表 1（续）

代 码	汉 字 名	英 译 名	说 明
WTCACL	发射装置	Transmitting system	
WTCACM	接收装置	Receiving system	
WTCAAA	电法勘探场源类型		
1	人工场法	Artificial field method	
2	主动源法	Active source method	
3	天然场法	Natural field method	
4	被动源法	Passive source method	
WTCAAB	电法勘探中的电场		
1	正常电场	Normal electric field	
2	畸变电场	Distorted electric field	
3	异常电场	Anomaly electric field	
WTCAAC	直流电法场源类型		
1	点源场	Point source field	
2	偶极场	Dipole field	
3	均匀场	Homogeneous field	
WTCAAD	电法勘探的正反演		
1	电法勘探的正演	Forward modeling in electrical prospecting	
2	电法勘探的反演	Inverse problem in electrical prospecting	
WTCAAE	电法勘探正演模型		
1	一维模型	1-D model	
2	二维模型	2-D model	
3	三维模型	3-D model	
WTCAAF	物理模拟方法		
1	水槽模拟	Modeling with water tank	
2	薄水层模拟	Modeling with thin layer of water	
3	导电纸模拟	Modeling with conductive paper	
4	电阻网络模拟	Resistive network modelling	
5	土槽模拟	Modeling with soil tank	
6	空气模拟	Modeling with air	
WTCAAG	数值模拟方法		
1	有限元法	Finite element method	
2	边界元法	Boundary element method	
3	有限差分法	Finite-difference method	
4	积分方程法	Integral equation method	
WTCAAJ	地质断面的电性特性		
1	地电断面	Geoelectric cross section	
2	电性标志层	Electrical indicator horizon	
3	高阻屏蔽层	High resistive shielding layer	
4	低阻屏蔽层	Low resistive shielding layer	
WTCAAM	电屏蔽干扰类型		
1	低阻屏蔽干扰	Low resistivity shielding disturbance	
2	高阻屏蔽干扰	High resistivity shielding disturbance	

表 1（续）

代　码	汉　字　名	英　译　名	说　明
WTCAAO	岩矿石的各向异性特征		
1	各向异性	Anisotropy	
2	宏观各向异性	Macro-anisotropy	
3	微观各向异性	Micro-anisotropy	
4	均匀各向异性	Homogeneous anisotropy	
5	非均匀各向异性	Inhomogeneous anisotropy	
6	各向异性反常	Anomaly of anisotropy	
7	各向异性介质	Anisotropic media	
WTCAAP	岩矿石的极化类型		
1	面极化	Surface polarization	
2	体极化	Volume polarization	
WTCAAR	极化单元的物理模型		
1	柯尔-柯尔模型	Cole-Cole model	
2	德拜模型	Debye model	
3	瓦尔堡模型	Warbury model	
WTCAAS	电磁法的激励场类型		
1	长导线场	Long wire field	
2	大定源场	Large fixed loop field	不接地回线场
3	磁偶极子场	Magnetic dipole field	
WTCAAT	电磁法的激励场源脉冲波		
1	正弦波	Sine wave	
2	半正弦波	Half sine wave	
3	倾斜阶跃波	Ramp step wave	
4	垂直阶跃波	Vertical step wave	
WTCAAU	电磁法的磁场类型		
1	一次磁场	Primary magnetic field	
2	二次磁场	Secondary magnetic field	
3	总磁场	Total magnetic field	
WTCB	电法勘探方法		
101	对称四极法	Symmetrical quadripole method	
102	偶极剖面法	Dipole profiling method	
103	联合剖面法	Combined profiling method	
104	中间梯度法	Mid-gradient method	
105	激发极化法	Induced polarization method	
106	自然电场法	Self-potential method	
107	充电法	Mise-a-la-masse	
108	偶极电磁剖面法	Profiling method with EM dipole	
109	大定源回线法	Fixed source-loop method	不接地回线法
110	长导线法	Long wire method	
111	瞬变场法	Transient field method	过渡过程法
112	振幅相位法	Amplitude-phase method	
113	交流激发极化法	Alternating current induced polarization method	

表 1（续）

代　码	汉　字　名	英　译　名	说　明
114	大地电磁法	Magnet-telluric method	
115	航空电法	Airborne electrical method	
116	倾角法	Tilt angle method	
117	对称四极测深法	Schlumberger sounding method	
118	偶极测深法	Dipole-dipole sounding method	
119	激发极化测深法	IP sounding method	
120	频率测深法	Frequency sounding method	
121	瞬变测深法	Transient sounding method	
122	磁大地电流法	Magneto-telluric method	
123	无线电波反射法	Radiowave reflected method	
124	无线电波透视法	Radiowave penetration method	
125	无线电波干涉法	Radiowave interference method	
126	地质雷达	Geological radar	
127	电磁法	Electromagnetic method(EM)	
128	瞬变电磁法	TEM method	
129	振幅比相位差法	Turam method	
130	传导电法	Conduction electrical prospecting method	
131	电阻率测深法	Resistivity sounding	
132	时域激电法	Time-domain IP method	
133	频域激电法	Frequency domain IP method(FIP)	
134	频谱激电法	Spectra induced polarization method	
135	压电法	Piezoelectric method	
136	电阻率法	Resistivity method	
137	电阻率剖面法	Resistivity profiling	
138	地电化学提取法	Collecting method of geo-electric-chemistry	
139	复合四极法	Composite quadripole method	
140	二极法	Two pole method	
141	电剖面法	Electrical profiling method	
142	电测深法	Electrical sounding method	
143	温纳测深法	Wenner sounding method	
144	等比测深法	Equal-ratio sounding method	
145	环形测深法	Circle sounding method	
146	五极纵轴测深法	Five-pole longitudinal sounding method	
147	近场源激电法	IP method of near source	
148	单极梯度激电法	Single-pole gradient IP method	
149	变频法	Change frequency method	
150	感应激发极化法	Inductive induced polarization method	
151	相位激发极化法	Phase IP method	
152	频谱激发极化法	Spectral IP method	
153	磁激发极化法	Magneto-IP method	
154	虚分量-振幅法	Imaginary-amplitude method	
155	水平线圈法	Horizontal loop method	

表 1（续）

代　码	汉　字　名	英　译　名	说　明
156	椭圆极化法	Ellipse polarization	
157	感应脉冲瞬变法	Induced pulse transient method	
158	大地电磁剖面法	Magneto telluric profiling method	
159	差异激电法	Different induced polargation method(DIP)	
160	虚实分量法	Imaginary-real component method	
161	甚低频法	Very low frequency method	
162	大地电流法	Telluric method	
163	可控源大地电磁法	CSAMT	
WTCC	电法勘探仪器		
01	电子自动补偿仪	Automatic electron compensation instrument	
02	低频交流电阻率仪	Low frequency A. C. instrument for resistivity	
03	数字电法仪	Digital instrument for electrical method	
04	地电仪	Geoelectrical instrument	
21	激发极化仪	Instrument for IP	
22	积分式激发电位仪	Quadrature instrument for IP	
23	微机激电仪	IP instrument controlled by microcomputer	
24	相位激电仪	Phase instrument for IP	
25	时间域激电仪	IP instrument in time domain	
26	频率域激电仪	IP instrument in frequency domain	
27	频谱激电仪系统	Spectral IP system	
28	双频道激电仪	Double frequency IP instrument	
29	双频道数字激电仪	Digital IP instrument with dual frequency	
30	差异激电仪	Instrument for DIP	
51	无参考线虚分量仪	Imaging component instrument without referring wire	
52	自然电位仪	Natural electrical potential instrument	
53	数字频率测深仪	Digital frequency sounding instrument	
54	脉冲电磁仪	Pulse EM instrument	
55	甚低频电磁仪	VLF EM instrument	
56	频率测深仪	Frequency sounding instrument	
57	过渡场电法仪	Transient electromagnetic instrument	
58	大地电磁测深仪	Magnetotelluric sounding instrument	
59	脉冲航电仪	Pulse airborne EM system	
60	翼尖硬架航电仪	Wing-tip rigid boom AEM system	
61	三频航电仪	Trifrequency AEM system	
WTCD	电法勘探野外工作		
WTCDAA	视电阻率	Apparent resistivity	
WTCDAB	视极化率	Apparent chargeability	
WTCDAC	视激电率	Apparent polarization	
WTCDAD	视金属因素	Apparent metal factor	
WTCDAE	视衰减时	Apparent decay time	
WTCDAF	视衰减度	Apparent attenuation degree	
WTCDAG	视频散率	Percent frequency effect	

表 1（续）

代码	汉字名	英译名	说明
WTCDAH	相位移	Phase displacement	
WTCDAI	复电阻率	Complex resistivity	
WTCDAJ	频散电阻率	Frequency astigmatism resistivity	
WTCDAK	频散电导率	Frequency astigmatism conductivity	
WTCDAL	电位测量参数	Parameter of potential survey	
WTCDAM	梯度测量参数	Parameter of gradient survey	
WTCDAN	百分异常	Anomaly per centage	
WTCDAO	振幅比	Amplitude ratio	
WTCDAP	相位差	Phase difference	
GZBBAD	倾角	Dip angle	
WTCDAR	椭圆长短轴比	Ratio of major and minor axis of ellipse	
WTCDAS	电分量 E_Y	Electrical component E_Y	
WTCDAT	磁分量 H_X	Magnetic component H_X	
WTCDAU	波阻抗 Z_{YX}	Wave impedance Z_{YX}	
WTCDAV	视电阻率 ρ_{YX}	Apparent resistivity ρ_{YX}	
WTCDAW	电分量 E_X	Electrical component E_X	
WTCDAX	磁分量 H_Y	Magnetic component H_Y	
WTCDAY	磁分量 H_Z	Magnetic component H_Z	
WTCDAZ	波阻抗 Z_{XY}	Wave impedence Z_{XY}	
WTCDBA	视电阻率 ρ_{XY}	Apparent resistivity ρ_{XY}	
WTCDBB	相位	Phase	
WTCDBC	转角	Rotating angle	
WTCDBD	水平分量电磁响应 PPM 值	Electro-magnetic response PPM of horizontal component	
WTCDBE	垂直分量电磁响应 PPM 值	Electro-magnetic response PPM of vertical component	
WTCDBF	二次场感应电压	Potential difference induced by second field	
WTCDBG	电磁响应 PPM 值	Electro-magnetic response PPM value	
WTCDBH	二次场振幅	Secondary field amplitude	
WTCDBI	二次场相位	Secondary field phase	
WTCDBJ	二次场水平分量	Horizontal component of secondary field	
WTCDBK	二次场垂直分量	Vertical component of secondary field	
WTCDBL	二次场实分量	Real component of secondary field	
WTCDBM	二次场虚分量	Imaginary component of secondary field	
DWHABY	电阻率	Resistivity	
WTCDBO	极化率	Chargeability	充电率
DWGDBF	导磁率	Magnetic permeability	
DWHABW	介电常数	Dielectric constant	
WTCDBR	各向异性系数	Coefficient of anisotropy	
WTCDBS	频散率	Percent frequency effect	百分频率效应
WTCDBU	岩矿石电阻率测定方法	Way for measuring resistivity of rock and mineral	
WTCDBV	电剖面法装置类型	Type of configuration on electrical profiling	
WTCDBW	电测深法装置类型	Type of configuration of electrical sounding	
WTCDBX	激电法电极装置类型	Type of configuration in IP method	

表 1（续）

代　码	汉　字　名	英　译　名	说　明
WTCDBY	自然电场测量方法	Way for measurement SP field	
WTCDBZ	充电法测量方式	Way of measurement in mise-a-la-masse	
WTCDCA	电磁偶极法测量装置	Configuration of EM dipole-dipole prospecting system	
WTCDCH	电法勘探的技术参数	Technical parameter in DC electrical method	
WTCDCI	电源功率	Power of source	
WTCDCJ	工作电流	Operating current	
WTCDCK	接地电阻	Ground resistance	
WTCDCL	干扰背景	Disturbing background	
WTCDCM	供电时间	Supplying current time	
WTCDCN	供电延迟时间	Time delay of supplying current	
WTCDCO	供电极距	Interval between current electrode	
WTCDCP	测量极距	Interval between measuring electrode	
WTCDCQ	电极极化	Electrode polarization	
WTCDCR	测量误差	Survey error	
WTCDCS	视电阻率测量精度	Survey precision of apparent resistivity	
WTCDCT	发射频率	Transmitting frequency	
WTCDCU	发射电流	Transmitting current	
WTCDCV	收发距	Distance between transmitter and receiver	
WTCDCW	时间常数	Time constant	
WTCDDA	噪声水平	Noise level	
WTCDDB	基频	Basic frequency	
WTCDEA	发射磁矩	Transmitting magnetic moment	
WTCDEB	测道数	Number of channels measured	
WTCDBU	岩矿石电阻率测定方法		
1	露头法	Outcrop method	
2	标本法	Samples measuring method	
3	分析法	Analysis method	
4	电测井法	Electrical logging method	
WTCDBV	电剖面法装置类型		
1	对称四极装置	Array for symmetrical quadripole	
2	复合四极装置	Array for combined symmetrical quadripole	
3	联合剖面装置	Array for combined profiling	
4	偶极剖面装置	Array for dipole-dipole profiling	
5	纵向中梯装置	Array for longitudinal mid-gradient	
6	横向中梯装置	Array for transverse mid-gradient	
7	二极装置	Array for two electrode	
WTCDBW	电测深法装置类型		
1	对称四极测深	Schlumberger sounding	
2	三极测深	Three-electrode sounding	
3	联合三极测深	Combined three-electrode sounding	
4	偶极测深	Dipole-dipole sounding	
5	五极纵轴测深	Quintic electrode longitudinal axis sounding	

表 1（续）

代码	汉字名	英译名	说明
WTCDBX	激电法电极装置类型		
01	纵向激电中梯	IP longitudinal mid-gradient array	
02	横向激电中梯	IP transverse mid-gradient array	
03	激电联剖	IP combined profiling array	
04	轴向偶极装置	IP axial dipole-dipole array	
05	单极梯度装置	IP gradient array of single electrode	
06	激发极化充电装置	IP charging array	
07	激电四极测深	IP quadripole sounding array	
08	激电正交测深	IP orthogonal sounding array	
09	激电偶极测深	IP dipole-dipole sounding array	
10	同点共极	Mutual pole of alike point	
11	近场源二极	Two pole of near source	
12	近场源三极	Three pole of near source	
13	近场源四极	Quadripole of near source	
WTCDBY	自然电场测量方式		
1	自然电场法电位测量	Potential measurement in self potential method	
2	自然电场法梯度测量	Gradient measurement in self potential method	
WTCDBZ	充电法测量方式		
1	充电法电位测量	Potential survey in mise-a-la-masse method	
2	充电法梯度测量	Gradient survey in mise-a-la-masse method	
WTCDCA	电磁偶极法测量装置		
1	水平共面装置	Horizontal common-plane array	
2	直立共面装置	Vertical common-plane array	
3	直立共轴装置	Vertical common-axis array	
4	正交装置	Orthogonal array	
WTCE	电法勘探异常		
WTCEAA	电剖面法 ρ_s 曲线	ρ_s curve of profiling method	
WTCEAB	电测深法 ρ_s 曲线	ρ_s curve of electrical sounding	
WTCEAC	激电法 η_s 曲线	η_s curve of IP method	
WTCEAD	激电法 ρ_s 曲线	ρ_s curve of IP method	
WTCEAE	自然电场法异常曲线	Anomaly curve of SP method	
WTCEAF	充电法异常曲线	Anomaly curve of mise-a-la-masse method	
WTCEAG	地面电磁法异常曲线	Anomaly curve of ground EM method	
WTCEAH	航空电磁法异常曲线	Anomaly curve of AEM method	
WTCEAI	大地电磁测深异常曲线	Anomaly curve of MT method	
WTCEAJ	人工频率测深异常曲线	Anomaly curve of frequency sounding with a source	
WTCEAK	相对异常	Relative anomaly	
WTCEAL	绝对异常	Absolute anomaly	
WTCEAM	异常峰值	Peak value of anomaly	
WTCEAN	区域背景	Background of region	
WTCEAO	矿化背景	Background of mineralization	
WTCEAP	异常走向	Strike of anomaly	

表 1（续）

代 码	汉 字 名	英 译 名	说 明
WTCEAQ	异常宽度	Width of anomaly	
WTCEAR	异常体走向	Strike of anomaly body	
WTCEAS	异常体长度	Length of anomaly body	
WTCEAT	异常体宽度	Width of anomaly body	
WTCEAU	异常体倾向	Dipping of anomaly body	
WTCEAV	异常体埋深	Buried depth of anomaly body	
WTCEAW	电法勘探异常性质	Anomaly nature of electrical prospecting	
WTCEAX	异常体形状	Anomaly body shape	
WTCEAY	异常厚度	Anomaly body thick	
WTCEAZ	异常体产状	Occurence of anomalous body	
WTCEBA	异常面积	Anomaly area	
WTCEBB	异常长度	Anomaly length	
WTCEBC	异常起因	Anomaly origin	
WTCEBD	异常编号	Anomaly number	
WTCEBE	异常名称	Anomaly name	
WTCEBF	异常类别	Anomaly classification	
WTCEBG	综合异常	Composite anomaly	
WTCEBI	异常梯度	Anomaly gradient	
WTCEBJ	极大值	Maximum	
WTCEBK	极小值	Minimum	
WTCEBL	半值范围	Half value range	
WTCEBN	测量参数	Measurement parameter	
WTCEBO	物性参数值	Parameter value of material property	
WTCEBP	其他特征	Other characterization	
WTCEAA	电剖面法 ρ_s 曲线		
1	对称四极剖面曲线	Symmetrical quadripole profiling curve	
2	联合剖面曲线	Combined profiling curve	
3	偶极剖面曲线	Dipole-Dipole profiling curve	
4	中间梯度曲线	Mid-gradient profiling curve	
WTCEAB	电测深法 ρ_s 曲线		
1	对称四极测深曲线	Curve of schlumberger sounding method	
2	联合三极测深曲线	Curve of combined three electrode sounding	
3	三极测深曲线	Curve of three electrode sounding	
4	轴向偶极测深曲线	Curve of axial dipole-dipole sounding	
5	赤道偶极测深曲线	Curve of equatorial dipole-dipole sounding	
6	方位偶极测深曲线	Curve of azimuthal dipole-dipole sounding	
7	平行偶极测深曲线	Curve of parallel dipole-dipole sounding	
8	径向偶极测深曲线	Curve of radial dipole-dipole sounding	
9	垂直偶极测深曲线	Curve of perpendicular dipole-dipole sounding	
WTCDEAC	激电法 η_s 曲线		
1	激电中梯 η_s 曲线	η_s curve of IP mid-gradient array	
2	激电联剖 η_s 曲线	η_s curve of IP combined profiling	

表 1（续）

代码	汉字名	英译名	说明
3	激电测深 η_s 曲线	η_s curve of IP sounding	
4	近场源激电 η_s 曲线	η_s curve of IP at near source	
5	单极梯度 η_s 曲线	η_s curve of IP gradient array of single electrode	
6	激发极化充电 η_s 曲线	η_s curve of IP charging array	
WTCEAD	激电法 ρ_s 曲线		
1	激电中梯 ρ_s 曲线	ρ_s curve of IP mid-gradient array	
2	激电联剖 ρ_s 曲线	ρ_s curve of IP combined profiling	
3	激电测深 ρ_s 曲线	ρ_s curve of IP sounding	
4	近场源激电 ρ_s 曲线	ρ_s curve of IP at near source	
5	单极梯度 ρ_s 曲线	ρ_s curve of IP gradient array of single electrode	
6	激发极化充电 ρ_s 曲线	ρ_s curve of IP charging array	
WTCEAE	自然电场法异常曲线		
1	电位异常曲线	Potential anomaly curve	
2	梯度异常曲线	Gradient anomaly curve	
WTCEAF	充电法异常曲线		
1	充电法电位异常曲线	Potential anomaly curve of mise-a-la-masse method	
2	充电法梯度异常曲线	Gradient anomaly curve of mise-a-la-masse method	
WTCEAG	地面电磁法异常曲线		
1	实分量相对异常曲线	Relative anomaly curve of real component	
2	虚分量相对异常曲线	Relative anomaly curve of imaginary component	
3	振幅比剖面曲线	Profile curve of amplitude ratio	
4	相位差剖面曲线	Profile curve of phase difference	
5	倾角 α 剖面曲线	Profile curve of dip angle	
WTCEAH	航空电磁法异常曲线		
1	相对异常剖面曲线	Profile curve of relative anomaly	
2	相对异常衰减曲线	Attenuation curve of relative anomaly	
3	实分量相对异常曲线	Relative anomaly curve of real component	
4	虚分量相对异常曲线	Relative anomaly curve of imaginary component	
WTCEAI	大地电磁测深异常曲线		
1	TE 模式视电阻率曲线 ρ_{TE}	TE mode apparent resistivity curve ρ_{TE}	替代纵向视电阻率曲线 ρ_{TE}
2	TM 模式视电阻率曲线 ρ_{TM}	TM mode apparent resistivity curve ρ_{TM}	替代横向视电阻率曲线 ρ_{TM}
3	TE 模式相位曲线	TE mode phase curve	替代纵向相位曲线
4	TM 模式相位曲线	TM mode phase curve	替代横向相位曲线
WTCEAJ	人工频率测深曲线		
1	波区曲线	Curve of wave zone	
2	S 区曲线	Curve of S zone	
3	全波曲线	Curve of total wave	

表 1（续）

代码	汉字名	英译名	说明
4	赤道偶极频率测深曲线	Frequency sounding curve of equator dipole array	
5	轴向偶极频率测深曲线	Frequency sounding curve of axis dipole array	
WTCEAW	电法勘探异常性质		
1	矿异常	Mineral anomaly	
2	非矿异常	Nonmineral anomaly	
3	局部异常	Local anomaly	
4	区域异常	Regional anomaly	
5	剩余异常	Residual anomaly	
6	正异常	Positive anomaly	
7	负异常	Negative anomaly	
WTCEAX	异常体形状		
01	筒状体	Pipe body	
02	柱状体	Chimney body	
03	管状体	Tubular body	
04	层状体	Stratiform body	
05	脉状体	Vein body	
06	似层状体	Stratoid body	
07	透镜状体	Lensoid body	
08	扁豆状体	Lenticular body	
09	等轴状体	Isometric body	
10	圆柱体	Cylinder body	
11	椭球体	Ellipsoidal shape body	
12	长方体	Oblong body	
13	板状体	Plate shape body	
14	立方体	Cubic body	
15	球体	Spherical body	
16	台阶	Flight of step	
17	棱柱体	Edge columnar body	
18	囊状体	Pockety body	
19	瘤状体	Warty body	
20	鸡窝状体	Henhouse shape body	
21	梯状体	Ladder-shaped body	
22	环状体	Circular body	
23	网脉状体	Stockwork body	
24	串珠状体	String-beads body	
25	放射状体	Radiating body	
26	帚状体	Sweeping brush shape body	
27	鞍状体	Saddle body	
50	复杂形状体	Complex shape body	
60	不规则形状体	Irregular-shaped body	
99	其他	Other	
WTCEBC	异常起因		

表 1 (续)

代　码	汉　字　名	英　译　名	说　明
01	矿产反映	Orebody response	
02	矿脉反映	Orevein response	
03	矿点反映	Orebody points response	
11	矿化体反映	Mineralization body response	
12	矿化带反映	Mineralization belt response	
13	次生富集反映	Next grow concentration response	
14	蚀变带反映	Alteration zone response	
22	岩体反映	Body response	
23	断层反映	Fault response	
24	背斜反映	Antilinal response	
25	向斜反映	Synclinal response	
26	盐丘反映	Salt domes response	
27	基底反映	Base response	
28	盖层反映	Overburden response	
29	台阶反映	Step response	
30	接触面反映	Contact plane response	
31	接触线反映	Contact lines response	
32	岩层层位反映	Layer position response	
33	岩性反映	Lithologic response	
34	岩脉反映	Vein response	
51	异常起因不明	Unknown anomalous origin	
61	表生富集反映	Surface rich response	
62	干扰因素反映	Disturbing factor response	
99	其他	Other	
WTCEBF	异常类别		
1	甲 1 类	Kind A1	
2	甲 2 类	Kind A2	
3	乙 1 类	Kind B1	
4	乙 2 类	Kind B2	
5	乙 3 类	Kind B3	
6	丙 1 类	Kind C1	
7	丙 2 类	Kind C2	
8	丁　类	Kind D	
WTCF	电法资料数据处理		
WTCFA	联合剖面地改参数	Parameter of topographic correction of combined profile method	
WTCFC	角域编号	Compiled number of angle domain	
WTCFG	电测深曲线数字解释方法	Way of digital interpretation of electrical sounding curve	
PKHFI	取样间隔	Sampling spacing	
WTCFI	反演滤波系数	Filter coefficient of inversion	
WTCFJ	正演滤波系数	Filter coefficient of forward modeling	
WTCFK	电极装置转换滤波系数	Filter coefficient of electrode configuration transform	

表 1（续）

代 码	汉 字 名	英 译 名	说 明
WTCFL	滤波系数	Filter coefficient	
WTCFM	电法勘探正演计算方法	Way of forward modeling of electrical	
WTCFN	数值计算有关参数	Parameter related to digital calculation	
WTCFG	电测深曲线数字解释方法		
1	最优化法	Optimization method	
2	阻尼最小二乘法	Damping least square method	
3	改进的阻尼最小二乘法	Improved damping least square method	
4	直接解释法	Direct interpretation method	
5	视电阻率 ρ_s 拟合	Fitting in the apparent resistivity ρ_s	
6	转换函数 T 拟合	Fitting in the resistivity transform function T	
PKHFI	取样间隔		
1	三分度取样	Three sampling intervals per decade	
2	四分度取样	Four sampling intervals per decade	
3	六分度取样	Six sampling intervals per decade	
4	八分度取样	Eight sampling intervals per decade	
5	十分度取样	Ten sampling intervals per decade	
WTCFM	电法勘探正演计算方法		
1	有限差分法	Finite difference method	
2	有限单元法	Finite element method	
3	边界单元法	Boundary element method	
4	体积分法	Volume integration method	
5	面积分法	Surface integration method	
WTCFN	数值计算有关参数		
WTCFNA	剖分数目	Number of division	
WTCFNB	面元大小	Surface element size	
WTCFNC	节点总数	Total number of junction	
SDADJD	迭代次数	Number of iteration	
WTCFNE	计算精度	Calculation accuracy	
WTCG	电法资料解释		
WTCGAA	联剖交点性质	Property of intersecting point in combined profiling method	
WTCGAB	电测深曲线类型	Type of electrical sounding curve	
WTCGAC	电测深量板	Template of electrical sounding curve	
WTCGAD	电测深曲线的渐近线	Asymptote of electrical sounding curve	
WTCGAE	电测深曲线等价现象	Equivalent phenomenon of electrical sounding curve	
WTCGAF	电测深曲线定量解释方法	Way of quantitative interpretation of electrical sounding curve	
WTCGAG	代替层参数	Parameter of substitutional layer	
WTCGAH	岩矿石的复频谱类型	Type of complex frequency spectrum in rocks and min-erals	
WTCGAI	电磁耦合校正方法	Way of correction to EM coupling	
WTCGAN	联剖曲线弦切距	Bowstring tangent distance of combined profile curve	
WTCGAO	中梯曲线零值点间距	Distance between zero point of mid-gradient curve	

表 1（续）

代　码	汉　字　名	英　译　名	说　明
WTCGAP	中梯曲线半极值点弦长	Bowstring length between half-maximum point of curve mid-gradient	
WTCGAQ	中梯曲线弦切距	Bowstring tangent distance of mid-gradient curve	
PKGKGA	矿体走向	Strike of ore body	
PKGKGB	矿体倾向	Dip direction of ore body	
PKGKJ	矿体埋深	Buried depth of ore body	
WTCGAU	岩体的走向	Strike of rock body	
WTCGAV	岩体的倾向	Dip direction of rock body	
WTCGAW	岩体的埋深	Buried depth of rock body	
WTCGAX	破碎带走向	Strike of breaking zone	
WTCGAY	破碎带埋深	Buried depth of breaking zone	
WTCGAZ	岩石界面位置	Position of boundary of rock	
WTCGBA	第一层厚度	Thickness of the first layer	
WTCGBB	第二层厚度	Thickness of the second layer	
WTCGBC	第三层厚度	Thickness of the third layer	
WTCGBD	第四层厚度	Thickness of the fourth layer	
WTCGBE	第五层厚度	Thickness of the fifth layer	
WTCGBF	第 N 层厚度	Thickness of the nth layer	
WTCGBG	第二层顶深	Depth of the second layer's top	
WTCGBH	第三层顶深	Depth of the third layer's top	
WTCGBI	第四层顶深	Depth of the fourth layer's top	
WTCGBJ	第五层顶深	Depth of the fifth layer's top	
WTCGBK	第六层顶深	Depth of the sixth layer's top	
WTCGBL	第 N 层顶深	Depth of the nth layer's top	
WTCGBM	零值点间距	Distance between zero points	
WTCGBN	半极值点弦长	Bowstring length between half-maximum points	
WTCGBO	弦切距	Bowstring tangent distance	
WTCGBP	极化体走向	Strike of polarized body	
WTCGBQ	极化体倾向	Dip direction of polarized body	
WTCGBR	极化体埋深	Buried depth of polarized body	
WTCGBS	转折点横坐标	Abscissa of turning point	
WTCGBT	拐点的横坐标	Abscissa of crippling point	
WTCGBU	饱和点的横坐标	Abscissa of saturation point	
WTCGBV	球体的综合参数	Synthetic parameter of sphere	
WTCGBW	柱体的综合参数	Synthetic parameter of cylinder	
WTCGBX	无限板状体的综合参数	Synthetic parameter of infinite sheet	
WTCGBY	有限板状体的综合参数	Synthetic parameter of finite sheet	
WTCGBZ	偶极场中无限板状体的综合参数	Synthetic parameter of infinite sheet in dipole field	
WTCGCA	偶极场中半无限板状体的综合参数	Synthetic parameter of half-infinite sheet in dipole field	
WTCGCB	地面电磁法解释结果	Result of interpretation of ground EM method	

表 1（续）

代　码	汉　字　名	英　译　名	说　明
MDKFA	覆盖层厚度	Thickness of cover	
WTCGCG	基底埋深	Buried depth of bedrock	
WTCGDA	过湿带范围	Range of super-humid zone	
WTCGDB	含水层的埋深	Buried depth of aquifer	
WTCGDC	含水层的厚度	Thickness of aquifer	
WTCGDD	岩溶发育区范围	Karst development range	
WTCGDE	岩溶发育区深度	Depth of karst development region	
WTCGDF	溶洞的位置	Abra position	
WTCGDG	暗河的走向	Strike of underground river	
WTCGDH	地下水的流速	Flow velocity of subsurface water	
WTCGDI	地下水的流向	Flowing direction of subsurface water	
WTCGHH	板体电导比	Rate of conductivity for sheet	
WTCGHI	板体顶端埋深	Depth of top of sheet	
WTCGHJ	板体倾角	Dip angle of plate	
WTCGHK	球体导电率	Conductivity of sphere	
WTCGHL	球体导磁率	Permeability of sphere	
WTCGHM	球心埋深	Depth of sphere centre	
WTCGHN	球半径	Radius of sphere	
WTCGHO	高阻层厚度	Thickness of high resistance layer	
WTCGHP	大地视电阻率	Terrestrial apparent resistivity	
WTCGHR	第二层电阻率	Resistivity for second layer	
WTCGHS	板体走向长度	Length of strike for sheet	
WTCGAA	联剖交点性质		
1	正交点	Positive intersecting point	
2	反交点	Negative intersecting point	
3	低阻交点	Low resistive intersecting point	
4	高阻交点	High resistive intersecting point	
5	交点位移方向	Direction of displacement of intersecting point	
6	交点位置	Position of intersecting point	
7	歧离带	Separation zone	
8	歧离带变化率	Changing rate of separation zone	
WTCGAB	电测深曲线类型		
01	G 型曲线	G-type curve	
02	D 型曲线	D-type curve	
03	K 型曲线	K-type curve	
04	H 型曲线	H-type curve	
05	A 型曲线	A-type curve	
06	Q 型曲线	Q-type curve	
07	KA 型曲线	KA-type curve	
08	KH 型曲线	KH-type curve	
09	HA 型曲线	HA-type curve	
10	HK 型曲线	HK-type curve	

表 1（续）

代 码	汉 字 名	英 译 名	说 明
11	AA 型曲线	AA-type curve	
12	AK 型曲线	AK-type curve	
13	QH 型曲线	QH-type curve	
14	QQ 型曲线	QQ-type curve	
15	KAA 型曲线	KAA-type curve	
16	KAK 型曲线	KAK-type curve	
17	KHA 型曲线	KHA-type curve	
18	KHK 型曲线	KHK-type curve	
19	HAA 型曲线	HAA-type curve	
20	HAK 型曲线	HAK-type curve	
21	HKH 型曲线	HKH-type curve	
22	HKQ 型曲线	HKQ-type curve	
23	AAA 型曲线	AAA-type curve	
24	AAK 型曲线	AAK-type curve	
25	AKH 型曲线	AKH-type curve	
26	AKQ 型曲线	AKQ-type curve	
27	QHA 型曲线	QHA-type curve	
28	QHK 型曲线	QHK-type curve	
29	QQH 型曲线	QQH-type curve	
30	QQQ 型曲线	QQQ-type curve	
WTCGAC	电测深量板		
01	G 型量板	G-type template	
02	D 型量板	D-type template	
03	K 型量板	K-type template	
04	H 型量板	H-type template	
05	A 型量板	A-type template	
06	Q 型量板	Q-type template	
07	H 型辅助量板	H-type subsidiary template	
08	Q 型辅助量板	Q-type subsidiary template	
09	K_m 型辅助量板	K_m-type subsidiary template	
10	A_m 型辅助量板	A_m-type subsidiary template	
WTCGAD	电测深曲线的渐近线		
1	首枝渐近线	Asymptote of the first part of the curve	
2	尾枝渐近线	Asymptote of the last part of the curve	
3	45 度渐近线	45° asymptote	
4	63 度 26 分渐近线	63°26′ asymptote	
WTCGAE	电测深曲线等价现象		
1	同层等价	Equivalence of same layer	
2	混层等价	Equivalence of mixed layer	
3	S 等价	S-Equivalence	
4	T 等价	T-Equivalence	
WTCGAF	电测深曲线定量解释方法		

表 1（续）

代码	汉字名	英译名	说明
1	三层量板法	Three-layers template method	
2	辅助量板法	Auxiliary template method	
3	切线法	Tangent method	
4	一次微分法	First derivative method	
5	平均纵向电阻率法	Mean longitudinal resistivity method	
6	井旁测深曲线对比法	Matching method with well side sounding curve	
7	数字滤波法	Digital filter method	
8	经验直观解释法	Experience object interpretation	
WTCGAG	代替层参数		
1	K 型曲线代替层参数	Parameter of substitution layer for K-type curve	
2	H 型曲线代替层参数	Parameter of substitution layer for H-type curve	
3	A 型曲线代替层参数	Parameter of substitution layer for A-type curve	
4	Q 型曲线代替层参数	Parameter of substitution layer for Q-type curve	
WTCGAH	岩矿石的复频谱类型		
1	A 型	A-type	
2	B 型	B-type	
3	C 型	C-type	
WTCGAI	电磁耦合校正方法		
1	N 次多项式校正	Nth polynomial correction	
2	幂函数校正	Power function correction	
WTCH	电法勘探成果图件		
101	对称四极 ρ_s 剖面图	ρ_s profiling figure of symmetrical quartripole method	
102	对称四极 ρ_s 剖面平面图	ρ_s profiling-plane figure of symmetrical quartripole method	
121	联合剖面 ρ_s 剖面图	ρ_s profiling figure of combined profiling curve	
122	联合剖面 ρ_s 剖面平面图	ρ_s profiling plane figure of combined profiling curve	
141	偶极剖面法 ρ_s 剖面图	ρ_s profiling figure of dipole profiling	
142	偶极剖面法 ρ_s 剖面平面图	ρ_s profiling-plane figure of dipole profiling	
143	偶极剖面法 ρ_s 拟剖面图	ρ_s pseudo section figure of dipole profiling	
201	纵向中梯 ρ_s 剖面图	ρ_s profiling figure of longitudinal mid-gradient	
202	纵向中梯 ρ_s 剖面平面图	ρ_s profiling-plane figure of longitudinal mid-gradient	
221	横向中梯 ρ_s 剖面图	ρ_s profiling figure of transverse mid-gradient	
222	横向中梯 ρ_s 剖面平面图	ρ_s profiling-plane figure of transverse mid-gradient	
301	电测深曲线类型图	Type figure of sounding curve	
302	等 ρ_s 断面图	Section figure of ρ_s contour	
303	等 AB/2 平面图	Plane figure of same AB/2	
304	等 AB/2 剖面图	Profiling figure of same AB/2	
305	极值点纵横坐标图	Ordinate and abscissa figure of crest	
321	电测深工作布置图	Work arrangement diagram of sounding	
322	电测深曲线图	Diagram of sounding curve	
323	标志层顶板高程图	Altitude diagram of top of marked layer	
324	中间层厚度图	Thickness figure of mid-layer	
325	电性柱状图	Columnar section of electrical property	

表 1（续）

代　码	汉　字　名	英　译　名	说　明
326	地电断面图	Geoelectrical section	
327	电性参数平面图	Plane figure of electrical parameter	
341	五极纵轴测深曲线图	Diagram of quintic-dipole longitudinal sounding	
342	五极纵轴测深等 ρ_s 断面图	ρ_s contour section of quintic-dipole longitudinal sounding	
401	激电中梯剖面图	Profiling figure of IP gradient array	
402	激电中梯剖面平面图	Profiling-plane figure of IP gradient array	
403	激电中梯平面等值线图	Plane contour figure of IP gradient array	
421	激电联剖剖面图	Profiling figure of IP combined profiling	
422	激电联剖剖面平面图	Profiling-plane figure of IP combined profiling	
431	激电偶极剖面图	Profiling figure of IP dipole array	
432	激电偶极剖面平面图	Profiling-plane figure of IP dipole array	
433	激电偶极拟剖面图	Pseudo-section figure of IP dipole array	
441	四极测深 ρ_s 曲线图	ρ_s curve figure of symmetrical quartic pole sounding	
442	正交测深 η_s 曲线图	η_s curve figure of orthogonal sounding	
443	单极梯度 η_s 曲线图	η_s curve figure of gradient array of single electrode	
451	同点共极 η_s 剖面图	η_s profiling figure of mutual pole of alike point	
452	同点共极 η_s 剖面平面图	η_s profiling-plane figure of mutual pole of alike point	
453	近场源二极 η_s 平面图	η_s profiling figure of two pole of near source	
454	近场源二极 η_s 剖面平面图	η_s profiling-plane figure of two pole of near source	
455	近场源三极 η_s 剖面图	η_s profiling figure of three pole of near source	
456	近场源三极 η_s 剖面平面图	η_s profiling-plane figure of three pole of near source	
457	近场源四极 η_s 剖面图	η_s profiling figure of quartic pole of near source	
458	近场源四极 η_s 剖面平面图	η_s profiling-plane figure of quartic pole of alike point	
461	激电中梯 ρ_s 剖面图	ρ_s profiling figure of IP mid-gradient array	
462	激电中梯 ρ_s 剖面平面图	ρ_s profiling-plane figure of IP mid-gradient array	
463	激电中梯 ρ_s 平面等值线图	ρ_s plane-contour figure of IP mid-gradient array	
471	激电联剖 ρ_s 剖面图	ρ_s profiling figure of IP combined profiling array	
472	激电联剖 ρ_s 剖面平面图	ρ_s.profiling-plane figure of IP combined profiling array	
481	激电偶极 ρ_s 剖面图	ρ_s profiling figure of IP dipole-dipole array	
482	激电偶极 ρ_s 剖面平面图	ρ_s profiling-plane figure of IP dipole-dipole array	
483	激电偶极 ρ_s 拟剖面图	ρ_s pseudo-section figure of IP dipole-dipole array	
491	激电法工作布置图	Work arrangement figure in IP method	
492	激电法实际材料图	Real material figure in IP method	
493	激电法推断成果图	Deduction result figure in IP method	
601	水平线框法相对磁异常剖面图	Profiling figure of relative magnetic anomaly of horizontal loop method	
602	水平线框法相对磁异常剖面平面图	Profiling-plane figure of relative magnetic anomaly of horizontal loop method	
603	振幅比相位差剖面图	Profiling figure of amplitude ratio and phase difference	
604	振幅比相位差剖面平面图	Profiling-plane figure of amplitude ratio and phase difference	
605	相对虚分量剖面图	Profiling figure of relative imaginary component	
606	相对虚分量剖面平面图	Profiling-plane figure of relative imaginary component	

表 1（续）

代码	汉字名	英译名	说明
607	倾角法测量剖面图	Profiling figure of results of dip-angle method	
608	倾角法测量剖面平面图	Profiling-plane figure of results of dip-angle method	
609	瞬变场法感应电势曲线	Curve of potential induced in transient field method	
610	瞬变场法感应电势剖面图	Profiling figure of potential induced in transient field method	
611	甚低频法测量剖面图	Profiling figure of results of VLF method	
612	甚低频法测量剖面平面图	Profile-plane figure of results of VLF method	
613	频率测深 ρ_s 曲线图	ρ_s curve of frequency sounding	
614	频率测深 ρ_s 断面图	ρ_s cross section of frequency sounding	
615	无线电波透视法视吸收系数等值线图	Contour map of apparent absorption of radiowave penetration method	
641	大地电磁法 ρ_s 曲线图	ρ_s curve of magnetotelluric method	
642	大地电磁法地质断面图	Interpreted geological cross section of magnetotelluric method	
643	大地电磁法构造等值线图	Structural contour map of magnetotelluric method	
644	大地电磁法反射系数断面图	Reflex coefficient cross section map of magnetotelluric method	
661	第二道响应剖面平面图	Profiling-plane figure of second channel response	
662	航电异常地质综合图	Figure of airborne electromagnetic anomaly and geology	
663	局部异常图	Figure of local anomaly	
664	视电阻率图	Figure of apparent resistivity	
665	电导图	Figure of conductivity	
666	异常衰减曲线	Anomaly attenuating curve	
681	实分量剖面平面图	Profiling-plane figure of real component	
682	虚分量剖面平面图	Profiling-plane figure of imaginary component	
701	实际材料图	Practical material figure	
702	自然电位测量剖面图	Profiling figure of SP measurement	
703	自然电位测量剖面平面图	Profiling-plane figure of SP measurement	
704	自电梯度测量剖面图	Profiling figure of SP gradient measurement	
705	自电梯度测量剖面平面图	Profiling-plane figure of SP gradient measurement	
706	自然电位等值线平面图	Plane figure of contour of SP method	
707	自然电场法综合平面图	Comprehensive plane figure of SP method	
708	自然电场法推断成果图	Speculated result figure of SP method	
731	充电法实际材料图	Practical material figure of mise-a-la-masse	
732	电位曲线剖面图	Profiling figure of potential curve	
733	电位曲线剖面平面图	Profiling-plane figure of potential curve	
734	梯度曲线剖面图	Profiling figure of gradient curve	
735	梯度曲线剖面平面图	Profiling-plane figure of gradient curve	
736	等值线平面图	Plane figure of contour	
737	充电法综合平面图	Comprehensive plane figure of mise-a-la-masse	
738	充电法综合剖面图	Comprehensive profiling figure of mise-a-la-masse	
739	充电法推断成果图	Speculated result figure of mise-a-la-masse	

表 1（续）

代码	汉字名	英译名	说明
740	充电法测地下水流速矢量图	Vector map of subsurface velocity with mise-a-la-masse method	
WTD	地震勘探		
WTDA	地震勘探理论	Theory of Exploration Seismology	
WTDB	地震勘探方法	Seismic prospecting methods	
WTDC	地震仪器	Seismic apparatus	
WTDD	地震野外工作方法	Seismic field working methods	
WTDF	地震数据处理	Seismic data processing	
WTDG	地震资料解释	Seismic data interpretation	
WTDH	地震成果图件	Maps of seismic results	
WTDA	地震勘探理论		
010	粘弹性波理论	Viscoelastic Wave Theory	
020	弹性波理论	Elastic Wave Theory	
030	声波方程	Acoustic Wave Equation	
040	波的传播	Propagation of Waves	
041	绕射与散射	Diffraction and scattering	
042	波长与频率	Wavelength and Frequency	
043	波前	Wave front	
044	振幅与相位	Amplitude and phase	
050	几何地震学	Geometric Seismology	
051	反射与折射	Reflection and Refraction	
052	透射损失	Transmission Losses	
053	斯奈尔定理	Snell's Law	
054	射线路径	Ray path	
055	程函方程	Eikonal Equation	
060	均匀介质	Homogeneous Media	
061	非均匀介质	Heterogeneous Media	
062	连续介质	Continuous Media	
063	层状介质	Layered Media	
064	各向同性介质	Isotropic Media	
065	各向异性介质	Anisotropic Media	
066	方位各向异性介质	Azimuthal Anisotropy	
067	横向各向同性介质	Transversely Isotropic Media	
068	多相介质	Multifacies Media	
WTDB	地震勘探方法		
201	石油地震勘探	Petroleum seismic prospecting	
202	煤田地震勘探	Coal seismic prospecting	
203	金属矿地震勘探	Metal mine seismic prospecting	
204	水文工程地震勘探	Hydrogeology and engineering seismic survey	
205	深地震测深	Deep seismic sounding	
206	海上地震勘探	Marine seismic survey	
207	高频地震勘探	High frequency seismic survey	

表 1（续）

代　码	汉　字　名	英　译　名	说　明
208	三维地震勘探	3-D seismic survey	
209	全息地震法	Holoseismic method	
210	垂直地震剖面	VSP profiling	
211	大偏移距海洋地震	Large offset marine seismology	
212	高分辨率地震	High-resolution seismic	
213	洋底测震术	Ocean bottom seismometry	
214	单道反射地震	Single channel reflection seismic	
215	常规反射地震	Conventional reflection seismic	
216	海上三维地震	Marine 3-D seismic	
217	海上折射地震	Marine refraction seismic	
218	海上垂直地震剖面	Marine vertical seismic profile	
219	井间地震剖面法	Crosshole seismic profile method	跨孔法
220	矿井地震勘探	In-mine seismic prospecting	
221	初至折射法	First break refraction method	
222	对比折射波法	Correlation refraction method	
223	地震转换波法	Seismic converted wave method	
224	面波法	Surface wave method	
225	浅地层剖面法	Shallow layer profile method	水声法
226	声波法	Acoustic wave method	
227	二维地震勘探	Two-dimensional seismic survey	
228	反射法	Reflection survey	
229	折射法	Refraction survey	
230	透过波法	Penetration wave method	
231	浅层地震勘探	Shallow seismic investigation	
232	层间地震方法	In-seam seismic method	
233	垂直地震剖面法	Vertical seismic profiling	
234	井间地震层析法	Cross-hole seismic topography	
235	遥测地震勘探	Telemetry seismic survey	
236	环境与工程地震	Environment and engineering seismic	
237	多波地震勘探	Multiwaves seismic exploration	
238	四维地震勘探	4-D seismic survey	
WTDC	地震仪器		
WTDCAA	地震仪类型	Instrument type	
YKEB	仪器型号	Instrument model	
WTDCAC	仪器名	Instrument name	
WTDCAD	线性系统的技术指标	Specifications of linear system	
WTDCAE	动态范围	Dynamic range	
WTDCAF	增益控制方式	Gain control mode	
WTDCAG	起始增益时间	Start gain time	
WTDCAH	终了增益时间	End gain time	
WTDCAI	增益台阶数	Gain step number	
WTDCAJ	增益台阶精度	Gain step accuracy	

表 1（续）

代　码	汉　字　名	英　译　名	说　明
WTDCAK	记录格式	Recording format	
WTDCAL	瞬时动态范围	Instantaneous dynamic range	
WTDCAM	释放灵敏度	Release sensitivity	
WTDCAN	回放增益字	Gain word of play back	
WTDCAO	乘法器右移次数	Right-shift times of multiplier	
WTDCAP	乘法器左移次数	Left-shift times of multiplier	
YKBJD	延迟时间	Time delay	
WTDCAR	非线性畸变系数	Nonlinear distortion coefficient	
WTDCAS	边界频率	Boundary frequency	
WTDCAT	频率特性的陡度	Frequency characteristic gradient	
WTDCAU	中心频率	Central frequency	
WTDCAV	电缆类型	Cable type	
WTDCAW	检波器类型	Geophone type	
WTDCAX	检波器型号	Geophone model	
WTDCAY	检波器灵敏度	Geophone sensitivity	
WTDCAZ	最佳阻尼	Optimal damping	
WTDCBA	特性曲线陡度	Characteristic curve slopes	
WTDCBB	放大倍数	Amplification degree	
WTDCBC	额定输出电压	Nominal output voltage	
WTDCBD	额定输入电压	Nominal input voltage	
WTDCBE	陷波器陷除频率范围	Notch filter frequency range	
WTDCBF	漏码率	Loss code rate	
WTDCBG	时标的准确度	Accuracy of time scale	
WTDCBH	临界阻尼	Critical damping	
WTDCBI	阻尼系数值	Damping coefficient value	
WTDCBJ	磁头轨数	Track number of magnetic head	
WTDCBK	功耗量	Power loss quantity	
WTDCBL	基本放大级	Basic amplification stage	
WTDCBM	测量范围(满标值)	Measurement range(full scale value)	
WTDCBN	输出信号的位数	Bit of output signal	
WTDCBO	零漂平均值	Average value of zero-shift	
WTDCBP	基准振荡器输出频率	Output frequency of standard oscillator	
WTDCBQ	同步信号频率	Synchronous signal frequency	
WTDCBR	时钟信号频率	Clock signal frequency	
WTDCBS	位流传输时间	Transfer time of byte flow	
WTDCBT	零漂的混合值	Mixed value of zero-shift	
WTDCBU	写入字节速率	Writing byte rate	
WTDCBV	读出字节速率	Reading byte rate	
WTDCBW	字节数	Byte number	
WTDCBX	台阶的平均漂移值	Average shift value of step	
WTDCBY	截止频率	cut-off frequency	
WTDCBZ	指令奇偶误差	Order parity error	

表 1（续）

代码	汉字名	英译名	说明
WTDCCA	传送状态钟频率	Frequency of transfer state clock	
WTDCCB	奇偶误差	Parity error	
WTDCCC	控制磁带机速度	Control speed of tape record	
WTDCCD	斜坡电压	Ramp voltage	
WTDCCE	斜坡误差电压	Ramp error voltage	
WTDCCF	阶跃电压	Step voltage	
WTDCCG	速度控制电压	Velocity-control voltage	
WTDCCH	记录电极间隙	Gap of recording electric pole	
WTDCCI	共模抑制比	Common mode rejection ratio	
WTDCCJ	频偏值	Frequency shift value	
WTDCCK	寄生调幅宽度	Width of parasitic amplitude modulation	
WTDCCL	磁记录器抖晃率	Fluttering rate of magnetic recorder	
WTDCCM	输入电压范围	Input voltage range	
WTDCCN	道间相位差	Phase difference between traces	
WTDCCO	编码钟晶振稳定度	Stability of crystal oscillator of coding clock	
WTDCCP	电流功耗	Power loss of electric current	
WTDCCQ	指令时间间隔	Instruction interval	
WTDCCR	门槛电位	Threshold level	
WTDCCS	磁带机磁头功能	Magnetic head performance of tape unit	
WTDCCT	光电测速计输出脉冲频率	Output impulse frequency of photoelectric tachometer	
WTDCCU	下沉速度	Sinking speed	
WTDCCV	上浮速度	Floating speed	
WTDCCW	沉浮比	Sinkage to float rate	
WTDCCX	三维显示系统	3-D display system	
WTDCCY	火花间隙	Arcing gap	
WTDCCZ	蒸汽温度	Steam temperature	
WTDCDA	蒸汽压力	Steam pressure	
WTDCDB	饱和蒸汽压力	Saturation steam pressure	
WTDCDC	蒸汽注入时间	Steam jet time	
WTDCDD	气枪激发延迟时间	Airgun fire delay time	
WTDCDE	压力峰值	Pressure peak	
WTDCDF	投放重量	Launching weight	
WTDCDG	爆聚峰值	Explosion focusing peak magnitude	
WTDCDH	回收重量	Recovery weight	
WTDCDI	电缆灵敏度	Streamer sensibility	
WTDCDJ	电缆浮力	Streamer bouyance	
WTDCDK	下沉力	Sinking force	
WTDCDL	充气气压	Change pressure	
WTDCDM	工作最大静压	Most working hydrostatic pressure	
WTDCDN	全缆定深精度	All streamer fathom accuracy	
WTDCDO	测深精度	Fathomed accuracy	
WTDCDP	声纳浮标折射系统	Sonobuoy refraction system	

表 1（续）

代码	汉字名	英译名	说明
WTDCDQ	单道地震反射系统	Single channel seismic reflection system	
WTDCDR	低截频率	Low-cut frequency	
WTDCDS	高截频率	High-cut frequency	
WTDCDT	超声地震模拟系统	Ultra-sonic seismic modeling system	
WTDCAA	地震仪类型		
01	模拟光点记录地震仪	Analog light spot seismograph	
02	模拟磁带记录地震仪	Analog tape seismograph	
03	数字记录地震仪	Digital seismograph	
04	三分量模拟深层地震仪	Analog deep seismograph in three azimuth	
05	符号位地震仪	Sign bit seismograph	
06	组块地震仪	Block type seismograph	
07	遥测地震仪	Remote measurement seismograph	
08	全息地震仪	Holographic seismograph	
09	三分量地震仪	Three-component seismograph	
10	电敏纸电弧灯地震仪	Seismograph with electric sensitive paper and electric arc lamp	
11	数字显示单道地震仪	Single trace seismograph with digital display	
12	信号增强型轻便地震仪	portable signal enhancement seismograph	
13	数字式深层地震仪	Digital deep seismograph	
14	高频地震仪	High frequency seismograph	
15	海底地震仪	Ocean-bottom seismograph	
16	提取式浅海海底地震仪	Draw shallow sea bottom seismograph	
17	数字式海底地震仪	Digital OBS	
18	深海海底水听器装置	Ocean bottom hydrophone	
19	井间地震剖面法地震仪	Crosshole seismic profile seismograph	跨孔法地震仪
20	面波勘探仪	Surface wave hydrophone	
21	声波仪	Acoustic wave hydrophone	
22	浅地层剖面仪	Shallow layer profile hydrophone	
23	遥测数据采集系统	Telemetry Data Acquisition System	
24	微机控制地震仪系统	Turnkey seismic system	
25	24 位高分辨率地震	24 bits high resolution seismograph	
WTDCAD	线性系统的技术指标		
1	叠加性	Additivity	
2	均匀性	Homogeneity	
3	超低畸变性	Ultra-low distortion	
4	高陡度性	High steepness	
WTDCAF	增益控制方式		
01	自动增益控制	Automatic gain control	
02	公共增益控制	Common gain control	
03	程序增益控制	Program gain control	
04	二进制增益控制	Binary gain control	
05	四进制浮点增益控制	Biquadratic floating point gain control	

表 1（续）

代　码	汉　字　名	英　译　名	说　明
06	瞬时浮点增益控制	Transient floating point gain control	
WTDCAK	记录格式		
1	浮点格式	Floating point format	
2	定点格式	Constant point format	
3	SEG-B 格式	SEG B format	替代 B 格式
4	SEG-E 格式	SEG E format	替代 E 格式
5	SEG-D 格式	SEG D format	替代 D 格式
06	SEG-Y 格式	SEG Y format	替代 Y 格式
WTDCAV	电缆类型		
01	双芯电缆	Paired cable	
02	多芯电缆	Multiple cable	
03	单芯电缆	Single-lead cable	
04	光学纤维电缆	Optic fiber cable	
05	“导流”引缆	Cable to lead current	
06	集成电缆	Integrated streamer	
07	高分辨率检波器拖缆	High-resolution geophone streamer	
08	常规电缆	Conventional streamer	
09	三维电缆	3-D streamer	
10	深海拖缆系统	Deep-towed system	
11	水底参考电缆	Ocean bottom reference cable	
13	单道拖缆	Single channel streamer	
14	海上多道电缆系统	Marine multiplexed streamer system	
15	高强度羽状电缆	Heavily feathered cable	
16	多路编排电缆	Multichannel editing streamer	
17	垂直电缆	Vertical cable	
WTDCAW	检波器类型		
01	变磁通式地震检波器	Variable magnetic flux geophone	
02	变磁阻式地震检波器	Variable magnetic impedance geophone	
03	压力检波器	Pressure detector	
04	速度检波器	Velocity geophone	
05	测井检波器	Well-log geophone	
06	三分量检波器	Three components geophone	
07	横波检波器	Shear wave geophone	
08	数字地震检波器	Digital geophone	
09	磁致伸缩水听器	Magnetic deformation hydrophone	
10	低频检波器	Low frequency geophone	
11	高频检波器	High frequency geophone	
12	宽频检波器	Wide band frequency geophone	
13	压电检波器	Piezoelectric detector	
14	三维旋转检波器	3D rotating hydrophone	
WTDCCX	三维显示系统		
1	三维面元显示系统	3-D bin display system	

表 1（续）

代　码	汉　字　名	英　译　名	说　明
2	面元质量彩色显示	Bin quality colour display	
3	三维像元显示	Pixels display	
4	三维体像元技术	Voxels technique	
5	三维可视化	3-D visualization	
WTDCDP	声纳浮标折射系统		
1	声纳浮标	Sonobuoy	
2	指令接收机	Instruction receiver	
3	多信道接收主机	Multichannel main receiver	
4	鼓形笔写记录器	Drum penning recorder	
5	同轴偶极天线	Isometric dipole antenna	
6	八木波道式天线	Eight-wood wave-channel antenna	
7	天线旋转器	Antenna rotator	
WTDCDQ	单道地震反射系统		
1	调谐转换系统	Tuned transducer system	
2	转换器	Transducer	
3	双体筏	Catamaran	
4	地震信息处理机	Seismic signal processor	
5	起伏校正仪	Heave compensator	
6	移动式装置	Movable device	
7	电子记录注记器	Electronic record annotators	
WTDCDT	超声地震模拟系统		
01	三维机械扫描装置	3D mechanic scanning device	
02	电-声转换仪器	Electro-acoustical instrument	
03	压电晶体换能器	Piezoelectric transducer	
04	相似比因子	Scale factor	
05	模型材料	Model materials	
06	硅橡胶	Silicon rubber	
07	前置放大器	Preamplifier	
08	高速模数转换系统	High-speed A/D system	
WTDD	地震野外工作方法		
WTDDAA	施工方式	Survey mode	
WTDDAB	测线名	Line name	
WTDDAC	测线号	Line number	
WTDDAD	测线类型	Line type	
WTDDAE	测线长度	Line length	
WTDDAF	测线交点坐标(X,Y)	Line cross point coordinates(X,Y)	
WTDDAG	相邻测线线距	Neighbouring line distance	
WTDDAH	工区测线数	Line number of the working area	
WTDDAI	地震测线方位角	Azimuth of seismic line	
WTDDAJ	测线闭合差	Line misclosure	
WTDDAK	测线起始桩号	Start stake number of line	
WTDDAL	测线终止桩号	End stake number of line	

表 1（续）

代 码	汉 字 名	英 译 名	说 明
WTDDAM	观测系统类型	Type of layout chart	
WTDDAN	排列类型	Spread's type	
WTDDAO	排列长度	Spread's length	
WTDDAP	毗邻排列数	Adjacent spread's number	
WTDDAQ	炮点位置(*X*,*Y*)	Shot point sit(*X*,*Y*)	
WTDDAR	检波器位置(*X*,*Y*)	Receiver point sit(*X*,*Y*)	
WTDDAS	横向炮排距离	Distance between lateral shot spread	
WTDDAT	垂向炮排距离	Distance between vertical shot spread	
WTDDAU	相邻炮点点距	Neighbouring shot point gap	
WTDDAV	互换点坐标(*X*,*Y*)	Interlocking point coordinates(*X*,*Y*)	
WTDDAW	联结点坐标(*X*,*Y*)	Tiepoint coordinates(*X*,*Y*)	
WTDDAX	炮点高程	Shot point elevation	
WTDDAY	检波点高程	Receiver point elevation	
WTDDAZ	检波点实际桩号	Real stake number of receiver point	
WTDDBA	实际炮数	Actual shot number	
WTDDBB	近炮点道号	Near shot-point trace number	
WTDDBC	远炮点道号	Far shot-point trace number	
WTDDBD	炮点增量值	Shot point increment	
WTDDBE	首炮号	Head shot number	
WTDDBF	炮排方位角	Azimuth of shoot array	
WTDDBG	台站方位角	Azimuth of station	
WTDDBH	台站经纬度	Longitude and latitude of station	
WTDDBI	检波点低速带厚度	Weathering thickness at receiver point	
WTDDBJ	炮点低速度带厚度	Weathering thickness at shot point	
WTDDBK	端点高程	Elevation of end point	
WTDDBL	端点坐标(*X*,*Y*)	Coordinate (*X*,*Y*) of end point	
WTDDBM	发震力方向	Direction of source force	
WTDDBN	发震力大小	Magnitude of source force	
WTDDBO	震中经纬度	Epicentre longitude and latitude	
WTDDBP	炮井编号	Seq of well	
WTDDBQ	炮井深度	Borehole depth	
WTDDBR	激发方式	Source form	
WTDDBS	震源类型	Source type	
WTDDBT	组合激发炮数	Number of shorts in array	
WTDDBU	地震脉冲强度	Seismic pulse intensity	
WTDDBV	炸药量	Quantity of explosive charge	
TKBGAM	药包直径	Diameter of charge	
WTDDBX	爆速	Exploding speed	
WTDDBY	可控震源的振动频率	Vibrated frequency of controllable source	
WTDDBZ	覆盖次数	Covering fold	
WTDDCA	覆盖长度	Covering length	
WTDDCB	覆盖次数图幅号	Covering fold map number	

表 1(续)

代 码	汉 字 名	英 译 名	说 明
WTDDCC	首检波点线终了桩号	End stake number of the first receiver line	
WTDDCD	首检波点线起始桩号	Start stake number of the first receiver line	
WTDDCE	末检波点线终了桩号	End stake number of the last receiver line	
WTDDCF	末检波点线起始桩号	Start stake number of the last receiver line	
WTDDCG	检波点总数	Total receiver point number	
WTDDCH	道间距	Channel interval (group interval)	
WTDDCI	偏移距	Offset	
WTDDCJ	最大偏移距	Maximum offset	
WTDDCK	最小偏移距	Minimum offset	
WTDDCL	特殊点高程	Special point elevation	
WTDDCM	特殊点坐标 *X*	*X*-coordinate of special point	
WTDDCN	特殊点坐标 *Y*	*Y*-coordinate of special point	
WTDDCO	三维 *X* 方向	3-D *X* direction	
WTDDCP	三维 *Y* 方向	3-D *Y* direction	
WTDDCQ	三维 *Z* 方向	3-D *Z* direction	
WTDDCR	记录长度	Recording length	
WTDDCS	记录评价标准	Criterion of recording evaluation	
WTDDCT	记录类型	Recording type	
WTDDCU	井口时间	Uphole time	
WTDDCV	单道数据	Single channel data	
WTDDCW	多道数据	Multichannel data	
WTDDCX	分量记录数据	Data of component	
WTDDCY	干扰波类型	Noise type	
WTDDCZ	组合检波器数	Array geophone number	
WTDDDA	组合灵敏度	Array sensitivity	
WTDDDB	组合通放带宽度	Array pass-band width	
WTDDDC	组合基距	Array length	
WTDDDD	组合形式	Array pattern	
WTDDDE	海上作业方式	Marine operation mode	
WTDDDF	海上震源效应	Marine source effect	
WTDDDG	海上震源检测方式	Marine source detect mode	
WTDDDH	气泡浮力	Bubble floating force	
WTDDDI	气泡内部能量	Bubble internal energy	
WTDDDJ	气泡半径	Bubble radius	
WTDDDK	气泡频率	Bubble frequency	
WTDDDL	海上作业方法	Marine operation method	
WTDDDM	激发特性	Excitation characteristic	
WTDDDN	主脉冲/气泡比	Main pulse / bubble ratio	
WTDDDO	最高有效频率	The highest effective frequency	
WTDDDP	初偏差	Initial deflect error	
WTDDDQ	初能量	Initial energy	
WTDDDR	发射间隔	Launch interval	

表 1（续）

代码	汉字名	英译名	说明
WTDDDS	精度控制时窗	Accuracy control time window	
WTDDDT	测线交点桩号	Line cross point stake number	
WTDDAA	施工方式		
1	线路普查	Reconnaissance survey	
2	面积普查	Area reconnaissance	
3	构造详查	Detailed survey	
4	面积细测	Area fine measurement	面积详查
WTDDAD	测线类型		
01	主测线	Dominant-line	
02	联络测线	Joint line	
03	宽线	Wide line	
04	弯线	Crooked line	
05	纵测线	Extended line	
06	非纵测线	Broadside line	
07	侧测线(L 排列)	L-pattern array	
08	横测线(T 排列)	T-pattern array	
09	长剖面测线	Long section line	
10	“丰”字地震测线	“丰”-pattern seismic line	
11	“井”字地震测线	“井”-pattern seismic line	
12	网络状地震测线	Net seismic line	
WTDDAM	观测系统类型		
01	简单连续观测系统	Simple continuous layout	
02	间隔连续观测系统	Apart continuous layout	
03	延长时距系统	Longening time-distance system	
04	多次覆盖观测系统	Multiple covering layout	
05	非纵观测系统	Broadside layout	
06	三维观测系统	3-D layout	
07	相遇时距曲线系统	Reverse control hodograph	
08	扇形观测系统	Fan layout	
09	追逐时距曲线系统	Chasing control hodograph	
10	“杰奥万斯”观测系统	"Geovace" observation system	
11	VSP 排列系统	VSP observation system	
12	四维地震观测	4D seismic observation	
WTDDAN	排列类型		
01	正交排列	Cross spread	
02	重叠排列	Overlap spread	
03	重叠正交排列	Overlap orthogonal spread	
04	环形排列	Ring spread	
05	栅形排列	Grip spread	
06	方形排列	Square spread	
07	纵排列	Extended spread	
08	非纵排列	Broadside spread	

表 1（续）

代码	汉字名	英译名	说明
09	展开排列	Expanding spread	
WTDDBR	激发方式		
01	井中爆炸	Hole shooting	
02	坑中爆炸	Pit shooting	
03	空中爆炸	Air shooting	
04	聚能爆炸	Energy-gathered shooting	
05	组合爆炸(组合激发)	Pattern shooting	
06	水下爆炸	Under water shooting	
07	山洞爆炸	Cave explosion	
08	端点激发	Single-ended shooting	
09	中间激发	Split shooting	
10	遂点爆炸	Roll-along shooting	
11	电极放电	Electrode discharge	
12	海底爆炸	Ocean bottom explosion	
13	周围爆炸	Circle shooting	
WTDDBS	震源类型		
0100	炸药震源	Explosive source (dynamite)	
0110	爆炸索	Geoflex	
0120	爆炸笼	Flexotir	
0130	震源弹	Source bomb	
0140	土火箭	Autochthonal rocket	
0150	核爆炸	Nuclear explosion	
0200	天然震源	Natural source	
0300	非炸药震源	Non-explosive source	
0301	磅锤	Sledge hammer	
0310	落重法	Weight-drop	
0320	轰鸣器	Boomer	
0330	机械撞击(气锤)	Terrapak	
0340	蒸气枪	Vaporchoc	
0350	电能震源	Electric energy source	
0360	电火花震源	Spark source	
0361	电火花编码震源	Electric spark coded source	
0362	高功率火花震源	"Arcer"	
0370	连续震动源(可控源)	Vibroseis source	
0380	水枪	Water gun	
0381	单水枪	Single water gun	
0382	组合水枪	Array water gun	
0383	液压水枪	Hydropressure water gun	
0390	空气枪	Airgun	
0391	“波特”空气枪	"Bolt" airgun	
0392	简化波形空气枪	Waveshape kit	
0393	“帕尔”式空气枪	"PAR" airgun	

表 1（续）

代　码	汉　字　名	英　译　名	说　明
0394	小容量系列气枪	Small-capacitance series airgun	
0395	气泡推斥式气枪	Bubble push against airgun	
0400	气爆震源	Dinoseis	
0500	“布麦尔”震源	"Boomer" source	
0600	脉冲编码震源	Pulse coded source	
0700	真空聚爆式震源	Flexichoc	
0800	真空压力活塞式震源	Seismovac	
0900	板垂震源	Hydrosein	
1000	间隔式编码震源	Interval coded source	
1100	闭合式编码震源	Enclosed coded source	
1200	伪随机脉冲编码震源	Pseudo-random pulse coded source	
WTDDCS	记录评价标准		
1	优秀	Excellent	
2	良好	Good	
3	合格	Pass	
4	废品	Failure	
WTDDCT	记录类型		
01	变面积记录	Variable area record	
02	变密度记录	Variable density record	
03	波形记录	Wiggle trace	
04	波形加变面积记录	Wiggle trace superimposed on variable area	
05	监视记录	Monitor record	
06	生产记录	Product record	
07	试验记录	Test record	
08	波形加变密度记录	Wiggle trace superimposed on variable density	
09	原始记录	Primary record	
10	数字记录	Digital record	
11	模拟记录	Analog record	
12	前沿波带复合记录	Front-waveband synthesized record	
13	合成 VSP 记录	Synthesized VSP record	
14	有限差分合成记录	Finite difference synthesized record	
15	合成地震记录	Synthetic seismic record	
16	井口记录	Uphole record	
17	井口合成地震记录	Uphole synthetic seismic record	
18	地震测井记录	Well shooting record	
19	声波测井记录	Sonic logging record	
20	合成叠加道	Synthetic stack trace	
21	三维面元记录	3-D bin record	
22	拟测井记录	Pseudo-well log	
23	多分量地震记录	Multi-component seismic record	
24	垂直地震剖面记录	VSP record	
25	间歇式记录	Interval record	

表 1（续）

代码	汉字名	英译名	说明
26	水平分量记录	Horizontal component seismogram	
27	垂直分量记录	Vertical component seismogram	
28	水平撞击记录	Seismogram of horizontal weight drop	
29	垂直撞击记录	Seismogram of vertical weight drop	
30	四分量合成记录	4-component synthetic record	
31	有限元合成记录	Finite element synthetic record	
32	射线追踪合成记录	Ray tracing synthetic record	
33	井旁记录	Well side record	
34	微机测井记录	Microlog record	
WTDDCY	干扰波类型		
01	规则干扰	Regular noise	
02	随机干扰	Random noise	
03	声波	Acoustic wave	
04	面波	Surface wave	
05	工业干扰	Industrial noise	
06	反射-折射波	Reflected-refraction	
07	折射-反射波	Refracted-reflection	
08	多次反射	Multiple reflection	
09	虚反射	Ghost	
10	重复冲击	Bubble pulse	气泡效应
11	侧反射	Lateral reflection	
12	底波	Bottom wave	
13	微震	Microseisms	
14	爆炸产生的高频背景	Explosion produced high-frequency background	
15	正常背景	Normal background	
16	低频背景	Lower frequency background	
17	交混回响	Reverberation	
18	鸣震	Ringing	
19	局部多次反射	Local multiple reflection	
20	微屈多次反射	Peg-leg multiple reflection	
21	拖曳噪音	Traction noise	
22	辐射噪音	Radiant noise	
23	船只噪音	Ship noise	
24	水流噪音	Flow noise	
25	机械感应噪音	Mechanic induced noise	
26	紊流感应噪音	Turbulence induced noise	
27	全程多次反射	Long-path multiples	
28	层间多次反射	Interbed multiple	
29	直达波	Direct wave	
30	相干噪音	Correlated noise	
31	非相干噪音	Uncorrelated noise	
32	白噪音	White noise	

表 1（续）

代　码	汉　字　名	英　译　名	说　明
WTDDDD	组合形式		
010	线形组合	Linear array	
011	平行线性组合	Linear-parallel to dominant line array	
012	垂直线性组合	Linear-vertical to dominant line array	
013	宽线组合	Wide line array	
014	窄线组合	Narrow line array	
015	不等距线性组合	Non-isometric linear array	
020	面积组合	Area array	
021	等高面积组合法	Contour area grouping method	
030	等灵敏度组合	Equal sensibility array	
040	不等灵敏度组合	Unequal sensibility array	
050	相干组合	Coherence array	
060	非相干组合	Non-coherence array	
070	低频电火花组合	Low frequency spark array	
080	多端电火花组合	Multiterminal spark array	
WTDDDE	海上作业方式		
1	单船作业	Single-ship operating	
2	双船作业	Dual-ship operating	
3	三船作业	Three-ship operating	
4	搜索工作方式	Search mode	
5	调查工作方式	Survey mode	
6	多电缆调查系统	Multi-streamer survey system	
WTDDDF	海上震源效应		
1	声学效应	Acoustic effect	
2	空穴效应	Hole effect	
3	反汽泡效应	Anti-bubble effect	
4	涡流效应	Rotation effect	
5	速度效应	Velocity effect	
6	组合效应	Array effect	
7	平方律效应	Quadratic law effect	
8	锥形效应	Cone effect	
WTDDDG	海上震源检测方式		
1	近场测试	Near field testing	
2	远场测试	Far field testing	
3	蒸汽感测	Vapor sensing	
4	激发检测	Fire detect	
WTDDDL	海上作业方法		
01	单边放炮	Side explosion	
02	连续接收	Continuous receive	
03	多点放炮单道接收	Multipoint fire and single channel receive	
04	卫星导航	Satellite navigation	
05	高精度无线电定位	High-accuracy radio-fix	

表 1（续）

代 码	汉 字 名	英 译 名	说 明
06	宽线剖面法	Wide line profile method	
07	平行剖面法	Parallel profile method	
08	三路定位方法	Three way positioning method	
09	大窗口地震试验	Large aperture seismic experiment	
WTDDDM	激发特性		
01	能量分配	Energy distribution	
02	地震功效	Seismic efficacy	
03	热散射	Heat scatter	
04	化学能	Chemical energy	
05	空穴现象	Hole phenomena	
06	压力波前	Pressure wavefront	
07	气枪波形	Airgun waveform	
08	震源检测	Source detect	
09	径向振动	Radius vibration	
10	等温扩张	Isothermic expansion	
11	绝热扩张	Adiabatic expansion	
12	火花放电	Spark discharge	
13	电弧放电	Arc discharge	
14	电解场	Electrolysis field	
15	自由场	Free field	
16	内破裂	Internal broken	
17	汽化水	Boiling water	
18	电离汽体	Electro-ionization gas	
19	等离子区	Iso-ionic area	
20	脉冲系列	Pulse sequence	
21	蒸发	Evaporation	
22	球面会聚	Spherical convergence	
23	气泡崩裂	Bubble crack	
24	脉冲群	Pulse group	
25	横向干扰	Lateral disturbing	
26	前驱波	Precursor	
27	时序截断脉冲发射	Stutter shooting	
WTDF	地震数据处理		
WTDFAA	处理方法	Processing methods	
WTDFAB	采样间隔(ΔT)	Sampling interval	
SWFGAG	采样时间(T)	Sampling time	
WTDFAD	采样振幅(A)	Sampling amplitudes	
WTDFAE	起始时间	Start time	
WTDFAF	终了时间	End time	
WTDFAG	基准面坐标	Datum surface coordinate	
WTDFAH	初至切除长度	Cutting length of the first arrival	
WTDFAI	初至切除时间	Cutting time of the first arrival	

表 1（续）

代码	汉字名	英译名	说明
WTDFAJ	每道样点数	Sampling number of each trace	
WTDFAK	一炮记录道数	Traces of a shot	
WTDFAL	输入卷数	Number of input traces	
WTDFAM	死道数	Number of death traces	
WTDFAN	时间-速度对数	Numbers of time-velocity couple	
WTDFAO	时间-速度插值间隔	Time-velocity interpolation interval	
WTDFAP	计算动校正量板参量	Parameters of computing NMO	
WTDFAQ	加权函数曲线数	Number of weighted function curve	
WTDFAR	相关半径	Correlation radius	
WTDFAT	叠加道数	Stacked traces number	
WTDFAU	共反射点道集数	Common-reflected-point channels number	
WTDFAV	共反射点数	Common-reflected-point number	
WTDFAW	共深度点数	Common-depth-point number	
WTDFAX	共中心点数	Common-midpoint number	
WTDFAY	叠加道序号	Sequence number of stacked trace	
WTDFAZ	混波系数	Mixing coefficient	
WTDFBA	宽线叠加道数	Traces of wide line stack	
WTDFBB	横向倾角值	Lateral dip angle	
WTDFBC	时窗起始时间	Window start time	
WTDFBD	时窗终了时间	Window end time	
WTDFBE	时窗长度	Time window length	
WTDFBF	浅层时窗长度	Length of time window of shallow layer	
WTDFBG	深层时窗长度	Length of time window of deep layer	
WTDFBH	时窗移动间隔	Shift interval of time window	
WTDFBI	平滑时窗长	Smooth window length	
WTDFBJ	截尾长度	Truncated length	
WTDFBK	子波采样间隔	Sampling interval of wavelet	
WTDFBL	重采样间隔	Resampling interval	
WTDFBM	球面衰减校正值	Correction values of spherical attenuation	
WTDFBN	校正剩余衰减值	Correction of residual attenuation value	
WTDFBO	标定常数	Scaling constant	
WTDFBP	*P* 值数据切除值	Cut value of *P*-value data	
WTDFBQ	深度域宽度	Width of depth domain	
WTDFBR	时间域宽度	Width of time domain	
WTDFBS	频率域宽度	Width of frequency domain	
WTDFBT	点阻频率	Point resistance frequency	
WTDFBU	低通主频	Low pass main frequency	
WTDFBV	高通主频	High pass main frequency	
WTDFBW	反褶积算子长度	Length of deconvolution operator	
WTDFBX	滤波算子长度	Filtering operator length	
WTDFBY	低截频陡度	Low cut frequency slopes	
WTDFBZ	高截频陡度	High cut frequency slopes	

表 1（续）

代码	汉字名	英译名	说明
WTDFCA	白噪量	Component of white noise	
WTDFCB	预测长度	Predict length	
WTDFCC	相关时窗时间	Length of correlation time window	
WTDFCD	置切值	Mute values	
WTDFCE	相关门宽度	Correlation gate width	
WTDFCF	每道起始相关时间	Beginning correlation time of each trace	
WTDFCG	假频频率	Alias frequency	
WTDFCH	截断误差	Truncated error	
WTDFCI	带通频率宽度	Band pass frequency width	
WTDFCJ	*Z* 变换值	*Z*-transform values	
WTDFCK	τ-*P* 域宽度	τ-*P* domain width	
WTDFCL	谱宽度	Spectrum width	
WTDFCM	CDP 增量标识	CDP increment index	
WTDFCN	CDP 增量数	CDP increment number	
WTDFCO	CDP 线方向	Direction of CDP line	
WTDFCP	CDP 线号	Number of CDP line	
WTDFCQ	部分叠加段数	Part stack segment number	
WTDFCR	纵向叠加次数	Number of vertical stack	
WTDFCS	横向叠加次数	Fold of traverse stacking	
WTDFCT	最大叠加次数	Maximum stacking fold	
WTDFCU	总叠加次数	Total stacking fold	
WTDFCV	CDP 号	CDP number	
WTDFCW	剖面起始 CDP 号	CDP number of starting point of the section	
WTDFCX	剖面终止 CDP 号	CDP number of end point of the section	
WTDFCY	初始道位置(*X*,*Y*)	(*X*,*Y*) position of the first trace	
WTDFCZ	近道位置(*X*,*Y*)	(*X*,*Y*) position of adjacent traces	
WTDFDA	远道位置(*X*,*Y*)	(*X*,*Y*) position of far traces	
WTDFDB	深度点数	Number of depth points	
WTDFDC	深度点位置(*X*,*Y*)	(*X*,*Y*) position of depth-point	
WTDFDD	偏移起始点号	Beginning point number of migration	
WTDFDE	偏移终了点号	End point number of migration	
WTDFDF	偏移起始时间	Beginning time of migration	
WTDFDG	偏移终了时间	End time of migration	
WTDFDH	偏移差分格式参数	Difference Pattern parameters of migration	
WTDFDI	偏移边界时间	Edge time of migration	
WTDFDJ	速度因子值	Values of velocity factor	
WTDFDK	平均振幅倍数	Times of average amplitude	
WTDFDL	振幅因子值	Values of amplitude factor	
WTDFDM	微元段长度参数	Parameters of finite segment length	
WTDFDN	振幅恢复系数值	Coefficient value of amplitude recover	
WTDFDO	理论记录波形值	Values of waveform of theoretical records	
WTDFDP	界面段倾角值	Values of dip angle of interface	

表 1（续）

代 码	汉 字 名	英 译 名	说 明
WTDFDQ	吸收衰减补偿值	Absorption attenuation compensation value	
WTDFDR	面元沿(ζη)轴的序号	Sequence number of area element along (ζη) axies	
WTDFDS	面元网的列数	Columns of area element mesh	
WTDFDT	面元网的行数	Raws of area element mesh	
WTDFDU	面元中心点坐标	Central coordinate of area element	
WTDFDV	任一炮检中点至面元中心距离	Distance between centre of area element and arbitrary offset middle point	
WTDFDW	共反射面元的反射点数	Point number of common reflection area element	
WTDFDX	共反射面元的混波道数	Mixing traces within common reflection area element	
WTDFDY	三维数据体的切片	Slice of 3-D data block	
WTDFDZ	深度偏移算子	Depth migration operator	
WTDFEA	预测距离	Predictive distance	
WTDFEB	瞬时斜率	Instantaneous slope	
WTDFEC	截距时间	Intercept time	
WTDFED	平均瞬时频率	Mean instantaneous frequency	
WTDFEE	平均频率	Mean frequency	
WTDFEF	均方根振幅百分比	Percentage of RMS amplitude	
WTDFEG	地震子波的主波长	Dominant wavelength of seismic wavelet	
WTDFEH	衰减剩余时差	Attenuate residual moveouts	
WTDFEI	均方根振幅值	RMS amplitude	
WTDFEJ	瞬示速度斜率	Slope of instantaneous velocity	
WTDFEL	特征点类型	Special point type	
WTDFEO	视速度	Apparent velocity.	
WTDFEP	有效速度	Effective velocity	
WTDFEQ	等效速度	Equivalent velocity	
WTDFER	瞬时速度	Transient velocity	
WTDFES	相速度	Phase velocity	
WTDFET	群速度	Group velocity	
WTDFEU	层速度	Interval velocity	
WTDFEV	叠加速度	Stacking velocity	
WTDFEW	平均速度	Average velocity	
WTDFEX	均方根速度	Root-mean square velocities (RMS)	
WTDFEY	界面速度	Boundary velocity	
WTDFEZ	虚速度	Pseudo-velocity	
WTDFFA	偏移速度	Migration velocity	
WTDFAA	处理方法		
0100	预处理	Preprocessing	
0101	磁带格式转换	Magnetic tape format conversion	
0102	带编辑	Tape editing	
0103	解编	Demultiplexing	
0104	增益恢复	Gain recovery	
0105	道集选排	Gather or sort	

表 1（续）

代　码	汉　字　名	英　译　名	说　明
0106	道编排	Trace sequential	
0107	初至切除	First arrival muting	
0108	不正常道处理	Processing of non-normal trace	
0109	记录格式转换	Recording format conversion	
0110	球面扩散校正	Spherical spreading correction	
0111	外科手术切除	Surgical muting	
0200	压制多次波	Multiple suppression	
0300	压制相干噪音	Suppression of coherent noise	
0400	静校正	Static correction	
0401	剩余静校正	Residual static correction	
0402	自动剩余静校正	Auto residual statics correction	
0403	半自动剩余静校正	Half-auto residual statics correction	
0404	区域静校正	Region static correction	
0405	基准面静校正	Datum static correction	
0406	地形静校正	Terrain static correction	
0407	低速带静校正	Low velocity layer static correction	
0408	海平面校正	Sea level correction	
0409	航速校正	Ship speed correction	
0410	斜距校正	Slant range correction	
0411	海深校正	Marine depth correction	
0412	高程校正	Elevation correction	
0413	手动静校正	Manual statics	
0414	用户定义静校正	User-defined statics	
0415	零速度层	Zero velocity layer	
0416	参考面	Reference plane	
0417	三维层析折射静校	3-D tomographic refraction statics	
0418	神经网络初至拾取	Neural Network First break picking	
0500	动校正	Normal moveout correction	
0501	斜角时差校正	Dip-moveout correction	
0502	高保真动校正	High fidelity NMO	
0503	拉伸因子	Stretch factor	
0504	变速倾角时差校正	Velocity-varied DMO	
0600	振幅分析	Amplitude analysis	
0601	振幅随偏移距变化分析	AVO analysis	
0602	振幅随入射角变化分析	AVA analysis	
0603	振幅随炮检距变化分析	Amplitude versus offset analysis	
0700	滤波	Filtering	
0701	带通滤波	Bandpass filtering	
0702	时变滤波	Time varying filtering	
0703	递归滤波	Recursive filtering	
0704	多道滤波	Multichannel filtering	
0705	延迟滤波	Delay filtering	

表 1（续）

代 码	汉 字 名	英 译 名	说 明
0706	相干滤波	Coherence filtering	
0707	匹配滤波	Matched filtering	
0708	扇形滤波	Fan filtering	
0709	去假频滤波	Anti-alias filtering	
0710	维纳滤波	Wiener filtering	
0711	卡尔曼滤波	Kalman filtering	
0712	复塞谱滤波	Cepstrum filtering	
0713	移位滤波	Shift filtering	
0714	极化滤波	Polarity filtering	
0715	F-K 滤波	F-K filtering	
0716	速度滤波	Velocity filtering	
0717	跟踪滤波	Tracing filtering	
0718	宽频滤波	Wide-frequency filtering	
0719	相位滤波	Phase filtering	
0720	频率加强滤波	Frequency emphasis filtering	
0721	高通滤波	High-pass filtering	
0722	低通滤波	Low-pass filtering	
0723	最小平方反滤波	Least square inverse filtering	
0724	检波器滤波	Geophone filtering	
0725	地层滤波	Earth filtering	
0726	相干噪声滤波	Coherence noise filtering	
0727	单道滤波	Single trace filtering	
0728	时不变滤波	Time-invariant filtering	
0729	最佳滤波	Optimum filtering	
0730	输出能量滤波	Output energy filtering	
0731	激光滤波	Laserscan filtering	
0732	叠前倾角滤波	Prestack dip-filter	
0733	最小二乘法速度滤波	Minimum least squares velocity filter	
0734	子波反演滤波	Inverse wavelet filtering	
0735	分辨滤波	Resolution filtering	
0736	波角度滤波	Wave angle filtering	
0737	海上地震数据的空间滤波	Spatial filtering of marine seismic data	
0738	中值滤波	Median filtering	
0739	整形滤波	Shaping filtering	
0740	构造滤波	Structure filtering	
0741	最小平方滤波	Least-squares filtering	
0742	带限滤波	Band limit filtering	
0743	预测误差滤波	Prediction error filtering	
0744	*Q* 值反演滤波	*Q*-Inverse filtering	
0745	反向误差滤波	Hindsight error filtering	
0746	预测滤波	Prediction filtering	
0747	时域自适应滤波	Time adaptive filtering	

表 1（续）

代码	汉字名	英译名	说明
0748	同态滤波	Homomorphic filtering	
0749	偏振滤波	Polarization filtering	
0750	k-L 滤波	k-L filtering	
0800	反褶积	Deconvolution	
0801	同态反褶积	Homomorphic deconvolution	
0802	地层反褶积	Stratigraphic deconvolution	
0803	维纳反褶积	Wiener deconvolution	
0804	零相位反褶积	Zero-phase deconvolution	
0805	预测反褶积	Predictive deconvolution	
0806	信号反褶积	Signal deconvolution	
0807	仪器反褶积	Instrument deconvolution	
0808	叠前反褶积	Prestack deconvolution	
0809	叠后反褶积	Post-stack deconvolution	
0810	预测误差反褶积	Prediction error deconvolution	
0811	特殊 VSP 反褶积	Special VSP deconvolution	
0812	最大熵反褶积	Maximum entropy deconvolution	
0813	最小熵反褶积	Minimum entropy deconvolution	
0814	脉冲反褶积	Pulse deconvolution	
0815	波形反褶积	Waveform deconvolution	
0816	子波反褶积	Wavelet deconvolution	
0817	带限统计反褶积	Band-limited statistical deconvolution	
0818	高保真反褶积	High fidelity deconvolution	
0819	频域时变反褶积	Time-variant deconvolution in frequency domain	
0820	多道预测反褶积	Multi-channel predictive deconvolution	
0821	频率域反褶积	Frequency domain deconvolution	
0822	线性规划反褶积	Linear programming deconvolution	
0823	保持振幅反褶积	Preserve amplitude deconvolution	
0824	展平反褶积	Level deconvolution	
0825	海上特征波形反褶积	Marine signature waveform deconvolution	
0826	最小平方反褶积	Least-squares deconvolution	
0827	相位反溃反褶积	Phase inversion deconvolution	
0900	速度分析	Velocity analysis	
0901	速度谱分析	Velocity spectrum analysis	
0902	常速叠加扫描	Constant velocity stack scanning	
0903	差异层间速度分析	Differential interformational Velocity analysis	
1000	频谱分析	Spectral analysis	
1010	振幅谱分析	Amplitude spectrum analysis	
1020	相位谱分析	Phase spectrum analysis	
1021	相位展开	Phase unwrapping	
1022	最小相位	Mixed phase	
1023	混和相位	Mixed phase	
1024	最大相位	Maximum phase	

表 1（续）

代码	汉字名	英译名	说明
1100	补偿分析	Compensation analysis	
1101	波前扩散补偿	Wavefront divergence compensation	
1102	吸收衰减补偿	Absorption attenuation compensation	
1103	表层不平均补偿	Surface inconsistency compensation	
1200	叠加	Stack	
1201	简单叠加	Simple stack	
1202	垂直叠加	Vertical stack	
1203	水平叠加	Horizontal stack	
1204	多次叠加(多道叠加)	Multiple stack	
1205	偏移叠加	Migration stack	
1206	加权叠加	Weighted stack	
1207	初次动校叠加	First NMO stack	
1208	同距选排叠加	Common-range-gather stack	
1209	自适应叠加	Adaptive stack	
1210	共深度点叠加	Common depth-point stack	
1211	共中心点叠加	Common midpoint stack	
1212	共反射点叠加	Common-reflection-point stack	
1213	横向叠加	Transverse stack	
1214	功率叠加	Power stack	
1215	调相叠加	Phased stack	
1216	纵向叠加	Longitudinal stack	
1217	最佳叠加	Optimum stack	
1218	网格叠加	Grid stacking	
1219	倾斜叠加	Slant stack	
1220	最佳加权叠加	Optimum weighted stack	
1221	真振幅保持叠加	Real amplitude preservation stack	
1222	相邻道叠加	Adjoining traces stack	
1223	部分叠加	Partial stack	
1224	多面元叠加	Multi-bin stacking	
1225	控制化叠加	Controlled stacking	
1300	修饰性处理	Modifying processing	
1400	剔野值	Mute value	
1500	道内均衡	Dynamic equalization	
1501	道归一处理	Trace normalization	
1600	道间均衡	Trace equalization	
1700	混波	Mixing	
1800	相关分析	Correlation analysis	
1801	自相关	Autocorrelation	
1802	互相关	Cross-correlation	
1803	加权自相关	Weighted autocorrelation	
1804	加权互相关	Weighted crosscorrelation	
1900	相干加强	Coherent enhancement	

表 1(续)

代码	汉字名	英译名	说明
1901	水平相干加强	Horizontal coherent enhancement	
1902	倾角相干加强	Slant coherent enhancement	
2000	偏移	Migration	
2001	波动方程偏移	Wave equation migration	
2002	射线深度偏移	Ray depth migration	
2003	绕射深度偏移	Diffraction depth migration	
2004	变速绕射叠后偏移	Poststack varying velocity diffraction migration	
2005	剩余偏移	Residual migration	
2006	克希霍夫偏移	Kirchhoff migration	
2007	叠前偏移	Prestack migration	
2008	叠后偏移	Post-stack migration	
2009	深度偏移	Depth migration	
2010	相位移偏移	Phase-shift migration	
2011	变速的 F-K 偏移	F-K migration with variable velocity	
2012	空间-时间域偏移	Migration in space-time domain	
2013	绕射积分偏移	Diffracted integrated migration	
2014	有限差分深度偏移	Finite-difference depth migration	
2015	二步法绕射偏移	Two-step diffraction migration	
2016	逆时间偏移	Reverse-time migration	
2017	射线追踪偏移	Ray tracing migration	
2018	共炮点射线追踪偏移	Common-shot ray tracing migration	
2019	共炮点深度偏移	Common-shot depth migration	
2020	全声波偏移	Full acoustic migration	
2021	空间频率偏移	Space frequency migration	
2022	三维偏移	3-D migration	
2023	全三维偏移	Full 3-D migration	
2024	二步法三维偏移	3-D migration in two steps	
2025	三维加权偏移	3-D weighted migration	
2026	二步法三维包络偏移	Two-step 3-D envelope migration	
2027	三维波动方程偏移	3-D wave equation migration	
2028	F-K 偏移	F-K migration	
2029	F-K 域大倾角波动方程偏移	F-K domain large slope angle wave equation migration	
2030	叠前部分偏移(PSPM)	Prestack partial migration	
2031	叠加偏移	Stack migration	
2032	大倾角偏移	Large dipping angle migration	
2033	三维叠前深度偏移	3D Prestack depth migration	
2034	共偏移距偏移	Common-offset migration	
2035	高斯射线束深度偏移	Gaussian beam depth migration	
2036	广角 fk 时间偏移	Wide angle fk time migration	
2037	爆炸反射面假设	Exploding-reflector assumption	
2038	叠前时间偏移	Prestack time migration	
2100	子波处理	Wavelet processing	

表 1（续）

代　码	汉　字　名	英　译　名	说　明
2101	求反子波	Inverse wavelet estimation	
2102	子波提取	Wavelet extraction	
2103	子波反演	Wavelet inversion	
2104	小波变换	Wavelet transformation	
2105	子波估计	Wavelet estimation	
2106	小波分析	Wavelet analysis	
2200	常规批量处理	Conventional lot processing	
2300	叠后滤波处理	Filtering process after stack	
2400	叠后振幅处理	Amplitude process after stack	
2500	保持相对振幅处理	Relative amplitude conserved processing	
2600	最小延迟整形	Minimum-lag shaping	
2700	球面发散校正	Spherical divergence correction	
2800	三瞬处理	3-instantaneous processing	
2900	地震特征参数处理	Seismic signature parameter processing	
2901	地震特征参数	Seismic characteristic parameter	
2902	时频特性	Time-frequency characteristics	
2903	泊松比	Poisson's ratio	
3000	真振幅恢复	True amplitude recovery	
3100	τ-p 正变换	τ-p transform	
3200	τ-p 反变换	Inverse τ-p transform	
3300	波场分解	Wavefield decomposition	
3400	模式识别处理	Pattern recognition processing	
3500	拟测井技术	Pseud logging well technique	
3600	剩余子波消除	Residual wavelet cutback	
3700	模拟地震反演	Modeling seismic inverse	
3800	叠前 G-log 处理	Prestack G-log processing	
3900	振幅异常普查	Amplitude anomalous survey	
4000	计算模型摄动	Computation model perturbation	
4100	模型实验	Modeling test	
4200	模型技术	Modeling technique	
4210	稳定束地震模型方法	Stable-beam seismic modeling method	
4300	最佳拟合	Optimum fit	
4400	确定地层岩性的波形处理	Waveform processing of determine stratigraphical lithology	
4500	射线追踪技术	Ray trace technique	
4510	弯曲射线追踪	Curve-ray tracing	
4511	旁轴射线	Side-axis ray	
4512	高斯射线束	Gaussian ray beam	
4520	动态射线追踪	Dynamic ray tracing	
4600	直达波频谱分析	Direct arrival wave spectrum analysis	
4700	直达波衰减系数计算	Direct arrival wave attenuation factor computation	
4800	目的层保振幅子波处理	Conservation amplitude wavelet processing of desired layer	
4900	炮检距调整	Offset adjustment	

表 1（续）

代　码	汉　字　名	英　译　名	说　明
5000	线性三维技术	Linear 3-d technique	
5100	测量纵横向倾角	Measuring longitual and lateral dip angle	
5200	亮点技术	Bright spot technique	
5300	二维资料中维特征识别	Dimension characteristic recognition in 2-D data	
5400	三维资料显示	Display of 3-D data	
5500	优化子波处理	Optimum wavelet processing	
5600	精细数字处理	Fine digital processing	
5700	精细叠加道分析	Fine traces analysis	
5800	精细频谱分析	Fine spectrum analysis	
5900	衰减多次波倾斜叠加处理	Attenuation multiple slant stacking processing	
6000	地震数据比例因子校正	Seismic data ratio correction	
6100	奇异值分解	Singular value decomposition(SVD)	
6200	最小二乘方法	Least square method	
6210	广义线性反演(GLI)	Generalized linear inversion	
6300	“弯曲界面”法	"Edgehog" method	
6400	“最大平方”法	"Most square" method	
6500	速度与密度分解	Separation of density and velocity	
6600	高保真度处理	High fidelity treatment	
6700	地震层析成像法	Seismic tomography method	
6710	反投影方法	Back projection technique	
6720	迭代重建技术(IRT)	Iterative reconstruction technique	
6721	代数重建技术(ART)	Algebra reconstruction technique	
6722	同步迭代重建技术	SIRT	
6730	经典拉冬变换	Classic Radon transform	
6740	广义拉冬变换	General Radon transform	
6741	抛物线型拉冬变换	Parabolic Radon transform	
6750	付立叶积分算子	Fourier integral operator	
6760	拟微分算子	Pseudo-differential operator	
6770	波动方程层析	Wave equation tomography	
6771	绕射层析成像	Diffraction tomography	
6800	剥层法	Peeling layer method	
6900	切片分析	Slice analysis	
7000	烃类检测技术	Hydrocarbon indication technique	HCI
7010	分形油气检测	Fractal hydrocarbon detection	
7020	油储藏特征	Reservoir characterization	
7021	油储藏描述	Reservoir description	
7022	油气藏模拟	Reservoir simulation	
7023	油藏动态监测技术	A dynamic monitoring technology for oil reservoir	
7030	油气指示	Hydrocarbon indicator	
7100	高分辨率地震资料处理	High resolution seismic data processing	
7101	薄层与薄互层	Thin bed and thin-interlay	
7102	薄层效应	Effect of thin bed	

表 1（续）

代 码	汉 字 名	英 译 名	说 明
7200	反演方法	Inversion methods	
7201	波恩反演方法	Born inversion method	
7202	广义脉冲谱反演技术	Generalized pulse-spectrum technique	
7203	迭代反演技术	Recursive inversion technique	
7204	模拟退火反演	Simulated annealing inversion	
7205	神经网络法反演	Neural network inversion	
7206	遗传基因反演	Genetic inversion	
7207	波动方程旅行时和波形反演	Wave equation traveltime & waveform inversion	
7300	单程时间对齐	One-way time aligned	
7400	双程时间对齐	Two-way time aligned	
7500	初至对齐	First breaks aligned	
7600	拾取初至	Picking of first arrival times	
7700	信号调整	Signal conditioning	
7800	双程时间对齐叠加	Stack presentation with two-way times aligned	
7900	上行波和下行波的叠加	Staking of upgoing and downgoing events	
8000	高保真叠加	High fidelity stack	
8100	模糊聚类分析	Fuzzy cluster analysis	
8200	零偏移距资料处理	Zero offset data processing	
8300	按深度分选地震道	Sorting traces by depth	
8400	上行波和下行波分离并拉直	Separation and flattening of upgoing and downgoing events	
8500	分离上行波下行波和侧面波	Separating upgoing wave dowgoing wave and side waves	
8600	相对振幅处理	Relative-amplitude processing(RAP)	
8700	VSP 动校正	VSP normal moveout	
8710	多偏移距 VSP	Multi-offset VSP	
8711	变源距 VSP	Varied source-receiver distance	
8800	上行波各道叠加	Stack of upgoing traces	
8900	纵横波并行处理	Parallel processing efforts of P-and S-wave	
8910	P-SV 转换波	P-SV converted wave	
8920	偏振分析	Analysis of polarization	
8921	偏振系数	Polarization coefficient	
8922	偏振方向	Polarization direction	
8923	横波分裂	Shear wave split	
8930	斜三分量数据	Oblique tricomponent data	
9000	吸收系数的提取	Extraction of absorption coefficients	
9100	平均衰减系数求取	Evaluation of average attenuation coefficients	
9200	三维倾斜叠加速度分析	3-D inclination stack velocity analysis	
9300	共反射面元划分	Common reflection fin dividing	
9400	最大似然估计	Maximum likelihood estimate	
9500	模拟图像显示	Analog graphic display	
9600	导航定位坐标转换	Coordinate transformation of navigation	
9700	转换波处理	Converted wave processing	
9701	剪切模量	Shear modulus	

表 1（续）

代 码	汉 字 名	英 译 名	说 明
9702	横波声波测井分析	S-wave sonic log analysis	
9703	纵横波速比	v_P/v_S ratios	
9704	体积模量	Bulk modulus	
9800	平均值聚类分析	Means clustering analysis	
WTDFDY	三维数据体的切片		
01	偏移振幅水平切片	Horizontal slice of migration amplitude	
02	层位振幅水平切片	Horizontal slice of layer amplitude	
03	偏移相位水平切片	Horizontal slice of migration phase	
04	层位速度水平切片	Horizontal slice of layer velocity	
05	瞬时相位数据体切片	Slice of transient phase data block	
06	等时切片	Isochronal slice	
07	三维偏移的时间切片	Time slice of 3-D migration	
WTDG	地震资料解释		
WTDGAA	解释方法	Interpretation method	
WTDGAB	模型类型	Model type	
WTDGAC	解释精度	Interpretation exactitude	
WTDGAD	同相轴分辨率	Event resolution	
WTDGAF	断层闭合差	Fault misclosure	
WTDGAG	层位闭合差	Layer misclosure	
WTDGAH	地震标准层深度	Depth of seismic marker horizon	
WTDGAI	标准层厚度	Thickness of marker horizon	
WTDGAJ	第 i 层深度	Depth of the ith layer	
WTDGAK	第 i 层厚度	Thickness of the ith layer	
WTDGAL	第 i 层速度	Velocity of the ith layer	
WTDGAM	层序号	Order of the layer	
WTDGAN	速度异常带宽度	Width of velocity anomaly band	
WTDGAO	低速层速度	Velocity in low-velocity-layer	
WTDGAP	高速层速度	Velocity in high-velocity-layer	
WTDGAQ	莫霍面深度	Depth of moho-discontinuity	
WTDGAR	地壳厚度	Thickness of the earth's crust	
WTDGAS	康腊德面深度	Depth of Conrad discontinuity	
WTDGAT	康腊德面厚度	Thickness of Conrad discontinuity	
TKCBDC	气层厚度	Gas reservoir thickness	
WTDGAV	油层厚度	Thickness of strata with oil	
WTDGAW	含油干层厚度	Thickness of dry strata with oil	
WTDGAX	含油水层厚度	Thickness of water strata with oil	
WTDGAY	油水同层厚度	Thickness of oil-water layer	
WTDGAZ	主要目的层厚度	Thickness of main desired layer	
WTDGBA	误差限制值	Values of error limit	
WTDGBB	误差向量值	Values of error vector	
WTDGBC	标定值	Scaling value	
WTDGBD	时深转换空间归位值	Space restoration value of time-depth transform	

表 1（续）

代码	汉字名	英译名	说明
WTDGBE	反射系数	Reflection coefficient	
WTDGBG	校正深度	Depth correction	
WTDGBH	校正沉积厚度	Corrected sediment thickness	
WTDGBI	速度比	Velocity ratios	
WTDGBJ	速度梯度	Velocity gradients	
WTDGBQ	检测含烃百分比	Percentage of hydrocarbons detected	
WTDGBR	沉积层厚度	Sediment thickness	
WTDGBS	计算机拾取初至时间	Computer-picked arrival times	
WTDGBT	初至波的水平角	Horizontal angles of first break	
WTDGBU	三维质点运动的直线度	Rectilinearity of particle motion in three dimension	
WTDGBV	时距曲线的平均斜率	Average slope of the traveltime curve	
WTDGBW	海底沉积层的速度	Velocity of sea floor sediments	
WTDGBX	反射系数序列	Reflectivity factor sequences	
WTDGBY	反拉伸速度	Inverse stretched velocity	
WTDGBZ	孔隙中流体速度	Pore-fluid velocity	
WTDGCB	水波到达时间	Water-wave arrivals	
WTDGCC	沉积物的波速	Sediment velocity	
WTDGCD	基底的波速	Basement velocity	
WTDGCE	折射波速	Refraction velocity	
WTDGCF	炮点下水深度	Water depth under shot	
WTDGCG	洋底测震仪下水深	Water depth under OBS	
WTDGCH	水中平均波速	Average water velocity	
WTDGCI	底部水中波速	Bottom water velocity	
WTDGCJ	粘滞系数	Viscosity factor	
YKCBT	吸收系数	Absorption coefficient	
WTDGCL	地震模拟分析模式	Patterns of seismic model analysis	
WTDGAA	解释方法		
01	定性地层解释	Qualitative layer interpretation	
02	定量地层解释	Quantitative layer interpretation	
03	人机联作解释	Interactive interpretation	
04	计算机解释	Computer interpretation	
05	人工解释	Manual interpretation	
06	特殊处理资料解释	Special processing data interpretation	
07	时间剖面对比	Time sections correlation	
08	波组对比	Wave group correlation	
09	波系对比	Wave series correlation	
10	初至对比	First arrival correlation	
11	相位对比	Phase correlation	
12	多相位对比	Mutiple phase correlation	
13	干涉区对比	Interference area correlation	
14	折射波对比	Refracted wave correlation	
15	振幅衰减特点对比	Signature correlation of amplitude attenuation	

表 1（续）

代码	汉字名	英译名	说明
16	频率对比	Frequency correlation	
17	视速度对比	Apparent velocity correlation	
18	断层对比	Fault correlation	
19	相关对比	Correlation	
20	密点闭合对比	Closure correlation of dense points	
21	沿层波形参数分析	Waveshape parameter analysis along layer	
22	沿层频谱分析	Spectrum analysis along layer	
23	追踪沉积间断	Tracing sedimental discontinuity	
24	追踪地震反射面	Tracing seismic reflected interface	
25	时深转换	Time-depth conversion	
26	层序划分	Classification of layer sequence	
27	区域构造研究	Study of regional structure	
28	区域地震地层学研究	Study of regional seismic stratigraphy	
29	层位闭合	Layer closure	
30	断层闭合	Fault closure	
31	局部构造研究	Study of local structure	
32	联络测线闭合	Tie line closure	
33	时间-深度图分析	Time-depth plot analysis	
34	趋势面分析	Trend surface analysis	
35	岩层曲率计算	Calculation of formation curvature	
36	恢复构造形态	Recovery of structure form	
37	古构造分析	Analysing palaeo-structure	
38	构造反演技术	Structural inversion technique	
39	构造发育史分析	Structural growth history analysis	
40	连井对比	Correlation of linking wells	
41	经钻井标定的构造层分析	Analysis of structural layers demarcated by well data	
42	不整合面的地震识别	Seismic recognition of unconformities	
43	剩余子波确定	Defining residual wavelet	
44	计算临界距离	Computation of critical distance	
45	局部圈闭分类和评价	Classification and evaluation of local traps	
46	由斜井 VSP 取得孔隙度横向变化	Lateral porosity variations from deviated well VSP data	
47	预测储层特性参数	Prediction of reservoir characteristic parameter	
48	按入射角分离同相轴	Separation of events by angle of incidence	
49	地层厚度估算	Formation thickness estimates	
50	总体岩性估计	Gross lithology estimates	
51	生产储层边界圈定	Production reservoir delineation	
52	储集层特征参数分析	Reservoir formation characteristic parameters analysis	
53	勘探远景评价	Exploration prospect evaluation	
54	计算速度函数	Computed velocity functions	
55	远景评价	Prospect evaluation	
56	估计声阻抗函数	Estimate acoustic impedance function	

表 1（续）

代 码	汉 字 名	英 译 名	说 明
57	VSP 提取道(VET)	VSP extracted trace (VET)	
58	鉴别异常反射系数	Identify anomalous reflection coefficients	
59	井旁地层倾角计算	Dip calculations near borehole	
60	地震相定量分析	Seismic facies quantitative analysis	
61	层序地层解释	Sequence stratigraphic interpretation	
62	交互式测线闭合分析	Interactive line tie analysis	
63	网格平差	Grid balancing	
64	油气运移方式	Petroleum migration pattern	
65	生物地层学	Biostratigraphy	
66	岩石物理学特征	Petrophysical characteristics	
67	剖面与平衡	Section restoration and balancing	
68	数据仓储技术	Data warehousing technique	
69	振幅数据体	Amplitude data volume	
70	工作站技术	Workstation technique	
WTDGAB	模型类型		
01	地震速度模型	Seismic velocity model	
02	层速度模型	Interval velocity model	
03	地震正演数字模型	Seismic forward mathematical model	
04	地震反演数字模型	Seismic inverse mathematical model	
05	构造分析模型	Structure analysis model	
06	岩性分析的地层模型	Earth model of lithological characters	
07	地震岩性模型	Seismic lithory model	
08	初始速度模型	Initial velocity model	
09	最终速度模型	End velocity model	
10	地下界面模型	Subsurface model	
11	单力偶模型	Single couple model	
12	双力偶模型	Double couple model	
13	三维模型	3-D model	
14	剪切位错模型	Shear position shift model	
15	有限移动源模型	Finite movement source model	
16	单层地壳模型	Single layer crust model	
17	双层地壳模型	Double layer crust model	
18	反射系数模型	Reflectivity model	
19	零偏移距 VSP 射线追踪模型	Ray-tracing model of zero-offset VSP	
20	约本井间储层模型	Constrained crosshole reservoir model	
WTDGCL	地震模拟分析模式		
01	岩性模式	Lithologic pattern	
02	层理模式	Stratification pattern	
03	断层拖曳模式	Fault-drag pattern	
04	披盖模式	Drape pattern	
05	倾伏倒转性模式	Plunge-reversal pattern	
06	上超层理模式	Onlap bedding patterns	

表 1（续）

代码	汉字名	英译名	说明
07	基本反射模式	Basic reflection patterns	
08	斜交前积模式	Oblique progradational pattern	
09	“S”型前积模式	Sigmoid progradational pattern	
10	地震反射模式	Seismic reflection patterns	
11	三角洲模式	Deltaic model	
12	沉积模式	Depositional patterns	
13	地层模式	Stratal patterns	
14	静止模式	Quiet pattern	
15	波状和平稳混乱模式	Hummocky and quiet chaotic pattern	
16	强振幅连续反射波模式	High amplitude continuous reflection patterns	
17	层序内部结构模式	Internal sequence configuration patterns	
18	向海三角洲前积模式	Seaward deltaic progradational pattern	
19	强、弱振幅反射模式	High and low amplitude reflection patterns	
WTDH	地震成果图件		
WTDHAA	图件统一编号	Unified code of maps	
WTDHAB	地震剖面类型	Type of seismic section	
WTDHAC	地震曲线类型	Type of seismic curves	
WTDHAD	地震成果图	Map of seismic result	
WTDHAE	地震成果显示	Display of seismic result	
WTDHAB	地震剖面类型		
01	吸收系数剖面	Absorption coefficient section	
02	平均频率剖面	Average frequency section	
03	各向异性剖面	Anisotropic section	
04	基础剖面	Basic section	
05	亮点剖面	Bright point section	
06	共深度点集合剖面	Common-depth-point gather section	
07	共接收点道集剖面	Common-receiver-point gather section	
08	相关剖面	Correlation section	
09	共炮点道集剖面	Common-shot-point gather section	
10	下行波剖面	Down going wave section	
11	暗点剖面	Dark point section	
12	相干加强剖面	Coherent enhancement section	
13	超级叠加剖面	Extra stack section	
14	平点剖面	Flat point section	
15	烃类检测剖面	Hydrocarbon indicator section	
16	水平叠加剖面	Horizontal stack section	
17	瞬时振幅剖面	Instantaneous amplitude section	
18	瞬时频率剖面	Instantaneous frequency section	
19	瞬时相位剖面	Instantaneous phase section	
20	常规处理剖面	Normal processing section	
21	特殊处理剖面	Particular processing section	
22	保持振幅剖面	Maintenance amplitude section	

表 1（续）

代　码	汉　字　名	英　译　名	说　明
23	相位调整叠加剖面	Phase adjusted stack section	
24	虚绝对速度剖面	Pseudo absolute velocity section	
25	虚波阻抗剖面	Pseudo impedance section	
26	虚反射系数剖面	Pseudo reflection coefficient section	
27	虚相对速度剖面	Pseudo relative velocity section	
28	单次动校剖面	Single NMO section	一次剖面
29	共炮检距集合剖面	Common offset gather section	
30	等时切片剖面	Time-slice map	
31	上行波剖面	Upgoing wave section	
32	VSP 叠合剖面	VSP fold section	
33	垂直叠加剖面	Vertical stack section	
34	子波处理剖面	Wavelet processing section	
35	波速比剖面	Wave velocity ratio section	
36	相对振幅剖面	Relative amplitude section	
37	三维偏移系列剖面	3-D migration series section	
38	层速度剖面	Interval velocity section	
39	转换波叠加剖面	Stacked section of converted wave	
40	波阻抗剖面	Impedance section	
41	伪速度测井剖面	Pseudo velocity logging section	
42	振幅包络剖面	Amplitude envelope section	
43	速度等值线剖面	Velocity contour section	
44	真振幅剖面	True amplitude section	
45	偏移彩色编码速度剖面	Migrating color code interval velocity section	
46	叠后反演测井剖面	Inverse logging section after stack	
47	偏移叠加剖面	Migration stack section	
48	理论模型时间剖面	Theoretical time section of model	
49	垂直三维偏移剖面	Vertical 3-D migration section	
50	自动拾取剖面	Auto picking section	
51	偏移深度剖面	Migration depth section	
52	速度剖面	Velocity profile	
53	合成剖面	Synthesis profile	
54	宽线叠加剖面	Wide line stack section	
55	最终剖面	Final profile	
56	振幅水平剖面	Horizontal amplitude section	
57	相位水平剖面	Horizontal phase section	
58	合成垂直地震剖面	Composition VSP	
59	加权宽线叠加剖面	Weight wide line stack section	
60	双极性剖面	Dipolar section	
61	侧面波剖面	Side wave section	
62	多次波剖面	Multiple reflections section	
63	上行波反褶积剖面	Deconvolution section of upwave	
64	下行波反褶积剖面	Deconvolution section of downwave	

表 1（续）

代码	汉字名	英译名	说明
65	前沿波带的复合记录剖面	Complex record section of wavefront	
66	VSP CDP 叠加剖面	VSP CDP stack profile	
67	VSP 复合记录剖面	VSP complex recording section	
68	子波处理时间剖面	Wavelet process time section	
70	三分量 CDP 地震测线部面	Seismic line profile of three-component CDP	
71	SH 波反射剖面	SH reflection profile	
72	高分辨地震剖面	High-resolution seismic profile	
73	海洋横波剖面	Marine shear wave profile	
74	差值剖面	Deviation section	
75	低频吸收剖面	Low frequency absorption section	
76	高频吸收剖面	High frequency absorption section	
77	连井三维偏移剖面	3-D migration profile of linking wells	
WTDHAC	地震曲线类型		
01	功率谱曲线	Power-spectrum curve	
02	振幅谱曲线	Amplitude spectrum curve	
03	速度谱曲线	Velocity spectrum curve	
04	相位谱曲线	Phase spectrum curve	
05	HCI 剩余曲线	HCI residual curve	
06	时域振幅剩余曲线	Amplitude residual curve in time domain	
07	宽频带总能量剩余曲线	Total energy residual curve for wide frequency band	
08	低通能量剩余曲线	Energy residual curve for low frequency bandpass	
09	低通能量百分比剩余曲线	Residual curve of energy percentage for low frequency bandpass	
10	中心频率剩余曲线	Residual curve of middle frequency	
11	峰值频率剩余曲线	Residual curve of peak frequency	
12	层速度剩余曲线	Residual curve of interval velocity	
13	声波和密度测井曲线	Curve of acoustic log and density log	
14	时差曲线	Moveout curve	
15	振幅曲线	Amplitude curve	
16	综合曲线	Integral curve	
17	海平面相对升降曲线	Curve of relative eustatic sea level	
18	泥沙岩与层速度关系曲线	Relation curve between mud sandstone and interval velocity	
19	直达纵波垂直时距曲线	Vertical hodograph of direct longitudal wave	
20	反射纵波垂直时距曲线	Vertical hodograph of reflected longitudal wave	
21	多次反射纵波垂直时距曲线	Vertical hodograph of multiple reflected longitudal wave	
22	转换反射波垂直时距曲线	Vertical hodograph of convert reflection wave	
23	透射纵波垂直时距曲线	Vertical hodograph of transmitted longitudal wave	
24	折射纵波垂直时距曲线	Vertical hodograph of refracted p-wave	
25	透过转换波垂直时距曲线	Vertical hodograph of transmitted convert wave	
26	t_0 时距曲线	t_0-hodograph	
27	时距曲线	Hodograph	
28	差异时距曲线	Different hodograph	

表 1（续）

代　码	汉　字　名	英　译　名	说　明
29	相遇时距曲线	Reverse hodograph	
WTDHAD	地震成果图		
01	时域区域构造图	Regional structural map in time domain	
02	时域局部构造图	Local structural map in time domain	
03	层速度平面图	Interval velocity plan map	
04	深度剖面图	Depth section chart	
05	局部深度构造图	Local depth structure map	
06	局部层间等厚图	Thickness isogram of local interval	
07	分层地震相平面图	Plan of layered seismic facies	
08	砂岩百分比平面图	Plan of sandstone percentage	
09	分岩系的岩性岩相图	Layer group lithological phase chart	
10	岩性岩相横剖面图	Transverse profile of lithological phase	
11	特殊地质体平面图	Plan diagram of special geological body	
12	等时线图	Isochrone diagram	
13	等厚线图	Thickness isogram	
14	时距图	Time-distance diagram	
15	油气检测平面图	Plan of hydrocarbon detection	
16	地震相平面图	Plan of seismic facies	
17	地震等 T_0 平面图	Plan of seismic T_0 isochrone	
18	地质构造图	Geologic tectonic map	
19	频谱分析图	Diagram of spectrum analysis	
20	局部构造图	Local structural map	
21	基岩分布图	Chart of distribution of base rocks	
22	油层顶构造等深图	Isobaths of structure in the top of oil layer	
23	断层系统图	Diagram of fault system	
24	砂岩及各类储集体分布图	Map of distribution of sand rocks and various deposits	
25	结构模式图	Structural pattern diagram	
26	地震数据全息图	Seismic data holography	
27	构造纲要图	Structure outline map	
28	专用蝌蚪图	Single-purpose tadpole plot	
29	等时切片分色叠加图	Monochromatic time slices stack chart	
30	三维偏移速度图	3-D migration velocity map	
31	三维透视图	3-D perspective view map	
32	综合标志图	Complex attributes map	
33	频率直方图	Frequency histograms	
34	星状图	Star diagrams	
35	墨卡托型图	Mercator-type graph	
36	极性切线图	Polar tangent plot	
37	方位-深度图	Azimuth versus depth graph	
38	横向倾角分量-深度图	Transverse dip component versus depth diagram	
39	纵向倾角分量-深度图	Longitudinal dip component versus depth diagram	
WTDHAE	地震成果显示		

表 1（续）

代 码	汉 字 名	英 译 名	说 明
01	可变密度屏幕显示	Variable density seismic screen display	
02	分区屏幕显示	Split screen display	
03	三维地震资料的数字电影显示	Digital movies from 3-D seismic	
04	三维彩色显示	3-D colour display	
05	三维倾角模型显示	3-D slope angle model display	
06	三维资料立体显示	3-D data stereo-display	
07	相交剖面的综合显示	Display of combination of intersections	
WTE	测井方法		
WTEA	普通电极系电阻率测井	General device resistivity log	
WTEB	侧向测井	Laterolog	
WTEC	微测井	Microlog	
WTED	自然电位测井	Spontaneous potential log	
WTEE	井中激发极化法	Induced polarization method in bore hole	
WTEF	井液电阻率测井	Mud resistivity log	
WTEG	井中电磁波法	Electromagnetic wave probing in borehole	
WTEH	电磁波传播测井	Electromagnetic wave propagation log	
WTEJ	感应测井	Induction log	
WTEK	自然伽玛测井	Gamma ray log	
WTEL	密度测井	Density log	
WTEM	中子测井	Neutron log	
WTEN	活化测井	Activation log	
WTEP	声波测井	Sonic log	
WTEQ	地层产状测井	Dip log	地层倾角测井
WTER	磁测井	Magnetic log	
WTET	热测井	Thermal log	
WTEU	井内技术情况检查	Check of wellbore technical state	
WTEV	井中物探方法名称	Names of geophysical prospecting in borehole	
WTEW	测井方法名称	Name of log method	
WTEA	普通电极系电阻率测井		
WTEAAB	地层电阻率	Formation resistivity	
WTEAAC	地层真电阻率	True formation resistivity	
WTEAAD	围岩电阻率	Resistivity of adjacent formation	
WTEAAE	校正后的电阻率	Corrected resisitivity	
WTEAAF	感应测井电阻率	Induction log resistivity	
WTEAAG	侧向测井电阻率	Laterolog resistivity	
WTEAAH	泥浆电阻率	Rresistivity of mud	
WTEAAI	泥饼电阻率	Rresistivity of mud cake	
WTEAAL	100%含水岩石的电阻率	100% water saturated formation resistivity	
WTEAAM	地层水电阻率	Formation water resistivity	
WTEAAN	视地层水电阻率	Apparent resistivity of formation water	
WTEAAO	地层水等效电阻率	Equivalent resistivity of formation water	

表 1（续）

代　码	汉　字　名	英　译　名	说　明
WTEAAP	冲洗带电阻率	Resistivity of flushed zone	
WTEAAQ	冲洗带液体的电阻率	Resistivity of liquid in the flushed zone	
WTEABA	普通电极系	General device	
WTEABB	电极系类型	Type of sonde	
WTEACA	电阻率指数	Resistivity index	
WTEADA	测井供电电流	Logging current	
WTEAEA	测井仪标准电阻	Standard resistance of logger	
WTEAFA	测井仪电阻常数	Voltage constant of logger	
WTEAGA	测井电极系数	Sonde factor	
WTEAHA	电流常数	Current constant	
WTEAIA	视电阻率曲线的横向比例尺	Horizontal scale of apparent resistivity	
WTEAIC	电极距	Electrode spacing	
WTEAID	记录点	Recording point	
WTEAIE	电极系结构	Sonde construction	
WTEABB	电极系类型		
01	石灰岩电极系	Limestone sonde	
02	电位电极系	Normal sonde	
03	梯度电极系	Lateral sonde	
04	顶部梯度电极系	Lateral sonde at top	
05	底部梯度电极系	Lateral sonde at bottom	
06	微电极系	Micro sonde	
07	长电极系	Long spaced sonde	
08	短电极系	Short spaced sonde	
09	超长电极系	Ultralong spaced sonde	
WTEB	侧向测井		
1	侧向测井电极系	Laterolog sonde	
2	主电极	Main electrode	
3	屏蔽电极	Guard electrode	
4	德雷伏效应	Delawave effect	
WTEC	微测井		
WTECAA	正幅度差	Positive separation	
WTECBA	侵入带直径	Diameter of invaded zone	
GZIC	侵入深度	Depth of invasion	
WTED	自然电位测井		
WTEDAA	自然电动势	Self-electromotive force	
WTEDBA	静自然电位	Static spontaneous potential	
WTEDBB	假静自然电位	Pseudostatic spontaneous potential	
WTEDCA	自然电位测井干扰因素	Spontaneous potential log noise factor	
WTEDCA	自然电位测井干扰因素		
1	绞车磁化干扰	Magnetism influence of the winch	
2	感应干扰	Induction influence	
3	基线偏移	Base-line shift	

表 1（续）

代码	汉字名	英译名	说明
WTEE	井中激发极化法		
1	地面-井中工作方式	Surface-borehole mode	
2	井中-地面工作方式	Borehole-surface mode	
3	井中-井中工作方式	Borehole-borehole mode	
WTEG	井中电磁波法		
WTEGAA	井中电磁波法类型	Type of borehole electromagnetic wave method	
WTEGBA	井中电磁波法工作方式	Variant of two boreholes electromagnetic wave method	
WTEGCA	井中电磁波法解释方法	Interpretation method of borehole electromagnetic wave method	
WTEGDA	井中电磁波法天线类型	Type of antenna of borehole electromagneticwave method	
WTEGEA	天线长度	Antenna length	
WTEGEB	缩波系数	Shorted factor of wave length	
WTEGEC	反传因子	Return propagation factor	
WTEGED	天线电流	Antenna current	
WTEGEE	工作频率	Operating frequency	
WTEGAA	井中电磁波法类型		
1	双孔电磁波法	Two borehols electromagnetic wave method	
2	单孔干涉法	Single borehole electromagnetic wave method	
WTEGBA	井中电磁波法工作方式		
1	水平同步	Horizontal simultaneous	
2	斜同步	Nonhorizontal simultaneous	
3	发高斜同步	Nonhorizontal simultaneous with transmmitter upper	
4	发低斜同步	Nonhorizontal simultaneous with receiver upper	
5	定点	Fixed point	
6	定发	Fixed transmitter	
7	定收	Fixed receiver	
WTEGCA	井中电磁波解释方法		
1	交会法	Intersection method	
2	分析法	Analysis method	
3	屏蔽系数法	Method of shielding factor	
4	导波系数法	Method of guided wave factor	
5	吸收系数剖面法	Method of absorption coefficient section	
6	全息处理	Holograph processing	
7	平面交会法	Plane crossing method	
8	空间交会法	Space crossing method	
WTEGDA	井中电磁波天线类型		
1	偶极天线	Dipole antenna	
2	鞭状天线	Monopole antenna	
3	电天线	Electric antenna	
4	磁性天线	Magnetic antenna	
WTEH	电磁波传播测井	wave	
WTEHAA	传播时间	Propagation time	

表 1（续）

代　码	汉　字　名	英　译　名	说　明
WTEHAB	衰减系数	Attenuation coefficient	
WTEJ	感应测井		
01	几何因子	Geometrical factor	
02	地层的几何因子	Formation geometric factor	
03	侵入带的几何因子	Geometric factor of the invaded zone	
04	井眼的几何因子	Borehole geometric factor	
05	围岩的几何因子	Geometric factor of the adjacent bed	
06	微分几何因子	Differential geometric factor	
07	积分几何因子	Integrated geometric factor	
WTEK	自然伽玛测井		
WTEKAA	泥质含量	Bulk volume fraction of shale (or:shaliness)	
WTEKBA	伽玛射线能量	Gamma ray energy	
WTEL	密度测井		
WTELAA	体积百分含量	Volume percentage content	
WTELAB	重量百分含量	Weight percentage content	
WTELAC	体积密度	Bulk density	
WTELAD	纯砂岩的相对体积	Fractional volume of clean sandstone	
WTELAE	泥质的相对体积	Fractional volume of shale	
WTELAF	细岩砂的相对体积	Fractional volume of silt	
WTELBA	视密度	Apparent density	
WTELBB	地层体积密度	Bulk density of formation	
WTELBC	密度测井读数	Reading of density log	
WTELBD	纯砂岩的密度	Density of clean sandstone	
WTELBE	泥岩的密度	Density of shale	
WTELBF	煤层的密度	Density of coal formation	
WTELBG	石灰岩密度	Density of limestone	
WTELBH	岩石骨架视密度	Apparent density of matrix	
WTELBI	岩石骨架密度	Density of matrix	
WTELBJ	天然气的密度	Density of gas	
WTELBK	烃类的视密度	Apparent density of hydrocarbon	
WTELBL	湿粘土的密度	Bulk density of wet clay	
WTELBM	分散泥质的密度	Density of dispersed shale	
WTELBN	泥饼密度	Mud cake density	
WTELBO	原油的密度	Oil density	
WTELBP	岩石密度	Rock density	
WTELBR	孔隙中流体密度	Density of fluid in pore	
WTELBS	地层水密度	Density of formation water	
WTELCA	脊肋线	Spine and rib line	
WTELDA	光电吸收系数	Photoelectric absorption index	
WTELDB	体积光电吸收截面	Volumetric photoelectric absorption index	
WTELCA	脊肋线		
1	脊线	Spine line	

表 1（续）

代码	汉字名	英译名	说明
2	肋线	Rib line	
WTEM	中子测井		
WTEMAA	含氢指数	Hydrogen index	
WTEMAB	天然气的含氢指数	Hydrogen index of gas	
WTEMAC	水溶液的含氢指数	Hydrogen index of water solution	
WTEMAD	烃类的含氢指数	Hydrogen index of hydrocarbon	
WTEMAE	液体的含氢指数	Hydrogen index of fluid	
WTEMAF	甲烷的含氢指数	Hydrogen index of methane	
WTEMAG	原油的含氢指数	Hydrogen index of oil	
WTEMAH	泥质的含氢指数	Hydrogen index of shale	
WTEMBA	热中子俘获截面	Thermal neutron capture cross section	
WTEMBB	地层的俘获截面	Formation capture cross section	
WTEMBC	流体的俘获截面	Fluid capture cross section	
WTEMBD	岩石骨架俘获截面	Matrix capture cross section	
WTEMCA	有效截面	Effective cross section	
WTEMCB	微观有效截面	Microscopic effective cross section	
WTEMCC	宏观有效截面	Macroscopic effective cross section	
WTEMDA	减速长度	Slowing down length	
WTEMDC	中子密度	Density of neutrons	
WTEMDD	中子速度	Velocity of neutrons	
WTEN	活化测井		
1	中子活化	Neutron activation	
2	活化截面	Activation cross-section	
3	硅活化核反应	Silicon activation	
4	铝活化反应	Aluminium activation	
5	钙活化反应	Calcium activation	
WTEP	声波测井		
WTEPAA	声波时差	Sonic wave interval transit time	
WTEPAB	岩石骨架声波时差	Sonic wave interval transit time of matrix	
WTEPAC	孔隙流体声波时差	Sonic wave interval transit time of fluid in pore	
WTEPAD	泥质声波时差	Sonic wave interval transit time of shale	
WTEPBA	岩石强度指数	Rock strength index	
DWCCAE	杨氏模量	Young's modulus	
WTEPBC	体积模量	Volume modulus	
DWCCAD	切变模量	Shear modulus	
DWCCAF	泊松比	Poisson's Ratio	
WTEQ	地层产状测井		
WTEQAA	地层产状	Formation occurrence	
WTEQAB	地层倾角	Dip of formation	
WTEQAC	构造倾角	Dip of structure	
WTEQAD	剩余倾角	Remain Inclination	
WTEQAE	地层倾斜方位角	Azimuth of formation inclination	

表 1（续）

代　码	汉　字　名	英　译　名	说　明
WTEQBA	高程差	Elevation difference	
WTEQBB	h_2-h_1 的高程差	Elevation difference of h_2-h_1	
WTEQBC	h_3-h_1 的高程差	Elevation difference of h_3-h_1	
WTEQBD	h_4-h_1 的高程差	Elevation difference of h_4-h_1	
WTEQCA	微聚焦电阻率曲线	Micro-focused resistivity curve in dip log	
WTEQDA	对比长度	Correlation length	
WTEQDB	探索长度	Search length	
WTEQDC	探索角	Search angle	
WTEQDD	步长	Step length	
WTEQDE	基本窗长	Basic window length	
WTEQDF	可变窗长	Variable window length	
WTEQEA	曲线对比方法	Curve correlation method of dip log	
WTEQFA	地层倾角测井解释成果数据列表	Data table of interpretation result for dip log	
WTEQGA	图形识别对比法曲线元素	Curve element in image identification correlation method	
WTEQCA	微聚焦电阻率曲线		
1	第一号极板记录的曲线(R_1)	Curve for the first pad	
2	第二号极板记录的曲线(R_2)	Curve for the second pad	
3	第三号极板记录的曲线(R_3)	Curve for the third pad	
4	第四号极板记录的曲线(R_4)	Curve for the fourth pad	
WTEQEA	曲线对比法		
01	相关对比法	Correlation method	
02	基本窗长对比法	Basic window length correlation method	
03	可变窗长对比法	Variable window length correlation method	
04	图形识别对比法	Image identification correlation method	
WTEQFA	地层倾角测井解释成果数据列表		
1	地层产状数据列表	Data table of geodip	
2	井斜数据列表	Data table of inclination	
WTEQGA	图形识别对比法曲线元素		
1	峰	Peak	
2	谷	Valley	
3	尖峰	Sharp peak	
4	台阶	Bench	
5	平滑曲线	Smooth curve	
WTER	磁测井		
1	内磁场	Internal magnetic field	
2	矢量解释法	Vectorial interpretation method	
3	矢量强度法	Vectorial intensity method	
4	矢量轨迹法	Vectorial track method	
WTET	热测井		
DWEAC	地温梯度	Geothermal gradient	

表 1（续）

代　码	汉　字　名	英　译　名	说　明
DRACA	地表温度	Surface temperature	
WTETC	井底温度	Bottom hole temperature(BHT)	
WTETD	地层静止温度	Static temperature of formation	
WTETE	地层温度	Formation temperature	
WTETF	热平衡时间	Thermal balance time	
WTETG	大地热流值	Geothermal heat flow	
DWHACO	热导率	Thermal conductivity	
WTEUAA	钻孔倾角	Inclination of the borehole	
WTEUAB	钻孔倾斜方位角	Azimuth of borehole dip	
WTEUBA	井径	Caliber	
WTEW	测井方法名称		
251	电阻率法测井	Resistivity log	
252	超长源距电极系测井	Ultralong spaced sonde log	
253	三侧向测井	Laterolog 3	
254	七侧向测井	Laterolog 7	
255	八侧向测井	Laterolog 8	
256	双侧向测井	Dual laterolog	
257	邻近侧向测井	Proximity log	
258	微侧向测井	Microlaterolog	
259	微电极测井	Micro-electrode log	
260	微梯度测井	Micro-lateral log	
261	微电位测井	Micro-normal log	
262	球形聚焦测井	Spherical focused log	
263	微极距测井	Micro spaced sonde log	
264	微聚焦测井	Micro focused log	
265	微球形聚焦测井	Micro spherical focused log	
266	六侧向测井	Laterolog 6	
267	激发电位测井	Induced polarization potential log	
268	电极电位测井	Electrode potential log	
269	接地电阻测井	Ground resistance log	
270	接地电阻梯度测井	Pseudo lateral gradient log	
271	滑动接触法测井	Scratcher electrode log	
272	记录电流测井	Monoelectrode log	
273	介电测井	Dielectriclog	
274	感应电测井	Induction-electrical log	
275	中感应测井	Medium (investigation) induction log	
276	深感应测井	Deep (investigation) induction log	
127	双感应测井	Dual induction log	
278	双感应八侧向测井	Dual induction-laterolog 8	
279	双感应球形聚焦测井	Dual induction-spherical focused log	
280	双感应聚焦测井	Dual induction focused log	
281	横向测井	Electric lateral curve log	

表 1（续）

代　码	汉　字　名	英　译　名	说　明
282	单源距密度测井	Single densilog	
283	双源距密度测井	Dual densilog	
284	地层密度测井	Formation densilog	
285	补偿地层密度测井	Compensated formation densilog	
286	长源距密度测井	Long spacing densilog	
287	高分辨率密度测井	High resolution densilog	
288	层分辨率密度测井	Layer resolution densilog	
289	选择 γ-γ 测井	Selective gamma-gamma log	
290	中子-中子测井	Neutron-neutron log	
291	中子-热中子测井	Neutron-thermal neutron log	
292	中子-超热中子测井	Neutron-epithermal log	
293	长源距中子测井	Long spaced neutron log	
294	短源距中子测井	Short spaced neutron log	
295	零源距中子测井	Null spaced neutron log	
296	补偿中子测井	Compensated neutron log	
297	井壁中子测井	Sidewall neutron log	
298	中子寿命测井	Neutron lifetime log	
299	伽玛-中子测井	Gamma-neutron log	
300	氯测井	Chlorine log	
301	中子活化测井	Neutron activation log	
302	硅活化测井	Si activation log	
303	铝活化测井	Al activation log	
304	钙活化测井	Ca activation log	
305	放射性同位素测井	Radioisotope log	
306	碳氧比测井	Carbon/oxygen log	
307	碳测井	Carbon log	
308	氧测井	Oxygen log	
309	次生伽玛能谱测井	Secondary gamma ray spectrum log	
310	岩性密度测井	Lithodensity log	
311	中子-伽玛测井	Neutron gamma log	
312	X 荧光测井	X-ray fluoremetry log	
313	核磁测井	Nuclear magnetism log	
314	自然伽玛能谱测井	Gamma ray spectrum log	
315	声波速度测井	Acoustic velocity log	
316	井眼补偿声波测井	Borehole compensated sonic log	
317	地震参考测井	Seismic log	
318	声波幅度测井	Acoustic amplitude log	
319	水泥胶结测井	Cement bond log	
320	裂缝测井	Fracture log	
321	声波电视测井	Borehole acoustic televiewing	
322	变密度测井	Variable density log	
323	高分辨率地层倾角测井	High resolution dip log	

表 1（续）

代 码	汉 字 名	英 译 名	说 明
324	回波测井	Echo log	
325	随钻测井	Follow up log	
326	磁化率测井	Magnetic susceptibility log	
327	气测全烃测井	Gas log all hydrocarbon	
328	气测重烃测井	Gas log heavy hydrocarbon	
329	气测轻烃测井	Gas log light hydrocarbon	
330	井温测井	Temperature log	
331	地温梯度测井	Geothermal Gradientlog	
332	地震测井	Seismic log	
333	重力测井	Gravity log	
334	气测井	Gas log	
335	压力测井	Pressure log	
336	井斜测量	Directional survey	
337	井径测量	Caliper logging	
338	电视测井	Borehole televiewer	
339	套管接箍测井	Collar logging	
340	扩散法	Diffusion method	
341	提捞法	Withdraw method	
342	注入法	Injection method	
343	流量测井	Flow logging	
344	电测井	Electrical logging	
345	激发极化测井	Induced polarization logging	
346	伽玛-伽玛测井	Gamma-gamma loging	
347	选择伽玛-伽玛测井	Selective gamma-gamma logging	
348	全波列测井	Full-wave logging	
349	超声成像测井	Ultrasonic image logging	
350	纵横波测井	P-S logging	
351	磁测井	Magnetic log	
352	自然电位测井	Spontaneous potential log	
353	伽玛能谱测井	Gamma spectrum log	
354	中子俘获测井	Neutron capture log	
355	中子吸收测井	Neutron absorption log	
356	标准测井	Standard logging	
357	数字测井	Digital logging	
358	高分辨率侧向测井	High definition lateral log	
359	阵列感应测井	Array induction	
360	双相量感应测井	Double vector induction log	
361	数字能谱测井	Digital spectrum log	
362	补偿 Z-密度测井	Compensated Z densilog	
363	脉冲中子俘获测井	Pulse neutron capture log	
364	多极阵列声波测井	Multipolar Array acousticlog	
365	数字阵列声波测井	Digital array acoustic log	

表 1（续）

代　码	汉　字　名	英　译　名	说　明
366	声波井眼成像测井	Acoustic borehole image log	
367	六臂地层声波测井	6-arm Array acousticlog	
368	同步生产测井	Cynchronous production log	
369	纵横波测井曲线	Longitudinal-transverse wave log curve	
370	生产测井	Production log	
371	水平井测井	Horizontal borehole	
WTEV	井中物探方法名称		
451	井中电法	Borehole electrical prospecting	
452	井中充电法	Borehole mise-a-la-masse method	
453	井中电对比法	Borehole electrical correlative method	
454	井中自然电场法	Borehole self-potential method	
455	井中磁测	Magnetic survey in borehole	
456	井中单分量磁测	Single component magnetic survey in borehole	
457	井中三分量磁测	Trtipple-compenent magnetic survey in borehole	
458	井中电磁法	Borehole electro-magnetic method	
459	井中低频电磁法	Borehole low-frequency electro-magnetic method	
460	井中瞬变电磁法	Borehole transient electro-magnetic method	
461	声波透视	Acoustic method acrossing boreholes	
462	井中重力	Borehole gravimetry	
463	井中地震	Borehole seismic prospecting	
464	井中电视	Borehole televiewer	
465	井中电阻率法	Resistivity method in borehole	
466	井中激发极化法	IP method in borehole	
467	井中电磁法	Electromagnetic method in borehole	
468	井中无线电波透视法	Electromagnetic wave perspective method in borehole	
469	井中垂直地震剖面	Vertical seismic profiling in borehole	
471	跨孔地震	Striding borehole seismic prospecting	
WTF	测井仪器设备		
WTFA	测井仪器名称	Name of well logging equipment	
WTFB	数字记录测井仪	Digital logging system	
WTFC	模拟记录测井仪	Analog logging system	
WTFD	测井通用设备	General apparatus of logging	
WTFE	测井仪器刻度	Logging tool calibration	
WTFF	测井仪器型号	Type of well logging equipment	
WTFA	测井仪器名称		
01	侧向测井仪	Latero logger	
02	感应测井仪	Induction logger	
03	JWT-1A 型井中无线电波透视仪	Model JWT-1A Radio wave borehole to borehole penetration system	
04	电磁波传播测井仪	Electromagnetic wave propagation logger	
05	介电测井仪	Dielectric logger	
06	放射性测井仪	Radioactive logger	

表 1（续）

代码	汉字名	英译名	说明
07	核磁测井仪	Nuclear magnetic logger	
08	X 荧光测井仪	X-ray fluoremetry logger	
09	声波测井仪	Sonic tool	
10	地层倾角测井仪	Dipmeter	
11	气测井仪	Gas logger	
12	井温仪	Borehole thermometer	
13	井斜仪	Inclinometer	
14	井径仪	Caliper	
15	数字测井仪	Digital logger	
16	三电极侧向测井仪	Latero log 3	
17	声速测井仪	Acoustic velocity logger	
18	井眼补偿声速测井仪	Borehole compensated acoustic velocity logger	
19	声波幅度测井仪	Acoustic amplitude logger	
20	声波全波列测井仪	Variable density logger	
21	长源距声波测井仪	Long spaced sonic logger	
22	声波电视测井仪	Borehole acoustic televiewing logger	
23	JSZ 型井中三分量磁力仪	Type JSZ tri-component borehole magnetometer	
24	JCX-1 型小口径井中三分量磁力仪	Type JCX-1 small caliber tri-component borehole magne-to-meter	
25	磁化率测井仪	Magnetic susceptibility logger	
26	地层测试器	Formation tester	
27	流量计	Flowmeter	
41	CSU 数控测井仪	CSU（Cyber service unit）	
42	CLS3700 系列数控测井仪	CLS 3700（Computerized logging system）	
43	蒙特公司系列Ⅲ数控测井仪	Mont sopris series digital logging system	
44	MAXIS 500 数控测井系统	MAXIS 500 digital logging system	
45	ECLIPS-2000 数控测井系统	ECLIPS-2000	
61	JD-581 多线式全自动测井仪	JD-581 multi-channel logging truck	
62	JBC 型轻便自动测井仪	JBC portable automatic tool	
63	JDC 型轻便电子自动测井仪	JDC portable electro automatic tool	
64	TYJJ-2 型静电显影测井仪	TYJJ-2 static develop recorder	
65	JH-1 型小口径综合测井站	JH-1 small caliper automatic logging system	
66	TYFZ-4 型组合测井仪	TYFZ-4 combined logging system	
WTFD	测井通用设备		
1	绞车	Winch	
2	电缆	Cable	
3	井口滑轮	Sheave	
4	深度编码器	Depth encoder	
5	天滑轮	Overhead pulley	
6	地滑轮	Ground pulley	
7	深度转换轮	Depth transform wheel	
WTFE	测井仪器刻度		

表 1（续）

代　码	汉　字　名	英　译　名	说　明
WTFEAA	侧向测井刻度值	Laterolog calibration value	
WTFEAB	自然伽玛刻度值	Gamma ray log calibration value	
WTFEAC	密度测井刻度值	Density log calibration value	
WTFEAD	中子测井刻度值	Neutron log calibration value	
WTFEAE	感应测井刻度值	Induction log calibration value	
WTFEAF	井径仪刻度值	Caliper calibration value	
WTFEAG	井测仪刻度值	Temperature calibration value	
WTFEAH	地层倾角测井仪刻度值	Dipmeter calibration value	
WTFEBA	现场刻度器	Wellsite calibrator	
WTFEBA	现场刻度器		
1	自然伽玛刻度器	Gamma ray log calibrator	
2	密度刻度器	Density log calibrator	
3	中子测井刻度器	Neutron log calibrator	
4	感应测井刻度环	Calibration loop of induction log	
5	地层倾角测井刻度器	Dipmeter calibrator	
6	井径刻度环	Calibration loop of caliper	
WTG	测井成果解释		
WTGA	石油测井结果解释	Interpretation of petroleum log	
WTGB	煤田测井结果解释	Interpretation of coal log	
WTGC	金属测井结果解释	Interpretation of mining log	
WTGD	水文测井结果解释	Interpretation of Thydrogeological log	
WTGE	岩石物性参数	Parameters of rock properties	
WTGF	岩层储集参数	Reserved property of formation	
WTGG	测井成果校正	Correction of log interpretation	
WTGH	测井曲线量值	Log reading	
WTGI	测井结果解释方式	Interpretation way of log	
WTGJ	处理井段位置	Position of processed interval	
WTGK	测井资料综合解释	Log data composite interpretation	
WTGL	曲线形态	Morphology of curve	
WTGM	测井解释结果	Interpretation result of log	
WTGN	综合解释结果	Composite interpretation result	
WTGA	石油测井解释		
WTGAAA	油气储集层类型	Type of reservoir of petroleum and gas	
WTGABA	石油测井解释方法	Interpretation of petroleum log	
WTGACA	储集层顶界面深度	Boundary depth of reservoir at top	
WTGACB	储集层底界面深度	Boundary depth of reservoir at bottom	
WTGACD	测井层号	Layer number of log	
SYGDF	储集层有效厚度	Effective thickness of reservoir	
WTGAAA	油气储集层类型		
01	含油气建造	Oil and gas-bearing bed	
02	油层	Oil-bearing bed	
03	油水同层	Oil-water bed	

表 1（续）

代码	汉字名	英译名	说明
04	含水油层	Water-bearing oil bed	
05	含油水层	Oil-bearing water bed	
06	水层	Water-bearing bed	
07	气层	Gas-bearing bed	
08	干层	Dry layer	
09	可疑层	Doubtful bed	
WTGABA	石油测井解释方法		
1	双矿物法	Dual mineral method	
2	三孔隙度组合法	Tri-porosity method	
3	重叠法	Overlay method	
4	交会图法	Crossplot method	
5	可动水法	Movement-possible water method	
WTGB	煤田测井解释		
WTGBAA	煤田测井资料分析	Data analysis of coal log	
WTGBBA	碳的百分含量	Content of carbon	
WTGBBB	灰分百分含量	Content of ash	
WTGBBC	水分百分含量	Content of water	
WTGBBD	挥发分百分含量	Content of volatile	
MDCDF	煤的发热量	Calorific value of coal	
WTGBDA	煤层顶界面的深度	Upper bound depth of coal formation	
WTGBDB	煤层底界面的深度	Lower surface depth of coal formation	
WTGBDC	煤层的厚度	Thickness of coal formation	
WTGBDD	煤层的真厚度	True thickness of coal formation	
WTGBEA	夹矸顶界面的深度	Upper bound depth of shale in coal formation	
WTGBEB	夹矸底界面的深度	Lower surface depth of shale in coal formation	
WTGBEC	夹矸的厚度	Shale thickness in coal formation	
WTGBED	夹矸的真厚度	True shale thickness in coal formation	
WTGBAA	煤田测井资料分析		
1	岩性分析	Lithology analysis	
2	煤质分析	Coal analysis	
WTGC	金属测井解释		
1	井旁盲矿	Blind orebody beside borehole	
2	井底盲矿	Blind orebody lower the bottom of borehole	
3	矿头	Orebody head	
4	矿尾	Orebody tail	
5	井间速通	Connected between boreholes	
WTGD	水文测井解释		
WTGDAA	含水层顶界面深度	Upperbound depth of the water bearing formation	
WTGDAB	含水层底界面深度	Lowerbound depth of the water bearing formation	
SWBFEG	含水层厚度	Thickness of aquifer	
WTGE	岩石物性参数		
WTGEAA	岩石电导率	Conductivity of rock	

表 1（续）

代 码	汉 字 名	英 译 名	说 明
WTGEBA	岩石导磁率	Magnetic permeability of rock	
WTGECA	岩石介电常数	Dielectric constant of rock	
WTGEDA	岩石声阻抗	Acoustic impedance of rock	
WTGEGA	岩石声波传播速度	Acoustic velocity in rock	
WTGEHA	地层因数	Formation factor	
WTGEHB	视地层因数	Apparent formation factor	
WTGEHC	声波视地层因数	Sonic apparent formation factor	
WTGEHD	泥质砂岩中纯砂岩夹层的地层因数	Formation factor of sand laminate in shaly sand	
WTGEHE	对应骨架孔隙度的地层因数	Formation factor of corresponding matrix porosity	
WTGF	岩石储集参数		
SYGECA	总孔隙度	Total porosity	
SYGECC	有效孔隙度	Effective porosity	
WTGFAC	密度孔隙度	Density porosity	
WTGFAD	声波孔隙度	Sonic porosity	
WTGFAE	中子孔隙度	Neutron porosity	
GCBCCF	裂缝孔隙度	Fracture porosity	
WTGFAH	岩块孔隙度	Rock porosity	
WTGFAI	校正后的密度孔隙度	Corrected density porsity	
WTGFAJ	湿粘土的密度孔隙度	Density porosity of wet clay	
WTGFAK	泥质的视密度孔隙度	Apparent density porosity of shale	
WTGFAL	纯岩石最大孔隙度	Maximum porosity in clean rock	
WTGFAM	湿粘土的中子孔隙度	Neutron log porosity of wet clay	
WTGFAN	流体的视中子孔隙度	Apparent neutron porosity of fluid	
WTGFAO	岩石骨架视中子孔隙度	Apparent neutron porosity of matrix	
WTGFAP	泥质的中子测井孔隙度	Neutron porosity of shale	
WTGFAQ	校正后的中子孔隙度	Corrected neutron porosity	
WTGFAR	泥质的视中子孔隙度	Apparent neutron porosity of shale	
WTGFAS	湿粘土的视声波孔隙度	Apparent sonic porosity of wet clay	
WTGFAT	泥质的视声波孔隙度	Apparent sonic porosity of shale	
WTGFAU	测井孔隙度	Log porosity	
WTGFAV	测井渗透率	Log permeability	
WTGFAX	测井含油饱和度	Oil saturation of Log	
SYGEC	孔隙度	Porosity	
WTGF	岩石储集参数		
SYGGB	绝对渗透率	Absolute permeability	
WTGFBB	原油的有效渗透率	Effective permeability to oil	
WTGFBC	水的有效渗透率	Effective permeability to water	
WTGFBD	原油的相对渗透率	Relative permeability to oil	
WTGFBE	水的相对渗透率	Relative permeability to water	
SYGG	渗透率	Permeability	
SYRDBD	含油饱和度	Oil saturation	

表 1（续）

代码	汉字名	英译名	说明
SYRDBE	含气饱和度	Gas saturation	
SYRDBF	含水饱和度	Water saturation	
SYRDBG	残余油饱和度	Residual oil saturation	
SYRDBH	残余天然气饱和度	Residual gas saturation	
SYRDBI	残余水饱和度	Residual water saturation	
SYRDBJ	束缚水饱和度	Irresiducible water saturation	
WTGFCH	液体饱和度	Fluid saturation	
WTGFCI	等效饱和度	Equivalent saturation	
WTGFCJ	饱和度指数	Saturation index	
DHABCU	饱和度	Degree of saturation	
WTGG	测井结果校正		
01	地层厚度校正	Bed thickness correction	
02	井径校正	Borehole diameter correction	
03	泥浆校正	Mud correction	
04	温度校正	Temperature correction	
05	测速校正	Logging speed correction	
06	趋肤效应校正	Skin effect correction	
07	泥饼影响校正	Mud cake correction	
08	侵入带校正	Invaded zone correction	
09	油气校正	Hydrocarbon correction	
10	环境校正	Environment correction	
11	挖掘效应校正	Correction for excavation effect	
WTGH	测井曲线量值		
WTGHAA	测井曲线极大值	Maximum value of log	
WTGHBA	测井曲线极小值	Minimum value of log	
WTGHCA	测井曲线平均值	Average value of log	
WTGHDA	测井曲线幅值	Amplitude value of log	
WTGHEA	测井曲线半幅值	Half amplitude value of log	
WTGI	测井结果解释方式		
1	人工计算和解释	Manual calculation and interpretation	
2	机器计算和解释	Computerized calculation and interpretation	
3	定性解释	Qualitative interpretation	
4	定量解释	Quantitative interpretation	
WTGJ	处理井段位置		
WTGJAA	处理井段最大深度	Bottom of processing interval	
WTGJBA	处理井段最小深度	Top of processing interval	
WTGJCA	处理井段厚度	Interval of processing	
WTGK	测井资料综合解释		
1	地层对比	Formation correlation	
2	沉积环境	Sedimentary environment	
3	纯地层	Clean formation	
WTGL	曲线形态		

表 1（续）

代码	汉字名	英译名	说明
01	对称曲线	Symmetry curve	
02	对称低缓正异常曲线	Symmetry lower positive anomalous curve	
12	对称低缓负异常曲线	Symmetry lower negative anomalous curve	
13	对称陡立正异常曲线	Symmetry steep positive anomalous curve	
14	对称陡立负异常曲线	Symmetry steep negative anomalous curve	
15	对称正负伴生曲线	Symmetry positive-negative follow curve	
20	不对称曲线	Nosymmetry curve	
21	不对称低缓正异常曲线	Nosymmetry lower positive anomalous curve	
22	不对称低缓负异常曲线	Nosymmetry lower negative anomalous curve	
23	不对称陡立正异常曲线	Nosymmetry steep positive anomalous curve	
24	不对称陡立负异常曲线	Nosymmetry steep negative anomalous curve	
25	不对称正负伴生曲线	Nosymmetry positive-negative follow curve	
26	正负异常不对称曲线	Nosymmetry curve of positive and negative anomaly	
30	不规则曲线	Irregular-shaped curve	
31	低缓多峰正异常曲线	Lower multi-peaks positive anomalous curve	
32	低缓多峰负异常曲线	Lower multi-peaks negative anomalous curve	
33	低缓多峰正负伴生曲线	Lower multi-peaks positive-negative follow curve	
34	陡立多峰正异常曲线	Steep multi-peaks positive anomalous curve	
35	陡立多峰负异常曲线	Steep multi-peaks negative anomalous curve	
36	陡立多峰正负伴生曲线	Steep multi-peaks positive-negative follow curve	
37	锯齿状曲线	Sawtooth shape curve	
38	跳跃多变化曲线	Beat multi-change curve	
39	台阶形曲线	Step shape curve	
90	形态复杂曲线	Complex shape curve	
WTH	测井通用词		
WTHA	名称	Name	
WTHB	编号	Numbering	
WTHC	钻孔条件	Conditions of borehole	
WTHD	测井时的干扰因素	Logging disturbed factor	
WTHE	测井深度	Logging depth	
WTHF	测井技术条件	Technical condition of logging	
WTHG	井场记录	Recording in site	
WTHH	时间	Time	
WTHI	钻孔位置	Borehole location	
WTHK	测井刻度	Logging calibration	
WTHA	名称		
TKCBAB	井名	Well name	
WTHABA	测井队别	Crew of logging	
WTHB	编号		
WTHBAA	测井统一编号	Log unified number	
WTHBBA	测井曲线统一编号	Unified curve number of log	
WTHBCA	测井解释统一编号	Unified number of log interpretation	

表 1（续）

代　码	汉　字　名	英　译　名	说　明
WTHBDA	磁带编号	Number of tape	
WTHC	钻孔条件		
WTHCAA	采样点地层温度	Formation temperature of sampling point	
TKCFEC	泥饼厚度	Thick of mud cake	
WTHCCA	渗透带直径	Diameter of percolation zone	
TKCDF	钻头直径	Bit size	
WTHCEA	泥浆渗透	Mud percolation	
WTHCEA	泥浆渗透		
1	渗透带	Percolation zone	
2	泥饼	Mud cake	
WTHD	测井时的干扰因素		
1	感应干扰	Induction influence	
2	漏电	Current leakage	
3	趋肤效应	Skin effect	
4	周波跳跃	Cycle skipping	
5	统计起伏	Statistical fluctuation	
WTHE	测井深度		
WTHEAA	测井起始深度	Logging start depth	
WTHEAB	测井终止深度	Logging end depth	
WTHEAC	测井井段长度	Interval length of logging	
WTHEBA	测点深度	Depth of measurement point	
WTHECA	测井时钻孔深度	Borehole depth when logging	
WTHF	测井技术条件		
WTHFAA	测井曲线横向比例尺单位	Scale unit of log curve	
WTHFAB	测井曲线横向比例尺	Scale of log curve	
WTHFBA	深度比例尺	Scale of depth	
WTHFCA	源强	Source intensity	
WTHFCB	源距	Source spacing	
WTHFDA	提升速度	Hoisting velocity	
WTHFAA	测井曲线横向比例尺单位		
1	欧姆-米/厘米	Ohm-m/cm	
2	API/厘米	API/cm	
3	计数率/厘米	Pulse/minute/cm	
4	克/立方厘米/厘米	Gram/cm^3/cm	
5	伽玛/厘米	Gamma/cm	
6	米/秒/厘米	M/s/cm	
7	微秒/米/厘米	ξs/m/cm	
WTHG	井场记录		
PKHFI	采样间隔	Sample interval	
WTHGAB	采样点深度	Depth of sample point	
WTHGBA	数据记录方式	Fashion of data record	
WTHGBB	深度记录方式	Fashion of depth record	

表 1（续）

代 码	汉 字 名	英 译 名	说 明
WTHGCA	磁带记录密度	Recording density on tape	
WTHGDA	测井记录曲线	Curve of logging record	
WTHGBA	数据记录方式		
1	模拟记录	Analog record	
2	数字记录	Digital record	
3	点测记录	Point to point measurement record	
WTHGBB	深度记录方式		
1	由电缆上的深度记号确定深度	Depth determined from cable mark	
2	由深度转换轮确定深度	Depth determined from the roll of depth inversion	
3	由曲线经校正后确定深度	Depth determined from corrected curves	
WTHGCA	磁带记录密度		
1	800 bpi	800 bits per inch	
2	1 600 bpi	1 600 bits per inch	
3	6 250 bpi	6 250 bits per inch	
4	8 000 bpi	8 000 bits per inch	
WTHGDA	测井记录曲线		
1	测井零线	Log zero	
2	校准曲线	Calibration curve	
3	记录曲线	Record curve	
4	绘制曲线	Plotting curve	
5	监视曲线	Monitor curve	
6	刻度曲线	Calibration curve	
WTHH	时间		
WTHHAA	入库日期	Date sent to library	
WTHHBA	资料处理日期	Date of data processing	
WTHHCA	测井日期	Date of logging	
WTHI	钻孔位置		
WTHIAA	钻孔所在位置的经度	Longitude of the well position	
WTHIAB	钻孔所在位置的纬度	Latitude of the well position	
WTHK	测井刻度		
1	一级刻度	First level calibration	
2	二级刻度	Second level calibration	
3	三级刻度	Third level calibration	
4	现场刻度	Wellsite calibration	
WTI	测井曲线及成果图件		
WTIA	测井曲线名称	Curve name of well logging	
WTIB	测井图件名称	Name of log chart	
WTIA	测井曲线名称		
101	视电阻率测井曲线	Apparent resistivity log curve	
102	普通电极系电阻率测井曲线	General device resistivity log curve	
103	电导率测井曲线	Conductivity log curve	

表 1（续）

代码	汉字名	英译名	说明
104	侧向测井曲线	Latero log curve	
105	三侧向测井曲线	Laterolog 3 curve	
106	六侧向测井曲线	Laterolog 6 curve	
107	七侧向测井曲线	Laterolog 7 curve	
108	八侧向测井曲线	Laterolog 8 curve	
109	双侧向测井曲线	Dual laterolog curve	
110	邻丘侧向测井曲线	Proximity log curve	
111	微侧向测井曲线	Micro laterolog curve	
112	球形聚焦侧向测井曲线	Spherical focused log curve	
113	微电极测井曲线	Micro-electrode log curve	
114	微电位测井曲线	Micro-normal log curve	
115	微梯度测井曲线	Micro-lateral log curve	
116	电测井曲线	Electrolog curve	
117	微聚焦测井曲线	Micro-focused log curve	
118	微球形聚焦测井曲线	Micro-spherically focused log curve	
119	自然电位测井曲线	Spontaneous potential log curve	
120	自然电位梯度测井曲线	Spontaneous potential gradient log curve	
121	激发极化测井曲线	Induced polarization log curve	
123	电极电位测井曲线	Electrode potential log curve	
124	记录电流测井曲线	Monoelectrode log curve	
125	滑动接触法测井曲线	Scratcher electrode log curve	
126	三电极屏障电流法测井曲线	Latero log 3 curve	
127	接地电阻法测井曲线	Ground resistance log curve	
128	接地电阻梯度法测井曲线	Ground resistance gradient log curve	
129	井液电阻率测井曲线	Mud resistivity log curve	
130	双电位法测井曲线	Dual normal log curve	
132	井中电磁波法曲线	Borehole electromagnetic wave method curve	
133	电磁波传播测井曲线	Electromagnetic wave propagation log curve	
135	感应电测井曲线	Induction log curve	
136	中感应测井曲线	Medium investigation induction log curve	
137	深感应测井曲线	Deep investigation induction log curve	
138	双感应测井曲线	Dual induction curve	
139	双感应聚焦测井曲线	Dual induction-focused log curve	
140	双感应八侧向测井曲线	Dual induction-laterolog 8 curve	
141	双感应球形聚焦测井曲线	Dual induction-spheric focused log curve	
142	井中充电法测井曲线	Mise-a-la-masse method in borehole curve	
143	高分辨率侧向测井曲线	TBRT log curve	
144	阵列感应测井曲线	AIT log curve	
145	双向量感应测井曲线	DPIL™ log curve	
201	自然伽玛测井曲线	Gamma ray log curve	
202	自然伽玛能谱测井曲线	Gamma ray spectrum log curve	
203	密度测井曲线	Densilog curve	

表 1（续）

代码	汉字名	英译名	说明
204	单源距密度测井曲线	Single densilog curve	
205	双源距密度测井曲线	Dual densilog curve	
206	地层密度测井曲线	Formation densilog curve	
207	补偿地层密度测井曲线	Compensated formation densilog curve	
208	岩性密度测井曲线	Lithodensity log curve	
209	长源距密度测井曲线	Long spacing densilog curve	
210	高分辨率密度测井曲线	High resolution log curve	
211	层分辨率密度测井曲线	Formation densilog curve	
212	选择伽玛-伽玛测井曲线	Selective gamma-gamma log curve	
213	中子测井曲线	Neutron log curve	
214	中子-中子测井曲线	Neutron-neutron log curve	
215	中子-热中子测井曲线	Neutron-thermal neutron log curve	
216	中子-超热中子测井曲线	Neutron-epithermal neutron log curve	
217	长源距中子-中子测井曲线	Long spacing neutron-neutron log curve	
218	短源距中子-中子测井曲线	Short spacing neutron-neutron log curve	
219	零源距中子-中子测井曲线	Null spacing neutron log curve	
220	补偿中子测井曲线	Compensated neutron log curve	
221	井壁中子测井曲线	Sidewall neutron log curve	
222	中子-伽玛测井曲线	Neutron-gamma log curve	
223	中子寿命测井曲线	Neutron lifetime log curve	
224	伽玛-中子测井曲线	Gamma-neutron log curve	
225	活化测井曲线	Activation log curve	
226	中子活化测井曲线	Neutron activation log curve	
227	放射性同位素测井曲线	Radioisotope log curve	
228	X 荧光测井曲线	X-ray fluoremetry log curve	
229	核磁测井曲线	Nuclear magnetism log curve	
230	碳氧比测井曲线	Carbon/oxygen log curve	
231	碳测井曲线	Carbon log curve	
232	氧测井曲线	Oxygen log curve	
233	次生伽玛能谱测井曲线	Secondary gamma-ray spectrum log curve	
234	数字能谱测井曲线	DSL log curve	
235	补偿 Z-密度测井曲线	ZDL log curve	
236	脉冲中子俘获测井曲线	PNC log curve	
237	中子俘获测井曲线	Neutron capture log curve	
238	中子吸收测井曲线	Neutron absorption log curve	
301	声波测井曲线	Acoustic log curve	
302	声波速度测井曲线	Acoustic velocity log curve	
303	井眼补偿声波速度测井曲线	Borehole compensated acoustic velocity log curve	
304	地震参考测井曲线	Seismic log curve	
305	声波幅度测井曲线	Acoustic amplitude log curve	
306	水泥胶结测井曲线	Cement bond log curve	
307	裂缝测井曲线	Fracture log curve	

表 1（续）

代 码	汉 字 名	英 译 名	说 明
308	声波电视测井曲线	Borehole acoustic televiewing	
309	声波透视曲线	Acoustic curve acrossing boreholes	
310	井中单分量磁测连续记录曲线	Continuous recording curve of single component magnetic survey in Borehole	
311	磁化率测井曲线	Magnetic susceptibility log curve	
312	井径曲线	Hole diameter log curve	
313	ΔZ 曲线	ΔZ curve	
314	ΔH 曲线	ΔH curve	
315	$\Delta H'$ 曲线	$\Delta H'$ curve	
316	ΔT 曲线	ΔT curve	
317	$\Delta T'$ 曲线	$\Delta T'$ curve	
318	纵横波测井曲线	P-S log curve	
319	多极阵列声波测井曲线	MAC log curve	
320	数子阵列声波测井曲线	DAC log curve	
321	套管接箍测井曲线	Collar log curve	
WTIB	测井图件名称		
101	电阻率测井图	Resistivity log plot	
102	微电极测井图	Micro-electrode log plot	
103	深探测电阻率测井图	Deep investigation resistivity log plot	
104	深探测感应测井图	Deep investigation induction log plot	
105	井液电阻率测井曲线图	Mud resistivity log plot	
106	井中电磁波法交会图	Borehole electromagnetic wave method crossing plot	
107	电磁波实测场强值曲线图	Electromagnetic original field intensity chart	
108	示波图	Oscillogram	
109	柱状图	Stick plot	
110	计算机综合显示测井图	Synergetic log plot with computer display	
111	双感应测井图	Dual induction log plot	
112	双感应聚焦测井图	Dual induction focused log plot	
201	核测井曲线图	Nuclear log curve plot	
301	声波测井成果图	Sonic log plot	
302	声波电视测井成果图	Sonic borehole televiewer plot	
303	声波全波列测井成果图	Full acoustic wavetrains recording	
304	蝌蚪图	Tadpole plot	矢量图
305	施密特图	Schmidt plot	
306	方位频率图	Azimuth frequency plot	
307	线性极坐标图	Linear-polar coordinate plot	
308	杆状图	Stick polt	
309	圆柱面极坐标图	Circle cylindrical polar coordinate plot	
310	三维空间立体图	Three-D plot	
311	$\overrightarrow{\Delta H}$矢量图	$\overrightarrow{\Delta H}$ vector plot	
312	$\overrightarrow{\Delta T}$矢量图	$\overrightarrow{\Delta T}$ vector plot	
313	$\overrightarrow{\Delta T}''$矢量图	$\overrightarrow{\Delta T}''$ vector plot	

表 1（续）

代 码	汉 字 名	英 译 名	说 明
314	$\overrightarrow{\Delta T}_{\perp}$ 矢量图	$\overrightarrow{\Delta T}_{\perp}$ vector plot	
315	$\overrightarrow{\Delta T}'$矢量图	$\overrightarrow{\Delta T}'$ vector plot	
401	交会图	Cross plot	
402	MN 交会图	MN cross plot	
403	M-电阻率交会图	M-Rt cross plot	
404	M-中子孔隙度交会图	M-φ_n cross plot	
405	M-体积密度交会图	M-ρ_N cross plot	
406	M-超声时差交会图	M-φ_N cross plot	
407	M-自然伽玛交会图	M-GR cross plot	
408	密度-声波交会图	ρ_b-Δt cross plot	
409	密度-中子孔隙度交会图	ρ_b-φ_n cross plot	
410	中子孔隙度-声波交会图	φ_N-Δt cross plot	
411	Z 值图	Z plot	
412	M-N 自然伽玛 Z 值图	M-N GR Z plot	
413	M-N 井径 Z 值图	M-N Caliper Z plot	
414	M-ρ_b 自然伽玛 Z 值图	M-ρ_b GR Z plot	
415	M-ρ_b 自然伽玛 Z 值图	M-ρ_b GR Z plot	
416	M-Δt 自然伽玛 Z 值图	M-Δt GR Z plot	
417	M-电阻率自然伽玛 Z 值图	M-R_t GR Z plot	
418	ρ_b-Δt 自然伽玛 Z 值图	ρ_b-Δt GR Z plot	
419	ρ_b-φ_N 自然伽玛 Z 值图	ρ_b-φ_N GR Z plot	
420	φ_N-Δt 自然伽玛 Z 值图	φ_N-Δt GR Z plot	
421	频率图	Frequency plot	
422	M-N 频率图	M-N Frequency plot	
423	M-ρ_b 频率图	M-ρ_b Frequency plot	
424	M-φ_N 频率图	M-φ_N Frequency plot	
425	M-Δt 频率图	M-Δt Frequency plot	
426	M-电阻率频率图	M-R_t Frequency plot	
427	M-GR 频率图	M-GR Frequency plot	
428	ρ_b-Δt 频率图	ρ_b-Δt Frequency plot	
429	ρ_b-φ_N 频率图	ρ_b-φ_N Frequency plot	
430	φ_N-Δt 频率图	φ_N-Δt Frequency plot	
431	测井综合曲线图	Logging synthesis curve plot	
432	可动油图	Movable oil plot	
433	储集层动态分析图	Dynamic analysis map of reservoir	
434	地层对比图	Formation correlation diagram	
435	综合柱状图	Synthesis cylindrical diagram	
436	岩性分析图	Lithological analysis diagram	
437	煤质分析图	Coal quality analysis plot	
WTJ	放射性勘探		
WTJA	放射性方法测量参数	Survey parameter of radioactive method	
WTJB	放射性方法	Radioactive method	

表 1（续）

代　码	汉　字　名	英　译　名	说　明
WTJC	放射性仪器	Radioactive apparatus	
WTJD	放射性野外技术	Field technique of radioactivity	
WTJF	放射性数据处理	Processing of radioactive data	
WTJG	放射性异常解释	Interpretation of radioactive anomaly	
WTJH	放射性成果图件	Diagram of radioactive result	
WTJA	放射性方法测量参数		
WTJAAA	衰减系数值	Attenuation coefficient value	
DHBABI	半衰期	Half-life	
WTJAAC	饱和厚度	Saturation thickness	
WTJAAD	散射系数值	Disperse coefficient value	
WTJAAE	截面	Cross section	
WTJAAF	粒子能量	Particle energy	
WTJAAG	衰变类型	Decay type	
WTJAAH	射线谱	Ray spectrum	
WTJAAI	射线类别	Ray type	
WTJABA	本底辐射值	Background radiation value	
WTJABB	宇宙辐射值	Cosmic radiation value	
WTJABC	地质体辐射值	Radiation value of geologic body	
WTJABD	大气铋辐射值	Radiation value of air ^{214}Bi	
WTJABE	放射性矿体辐射值	Radiation value of radioactive orebody	
WTJABF	氢气体辐射值	Radiation value of hydrogen	
WTJACA	射气系数值	Emanation coefficient value	
WTJACB	扩散系数值	Diffusion coefficient value	
WTJACC	扩散长度	Diffusion length	
WTJACD	溶解系数值	Dissolve coefficient value	
WTJADA	钾含量	Content of K^{40}	
WTJADB	氡含量	Content of Rn^{222}	
WTJADC	镭含量	Content of Ra^{226}	
WTJADD	钍含量	Content of Th^{232}	
WTJADE	铀含量	Content of U^{238}	
WTJADF	铷含量	Content of Rb^{87}	
WTJADG	镧含量	Content of La^{138}	
WTJADH	钐含量	Content of Sm^{147}	
WTJADI	镥含量	Content of Lu^{176}	
WTJADJ	铼含量	Content of Re^{187}	
WTJAEA	标准源含量	Etalon source content	
WTJAEB	标准源常数	Etalon source constant	
WTJAEC	同位素半衰期	Half-life of isotope	
WTJAED	同位素伽玛常数	Gamma constant of isotope	
WTJAEE	中子产额	Neutron productivity	
WTJAEF	浓度单位	Unit of concentration	
WTJAEG	活度单位	Unit of activity	

表 1（续）

代码	汉字名	英译名	说明
WTJAEH	当量单位	Unit of equivalent	
WTJAEI	能量单位	Unit of energy	
WTJAEJ	百分比含量值	Percentage content value	
WTJAEK	ppm 值	ppm value	
WTJAEL	ppb 值	ppb value	
WTJAEM	径迹密度值	Density value of track	
WTJAEN	当量径迹密度值	Density value of equivalent trace	
WTJAEO	ppt 值	ppt value	
WTJAEP	u 值	u value	
WTJAER	剂量	Dose	
WTJAES	吸收剂量	Absorbed dose	
WTJAET	照射量	Radiant flux	
WTJAEU	剂量当量	Dose equivalent	
WTJAEV	最大允许剂量	Maximum permissible dose	
HTAJN	伴生元素	Associated element	
WTJAAE	截面		
1	原子截面	Atom section	
2	电子截面	Electron section	
WTJAAG	衰变类型		
1	α 衰变	Alpha attenuation	
2	β 负衰变	Minus beta attenuation	
3	β 正衰变	Plus beta attenuation	
4	电子俘获	Electron capture	
5	γ 衰变	Gamma attenuation	
6	同质异能跃迁	Isomer transition	
WTJAAH	射线谱		
01	连续谱	Continue spectrum	
02	单一谱	Single spectrum	
03	α 射线谱	Alpha-ray spectrum	
04	β 射线谱	Beta-ray spectrum	
05	γ 射线谱	Gamma-ray spectrum	
06	原始谱	Original spectrum	
07	仪器谱	Apparatus spectrum	
08	特征谱	Feature spectrum	
09	积分谱	Integral spectrum	
10	微分谱	Differential spectrum	
WTJAAI	射线类别		
1	α 射线	Alpha ray	
2	β 射线	Beta ray	
3	γ 射线	Gamma ray	
4	X 射线	X ray	
5	入射射线	Incident ray	

表 1（续）

代码	汉字名	英译名	说明
6	散射射线	Scattered ray	
WTJAEF	浓度单位		
2	克元素/克岩石	Gram element/gram rock	
3	百分浓度	Percentage concentration	
4	元素的摩尔数/岩石的摩尔数	Elemental mole fraction/mole fraction of rock	
5	贝克/升	Becquerel/liter	
WTJAEG	活度单位		
2	贝克勒尔	Becquerel	
3	伽玛	Gamma	
4	比活度	Ratio of activity	
WTJAEH	当量单位		
1	ppm 当量	ppm equivalence	
2	毫克镭当量	Milli-gram radium equivalence	
3	镭的铀当量	Uranium equivalence of radium	
4	钍的铀当量	Uranium equivalence of thorium	
5	钾的铀当量	Uranium equivalence of potassium	
6	爱曼当量	Eman equivalence	
WTJAEI	能量单位		
1	电子伏特	Electron volt	
2	千电子伏特	Thousand electron volt	
3	兆电子伏特	Million electron volt	
4	千兆电子伏特	Giga-electron volt	
WTJAES	吸收剂量		
01	戈瑞	Gy	
02	拉德	Rad	
WTJAET	照射量		
01	库仑/千克	Coulomb/Kilogram	
02	伦琴	Roentgen	
WTJAEU	剂量当量		
01	希沃特	Sv	
WTJB	放射性方法		
WTJBAA	伽玛法	Gamma survey method	
WTJBBA	阿尔发法	Alpha survey method	
WTJBCA	非放射性气体法	Non-radioactivity air survey method	
WTJBDA	贝塔-伽玛综合分析	Beta-gamma composite analysis	
WTJBDB	伽玛法测 Ra 含量	Radium content determined by gamma method	
WTJBDC	镭(B+C)测镭含量	Radium content determined by Ra(B+C) method	
WTJBDD	真空法测镭含量	Radium content determined by vacuum method	
WTJBDE	循环法测镭含量	Radium content determined by cycle method	
WTJBDF	伽玛能谱分析	Analyse of gamma spectrum method	
WTJBEA	人工核法	Artificial nuclear survey method	

表 1（续）

代码	汉字名	英译名	说明
WTJBEB	放射性物理分析	Analysis of radioactive physics	
WTJBAA	伽玛法		
501	航空伽玛测量	Aero-gamma survey	
502	航空积分能谱测量	Aero-integral spectrum survey	
503	航空微分能谱测量	Aero-differential spectrum survey	
504	顺便伽玛检查	Following gamma examination	
505	数字伽玛测量	Digital gamma ray survey	
506	路线伽玛测量	Line gamma ray survey	
507	贝塔＋伽玛测量	Beta plus gamma survey	
508	报警器伽玛测量	Alarm gamma ray survey	
509	固定高度伽玛测量	Constant altitude gamma survey	
510	犁铧伽玛测量	Gamma ray survey with share	
511	地表微迹伽玛测量	Ground minute trace gamma survey	
512	网格定点能谱测量	Location network spectrum survey	
513	浅孔能谱测量	Shallow hole spectrum survey	
514	深孔能谱测量	Deep hole spectrum survey	
515	犁铧能谱测量	Gamma spectrum survey with share	
516	机械加深伽玛测量	Mechanic deepened gamma ray survey	
517	浅孔伽玛测量	Shallow hole gamma ray survey	
518	深孔伽玛测量	Deep hole gamma ray survey	
519	带屏伽玛测量	Gamma ray survey with shield	
520	汽车单一伽玛能谱法	Single gamma spectrum method with truck	
521	汽车微迹法	Minute trace survey with truck	
522	雪层上汽车伽玛测量	Gamma survey on snow with truck	
523	湖底伽玛测量	Gamma survey on lake bottom	
524	湖底伽玛能谱测量	Gamma-spectrum survey on lake bottom	
525	浅海伽玛能谱测量	Gamma-spectrum survey in shallow sea	
526	水下贝塔-伽玛测量	Beta-gamma survey under water	
527	伽玛辐射取样	Gamma radiation sampling	
528	岩心辐射取样	Core radiation sampling	
529	炮眼法伽玛取样	Gamma sampling by uphole method	
530	贝塔-伽玛取样	Beita-gamma sampling	
531	定向伽玛取样	Oriented gamma sampling	
532	差值法伽玛取样	Difference gamma sampling	
533	伽玛能谱取样	Gamma spectrum sampling	
534	定向伽玛能谱取样	Oriented gamma spectrum sampling	
535	差值法伽玛能谱取样	Difference gamma spectrum sampling	
536	伽玛中子法测量	Survey by gamma-neutron method	
537	贝塔-辐射取样	Beta-radiation sampling	
538	伽玛能谱测量	Gamma spectrum survey	
WTJBBA	阿尔发法		
551	电离室法	Ionization chamber method	

表 1（续）

代码	汉字名	英译名	说明
552	闪烁室法	Scintillation chamber method	
553	常规氡测量	Radon routine measurement	
554	浅孔测氡法	Determining radon method in shallow hole	
555	钻孔测氡法	Determining radon method in drill	
556	山地工程测氡法	Determining radon method by mountainous project	
557	井中水样测氡法	Determining radon method by water sample in hole	
558	活性碳吸附法	Activated charcoal adsorption method	
559	吸附氡法	Absorption radon technique	
560	气体捕集器法	Technique of catch device on air	
561	现场测量法	Field measuring technique	
562	室内测量法	Indoor measuring technique	
563	自然 α 卡法	Natural α card method	
564	RaA 测氡法	RaA survey radon method	
565	钋 210 法	^{210}Po survey	
567	钻孔中钋法	^{210}Po method in borehole	
568	露头区径迹测量	Track survey on outcroparea	
569	雪层上径迹测量	Track survey on snow layer	
570	湖底径迹测量	Track survey on lake bottom	
571	沼泽径迹测量	Track survey on bog	
572	钻孔径迹测量	Track survey in borehole	
573	沙漠区径迹测量	Track survey on desert	
574	水中径迹测量	Track survey in water	
575	河底沉积物径迹测量	Track survey on river bottom deposit	
576	累积测量法	Accumulation measuring method	
577	阿尔发仪埋设读数法	Alpha-meter buried reading method	
578	阿尔发热释光法	Alpha heat releasing light method	
579	伽玛热释光法	Gamma heat releasing light method	
580	天然热释光法	Nature heat releasing light method	
581	岩壤天然热释光法	Rock soil nature heat releasing light method	
582	钋 210 测量	^{210}Po survey	
583	钋 218 测量	^{218}Po survey	
584	静电 α 卡测量	Static α card survey	
585	氡管法	Survey radon method by tube	
586	土壤样品镭量测量	Radium content survey in the soil sample	
WTJBCA	非放射性气体法		
631	氦气法	Helium survey	
632	土壤气取样法	Sampling method of soil gas	
633	地下水取样法	Sampling method of underground water	
634	土壤取样法	Sampling method of soil	
635	$^{4}He/^{3}He$ 比值测量法	$^{4}He/^{3}He$ value measuring method	
636	汞含量分析法	Analysis method of mercury content	
637	抽气测汞法	Mercury survey by air pump	

表 1（续）

代　码	汉　字　名	英　译　名	说　明
638	车载测汞法	Mercury survey by car	
639	甲烷法	Methane survey	
640	氧气法	Oxygen survey	
641	二氧化碳法	Carbon dioxide survey	
642	射气测量	Emanation survey	
WTJBEA	人工核法		
671	X 射线荧光分析技术	Analysis technique of X-ray fluorescence	
672	中子活化法	Neutron activation method	
673	核光子法	Nuclear photon method	
674	光中子法	Light neutron method	
675	伽玛活化分析法	Gamma activation analysis method	
676	X 荧光现场测量	X-fluorescence survey in field	
677	X 荧光井中测量	X-fluorescence survey in borehole	
678	X 荧光实验室分析	X-fluorescence survey in laboratory	
679	地面中子测量	Ground neutron survey	
680	X 射线荧光取样	X-ray fluorescence sampling	
681	中子活化取样	Neutron activation sampling	
682	中子吸收法	Neutron absorption method	
WTJBEB	放射性物理分析		
01	β-γ 综合分析	Composite analysis of β-γ	
02	伽玛法测定镭含量	Ra content survey γ method	
03	伽玛能谱法测铀、镭、钍含量	U. Ra. Th contents survey	
WTJC	放射性仪器		
TJCAA	能量起始阈值	Beginning threshold value of energy	
WTJCAB	辐射仪型号	Radiometer model	
WTJCAC	能谱仪型号	Spectrometer model	
WTJCBA	探测器类型	Detector type	
WTJCBB	单个晶体体积	Single crystal volume	
WTJCBC	组合晶体体积	Composite crystal volume	
WTJCBD	上测晶体体积	Up survey crystal volume	
WTJCBE	下测晶体体积	Down survey crystal volume	
WTJCBF	铅屏厚度	Lead screen thickness	
WTJCBG	径迹探测器材料	Material of track detector	
WTJCBH	单个晶体分辨率	Resolution of single crystal	
WTJCBI	组合晶体分辨率	Resolution of composite crystal	
WTJCBJ	上测晶体分辨率	Resolution of up measured crystal	
WTJCBK	下测晶体分辨率	Resolution of down measured crystal	
WTJCBL	闪烁探测器	Scintillation detector	
WTJCBM	闪烁体体积	Volume of scintillation crystal	
WTJCBN	闪烁体材料	Material of scintillation crystal	
WTJCBO	闪烁室容积	Volume of scintillation chamber	
WTJCBP	电离型探测器	Detector of ionization type	

表 1（续）

代码	汉字名	英译名	说明
WTJCBQ	半导体探测器	Semiconductor detector	
WTJCBR	固体径迹探测器	Solid track detector	
WTJCCA	活性炭型号	Active carbon model	
WTJCCB	阿尔发卡仪型号	Alpha card meter model	
WTJCCC	径迹扫描仪型号	Track scanning meter model	
WTJCCD	阿尔发仪型号	Alpha-meter model	
WTJCCE	放射分析测量仪型号	Radioactive analyse survey meter model	
WTJCGA	射气仪类型	Emanator type	
WTJCLA	氦测量仪类型	Helium survey apparatus type	
WTJCMA	测汞仪类型	Mercury analyzer type	
WTJCOA	X 荧光测量装置	Apparatus of X-fluorescence survey	
WTJCOB	中子活化法装置	Apparatus of neutron activation analysis	
WTJCOC	光核子分析装置	Apparatus of photo-nuclear analysis	
WTJCPA	地面放射性测量站	Radioactive ground survey station	
WTJCAB	辐射仪型号		
01	伽玛闪烁辐射仪	γ-scintillation radiometer	
02	数字闪烁辐射仪	Digital scintillation radiometer	
03	定向伽玛辐射仪	Oriented gamma radiometer	
04	阿尔发闪烁辐射仪	α-scintillation radiometer	
WTJCBA	探测器类型		
1	圆柱状探测器组合	Detector assemblage with cylindric shape	
2	方型探测器组合	Detector assemblage with square shape	
3	上下结构探测器	Detector with up and down structure	
4	层状探测器	Layered shape detector	
5	防水探测器	Waterproof detector	
6	硅半导体探测器	Silicon semiconductor detector	
WTJCBG	径迹探测器材料		
1	硝酸纤维 A	Nitric acid fibre A	
2	硝酸纤维 B	Nitric acid fibre B	
3	醋酸纤维	Acetic acid fibre	
4	聚碳酸酯	Polycarbonate	
5	塑料	Plastics	
6	云母	Mica	
WTJCGA	射气仪类型		
01	电离室射气仪	Ionization chamber type emanation apparatus	
02	闪烁型射气仪	Scintillation chamber type emanation apparatus	
03	闪烁脉冲测氡仪	Scintillation pulse survey radon meter	
04	RaA 测氡仪	RaA survey radon meter	
WTJCLA	氦测量仪器类型		
21	实验室质谱仪	Mass-spectrometer in laboratory	
22	车载质谱仪	Mass-spectrometer by car	
23	轻便测氦仪	Portable helium detector	

表 1（续）

代码	汉字名	英译名	说明
24	定向聚焦测氦仪	Oriental focusing helium detector	
25	快速氦分析仪	Fast helium analysiser	
WTJCMA	测汞仪类型		
41	汞蒸气测量仪	Mercury vapor meter	
42	原子吸收型测汞仪	Atom-absorption mercury analyzer	
43	金膜电阻测汞仪	Gold-film resistor mercury analyzer	
44	原子荧光型测汞仪	Atom-fluorescence mercury analyzer	
WTJCOA	X荧光测量装置		
61	X射线荧光光谱仪	X-ray fluorescence spectrometer	
62	携带式X荧光仪	Portable X-fluorescence apparatus	
63	正比计数器	Directcounter	
64	滤片类别	Filtrated film type	
65	X-荧光测井仪	X-fluorescence logging meter	
WTJCOB	中子活化法装置		
71	带电粒子加速器	Charged particle accelerator	
72	伽玛光子源	Gamma-photon source	
73	谱仪型号	Spectrometer type	
WTJCOC	光核子分析装置		
81	高能伽玛光子发生器	High energy gamma photon generator	
82	小型中子加速器	Small neutron accelerator	
83	样品分离装置	Separator of sample	
WTJD	放射性野外技术		
WTJDAA	自然底数测定值	Measurement value of nature base number	
WTJDAB	铀道灵敏度	Sensitivity of U-channel	
WTJDAC	钍道灵敏度	Sensitivity of Th-channel	
WTJDAD	钾道灵敏度	Sensitivity of K-channel	
WTJDAE	换算系数值	Conversion coefficient value	
WTJDAF	影响系数值	Influence coefficient value	
WTJDAI	绞车升降速度	Elevated speed of winch	
WTJDAJ	能谱编录值	Spectrum documentary value	
WTJDAK	贝塔-伽玛编录值	Beta-gamma documentary value	
WTJDAL	伽玛编录值	Gamma documentary value	
WTJDAM	检查编录值	Examin documentary value	
WTJDAN	辐射取样体积	Radiometric sampling volume	
WTJDAO	测点间距	Station space	
WTJDBA	工作比例尺	Scale of work	
WTJDBB	最佳抽气次数	Air exhaustion optimal number	
WTJDBC	基点观测值	Survey value of base station	
WTJDBD	土壤射气浓度值	Emanation concentration value in soil	
WTJDBE	土壤钍射气浓度值	Thorium emanation concentration value in soil	
WTJDBF	水中射气浓度值	Emanation concentration value in water	
WTJDBG	检查工作量	Examining amount of work	

表 1（续）

代　码	汉　字　名	英　译　名	说　明
WTJDBH	累积频率值	Accumulate frequency value	
WTJDBI	吸附氡时间	Absorption radon time	
WTJDBJ	吸附器面积	Area of absorption device	
WTJDBK	吸附效率	Absorption effectiveness	
WTJDBL	钋置换率	Replacement rate of ^{210}Po	
WTJDBM	置换时间	Replacement time	
WTJDBN	置换量	Replacement quantity	
WTJDBO	置换温度	Replacement temperature	
WTJDBP	还原剂浓度	Reagent concentration	
WTJDBQ	还原剂用量	Reagent quantity	
WTJDBR	还原剂收回率	Rate of recovery of reagent	
WTJDBS	自镀液浓度	Self-plating solution concentration	
WTJDBT	自镀液温度	Self-plating solution temperature	
WTJDBU	自镀液加热时间	Self-plating solution heating time	
WTJDBV	蚀刻溶液浓度	Etching solution concentration	
WTJDBW	蚀刻溶液温度	Etching solution temperature	
WTJDBX	蚀刻时间	Etching time	
WTJDBY	热释光测量效率	Effectiveness of heat releasing light method	
WTJDBZ	热释光材料	Material of heat releasing light	
WTJDCA	氦含量	Content of helium	
WTJDCB	$^4He/^3He$ 比值	Ration ^4He to ^3He	
WTJDCC	氦漏失率	Helium leaking rate	
WTJDCD	临界深度	Critical depth	
WTJDCE	取样器长度	Length of sampler	
WTJDCF	取样器直径	Diameter of sampler	
WTJDCG	样器容积	Sample content	
WTJDCH	样器存贮时间	Sample storage time	
WTJDCI	汞的平均含量	Average content of mercury	
WTJDCJ	汞的背景含量	Background content of mercury	
WTJDCK	汞的异常值	Anomaly value of mercury	
WTJDCL	汞异常下限值	Low limit value of mercury anomaly	
WTJDCM	吸收带长度	Absorption zone length	
WTJDCN	吸收值	Absorption value	
WTJDDA	辐照时间	Irradiation time	
WTJDDB	冷却时间	Cooling time	
WTJDDC	待测元素	Element to be measured	
WTJDDD	中子能谱强度	Neutron spectrum intensity	
WTJDDE	光核反应阈	Photo nuclear reaction threshold	
WTJDDF	活化产物半衰期	Half-fife of activation product	
HXKU	干扰元素	Interference element	
DHBKGH	中子通量	Neutron flux	
WTJDDI	活化核素	Activation nuclide	

表 1（续）

代 码	汉 字 名	英 译 名	说 明
WTJDEA	钾道窗宽	Potassium channel window width	
WTJDEB	铀道窗宽	Uranium channel window width	
WTJDEC	钍道窗宽	Thorium channel window width	
WTJDED	总道窗宽	Total channel window width	
WTJDEE	宇宙道窗宽	Cosmic channel window width	
WTJDEF	航测统计误差	Statistical error of aero-survey	
WTJDEG	航测标准离差	Standard deviation of aero-survey	
WTJDEH	航测相对误差	Relative error of aero-survey	
WTJDEI	测量道的幅度比	Amplitude ratio of survey channel	
WTJDEJ	当量异常值	Equivalent anomaly value	
WTCEAM	异常峰值	Anomaly peak value	
WTJDFA	影响因素	Influence factor	
WTJDGA	平衡修正值	Equilibrium corrected value	
WTJDGB	衰变修正值	Attenuation corrected value	
WTJDGC	本底修正值	Background corrected value	
WTAEAD	宇宙射线修正值	Corrected value of cosmic ray	
WTJDGE	时间修正值	Time corrected value	
WTJDGF	散射修正值	Scattering corrected value	
WTJDGG	海水修正值	Correct value of sea water	
WTJDGH	湖水修正值	Correct value of lake water	
WTJDGI	地形修正值	Correct value of topography factor	
WTJDGJ	死时间校正	Correction of dead time value	
WTJDGK	定向取样补偿值	Oriented sampling compensation value	
WTJDGL	剥谱校正值	Correction value of desquamation spectrum	
WTJDGM	氡逸出校正值	Correction value of radon escape	
WTJDGN	盖层校正值	Correction value of overburden	
WTJDGO	高度校正值	Altitude correction value	
WTJDGP	大气氡子体校正值	Air radon daughter correction value	
WTJDGQ	立体角校正值	Stereo-angle correction value	
WTJDGR	总和峰校正值	Total peak correction value	
WTJDHB	离地高度	Ground clearance	
WTJDHC	航行速度	Flight velocity	
WTJDHD	对地分辨率	Resolution to ground	
WTCAAK	探测深度	Exploration depth	
WTJDIB	探测时间	Exploration time	
WTJDIC	密封时间	Seal up time	
WTJDID	装置系数	Coefficient of configuration	
SWGGAA	渗透系数	Coefficient of permeability	
WTJDIF	测量比例尺	Scale of measurement	
WTJDIH	测点号	Number of survey point	
WTJDII	源样距	Distance between source and sample	
WTJDIJ	靶核数量	Amount of target nuclear	

表 1（续）

代码	汉字名	英译名	说明
WTJDIK	饱和层换算系数	Saturated converted coefficient	
WTJDIL	差值取样换算系数	Difference sampling converted coefficient	
WTJDIM	能谱取样换算系数	Spectrum sampling converted coefficient	
WTJDIN	伽玛-径迹换算系数	Gamma-j converted coefficient	
WTJDJA	循环系统总体积	Total volume of cycle system	
WTJDJB	游离室体积	Volume of dissocial chamber	
WTJDJC	径迹探测器阈值	Threshold value of track detector	
WTJDJD	径迹探测器临界角	Critical angle of track detector	
WTJDJE	屏厚度	Screen thickness	
WTJDJF	屏厚系数	Shield coefficient	
WTJDJG	几何系数	Geometry coefficient	
WTJDJH	走纸速度	Paper going velocity	
WTJDJI	磷光体发光强度	Shining intensity of phosphor	
WTJDJJ	热释光总光量	Total light amount of heat releasing light	
WTJDJK	磷光体加热温度	Heating temperature of phosphor	
WTJDJL	磷光体加热时间	Heating time of phosphor	
WTJDJM	液体源镭含量	Liquid source radium content	
WTJDJO	测程系数	Range coefficient	
WTJDJP	系统总体积	Total volume of system	
WTJDJQ	电离电流平均值	Ionization current average value	
WTJDJR	射气仪格值	Scale value of emanator	
WTJDJS	辐射仪背景值	Background value of radiometer	
WTJDJT	辐射仪格值	Scale value of radiometer	
WTJDJU	能谱仪净计数	Net count of spectrometer	
WTJDJV	能谱仪换算系数值	Conversion coefficient value of spectrometer	
WTJDJW	测量计数率	Survey count rate	
WTJDJX	本底计数率	Base number count rate	
WTJDKA	射气底数	Base number of emanation	
WTJDKB	介质密度	Medium density	
WTJDKC	介质孔隙度	Medium porosity	
SYGHB	盖层厚度	Thickness of roof rock	
WTJDKE	射气流密度	Emanation flux density	
WTJDKF	平衡系数	Equilibrium coefficient	
WTJDKG	射气系数	Emanat coefficient	
PKJFA	透过率	Penetration rate	
WTJDKI	有效原子序数	Effective atomic number	
WTJDKJ	伽玛常数	Gamma constant	
WTJDKK	半值厚度	Thickness of half value	
HTAJN	伴生元素	Associated element	
WTJDKM	线吸收系数	Linear attenuation coefficient	
YKCFX	质量吸收系数	Mass absorption coefficient	
WTJDLA	待测元素含量	Element content to be measured	

表 1（续）

代码	汉字名	英译名	说明
WTJDLB	待测元素铀当量	U-equivalent of being measured element	
WTJDLC	待测元素强度值	Intensity value of being measured element	
WTJDLD	入射伽玛光子能量	Incident gamma photon energy	
DHADAE	相对丰度	Relative abundance	
WTJDLE	补偿精度	Compensation accuracy	
WTJDLF	补偿值	Compensation value	
YKBHI	荧光产额	Fluorescent yield	
WTJDLH	激发效率	Effectiveness of excitation	
WTJDLI	测量阈值	Threshold value of measurement	
WTJDLJ	定向角	Oriented angle	
WTJDLK	辐射量比值	Ratio of radioactive content	
WTJDLL	铀钍比值	Ration of U/Th	
WTJDLM	铀钾比值	Ratio of U/K	
WTJDLN	钍钾比值	Ratio of Th/K	
WTJDLP	测量面积	Survey area	
WTJDMB	采样数量	Sampling amount	
PKHFK	采样深度	Sampling depth	
HTBPL	样品粒度	Size fraction of sample	
PKHFP	样品重量	Sample weight	
WTJDMF	样品表面积	Face area of sample	
WTJDMG	样品厚度	Thickness of sample	
PKHFO	样品体积	Sample volume	
WTJDMI	样器充填密度	Loaded density of sample	
WTJDNA	简化铀指标限	Simplify uranium marked limit	
WTJDNB	铀有利性指标限	Uranium advantage marked limit	
WTJDNC	铀远景区指标限	Uranium perspective area marked limit	
WTJDND	分析检出限	Analysis detected limit	
WTJDNE	伽玛偏高限	Higher area limit of gamma	
WTJDNF	伽玛高区限	High area limit of gamma	
WTJDNH	吸收片的吸收限	Absorption limit of absorbed flat	
WTJDNI	透过片吸收限	Absorption limit of penetrated flat	
WTJDNJ	分析准确度	Analysis accuracy	
WTJDNK	最小异常值	Minimum anomaly value	
WTJDNL	异常极大值	Maximum value of anomaly	
WTJDNM	航测系统灵敏度	Sensitivity of aero-survey system	
WTJDNN	探测器灵敏度	Sensitivity of detector	
WTJDNO	测量道的灵敏度	Sensitivity of survey channel	
WTJDNP	记录形式	Record form	
WTJDNQ	地面基站类型	Ground base station type	
WTJDNR	定向采样主道灵敏度	Main channel sensitivity of oriented sampling	
WTJDNS	定向取样灵敏度	Channel sensitivity of oriented sampling	
WTJDNT	飞行超高限	Exceed the high limit of flight	

表 1（续）

代 码	汉 字 名	英 译 名	说 明
WTJDNV	超高面积	Area of exceed the flight eleation	
WTJDNW	超高率	Rate of exceed the flight elevation	
WTJDBZ	热释光材料		
1	聚酯薄膜	Polyester film	
2	$CaSO_4$(Dy)薄膜	$CaSO_4$(Dy) film	
3	氟化钙薄膜	Lif film	
4	二氟化钙薄膜	CaF_2 film	
5	$Li_2B_4O_7$(Mn) 薄膜	$Li_2B_4O_7$(Mn) film	
WTJDFA	影响因素		
01	温度影响	Temperature influence	
02	气压影响	Atmosphere influence	
03	宇宙射线影响	Cosmic ray influence	
04	大气铋放射性影响	Air Bi radiation influence	
05	地体影响	Terrain influence	
06	地形影响	Terrain effect	
07	气象影响	Meteorological influence	
08	基质效应影响	Base medium effect influence	
09	氧气环境	Oxygen environment	
10	紫外线影响	Influence of ultraviolet ray	
11	降雨影响	Rain fall influence	
12	地表水影响	Surface water influence	
13	地下水影响	Underground water influence	
14	土壤盖层影响	Soil overburden influence	
15	植被屏蔽影响	Vegetation shielding influence	
16	冰碛层影响	Drift sheet influence	
51	航速影响	Influence of aero-velocity	
52	航高影响	Influence of aero-elevation	
53	惰性时间影响	Influence of inert time	
61	锆辐射	Radiation of ^{95}Zr	
62	铯辐射	Radiation of ^{137}Cs	
63	钌辐射	Radiation of ^{130}Ru	
64	^{89}Sr 辐射	Radiation of ^{89}Sr	
65	^{90}Sr 辐射	Radiation of ^{90}Sr	
66	^{91}Y 辐射	Radiation of ^{91}Y	
67	^{90}Y 辐射	Radiation of ^{90}Y	
68	铌辐射	Radiation of ^{95}Nb	
69	铑辐射	Radiation of ^{106}Rh	
70	碘辐射	Radiation of ^{131}I	
71	钡辐射	Radiation of ^{140}Ba	
72	镧辐射	Radiation of ^{140}La	
WTJDNP	记录形式		
1	积分谱记录	Record of integral spectrum	

表 1（续）

代　码	汉　字　名	英　译　名	说　明
2	微分谱记录	Record of differential spectrum	
3	摸拟变换式记录	Record of analog transform	
4	笔式记录	Record of pen	
5	七道磁带记录	Seven channel tape record	
6	九道磁带记录	Nine channel tape record	
WTJDNQ	地面基站类型		
1	G-724 型	Model G-724	
2	G-725 型	Model G-725	
3	G-725D 型	Model G-725D	
WTJF	放射性数据处理		
WTJFAA	均值	Mean value	
WTJFAB	累积概率值	Accumulating probability value	
WTJFAC	均方差	Mean-square-error	
WTJFAD	伽玛场级限	Gamma field grade level	
SDACDV	相关系数	Correlation coefficient	
WTJFAF	判别指标	Discriminatory index	
WTJFAG	判别变量数	Amount of discriminatory variate	
SDADDH	趋势值	Trend values	
WTJFAI	变异系数	Variation coefficient	
WTJFAJ	中心距	Central distance	
SDADHC	特征向量	Eigenvector	
WTJFAL	滤波权函数	Weighting function of filtration	
WTJFBA	各道平均计数率	Counting rate of every channel	
WTJFBB	中心值移值	Removal value of central value	
SDACBG	标准差	Standard deviation	
SDACBG	分辨率	Resolution	
WTJFBE	谱漂移修正值	Correction value of spectral drift	
WTJFBF	大气^{214}Bi 修正值	Correction value of ^{214}Bi in atmosphere	
WTJFBG	高度修正值	Correction value of altitude	
WTJFBH	康普顿修正值	Correction value of compton	
WTJFCA	氡计数率频率	Frequency of radon counting rate	
WTJFCB	移动平均值	Removed mean value	
WTJFCC	氡累积频率值	Accumulating frequency of radon	
WTJFCD	区分阈值	Distinctive threshold value	
WTJFDA	数据处理方法	Data processing method	
WTJFDB	数据采集方式	Data receiving way	
WTJFDC	数据转换	Data transformation	
WTJFDD	数据标准化	Data standardization	
WTJFDE	数据归一化	Data normalization	
WTJFDF	数据网格化	Data networkation	
WTJFAD	伽玛场级限		
1	异常场	Anomalous field	

表 1（续）

代　码	汉　字　名	英　译　名	说　明
2	高场	High-strength field	
3	偏高场	Biased-strength field	
4	正常场	Normal field	
5	偏低场	Biased low-strength field	
6	特低场	Very low-strength field	
WTJFDA	数据处理方法		
01	数据彩色表示方法	Coloured display of data	
02	数据时间序列法	Sequential method of data	
03	数据因子分析法	Factor analysis method of data	
04	数据向上延拓法	Upward continuation method of data	
05	数据向下延拓法	Downward continuation method of data	
06	计算机分层解释法	Computer divide layer interpretation method	
07	反褶积分层解释法	Anti-convolution divide layer interpretation method	
08	展直线法	Spread out straight method	
09	相关分析法	Correlation analysis method	
10	趋势面分析法	Tendentious face analysis method	
11	褶积滤波法	Convolution filtering method	能谱滤波法
12	自调滤波法	Auto-regulation filtering method	
13	聚类分析	Cluster analysis	
14	判别分析	Discriminatory analysis	
15	最优公割法	Optimal segmentation method	
16	回归分析	Regression analysis	
WTJFDB	数据采集方式		
01	手动测量	Hand control survey	
02	自动测量	Automatic survey	
03	连续测量	Continuous survey	
04	定时测量	Fixed time survey	
05	定数测量	Fixed number survey	
06	打印测量	Printing survey	
07	记录测量	Recording survey	
WTJFDC	数据转换		
01	伽玛能谱数据转换	Data transformation of γ-spectrum	
02	α 测量数据转换	Data transformation of α-survey	
WTJG	放射性异常解释		
WTJGAA	岩石正常值	Normal value of rock	
WTJGAB	岩石异常值	Anomalous value of rock	
WTJGAC	辐射体形态	Form of radiator	
HTAIA	异常种类	Kind of anomaly	
WTJGAE	航测远景区级别	Grades of airborne survey perspective area	
WTJGDA	伽玛异常曲线面积	Gamma anomaly curve area	
WTJGDB	平均铀含量	Average uranium content	
PKCDA	矿体厚度	Ore body thickness	

表 1（续）

代　码	汉　字　名	英　译　名	说　明
WTJGDD	矿体品位	Ore body grade	
WTJGDE	矿体边界	Ore body boundary	
WTJGDF	铀线储量外检误差	External examining errors of uranium linear reserves	
WTJGDG	钍线储量外检误差	External examining errors of thorium linear reserves	
WTJGDH	内检相对误差	Internal examining relative errors	
WTJGEA	矿化均匀程度	Homogeneous degree of mineralization	
WTJGEB	矿层面密度	Facial density of ore layer	
WTJGEC	围岩面密度	Facial density of surrounding rock	
PKCGG	矿体储量	Ore reserve	
WTJGEE	矿体上界面	Overlying of ore body	
WTJGEF	矿体下界面	Underlying of ore body	
WTJGEG	矿体视厚度	Apparent thickness of ore body	
WTJGEH	伽玛测井曲线面积	Area of gamma logging curve	
WTJGEI	深度轴比例尺	Scale of depth axis	
WTJGEJ	强度轴比例尺	Scale of intensity axis	
WTJGFA	射气总浓度	Emanation total consistence	
WTJGFB	氡浓度	Radon consistence	
WTJGFC	氡增长率	Increase rate of radon	
WTJGFD	钍射气浓度	Thorium emanation consistence	
WTJGFE	扩散距离	Diffusion distance	
WTJGGA	随深度变化系数	Coefficient of variation with depth	
WTJGGB	时间梯度系数	Time gradient coefficient	
WTJGGC	近矿围岩蚀变类型	Alteration type of adjoining rock near ore body	
WTJGGD	密度增长率	Density increase rate	
WTJGGE	矿化层位深度	Mineralige horizon depth	
WTJGGF	矿化产状	Mineralige occurrence	
WTJGGG	异常峰类型	Anomaly peak type	
WTJGGH	射气源形态	Form of emanation source	
WTJGHA	矿异常类型	Type of ore anomaly	
WTJGHB	岩性异常类型	Type of lithological anomaly	
WTJGHC	构造异常类型	Type of structural anomaly	
WTJGHD	岩相异常类型	Type of lithojacies anomaly	
WTJGHE	基岩地下水异常类型	Type of subsurface water anomaly of bed rock	
WTJGHF	地热田异常类型	Type of terrestrial heat field anomaly	
WTJGHG	外成作用异常类型	Type of exogenic process anomaly	
WTJGAC	辐射体形态		
1	半无限均匀辐射体	Semi-infinite homogeneous radiator	
2	圆盘状辐射体	Disk shaped radiator	
3	条带状辐射体	Strip shaped radiator	
4	点状辐射体	Point radiator	
HTAIA	异常种类		
201	铀含量异常	Uranium content anomaly	

表 1（续）

代　码	汉　字　名	英　译　名	说　明
202	钍含量异常	Thorium content anomaly	
203	钾含量异常	Potassium content anomaly	
204	铀/钍异常	Uranium/thorium anomaly	
205	铀/钾异常	Uranium/potassium anomaly	
206	钍/钾异常	Thorium/potassium anomaly	
207	总道异常	Total channel anomaly	
208	铀钍混合异常	u-th mix anomaly	
WTJGAE	航测远景区级别		
1	一级远景区	First grade of perspective area	
2	二级远景区	Second grade of perspective area	
3	三级远景区	Third grade of perspective area	
WTJGGC	近矿围岩蚀变类型		
1	萤石化	Fluoritization	
2	黄铁矿化	Pyritization	
3	赤铁矿化	Hematitization	
4	钠长石化	Albitization	
5	硅化	Silicification	
6	绿泥石化	Chloritization	
WTJGGG	异常峰类型		
1	单峰异常	Single peak anomaly	
2	双峰异常	Double peak anomaly	
3	多峰异常	Multi-peak anomaly	
4	矿化峰	Mineralize peak	
5	层位峰	Horizon peak	
WTJGGH	射气源形		
1	点状射气源	Point emanation source	
2	均匀放射层	Homogeneous radioactivity layer	
3	无限射气介质	Infinite emanation medium	
4	球形射气源	Spherical emanation source	
WTJGHA	矿异常类型		
01	铀矿异常	Anomaly of uranium ore	
02	锡矿异常	Anomaly of tine ore	
03	钼矿异常	Anomaly of molybdenum ore	
04	钨矿异常	Anomaly of tungsten ore	
05	锑矿异常	Anomaly of antimony ore	
06	锶矿异常	Anomaly of strontium ore	
07	金矿异常	Anomaly of gold ore	
08	金刚石异常	Anomaly of diamond	
09	重晶石异常	Anomaly of heavy spar	
10	油气田放射性异常	Radio-haloes of combination gas field	
11	铝土矿异常	Anomaly of alumyte	
12	磷块岩异常	Anomaly of phosphorite	

表 1（续）

代　码	汉　字　名	英　译　名	说　明
13	稀有金属(矿)异常	Anomaly of rare metals ore	
14	汞(矿)异常	Anomaly of mercury ore	
WTJGHB	岩性异常类型		
31	花岗岩异常	Anomaly of granite	
32	碳酸盐岩异常	Anomaly of carbonatite	
33	碱性交代岩异常	Anomaly of alkaline metasomatite	
34	火山岩异常	Anomaly of volcanic rock	
35	云英岩异常	Anomaly of greisen	
36	富钾页岩异常	Anomaly of rich potassium shale	
WTJGHD	岩相异常类型		
51	侵入岩体相带异常	Lithofacies anomaly of intrusive body	
52	变质岩系相带异常	Lithofacies anomaly of metamorphic rock formation	
53	火山岩系相带异常	Lithofacies anomaly of volcanic rock formation	
54	沉积岩系相带异常	Lithofacies anomaly of sedimentary rock formation	
WTJGHE	基岩地下水异常类型		
61	裂隙水异常	Anomaly of crevice-water	
62	岩溶空隙水异常	Anomaly of karst water	
WTJGHF	地热田异常类型		
71	储热构造异常	Anomaly of heat bearing structure	
72	热水蚀变异常	Anomaly of hot water alteration	
73	接触带温泉异常	Hot spring anomaly of contact gone	
WTJGHG	外成作用异常类型		
81	隐伏矿体异常	Hidden ore body anomaly	
82	机械分散晕异常	Anomaly of mechanic dispersion hole	
83	氡-镭水异常	Anomaly of Rn-Ra water	
84	次生富异常	Anomaly of secondary enrich	
85	分散流异常	Dispersion train anomaly	
86	堆积物异常	Accumulational material anomaly	
WTJH	放射性成果图件		
001	伽玛强度等值图	Contour map of gamma ray intensity	
002	铀含量等值图	Contour map of uranium content	
003	钍含量等值图	Contour map of thorium content	
004	钾含量等值图	Contour map of potassium content	
005	铀/钍等值图	Contour map of U/Th ratio	
006	铀/钾等值图	Contour map of U/K ratio	
007	钍/钾等值图	Contour map of Th/K ratio	
008	阿尔发强度等值图	Contour map of alpha ray intensity	
009	径迹密度等值图	Contour map of track density	
010	氡浓度等值图	Contour map of radio concentration	
011	伽玛断面等值图	Contour map of cross section of gamma	
012	^{4}He 含量等值图	Contour map of helium content	
013	钋含量等值图	Contour map of polonium content	

表 1（续）

代码	汉字名	英译名	说明
014	热释光等值图	Contour map of heat releasing light	
015	氡纵断面等值图	Contour map of vertical cross section of radon	
016	辐射编录等值图	Radiometric documentary contour map	
101	伽玛强度平剖图	Profile on plane of gamma intensity	
102	铀含量平剖图	Profile on plane of uranium content	
103	钍含量剖面平剖图	Profile on plane of thorium content	
104	钾含量剖面平剖图	Profile on plane of potassium content	
105	径迹密度剖面平剖图	Profile on plane of track density	
106	氡浓度剖面平剖图	Profile on plane of radio concentration	
107	钋含量剖面平剖图	Profile on plane of polonium content	
108	阿尔发强度剖面平剖图	Profile on plane of alpha intensity	
109	氦含量剖面平剖图	Profile on plane of helium content	
110	铀/钍比值剖面平剖图	Profile on plane of U/Th ratio	
111	铀/钾比值剖面平剖图	Profile on plane of U/K ratio	
112	钍/钾比值剖面平剖图	Profile on plane of Th/K ratio	
113	伽玛能谱剖面平剖图	Profile on plane of game spectrum	
114	标准综合剖面图	Standard comprehensive profile map	
201	综合成果图	Composite result figure	
202	伽玛实际资料图	Gamma real data figure	
203	研究程度图	Map of research level	
204	滑动氡气等值图	Contour map of slide radon	
205	氡气随深度变化图	Figure of variation with depth of Rn	
206	氡气随时间变化图	Figure of variation with time of Rn	
207	抽气次数试验图	Figure of test of air pumping number	
208	伽玛谱标准剖面图	Standard profile of gamma spectrum	
209	数码表示的图幅	Figure shown by number	
210	阿尔发强度变化图	Figure of variation of alpha-intensity	
211	铀-氡异常对比图	Contrast figure of U-Rn anomaly	
212	测区综合地质图	Comprehensive geological map of the survey area	
213	测区图幅接图表	Map splicing table of survey area	
214	测区揭露工程图	Exposing engine map of survey area	
215	测区交通位置图	Traffic place map of survey area	
216	测区异常分布图	Anomaly distribution map of survey area	
217	测区异常峰形图	Anomaly peak form map of survey area	
218	测区地检结果图	Ground check result map of survey area	
219	测区高场分布图	High field distribution map of survey area	
220	测区铀含量异常图	U-content anomaly map of survey area	
351	飞行航迹图	Fight aerotrace map	
352	显著因素图	Marked factor figure	
353	稀有性程度图	Rare degree figure	
354	能谱异常三源图	Three resource figure of spectrum anomaly	
355	铀有利性指标直方图	Histogram of beneficial mark of uranium	

表 1（续）

代码	汉字名	英译名	说明
356	异常解释平面图	Plane figure of anomaly interpretation	
471	氡值对数概率图	Logistic probability figure of radon value	
472	氡值累积频率图	Accumulation frequency figure of radon value	
501	钾含量标准偏差图	Standard deviation map of K content	
502	当量铀标准偏差图	Eu standard deviation map	
503	当量钍标准偏差图	ETh standard deviation map	
504	总计数率标准偏差图	Total count rate standard deviation map	
601	钾元素彩色图	Potassium element coloured map	
602	当量铀彩色图	EU coloured map	
603	当量钍彩色图	ETh coloured map	
604	综合彩色图	Comprehensive coloured map	
701	相对伽玛场图	Relative gamma field map	
702	对数概率分布图	Distribution map of logistic probability	
703	双峰对数分布图	Double peak logistic distribution map	
704	移动平均值图	Moving average value figure	
705	氡气对数概率图	Logistic probability figure of radon	
706	综合解释推断图	Map of comprehensive interpretation	
WTK	异常检查		
WTKAF	查证编号	Serial number of check verification	
WTKAG	查证级别	Grade of check verification	
WTKAI	查证单位	Check verification organ	
WTKAL	审批单位	Examine and approve organ	
WTKAM	审批时间	Examine and approve time	
WTKAN	建议单位	Suggestion organ	
WTKAO	建议时间	Suggestion time	
WTKAG	查证级别		
1	一级查证	Grade 1 of check verification	
2	二级查证	Grade 2 of check verification	
3	三级查证	Grade 3 of check verification	

附 录 A
（规范性附录）
关于分类选词范围归属的说明

《地质矿产术语分类代码》各学科大类的选词范围基本参照地质出版社出版的《地质辞典》划分。具体内容如下。

A.1 宇宙地质学(YZ)：包括天体地质学，陨石学，天文地质学。月球地质学较详细，包括月球结构、地貌、月球矿物等。陨石学的陨击坑、陨石、陨石矿物等。

A.2 地球物理学(DW)：包括地球的各种物理性质、基本物理量及单位，古地磁级、磁场、仪器测量及数据处理等内容。

A.3 火山地质(HS)：包括火山机制与构造，火山活动、喷发、喷出物、火山地貌、区域火山地质，近期火山活动。

A.4 地震地质(DZ)：包括地震的分类、成因、前兆、灾害、预报及图件资料等。

A.5 外动力地质学(WZ)：包括外营力，外力地质作用类型，外力地质作用方式，影响外力地质作用的因素等。

A.6 地貌学(DM)：包括由地球内力及各种外力地质作用在地球表面形成的地貌分类、形态、年龄及各种地貌图件等。

A.7 大地构造学(DD)：包括各大地构造学派对大地构造的分类、单元划分、构造演化、构造特征，我国及世界主要区域构造，研究和区分各种构造的地质特征、依据和研究方法，以及地壳运动和新构造等。

A.8 构造地质学(GZ)：包括成层构造，褶皱、节理、断层、面理、线理、同沉积构造，岩浆岩原生构造，重力、底辟、撞击构造、显微构造、矿田构造、应变分析，构造应力场等。

A.9 矿物学及结晶学(KW)：包括矿物的成因、形态、物理性质(侧重肉眼鉴定方面)、化学组成、矿物分类和名称及晶体发生学、几何结晶学和结构结晶学方面的内容。

A.10 岩石学(YS)：包括三大类岩石的名称、结构、构造、成分，各种岩相，火成岩产状，岩浆作用，岩石组合，沉积模式，沉积环境，沉积相及变质作用的类型、方式，变质建造等。

A.11 地球化学(DH)：包括元素地球化学的化学元素，地球化学参数，元素地球化学分类、分布、作用；放射性同位素地球化学中的同位素表，同位素的类型、分析测量方式、仪器，地质年龄的测量和计算；稳定同位素分析、地质及地球化学特点；实验地球化学中有关包裹体类型、成因、镜下特征和实验技术、设备、参数以及各类地球化学图件等。

A.12 岩矿鉴定(YK)：包括各种鉴定方法、鉴定参数、仪器、岩矿物理性质(侧重仪器鉴定方面)。

A.13 化学分析(HX)：包括分析类型，分析方法、分析项目、分析误差、样品分解、化学反应，分析结果、分析浓度、测试条件、化学常数及分析仪器、试剂种类等。

A.14 地史学及地层学(DS)：包括年代地层学的基本概念以及全国范围内各时代各大区组以上的地层单位名称。

A.15 古地理学(GD)：包括古地理事件，古地理单元，古地理特征及古地理图件等。

A.16 矿床学(KC)：包括矿产、矿床成因、矿床类型、矿田构造、矿体形状、成矿作用、围岩蚀变、矿石结构、构造、成矿带等。

A.17 煤地质学(MD)：包括煤层、聚煤作用、煤变质作用，聚煤盆地分析；煤炭资源勘探有关内容；煤化、煤质、工业分析，煤的气化和液化；煤岩成分分类，煤的物理性质以及煤的各种分类等。

A.18 石油及天然气地质学(SY)：包括油气显示和固体沥青，石油分类，石油的物理性质、组成、馏分及简易分析，石油烃类化合物，石油非烃类化合物、天然气、油气田水、储集层、圈闭、油气成因、运移、聚集、油气盆地，石油地球化学分析及同位素地球化学(有机部分)，烃原岩及其评价、油气勘探、储量和资源量

计算、油气田开发等内容。

A.19 海洋地质学(HY):包括海洋构成,海洋及河口水文要素、海洋地貌、海洋沉积、海洋底构造、海底矿产资源、古海洋及古气候和海洋地质调查等内容。

A.20 水文地质学(SW):包括水文地质学基础内容、各种水文地质调查、水文地质钻探、野外水文地质试验、地下水动态与均衡、水文地球化学、地下水动力学、岩溶水文地质、水资源、矿床水文地质、土壤改良、各项水文调查成果等。

A.21 工程地质学(GC):包括岩土成分与结构、岩土工程性质、岩土工程地质分类、岩土工程改良以及土体工程、岩体工程、区域工程等各种工程地质条件、问题、作用、研究方法和工程地质勘察等内容。

A.22 地热地质学(DR):包括地温调查、热流、地热显示、地球化学调查、地热勘探、地热介质、地热区、地热储、地热田、地热系统、地热开发、地热经济及地热图件等。

A.23 环境地质学(HJ):包括环境地球化学、环境水文地质学、城市地质、医学地质以及环境污染、环境质量和环境保护等内容。

A.24 地质经济(JJ):包括矿产资源形势分析、矿产资源的储备、供需、经济决策各项指标,矿产、矿业和矿产品各项经济指标、矿床经济评价指标、地质工作经济效果及地质工作管理等内容。

A.25 遥感地质(YG):包括遥感技术方法在地质领域的应用、遥感台仪器设备、遥感图像及解释、成果资料等。

A.26 数学地质(SD):包括地质数据统计分析、矿产资源预测及评价、地质过程模拟、用于地质工作中的各种数学方法以及这些方法涉及到的各种参数、变量和计算机处理等方面的内容。

A.27 区域地质调查(QD):包括工作区概况、工作步骤、各种调查方法、野外数据采集及调查成果资料等。

A.28 地球物理勘探(WT):包括重、磁、电、地震、测井各种物探方法用于陆地、空中、海上各方面所涉及的数据采集、各种物性参数、方法手段、仪器设备、资料数据解释及成果图件等内容。

A.29 勘查地球化学(HT):包括勘查地球化学所依据的地球化学背景、异常、分散、元素存在形式等基本原理涉及的各项内容,各种化探方法,野外样品采集、各种参数、数据处理及成果解释等内容。

A.30 矿山地质与采矿(KS):包括矿山设计、基础地质工作、生产勘探、生产指导及矿山储量、矿石贫化、矿石损失方面的内容和有关采矿、通风、排水等内容。

A.31 选矿与冶金(XY):包括选矿产品、选矿技术经济指标、矿石可选性和冶金流程、冶金方法、矿石性质、熔剂、冶金炉、冶金产品及冶金工业指标等内容。

A.32 固体矿产普查与勘探(PK):包括矿产资源分类、地质工作阶段划分、固体矿产普查勘探方法、勘探类型、取样种类和方法、储量计算、矿石类型、地质编录、矿产工业要求等。

A.33 探矿工程(TK):包括陆地钻探、坑探及石油钻井、海上钻探等各种探矿工程的技术方法、工艺要求、工作程序、施工记录、各项技术参数及仪器设备、成果图件等。

A.34 古生物学(GS):包括总论,古无脊椎动物、古脊椎动物、古植物、孢粉及遗迹化石和几丁虫等标准化石。

A.35 测绘学(CH):包括控制测量、摄影测量、普通测量及地质勘探工程测量所涉及到的各有关定量和定性数据、成果资料、各种导航系统等各种空间定位数据、测绘方法、精度、仪器等。

以上是各学科包括的主要内容,详见各学科术语分类代码表。

ICS 35.040
A 24

中华人民共和国国家标准

GB/T 9649.29—2009
代替 GB/T 9649.29—1998

地质矿产术语分类代码 第29部分:地球化学勘查

Terminology classification and code of geology and mineral resources—Part 29: Geochemistry exploration

2009-10-15 发布 2009-12-01 实施

中华人民共和国国家质量监督检验检疫总局
中国国家标准化管理委员会
发布

前　言

GB/T 9649《地质矿产术语分类代码》分为35个部分：

——第1部分：宇宙地质学；
——第2部分：地球物理学；
——第3部分：火山地质；
——第4部分：地震地质；
——第5部分：外动力地质学；
——第6部分：地貌学；
——第7部分：大地构造学；
——第8部分：构造地质学；
——第9部分：结晶学及矿物学；
——第10部分：岩石学；
——第11部分：地球化学；
——第12部分：岩矿鉴定；
——第13部分：化学分析；
——第14部分：地史学及地层学；
——第15部分：古地理学；
——第16部分：矿床学；
——第17部分：煤地质学；
——第18部分：石油及天然气地质学；
——第19部分：海洋地质学；
——第20部分：水文地质学；
——第21部分：工程地质学；
——第22部分：地热地质；
——第23部分：环境地质；
——第24部分：地质经济学；
——第25部分：遥感地质；
——第26部分：数学地质；
——第27部分：区域地质调查；
——第28部分：地球物理勘查；
——第29部分：地球化学勘查；
——第30部分：矿山地质与采矿；
——第31部分：选矿与冶金；
——第32部分：固体矿产普查与勘探；
——第33部分：探矿工程；
——第34部分：古生物学；
——第35部分：测绘学。

本部分为GB/T 9649的第29部分，代替GB/T 9649.29—1998《地质矿产术语分类代码　地球化学勘查》。

本部分与 GB/T 9649.29—1998 相比，主要变化如下：

——按 GB/T 1.1—2000 对标准进行修改；

——根据近十年地球化学勘查工作的发展，新增化探方法、数据处理与解释推断等相关术语 360 条；

——修正部分术语名称；

——修正术语的英译名。

本部分的附录 A 为规范性附录。

本部分由中国标准化研究院提出并归口。

本部分起草单位：中国国土资源经济研究院、国土资源部信息中心。

本部分主要起草人：任天祥、李永涛、陈春仔、段兆芳、胡欣。

本部分所代替标准的历次版本发布情况为：

——GB/T 9649—1988；

——GB/T 9649.29—1998。

地质矿产术语分类代码
第29部分：地球化学勘查

1 范围

本部分规定了地球化学勘查所依据的地球化学背景、异常、分散、元素存在形式等基本原理涉及的各项内容、各种化学方法、野外样品采集、各种参数、数据处理及成果解释等地球化学勘查方面的数据分类与代码。

本部分适用于各类地质矿产信息系统建设，是确定数据库标准体系和数据字典，制定各类地质数据文件格式标准的基础标准。

2 术语和定义

下列术语和定义适用于本部分。

2.1

数据项 data item

反映各种地质实体的基本属性及其上层概念的术语。

2.2

文字值 literal value

对地质实体的基本属性进行具体的定性描述用的术语。

3 分类原则

3.1 本部分按照易编好用和尽量减少代码冗余而又留有扩充余地等原则，采用面分类法，将地质科学分成35个学科大类，并严格划分边界，保持总体的系统性、完整性，避免内容的重复与交叉。

3.2 大类下面采用三级树型分类，中类、小类到基本数据项名。各学科内容层次不一，可少于三层，在编码容量允许的条件下，也可分至四层。

3.3 各级分类具有科学性、系统性和通用性。

4 选词原则

4.1 选词对象：可能作为各类地质矿产数据库之数据项(包括从分类意义上选取的数据项的上层概念)的术语，以及定性描述数据项的文字值要用到的术语。所选术语与现行有关国家标准取得一致，尽量参照现行的各种地质工作规范。

4.2 作为数据项用的术语在本部分中具有唯一性。凡有同义词的在说明栏标明，以备参照。

4.3 选词力求简单、明确，无二义性。充分考虑到建立数据库的需要。

4.4 为保证“地质矿产术语分类代码”的整体性、系统性，避免重复，在基础学科已包含的内容，应用学科中不再选入，新兴学科和边缘学科只选取其独有内容。有关分类选词范围归属的说明见附录A。

4.5 适当选入一些反映学科发展新方向、新水平的术语。

4.6 为了使用的方便，个别使用频度高的数据项在不同学科可重复出现，但要用统一编码，确保代码的唯一性。在不同数据项下的文字值可有少量重复。

5 编码方法

5.1 数据项采用不多于六位的拉丁字母(大写)编码，一般共分为四个层次。结构如下：

××　×　×　××

大类　中类　小类　数据项

各大类取能反映该类含义的两个汉字的汉语拼音字头为代码，具有一定的可读性。如“构造地质学”取“GZ”为代码。以下为树型嵌套式，中类和小类各取 A～Z 一位字母顺序编排，最后两位为基本数据项，数量较多，取 AA～ZZ 顺序编排。若有分级需要，且扩充余量足够，也可将最后两位分作两级使用。

5.2　文字值一般采用数字编码，其长度由分级需要、文字值的个数及留出的扩充余量来决定，尽量缩短，减少冗余。文字值分等级时，采用数字层次嵌套方式，同一数据项下的文字值代码为等长码。有些文字值（如化学元素、地层等）继续采用原有的国际或国内通用字符代码。

6　使用与管理

6.1　使用方法

该部分以书面及磁介质两种方式提供使用，用户可根据各自建库目的从各学科选择所需术语及其代码，作为各自系统的数据字典。

6.2　若该部分内容尚不能满足某项需要，可提出要补充的内容，报请该部分管理单位在相应学科增补，并给定代码以供使用。

7　地球化学勘查术语分类代码表

为适应建设数据库和与国际交流的需要，分类与代码表设置代码、汉字名、英译名（古生物为拉丁文字名）及说明四个栏目。

表 1　地球化学勘查术语分类代码表

代　码	汉　字　名	英　译　名	说　明
HT	地球化学勘查		
HTA	总论	General discussion	地球化学勘查原理
HTB	化探方法	Geochemical exploration method	
HTC	化探分析	Geochemical analysis	
HTD	化探样品	Geochemical sample	
HTE	数据处理和解释推断	Data processing and interpretation	
HTA	总论		
HTAA	地球化学环境	Geochemical environment	
HTAB	地球化学障	Geochemical barrier	
HTAC	地球化学分散	Geochemical dispersion	
HTAD	分散模式	Dispersion pattern	
HTAE	地球化学活动性	Geochemical mobility	
HTAF	元素存在形式	Mode of element occurrence	
HTAG	地球化学景观	Geochemical landscape	
HTAH	地球化学背景	Geochemical background	
HTAI	地球化学异常	Geochemical anomaly	
HTAJ	地球化学指标	Geochemical indicators	

表 1（续）

代　码	汉　字　名	英　译　名	说　明
HTAK	应用领域	Applied domain	
HTAA	地球化学环境		
01	原生环境	Primary environment	
02	次生环境	Secondary environment	
11	深部环境	Deep-seated environment	
12	地表环境	Surficial environment	浅部环境
21	酸性环境	Acid environment	
22	碱性环境	Alkaline environment	
31	氧化环境	Oxidizing environment	
32	还原环境	Reducing environment	
41	硅质环境	Siliceous environment	
42	钙质环境	Calcareous environment	
43	铁质环境	Ferruginous environment	
51	剥蚀环境	Denudation environment	
52	沉积环境	Sedimentary environment	
61	湿润环境	Humid environment	
62	干旱环境	Arid environment	
63	热带环境	Tropical environment	
64	寒带环境	Frigid environment	
HTAB	地球化学障		
01	沉淀障	Precipitation barriers	
11	机械障	Mechanical barriers	
12	物理化学障	Physico-chemical barriers	
13	生物地球化学障	Biogeochemical barriers	
14	工艺障	Technical barriers	
21	氧化障	Oxidizing barriers	
22	还原障	Reducing barriers	
23	酸性障	Acidic barriers	
24	碱性障	Alkaline barriers	
31	硫化氢障	Hydrogen sulfide barriers	
32	吸附障	Adsorption barriers	
33	硫酸盐障	Sulfate barriers	
34	碳酸盐障	Carbonate barriers	
35	蒸发障	Evaporate barriers	
HTAC	地球化学分散		

表 1（续）

代　码	汉　字　名	英　译　名	说　明
01	深部分散	Deep-seated dispersion	
02	地表分散	Surficial dispersion	
11	原生分散	Primary dispersion	
12	次生分散	Secondary dispersion	
21	同生分散	Syngenetic dispersion	
22	后生分散	Epigenetic dispersion	
31	碎屑分散	Clastic dispersion	
32	水成分散	Hydromorphic dispersion	
33	气态分散	Gaseous dispersion	
34	生物成因分散	Biogenic dispersion	
35	机械分散	Mechanical dispersion	
36	化学分散	Chemical dispersion	
42	风成分散	Aeolian dispersion	
43	电化学分散	Electrochemical dispersion	
44	胶体分散	Colloidal dispersion	
51	元素的地球化学分布	Geochemical distribution of elements	
52	元素的地球化学分配	Geochemical partition of elements	
61	渗滤	Infiltration	
62	扩散	Diffusion	
HTAD	分散模式		
01	背景分散模式	Background dispersion pattern	
02	异常分散模式	Anomalous dispersion pattern	
11	原生分散模式	Primary dispersion pattern	
12	次生分散模式	Secondary dispersion pattern	
21	同生分散模式	Syngenetic dispersion pattern	
22	后生分散模式	Epigenetic dispersion pattern	
HTAE	地球化学活动性		
HTAEA	深成活动性	Hypogene mobility	内生活动性
HTAEB	表生活动性	Supergene mobility	
HTAEC	活动元素	Mobile element	
HTAED	不活动元素	Immobile element	
HTAEB	表生活动性		
HTAEBA	迁移系数	Migration coefficient	
YKCBT	吸收系数	Absorption coefficient	
HTAEBC	富集系数	Coefficient of enrichment	

表 1（续）

代　码	汉　字　名	英　译　名	说　明
HTAEBD	贫化系数	Coefficient of impoverishment	
HTAF	元素存在形式		
01	原生矿物	Primary mineral	
02	次生矿物	Secondary mineral	
03	离子替换	Ionic substitution	离子置换
04	机械混入物	Mechanical admixture	
05	气液包裹体	Gas and liquid inclusion	
06	纳米颗粒	Nanometer grain	
11	吸附状态	Adsorbed state	
12	铁锰共沉淀物	Coprecipitate of iron and manganese hydroxide	氢氧化物复膜
13	盐形式	Saline form	
14	有机物	Organic matter	
15	络合物	Complex	
16	离子状态	Ionic state	
17	悬浮物	Suspension	
18	胶体	Colloid	
21	游离气	Free gas	
22	吸附气	Absorbed gas	
23	溶解气	Dissolved gas	
24	气溶胶	Atmospheric aerosol	
HTAG	地球化学景观		
HTAGA	残积景观	Eluvial landscape	
HTAGB	水上景观	Supraaqual landscape	
HTAGC	水景观	Aqual landscape	
HTAGD	水下景观	Subaqual landscape	
HTAGE	景观单元	Landscape cell	
HTAGF	景观棱柱	Landscape prism	
HTAGG	景观地球化学流	Landscape geochemical flow(LGF)	
HTAGH	地理地球化学景观	Geographical and geochemical landscape	
HTAGI	海岸景观	Coast landscape	
HTAGJ	堆积景观	Accumulative landscape	
HTAGA	残积景观		
01	正残积景观	Truly eluvial landscape	
02	过渡(性)残积景观	Trans-eluvial landscape	

表 1（续）

代 码	汉 字 名	英 译 名	说 明
03	残积-堆积景观	Eluvial-accumulative landscape	
04	堆积残积景观	Accumulative eluvial landscape	
11	森林景观	Forest landscape	
12	草原景观	Prairie landscape	
13	苔原景观	Tundra landscape	
HTAGH	地理地球化学景观	Geographical and geochemical landscape	
01	极地冰层景观	Polar area landscape	
02	荒漠景观	Desert landscape	
03	高寒山区景观	High cold mountain landscape	
04	高寒护罩景观	High cold lake and bog landscape	
05	低山丘陵景观	Low mountain-hill landscape	
06	岩溶景观	Karst landscape	
07	热带雨林景观	Tropical rain forest landscape	
08	黄土高原景观	Loess landscape	
09	冲击平原景观	Pain landscape	
HTAH	地球化学背景		
HTAHA	元素丰度	Abundance	
HTAHB	克拉克值	Clarke value	
HTAHC	背景值	Background value	
HTAHD	背景水平	Background level	
HTAHE	背景起伏	Background fluctuation	
HTAHF	背景平均值	Average background value	
HTAHG	异常下限	Threshold	
HTAHH	区域异常下限	Regional threshold	
IITAHI	局部异常下限	Local threshold	
YKBHB	衬度	Contrast	反差
HTAHK	原始衬度	Primary contrast	
DHADAN	浓集克拉克值	Concentration clarke	
HTAHM	区域背景	Regional background	
HTAHN	局部背景	Local background	
HTAHO	背景范围	Background range	
HTAHP	背景上限	Upper threshold	
HTAI	地球化学异常		
HTAIA	异常种类	Type of geochemical anomalies	
HTAIB	异常物质	Anomalous material	

表 1（续）

代　码	汉　字　名	英　译　名	说　明
HTAIC	异常元素	Anomalous metallic elements	异常金属元素
HTAID	异常值	Anomaly value	
HTAIE	异常特征	Anomaly characteristics	
HTAIA	异常种类		
001	岩石(圈)地球化学异常	Litnogeochemical anomaly	
002	土壤(圈)地球化学异常	Pedogeochemical anomaly	
003	水(圈)地球化学异常	Hydrogeochemical anomaly	
004	生物(圈)地球化学异常	Biogeochemical anomaly	
005	气(圈)地球化学异常	Atmogeochemical anomaly	
011	岩石异常	Rock anomaly	
012	土壤异常	Soil anomaly	
013	水系异常	Drainage anomaly	
014	天然水异常	Natural water anomaly	
015	气体异常	Gaseous anomaly	
016	植物异常	Vegetation anomaly	
017	微生物异常	Microbiological anomaly	
021	残积物异常	Residual overburden anomaly	
022	运积物异常	Transported overburden anomaly	
023	冲积物异常	Alluvium anomaly	
024	塌积物异常	Colluvium anomaly	
025	冰积物异常	Glacial overburden anomaly	
026	水系沉积物异常	Drainage sediment anomaly (Stream sediment anomaly)	
027	水系水异常	Stream water anomaly	
028	湖积物异常	Lake sediment anomaly	
029	风积物异常	Aeolian anomaly	
031	原生异常	Primary anomaly	原生晕
032	次生异常	Secondary anomaly	次生晕
041	同生异常	Syngenetic anomaly	
042	后生异常	Epigenetic anomaly	
043	再生异常	Regenerated anomaly	
051	内生异常	Endogenic anomaly	
052	表生异常	Hypogene anomaly	
061	地球化学省	Geochemical province	
062	成矿省	Metallogenetic province	

表 1（续）

代 码	汉 字 名	英 译 名	说 明
063	地球化学域	Geochemical domain	
064	区域异常	Regional anomaly	区域地球化学异常
065	矿田异常	Ore field anomaly	
066	局部异常	Local anomaly	
067	地球化学块体	Geochemical block	
071	碎屑异常	Clastic anomaly	
072	水成异常	Hydromorphic anomaly	
073	气成异常	Gasogenic anomaly	
074	放射性异常	Radioactive anomaly	
075	生物成因异常	Biogentic anomaly	
081	分散场	Dispersion field	
082	分散晕	Dispersion halo	
083	分散扇	Dispersion fan	
084	分散流	Dispersion train	
085	分散锥	Dispersion cone	
086	分散裙	Dispersion apron	
087	分散蘑菇	Dispersion mushroom	
091	上邻异常	Superjacent anomaly	矿上异常
092	毗邻异常	Adjacent anomaly	
093	侧部异常	Lateral anomaly	侧向异常
094	顶部异常	Apical anomaly	
095	晕环异常	Halo-type anomaly	
096	围岩异常	Wall-rock anomaly	
097	前缘异常	Front anomaly	
098	尾部异常	Rear anomaly	
099	蚀变异常	Alteration anomaly	
101	位移异常	Displaced anomaly	
102	脱节异常	Disrupted anomaly	
103	切余异常	Truncated anomaly	
104	分支异常	Offset anomaly	偏移异常
105	隐伏异常	Hidden anomaly	
106	埋藏异常	Buried anomaly	埋藏晕
107	盲异常	Blind anomaly	盲晕
108	永久异常	Permanent anomaly	
109	暂歇性异常	Temporary anomaly	

表 1（续）

代码	汉字名	英译名	说明
110	正异常	Positive anomaly	
111	负异常	Negative anomaly	
112	岩性异常	Anomaly of rock properties	
113	污染异常	Pollutant anomaly	
114	环境异常	Environmental anomaly	
121	难捉摸异常	Subtle anomaly	
122	化石异常	Fossil anomaly	
123	假异常	False anomaly	假晕
124	渗滤异常	Leakage anomaly	
125	扩散异常	Diffused anomaly	弥散异常
126	渗湿异常	Seepage anomaly	渗出异常
127	淋积异常	Illuviated anomaly	
128	叠置异常	Superimposed anomaly	
131	矿致异常	Anomaly related to mineral deposit	
132	非矿异常	Anomaly not related to mineral deposit	
141	强异常	Strong anomaly	强烈异常
142	弱异常	Weaken anomaly	
143	异常带	Anomalous zone	
151	组合异常	Composite anomaly	
152	累加异常	Additive anomaly	
153	累乘异常	Multiplicative anomaly	
154	性质不明异常	Undistinguished anomaly	
155	衬值异常	Contrast anomaly	
161	岩屑异常	Clastic rock anomaly	
162	岩石裂隙构造异常	Fracture-structure anomaly of rock	
171	占孔原生晕	Primary halo in borehole	
172	表层土壤异常	Surface soil anomaly	
173	深层土壤异常	Deep soil anomaly	
181	河漫滩沉积物异常	Flood plain sediment anomaly	
182	海积物异常	Sea sediment anomaly	
183	泉积物异常	Spring sediment anomaly	
184	重矿物异常	Anomaly in heavy mineral concentrates	
191	湖水异常	Lake water anomaly	
192	泉水异常	Spring water anomaly	
193	地表水异常	Surface water anomaly	

表 1（续）

代 码	汉 字 名	英 译 名	说 明
194	地下水异常	Ground water anomaly	
195	海水异常	Seawater anomaly	
201	大气异常	Atmospheric gas anomaly	
202	壤气异常	Soil gas anomaly	
203	吸附气异常	Absorbed gas anomaly	
204	地气异常	Geogas anomaly	
211	地植物异常	Geobotanical anomaly	
212	地动物异常	Geozoological anomaly	
213	地电化学异常	Electro-geochemical anomaly	
214	稳定同位素异常	Stable isotope anomaly	
215	包裹体地球化学异常	Inclusion geochemical anomaly	
216	金属活动态异常	Anomaly of metal of mobile forms	
HTAIE	异常特征		
HTAIEA	异常强度	Anomaly intensity	
HTAIEB	异常衬度	Anomaly contrast	
HTAIEC	异常规模	Dimension of anomaly	
HTAIED	异常面积	Anomaly area	异常大小
HTAIEF	异常形状	Anomaly shape	
HTAIEG	峰值	Peak value	
HTAIEH	异常平均值	Anomaly mean value	
HTAIEI	异常标准离差	Anomaly standard deviation	
HTAIEJ	异常衰减模式	Anomaly decay pattern	
HTAIEK	异常季节性变化	Anomaly seasonal variation	
HTAIEL	异常截止点	Anomaly cutoff	
HTAIEM	异常均匀性	Anomaly homogeneity	
HTAIEN	异常持续性	Anomaly persistance	
HTAIEO	元素组合	Element association	
HTAIEP	浓集中心	Concentration center	
HTAIEQ	浓度分带	Concentration zoning	
HTAIER	组分分带	Composition zoning	
HTAIES	浓度梯度	Concentration gradient	
HTAIEN	异常持续性		
1	好	Good	
2	中等	Medium	
3	较差	Poor	

表 1（续）

代　码	汉　字　名	英　译　名	说　明
HTAJ	地球化学指标		
DHACBS	指示元素	Indicator elements	
HTAJB	探途元素	Pathfinder elements	
HTAJC	探途指标	Pathfinders	
HTAJD	诊断性元素	Diagnostic elements	
HTAJE	诊断性指标	Diagnostic indicators	
HTAJF	追踪指标	Tracers	
HTAJG	预测指标	Predictors	
HTAJH	关键元素	Key elements	
HTAJI	远程指示元素	Long range indicator elements	
HTAJJ	近程指示元素	Short range indicator elements	
HTAJK	直接指标	Direct indicators	
HTAJL	间接指标	Indirect indicators	
HTAJM	成矿元素	Ore elements	
HTAJN	伴生元素	Associate elements	
HTAJO	脉石元素	Gangue elements	
HTAJP	矿物指标	Mineral indicators(indicator minerals)	
HTAK	应用领域		
HTAKA	地球化学填图	Geochemical mapping	
HTAKB	区域地球化学勘查	Regional geochemical exploration	区域化探扫面
HTAKC	矿产地球化学勘查	Mineral geochemical exploration	
HTAKD	环境地球化学调查	Environmental geochemical survey	应用环境地球化学
HTAKE	农业地球化学调查	Agricultural geochemical survey	农业化探
HTAKF	城市地球化学调查	Urban geochemical survey	
HTAKG	海洋地球化学调查	Marine geochemical survey	海洋化探
HTAKH	航空地球化学调查	Airborne geochemical survey	航空化探
HTAKA	地球化学填图		
01	全球地球化学填图	Global geochemical mapping	
02	全国地球化学填图	National geochemical mapping	
03	区域地球化学填图	Regional geochemical mapping	
HTAKC	矿产地球化学勘查		
01	金属矿地球化学勘查	Geochemical exploration for metals deposit	金属矿化探
02	非金属矿地球化学勘查	Geochemical exploration for non-metals deposit	非金属矿化探
03	油气地球化学勘查	Geochemical exploration for oil and gas	油气化探

表 1（续）

代 码	汉 字 名	英 译 名	说 明
04	地热地球化学勘查	Geochemical exploration for geothermal fields	地热化探
HTAKD	环境地球化学调查		
01	土壤环境调查	Soil environmental Survey	
02	大气环境调查	Atmospheric environmental survey	
03	水环境调查	Water environmental survey	
04	矿山环境调查	Geochemical survey of mine environmental	
05	地方病环境调查	Geochemical survey for endemic disease	
06	城市环境调查	Geochemical survey of urban environmental	
HTAKE	农业地球化学调查		
01	农用地地球化学调查	Farmland geochemical survey	
02	林地地球化学调查	Forestland geochemical survey	
03	草地地球化学调查	Grazing land geochemical survey	
HTAKG	海洋地球化学调查		海洋化探
01	海洋矿产地球化学调查	Mineral geochemical survey of marine	
02	海洋环境地球化学调查	Environmental geochemical survey of marine	
HTB	化探方法		
HTBA	金属矿化探	Geochemical exploration for ore deposits	
HTBB	油气化探	Geochemical exploration for oil and gas	
HTBC	地热化探	Geochemical exploration for geothermal field	
HTBD	应用环境地球化学	Applied environmental geochemistry	
HTBE	非金属化探	Geochemical exploration for non-metals	
HTBF	重矿物地球化学测量	Geochemical heavy mineral concentrates survey	
HTBG	湖积物地球化学测量	Geochemical lake sediment survey	
HTBH	地气测量	Geogas geochemical survey	地气法
HTBI	地表化探	Surface geochemical exploration	
HTBJ	深部化探	Depth geochemical exploration	
HTBK	航空化探	Airborne geochemical exploration	
HTBL	海洋化探	Marine geochemical exploration	
HTBM	地电化学测量	Electro-geochemical method	地电化探
HTBN	稳定同位素比值法	Stable isotope ratio method	同位素化探
HTBO	岩石地球化学测量	Geochemical rock survey	
HTBP	土壤地球化学测量	Geochemical soil survey	

表 1（续）

代 码	汉 字 名	英 译 名	说 明
HTBQ	水系沉积物地球化学测量	Geochemical stream sediment survey	
HTBR	水地球化学测量	Hydrogeochemical survey	
HTBS	气体地球化学测量	Atmogeochemical survey	
HTBT	生物地球化学测量	Biogeochemical survey	
HTBU	地植物探矿	Geobotanical prospecting	
HTBV	其他化探方法	Other geochemical exploration	
HTBW	化探工作区	Geochemical prospecting area	
HTBX	化探野外作业程序	Geochemical field operation program	
HTBY	化探工作规模	Geochemical operation scale	
HTBZ	化探方法分类	Classification of geochemical	
HTBF	重矿物地球化学测量		
HTBFA	岩石重矿物地球化学测量	Heavy mineral concentrates of rock	
HTBFB	土壤重矿物地球化学测量	Heavy mineral concentrates of soil	
HTBFC	水系沉积物重矿物地球化学测量	Heavy mineral concentrates of stream sediment	
HTBFD	重矿物分离	Heavy mineral separation	
HTBFD	重矿物分离		
01	岩石样品粉碎	Rock sample preparation	
02	淘洗岩石重矿物	Elutriation of heavy mineral in rock	
03	淘洗土壤重矿物	Elutriation of heavy mineral in soil	
04	淘洗水系沉积物重矿物	Elutriation of heavy mineral in stream sediment	
11	重矿物部分	Heavy mineral	
12	轻矿物部分	Light mineral	
31	非磁性重矿物	Hon-magnetic heavy mineral	
32	磁性重矿物	Magnetic heavy mineral	
33	电磁性重矿物	Electro-magnetic heavy mineral	
41	重矿物鉴定	Heavy mineral identification	
42	重矿物样品分析	Heavy mineral analysis	
HTBG	湖积物地球化学测量		
HTBGA	湖底表层沉积物测量	Shallow sediment survey of lake floor	
HTBGB	湖底深层沉积物测量	Deep sediment survey of lake floor	
HTBGC	湖底沉积柱地球化学测量	Sediment column survey of lake floor	
HTBH	地气测量		
HTBHA	抽气法	Pumping gas method	动态捕获法

表 1(续)

代　码	汉　字　名	英　译　名	说　明
HTBHB	埋置法	Buried method	静态累积法
HTBHA	抽气法		
01	抽气装置	Pumping device	
02	抽气时间	Pumping time	
03	滤膜	Film	
04	液体捕集剂	Liquid catch reagent	
05	固体捕集剂	Solid catch reagent	
06	样品处理	Sample processing	
HTBHB	埋置法		
01	埋置装置	Buried device	
02	捕集膜	Catch film	
03	埋置时间	Buried time	
04	样品处理	Sample processing	
HTBM	地电化学测量		
HTBMA	元素存在形式法(MPF)	Existential form method of elements	
HTBMB	热磁地球化学法(TMGM)	Heat-magnetic geochemical method	
HTBMC	部分提取金属法(CHIM)	Partial extraction metals method	
HTBMD	地电化学场	Electro-geochemical filed	
HTBME	电化学迁移	Electro-chemical migration	
HTBN	稳定同位素比值法		
HTBNA	氧同位素比值	Oxygen isotope ratio	
HTBNB	铅同位素比值	Lead isotope ratio	
HTBNC	硫同位素比值	Sulfur isotope ratio	
HTBND	汞同位素比值	Mercury isotope ratio	
HTBNE	硼同位素比值	Boron isotope ratio	
HTBNF	碳同位素比值	Carbon isotope ratio	
HTBO	岩石地球化学测量		
HTBOA	岩石样品类型	Type of rock sample	
HTBOB	岩石异常类型	Type of rock anomaly	
HTBOC	异常组分分带特征	Anomaly composition zoning feature	
HTBOD	异常浓度分带	Anomaly concentration zoning	
HTBOE	矿物分带	Mineral zoning	
HTBOF	最高浓度值	Maximum concentration value	
HTBOG	地表岩石测量	Geochemical survey of surficial rock	
HTBOH	岩屑测量	Rock chip geochemical survey	

表 1（续）

代　码	汉　字　名	英　译　名	说　明
HTBOI	岩石裂隙测量	Rock fracture geochemical survey	
HTBOJ	占孔岩石测量	Geochemical rock survey by underground opening working	占孔原生晕
HTBOK	坑道岩石测量	Geochemical rock survey by drilling	
HTBOL	岩石地球化学丰度测量	Element abundance survey of rock	
HTBOM	构造岩石地球化学测量	Tectonic geochemical survey	
HTBOA	岩石样品类型		
01	新鲜岩石	Fresh rock	
02	半风化岩石	Half weathered rock	
03	风化岩石	Weathered rock	
04	岩屑	Rock chip	岩石碎片
05	裂隙及其披膜	Fracture fillings (Fissure and coating)	
06	单矿物	Separated minerals	
07	岩心	Rock core	
08	山麓堆积碎屑物质	Talus clastics	
09	滞留物	Lag	
10	构造破碎带	Fractured structure zone	
HTBOB	岩石异常类型		
001	含矿岩体	Productive pluton	
002	无矿岩体	Barren pluton	
011	原生晕	Primary halo	原生分散晕
012	内生晕	Endogenic halo	内生分散晕
013	次生晕	Secondary halo	
021	渗滤晕	Leakage halo (Infiltration halo)	渗滤异常
022	包裹晕	Enclave halo	
023	围岩环	Wallrock aureole	
024	扩散环	Diffusion aureoles	
025	蚀变异常	Alteration anomaly	
026	前缘晕	Front halo	
027	尾晕	Rear halo	
028	矿上晕	Superore halo	
029	矿下晕	Subore halo	
031	毗邻晕	Adjacent halo	
032	上盘晕	Upper wall halo	
033	下盘晕	Lower wall halo	

表 1（续）

代 码	汉 字 名	英 译 名	说 明
034	矿化前晕	Pre-ore halo	
035	矿化后晕	Post-ore halo	
042	偏心晕	Eccentric halo	
043	空心晕	Peripheral halo	环状晕
051	线状异常	Linear anomaly	
052	非线状异常	Non-linear anomaly	
053	等量度晕	Equi-dimensional halo	
061	单一晕	Single halo	
062	复合晕	Composite halo	
071	简单晕	Simple halo	
072	复杂晕	Complex halo	
081	累加晕	Additive halo	
082	累乘晕	Multiplicative halo	
083	多建造晕	Multiformational anomaly	
084	分散流	Dispersion train	
HTBOC	异常组分分带特征		
HTBOCA	分带序列	Zoning sequence	元素序列
HTBOCB	通用分带序列	Universal zoning	
HTBOCC	前缘元素	Front element	
HTBOCD	尾部元素	Rear element	
HTBOD	异常浓度分带		
HTBODA	浓度梯度	Concentration gradient	
HTBODB	浓集中心	Concentration center	
HTBODC	浓度内带	Concentration inner zone	
HTBODD	浓度中带	Concentration intermediate zone	
HTBODE	浓度外带	Concentration outer zone	
HTBOE	矿物分带		
1	垂直分带	Vertical zoning	
2	水平分带	Horizontal zoning	
3	轴向分带	Axial zonality	
4	纵向分带	Longitudinal zonality	
5	横向分带	Transversal zonality	
HTBP	土壤地球化学测量		
HTBPA	土壤样品类型	Type of soil sample	
HTBPB	土壤异常类型	Type of soil anomaly	

表 1（续）

代　码	汉　字　名	英　译　名	说　明
HTBPC	土壤层位	Soil horizon	
DMFAA	坡度	Slope	
HTBPE	地势	Relief	
HTBPF	采样深度	Sampling depth	
HTBPG	采样厚度	Sampling thickness	
HTBPH	土壤样品粒径组分	Soil sample size of composition	
HTBPI	土壤样品特征	Soil sample characteristics	
TKDAAI	湿度	Moisture	
HTBPK	土壤结构类型	Type of soil fabric	土壤粘度;土壤稠度
HTBPL	样品粒度	Particle size fraction of sample	
HTBPM	表层土壤测量	Shallow soil geochemical survey	第二环境土壤测量
HTBPN	深层土壤测量	Deep soil geochemical survey	第一环境土壤测量
HTBPO	残积土测量	Residues geochemical survey	
HTBPP	沟谷土测量	Soil geochemical survey in valley	沟系土测量
HTBPQ	渗湿土测量	Seepage soil geochemical survey	
HTBPR	山麓堆积物测量	Talus survey	
HTBPS	覆盖层厚度	Thickness of overburden layer	土壤层厚度
HTBPA	土壤样品类型		
001	黑钙土	Chernozem	
002	碱土	Solonetz soil	碱化土
003	灰化土类	Podzolic soils	
004	粗骨土类	Regosolic soils	岩成土类
005	潜育土类	Gleysolic soils	
006	有机质土	Organic soil	
007	冰碛土	Glacial soil	
011	新成土	Entisol	
012	始成土	Inceptisol	
013	旱成土	Aridsol	
014	有机土	Histosol	
015	变性土	Vertisol	
017	老成土	Utisol	
018	软土	Mollisol	
019	淋溶土	Alfisol	
020	冻土	Tundra soil	
021	草原土	Prairie soil	

表 1（续）

代码	汉字名	英译名	说明
022	灰土	Spodosol	
023	栗色土	Chestnut soil	
024	棕钙土	Brown soil	
025	灰钙土	Sierozem soil	
026	荒漠土	Desert soil	漠土
027	粘磐土	Planosol	
028	黑色石灰土	Rendzina	
029	石质土	Lithosol	
030	盐土	Saline soil	
031	高倍半氧化物土	High sequioxide soil	
032	畅水土	Well drained soil	
033	滞水土	Poorly drained soil	
034	坦泊土	Dambo soil	
035	霜沸土	Frost boil soil	
036	铁铝土	Ferrallitic soil	
037	黄土	Loess	
038	红土	Laterite	
039	沼泽土	Swamp soil	
041	残积物	Residuum	
042	塌积物	Colluvium	
043	冲积物	Alluvium	
044	洪积物	Deluvium	
045	淋积物	Illuvium	
046	泥炭堆积物	Peat deposit	
047	冰积物	Ice-borne sediment	
048	风积物	Aeolian sediment	
051	显域土	Zonal soil	
052	隐域土	Intrazonal soil	
053	水成土	Hydromorphic soil	
054	半水成土	Semi-hydromorphic soil	
055	盐成土	Halogenic soil	
056	岩成土	Lithogenic soil	
057	风沙土	Aeolian soil	
058	壤土	Loam	
061	砖红壤	Laterite	

表 1（续）

代　码	汉　字　名	英　译　名	说　明
062	红壤	Red earth	
063	黄壤	Yellow earth	
064	黄棕壤	Yellow-brown earth	
065	棕红壤	Brownish red earth	
066	红色石灰土	Terra rossa	
067	棕壤	Brown earth	
068	褐土	Cinnamon soil	
069	灰化土	Podzolic soil	
070	黑土	Black soil	
071	泥炭土	Peat soil	
072	草甸土	Meadow soil	
073	潮土	Fluvo-aguic soil	
074	盐土	Solonchak	
075	水稻土	Paddy soil	
076	寒漠土	Alpine frost desert soil	
HTBPB	土壤异常类型		
01	出露晕	Outcropped halo	出露异常
02	埋藏晕	Buried halo	埋藏异常
11	上方晕	Superjacent halo	上置异常
12	侧移晕	Lateral halo	侧移异常
13	侧移扇	Lateral fan	
14	位移晕	Displaced halo	位移异常
15	脱节晕	Disrupted halo	脱节异常
21	叠置晕	Superimposed halo	叠置异常
22	淋滤晕	Illuvial halo	淋滤异常
HTBPC	土壤层位		
01	A 层	A horizon	
02	B 层	B horizon	
03	C 层	C horizon	
11	落叶层	Forest litter	
12	腐殖层	Humus layer	
13	钙积层	Caliche	
14	结核层	Concretionary horizon	
15	潜育层	Gley horizon	
16	石膏层	Gypsic horizon	

表 1（续）

代码	汉字名	英译名	说明
17	盐积层	Salic horizon	
18	含硫层	Sulfuric horizon	
19	硬磐	Duripan	
21	表土	Topsoil	
22	底土	Subsoil	
HTBPI	土壤样品特征		
01	沙质	Sandy	
02	钙质	Calcareous	
03	铁质	Ferruginous	
04	粘土质	Clayey	
05	炭质	Carboneous	
06	腐殖质	Humus	
HTBPK	土壤结构类型		
11	不粘滞不可塑	Non sticky,non plastic	
12	不粘滞微可塑	Non sticky,slightly plastic	
13	不粘滞可塑	Non sticky,plastic	
14	不粘滞极可塑	Non sticky,very plastic	
15	粘滞	Sticky	
16	极粘滞	Very sticky	
21	不凝聚	Non coherent	
22	极脆弱	Very friable	
23	脆弱	Friable	
24	坚固	Firm	
25	极坚固	Very firm	
31	松散	Loose	
32	软	Soft	
33	微硬	Slightly hard	
34	硬	Hard	
35	极硬	Very hard	
36	特硬	Extremely hard	
37	弱胶结	Weakly cemented	
38	强胶结	Strongly cemented	
39	坚硬	Hardness	
HTBQ	水系沉积物地球化学测量	Strongly cemented	
HTBQA	水系沉积物样品类型	Type of stream sediment samples	

表 1（续）

代　码	汉　字　名	英　译　名	说　明
HTBQB	水系模式	Drainage pattern	
HTBQC	岸土性质	Nature of bank soil	
HTBQD	河床性质	Nature of the stream bed	
HTBQE	河床坡度	Slope of the stream bed	
HTBQF	水系沉积物采样环镜	Stream sediment sampling environment	
HTBQG	沉积物组分	Sediment composition	
HTBQH	水系级别	Stream order	
HTBQI	清除作用	Scavenging action	
HTBQJ	水系沉积物采样	Stream sediment sampling	
HTBQA	水系沉积物样品类型		
01	水系沉积物	Stream sediment	
02	活性水系沉积物	Active stream sediment	
03	河漫滩沉积物	Flood plain sediment	
04	泛滥平原沉积物	Flood plain sediment	
05	粗粒级沉积物	Coarse grain sediment	
06	细粒级沉积物	Fine grain sediment	
11	砾石	Gravel	
12	巨砾	Boulder	
13	粗砾	Cobble	>20 mm
14	中砾	Pebble	5～20 mm
15	细砾	Granule	2～5 mm
16	砂	Sand	
17	极粗砂	Very coarse sand	1.00～2.00 mm
18	粗砂	Coarse sand	0.50～1.00 mm
19	中粗砂	Medium sand	0.25～0.50 mm
20	细砂	Fine sand	0.125～0.25 mm
21	极细砂	Very fine sand	0.025～0.125 mm
22	粉砂	Silt	0.004～0.025 mm
23	粘土	Clay	<0.004 mm
31	悬浮物	Suspended matter	
32	泉水沉积物	Spring sediment	
33	泥炭	Peat	
34	铁锰氧化物复膜	Fe-Mn hydroxide coating	
35	铁锰氧化物结核	Fe-Mn hydroxide concretion	
36	阶地沉积物	Terrace sediment	

表 1（续）

代码	汉字名	英译名	说明
37	重矿物	Heavy mineral	
38	沼泽物质	Bog material	
39	沼泽边缘物质	Bog margin material	
40	山麓堆积细粒物质	Talus material	
41	岸土	Bank soil	
42	塘积物	Pond sediment	
HTBQB	水系模式		
01	树枝状模式	Dendritic drainage pattern	
02	羽状水系模式	Pinnate drainage pattern	
03	栉状水系模式	Pectinate drainage pattern	
04	格状水系模式	Trellis drainage pattern	
05	角状水系模式	Angular drainage pattern	
06	扭曲状水系模式	Contorted drainage pattern	
07	棱角状水系模式	Angulated drainage pattern	
08	平行水系模式	Parallel drainage pattern	
09	辐射状水系模式	Radial drainage pattern	
10	环状水系模式	Annular drainage pattern	
11	钳状水系模式	Pincerlike drainage pattern	
12	落水洞水系模式	Sinkhole drainage pattern	
13	紊乱水系模式	Deranged drainage pattern	
14	叉状水系模式	Dichotomic drainage pattern	均分水系
15	交织水系模式	Anastomosing drainage pattern	
16	网状水系模式	Braided drainage pattern	条节状水系
17	陷窝状水系模式	Lacunate drainage pattern	
18	倒钩水系模式	Barbed drainage pattern	下游方注入水系
HTBQC	岸土性质		
01	冲积物	Alluvium	
02	塌积物	Colluvium	
03	残坡积物	Residuum	
04	冰积物	Ice-borne sediment	
05	风积物	Aeolian sediment	
HTBQD	河床性质		
01	基岩	Bed rock	
02	卵石	Gravel	
03	砂	Sand	

表 1（续）

代 码	汉 字 名	英 译 名	说 明
04	粉砂	Silt	
05	粘土	Clay	
06	有机质	Organic matters	
07	其他	Others	
HTBQE	河床坡度		
1	低	Low	
2	中	Moderate	
3	高	High	
4	甚高	Very high	
HTBQF	水系沉积物采样环境		
01	河底活性沉积物	Bottom active stream sediment	
02	水面附近的岸边活性沉积	Active stream sediment near water surface	
03	高于水面的岸边活性沉积	Active stream sediment above water level	
11	暂流水	Temporary water flow	
12	常流水	Permanent water flow	
13	周期性水流	Periodic water flow	
14	干河床	Dry stream bed	
HTBQH	水系级别		
01	一级水系	1st-order stream	
02	二级水系	2nd-order stream	
03	三级水系	3rd-order stream	
04	四级水系	4th-order stream	
HTBQI	清除作用		
01	铁氧化物的清除作用	Scavenging action of iron hydroxide	
02	锰氧化物的清除作用	Scavenging action of manganese hydroxide	
HTBQJ	水系沉积物采样		
01	沿水系采样	Along stream sampling	
02	横切水系采样	Crosscut stream sampling	
03	多水系采样组合	Association of multi- stream sampling	
HTBR	水地球化学测量		
HTBRA	水样品类型	Type of water samples	
HTBRB	混浊度	Water turbidity	
HTBRC	水硬度	Water hardness	
HTBRD	溶解物总量	TDS value (Total Dissolved Solid)	
HTBRE	地表水地球化学测量	Surface water geochemical survey	

表 1(续)

代码	汉字名	英译名	说明
HTBRF	地下水地球化学测量	Ground water geochemical survey	
HTBRG	水样处理	Dispose water samples	
HTBRA	水样品类型		
01	地表水	Surface water	
02	河水	Stream water	
03	湖水	Lake	
04	井水	Well water	
05	泉水	Spring	
06	渗出水	Seepage water	
07	冰	Ice	
08	雪	Snow	
09	钻孔水	Drill hole water	
10	矿井水	Mine water	
11	沼泽水	Swamp water	
12	海水	Sea water	
13	水塘水	Pond water	
HTBRB	混浊度		
00	透明/清	Transparent/clear	
01	微浊	Slightly turbid	
02	中浊	Moderately turbid	
03	重浊	Highly turbid	
11	清水	Clear water	
12	混水	Murky water	
13	浊水	Cloudy water	
14	泥浆水	Muddy water	
15	有大量藻类水	Algal water	
HTBRC	水硬度		
01	硬水	Hard water	
02	中硬水	Moderate water	
03	软水	Soft water	
HTBRE	地表水地球化学测量		
01	河水地球化学测量	Stream water geochemical survey	
02	湖水地球化学测量	Lake water geochemical survey	
03	水悬浮物地球化学测量	Suspension water geochemical survey	
04	海水地球化学测量	Sea water geochemical survey	

表 1（续）

代　码	汉　字　名	英　译　名	说　明
HTBRF	地下水地球化学测量		
01	浅层地下水地球化学测量	Shallow-water geochemical survey	
02	深层地下水地球化学测量	Deep-water geochemical survey	
03	泉(井)水地球化学测量	Spring (well)geochemical survey	
HTBRG	水样处理		
01	酸化	Acidization	
02	加保护剂	Protection agent	
03	不加保护剂	Non-protection agent	
HTBS	气体地球化学测量		
HTBSA	气体测量方法	Methods of geochemical gas survey	
HTBSB	气体测量的样品	Samples of geochemical gas survey	
HTBSC	气体指标	Gas analyzed	
HTBSE	采样技术	Sampling technic	
HTBSA	气体测量方法		
01	大气气体测量	Air geochemical survey	
02	壤中气体测量	Soil gas geochemical survey	
03	岩石中气体测量	Rock gas geochemical survey	
04	包裹体气体测量	Inclusion geochemical survey	
05	热释固相吸附气体测量	Heat-released mercury survey	
11	航空气体测量	Airborne gas survey	
12	地面气体测量	Ground gas survey	
13	大气微粒测量	Atmospheric particulate survey	
21	汞蒸气测量	Mercury vapor survey	
22	壤中汞气测量	Soil mercury vapor survey	
23	热释汞测量	Heat-released mercury survey	
24	氦量测量	Helium survey	
25	氡量测量	Radon survey	
HTBSB	气体测量的样品		
01	壤中气	Soil gas	
02	吸附气	Absorbed gas	
03	大气	Atmospheric gas	
04	大气微粒	Atmospheric particulate	
05	溶解气	Dissolved gas	
HTBSC	气体指标		
HTBSCA	重烃	Heavy hydrocarbons	

表 1(续)

代码	汉字名	英译名	说明
HTBSCB	硫化碳酰	Carbonyl sulfide	
HTBSCC	氧	Oxygen	O_2
HTBSCD	二氧化碳	Carbon dioxide	CO_2
HTBSCE	二氧化硫	Sulfur dioxide	SO_2
HTBSCF	硫化氢	Hydrogen sulfide	H_2S
HTBSCG	二硫化碳	Carbon disulfide	CS_2
HTBSCH	汞	Mercury	Hg
HTBSCI	氡	Radon	Rn
HTBSCJ	氦	Helium	He
HTBSCK	甲烷	Methane	CH_4
HTBSE	采样技术		
HTBSEA	抽气速度	Pumping rate	
PKHFK	采样深度	Sampling depth	
HTBSEC	粒度	Size	
HTBSED	脱气方法	Method of degassing	
HTBT	生物地球化学测量		
HTBTA	植物测量	Vegetation survey	
HTBTB	地动物学方法	Geozoological method	
HTBTC	微生物测量	Microbiological survey	
HTBTD	生物地球化学参数	Biogeochemical parameters	
HTBTE	植物样品类型	Vegetation sample type	
HTBTF	植物采样记录	Vegetation sampling record	
HTBTG	指标元素	Indicator elements	
HTBTD	生物地球化学参数		
HTBTDA	生物吸收系数	Biological absorption coefficient (BAC)	
HTBTDB	相对吸收系数	Relative absorption coefficient (RAC)	
HTBTDC	季节性吸收系数	Temporal absorption coefficient (TAC)	
HTBTDD	活动元素吸收系数	Mobile element absorption coefficent (MAC)	
HTBTDE	器官系数	Acropetal coefficient (AC)	
HTBTE	植物样品类型		
01	乔木	Tree	
02	灌木	Shrub	
03	草本	Grass	
04	苔藓	Moss	

表 1（续）

代　码	汉　字　名	英　译　名	说　明
05	水中苔藓	Aquatic moss	
06	藻类	Algae	
07	地衣	Lichens	
08	标本室植物	Herbarium material	
09	浅根植物	Shallow rooted plant	
10	深根植物	Deep rooted plant	
11	农作物	Crop	
12	蔬菜	Vegetable	
13	水果	Fruit	
14	水中植物	Aquatic vegetation	
HTBTF	植物采样记录		
HTBTFA	采样植物种名	Vegetation sampling species	
HTBTFB	植被性质	Vegetation nature	
HTBTFC	植被覆盖度	Vegetation coverage	
HTBTFD	气候区	Climate zone	
HTBTFE	物候期	Vegetation sampling period	
HTBTFF	植物生活力	Vegetation vitality	
HTBTFG	植物采样器官	Vegetation sampling organ	
HTBTFH	植物采样器官年龄	Age of vegetation sampling organ	
HTBTFI	植物采样部位	Vegetation sampling position	
HTBTFJ	人工破坏程度	Artificial disturbance	砍伐等
HTBTFK	牲畜破坏程度	Disturbance by livestock	放牧区
HTBTFB	植被性质		
01	苔藓	Moss	
02	草地	Grazing	草本
03	灌木丛	Shrubbery	灌木
04	阔叶林	Broad leaf forest	阔叶
05	针叶林	Needle leaf forest	针叶
06	混交林	Mixed	
07	农田	Farmland	
08	果园	Orchard	
09	菜地	Vegetable land	
HTBTFC	植被覆盖度		
00	无	Absent	
01	小于 1/3	Less than 1/3	

表 1（续）

代码	汉字名	英译名	说明
02	在 1/3～2/3 之间	1/3 to 2/3	
03	大于 2/3	More than 2/3	
HTBTFD	气候区		
01	寒带	Frigid zone	
02	温带	Temperate zone	
03	热带	Tropical zone	
04	干旱区	Arid region	
05	半干旱区	Emi-arid region	
06	湿润区	Humid region	
07	半湿润区	Subhumid region	
HTBTFE	物候期		
01	营养期	Nutrition period	
02	花期	Flower period	
03	果期	Fruit period	
HTBTFF	植物生活力		
01	强	Strong	
02	中	Moderate	
03	弱	Weak	
HTBTFG	植物采样器官		
01	枝	Twig	
02	叶	Leaf	
03	花	Flower	
04	果	Fruit	
05	皮	Bark	
06	根	Root	
07	汁	Liquid	
08	茎	Stem	
09	种子	Seed	
10	其他	Other	
HTBTFH	植物采样器官年龄		
01	一年枝	One year growth twig	
02	二年枝	Two year growth twig	
11	主根	Main root	
12	侧根	Lateral root	
HTBTFI	植物采样部位		

表 1（续）

代码	汉字名	英译名	说明
01	上部	Upper	
02	中部	Middle part	
03	下部	Bottom	
HTBTFJ	人工破坏程度		
00	无	None	
01	微	Slight	
02	中	Medium	
03	严重破坏	Serious	
HTBTFK	牲畜破坏程度		
00	无	None	
01	微	Slight	
02	中	Medium	
03	严重	Serious	
HTBTG	指标元素		
01	营养元素	Nutrition elements	
02	有益元素	Profitable elements	
03	有毒有害元素	Poison and harmful elements	
04	找矿指标元素	Prospection indicator elements	
HTBU	地植物探矿		
HTBUA	指示植物	Indicator plant	
HTBUB	植物形态变化及突变	Plant morphological and mutational changes	
HTBUC	指示植物群丛	Indicator plant assemblage	
HTBUD	指示植物群落	Indicator plant community	
HTBUA	指示植物		
HTBUAA	沥青指示植物	Indicator plant of bitumen	
HTBUAB	硼矿指示植物	Indicator plant of boron	
HTBUAC	铜矿指示植物	Indicator plant of copper	
HTBUAD	石膏指示植物	Indicator plant of gypsum	
HTBUAE	铁矿指示植物	Indicator plant of iron	
HTBUAF	铅矿指示植物	Indicator plant of lead	
HTBUAG	磷矿指示植物	Indicator plant of phosphate	
HTBUAH	硒矿指示植物	Indicator plant of selenium	
HTBUAI	硒矿与铀矿指示植物	Indicator plant of selenium and uranium	
HTBUAJ	银矿指示植物	Indicator plant of silver	
HTBUAK	锌矿指示植物	Indicator plant of zinc	

表 1（续）

代 码	汉 字 名	英 译 名	说 明
HTBUAA	沥青指示植物		
01	洋葱	Allium sp	
02	盐生段木贼	Anabasis sp	
03	多种猪毛草	Solsola spp	盐草
HTBUAB	硼矿指示植物		
01	向轴猪毛菜	Solsola nitraria	盐草
02	补血草	Limonium suffrulicosum	
03	优若藜	Eurotia ceratoides	冬肥草
HTBUAC	铜矿指示植物		
01	巴氏丝石竹	Qypsophila patrini	
02	旋状白鼓丁	Polycarpea spirostylis	石竹
03	罗氏兴头花	Acrocephalus roberti	
04	海州香薷	Eisnoltzia naichowensis	
05	和氏罗勒	Ocimum homblei	
06	苔藓	Merceya latifolia	铜苔
07	罂粟	Eschshltzia mexicana	加州罂粟
08	海石竹	Armeria maritima	滨簪花
HTBUAD	石膏指示植物		
01	紫葳花	Eriogonum inflatum	
02	刺莲花	Mentzelia spp	
HTBUAE	铁矿指示植物		
01	桦	Batula sp	
02	藤黄	Clusia rosea (copcyclusia)	
HTBUAF	铅矿指示植物		
01	芒草	Erianthus gianteus	胡须草
HTBUAG	磷矿指示植物		
01	牵牛花	Convolvulus althaeoides	旋花
HTBUAH	硒矿指示植物		
01	二槽纹紫云英	Astragalus bisulcatus	毒野豌豆
02	总状纹紫云英	Astragalus racemosus	毒野豌豆
03	蓖状紫云英	Astragalus pectinatus	毒野碗豆
04	向日葵	Oonopsis spp	
05	美丽紫苑	Aster venustus	木紫苑
06	鸡冠花	Stanleya spp	
HTBUAI	硒矿与铀矿指示植物		

表 1（续）

代　码	汉　字　名	英　译　名	说　明
01	巴氏紫苑	Astragalus pattersoni	毒野碗豆
02	皮氏紫云英	Astragalus preuss	毒野碗豆
03	紫云英一种	Astragalus sp (garbancillo)	
HTBUAJ	银矿指示植物		
01	乔麦	Eriogonum ovalifoium	
HTBUAK	锌矿指示植物		
01	芦叶堇菜	Viola calamlneria	锌菜
02	山梅花	Pniladelpnus sp	虎耳草
HTBUB	植物形态变化及突变		
01	失绿病	Chlorosis	黄化病
02	矮小症	Dwarfism	
03	巨大症	Gigantism	
04	花色改变	Color changes in flower	
05	小叶病	Little leaf disease	
06	形态变异	Morphological change	
07	尾鞭病	Whiptail	
08	黄矮病	Yellow dwarfism	
09	韵律混乱	Rhythmic disturbance	
HTBV	其他化探方法		
HTBVA	烃类测量	Hydrocarbon survey	
HTBVB	金属元素活动态提取法	Selective Leaching of mobile forms metals in Overburden(MOMEO)	
HTBVC	活动态金属离子法	Mobile metal ions (MMI)	
HTBVD	元素有机结合形式法	Organically bound forms of element (MPF)	
HTBVE	酶提取技术	Enzyme leach	
HTBVF	蚀变碳酸盐法	Altered Carbonate survey	ΔC 测量
HTBVG	包裹体地球化学测量	Inclusion geochemical survey	
HTBVA	烃类测量		
HTBVAA	土壤烃类测量	Soil hydrocarbon survey	
HTBVAB	水烃类测量	Water hydrocarbon survey	
HTBVAC	岩石烃类测量	Rock hydrocarbon survey	
HTBVAD	烃类地球化学测井	Borehole hydrocarbon survey	
HTBVAE	吸附烃测量	Absorbed hydrocarbon survey	
HTBVAF	溶解烃测量	Dissolved hydrocarbon survey	

表 1（续）

代 码	汉 字 名	英 译 名	说 明
HTBVAG	荧光测量	Fluorescence survey	
HTBVAH	三维荧光测量	3D fluorescence survey	
HTBVAI	紫外吸收测量	Ultraviolet absorption survey	
HTBVAJ	K-V 指纹法	K-V fingerprint method	K-V 指纹技术
HTBVAK	烃类存在形式	Existential form of hydrocarbon	
HTBVAK	烃类存在形式		
01	气态烃	Gas hydrocarbon	
02	吸附烃	Absorbed hydrocarbon	
03	水溶烃	Dissolved hydrocarbon	
04	芳香烃类化合物	Aromatic hydrocarbon compound	
HTBVG	包裹体地球化学测量		
01	蒸发晕法	Vapor halo method	
02	热晕法	Thermal halo method	
03	气晕法	Gas halo method	
04	离子晕法	Ion halo method	
HTBW	化探工作区	Geochemical prospecting area	
HTBWA	工区序号	Ordinal number of working area	
HTBWB	原工区号	Number of primary working area	
HTBWC	工作标志号	Marker number of working	
HTBWD	面积编号	Area number	
HTBWE	离散点编号	Number of straggling points	
HTBWF	测线方位角	Azimuthal angle of measuring line	
HTBWG	测线距离	Distance of measuring lines	
HTBWH	测线数	Number of measuring lines	
HTBWI	测点距离	Distance of measuring points	
HTBWJ	测点数	Number of measuring points	
HTBWK	图幅编号	Map sheet number	
HTBWL	网格编号	Grid number	
HTBWM	剖面编号	Profile number	
HTBWN	工作区面积	Prospection area	
HTBX	化探野外作业程序		
01	试点测量	Orientation survey	
02	试生产测量	Pilot survey	
11	地球化学填图	Geochemical mapping	
12	区域地球化学测量	Regional geochemical survey	

表 1（续）

代 码	汉 字 名	英 译 名	说 明
13	地球化学普查	Geochemical reconnaissance	
14	岩体含矿性评价	Assessment of the productivity of plutons	
15	地层含矿性评价	Assessment of the productivity of sedimentary horizons	
16	构造含矿性评价	Assessment of the productivity of structure	
21	局部地球化学测量	Local geochemical survey	
22	地球化学详查	Geochemical detailed survey	
23	异常查证	Follow-up geochemical survey	异常检查
24	追踪测量	Follow-up survey	
25	靶区优选	Target selection	
26	三度空间追踪	Three-dimensional follow-up	深部追迹
27	地球化学测井	Geochemical logging	
28	三级查证	Class C follow-up geochemical survey	
29	二级查证	Class B follow-up geochemical survey	
30	一级查证	Class A follow-up geochemical survey	
32	多目标测量	Multi-purpose survey	
33	多样品测量	Multi-sample survey	
HTBY	化探工作规模		
01	全球规模	Global scale	
02	全国规模	National scale	
03	区域规模	Regional scale	
04	地区规模	District scale	
05	局部规模	Local scale	
06	矿区规模	Mine scale	
09	1∶100 万地球化学测量	1∶1 000 000 geochemical survey	
10	1∶50 万地球化学测量	1∶500 000 geochemical survey	
11	1∶25 万地球化学测量	1∶250 000 geochemical survey	
12	1∶20 万地球化学测量	1∶200 000 geochemical survey	
13	1∶10 万地球化学测量	1∶100 000 geochemical survey	
14	1∶5 万地球化学测量	1∶50 000 geochemical survey	
15	1∶2.5 万地球化学测量	1∶25 000 geochemical survey	
16	1∶1 万地球化学测量	1∶10 000 geochemical survey	
17	1∶5 000 地球化学测量	1∶5 000 geochemical survey	
18	1∶2 000 地球化学测量	1∶2 000 geochemical survey	

表 1（续）

代　码	汉　字　名	英　译　名	说　明
19	剖面地球化学测量	Profile geochemical survey	
HTBZ	化探方法分类		
801	放射性测量	Radiometric survey	
802	烃类测量	Hydrocarbon survey	
803	ΔC 测量	ΔC survey	蚀变碳酸盐法
804	K-V 指纹技术	K-V Fingerprint technique	
805	荧光测量	Fluorescence survey	
806	沥青测量	Bitumen survey	
807	细菌测量	Bacteria survey	
808	土壤碳酸盐测量	Soil carbonate survey	
809	稳定同位素比值法	Stable isotope ratio method	同位素化探
810	包裹体地球化学测量	Inclusion geochemical survey	
811	地气测量	Geogas geochemical survey	
812	金属元素活动态提取法	Selective Leaching of mobile forms metals in Overburden(MOMEO)	
813	活动态金属离子法	Mobile metal ions (MMI)	
814	元素有机结合形式法	Organically bound forms of element (MPF)	
815	酶提取技术	Enzyme leach	
820	岩石地球化学测量	Geochemical rock survey	
830	土壤地球化学测量	Geochemical soil survey	
840	水系沉积物地球化学测量	Geochemical stream sediment survey	
841	重矿物地球化学测量	Geochemical heavy mineral concentrates survey	
850	湖积物地球化学测量	Geochemical lake sediment survey	
860	水地球化学测量	Geochemical water survey	
870	生物地球化学测量	Biogeochemical survey	
871	植物地球化学测量	Geochemical vegetation survey	
872	微生物地球化学测量	Geochemical microbiological survey	
873	地植物调查	Geobotanical survey	
880	气体地球化学测量方法	Geochemical gas survey	
881	壤中气测量	Soil gas survey	
882	汞蒸气测量	Mercury vapor survey	
883	壤中气汞测量	Soil Mercury vapor survey	
884	热释汞测量	Heat-released mercury survey	

表 1（续）

代　码	汉　字　名	英　译　名	说　明
885	氦量测量	Helium survey	
886	氡量测量	Radon survey	
887	大气气体测量	Air geochemical survey	
888	岩石中气体测量	Rock gas geochemical survey	
889	包裹体气体测量	Inclusion geochemical survey	
890	热释固相吸附气体测量	Heat-released mercury survey	
891	航空气体测量	Airborne gas survey	
892	地面气体测量	Ground gas survey	
893	大气微粒测量	Atmospheric particulate survey	
901	地电化学测量	Electro-geochemical survey	
HTC	化探分析		
HTCA	化探分析方法	Geochemical analytical method	
HTCB	地球化学标准样	Geochemical standard sample	地球化学参考样
HTCC	质量监控	Quality monitoring	
HTCA	化探分析方法		
HTCAA	室内分析方法	Laboratory analytical method	
HTCAB	野外分析	Field analysis	
HTCAC	偏分析	Partial analysis	部分分析
HTCAD	溶解方法	Method of dissolved	
HXGA	分析数据	Analytical data	
TCAF	热释分析	Thermal release analysis	
HTCAA	室内分析方法		
01	多元素分析	Multi-element analysis	
02	定量分析	Quantitative analysis	
03	矿物分析方法	Mineral analysis	
04	元素相态分析	Occurrence state analysis	
05	元素存在形式	Existential form analysis	
HTCAB	野外分析		
HTCABA	驻地实验室	Campsite laboratory	
HTCABB	现场分析	In site analysis	
HTCABC	轻便化仪器	Portable instrument	
HTCABA	驻地实验室		
01	野外实验室	Field laboratory	
02	流动实验室	Mobile laboratory	
HTCABC	轻便化仪器		

表 1（续）

代 码	汉 字 名	英 译 名	说 明
01	野外分析箱	Field test kit	
02	轻便测汞仪	Portable mercury detector	
03	轻便酸碱度及电位计	Portable PH-EH meter	
04	轻便 X-射线荧光分光计	Portable X-ray fluorescence spectrometer	
05	轻便测氡仪	Portable radon detector	
HTCAC	偏分析		
HTCACA	冷提取技术	Cold extraction technique	
HTCACB	选择性提取	Selective extraction technique	
HTCACC	金属总量	Total metal content	
HTCACD	速效金属	Available metal	易提取金属
HTCACE	重金属总量	Total heavy metal (THM)	
HTCACF	可冷提取重金属	Cold-extractable heavy metal	
HTCACG	可冷提取的铜	Cold-extractable copper	
HTCACH	布鲁姆试验(冷提取)	Bloom test	
HTCACI	偏提取方法	Partial extraction method	
HTCACJ	循序提取方法	Sequential extraction method	
HTCB	地球化学标准样		
HTCBA	标准样性质	Nature of standard samples	
HTCBB	标准样数值	Values of standard samples	
HTCBC	标准样号	Number of standard sample	
HTCBD	标准样类型	Type of standard sample	
HTCBE	一级标准样数	Number of primary standard sample	
HTCBF	一级标准样分析次数	Number of primary standard sample analysis	
HTCBG	标样序号	Ordinal number of standard sample	
HTCBA	标准样性质		
HTCBAA	一级标准样 A	Primary standard sample A	
HTCBAB	一级标准样 B	Primary standard sample B	
HTCBAC	一级标准样 C	Primary standard sample C	
HTCBAD	一级标准样 D	Primary standard sample D	
HTCBAG	二级标准样 G	Secondary standard sample G	
HTCBAH	二级标准样 H	Secondary standard sample H	
HTCBAI	二级标准样 I	Secondary standard sample I	
HTCBAJ	二级标准样 J	Secondary standard sample J	
HTCBAK	二级标准样 K	Secondary standard sample K	

表 1（续）

代　码	汉　字　名	英　译　名	说　明
HTCBAL	二级标准样 L	Secondary standard sample L	
HTCBB	标准样数值		
HTCBBA	选用值	Preferred value	
HXGAD	可用值	Usable value	
HTCBBD	认可值	Certificate value	
HTCBBE	保证值	Guarantee value	
HTCBBF	最佳估计值	Best estimate	
HTCBD	标准样类型		
01	地球化学岩石标准样	Geochemical standard rock samples	
02	地球化学土壤标准样	Geochemical standard soil samples	
03	地球化学水系沉积物标	Geochemical standard stream sediment samples	
04	地球化学植物标准样	Geochemical standard vegetation sample	
HTCC	质量监控		
HTCCA	数据质量监控系统	Data quality monitoring system	
HTCCB	监控图	Monitoring chart	
HTCCC	分析偏倚	Analytical bias	
HTCCD	对数偏差	Log deviation	
HTCCE	平均对数偏差	Average log deviation	
HXEJ	准确度	Accuracy	
HTCCH	报出率	Percentage of data with detectable value limit	
HYKBJB	精密度	Precision	
HXEL	灵敏度	Sensitivity	
HTCCI	检出限	Detection limit	
HXEE	相对误差	Relative error	
HTCCC	分析偏倚		
HTCCCA	批次间偏倚	Between batch bias	
HTCCCB	实验室间偏倚	Between laboratory bias	
HTCCCC	方法间偏倚	Between method bias	
HTCCCD	人员间偏倚	Between analyst bias	
HTD	化探样品		
HTDA	样品制备	Sample preparation	
HTDB	采样设计	Sampling design	
HTDC	采样方法	Sampling method	
HTDD	采样间距	Sampling interval	

表 1（续）

代码	汉字名	英译名	说明
HTDE	采样位置	Sampling location	原代码为 PKHFE
HTDF	采样工具	Sampling tool	
HTDG	采样误差	Sampling error	
HTDH	重复采样误差	Resampling error	
HTDI	样品沾污	Contamination	
HTDJ	样品酸碱度	Sample pH value	
HTDK	样品氧化还原电位	Sample Eh value	
HTDL	样品颜色	Sample color	
HTDM	样品种类	Sample material	
HTDN	样品电导率	Sample conductivity	
HTDO	样品批数	Batch value of sample	
PKHM	原始样号	Sample original number	
HTDA	样品制备		
01	破碎	Crushing	
02	粉碎	Pulverizing	
03	过筛	Sieving	
04	筛分析	Sieve analysis	粒度试验
11	全样	Bulk sample	
12	粗粒级	Coarse fraction	
13	细粒级	Fine fraction	
21	重砂样品	Heavy mineral conentrate	
22	轻部分	Light fraction	
31	磁性部分	Magnetic fraction	
32	非磁性部分	Non-magnetic fraction	
41	灰化	Ashing	
42	酸化	Acidization	
43	加保护剂	Add protector	
44	共沉淀	Common precipitate	
HTDB	采样设计		
PKHFH	采样密度	Sampling density	
HTDBB	采样模式	Sampling pattern	
HTDBC	采样布局	Sampling layout	
PKHFH	采样密度		
01	最佳采样密度	Optimum sampling density	
02	高密度采样	High density sampling	

表 1（续）

代　码	汉　字　名	英　译　名	说　明
03	低密度采样	Low density sampling	
04	甚低密度采样	Very low density sampling	
05	超甚低密度采样	Super low density sampling	
HTDBB	采样模式		
01	随机采样	Random sampling	
02	分域采样	Stratigraphical sampling	
03	谱系采样	Hierarchical sampling	
04	系统采样	Systematic sampling	
05	格子采样	Cell sampling	
HTDBC	采样布局		
01	方格网采样	Square grid sampling	
02	长方格采样	Rectilinear sampling	
03	菱形网采样	Diamond grid sampling	
04	测线采样	Traverse sampling	
05	沿山脊采样	Ridge and spur sampling	
06	沿山脚采样	Base of slope sampling	
07	剖面采样	Profile sampling	
08	占孔采样	Hole sampling	
09	坑道采样	Drift sampling	
HTDC	采样方法		
01	总体采样	Bulk sampling	
02	选择性采样	Selective sampling	
03	单点采样	Simple point sampling	
04	组合采样	Composite sampling	
05	拣块采样	Grab sampling	
06	刻槽取样	Channel sampling	
07	浅层采样	Near-surface sampling	
08	深层采样	Deep sampling	
09	覆盖层钻进	Overburden drilling	
10	规定深度采样	Sampling at a definite depth	
11	规定层位采样	Sampling at a definite horizon	
12	规定粒度采样	Sampling at a definite size fraction	
13	规定植物种属采样	Sampling at a definite species of plant	
14	规定植物器官采样	Sampling at a definite organ of plant	
15	规定植物高度采样	Sampling at a definite height of plant	

表 1(续)

代码	汉字名	英译名	说明
16	累积采样	Integral sampling	
17	抽气采样	Sampling by pumping	
18	绕植株采样	Sampling around the plant	
19	植物阳面采样	Sampling at the sunny side of plant	
20	植物阴面采样	Sampling at the shadowy side of plant	
21	柱状采样	Column sampling	
22	淘洗法采样	Elutriation sampling	
HTDD	采样间距		
HTDDA	采样网格	Sampling grid	
HTDDB	采样格子	Sampling cell	
HTDDC	采样剖面	Sampling profile	
HTDE	采样位置		
HTDEA	土壤采样位置	Soil sampling locality	
HTDEB	水系沉积物采样位置	Stream sediment sampling locality	
HTDEC	植物采样位置	Vegetation sampling locality	
HTDED	水化学采样位置	Location of hydrochemical sampling	
HTDEE	岩石采样位置	Location of lithological sampling	
HTDEA	土壤采样位置		
01	沟	Delve	
02	山坡	Hill slope	
03	山脊	Ridge	
04	洼地	Depression	
05	平滩	Flat land	
06	梯田埂下方	Under terraced bank	
07	丘陵	Hill	
08	耕地	Cultivated land	
09	果园	Orchard	
10	林地	Forest land	
11	市区	Urban	
HTDEB	水系沉积物采样位置		
20	河底	Bottom	
21	水线附近	Water line	
22	河漫滩	Flood plain	
23	水塘入口处	Entrance of the pond	
24	河流转弯处的内侧	Inner of river turning	

表 1（续）

代　码	汉 字 名	英 译 名	说　明
25	转石后	Back of floater	
HTDEC	植物采样位置		
30	山顶	Summit	
31	阳坡	Sunny slope	
32	阴坡	Shady slope	
33	沟谷	Valley	
34	菜地	Vegetable land	
35	果园	Orchard	
36	农田	Farmland	
HTDED	水化学采样位置		
40	平原	Plain	
41	洼地	Depression	
42	沟	Delve	
43	山坡	Hill slope	
44	山顶	Summit	
45	河	River	
46	湖	Lake	
47	水塘	Pound	
48	水库	Reservoir	
49	坑道	Drift	
HTDEE	岩石采样位置		
50	水源头基岩露头	Basement outcrop of source of water	
51	山脊基岩露头	Basement outcrop of ridge	
52	水沟旁边石英脉露头	Quartz vein outcrop of near water ditch	
53	沟边岩基露头	Basement outcrop of near ditch	
54	岩漠	Rocky desert	
55	探槽	Exploratory trench	
56	浅井	Shallow shaft	
57	坑道	Drift	
58	占孔	Hole	
59	岩屑坡	Debris slope	
HTDF	采样工具		
01	取样器	Sampler	
02	土钻	Soil auger	
03	旋转钻	Rotation drill	

表 1（续）

代码	汉字名	英译名	说明
04	冲击钻	Purcasion drill	
05	样品袋	Sample container	
06	采样箱	Sample kit	
07	水样瓶	Water sample bottle	
08	采样缸	Sampling vat	
09	其他	Other	
HTDG	采样误差		
HTDGA	采样偏移	Sampling bias	
HTDGB	采样精度	Sampling precision	
HTDGC	可变采样偏移	Variable sampling bias	
HTDGD	可变采样精度	Variable sampling precision	
HTDI	样品沾污		
01	岸塌	Bank collapse	
02	岩滑	Rock slide in the catchment area	
03	有机物如植物(树木)	Organic materials like plant/wood,moss	
04	垃圾堆	Refuse dump	
05	废矿堆/旧工程	Mine dump/old working	
06	工厂废石/垃圾	Factory tailings/rejects	
07	农业活动	Agricultural activity	
08	工业污染物	Industrial pollutant	
09	生活污染物	Life pollutant	
10	风成沙	Windborne sand	
11	废气	Waste gas	
12	废液	Waste water	
13	农药	Pesticide	
HTDM	样品种类		
01	岩石样品	Rock samples	
11	土壤样品	Soil samples	
21	水系沉积物样品	Stream sediment samples	
22	湖积物样品	Lake sediment samples	
23	沼泽物质样品	Swamp material samples	
24	冰积物样品	Glacial sediment samples	
25	海积物样品	Sea sediment sample	
30	水样	Water samples	
31	悬浮物样品	Suspension sample	

表 1（续）

代 码	汉 字 名	英 译 名	说 明
40	气体样品	Gas sample	
41	干湿降尘样品	Dry and wet deposion sample	
50	植物样品	Vegetable samples	
51	微生物样品	Microbiological sample	
60	动物样品	Animal samples	
70	单矿物样品	Seperated mineral samples	
71	独立矿物	Independent minerals	
72	载体矿物	Host minerals	
73	基质样品	Samples of matrix	
74	人工重砂样品	Artificial placer samples	
80	地电化学样品	Electro-geochemical sample	
81	地气样品	Geogas sample	
HTE	数据处理和解释推断		
HTEA	解释推断准则	Interpretation criteria	
HTEB	解释推断参数	Interpretation parameter	
HTEC	解释推断程序	Interpretation program	
HTED	图滤波技术	Map filtering technic	
HTEE	地球化学图	Geochemical map	
HTEF	多元素解释系统	Multielement interpretation system	
HTEG	概念模型	Conceptual model	
HTEH	元素组合特征	Element association characteristics	
HTEI	一元统计分析	Mono-component statistical analysis	单变量分析
HTEJ	多元统计分析	Multicomponent statistical analysis	多变量分析
HTEL	数据统计方法	Data of statistical method	
HTEM	多元地球化学迭加分析	Multi-element geochemical data integrated	
HTEN	非线性地球化学数据分析	Non-linear geochemical data analysis	
HTEO	地球化学数据库	Geochemical data base	
HTEB	解释推断参数		
HTEBA	线金属量	Linear productivity	
HTEBB	面金属量	Areal productivity	
HTEBC	规格化面金属量	Normalized areal productivity	
HTEBD	元素含量	Element content	
HTEBE	元素比值	Element ratio	
HTEBF	累加指数	Additive index	
HTEBG	累乘指数	Multiplicative index	

表 1 (续)

代 码	汉 字 名	英 译 名	说 明
HTEBH	富集系数	Enrichment coefficient	
HTEBI	评序	Ranking	
HTEBJ	分带指数	Zondlity index	
HTEBK	分带系数	Zoning coefficient	
HTEBL	分带梯度	Zoning gradient	
HTEBM	分带序列	Zoning sequence	
HTEBN	横向分带序列	Transversal zoning sequence	
HTEBO	水平分带序列	Horizontal zoning sequence	
HTEBP	NAP 值	NAP value	
HTEBQ	浓集克拉克值	Concentration clarke	
HTEBR	异常衬值	Anomaly contrast	
HTAHK	原始衬度	Primary contrast	
HTAIED	异常面积	Anomaly area	
HTEC	解释推断程序		
01	异常的圈定	Anomaly delineation	
02	异常的分类	Anomaly classification	
03	异常评序	Anomaly ranking	
04	异常评价	Anomaly evaluation	
05	异常强化	Enhancement of anomaly	
06	异常贫化	Impoverishment of anomaly	
07	靶区优选	Target selection	
HTED	图过滤技术		
01	低通滤波	Low-pass filter	
02	高通滤波	High-pass filter	
03	图框滤波	Picture frame filter	
04	柯-斯氏滤波	Kolmergorov-Smirnov filter	
05	移动平均	Moving average	
06	趋势分析	Trend surface analysis	趋势面分析
07	克里格法	Kriging	
HTEE	地球化学图		
01	数据图	Data map	
02	原始数据图	Raw-data map	
03	点源图	Point-source map	
05	蠕虫图	Worm diagram	
06	等浓度图	Isoconcentration map	等含量图

表 1（续）

代 码	汉 字 名	英 译 名	说 明
07	等量线	Contour line	
08	等量线图	Contour line map	
09	网格化数据图	Grid value map	
10	异常图	Anomaly map	
11	多元素异常图	Multielement anomaly map	
12	散点图	Scatter diagram	
13	直方图	Histogram	
14	累积频率曲线图	Cumulative frequency diagram	
15	多重总体分解图	Resolution diagram of multipopulation	
16	平面图	Plan	
17	剖面图	Profile	
18	相关图	Correlation chart	
19	谱系树枝图	Hierarchical dendrogram	
20	立体图	Stereographic map	
21	推断解释图	Interpretation map	
22	基本地球化学图	Basic geochemical map	
23	地球化学图册	Geochemical atlas	
24	多元素异常剖析图	Multielement anomaly resolution map	
25	衬值图	Contrast map	
26	工作布置图	Map of working	
27	实际材料图	Map of original data	
28	工作程度图	Map of working level	
29	色块图	Color block map	
30	符号图	Symbol map	
31	综合异常图	Integrated anomaly map	
32	组合异常图	Composite anomaly map	
33	地球化学平剖图	Geochemical plane-profile map	
34	地球化学柱状图	Geochemical column map	
HTEF	多元素解释系统		
HTEFA	多维场法	Method of Multidimensional Fields (MF)	
HTEFB	ARIADNE 系统	ARIADNE system	
HTEFC	评序程序	Rank program	
HTEFD	得分总值系统	Scoresum system	
HTEFE	多元素异常快速评价与分选系统	System of rapid evaluation and sorting of multielem-ent anomaly	

表 1（续）

代 码	汉 字 名	英 译 名	说 明
HTEFF	GIS空间分析系统	System of GIS spatial analysis	
HTEFG	地球化学定量预测	Geochemical quantitative	
HTEFH	定量解释方法	Quantitative interpretation method	
HTEFI	定性解释方法	Qualitative interpretation method	
HTEFJ	三维可视化	Three-dimendional visualization	
HTEI	一元统计分析		单变量分析
HTEIA	中央倾向	Central tendency	
HTEIB	分散度	Dispersion	
HTEIC	统计分布	Statistical distribution	
HTEID	统计分析	Statistical analysis	
HTEIA	中央倾向		
SDACDL	众数	Mode	众值
HTEIAE	中数	Median	中位数
HTEIB	分散度		
SDACBG	标准差	Standard deviation	标准离差
SDACDS	偏度	Stewness	
SDACDT	峰度	Kurtosis	峰值
HTEIBD	变差系数	Variation coefficient	
HTEIC	统计分布		
01	正态分布	Normal distribution	
02	对数正态分布	Log normal distribution	
03	总体	Population	
04	地球化学总体	Geochemical population	
05	多变数总体	Multivariate population	
06	多峰总体	Polymodol population	
HTEID	统计分析		
SDAD	统计分析方法	Statistical analysis method	
HTEIDB	统计分析参量	Statistical analysis parameter	
HTEIDC	统计检验	Statistic test	
HTEIDD	统计分析图件	Statistic diagram	
SDAD	统计分析方法		
01	方差分析	Analysis of variance	
02	固定方差分析	Fixed analysis of variance	
03	随机方差分析	Random analysis of variance	
04	概率统计	Statistics and probability	

表 1（续）

代码	汉字名	英译名	说明
HTEIDB	统计分析参量		
HTEIDBH	置信度	Confidence limit	
HTEIDBI	置信区间	Confidence interval	
HTEIDBJ	置信水平	Confidence level	
HTEIDBK	显著性水平	Significance level	
HTEIDBL	可变性	Variability	
HTEIDC	统计检验		
SDACEA	X^2 检验	X^2 test	
SDACEC	t 检验	T-test	
SDACEE	F 检验	F-test	
SDACEF	F1 检验	F1-test	
SDACEG	F1 临界值	Critical value F1	
SDACEH	F2 检验	F2-test	
SDACEI	F2 临界值	Critical value F2	
SDACEN	拟合优度检验	Goodness of fit test	
HTEJ	多元统计分析		
01	聚类分析	Cluster analysis	
02	相关分析	Correlation analysis	
03	主成分分析	Principal component analysis	
04	因子分析	Factor analysis	
05	偏相关分析	Partial correlation	
06	回归分析	Regression analysis	
07	典型相关分析	Canonical correlation	
08	判别分析	Discriminant analysis	
09	对应分析	Correspondence analysis	
10	最优分割	Optimum division	
11	非线性映射	Non-linear mapping	
HTEM	多元地球化学迭加分析		
01	累加方法	Additive method	
02	累乘方法	Multiplicative method	
03	比值模型	Ratio modle	
04	算术加权	Arithmetic weight	
05	指标模型	Indicator model	
06	贝叶斯模型	Bayes model	
07	回归模型	Regression model	

表 1（续）

代 码	汉 字 名	英 译 名	说 明
08	人工神经网络	Artificial neural network	
HTEN	非线性地球化学数据分析		
01	分形法	Frachal method	
02	混沌法	Chaos method	
03	模糊法	Fuzzy analysis	
04	小波变换	Wavelet transform	
05	数量化理论	Quantized theory	
HTEO	地球化学数据库		
01	调查资料数据库	Survey data base	
02	分析测试数据库	Analysis data base	
03	图形数据库	Graphic data base	
04	数据库管理系统	Data base management system	

附 录 A
（规范性附录）
关于分类选词范围归属的说明

《地质矿产术语分类代码》各学科大类的选词范围基本参照地质出版社出版的《地质辞典》划分。具体内容如下。

A.1 宇宙地质学(YZ)：包括天体地质学，陨石学，天文地质学。月球地质学较详细，包括月球结构、地貌、月球矿物等。陨石学的陨击坑、陨石、陨石矿物等。

A.2 地球物理学(DW)：包括地球的各种物理性质、基本物理量及单位，古地磁级、磁场、仪器测量及数据处理等内容。

A.3 火山地质(HS)：包括火山机制与构造，火山活动、喷发、喷出物、火山地貌、区域火山地质，近期火山活动。

A.4 地震地质(DZ)：包括地震的分类、成因、前兆、灾害、预报及图件资料等。

A.5 外动力地质学(WZ)：包括外营力，外力地质作用类型，外力地质作用方式，影响外力地质作用的因素等。

A.6 地貌学(DM)：包括由地球内力及各种外力地质作用在地球表面形成的地貌分类、形态、年龄及各种地貌图件等。

A.7 大地构造学(DD)：包括各大地构造学派对大地构造的分类、单元划分、构造演化、构造特征，我国及世界主要区域构造，研究和区分各种构造的地质特征、依据和研究方法，以及地壳运动和新构造等。

A.8 构造地质学(GZ)：包括成层构造，褶皱、节理、断层、面理、线理、同沉积构造，岩浆岩原生构造，重力、底辟、撞击构造、显微构造、矿田构造、应变分析，构造应力场等。

A.9 矿物学及结晶学(KW)：包括矿物的成因、形态、物理性质(侧重肉眼鉴定方面)、化学组成、矿物分类和名称及晶体发生学、几何结晶学和结构结晶学方面的内容。

A.10 岩石学(YS)：包括三大类岩石的名称、结构、构造、成分，各种岩相，火成岩产状，岩浆作用，岩石组合，沉积模式，沉积环境，沉积相及变质作用的类型、方式，变质建造等。

A.11 地球化学(DH)：包括元素地球化学的化学元素，地球化学参数，元素地球化学分类、分布、作用；放射性同位素地球化学中的同位素表，同位素的类型、分析测量方式、仪器，地质年龄的测量和计算；稳定同位素分析、地质及地球化学特点；实验地球化学中有关包裹体类型、成因、镜下特征和实验技术、设备、参数以及各类地球化学图件等。

A.12 岩矿鉴定(YK)：包括各种鉴定方法、鉴定参数、仪器、岩矿物理性质(侧重仪器鉴定方面)。

A.13 化学分析(HX)：包括分析类型，分析方法、分析项目、分析误差、样品分解、化学反应，分析结果、分析浓度、测试条件、化学常数及分析仪器、试剂种类等。

A.14 地史学及地层学(DS)：包括年代地层学的基本概念以及全国范围内各时代各大区组以上的地层单位名称。

A.15 古地理学(GD)：包括古地理事件，古地理单元，古地理特征及古地理图件等。

A.16 矿床学(KC)：包括矿产、矿床成因、矿床类型、矿田构造、矿体形状、成矿作用、围岩蚀变、矿石结构、构造、成矿带等。

A.17 煤地质学(MD)：包括煤层、聚煤作用、煤变质作用，聚煤盆地分析；煤炭资源勘探有关内容；煤化、煤质、工业分析，煤的气化和液化；煤岩成分分类，煤的物理性质以及煤的各种分类等。

A.18 石油及天然气地质学(SY)：包括油气显示和固体沥青，石油分类，石油的物理性质、组成、馏分及简易分析，石油烃类化合物，石油非烃类化合物、天然气、油气田水、储集层、圈闭、油气成因、运移、聚集、油气盆地，石油地球化学分析及同位素地球化学(有机部分)，烃原岩及其评价、油气勘探、储量和资源量

计算、油气田开发等内容。

A.19 海洋地质学(HY):包括海洋构成,海洋及河口水文要素、海洋地貌、海洋沉积、海洋底构造、海底矿产资源、古海洋及古气候和海洋地质调查等内容。

A.20 水文地质学(SW):包括水文地质学基础内容、各种水文地质调查、水文地质钻探、野外水文地质试验、地下水动态与均衡、水文地球化学、地下水动力学、岩溶水文地质、水资源、矿床水文地质、土壤改良、各项水文调查成果等。

A.21 工程地质学(GC):包括岩土成分与结构、岩土工程性质、岩土工程地质分类、岩土工程改良以及土体工程、岩体工程、区域工程等各种工程地质条件、问题、作用、研究方法和工程地质勘察等内容。

A.22 地热地质学(DR):包括地温调查、热流、地热显示、地球化学调查、地热勘探、地热介质、地热区、地热储、地热田、地热系统、地热开发、地热经济及地热图件等。

A.23 环境地质学(HJ):包括环境地球化学、环境水文地质学、城市地质、医学地质以及环境污染、环境质量和环境保护等内容。

A.24 地质经济(JJ):包括矿产资源形势分析、矿产资源的储备、供需、经济决策各项指标,矿产、矿业和矿产品各项经济指标、矿床经济评价指标、地质工作经济效果及地质工作管理等内容。

A.25 遥感地质(YG):包括遥感技术方法在地质领域的应用、遥感台仪器设备、遥感图像及解释、成果资料等。

A.26 数学地质(SD):包括地质数据统计分析、矿产资源预测及评价、地质过程模拟、用于地质工作中的各种数学方法以及这些方法涉及到的各种参数、变量和计算机处理等方面的内容。

A.27 区域地质调查(QD):包括工作区概况、工作步骤、各种调查方法、野外数据采集及调查成果资料等。

A.28 地球物理勘探(WT):包括重、磁、电、地震、测井各种物探方法用于陆地、空中、海上各方面所涉及的数据采集、各种物性参数、方法手段、仪器设备、资料数据解释及成果图件等内容。

A.29 勘查地球化学(HT):包括勘查地球化学所依据的地球化学背景、异常、分散、元素存在形式等基本原理涉及的各项内容,各种化探方法,野外样品采集、各种参数、数据处理及成果解释等内容。

A.30 矿山地质与采矿(KS):包括矿山设计、基础地质工作、生产勘探、生产指导及矿山储量、矿石贫化、矿石损失方面的内容和有关采矿、通风、排水等内容。

A.31 选矿与冶金(XY):包括选矿产品、选矿技术经济指标、矿石可选性和冶金流程、冶金方法、矿石性质、熔剂、冶金炉、冶金产品及冶金工业指标等内容。

A.32 固体矿产普查与勘探(PK):包括矿产资源分类、地质工作阶段划分、固体矿产普查勘探方法、勘探类型、取样种类和方法、储量计算、矿石类型、地质编录、矿产工业要求等。

A.33 探矿工程(TK):包括陆地钻探、坑探及石油钻井、海上钻探等各种探矿工程的技术方法、工艺要求、工作程序、施工记录、各项技术参数及仪器设备、成果图件等。

A.34 古生物学(GS):包括总论,古无脊椎动物、古脊椎动物、古植物、孢粉及遗迹化石和几丁虫等标准化石。

A.35 测绘学(CH):包括控制测量、摄影测量、普通测量及地质勘探工程测量所涉及到的各有关定量和定性数据、成果资料、各种导航系统等各种空间定位数据、测绘方法、精度、仪器等。

以上是各学科包括的主要内容,详见各学科术语分类代码表。